普通高等教育系列教材

冲压工艺与模具设计

第 3 版

主　编　柯旭贵
副主编　赵彦启　孟玉喜
参　编　邢　昌　满长江　李　睿
　　　　张　俊　王鹏程
主　审　贾俐俐

机 械 工 业 出 版 社

全书分3篇共11章。第1篇主要介绍冲压成形的基础知识，为全书学习做铺垫。第2篇主要介绍传统的冲压工艺与模具设计，系统地介绍了冲裁、弯曲、拉深三种基本冲压工艺、模具的典型结构、模具的设计方法及冲压件的质量控制；对翻孔、翻边、胀形、缩口、扩口、压筋、压印等成形工艺与模具做了简介。第3篇主要介绍先进冲压工艺与模具设计，较为详细地介绍了多工位级进冲压工艺与模具设计和汽车覆盖件成形的主要工艺，对精密冲压和数控冲压做了简要介绍。

本书为“十二五”江苏省高等学校重点教材（编号：2015-1-061），获中国机械工业科学技术奖三等奖。本书可供高等院校材料成型及控制工程、模具设计与制造、机械制造及其自动化等专业的本科、高职高专、成人教育和助学自考等学生使用，也可供从事冲压生产和科研工作的工程技术人员使用。

图书在版编目（CIP）数据

冲压工艺与模具设计/柯旭贵主编. —3版. —北京：机械工业出版社，2024.6（2025.1重印）
普通高等教育系列教材
ISBN 978-7-111-75807-5

Ⅰ.①冲… Ⅱ.①柯… Ⅲ.①冲压-生产工艺-高等学校-教材②冲模-设计-高等学校-教材 Ⅳ.①TG38

中国国家版本馆CIP数据核字（2024）第097024号

机械工业出版社（北京市百万庄大街22号 邮政编码100037）
策划编辑：丁昕祯　　责任编辑：丁昕祯　戴　琳
责任校对：龚思文　王　延　　封面设计：张　静
责任印制：李　昂
河北宝昌佳彩印刷有限公司印刷
2025年1月第3版第2次印刷
184mm×260mm · 24.25印张 · 596千字
标准书号：ISBN 978-7-111-75807-5
定价：75.00元

电话服务
客服电话：010-88361066
010-88379833
010-68326294

网络服务
机　工　官　网：www.cmpbook.com
机　工　官　博：weibo.com/cmp1952
金　　书　　网：www.golden-book.com
机工教育服务网：www.cmpedu.com

第3版前言

模具是材料成形技术产业链中的关键制造要素，是产品成形的专用工艺装备。模具既能对制件实现控形，也能完成制件功能的控性，是实现零件成形与量产的双重保证。同时，模具产业是全球最大的横向产业，几乎面向所有的工业制造产业。一个国家、地区或者行业的产品结构及其水平、研发能力与“更新换代”速度都与模具的水平及用量关系密切，因此模具是一个国家工业产品保持国际竞争力的重要技术保证。

本书是在《冲压工艺与模具设计》（第2版）的基础上进行修订的，本次修订保留了上一版的体系和特点，但更加注重学生解决实际工程问题能力的培养，主要对上一版中过时的技术、标准等内容进行调整，并根据不同教学内容的特点适当增加了课程思政的内容，对部分重要的知识点配套了讲课视频，以帮助学生更好地理解相关内容。

本书由南京工程学院柯旭贵担任主编。柯旭贵统稿并编写了第1章中的1.3~1.6节，第2章，第3章中的3.1~3.7节，第4章中的4.1~4.5节，第7章中的7.1~7.4节，与南京乔丰汽车工装技术开发有限公司的满长江合编了第9章，与中机精冲科技（福建）有限公司的赵彦启合编了第10章。南通开放大学孟玉喜（原南通友星线束有限公司产品高级专员）编写了第8章。安徽工程大学的邢昌编写了第5章。宿迁学院的张俊编写了第1章中的1.1、1.2节，第4章中的4.6节和第6章。南京工程学院李睿编写了第3章中的3.8节，第7章中的7.5节，与无锡领丰钣金有限公司的王鹏程合编了第11章。

本书由贾俐俐教授担任主审，她对本书的编写提出了宝贵意见，在此表示衷心的感谢。赵彦启研究员和孟玉喜教授从生产实践的角度对本书其他章节内容的编写也提出了许多极好的建议，在此一并表示感谢。

由于编者水平有限，书中不妥之处在所难免，恳请读者批评指正。

编　者

第2版前言

模具是工业生产的基础工艺装备，被称为“工业之母”。没有高水平的模具就没有高水平的工业产品。现在，模具的工业水平既是衡量一个国家制造业水平高低的重要标志，也是一个国家工业产品保持国际竞争力的重要保证之一。

此次修订保留了第1版的体系和特点，但更加突出其工程应用性，为此在编写人员和内容上做了调整，主要有：

1）先进冲压部分全部邀请了企业生产一线人员参与编写，使内容更加符合生产实际。

2）在内容上进行了精简和调整，所有模具结构尽量与实际生产吻合。书中的模具以实际工程应用中的主流结构为主，对经典但又不常用的结构和知识只进行简介，如强化了钢板模架、弹性卸料装置、分别制造法下模具刃口尺寸的计算方法、级进冲压方法等内容。对模具结构、冲裁模刃口尺寸的计算、第3章和第7章的设计举例及第8章等做了较大的改动。

3）更新了模具标准，保证所有标准为最新国家标准。

4）对模具行业的最新技术做了简介，如高强度钢板的热冲压技术、快速经济模具和快速成形技术等。

5）配套了电子课件。

本书由南京工程学院柯旭贵和张荣清担任主编。柯旭贵统稿并编写了第1章中的第1.3~1.6节，第2、3、7章，与南通开放大学孟玉喜（原南通友星线束有限公司产品高级专员）合编了第8章，与上海千缘汽车车身模具有限公司的满长江合编了第9章。张荣清编写了第4章中的第4.1~4.5节，与无锡曙光模具有限公司的许伟兴合编了第10章，与无锡领丰钣金有限公司的王鹏程合编了第11章。安徽工程大学的邢昌编写了第5章。宿迁学院的张俊编写了第1章中的第1.1~1.2节，第4章中的第4.6节和第6章。

本书由贾俐俐教授担任主审，她对本书的编写提出了宝贵意见，在此表示衷心的感谢。

由于编者水平有限，书中不妥之处在所难免，恳请读者批评指正。

编　者

第1版前言

模具是工业生产中极其重要而又不可或缺的特殊的基础工艺装备，工业要发展，模具须先行。没有高水平的模具，就没有高水平的工业产品。现在，模具工业水平既是衡量一个国家制造业水平高低的重要标志，也是一个国家工业产品保持国际竞争力的重要保证之一。

冲压模具是模具的重要组成部分，在模具中所占比例为40%左右。目前，我国冲压模具在数量、质量、技术和能力等方面都有了很大的发展，但与国民经济需求和世界先进水平相比，差距仍很大。造成这种差距的主要原因与人才的匮乏、标准化程度低有密切关系，因此培养适应国民经济发展需要的专门人才，提高模具标准化程度，将是促进冲压模具发展的有力措施。

为适应冲压模具市场及与国际接轨的需要，我国对冲压模具标准在2008年进行了较大范围的修订和完善，对不少标准中的数据进行了更改和调整，因此，作为培养专门模具人才的教学用书也应进行及时的更新。本书采用了最新的冲压模具标准，将传统冲压工艺与先进冲压工艺融合在一起进行编写，既满足传统知识的传授，又能满足现代模具市场对冲压模具人才的需求。

本书的主要特点是：

1）首次将传统冲压工艺与模具同先进冲压工艺与模具合在一起，并采用最新冲压模具标准和规范，充分体现本书的基础性和先进性。

2）注重与实际生产密切贴合。在本书的编写过程中，特别注重与实际生产的衔接，为此邀请企业人员参与，并到相关企业进行调研，力争使书中内容能反映实际生产，体现本书的实用性。

3）编写形式活泼，图例典型。本书以较为形象的剪贴画的形式引出每章的“能力要求”，并以“扩展阅读”的形式插入与书中内容相关联的课外阅读知识，既可丰富学生的课外知识，又能引导学生自己查阅对“扩展阅读”感兴趣的相关资料和文献，扩大学生的视野。书中配有大量典型结构的模具图形和实物图片，体现本书的可读性。

4）注重“即学即用”与学习方法的传授，满足应用型人才的培养需要。除第6章外，在第2篇的每章后面均附有一个设计实例，较为详细地介绍了各类模具的设计流程与设计方法，同时附有较为完整的模具总装配图和模具零件图，在每章的最后均附有相关的思考题，便于学生进行练习，体现本书的实战性。

本书由南京工程学院柯旭贵和张荣清担任主编。柯旭贵统稿并编写了第1章中的第1.3~1.5节，第2、3、7、9章，第8章中的第8.1节。张荣清编写了第4章中的第4.1~4.5节，第10章和第11章。南京长江电子模具有限公司的徐小俊编写了第8章中的第8.2~8.4节。安徽工程大学的邢昌编写了第1章中的第1.6节和第5章。宿迁学院的张俊编写了第1章的第1.1、1.2节，第4章中的第4.6节和第6章。

本书由贾俐俐教授担任主审，她对本书的编写提供了宝贵意见，在此表示衷心的感谢。书中参考了大量的文献，对这些文献的作者表示感谢。特别感谢对本书编写提供许多宝贵而实用意见的江苏昆山华富电子有限公司殷黎明先生、北京机电研究所精冲技术中心赵彦启先生和江苏瑞普车业有限公司的张传忠先生。

由于编者水平有限，书中不妥之处在所难免，恳请读者批评指正。

编　者

目 录

第3篇　先进冲压工艺与模具设计

第 1 篇

冲压工艺概述

第 1 章 冲压工艺基础知识

能力要求

☞了解冲压的应用，根据冲压件的结构特征初步判断所需的基本冲压工序。

☞熟悉冲压材料的种类及供应规格。

☞熟悉常用冲压设备的类型及适应工艺。

1.1 冲压工艺特点及应用

1.1.1 冲压的概念

冲压是指在常温下靠压力机和模具对板材、带材、管材和型材等施加外力，使之产生塑性变形或分离，从而获得所需形状和尺寸的工件的加工方法。冲压生产的产品称为冲压件。冲压所用的模具称为冲压模具，简称冲模。实现冲压加工需具备三个要素，即设备（压力机）、模具和原材料，如图 1-1 所示。

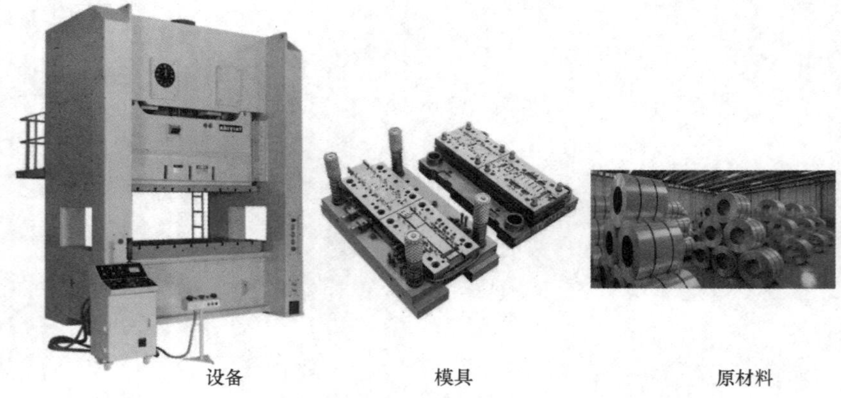

图 1-1 冲压加工三要素

扩展阅读

1）冲压是在常温下进行的，无需加热，故又称为冷冲压。

2）冲压加工的对象绝大多数都是薄板料，故又称为板料冲压。

3）冲压是塑性变形的基本形式之一，与锻造合称为压力加工，简称锻压。

1.1.2　冲压的特点及应用

冲压主要是利用冲压设备和模具在常温下对金属板料进行加工，因此冲压加工具有以下特点：

1）生产率高，操作简单。对操作工人几乎没有技术要求，易于机械化和自动化。

2）尺寸精度高，互换性好。模具与产品有“一模一样”的关系，同一副模具生产出来的同一批产品尺寸一致性高，具有很好的互换性。

3）材料利用率高。一般可达70%～85%，有的高达95%，几乎无须进行切削加工即可满足普通的装配和使用要求。

4）可加工其他加工方法难以加工或无法加工的形状复杂的零件，如壁厚为0.15mm的易拉罐。

5）由于塑性变形和加工硬化的强化作用，可得到质量小、刚性好且强度大的零件。

6）无需加热，可以节省能源，且表面质量好。

7）批量越大，产品成本越低。

由此可见，冲压能集优质、高效、低能耗、低成本于一身，这是其他加工方法无法与之媲美的，因此冲压的应用十分广泛。在汽车、拖拉机产品中，冲压件的数量占零件总数的60%～70%；在电视机、计算机等产品中，冲压件占80%以上；在自行车、手表、洗衣机、电冰箱等产品中，冲压件占85%以上；在电子仪表产品中，冲压件占35%；还有日常生活用品，诸如不锈钢餐具等均为冲压件。从精细的电子元件、仪表指针到重型汽车的覆盖件、大梁及飞机蒙皮等，均需进行冲压加工。图1-2所示为冲压的应用示例。

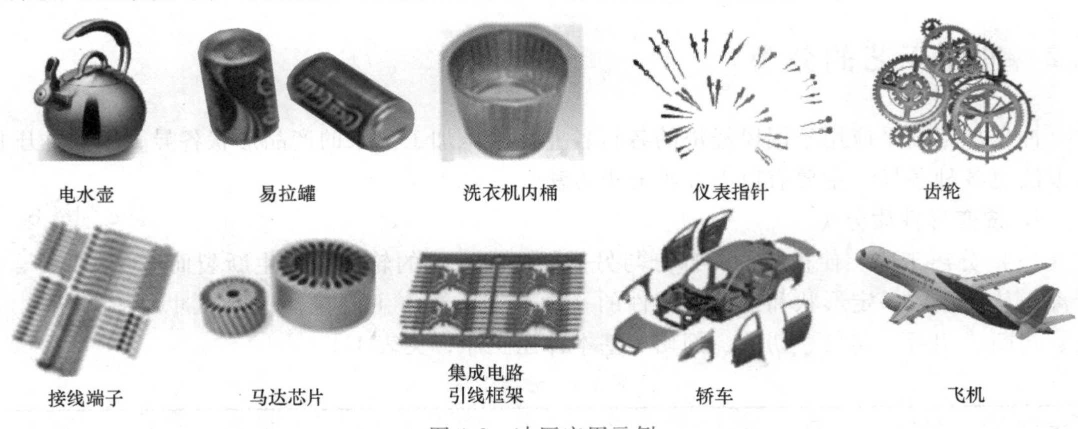

图1-2　冲压应用示例

扩展阅读

全世界的钢材中，有60%～70%是板材，大部分由冲压加工制成。

传统意义上的冲压加工有其局限性，因冲模的制造周期长、成本高，导致传统意义上的冲压加工不适合单件和小批量生产。但随着现代模具材料和先进模具加工方法的应用，冲压加工几乎不受模具制造周期和成本的限制。如快速模具制造技术是利用新材料、新技术、新工艺，在较短的时间内完成模具的加工制造，使模具能够满足单件和小批量生产，同时在精度上又符合产品设计要求的一种先进的模具制造技术。近年来，我国快速模具制造技术在汽车工业快速发展的推动下也得到了迅猛发展，已接近国际先进水平。

图 1-3 所示为利用快速原型制造技术（3D 打印技术）与快速模具制造技术相结合制造陶瓷型金属模具的工艺过程。为了快速制造金属模具，首先利用快速原型系统制造一个原型作为母模，再利用该母模制作陶瓷型，最后利用铸造的方法铸出金属模具。

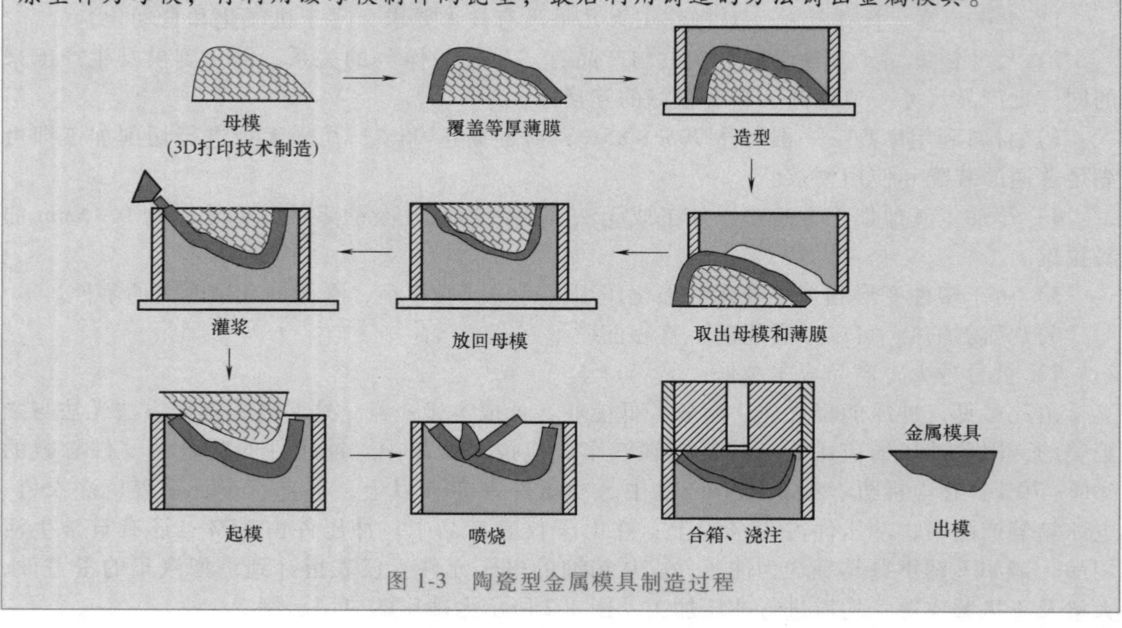

图 1-3　陶瓷型金属模具制造过程

1.2　冲压工艺的分类

冲压加工几乎应用于国民经济的各行各业。冲压加工出来的产品形状各异，因此冲压加工方法也各种各样，主要有以下几种分类方法。

1. 按变形性质分类

（1）分离工序　使板料的一部分与另一部分沿一定的轮廓线发生断裂而分离，从而形成一定形状和尺寸的零件的一种加工方法，主要包括落料、冲孔、切断、切舌、切口、切边、剖切等基本冲压工序，见表 1-1。

表 1-1　分离工序

工序名称	简图		模具简图	特　　点
	冲压前	冲压后		
落料		废料 工件	工件	沿封闭轮廓冲压，落下来的是工件
冲孔		工件 废料		沿封闭轮廓冲压，落下来的是废料

（续）

工序名称	简图		模具简图	特点
	冲压前	冲压后		
切断		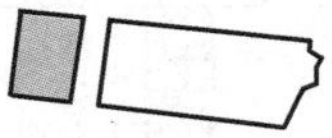	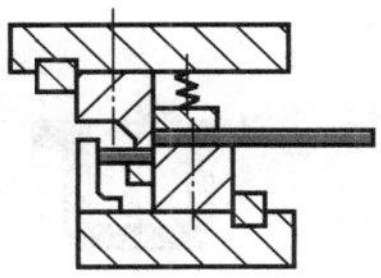	沿不封闭轮廓冲切，使板料分离
切舌	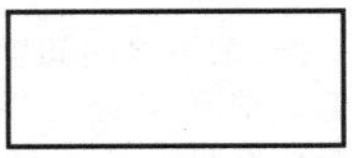		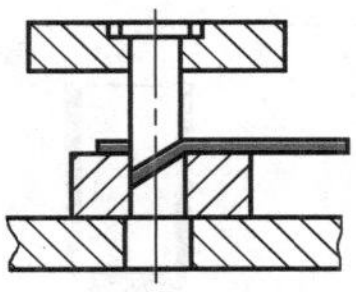	沿三边冲切，保持一边与板料相连
切口	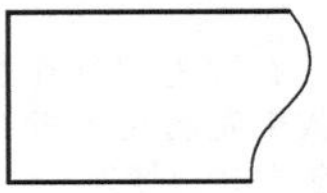	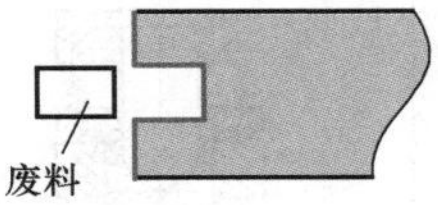 废料	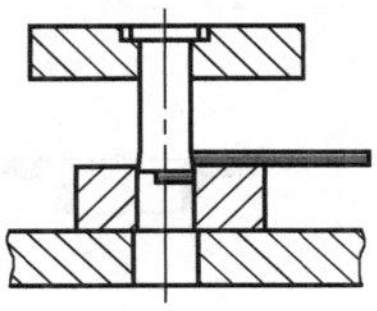	从毛坯或半成品制件的内外边缘上，沿不封闭的轮廓分离，冲下来的是废料
切边	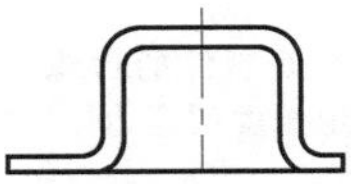	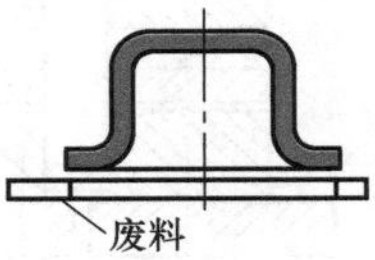 废料	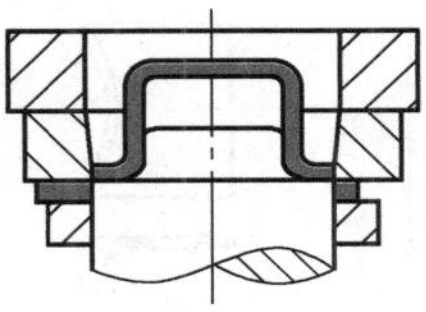	切去成形制件多余的边缘材料，使成形制件的边缘呈一定形状
剖切		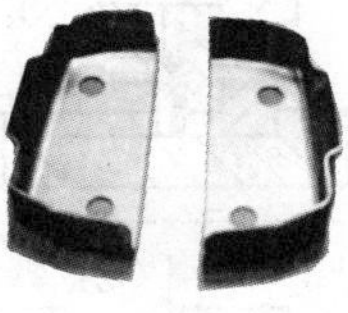	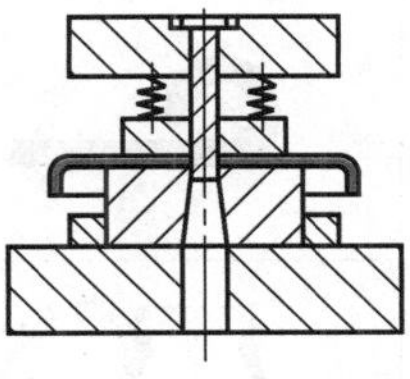	沿不封闭轮廓将半成品制件切离为两个或数个制件

（2）成形工序　使板料在不被破坏的条件下仅发生塑性变形，制成所需形状和尺寸的工件的一种加工方法，主要包括弯曲、拉深、翻孔、胀形、缩口等基本冲压工序，见表1-2。

表1-2　成形工序

工序名称	简图		模具简图	特点
	冲压前	冲压后		
弯曲	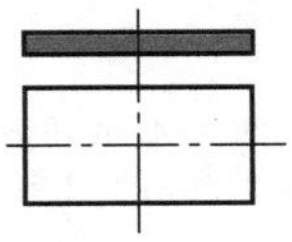		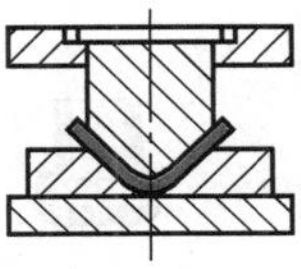	将毛坯或半成品制件弯成一定的角度和形状

（续）

工序名称	简图		模具简图	特点
	冲压前	冲压后		
拉深	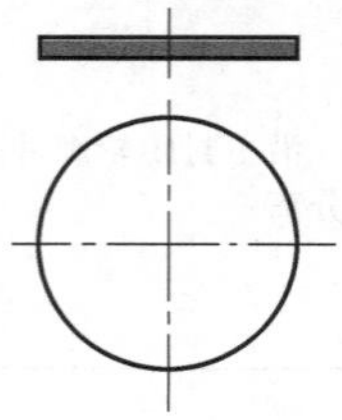	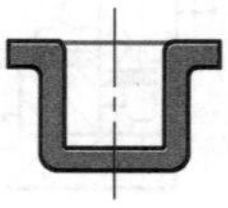	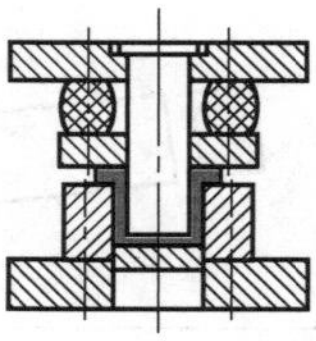	把毛坯拉压成空心体，或者把空心体拉压成外形更小而板厚没有明显变化的空心体
变薄拉深			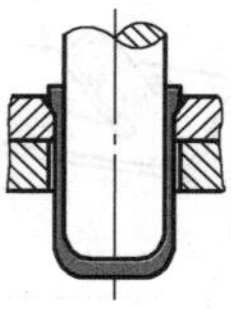	凸、凹模之间间隙小于空心毛坯壁厚，把空心毛坯加工成侧壁厚度小于毛坯壁厚的薄壁制件
翻孔	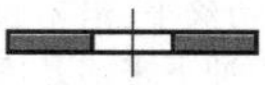	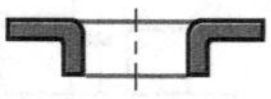	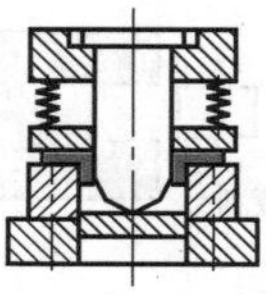	在预先制好孔的半成品上或未先制孔的板料上冲制出竖立孔边缘
翻边	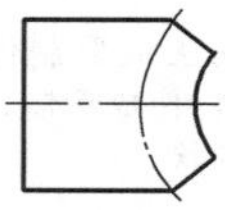	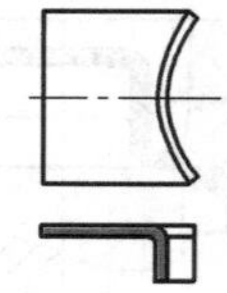	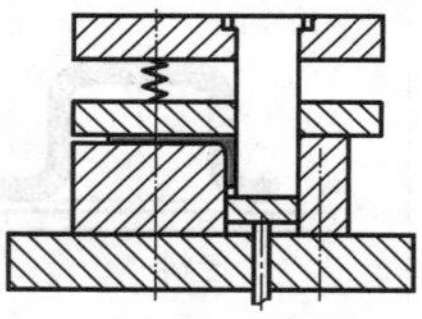	使制件的边缘呈竖立或一定角度的直边
卷边	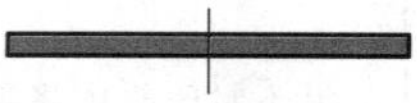		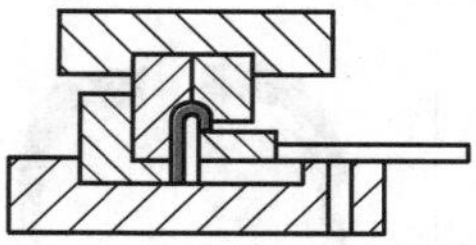	把板料端部弯曲成接近封闭圆筒
胀形	 d_0	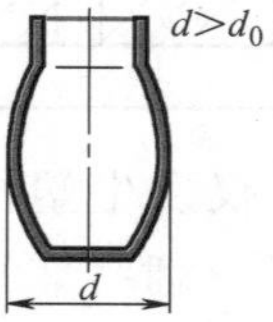 $d>d_0$ d	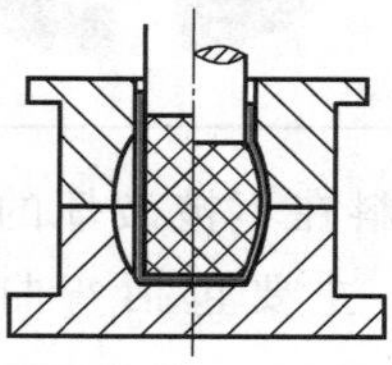	在双向拉应力作用下，空心毛坯内部产生塑性变形，制得凸肚形制件
压筋、压凸包		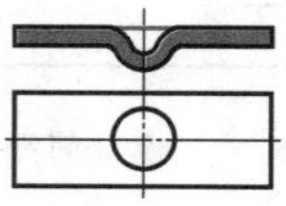	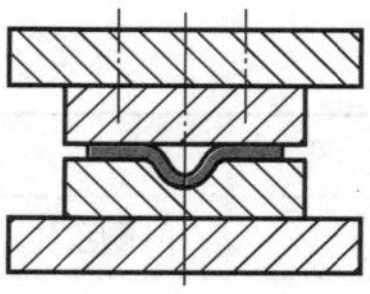	在毛坯上压出凸包或筋
缩口			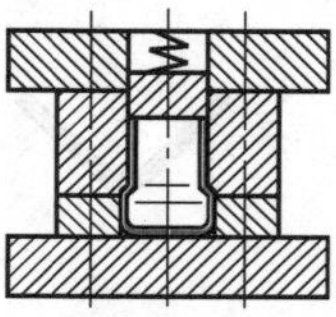	使空心毛坯或管状毛坯端部的径向尺寸缩小

扩展阅读

分离工序的显著特点是在冲压过程中只有分离现象发生，没有空间形状的根本改变。图1-4所示为落料工序，冲压就是将矩形条料冲压成若干个圆形的块料，冲压前后都是平板状态。

成形工序的显著特点是在冲压过程中只发生形状的改变，没有分离现象。图1-5所示为拉深工序，拉深前是平板状态，拉深后为空间立体形状。

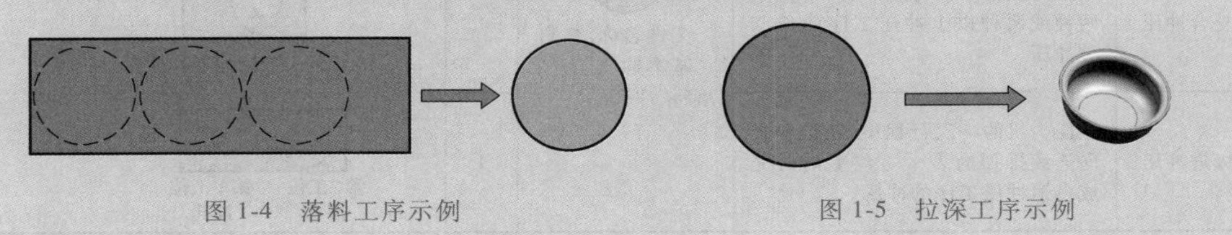

图1-4 落料工序示例　　图1-5 拉深工序示例

2. 按变形区受力性质分类

（1）伸长类成形　变形区绝对值最大主应力为拉应力，破坏形式为拉裂，特征是变形区材料厚度减薄，如胀形。

（2）压缩类成形　变形区绝对值最大主应力为压应力，破坏形式为起皱，特征是变形区材料厚度增厚，如缩口。

3. 按基本变形方式分类

（1）冲裁　冲裁件如图1-6a所示。

（2）弯曲　弯曲件如图1-6b所示。

（3）拉深　拉深件如图1-6c所示。

（4）成形　成形工艺包括翻孔、翻边、胀形、压印、缩口、压筋、扩口等。翻孔件、压印件如图1-6d、e所示。

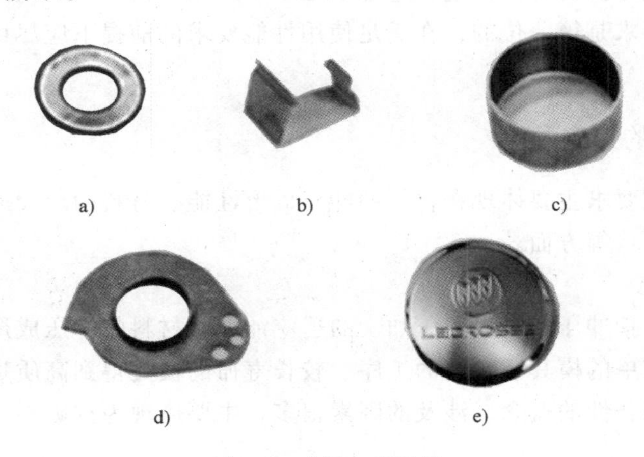

图1-6 冲压工序示例

a）冲裁件 b）弯曲件 c）拉深件 d）翻孔件 e）压印件

4. 按工序组合形式分类

按工序组合形式不同可分为单工序冲压、复合冲压和级进冲压，见表1-3。

表 1-3　三种工序组合形式

工序组合形式	定义	应用举例	模具数量	简图
单工序冲压	压力机的一次行程中，只能完成一道冲压工序的冲压	工件名称：垫圈 基本冲压工序：落料、冲孔	2	第 1 道工序：落料　第 2 道工序：冲孔
复合冲压	压力机的一次行程中，同时完成两种或两种以上冲压工序的单工位冲压		1	同一工位：落料和冲孔
级进冲压	压力机的一次行程中，在送料方向连续排列的多个工位上同时完成多道冲压工序的冲压		1	送料方向　第2工位 落料　第 1 工位 冲孔

1.3 冲压材料

冲压材料是冲压加工三要素之一。

冲压所用的材料，不仅要满足产品设计的使用性能要求，还应满足冲压工艺要求和冲压后继的加工要求（如切削加工、焊接、电镀等）。对冲压材料的基本要求如下：

（1）满足使用性能要求　冲压件应具有一定的强度、刚度、冲击韧度等力学性能要求。此外，有的冲压件还有一些特殊的要求，如电磁性、耐蚀性、传热性和耐热性等。例如，用于冲制装酸性溶液的金属罐就应选用耐酸性好的材料。

（2）满足冲压工艺要求　冲压加工是塑性加工的基本形式之一，要求所选材料具有较好的塑性、较低的变形抗力等，即适合塑性加工。

满足使用性能要求是第一位的，在满足使用性能要求的前提下应尽可能地满足冲压工艺要求。

1.3.1　冲压材料的工艺要求

冲压材料的工艺要求主要体现在材料的冲压成形性能、材料的化学成分和组织、材料厚度公差、材料表面质量等方面。

1. 冲压成形性能

冲压成形性能是指冲压材料对冲压加工的适应能力。材料的冲压成形性能好，是指其便于冲压加工，能用简单的模具、较少的工序、较长寿命的模具得到高质量的工件。因此，冲压成形性能是一个综合性的概念，涉及的因素很多，主要体现为抗破裂性、贴模性和定形性三个方面。

（1）抗破裂性　抗破裂性是指金属薄板在冲压成形过程中抵抗破裂的能力，反映各种冲压成形工艺的成形极限，即板料在冲压成形过程中能达到的最大变形程度，一旦板料变形超过这个极限就会产生废品。

各种冲压工艺均有各自的成形极限指标。GB/T 15825.1—2008 规定了薄板冲压的胀形性能、拉深性能、扩孔（内孔翻边）性能、弯曲性能和复合成形性能指标。图 1-7 所示为 GB/T 15825. 1—2008 中薄板弯曲性能（弯曲成形时，金属薄板抵抗变形区外层拉应力引起破裂的能力）示意图，该性能以最小相对弯曲半径 R_{min}/t 衡量，即当薄板的相对弯曲半径小于该材料的 R_{min}/t 时，就会在弯曲变形区的外侧弯裂，造成废品。显然，抗破裂性与板料的塑性、强度等密切相关，该因素决定了板料能否冲压成功。

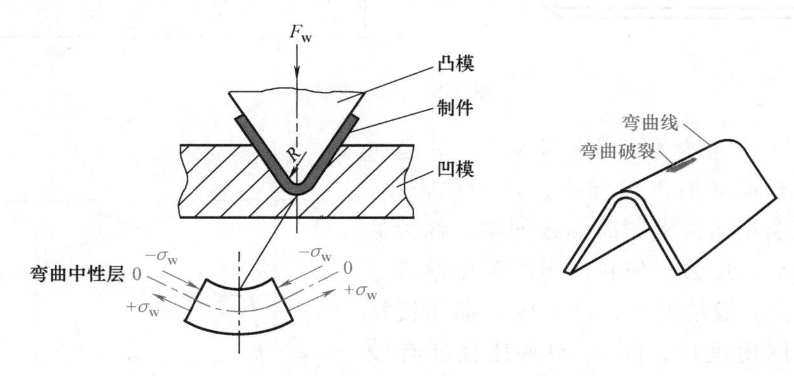

图 1-7　薄板弯曲性能的示意图

（2）贴模性　贴模性是指金属薄板在冲压成形加载过程中获得模具形状和尺寸且不产生皱纹等板面几何缺陷的能力。影响贴模性的因素有多种，如板料屈服极限、塑性应变比、模具结构、工件形状等。

（3）定形性　定形性是指冲压成形制件脱模后抵抗回弹、保持其在模内既得形状和尺寸的能力。影响定形性的诸多因素中，回弹是最主要的因素，而回弹值的大小与材料的屈服极限、硬化指数、弹性模量等有关。

贴模性和定形性决定了工件形状和尺寸精度的高低。

综上所述，冲压成形性能的好坏可通过板料的力学性能指标进行衡量，这些性能指标可通过试验获得。板料的冲压性能试验方法很多，一般可分为直接试验法和间接试验法两类。

（1）直接试验法　直接试验法是采用专用设备模拟实际冲压工艺过程进行试验。GB/T 15825. 1～8—2008 规定了金属薄板成形性能和试验方法，共分 8 个部分，分别是金属薄板成形性能和指标、通用试验规程、拉深与拉深载荷试验、扩孔试验、弯曲试验、锥杯试验、凸耳试验及成形极限图（FLD）测定指南。

直接试验法时，试样所处的应力状态和变形特点基本上与实际的冲压过程相同，所以能直接可靠地鉴定板料某类冲压成形性能，但由于需要专用设备，给实际使用带来不便。

（2）间接试验法　间接试验法有拉伸试验、剪切试验、硬度试验、金相试验等，由于试验时试件的受力情况与变形特点都与实际冲压时有一定的差别，因此这些试验所得结果只能间接反映板料的冲压成形性能。但这些试验在通用试验设备上即可进行，故常被采用。下面仅就最常用的间接试验——拉伸试验进行介绍。

在待试验板料上按标准截取并制成如图 1-8 所示的拉伸试样，然后在万能材料试验机上拉伸。根据试验结果或利用自动记录装置，可得到图 1-9 所示应力与应变之间的关系曲线，即拉伸曲线。

通过拉伸试验可测得板料的各项力学性能指标。板料的力学性能与冲压成形性能有很紧密的关系，可从不同角度反映板料的冲压成形性能，简要说明如下：

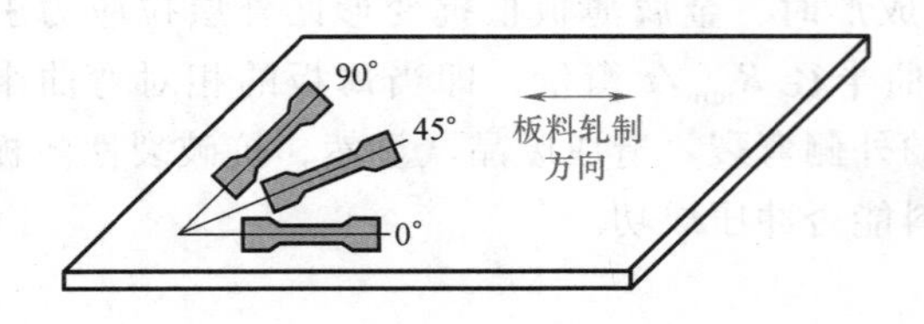

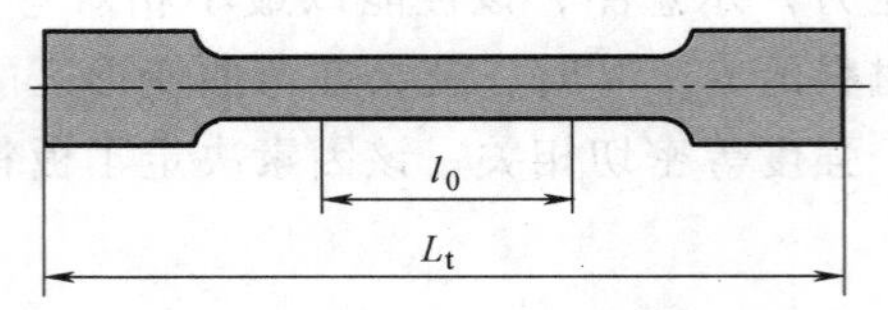

图 1-8　试样截取

1）伸长率 A 与最大力塑性延伸率 A_g。A 是在拉伸试验中试样破坏时的延伸率，称为伸长率。A_g 是在拉伸试验中出现缩颈时的延伸率，称为最大力塑性延伸率。A_g 表示板料产生均匀变形或稳定变形的能力。一般情况下，冲压成形都在板材的均匀变形范围内进行，故 A_g 对冲压性能有较为直接的意义。在伸长类变形工序中，如圆孔翻边、胀形等工序中，A_g 越大，则极限变形程度越大，材料的抗破裂性越好。

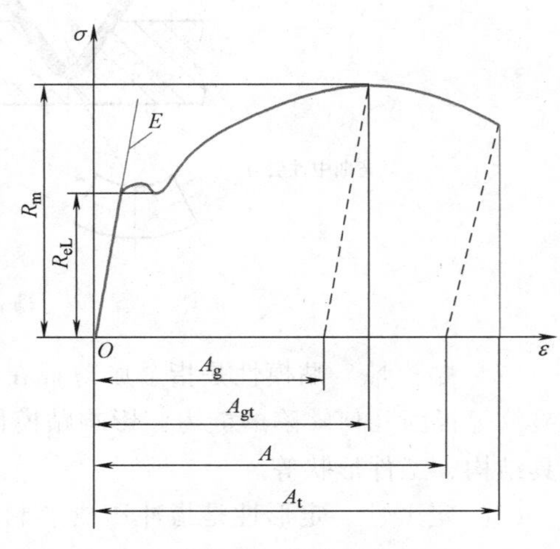

图 1-9　拉伸曲线

2）屈强比（R_{eL}/R_m）。R_{eL}/R_m 是材料的屈服极限与强度极限的比值，称为屈强比。屈强比小，即 R_m 大、R_{eL} 小，说明材料易塑性变形而不易断裂，允许的塑性变形区间大，有利于提高冲压成形极限，说明材料的抗破裂性、贴模性好，这对所有的冲压成形都是有利的。尤其对于拉深变形，屈强比小，变形区易于变形而不易起皱，而传力区又不易拉裂，有利于提高拉深变形程度。凸缘加热拉深，就是利用凸缘和筒底的温度差来减小屈强比，从而提高其变形程度。

3）弹性模量 E。弹性模量是材料的刚度指标。弹性模量越大，成形过程中抗压失稳能力越强，卸载后弹性恢复越小，说明材料的定形性好，利于提高零件的尺寸精度。

4）硬化指数 n。硬化指数 n 表示材料在冷塑性变形中材料加工硬化的程度。n 值越大，加工硬化效应越大，这对于伸长类变形来说是有利的。因为 n 值增大，变形过程中材料局部变形程度增加会使该处变形抗力增大，这样就可以补偿该处因截面积减小而引起的承载能力的减弱，从而制止了局部集中变形的进一步发展，具有扩展变形区、使变形均匀化和增大极限变形程度的作用。

5）塑性应变比 r。塑性应变比 r 是指板料试样单向拉伸时，宽向真实应变 ε_b 与厚向真实应变 ε_t 之比，即 $r=\varepsilon_b/\varepsilon_t$。$r$ 值的大小反映平面方向和厚度方向变形难易程度的比较。r 值越大，板平面方向越容易变形，而厚度方向上较难变形，说明材料不容易变薄和起皱，这对冲压成形非常有利。

6）塑性应变比平面各向异性度 Δr。经轧制后板料的力学、物理性能在板平面内出现各向异性，称为塑性应变比平面各向异性。通常顺着纤维方向的塑性指标高于其他方向，因此沿板料不同方向得到的成形极限将不相同。拉深件拉深后口部不齐，出现“凸耳”，就是由板料的各向异性而引起的。

塑性应变比平面各向异性度 Δr 可用塑性应变比 r 在沿轧制纹向的 r_0、45°方向的 r_{45} 和 90°方向的 r_{90} 来表示，即

$$\Delta r = \frac{r_0 + r_{90} - 2r_{45}}{2}$$

由于 Δr 会增加冲压工序（切边工序）和材料的消耗，影响冲压件质量，因此生产中应尽量降低 Δr 值。

2. 材料的化学成分和组织

不同的化学成分表现出的力学性能不同。冲压用的板料，硫和磷的含量不允许超过规定的值，否则容易造成脆性，影响冲压件的质量。

3. 对材料厚度公差的要求

材料的厚度公差应符合国家规定的标准。因为模具间隙主要由材料厚度决定，如果材料厚度公差不符合国家标准，而模具间隙又按国家标准选取，其结果不仅影响冲压件的质量，还可能损坏模具和压力机。

4. 对材料表面质量的要求

材料表面应光洁平整，无机械性质的损伤，无锈斑及其他附着物。表面质量好的材料，冲压时不易破裂，不易擦伤模具，所得产品表面质量好。

1.3.2 常用冲压材料及下料方法

1. 常用冲压材料及规格

（1）常用冲压材料 常用冲压材料有金属材料和非金属材料，主要是经热轧或冷轧的金属材料。金属材料又分为黑色金属及其合金和有色金属及其合金两类。

常用的黑色金属及其合金如下：

1）碳素结构钢，如 Q195、Q235 等。

2）优质碳素结构钢，如 08、10、20、15Mn、20Mn 等。

3）低合金高强度结构钢，如 Q355 等。

4）电工硅钢板，如 DR510、DR440 等。

5）不锈钢，如 12Cr13 等。

常用的有色金属及其合金如下：

1）铜及铜合金，如 T1、T2、H62、H68 等。它们的塑性、导电性与导热性均很好。

2）铝及铝合金，如 1060、1050A、3A21、2A12 等。它们有较好的塑性，变形抗力小。

此外还有镁锰合金板、锡磷青铜板、钛合金板及镍铜合金板等。

非金属材料有胶木板、橡胶、塑料板等。

（2）冲压常用金属材料的供应规格 常用的有各种规格的宽钢带、钢板、纵切钢带等，轧钢厂均有成品提供，如图 1-10a～c 所示。GB/T 708—2019 规定了冷轧钢板和钢带的尺寸、外形、质量及允许偏差。钢带是指成卷交货、轧制宽度不小于 600mm 的宽钢带；钢板是指由宽钢带横切而成（图 1-10d），并按板状交货；纵切钢带是指由宽钢带纵切而成（图 1-10e），并成卷发货，主要用于大量生产，由开卷机和送料器组成自动送料装置实现自动冲压。

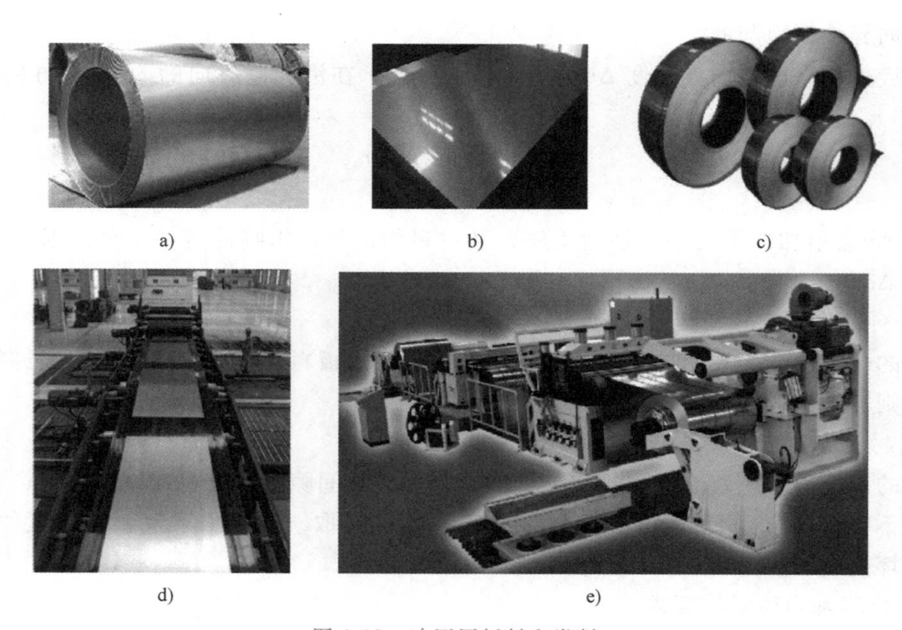

图 1-10　冲压用板料和卷料

a）宽钢带　b）钢板　c）纵切钢带　d）横切机组　e）分条（纵切）机组

GB/T 708—2019 规定钢板和钢带的尺寸范围如下：

1）钢板和钢带（含纵切钢带）的公称厚度为不大于 4.0mm，公称厚度在 1mm 以下的钢板和钢带推荐的公称厚度按 0.05mm 倍数的任何尺寸；公称厚度不小于 1mm 的钢板和钢带推荐的公称厚度按 0.1mm 倍数的任何尺寸。

2）钢板和钢带推荐的公称宽度为不大于 2150mm，有按 10mm 倍数的任何尺寸。

3）钢板的公称长度为 1000~6000mm，推荐的公称长度按 50mm 倍数的任何尺寸。

4）根据需方要求，经供需双方协商，可以供应其他尺寸的钢板和钢带。

实际应用时一般根据需要选用，并可查阅其他金属板料的标准。

扩展阅读

1）根据 GB/T 8541—2012 的规定，厚度为 5mm 以上的板料为厚板，厚度为 3~5mm 的板料为中板，厚度在 3mm 以下的板料为薄板。

2）冲压用的原材料为轧钢厂轧制成形，轧钢厂是冲压厂的上游企业，是提供原材料的企业。图 1-11 所示为从矿石到冲压产品的过程。

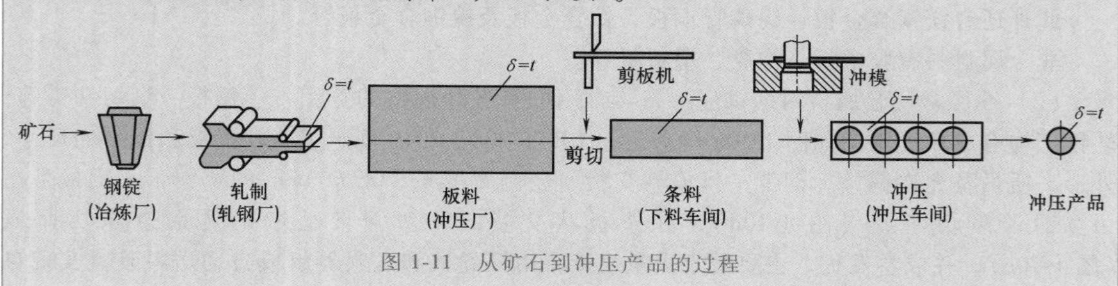

图 1-11　从矿石到冲压产品的过程

2. 冲压材料的下料方法

从市场购得的板料需要根据冲压件的尺寸大小剪切成各种规格的条料，才能进行冲压，即所谓的下料。下料工序一般是首道工序，通常在冲压厂的下料车间完成，是冲压前的毛坯制备工序。常见的下料方法如下：

（1）剪板机下料　剪板机是借助运动的上刀片和固定的下刀片，对各种厚度的金属板料施加剪切力，使板料按所需尺寸断裂分离的设备。剪板机有液压剪板机、机械剪板机等，是冲压厂最常见的下料设备，主要用于板料的直线剪切。液压剪板机主要用于厚料的剪切，机械剪板机主要用于薄料的剪切。剪板机如图1-12所示。

a)　　　　　　b)

图1-12　剪板机

a）数控液压剪板机　b）机械剪板机

（2）圆盘剪床下料　圆盘剪床的主要功能是将宽钢带卷沿长度方向（即纵向）剪切成较窄的一定尺寸的窄钢带卷，或将板料剪切成条料。圆盘剪床有多对圆盘刀同时剪切板料，因此效率很高。圆盘剪床如图1-13所示。

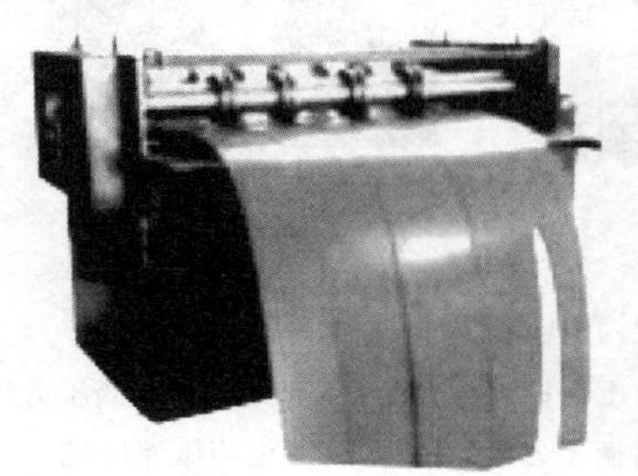

图1-13　圆盘剪床

（3）其他下料方法　上述两种剪床常用于剪切直线边缘的板料毛坯。当需要异形毛坯时，或在生产批量不大或试制新产品时，可选择激光切割机、等离子切割机、高压水切割机、电火花线切割机、电冲剪等进行下料。尤其是电冲剪，携带方便，操作简单，使用时非常灵活，可以切割出任意形状的板料毛坯。电冲剪切割如图1-14所示。

图1-14　电冲剪切割

1.4　冲压设备

冲压设备是完成冲压加工的三要素之一。冲压设备的选择需考虑冲压工序的性质、冲压力的大小、模具结构型式、模具几何尺寸，以及生产批量、

生产成本、产品质量等诸多因素，并结合现有设备条件进行。

冲压设备的种类繁多，分类方法也多。按照滑块驱动力不同有机械压力机、液压机和气压机等；按照床身的结构不同有开式压力机和闭式压力机等；按照滑块数量不同有单动（一个滑块）压力机、双动（两个滑块）压力机等；按照连杆数量不同有单点（一个连杆）压力机、双点（两个连杆）压力机、四点（四个连杆）压力机等。使用最多的冲压设备是机械传动的曲柄压力机，其次是液压机。伺服电动机驱动的伺服压力机的使用越来越普遍，也代表了冲压设备未来的发展方向。部分压力机如图 1-15 所示。

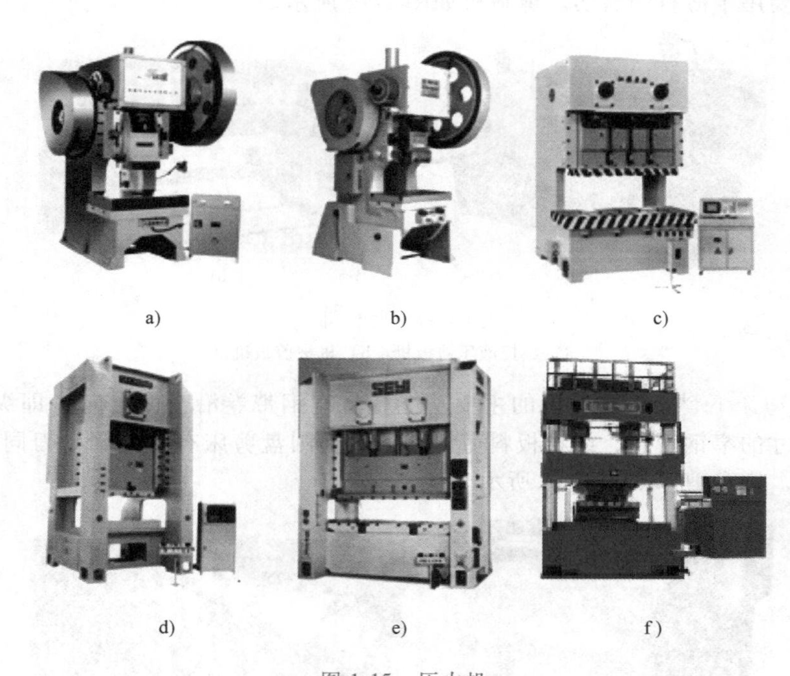

图 1-15 压力机

a）开式固定台曲柄压力机 b）开式可倾曲柄压力机 c）宽台面开式双点曲柄压力机 d）闭式单点曲柄压力机 e）闭式双点曲柄压力机 f）单动薄板冲压液压机

开式曲柄压力机由于床身的 C 形结构，冲压时床身的变形较大，压力机的精度会受到影响，因此吨位不能太大，主要用于小型冲压件的冲压，但其操作比较方便，可以三面送料。常见的典型结构有开式固定台曲柄压力机（图 1-15a）和开式可倾曲柄压力机（图 1-15b）。图 1-15c 所示为适应大面积薄板冲裁及高效自动化级进模生产的宽台面开式双点曲柄压力机。闭式曲柄压力机具有封闭的框架床身结构，能承受较大的力，因此大吨位的压力机均采用闭式床身结构。闭式曲柄压力机主要用于大中型冲压件的冲压。液压机工作平稳，能提供较大的工作压力，尤其适用于厚板的拉深和成形。

本节主要介绍冲压生产中广泛应用的曲柄压力机。

1. 曲柄压力机工作原理及主要组成

图 1-16 所示为开式可倾曲柄压力机的组成及工作原理。它主要由工作机构、传动系统、操作系统、支承部件、辅助系统和附属装置组成。冲压前将模具的上模部分固定在压力机的滑块上，下模部分固定在压力机的工作台上。压力机的工作

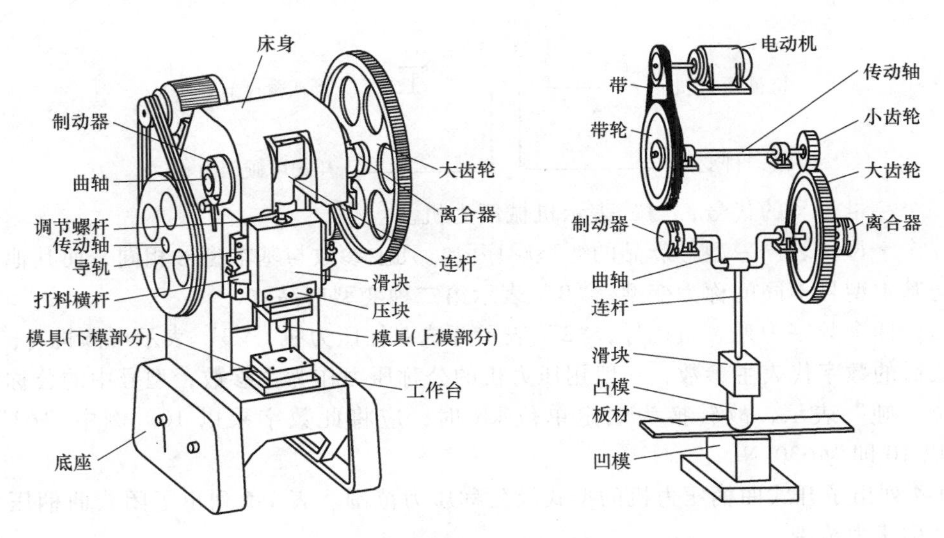

图 1-16 开式可倾曲柄压力机的组成及工作原理

过程是：电动机的动力通过大、小带轮带动传动轴转动，进而带动大、小齿轮转动，当离合器的状态为合时，齿轮的旋转运动通过曲轴（柄）和连杆带动滑块上下往复运动，完成冲压工作。

（1）工作机构 如图 1-17 所示，由曲柄 5、连杆（3 和 4 组成）和滑块 2 组成曲柄滑块机构，其作用是将旋转运动转化为滑块的上下往复运动，以此带动安装于滑块上的上模完成冲压工作。连杆由调节螺杆 3 和连杆体 4 通过螺纹连接而成，由于是螺纹连接，其长度可调，使得同一台设备可以适合不同高度的模具。滑块内有打料横杆 1，模具的上模部分利用模柄夹持块 6、夹紧螺钉 7 和顶紧螺钉 8 固定在滑块上。

（2）传动系统 传动系统主要由带传动、齿轮传动等机构组成，其作用是将电动机的运动和能量按照一定的要求传给曲柄滑块机构。

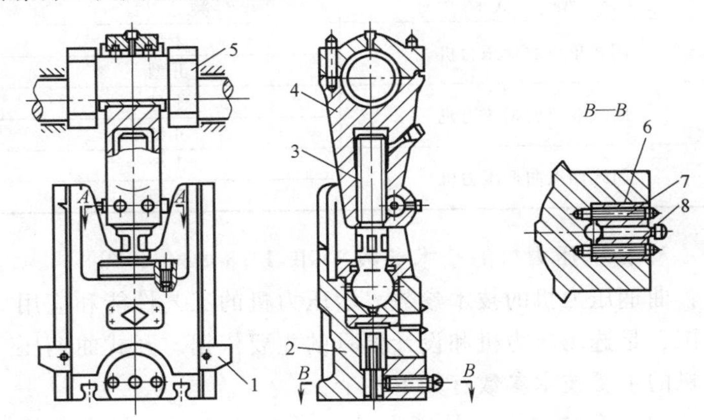

图 1-17 压力机曲柄滑块机构图

1—打料横杆 2—滑块 3—调节螺杆 4—连杆体
5—曲柄 6—模柄夹持块 7—夹紧螺钉 8—顶紧螺钉

（3）操作系统 操作系统主要由空气分配系统、离合器、制动器、电气控制箱等组成。

（4）支承部件 支承部件主要为床身。开式可倾曲柄压力机的支承部件由床身和底座组成。

（5）能源系统 能源系统由电动机、飞轮等组成。

此外，压力机还有多种辅助系统和附属装置，如气路系统和润滑系统，安全保护装置以及气垫等。

2. 曲柄压力机的型号及公称压力范围

曲柄压力机的型号用汉语拼音字母、英文字母和数字表示，如 JB23-63 型号的意义如下：

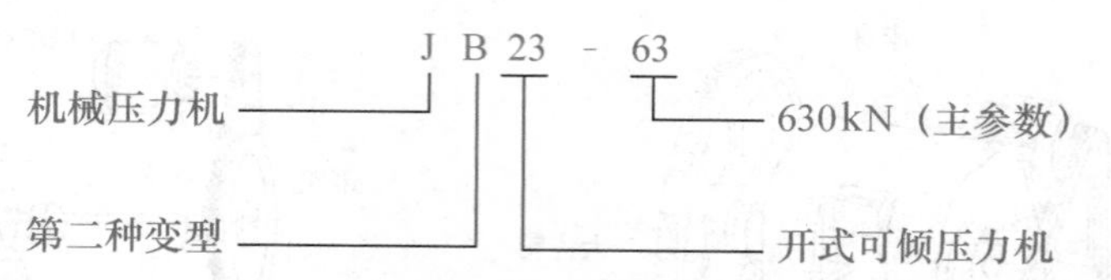

第一个字母为类的代号，“J”表示机械压力机。

第二个字母代表同一型号产品的变型顺序号。凡主参数与基本型号相同，而其他某些次要参数与基本型号不同的称为变型。“B”表示第二种变型产品。

第三、四个数字为列、组代号，“2”表示开式双柱压力机，“3”表示可倾机身。

横线后的数字代表主参数，一般用压力机的公称压力作为主参数，型号中的公称压力用工程单位“吨”表示，故转换为法定单位 kN 时，应将此数字乘以 10。例中“63”代表 63t，乘以 10 即为 630kN。

表 1-4 列出了开式曲柄压力机的型式及公称压力范围。表 1-5 列出了闭式曲柄压力机的型式及公称压力范围。

表 1-4　开式曲柄压力机的型式及公称压力范围（GB/T 14347—2009）

型　式	类　别	公称压力范围/kN
开式可倾曲柄压力机	标准型(Ⅰ类)	40~1600
	短行程型(Ⅱ类)	250~1600
	长行程型(Ⅲ类)	250~1600
开式固定台曲柄压力机	标准型(Ⅰ类)	250~3000
	短行程型(Ⅱ类)	250~3000
	长行程型(Ⅲ类)	250~3000

表 1-5　闭式曲柄压力机型式及公称压力范围（JB/T 1647.1—2012）

型　式	类　型	公称压力范围/kN
闭式单点曲柄压力机	Ⅰ型	1600~20000
	Ⅱ型	1600~10000
闭式双点曲柄压力机	Ⅰ型	1600~50000
	Ⅱ型	1600~16000
闭式四点曲柄压力机	Ⅰ型	4000~25000
	Ⅱ型	4000~10000

3. 曲柄压力机的技术参数（GB/T 23482—2009）

曲柄压力机的技术参数表示压力机的工艺性能和应用范围，是选用压力机和设计模具的主要依据。开式曲柄压力机的主要技术参数有如下几个：

（1）公称力 F　是指滑块上所允许承受的最大作用力。曲柄滑块机构运动简图如图 1-18 所示。例如 J31-315 压力机的公称力为 3150kN，是指滑块离下死点 10.5mm 时滑块上所允许承受的最大作用力。公称力已经系列化。

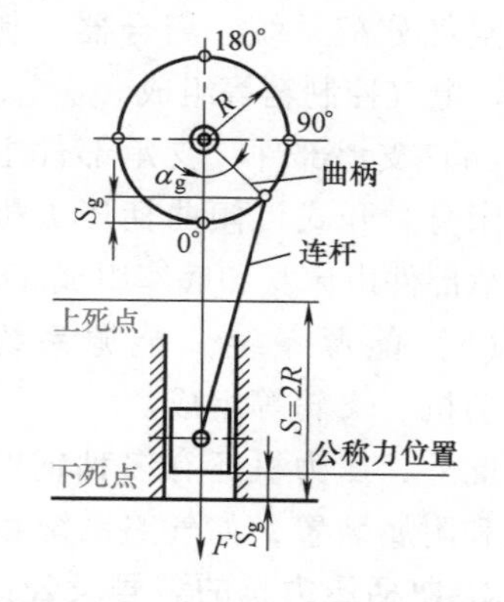

图 1-18　曲柄滑块机构运动简图

公称力并不是发生在整个滑块行程中，而是随着滑块行程在变化，通常是指滑块离下死点前某一特定距离（此特定距离称为公称力行程 S_g）或曲柄旋转到离下死点前某一特定角度（此特定角度称为公称力角 α_g）时，滑块所承受的力。

（2）滑块行程 S　是指滑块从上死点到下死点所经过的距离，其大小随工艺用途和公称力的不同而不同。例如 J31-315 压力机的滑块行程为 315mm，JB23-63 压力机的滑块行程为 100mm。

（3）滑块行程次数 n　是指滑块每分钟从上死点到下死点，然后再回到上死点所往复的次数。例如 J31-315 压力机滑块的行程次数为 20 次/min。行程次数的大小反映了生产率的高低。

（4）压力机最大装模高度 H_{max}　最大装模高度如图 1-19 所示，是指压力机封闭高度调节机构处于上极限位置（即连杆长度调到最短）和滑块处于下死点时，滑块底面至工作台垫板上平面之间的距离。压力机装模高度调节装置所能调节的距离（即连杆长度调节量）称为压力机装模高度调节量 ΔH。例如 J23-63 压力机的最大装模高度是 310mm，装模高度调节量是 80mm。

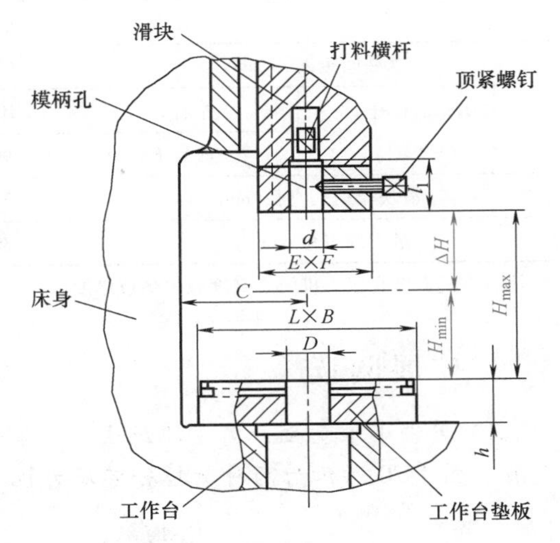

图 1-19　压力机技术参数

（5）工作台板尺寸（$L \times B$）、滑块底面尺寸（$E \times F$）及喉口深度 C　这些参数与模具外形尺寸及模具安装方法有关，通常需留给模具足够的安装位置。

（6）模柄孔尺寸　当模具用模柄与压力机相连时，模柄的直径及模柄露出上模座的高度应与滑块模柄孔的尺寸 d 和 l_1 相协调。

表 1-6 列出了部分开式曲柄压力机的基本参数，其余压力机的基本参数请查阅 GB/T 14347—2009。

表 1-6　部分开式曲柄压力机的基本参数（GB/T 14347—2009 中部分数据）

基本参数名称			基本参数值														
			Ⅰ	Ⅱ	Ⅲ	Ⅰ	Ⅱ	Ⅲ	Ⅰ	Ⅱ	Ⅲ	Ⅰ	Ⅱ	Ⅲ	Ⅰ	Ⅱ	Ⅲ
公称力 F/kN			40			63			100			160			250		
公称力行程 S_g/mm	直接传动		1.5	—	—	2	—	—	2	—	—	2	—	—	2	—	—
	齿轮传动		—	—	—	—	—	—	—	—	—	—	—	—	3	1.6	3
滑块行程 S/mm	可调	最大	50	—	—	56	—	—	63	—	—	71	—		80	—	—
		最小	6	—	—	8	—	—	10	—	—	12	—		12	—	—
	固定		50	—	—	56	—	—	63	—	—	71	—	—	80	40	100
滑块行程次数 n/（次/min）	可调	最大	250	—	—	180	—	—	150	—	—	120	—		130	180	100
		最小	100	—	—	80	—	—	70	—	—	60	—		70	95	55
	固定		200	—	—	160	—	—	135	—	—	115	—	—	100	—	100
最大装模高度 H/mm			125			140			160			180			230		
装模高度调节量 ΔH/mm			32			35			40			45			50		
滑块中心线至机身距离（喉口深度）C/mm			135			150			165			190			210		

（续）

基本参数名称		基本参数值														
		Ⅰ	Ⅱ	Ⅲ	Ⅰ	Ⅱ	Ⅲ	Ⅰ	Ⅱ	Ⅲ	Ⅰ	Ⅱ	Ⅲ	Ⅰ	Ⅱ	Ⅲ
工作台板尺寸/mm	左右 L	350			400			450			500			700		
	前后 B	250			280			315			335			400		
工作台板厚度 h/mm		50	—	—	60	—	—	65	—	—	70	—	—	80	90	80
工作台孔尺寸/mm	左右 L_1	130			150			180			220			250		
	前后 B_1	90			100			115			140			170		
	直径 D	100			120			150			180			210		
立柱间距离 A/mm		110			130			160			200			250		
滑块底面尺寸/mm	左右 E	100			140			170			200			250		
	前后 F	90			120			150			180			220		
滑块模柄孔直径/mm		30			30			30			40			40		
最大倾斜角 α/(°)		30			30			30			30			30		

注：装模高度是压力机闭合高度减去垫板厚度。

扩展阅读

1）单件小批量生产需要冲压生产具有一定的柔性，因此近年来数控冲压得到了快速发展。图 1-20 所示为两种数控转塔压力机示意图。数控冲压的详细内容见本书第 11 章。

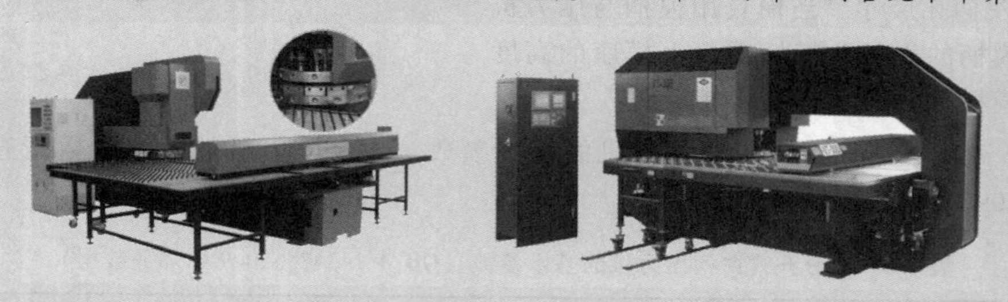

图 1-20　两种数控转塔压力机示意图

2）随着汽车、电子、仪器仪表等行业的快速发展，高性能、高精度、高速度的压力机的应用越来越多，冲压自动生产线也得到了快速发展。值得骄傲的是在所有汽车工艺装备中，只有国产冲压设备达到了国际一流水平，这就是济南二机床集团有限公司的大、重型锻压设备。济南二机床现已具备了设计制造公称力达 75000kN 超重型闭式多工位压力机的能力，并已成功地为美国、墨西哥等国家制造了多台公称力为 20000~50000kN 的重型多工位、级进模生产线。图 1-21 所示为 2005 年美国 DANA 公司的 5000t 重型多工位压力机。图 1-22 所示为 2011 年研制的出口美国的代表国际水平的全自动高速冲压生产线。

此外，在代表冲压设备发展方向的伺服压力机上，济南二机床 2012 年研制出国内第一台具有自主知识产权的大型伺服压力机，2016 年研制出国内首条全伺服高速自动化冲压线并在上海通用武汉基地交付使用。

图 1-21 5000t 重型多工位压力机

图 1-22 全自动高速冲压生产线

1.5 冲模常用标准

1.5.1 冲模标准化意义

冲模标准是指在冲模设计与制造中应该遵循和执行的技术规范。冲模标准化是模具设计与制造的基础，也是现代冲模生产技术的基础。冲模标准化的意义有以下几个方面：

1）可以缩短模具设计与制造周期，提高模具制造质量和使用性能，降低模具成本。因为模具结构及制造精度与冲压件的形状、尺寸精度及生产批量有关，所以冲模的种类繁多而且结构十分复杂。比如精密级进模的模具零件有上百个（甚至更多），使得模具的设计与制造周期很长。而实现模具标准化后，所有的标准件都可以外购，从而减少了模具零件设计与制造的工作量，缩短了模具的制造周期。

模具零件实现标准化后，模具标准件由专业厂家大批量生产代替各模具厂家单件和小规模生产，保证了模具设计和制造中必须达到的质量规范，提高了材料利用率，因此模具标准化程度的提高可以有效地提高模具质量和使用性能，降低模具成本。

2）模具标准化有利于模具工作者摆脱大量重复的一般性设计，将主要精力用来改进模具结构，解决模具关键技术问题，进行创造性劳动。

3）模具标准化有利于模具的计算机辅助设计与制造，是实现现代化模具生产技术的基础，可以这样说，没有模具标准化就没有模具的计算机辅助设计与制造。

4）模具标准化有利于国内、国际的商业贸易和技术交流，增强企业、国家的技术经济实力。

1.5.2 冲模常用标准简介

目前我国在冲压行业中推广使用的标准主要是经国家技术监督局、国家标准化管理委员会和中华人民共和国工业和信息化部批准发布的国家标准（GB）和机械行业标准（JB）。另外还有国际标准化组织（ISO）批准发布 ISO/TC 29/SC 8 制定的冲模和成形模标准、地方政府组织发布的地方标准、社会团体发布的团体标准和企业组织发布的企业标准，见表 1-7。目前，我国在模具行业中推广使用最广泛的模具标准是前三类。

表 1-7 模具行业的标准类型

序号	类别	发布单位	归口单位	备注
1	国际标准(IS)	国际标准化组织(ISO)	ISO/TC 29/SC 8 国内技术对口单位(桂林电器科学研究院有限公司)	有一些 ISO 标准已经被采标成我国国家标准
2	国家标准(GB/T)	国家市场监督管理总局、国家标准化管理委员会	全国锻压标准化技术委员会(锻压工艺) 全国模具标准化技术委员会(锻压模具)	GB/T 是推荐性国家标准,模具行业暂时没有强制性国家标准(GB)
3	行业标准(JB)	中华人民共和国工业和信息化部		JB 是机械行业标准
4	地方标准	各地方政府	各地方政府标准化部门	
5	团体标准	各社会团体	协会所属的标准化组织	如中国机械工业联合会
6	企业标准	企业	企业标准化部门	

除此之外，由于一些企业从国外引进了大量级进模与汽车覆盖件模具，国外冲模标准也在我国一些企业中应用，如日本三住商事株式会议（MISUMI）的 MISUMI 标准、德国 HASCO 标准、美国 DME 标准等。由于篇幅的原因，这里只介绍常用的 GB 和 JB。

表 1-8 列出了部分现行的冲压工艺及冲模常用标准，需要时可根据标准代号进行查询。

扩展阅读

1）由于标准需要及时更新，因此表 1-8 所列标准会在一段时间后进行修订（修订时，标准号不变），最新标准代号可以在 http：//www.csres.com/（工标网）上查询。

2）我国的标准化历史悠久，“书同文，车同轨”，就是秦始皇统一中国后实行的一套严格而标准的管理制度，开启了中国统一的多民族国家发展的辉煌历程。而国外标准化发展史较之我国标准化发展史短。

3）1946 年 10 月，25 个国家标准化机构的代表在伦敦召开大会，宣告国际标准化组织（ISO）成立。大会起草了 ISO 的第一个章程和议事规则，并认可通过了该章程草案。1947 年 2 月 23 日，国际标准化组织正式成立。

4）由我国主导制定的首个模具相关 ISO 国际标准 ISO/DIS 21223，Tools for pressing—Vocabulary《冲模 术语》于 2019 年 12 月正式发布，实现了我国模具标准国际化的零突破，在国际标准中有了话语权。

表 1-8 冲压工艺及冲模常用标准

标准名称	标准代号	标准名称	标准代号
冲模术语	GB/T 8845—2017	冲模 模架零件 技术条件	JB/T 8070—2020
冲压件尺寸公差	GB/T 13914—2013	冲模模架精度检查	JB/T 8071—2008
冲压件角度公差	GB/T 13915—2013	冲模模架技术条件	JB/T 8050—2020
冲压件形状和位置未注公差	GB/T 13916—2013	冲模滑动导向模座 第 1 部分:上模座	GB/T 2855.1—2008
冲压件未注公差尺寸极限偏差	GB/T 15055—2021	冲模滑动导向模座 第 2 部分:下模座	GB/T 2855.2—2008
冲压件毛刺高度	GB/T 33217—2016	冲模滚动导向模座 第 1 部分:上模座	GB/T 2856.1—2008
冲裁间隙	GB/T 16743—2010	冲模滚动导向模座 第 2 部分:下模座	GB/T 2856.2—2008
金属冷冲压件 结构要素	GB/T 30570—2014	冲模模板	JB/T 7643.1～7643.6—2008
金属冷冲压件 通用技术条件	GB/T 30571—2014	冲模导向装置	JB/T 7645.1～7645.8—2008
精密冲裁件 第 1 部分:结构工艺性	JB/T 9175.1—2013	冲模模柄	JB/T 7646.1～7646.6—2008
精密冲裁件 第 2 部分:质量	JB/T 9175.2—2013	冲模导正销	JB/T 7647.1～7647.4—2008
精密冲裁件 工艺编制原则	GB/T 30572—2014	冲模侧刃和导料装置	JB/T 7648.1～7648.8—2008
金属板料压弯工艺设计规范	JB/T 5109—2001	冲模挡料和弹顶装置	JB/T 7649.1～7649.10—2008
金属板料拉深工艺设计规范	JB/T 6959—2008	冲模卸料装置	JB/T 7650.1～7650.8—2008
冲模技术条件	GB/T 14662—2006	冲模废料切刀	JB/T 7651.1～7651.2—2008
精冲模 技术条件	GB/T 30218—2013	冲模限位支承装置	JB/T 7652.1～7652.2—2008
冲模 零件 技术条件	JB/T 7653—2020	冲模 圆柱头直杆圆凸模	JB/T 5825—2008
冲模 热冲压模 技术条件	JB/T 14010—2010	冲模 圆柱头缩杆圆凸模	JB/T 5826—2008
冲模滑动导向模架	GB/T 2851—2008	冲模 60°锥头直杆圆凸模	JB/T 5827—2008
冲模滚动导向模架	GB/T 2852—2008	冲模 60°锥头缩杆圆凸模	JB/T 5828—2008
冲模滑动导向钢板模架	GB/T 23565.1～23565.4—2009	冲模 球锁紧圆凸模	JB/T 5829—2008
冲模滚动导向钢板模架	GB/T 23563.1～23563.4—2009	冲模 圆凹模	JB/T 5830—2008

1.6 我国冲压行业的现状、“十四五”期间的重点任务和主要发展方向

1.6.1 我国冲压行业的现状

冲压行业是我国制造业的基础，涵盖了汽车、家电、农机、工程机械、电子电气、通信、轨道交通、航空航天、医疗装备、能源化工以及相关的装备制造等行业。目前，汽车冲压企业仍是我国冲压行业的主体，但冲压行业的新发展，已更多地外延至其他行业领域。“十三五”期间冲压行业得到了稳步发展，主要体现在如下方面：

1）产业链逐步发展完善，专业化水平不断提升，先进冲压工艺技术得到快速发展和应用。冲压行业紧跟汽车产业集群的发展，形成了东北、京津冀、长三角、珠三角、华东地区、中部地区、西南地区等区域产业集群，并带动上下游产业链的发展。行业企业开始重视聚焦细分市场，发挥技术特点，各取所长，走专业化发展道路。

一批新的先进冲压成形技术获得广泛的开发和应用，如高强度钢热成形技术、管材液压成形技术、铝合金成形技术、精冲技术、辊压成形技术等发展迅速。组合冲压工艺技术及冲压连接技术也得到了发展应用，冲焊、冲铆复合加工技术的应用扩大了冲压加工产品的范围，提高了产品质量和综合效益。冲压件之间无铆钉连接、有铆钉连接，冲压扩散连接技术等的应用，提高了材料利用率，降低了产品成本等。

2）国产冲压材料技术得到一定发展，冲压产品结构整体化、模块化，材料多元化、轻量化。用于冲压零部件生产的高强度钢、热成形钢、铝合金、钛合金、碳纤维等先进材料都有了国产化品种，并在轿车车身中得到了越来越广泛的应用。精冲材料绝大部分实现国产化。

冲压产品结构上呈整体化、模块化发展，如汽车车身冲压件整体化设计，整体侧围、整体地板、整体门板等。冲压零部件材料-结构-性能一体化设计成为趋势。高强度钢、热成形钢、铝合金、钛合金、内高压空心管件等轻量化材料及产品结构普遍应用。

3）冲压生产自动化、数字化、信息化水平进一步提高，计算机模拟仿真技术在行业广泛应用。先进冲压车间以高度自动化的冲压生产线为主体，实现了生产线上从板料拆垛开始的零件生产、搬运输送等环节的互联互通和自动化、无人化生产。冲压设备数控程度、自动化控制能力普遍提高，设备具有远程监控诊断功能。一些先进冲压工厂都有信息管理系统，可进行板料至冲压件入库的全过程管理和控制。ERP、MES 等信息化系统在中小冲压企业也逐步得到应用。

计算机模拟仿真成为冲压产品设计、模具设计、工艺设计的必要手段，获得广泛应用。冲压全工序模拟、精细模拟、回弹预测等板材成形有限元分析，已成为现代金属板材成形产品设计和工艺开发不可或缺的手段。冲压生产线运动曲线的干涉模拟应用也逐渐变得普遍。

4）冲压模具设计制造水平全面提升。冲压模具在大型、精密等方向进步明显，精密大型模具和多功能高效模具的技术水平不断提高。到 2020 年，我国已能生产超大、超

小、精密、复杂、高效、长寿命、智能化的高技术含量模具，包括与高速压力机配套的精度为 0.1μm、寿命为 4 亿次和转速为 4000r/min 的硬质合金多工位级进模。以汽车结构件、工业电机铁心成形模具等为代表的大型复杂级进冲模已能实现一模多件、模内自动铆装产品组合一体化的功能；大型汽车零部件级进冲压技术日趋成熟，高速、高可靠性成为精密级进冲模的重要特征。以汽车座椅调节器、汽车变速器壳体为代表的厚板精冲复合模技术及以新能源车电池芯结构件为代表的薄板高速冲压技术已成为模具制造企业有竞争力的重要技术。

车身冲模制造能力和水平具有世界竞争力。高速五轴加工技术、全工序 CAE 及模面强压间隙处理技术、激光及中频表面强化技术等先进技术全面应用于汽车车身模具企业，一汽模具、天汽模具、上海赛科利、东风模具、成飞集成等领军模具企业采用集约化、协同合作研制的 C 级轿车覆盖件模具，特别是高强度钢板、超高强度钢板、全铝板车身模具的研发制造技术已逐渐成熟。中档以上轿车全套覆盖件模具、装载在冲压自动线上的智能化模具、单套重量达到 100t 的超大型复杂冲模已在重点骨干模具企业制造。轿车侧围、翼子板、车门等大型汽车外覆盖件模具完全可以实现国产化并实现出口。数字化模具技术在大型汽车模具设计制造中得到了广泛应用。

5）冲压成形装备技术得到了快速发展，支持了冲压行业的进一步发展。国内已有多家冲压设备企业成功开发生产了大型伺服机械压力机，打破了大型伺服机械压力机国外生产厂垄断的局面。2017 年 1 月，由国内冲压设备生产企业自主研制的国内首条全伺服高速自动冲压线在武汉用户基地全线贯通，正式交付使用。

大型多工位机械压力机和级进模压力机发展迅速。目前国内在用的大型多工位压力机（2000t 以上）国产化率在 50%以上，打破了国外垄断的局面。目前我国现有的热冲压生产线约 200 条，国产热成形设备占到 40%以上。我国的精冲设备设计及制造能力已初具规模，目前在用国产精冲机市场占有率约 40%。国内高速精密压力机取得较大发展，如微电机的定转子硅钢片、工业电机的定转子硅钢片、小型变压器硅钢片、空调翅片等零件的制造装备国产化已完全能够满足要求，大型高速压力机已生产到 550t 以上。引线框架及高精度接插件等行业所需要的高档高速超精密压力机也取得一定进步，但距离世界一流水平还有相当大的差距。

1.6.2 我国冲压行业存在的主要问题

“十三五”期间，虽然冲压行业规模和技术有了很大的发展和进步，但在核心精密冲压产品及高速、高精密装备方面我国与国际先进水平还存在一定差距。关键核心技术、行业软件与高端装备对外依存度高。主要问题具体表现在以下几方面：

1）冲压零部件企业发展与发达国家相比存在一定差距。冲压企业创新能力不足；信息化、数字化还处在起步阶段；零部件企业与上下游企业的沟通不够密切；冲压企业规模小，冲压件生产集中度低；冲压零部件企业在规模、技术、管理等方面缺少一批可以跟国外能力较强企业抗衡的领军企业。

2）行业基础核心技术存在短板与瓶颈。模具数字化设计制造技术已在我国模具企业获得广泛应用，但企业使用的 CAD 设计软件全部采用国外的 CAD 系统。模具设计模拟分析软件也有90%是国外软件。这些软件每套的租赁费用高达20万~40万元/年，而一些大型模具公司每年都要使用几十套CAE软件，不仅企业不堪重负，对行业的发展也有很大的潜在风险。

冲压材料技术还不能满足行业高质量发展的需求，如我国自主生产的先进高强度钢材、汽车外覆盖件用铝板材料、航空航天冲压钣金所需轻质合金材料、国产精冲材料等均与进口材料存在差距，不能满足高端客户的要求。超宽、超薄板等极限材料生产技术及能力也有待提高。

3）高端冲压装备仍需进口。与国外先进成形装备相比，我国冲压装备处于数控化、自动化阶段，信息化和数字化程度有待提高，难以适应轻量化、个性化、柔性化制造的需求。

国产装备的精度、效率、可靠性与国外的仍有差距，高端装备核心元器件和部分功能部件仍需要进口。例如：已实现国产化生产的伺服机械压力机线，其核心的伺服技术——大功率伺服电机、伺服驱动器及控制系统主要依赖进口；精冲、高速精密冲压、高速多工位深拉深设备及核心工艺、模具技术仍掌握在国外企业手中，国内高端零件供货企业仍主要使用进口设备；航空冲压领域关键冲压设备（如蒙皮拉深机、数控弯管机等）仍以进口为主。大型、精密、复杂、长寿命的模具大部分依赖进口。

4）行业所需各类人才匮乏，标准缺失、滞后，无法满足行业发展需求。

1.6.3 “十四五”期间冲压行业发展重点及主要发展方向

为解决冲压行业目前存在的问题，“十四五”期间，冲压行业发展的重点任务及主要发展方向如下：

1）提升产业基础能力，解决行业发展的短板和瓶颈问题。目前国内冲压技术的发展受材料发展的制约，“十四五”期间应重点研究开发冲压行业所需的基础材料，提高现有材料的质量，开发高性能新材料，使冲压行业所需的关键核心材料实现国产化并稳定供应。

开发具有我国自主知识产权的冲压行业核心工业软件。改变CAD/CAE核心工业软件全面被国外垄断的状态。

加强冲压装备基础零部件、核心技术的研发和国产化应用。使核心技术尽快国产化，技术水平达到国际水平，实现关键核心部件的自给自足。

2）提升行业自动化、信息化、数字化水平。打造产品全生命周期数字化管理，提高冲压车间（工厂）、冲压装备自动化、信息化、数字化水平。

3）研发应用先进冲压工艺技术。着力发展轻量化冲压成形技术，着力解决铝板的工艺及生产问题，突破热成形关键核心技术，重点研发复杂零件内高压成形技术，研发高速精冲成形技术，开展碳纤维等复合材料成形工艺研究及其他特种成形技术的研发和应用。

4）发展先进高端冲压装备，支持行业高质量发展。“十四五”时期的装备产品进一步向高精、高效、高可靠性和数字化、网络化方向转型发展。重点发展和研究伺服压力机和全伺服冲压生产线，高速液压机（包括高速试模液压机），高速化、高精度、高强板开卷的剪切线或落料线，精冲机技术及精冲模具、精冲工艺、精冲自动化装备，高端高速精密冲压机及核心技术，深拉深专机，新型大能量冲击液压成形设备，国防军工、航空航天、船舶、能源等战略领域重大工程与重点项目的高端装备和短板装备等，使关键设备和部件实现国产化并成熟应用，逐步打造国产品牌，并使高端装备的先进性和稳定性逐步达到国际领先水平。

5）开发高质量冲模，满足行业发展对模具的需求。由于冲压件自身的发展需求，冲模将继续沿着精密、复杂、大型化、柔性化方向进一步发展。为此需要着重研发高精密核心冲压件及模具、新能源汽车和轻量化新材料冲压件及模具，以及适合小批量、多品种的快速、柔性、低成本、高质量的模具，进一步提高模具及工艺数字化模拟的精确度，研究信息化、数字化技术在模具上的应用。

6）产业链协同发展提高产业竞争力。冲压行业在制造业中起着承上启下的作用，需要树立全局观念，上下游协同发展，扩展产业链、建立产业集群，加强企业和行业文化建设。行业协会和政府要长远规划，引导建立共性技术攻关平台，推动产业链上下游、大中小企业融通创新，提高行业技术水平和国际竞争力。

7）冲压企业走差异化、专业化发展道路。冲压企业应关注新业态、新产品、新市场，走差异化、专业化、精密化、精益化生产路线，走生产特色产品的发展之路。例如：汽车冲压企业要紧紧抓住汽车产业转型升级和工业互联网发展的战略机遇，完成数字化改造，大力推进“制造+互联网”，以最终实现智能化制造；家电冲压企业要冲、钣结合，冲、压结合，拓宽产业链，增加柔性，提供总成产品，提高产品附加值，全部实现切割+成形+焊接+喷涂连线自动化并实现柔性化生产。

除上述重点发展任务和主要发展方向外，“十四五”期间还需鼓励冲压行业积极创新，走绿色可持续发展的道路；大力实施人才战略，满足行业发展人才需求；加大产学研用力度，促进行业技术发展；制定行业标准和规范，引领行业健康有序地发展。

扩展阅读

1953年，长春第一汽车制造厂在国内首次建立了冲模车间，于1955年5月正式投产，1958年开始试制和生产红旗轿车和越野汽车所需的覆盖件模具，至此国内开始了制造汽车覆盖件模具的历史。2004~2005年，我国已能为A级轿车配套全套的车身模具。2007~2008年，我国已能为B级轿车配套全套的车身模具。

思考题

1. 什么是冲压？与其他加工方法相比有什么特点？
2. 为什么冲压加工的优越性只能在批量生产的情况下才能得到充分体现？
3. 冲压工序可分为哪两大类？它们的主要区别和特点是什么？
4. 试判断图1-23所示各零件所需的基本冲压工序。
5. 什么是材料的冲压成形性能？冲压成形性能主要包括哪些方面的内容？材料冲压成形性能良好的标

志是什么？

6. 什么是塑性应变比？它对板材拉深性能有何影响？
7. 简述曲柄压力机的工作原理和主要结构。

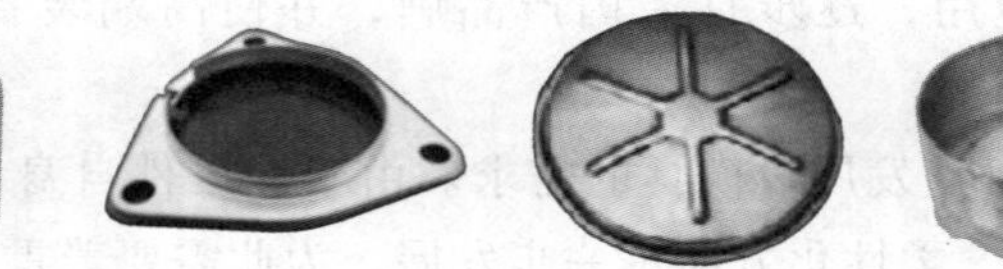
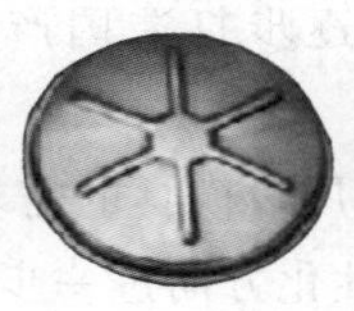

图 1-23 冲压件示例

第2章 冲压工艺基础理论

能力要求

☞能利用冲压工艺基本理论解释常见的冲压现象。

冲压所冲板料绝大多数为金属板料，冲压成形的理论基础是金属塑性成形理论。

2.1 塑性成形基本概念

1. 塑性与塑性成形

塑性是指金属在外力作用下，能稳定地发生永久变形而不破坏其完整性的能力。它是金属加工性能的重要指标。金属材料在外力作用下，利用塑性而成形并获得一定力学性能的制件的加工方法称为塑性成形，也称为塑性加工或压力加工。

金属的塑性大小不是固定不变的，在同一变形条件下，不同材料具有不同的塑性，同一种材料在不同的变形条件下也会出现不同的塑性。影响金属塑性的因素很多，除金属本身的晶格类型、化学成分和金相组织等内在因素外，受力状态、变形方式、变形温度、变形速度等外部因素对其塑性影响也很大。

2. 塑性指标

塑性指标是衡量金属材料塑性好坏的一种数量上的指标，通常以材料开始破坏时的极限塑性变形量来表示，可借助各种试验方法来测定。常用的试验方法有拉伸试验、压缩试验和扭转试验等，如利用拉伸试验可以测定材料的伸长率、断面收缩率等。此外还有模拟各种实际塑性加工过程的试验方法，如板料成形中常用的胀形试验（杯突试验）、拉深试验、弯曲试验和拉深-胀形复合试验等则可用于测量板料的胀形、拉深、弯曲、拉-胀复合成形的成形性能指标。

3. 变形抗力

变形抗力是指金属在一定变形条件下、单位面积上对抗变形的阻力。该力的大小反映金属塑性变形的难易程度，通常用单向应力状态（单向拉伸、单向压缩）下所测定的流动应力来表示。

4. 内力与应力

在外力作用下，金属体内产生的与外力相平衡的力即为内力，其值与外力大小相等，并随外力产生而产生，随外力消失而消失。单位面积上作用的内力称为应力。

冲压过程即为板料在设备和模具施加的外力作用下因内部产生的内力而引起的变形过程。

扩展阅读

图 2-1　不锈钢刀叉

1）金属材料的塑性与柔软性概念不同。塑性反映材料永久变形的能力，柔软性反映材料抵抗变形的能力，两者之间没有直接的联系。软的材料，塑性不一定好；同样，塑性好的材料不一定软。图 2-1 所示的不锈钢刀叉在室温下具有良好的塑性，但却不易变形，即变形抗力很大，柔软性差。

2）通常把室温附近的加工称为冷加工，把在再结晶温度以上的加工称为热加工，把稍高于室温而低于再结晶温度的加工称为温加工。对于锡和铅等低熔点的金属材料，其再结晶温度接近室温，它们从室温到熔点都具有良好的塑性，因而在常温下加工可以看成热加工；对于镁和钛等材料，它们在室温时塑性很差，很难进行塑性加工，但稍高于室温就能进行塑性加工，因此，这类金属的塑性加工常在温态下进行，即温加工。

2.2　塑性成形力学基础

1. 应力状态

塑性变形时金属的应力状态非常复杂。为了研究变形金属各部位的应力状态，通常在变形物体中任意取一点，以该点为中心截取一个微小的单元六面体，并在六面体各面上画出所受的应力和方向，这种图称为应力状态图，如图 2-2a 所示。如果按适当的方向截取正六面体，可以使该六面体各个面上只有正应力 σ 而无切应力 τ，则此应力状态图称为主应力图，如图 2-2b 所示。根据主应力方向及组合不同，主应力图共有九种，如图 2-3 所示。

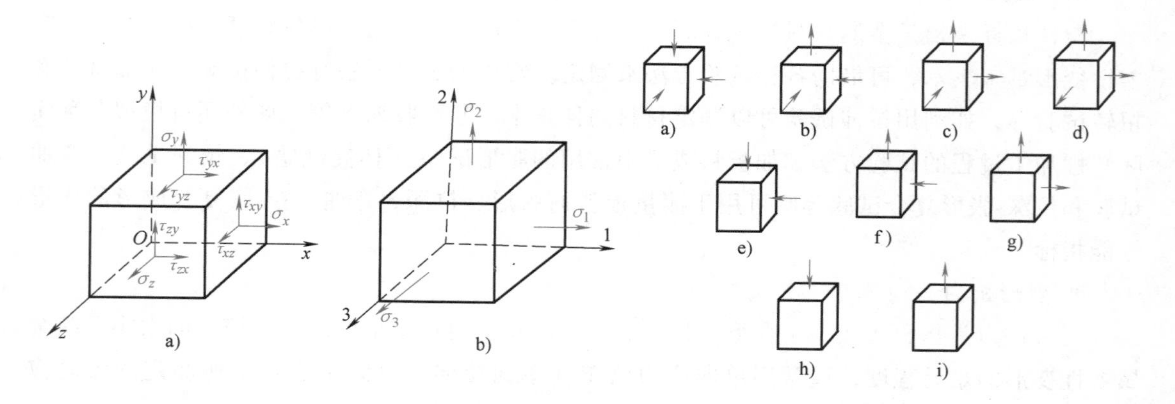

图 2-2　应力状态图

a）任意坐标系中　b）主轴坐标系中

图 2-3　九种主应力图

a）~d）空间应力　e）~g）平面应力

h）、i）单向应力

扩展阅读

应力状态对材料塑性影响很大，根据主应力图可定性比较某种材料采用不同的塑性成形工序加工时表现出来的塑性和变形抗力。通常，主应力图中压应力个数越多、数值越大则塑性越好。图2-3所示的主应力图中，三向压应力状态（图2-3a）下金属表现出的塑性最好，甚至脆性材料在三向压应力作用下也会表现出良好的塑性，如大理石在几千个大气压的侧压作用下进行压缩（图2-4）可以获得78%的变形程度，进行拉伸可得到25%的伸长率，并出现缩颈，表现出塑性材料的性质。而三向拉应力状态下金属表现出的塑性最差，如在一般情况下具有极好塑性的金属铅在三向等拉应力的作用下却会像脆性材料一样被破坏，而不产生任何塑性变形。

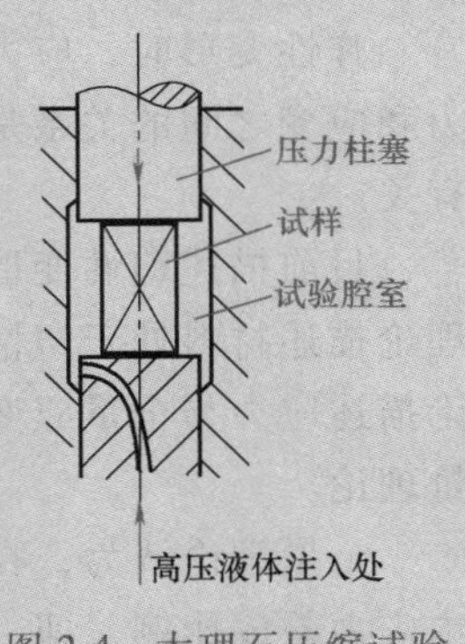

图2-4 大理石压缩试验

当三个主应力都相等时，即 $\sigma_1=\sigma_2=\sigma_3$，称为球应力状态。深水中的微小物体所处的状态就是该应力状态。习惯上常将三向等压应力称为静水压力。静水压力作用下的金属的塑性将提高，承受较大的塑性变形也不会破坏。静水压力越大，塑性提高越多，这种现象称为静水压效应。静水压效应对塑性加工很有利，应尽量利用。

2. 应变状态

物体受到外力后，其内部质点会产生相应的变形。应变是表示变形大小的一个物理量，与主应力状态对应的是主应变状态。尽管金属材料在塑性变形时会产生形状和尺寸的改变，但体积几乎不发生变化，因此，可以认为金属材料塑性变形时体积保持不变，即满足 $\varepsilon_1+\varepsilon_2+\varepsilon_3=0$，由此可知，不可能出现三个同向的主应变和单向应变，于是主应变状态图只能画出三种，如图2-5所示。

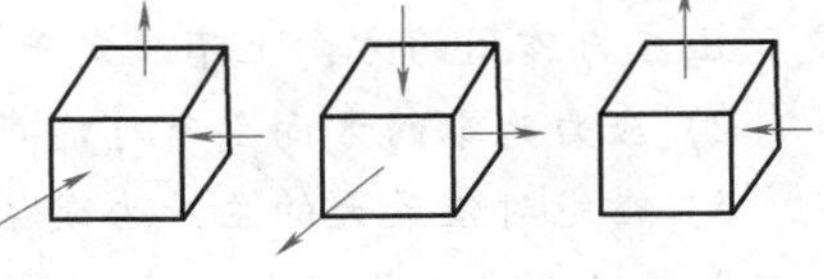
图2-5 主应变状态图

3. 屈服准则（塑性条件）

当变形金属中某点处于单向应力状态时，只要该点的应力达到材料的屈服强度，该点就处于塑性状态，即产生塑性变形。但当变形金属处于两向或三向应力状态下，显然不能用某一个方向上的应力分量来判断该质点是否进入塑性状态，而必须考虑其他应力的影响。研究表明，在一定的变形条件（变形温度、变形速度）下，只有各应力分量间符合一定关系时，质点才开始屈服，进入塑性状态，这种关系称为屈服准则，也称塑性条件或塑性方程，描述了受力物体中不同应力状态下的质点进入塑性状态并使塑性变形继续进行所必须遵守的力学条件。这种力学条件一般可表示为

$$\sigma_1-\sigma_3=\beta R_{eL} \tag{2-1}$$

式中，σ_1、σ_3 是代数值最大、最小的主应力（MPa），拉应力取正，压应力取负；R_{eL} 是材料的屈服强度（MPa）；β 是主应力影响系数，$\beta=1\sim1.155$；当 $\sigma_2=\sigma_1$ 或 $\sigma_2=\sigma_3$ 时（σ_2 为中间主应力），$\beta=1$；当 $\sigma_2=\frac{1}{2}(\sigma_1+\sigma_3)$ 时，$\beta=1.155$。

由式（2-1）可知，材料产生塑性变形主要取决于最大主应力与最小主应力之差，中间

主应力对塑性变形的影响不大（不超过15.5%R_{eL}）。在应力分量未知的情况下，β可取近似平均值1.1。

4. 塑性变形时应力应变关系

弹性变形时，应力与应变之间的关系是线性可逆的，与应变历史无关；塑性变形时，应力和应变之间的关系是非线性不可逆的，应变的大小不仅取决于应力的大小，还与应变历史有关。

目前描述塑性变形时应力与应变的关系主要有两大理论，即增量理论和全量理论。增量理论描述材料处于塑性状态时，塑性应变增量（或应变速率）与应力之间的关系；全量理论描述应力与全量应变的关系。由于增量理论在实际应用上有一定的不便，这里主要介绍全量理论。

全量理论认为，在简单加载（即各应力分量按同一比例增长）的条件下，主应变差与主应力差成比例，即

$$\frac{\varepsilon_1-\varepsilon_2}{\sigma_1-\sigma_2}=\frac{\varepsilon_2-\varepsilon_3}{\sigma_2-\sigma_3}=\frac{\varepsilon_3-\varepsilon_1}{\sigma_3-\sigma_1}=\lambda \tag{2-2}$$

由式（2-2）可以推出塑性变形时应力和应变之间的关系：

1）当$\varepsilon_1=\varepsilon_2$时，可以推出$\sigma_1=\sigma_2$。

2）当$\sigma_1>\sigma_2>\sigma_3$时，可以推出$\varepsilon_1>\varepsilon_2>\varepsilon_3$。

3）当$\varepsilon_2=0$时，可以推出$\sigma_2=(\sigma_1+\sigma_3)/2$。

扩展阅读

1）塑性变形时，应力与应变不是一一对应，即拉应力作用的方向上不一定产生拉应变，压应力作用的方向上不一定产生压应变。

2）应力为零的方向上有可能产生应变，应变为零的方向上有可能产生应力。

3）在绝对值最大的主应力或主应变方向，应力与应变一一对应，即在该方向上，最大的拉应力产生最大的拉应变，最大的压应力产生最大的压应变。

2.3 塑性成形基本规律

1. 加工硬化规律

通常冲压加工都是在常温下进行的，必然伴随着加工硬化，即随着塑性变形程度增加，金属的变形抗力（即每一瞬间的屈服强度R_{eL}）增加，硬度提高，而塑性和塑性指标（A、Z）降低。

冲压加工中，需辩证地看待加工硬化。一方面通过加工硬化可以减少过大的局部变形，使变形更趋均匀，利于提高材料的成形极限；另一方面加工硬化使材料的变形抗力增加，进一步塑性变形困难，甚至要在后续成形工序前增加退火工序。因此，必须研究和掌握加工硬化规律以及它们对冲压工艺的影响，使它们在实际生产中得到充分的应用。例如汽车冲压件，利用塑性变形来提高其强度和刚度，枪弹弹壳利用冲压后材料强度提高这一特性使弹壳顺利抽出等，都是加工硬化的应用。

表示变形抗力随变形程度增加而变化的曲线称为硬化曲线，又称真实应力曲线，可通过拉伸试验得到。真实应力曲线与材料力学中的条件应力曲线不同。条件应力曲线是加载瞬间的载荷除以变形前试样的原始截面积得到的，没有考虑变形过程中试样截面积的变化，显然不准确；而真实应力曲线是按各加载瞬间的载荷除以该瞬间试样的截面积得到的，因此，真实应力曲线能真实反映变形材料的加工硬化。应力曲线图如图 2-6 所示。

2. 卸载弹性恢复规律

如图 2-7 所示，在弹性变形范围 *OA* 段内，应力与应变的关系是直线函数关系，若在此范围内卸载，应力、应变仍按照线段 *OA* 回到原点，变形完全消失。但如果变形进入塑性变形范围 *AB* 段，如到达 *B*（σ，ε）点时卸载，应力、应变却按另一条直线 *BC* 段逐渐降低，不再重复加载以前的路径，而是与加载时弹性变形的直线段 *OA* 平行，直至载荷为零。此时加载时的总变形 ε 就分为两部分：ε_s 保留下来，成为永久变形；ε_t 则完全消失，此即为卸载后的弹性恢复现象。

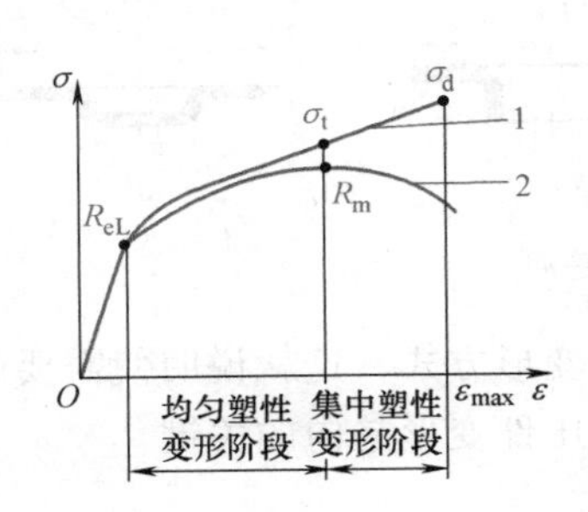

图 2-6　应力曲线图

1—真实应力曲线　2—条件应力曲线

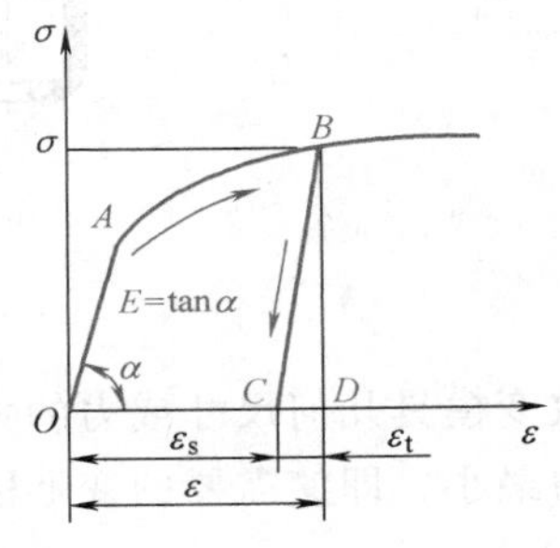

图 2-7　卸载弹性恢复示意图

由此可以看出，只要是塑性变形，无论变形到什么程度，总变形都是由弹性变形 ε_t 和塑性变形 ε_s 两部分组成，其中弹性变形部分在卸载后会完全消失，这种现象导致工件的形状和尺寸发生变化，变得与加载时不一样，进而影响产品的尺寸精度。

3. 最小阻力定律

塑性变形中，当金属质点有向几个方向移动的可能时，会向阻力最小的方向移动，此即最小阻力定律，这是判断变形体内质点塑性流动方向的依据。

影响金属流动的因素主要是材料本身的特性和应力状态，而应力状态与冲压工序的性质、工艺参数和模具结构参数（如凸模、凹模工作部分的圆角半径，摩擦和间隙等）有关。最小阻力定律说明在冲压生产中金属流动的趋势，利用最小阻力定律可以有效地控制金属板料的变形趋向性。

如图 2-8a 所示的结构，环形毛坯在凸模施加的力 *F* 的作用下，有可能产生如图 2-8b 所示的毛坯外径 D_0 减小的拉深变形，或如图 2-8c 所示的外径不变、底孔孔径 d_0 变大的翻孔变形，或如图 2-8d 所示的厚度减小的胀形变形。环形毛坯在模具的作用下有三种变形趋向（拉深、翻孔、胀形），产生何种变形是由毛坯尺寸间的比例关系决定的。

当 D_0、d_0 都较小，并满足条件 $D_0/d_p<1.5\sim2$、$d_0/d_p<0.15$ 时，宽度为（D_0-d_p）的环形部分产生塑性变形所需的力最小而成为弱区，因而产生外径收缩的拉深变形，得到拉深件

(图 2-8b)；当 D_0、d_0 都较大，并满足条件 $D_0/d_p<2.5$、$d_0/d_p>0.2\sim0.3$ 时，宽度为（d_p-d_0）的内环形部分产生塑性变形所需的力最小而成为弱区，因而产生内孔扩大的翻孔变形，得到翻孔件（图 2-8c）；当 D_0 较大、d_0 较小甚至为0，并满足条件 $D_0/d_p>2.5$、$d_0/d_p<0.15$ 时，这时坯料外环的拉深变形和内环的翻孔变形阻力都很大，使凸、凹模圆角及附近的金属成为弱区而产生厚度变小的胀形变形，得到胀形件（图 2-8d)。胀形时，坯料的外径和内孔尺寸都不发生变化或变化很小，成形仅靠坯料的局部变薄来实现。

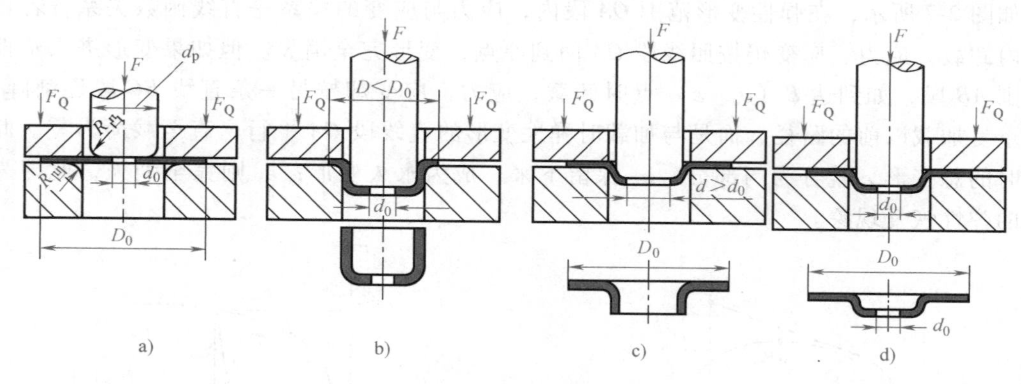

图 2-8 环形毛坯的变形趋向

通过改变模具几何尺寸或力的大小也能实现不同的变形方式，这就说明使需要的变形方式所需的力最小，即使需要的变形区域为弱区是控制冲压件变形趋向的关键。

思 考 题

1. 什么是金属的塑性？什么是塑性变形？
2. 试解释塑性指标、内力、变形抗力的概念。
3. 简述金属塑性与应力状态之间的关系。
4. 简述塑性变形时应力应变之间的关系。
5. 什么是加工硬化？加工硬化对冲压成形有何有利和不利的影响？
6. 塑性变形时应遵循哪些基本定律？

第 2 篇

冲压工艺与模具设计

第3章 冲裁工艺与模具设计

能力要求

☞能根据冲裁件的废品形式分析其产生的原因，熟悉解决措施。

☞能独立完成单工序冲裁模、2~3工序复合的复合冲裁模、3工位左右的级进冲裁模模具设计。

冲裁是利用模具使板料的一部分与另一部分沿一定的轮廓形状分离的冲压方法，包括落料、冲孔、切断、切边、切舌、剖切等工序，落料和冲孔是两道最基本的冲裁工序。

沿封闭轮廓线分离，且分离的目的是获得封闭轮廓形状以内的部分（即落下来的是工件），则为落料，如图3-1a所示；如果分离的目的是得到封闭轮廓形状以外的部分（即落下来的是废料，带孔的是工件），则为冲孔，如图3-1b所示。

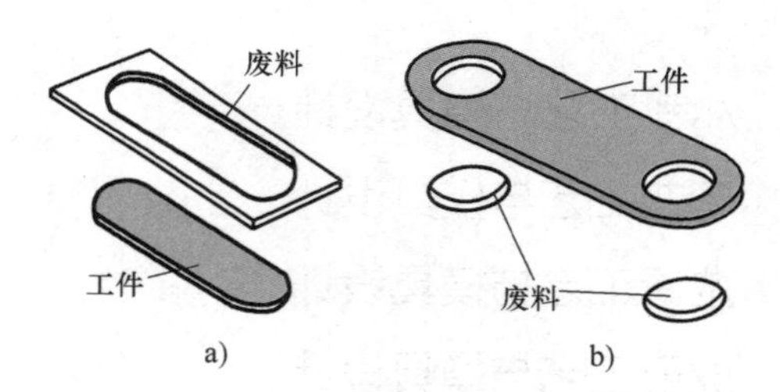

图3-1 落料与冲孔

a）落料 b）冲孔

冲裁是冲压工艺最基本的工序之一，在冲压加工中应用极广。它既可直接冲出成品零件，也可以为弯曲、拉深和成形等其他冲压工序准备毛坯，还可以在已成形的工件上进行再加工，如切边、切舌、冲孔等。

冲裁所使用的模具称为冲裁模，它是冲裁时必不可少的工艺装备。根据冲裁变形机理的不同，冲裁工艺可分为普通冲裁、精密冲裁和微冲裁。本章主要讨论普通冲裁。

图3-2所示为一副典型的落圆形工件的普通落料模。冲裁开始前，将条料3沿导料销20并贴着凹模18的上表面送进模具，由挡料销4挡料。冲裁开始时，上模下行，卸料板17首先接触条料3并将其压向凹模18的表面，接着凸模9与条料3接触，施加给其冲裁力，并穿过条料3完成工件外形的冲裁，冲裁结束后由凸模9推出落在凹模18孔内的工件，被凸模9穿过并箍在凸模9外面带孔的条料3由弹性卸料装置（由卸料板17、弹簧5和卸料螺钉8组成）卸下，一次冲裁工作结束。

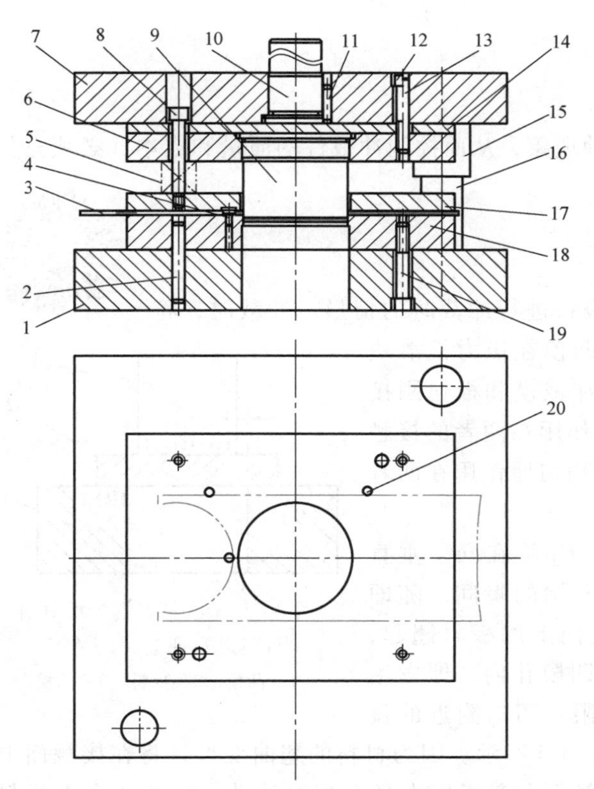

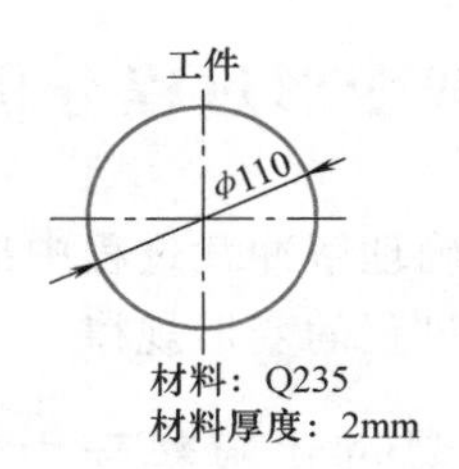

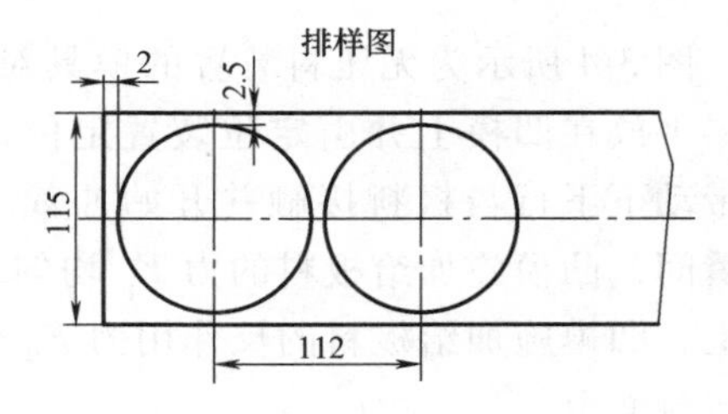

图 3-2　落料模

1—下模座　2、13—销　3—条料　4—挡料销　5—弹簧　6—凸模固定板　7—上模座　8—卸料螺钉　9—凸模　10—模柄　11—止转销　12、19—螺钉　14—垫板　15—导套　16—导柱　17—卸料板　18—凹模　20—导料销

扩展阅读

1）冲裁是瞬间完成的，冲裁结束的标志是冲裁凸模穿过板料进入凹模，说明冲裁凸、凹模之间必须留有间隙，且凸、凹模刃口必须锋利。

2）冲裁是利用模具使板料通过剪切产生分离，分离的轮廓线可以是封闭的，也可以是不封闭的，可以是规则的，也可以是不规则的，如图 3-3 所示。

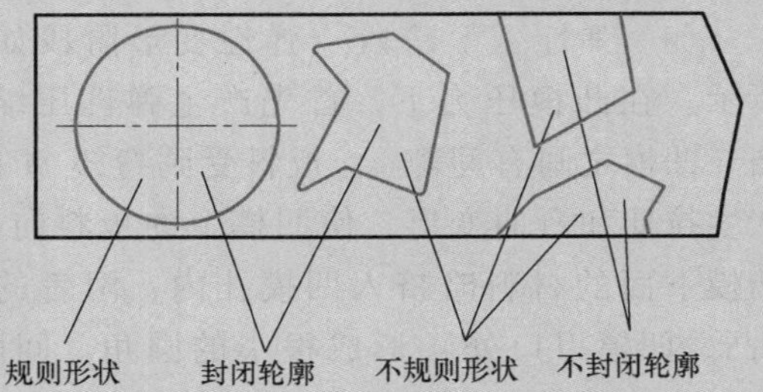

图 3-3　冲裁件轮廓形状

3）微冲压包括微冲裁、微弯曲和微拉深等，是指所冲工件或结构至少有二维尺度在亚毫米范围内。由于其加工尺度较小而导致其成形机理及材料的变形规律不同于传统冲压成形，因此目前比较成熟的传统的宏观成形加工工艺和技术不再适用。目前微冲压产品在医疗领域（如安装在皮肤之下的微起搏器）、电子学领域（如微型传感器）、计算机领域（如微连接器）、微电子领域（如引线框架）等得到越来越多的应用。

3.1 冲裁变形过程分析

为了正确理解冲裁过程中出现的各种现象，从而控制冲裁件的质量和成本，必须充分理解冲裁工艺过程的变形规律。

3.1.1 冲裁过程板料受力情况分析

图 3-4 所示为无压料装置的模具对板料进行冲裁时的情形。冲裁时，将板料平放在凹模上并由定位装置定位，凸模在压力机滑块的带动下下行与板料接触并开始冲裁。冲裁模和板料刚接触瞬间，凸模施加给板料的力 F_p 均匀地作用在两者的接触面上，凹模施加给板料的反作用力 F_d 也均匀地作用在两者的接触面上。

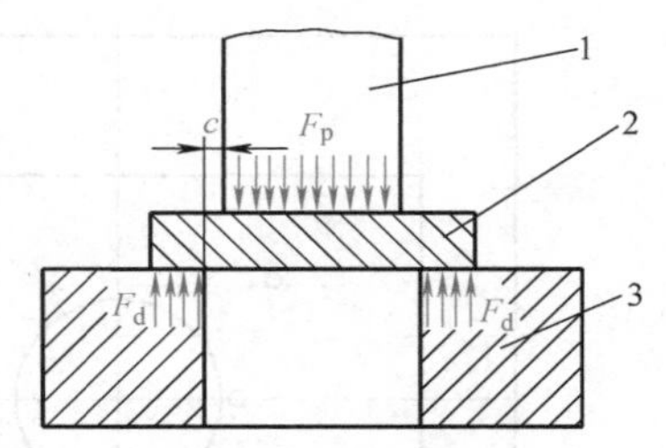

图 3-4 无压料装置的模具对板料进行冲裁时的情形

1—凸模 2—板料 3—凹模

由于凸、凹模之间存在间隙 c，F_p、F_d 不在同一垂直线上，图 3-4 所示的现象只存在于冲裁开始的瞬间，随即板料就会受到弯矩 M 的作用，使凹模表面上的板料翘起，而位于凸模下面的板料将会被凸模压进凹模孔内，即发生翘曲，使得模具表面和板料的接触面仅限在刃口附近的狭小区域内。冲裁过程中板料受力分析如图 3-5 所示。因为材料的翘曲变形，将在接触面上产生侧压力 F_3、F_4。由于模具与板料的接触面上有正压力且有相对运动，因此还会在板料与模具刃口的接触面上产生摩擦力 μF_1、μF_2、μF_3、μF_4。各个力的分布并不均匀，随着向模具刃口的逼近而急剧增大。

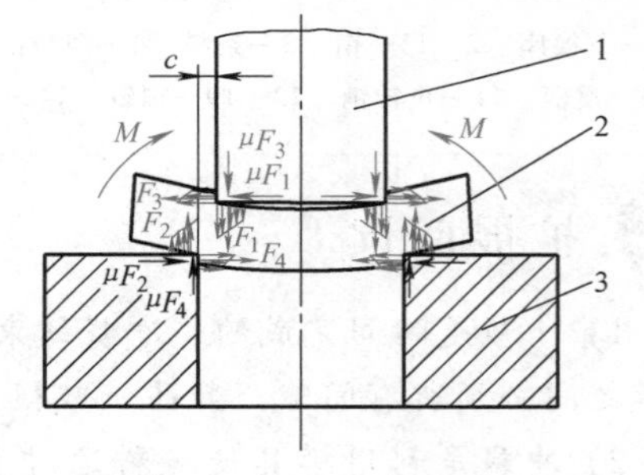

图 3-5 冲裁过程中板料受力分析

1—凸模 2—板料 3—凹模

F_1、F_2—凸、凹模对板料的垂直作用力

F_3、F_4—凸、凹模对板料的侧压力

μF_1、μF_2—凸、凹模端面与板料间的摩擦力

μF_3、μF_4—凸、凹模侧面与板料间的摩擦力

3.1.2 冲裁变形过程

冲裁变形过程就是利用冲裁模使板料发生分离的过程。如果模具间隙合适，整个过程可分为三个阶段。

（1）弹性变形阶段 弹性变形阶段如图 3-6a 所示。在凸模压力下，首先产生弹性压缩。由于凸、凹模之间有间隙 c，板料受到弯矩 M 的作用，产生拉伸和弯曲变形，使凹模上的板料向上翘曲，凸模下面的材料略挤入凹模孔内，两者的过渡处（凸、凹模刃口处）形成很小的圆角。间隙越大，弯曲和上翘越严重。此时板料内部的应力不满足塑性变形条件。

（2）塑性变形阶段 塑性变形阶段如图 3-6b 所示。凸模继续下压，施加给板料的力不断增大，当材料内的应力满足屈服准则时便进入塑性变形阶段。此时锋利的凸模和凹模刃口同时对板料进行塑性剪切，形成光亮的塑性剪切面。由于此时凸模挤入板料的深度增大，会有更多的材料被挤入凹模孔口，已经形成的小圆角会进一步变大，材料的塑性变形程度增大，变形区材料硬化加剧，冲裁变形抗力不断增大，直到刃口附近侧面的材料由于拉应力的作用而出现微裂纹，塑性变形结束，此时冲裁变形抗力达到最大值。

（3）断裂分离阶段　断裂分离阶段如图3-6c所示，在刃口侧面已形成的上下微裂纹随凸模继续下压不断向材料内部扩展。只要是凹模间隙合适，上、下裂纹会重合。当上下裂纹重合时，板料便被剪断分离。随后，凸模将分离的材料推入凹模孔内，完成冲裁。

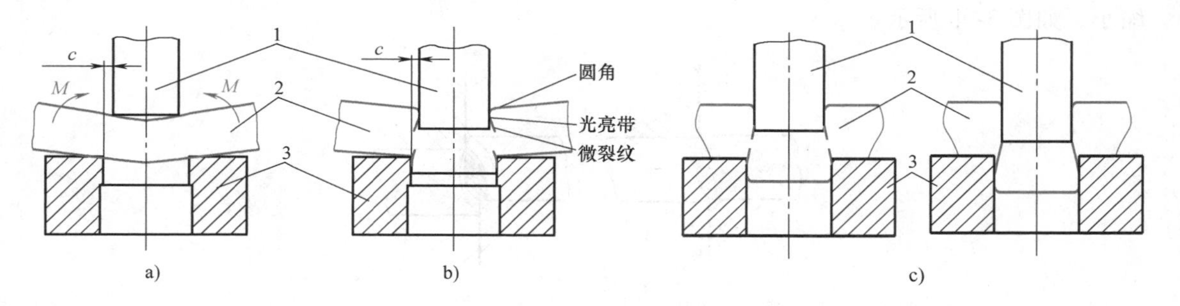

图3-6　冲裁变形过程

a）弹性变形阶段　b）塑性变形阶段　c）断裂分离阶段

1—凸模　2—板料　3—凹模

扩展阅读

1）图3-7所示为冲裁力-凸模行程曲线。可明显看出冲裁变形过程中冲裁力-凸模行程曲线与力学课程中的低碳钢拉伸试验得到的条件应力-应变曲线相似，因此板料的冲压性能可通过在待冲的板料上截取试样利用拉伸试验方法获取相关的参数来衡量。冲压工艺过程中出现的很多现象也可以通过低碳钢的拉伸试验曲线加以说明。图中的*OA*段为冲裁的弹性变形阶段；*AB*段为塑性变形阶段，*B*点为冲裁力的最大值，在此点材料开始剪裂；*BC*段为微裂纹扩展直至材料分离的断裂分离阶段；*CD*段主要是用于克服摩擦力将冲压件推出凹模孔口时所需的力。

2）如图3-8所示，冲下来的件称为落料件，箍在凸模外面的件称为冲孔件。按照配合关系，无论是落料件还是冲孔件，其实际尺寸应该分别以ϕD（落料件）和ϕd（冲孔件）表示。可以看出，若不考虑弹性恢复，则有如下重要结论：①落料件尺寸=凹模刃口尺寸；②冲孔件孔口尺寸=凸模刃口尺寸。这是冲裁模具刃口尺寸设计的依据之一。

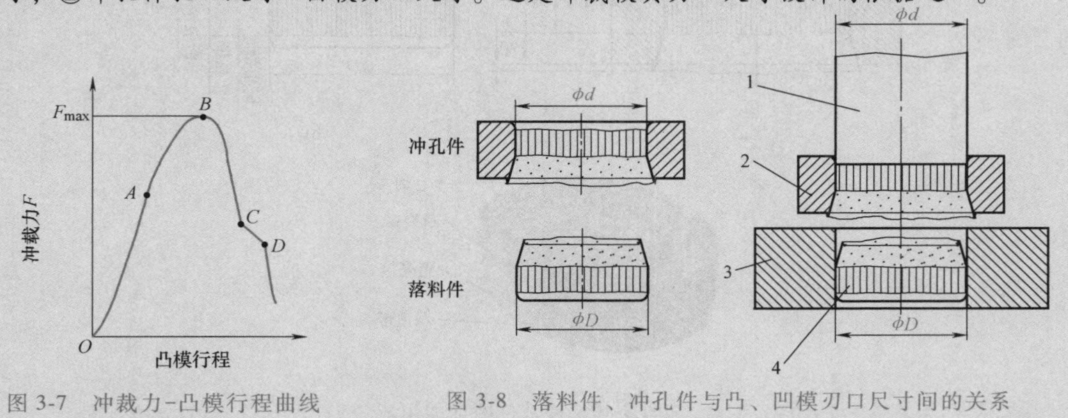

图3-7　冲裁力-凸模行程曲线

图3-8　落料件、冲孔件与凸、凹模刃口尺寸间的关系

1—凸模　2—冲孔件　3—凹模　4—落料件

3.1.3　冲裁变形区位置

冲裁时板料受力主要集中在模具刃口附近，因此冲裁变形区也主要集中在刃口附近，即位于上下刃口连线的纺锤形区域（图 3-9 所示的 4 区），且其大小随着冲裁过程的进行不断缩小，如图 3-9b 所示。

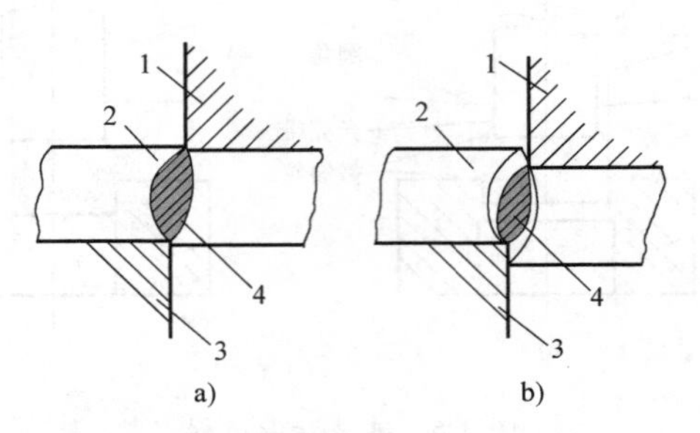

图 3-9　板料冲裁时的变形区分布

a）冲裁开始　b）冲裁过程中

1—凸模　2—板料　3—凹模　4—变形区

3.2　冲裁件质量分析及控制

冲裁件质量是指断面状况、尺寸精度和形状误差。断面应尽可能平直、光洁、毛刺小。尺寸应保证在图样规定的公差范围之内。零件外形应该满足图样要求，表面尽可能平直，即拱弯小。

3.2.1　冲裁件断面特征及其影响因素

1. 冲裁件的断面特征

正常间隙下，冲裁件断面由塌角带、光亮带、断裂带和毛刺四个部分组成，如图 3-10 所示。

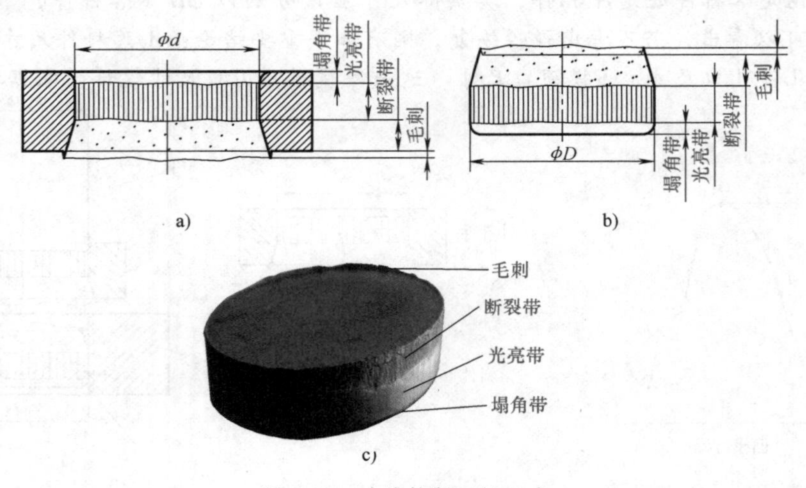

图 3-10　冲裁件断面的组成

a）冲孔件　b）落料件　c）落料件实物断面

（1）塌角带（或圆角带）　塌角带开始于弹性变形阶段，在塑性变形阶段变大，是刃口附近的材料产生弯曲和拉伸变形的结果。材料的塑性越好、模具间隙越大，塌角带越大。

（2）光亮带　光亮带形成于塑性变形阶段，是锋利的凸、凹模刃口对板料进行塑性剪切而形成的。由于同时受模具侧面的挤压力，该区不仅光亮且与板平面垂直，是断面上质量最好的区域。

（3）断裂带　断裂带形成于冲裁变形的断裂分离阶段，是裂纹向板料内部扩展的结果，是冲裁件断面上质量最差的部分，不仅粗糙且带有斜度。

（4）毛刺　毛刺开始于冲裁变形过程的塑性变形阶段，形成于断裂分离阶段。这是由于材料在凸、凹模刃口处产生的微裂纹不在刃尖处（图 3-11），而是在距刃尖不远的模具侧面，裂纹的产生点和刃尖的距离 h 即为毛刺的高度。普通冲裁中，毛刺不可避免。毛刺的存在影响了冲裁件的使用，因此，毛刺越小越好。冲裁件上允许的毛刺高度极限值可参见 GB/T 33217—2016。

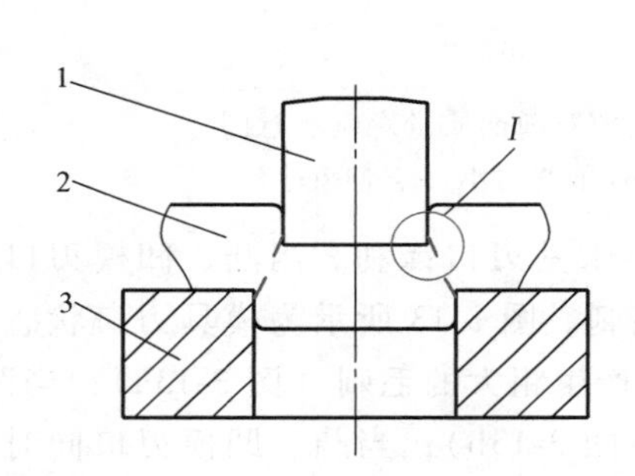

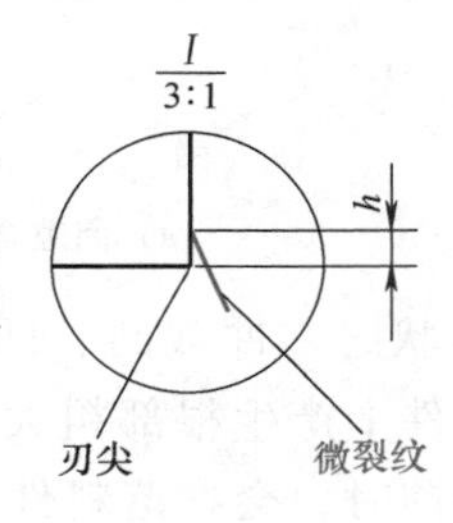

图 3-11　毛刺产生的位置

1—凸模　2—板料　3—凹模

上述四个区域所占比例与被冲材料性能、模具间隙、模具刃口状态等因素有关。通常光亮带越大，毛刺、塌角带和断裂带越小，断面质量越好。

2. 影响冲裁件断面质量的因素

（1）材料的力学性能　当材料具有较好的塑性时，可以推迟微裂纹的产生，从而延长刃口对板料的塑性剪切时间，扩大光亮带的范围，同时也增大了塌角带。而塑性差的材料容易被拉断，材料被剪切不久就出现裂纹，使断面光亮带所占的比例小，圆角小，大部分是粗糙的断裂带。因此塑性好的材料，冲裁后断面质量较好。

（2）模具间隙　模具间隙是影响断面质量最重要的因素。图 3-12 所示为模具间隙对断面质量影响示意图。

间隙合适时，凸、凹模刃口处产生的裂纹重合（图 3-12a），光亮带占整个板厚的 1/2～1/3，断面质量满足普通使用要求。

当模具间隙减小时，弯矩减小，由弯矩引起的拉应力成分减小，压应力成分增大，将推迟裂纹的产生，使光亮带所占比例增加，塌角带减小，断面质量较好。但如果模具间隙继续减小，凸、凹模刃口处产生的裂纹将不会重合，位于两条裂纹之间的材料将被第二次剪切，形成第二光亮带或断续的光亮块，同时部分材料被挤出，在表面形成薄而高的毛刺（图 3-12b），此时断面质量不是很理想。

当模具间隙增大时，弯矩增大，由弯矩引起的拉应力成分增大，压应力成分减小，裂纹提前产生，光亮带所占比例减小，断裂带所占比例增加，塌角带增大，断面质量差。模具间隙继续增大时，凸、凹模刃口处产生的裂纹不会重合，位于两条裂纹之间的材料将被强行拉断，制件的断面上形成两个斜度的断裂带，且塌角带增大，断面质量最差，如图 3-12c 所示。

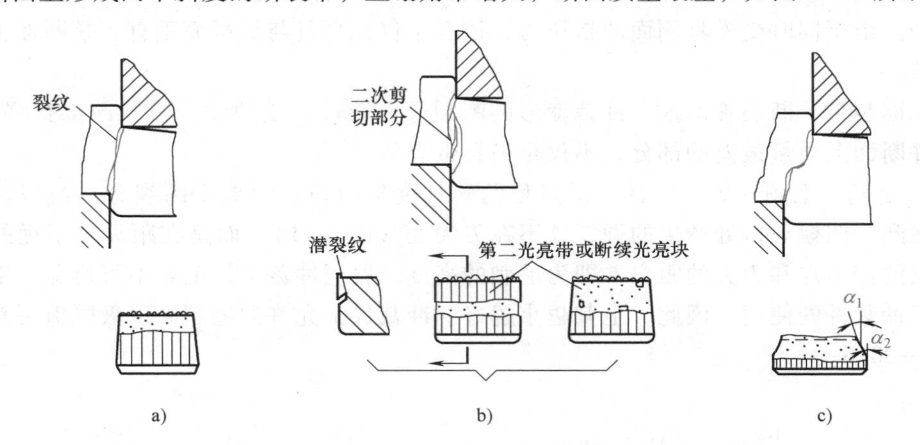

图 3-12　模具间隙对断面质量影响示意图

a）间隙合适　b）间隙过小　c）间隙过大

（3）模具刃口状态　冲裁凸、凹模要求其刃口锋利。当凸、凹模刃口磨钝后，即使间隙合理也会在冲裁件上产生根部粗大的毛刺。图 3-13 所示为模具刃口状态对断面质量的影响。当凸模刃口磨钝时，会在落料件上端产生粗大的毛刺（图 3-13a）；当凹模刃口磨钝时，会在冲孔件的孔口下端产生粗大的毛刺（图 3-13b）；当凸、凹模刃口同时磨钝时，则冲裁件上、下端都会产生粗大的毛刺（图 3-13c）。

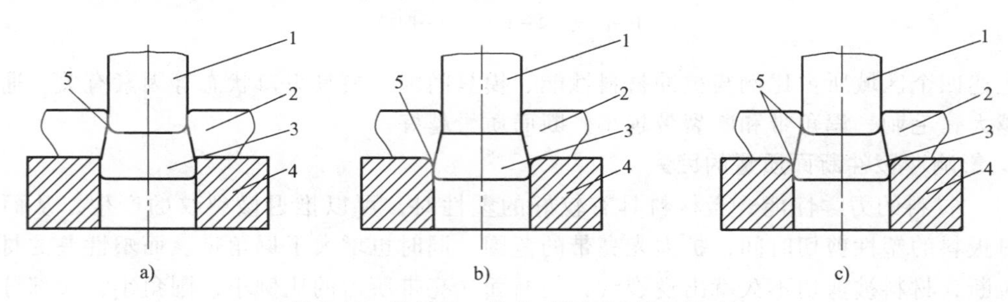

图 3-13　模具刃口状态对断面质量的影响

1—凸模　2—冲孔件　3—落料件　4—凹模　5—粗大的毛刺

扩展阅读

1）由上述分析可知：模具间隙合适时，凸、凹模刃口处产生的裂纹重合；反之，只要冲裁时产生的裂纹重合，则可推出凸、凹模间隙合适。这是确定模具合理间隙的理论依据。

2）对小型冲裁件，薄、尖且小的毛刺可以采用简单的去毛刺设备去除，如滚筒去毛刺（图 3-14），即将冲裁件和磨料按一定的比例混合并装入滚筒机，通过滚筒的滚动，使冲裁件和磨料之间相互撞击、摩擦以去除毛刺。但根部粗大的毛刺必须采用专用的设备去除，如利用砂轮或砂带进行磨削的磨床去毛刺，操作非常不方便且生产率低下。

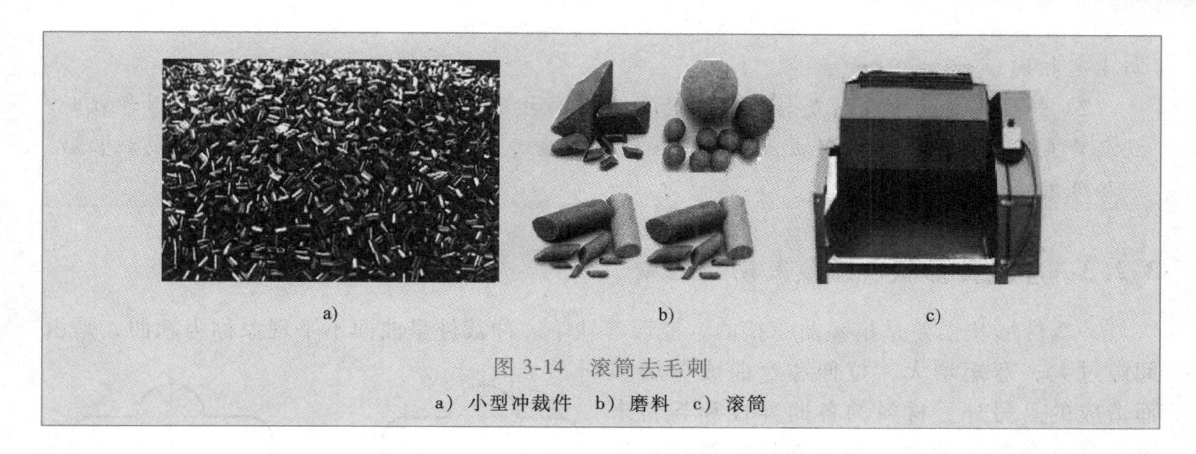

a) b) c)

图 3-14 滚筒去毛刺

a）小型冲裁件 b）磨料 c）滚筒

3.2.2 冲裁件尺寸精度及其影响因素

1. 冲裁件的尺寸精度

冲裁件的尺寸精度是指冲裁件的实际尺寸与图样上公称尺寸之差。差值越小，精度越高。冲裁件的尺寸精度与许多因素有关，如冲裁模的制造精度、材料性质和冲裁间隙等。

2. 影响冲裁件尺寸精度的因素

（1）冲裁模的制造精度 冲裁模的制造精度对冲裁件尺寸精度有直接影响。冲裁模的制造精度越高，冲裁件的尺寸精度也越高。冲裁模的制造精度与冲裁模结构、加工、装配等因素有关。

（2）材料性质 材料性质对该材料在冲裁过程中的弹性变形量有很大影响。对于比较软的材料，弹性变形量较小，冲裁后的回弹值也小，因而冲裁件的尺寸精度高。而硬的材料，情况正好与此相反。

（3）冲裁间隙 当间隙过大时，板料在冲裁过程中将产生较大的拉伸与弯曲变形，冲裁后因材料弹性恢复，而使冲裁件尺寸向实体方向收缩。对于落料件，其尺寸将会小于凹模刃口尺寸；对于冲孔件，其孔口尺寸将会大于凸模刃口尺寸。但因拱弯的弹性恢复方向与以上相反，故偏差值是两者的综合结果。当间隙过小时，则在板料的冲裁过程中除剪切外还会受到较大的挤压作用，冲裁后材料的弹性恢复使冲裁件尺寸向实体的反方向胀大。对于落料件，其尺寸将会大于凹模刃口尺寸；对于冲孔件，其孔口尺寸将会小于凸模刃口尺寸。

扩展阅读

1）任何塑性变形，无论变形到何种程度，总的变形都是由弹性变形和塑性变形两个部分组成的。弹性变形部分会在卸载时恢复，使得形状发生改变。低碳钢拉伸试验曲线如图 3-15 所示，材料被拉伸变形 ε 时卸载，则总变形中有 ε_1 的变形量被恢复，说明总的变形 ε 中包含了 ε_1 这么大的弹性变形量。屈服极限越小、硬化指数越小、弹性模量越大，总变形中所包含的弹性变形量越小，则卸载后的弹性恢复也越小。冲裁结束后，冲裁件从模具中取出时，即卸载，其尺寸发生改变的原因

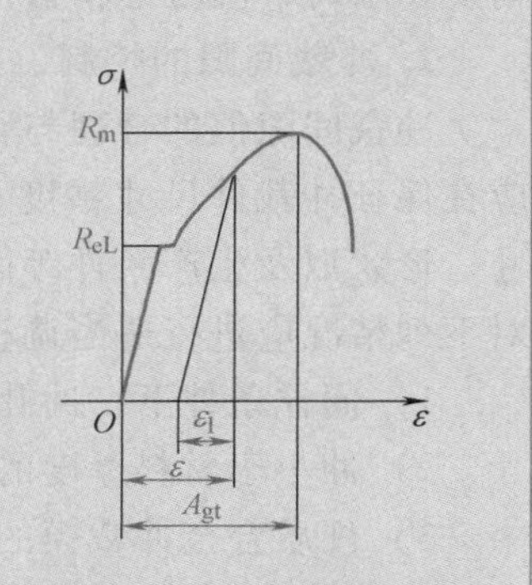

图 3-15 低碳钢拉伸试验曲线

与上述相同。

2）弹性恢复的方向总是与加载时的变形方向相反。加载时产生拉伸变形，则卸载时就会产生收缩变形；加载时被压缩，则卸载时就会伸长。最简单的例子就是橡皮筋拉长后一松开就会立即缩回去。

3.2.3　冲裁件形状误差及其影响因素

冲裁件形状误差是指翘曲、扭曲、变形等缺陷。冲裁件呈曲面不平现象称为翘曲，是由间隙过大、弯矩增大、拉伸和弯曲成分增多而造成的。另外，材料的各向异性和卷料未矫正时也会产生翘曲。冲裁件呈扭歪现象称为扭曲，这是由于材料的不平、间隙不均匀、凹模对材料摩擦不均匀等造成的。冲裁件的变形是由于在坯料的边缘冲孔或孔距太小等，因侧向挤压而产生的，如图3-16所示。

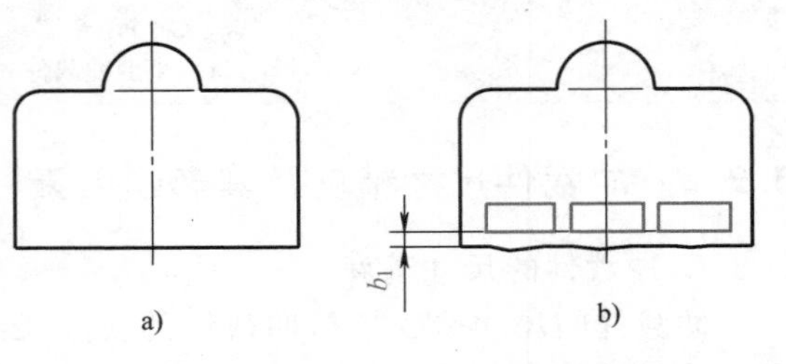

图3-16　孔间距或孔边距过小引起变形
a）冲孔前　b）冲孔后

3.2.4　冲裁件质量控制

从上述影响冲裁件质量的因素可知，要想控制冲裁件的质量，就需要控制影响冲裁件质量的各关键因素。

1. 模具工作部分尺寸偏差的控制

模具工作部分尺寸偏差的大小将直接影响冲裁件的尺寸和形状，可通过以下措施进行控制：

1）适当提高模具制造精度。

2）适当增减模具间隙。

3）保持刃口锋利，及时修理刃磨刃口。

4）改善冲裁时刃口的受力状态。

5）对刃口实施热处理，保证刃口具有足够的硬度和耐磨性。

需要说明的是，不能完全靠提高模具制造精度来保证冲裁件的精度，当冲裁件有很高的精度要求时，应考虑精密冲裁。

2. 冲裁间隙的控制

冲裁间隙值的合理与否直接影响冲裁件的形状、尺寸和断面质量等。合理间隙值的选取应在保证冲裁件尺寸精度和断面质量的前提下，综合考虑模具寿命、模具结构、冲裁件尺寸、形状以及生产条件等因素后确定。具体间隙值参见GB/T 16743—2010《冲裁间隙》，但对下列情况应进行适当调整：

1）同样条件下，冲孔时的冲裁间隙大于落料时的冲裁间隙。

2）冲小于材料厚度的孔时，冲裁间隙适当放大，以避免细小凸模的折断。

3）硬质合金冲裁模的间隙应比钢模的冲裁间隙大30%。

4）冲含硅量大的硅钢片模时，冲裁间隙适当增大。

5）采用弹性压料装置时，冲裁间隙适当增大。

6）高速冲压时，冲裁间隙适当增大。

7）热冲压时，冲裁间隙适当减小。

8）斜壁刃口的冲裁间隙应小于直壁刃口的冲裁间隙。

3. 冲裁材料的控制

具有较好塑性的材料将利于保证冲裁件的质量。但除了选用高塑性的材料，也应该关注材料的品质，如材料性能的均匀性等。材料的表面质量、力学性能、厚度偏差等可以通过加强检测进行控制。

4. 其他方面因素的控制

关于其他方面，如压力机、模具结构等，应尽量选用具有较高导向精度和较好刚性床身的压力机，并对其及时维护和检查；选用有较高导向精度的精密导向模架等。

3.3　冲裁工艺计算

3.3.1　排样设计

1. 排样与材料利用率

（1）排样　冲制如图3-17a所示工件，材料为Q235，料厚2mm。选用的板料规格为

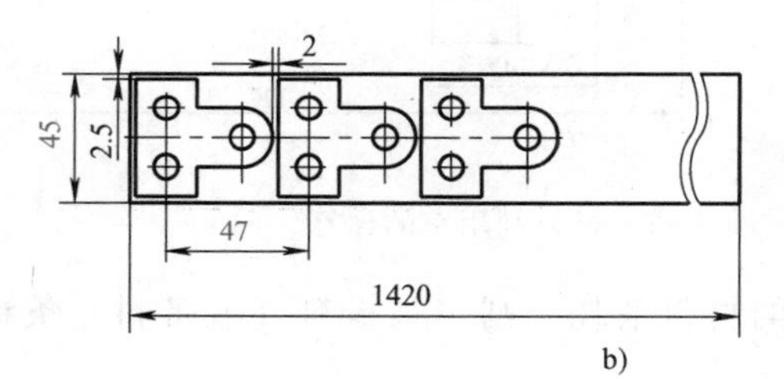

选用的板料可裁宽度为45 mm的条料15条，每条条料可冲30件，总共冲出450件

b)

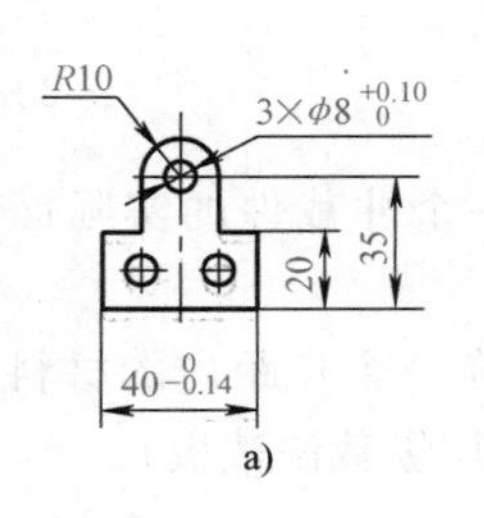

a)

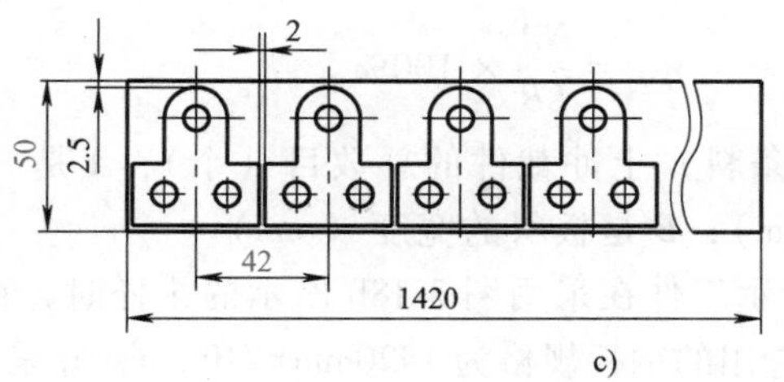

选用的板料可裁宽度为50 mm的条料14条，每条条料可冲33件，总共冲出462件

c)

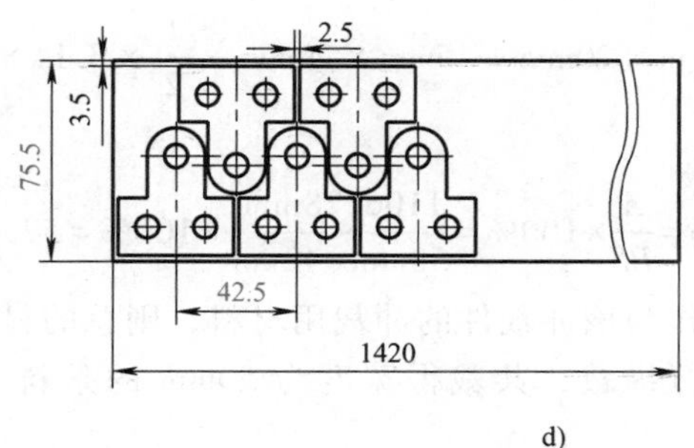

选用的板料可裁宽度为75.5 mm的条料9条，每条条料可冲65件，总共冲出585件

d)

图3-17　工件在条料上的摆放方式与材料利用情况的对比

1420mm×710mm。当将工件以不同的方式摆放在条料上进行冲裁时，同样一块板料最终得到的工件数量却不相同，如图 3-17b～3-17d 所示。

如图 3-17 所示，冲裁件在条料上不同的摆放方式将影响材料的利用程度。这里把冲裁件在板料或条料上的排列方法称为排样。排样的合理与否将直接影响产品的最终成本。因为在大批量生产中，材料的成本占产品成本的 60% 以上。合理的排样不仅能降低产品成本，提高材料利用率，也是保证冲裁件质量及提高模具寿命的有效措施。

（2）材料利用率　材料利用率是指冲裁件的实际面积与所用板料面积的百分比。它是衡量是否合理利用材料的经济性指标。图 3-18 所示一个进距内的材料利用率的计算式为

$$\eta = \frac{A}{BS} \times 100\% \tag{3-1}$$

式中，A 是一个进距内冲裁件的实际面积（mm^2）；B 是条料宽度（mm）；S 是进距（mm），即每次条料送进模具的距离。

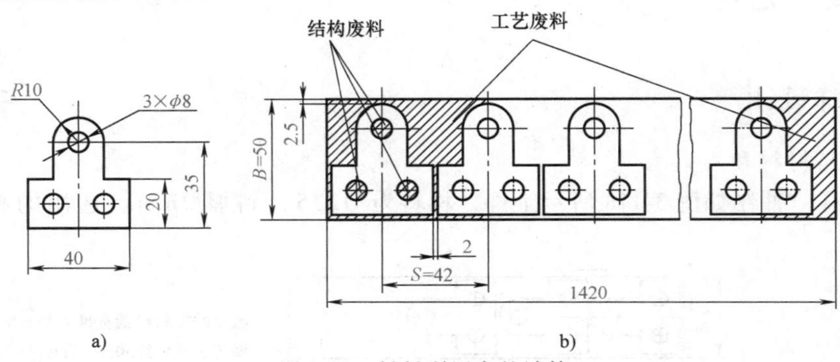

图 3-18　材料利用率的计算

若考虑料头、料尾和边余料的材料消耗，则一张板料（或带料、条料）上总的材料利用率 $\eta_{总}$ 的计算式为

$$\eta_{总} = \frac{NA}{LB} \times 100\% \tag{3-2}$$

式中，N 是一张板料（或带料、条料）上冲裁件的总数目（个）；A 是一个冲裁件的实际面积（mm^2）；L 是板料的长度（mm）；B 是板料的宽度（mm）。

【例 3-1】　试计算图 3-18a 所示工件在采用图 3-18b 所示的排样时，在一个步距内的材料利用率和整板上的材料利用率（选用的钢板规格为 1420mm×710mm，并采用纵裁法裁板）。

解： 工件的面积为 $A = 40\text{mm} \times 20\text{mm} + 15\text{mm} \times 20\text{mm} + \frac{1}{2} \times 3.14 \times 10^2\text{mm}^2 - 3 \times \frac{3.14}{4} \times 8\text{mm}^2 = 1106.28\text{mm}^2$。

一个步距内的材料利用率为 $\eta = \frac{A}{BS} \times 100\% = \frac{1106.28\text{mm}^2}{50\text{mm} \times 42\text{mm}} \times 100\% = 52.68\%$。

选用 1420mm×710mm 的板料作为该冲裁件的冲裁用材料，则总的材料利用率计算如下：

1）沿 710mm 的宽度方向进行纵裁，共裁得宽度为 50mm 的条料 710÷50 = 14 条，余 10mm 宽料边。

2）每条条料的长度为 1420mm，则可冲出冲裁件（1420－2）÷42 = 33 件，余 34mm 料尾。

3）整板上的材料利用率 $\eta=\dfrac{NA}{LB}\times100\%=\dfrac{14\times33\times1219.32\text{mm}^2}{1420\text{mm}\times710\text{mm}}\times100\%=55.87\%$。

（3）提高材料利用率的方法　如图 3-18 所示，材料利用率的高低与冲裁时所产生废料的多少有直接关系。冲裁时所产生的废料只有如下两种：

1）结构废料。即工件结构上必须产生的废料，如图 3-18b 所示冲孔产生的废料，这种废料不可避免。

2）工艺废料。包括料头、料尾、工件与工件之间的废料、工件与条料侧边之间的废料以及定位用的定位孔等，如图 3-18b 所示。这是冲裁工艺要求产生的，如果工艺合理，将在一定程度上减少。

因此，为了提高材料利用率，应从减少工艺废料着手。减少工艺废料的措施如下。

1）设计合理的排样方案。图 3-17 所示的第三种排样的材料利用率就高于其他两种。

2）选择合适的板料规格和合理的裁板法，以减少料头、料尾和边余料。

3）利用废料制作小工件，如图 3-19 所示。

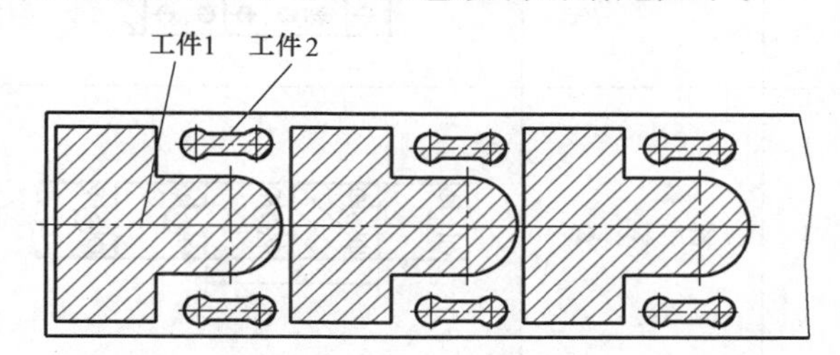

图 3-19　利用废料冲制同材料同厚度的小工件

对于结构废料，虽然不能减少，但也可以充分利用。当两个不同冲裁件的材料和厚度完全相同时，在尺寸允许的情况下，较小尺寸的冲裁件可在较大尺寸冲裁件中间的冲孔废料中冲制出来。如电动机转子硅钢片，就是利用定子硅钢片的废料冲出的，如图 3-20 所示，这样就可充分利用结构废料。另外，在使用条件许可下，并征得产品设计单位同意后，也可以改变产品的结构形状，提高材料利用率，如图 3-21 所示。

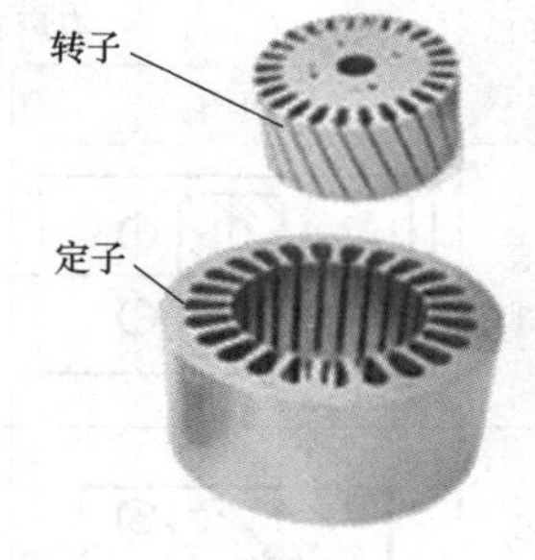

图 3-20　合理利用结构废料

2. 排样类型

不同的排样方式之所以会导致不同的材料利用率，是因为产生废料的多少不同，因此，排样可以根据废料的多少进行分类，见表 3-1。

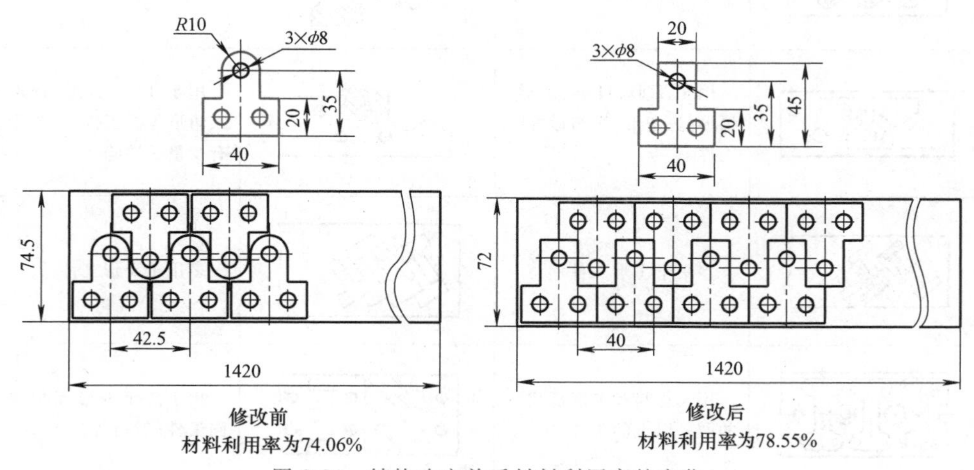

图 3-21　结构改变前后材料利用率的变化

表 3-1　排样类型

序号	排样类型	示意图	特　点
1	有废料排样	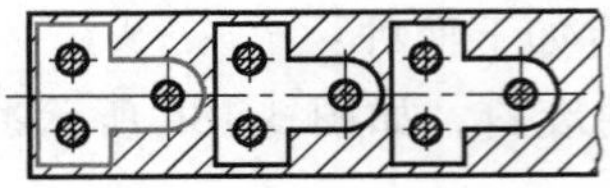	沿工件全部外形冲裁，工件与工件之间、工件与条料侧边之间都存在废料（剖面线部分）。工件尺寸完全由冲模来保证，精度高，模具寿命也高，但材料利用率低
2	少废料排样	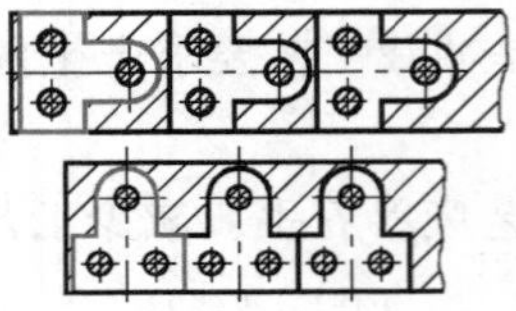	沿工件部分外形冲裁，在工件与工件之间或工件与条料侧边之间或料头料尾留有废料。工件质量稍差，模具寿命缩短，但材料利用率稍高，冲模结构简单
3	无废料排样	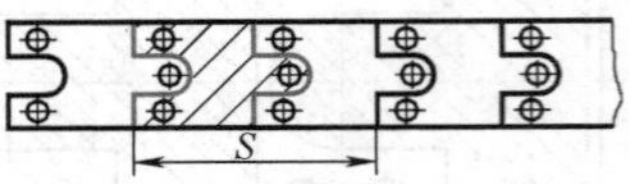	工件与工件之间或工件与条料侧边之间均无废料，沿直线或曲线冲裁条料而获得工件。工件质量差，模具寿命短，但材料利用率最高。另外，当进距为 S 时，一次冲裁便能获得两个工件，以利于提高劳动生产率

每一种排样类型都有不同的排样形式，如单排、多排、直排或斜排等，见表 3-2。

表 3-2　排样形式

排样形式	有废料排样		少、无废料排样	
	简图	应用	简图	应用
直排	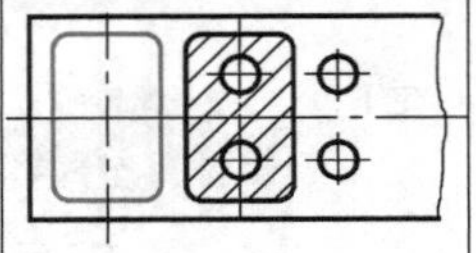	用于简单几何形状（方形、圆形、矩形等）的工件	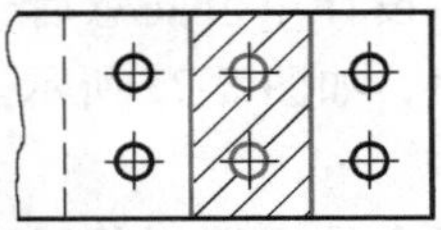	用于矩形或方形工件
斜排	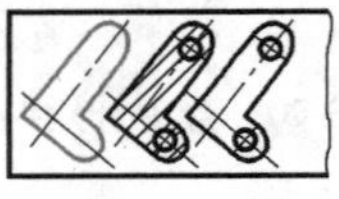	用于 T 形，L 形、S 形、十字形、椭圆形等的工件	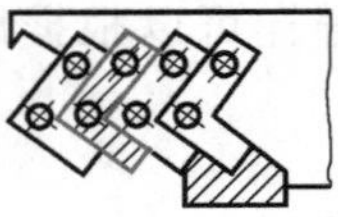	用于 L 形或其他形状的工件，在外形上允许有少量的缺陷
直对排	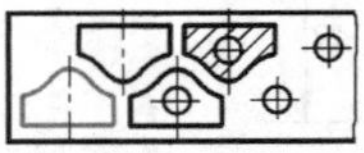	用于 T 形、Π 形、山形、梯形、三角形、半圆形等的工件	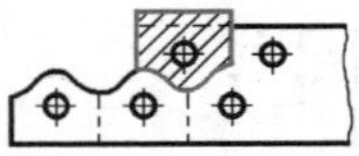	用于 T 形、Π 形、山形、梯形、三角形等的工件，在外形上允许有少量的缺陷
斜对排		多用于 T 形工件	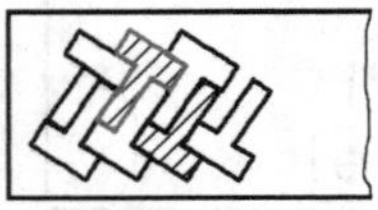	多用于 T 形工件
混合排	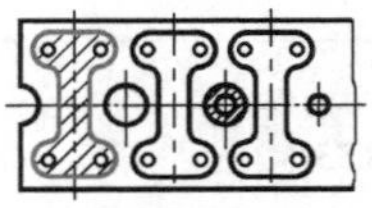	用于材料和厚度都相同的两种以上的工件	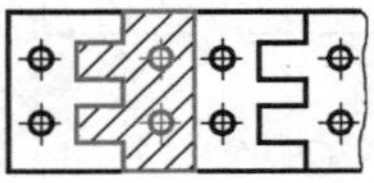	用于两个外形互相嵌入的不同工件（铰链等）

（续）

排样形式	有废料排样		少、无废料排样	
	简图	应用	简图	应用
多排		用于大批量生产中尺寸不大的圆形、六角形、方形、矩形等的工件		用于大批量生产中尺寸不大的方形、矩形及六角形工件
冲裁搭边		大批量生产中用于小的窄工件（表针类的工件）或带料的连续拉深		用于以宽度均匀的条料或带料冲裁长形件

如何选择排样类型和排样形式，主要从工件的形状、精度要求、操作方便性、模具结构及材料利用率等方面综合考虑。如图 3-22a 所示的工件，从其形状上来说非常适合无废料排样，但由于其长和宽向均有较高精度要求，也只能采用有废料排样，利用模具来保证其精度（图 3-22b）。

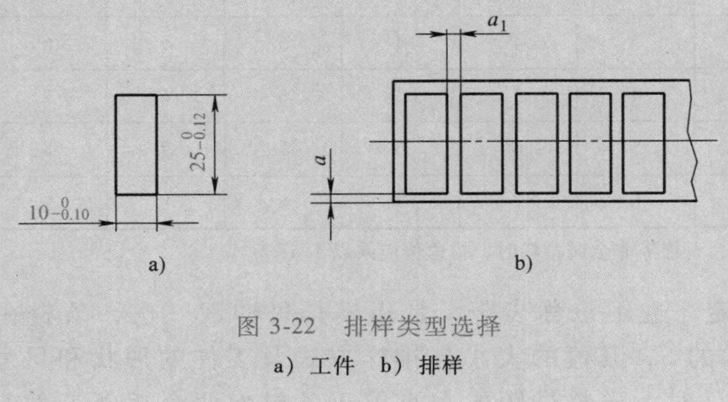

图 3-22　排样类型选择

a）工件　b）排样

3. 搭边、进距及料宽的确定

（1）搭边及其作用　搭边是指排样时，制件与制件之间、制件与条（板）料边缘之间的工艺余料，有搭边（图 3-23 所示的 a_1）和侧搭边（图 3-23 所示的 a）之分。搭边的作用有四个：

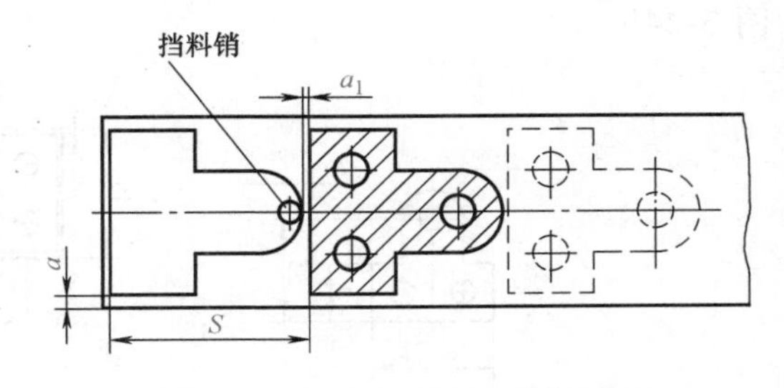

图 3-23　搭边及搭边的定位作用

1）用于条料的定位，如图 3-23 所示，利用挡料销挡住搭边进行定位。

2）补偿定位误差和剪板误差，以确保冲出合格工件。

3）增加条料刚度，方便条料送进，提高劳动生产率。

4）可以避免冲裁时条料边缘的毛刺被拉入模具间隙，从而提高模具寿命。

尽管搭边是废料，从提高材料利用率的角度考虑希望该值越小越好，但其值大小对冲裁过程及冲裁件质量有很大的影响，而且受材料力学性能、材料厚度、冲裁件的形状与尺寸、送料及挡料方式、卸料方式等多个方面因素的影响。通常材料越硬、材料厚度越小、外形越简单且过渡圆角越大、手工送料且采用侧压装置、侧刃定距、弹性卸料时，搭边值可以相对取小。冲压工艺设计时，搭边值应在保证其作用的前提下尽量取最小值，通常可以按表 3-3 选取。

表 3-3　最小搭边值　（单位：mm）

材料厚度 t	手工送料						自动送料	
	圆形		非圆形		对排			
	a_1	a	a_1	a	a_1	a	a_1	a
≤1	1.5	1.5	1.5	2	2	3	2	3
>1~2	1.5	2	2	2.5	2.5	3.5	2	3
>2~3	2	2.5	2.5	3	3.5	4	2	3
>3~4	2.5	3	3	4	4	5	3	4
>4~5	3	4	4	5	5	6	4	5
>5~6	4	5	5	6	6	7	5	6
>6~8	5	6	6	7	7	8	6	7
>8	6	7	7	8	8	9	7	8

注：冲制皮革、纸板、石棉等非金属材料时，搭边值应乘以 1.5~2。

（2）**进距的确定**　进距也称步距，是指模具每冲裁一次，条料在模具上前进的距离，如图 3-24 所示的 S，其值的大小与排样方式及工件的形状和尺寸有关。当单个进距内只冲裁一个工件时，送料进距的大小等于条料上两个相邻工件对应点之间的距离（图 3-24b）。

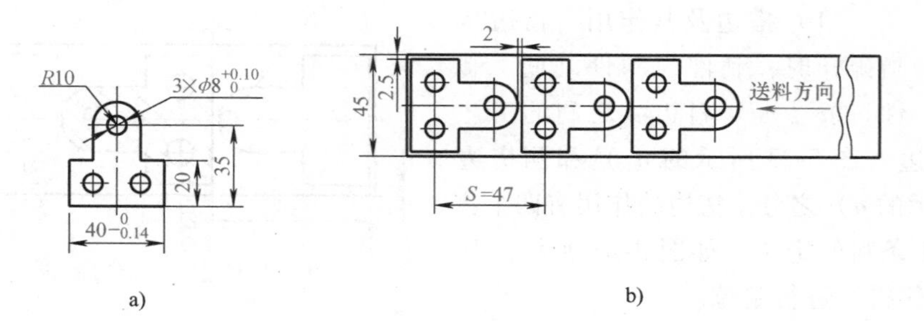

图 3-24　进距值的确定
a）工件　b）进距计算举例

（3）条料宽度的确定　条料宽度的确定与条料在模具中的定位方式有关。

1）有侧压装置时条料宽度的确定。利用导料板和挡料销对条料定位，导料板内有侧压装置，如图 3-25 所示。此时条料始终靠着一边的导料板向前送进，条料宽度为

$$B_{-\Delta}^{\ 0} = (D + 2a)_{-\Delta}^{\ 0} \tag{3-3}$$

导料板之间的距离为

$$A = B + e$$

式中，B 是条料宽度（mm）；D 是冲裁件在垂直送料方向上的最大外形尺寸（mm）；a 是侧搭边值（mm），见表 3-3；Δ 是条料宽度的单向极限偏差（mm），见表 3-4；A 是导料板之间距离（mm）；e 是条料与导料板之间间隙（mm），见表 3-5。

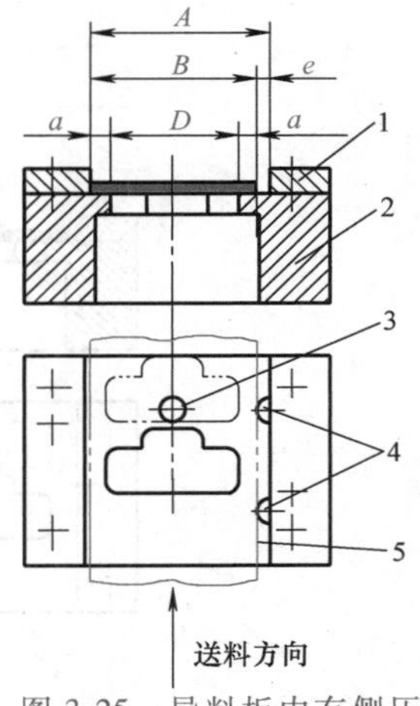

图 3-25　导料板内有侧压装置时条料宽度的确定
1—导料板　2—凹模　3—挡料销　4—侧压块　5—条料

表 3-4　条料宽度的单向极限偏差 Δ　（单位：mm）

材料厚度 t	条料宽度				
	≤50	>50~100	>100~150	>150~220	>220~300
≤1	0.4	0.5	0.6	0.7	0.8
>1~2	0.5	0.6	0.7	0.8	0.9
>2~3	0.7	0.8	0.9	1.0	1.1
>3~5	0.9	1.0	1.1	1.2	1.3

注：表中数值用于龙门剪床下料。

表 3-5　条料与导料板之间间隙 e　（单位：mm）

材料厚度 t	无侧压装置			有侧压装置	
	条料宽度				
	≤100	>100~200	>200~300	≤100	>100
≤1	0.5	0.6	1.0	5.0	8.0
>1~5	0.8	1.0	1.0	5.0	8.0

2）无侧压装置时条料宽度的确定。利用导料板和挡料销对条料进行定位，导料板内无侧压装置，如图 3-26 所示。应考虑实际送料过程中因条料的摆动而使侧面搭边减少（图 3-26b）。为了补偿侧面搭边的减少，条料宽度应增加一个条料可能的摆动量 e。因此条料宽度为

$$B_{-\Delta}^{\ 0} = (D + 2a + e)_{-\Delta}^{\ 0} \tag{3-4}$$

导料板之间的距离为

$$A = B + e$$

式（3-4）中各参数的含义同式（3-3）。

3）用导料板和侧刃定位时条料宽度的确定。侧刃定位的模具中，导料板带有一个台阶，利用导料板的台阶进行挡料，条料要想继续送进模具，必须将被导料板台阶挡住的料边

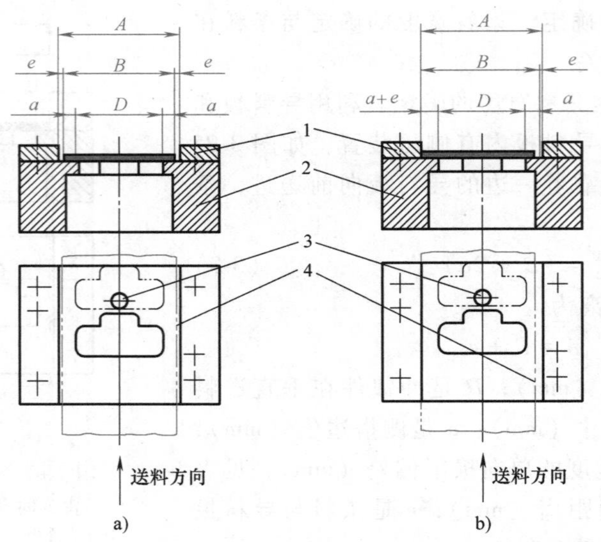

图 3-26　导料板内无侧压装置时条料宽度的确定

a）理想送料状态　b）实际送料状态

1—导料板　2—凹模　3—挡料销　4—条料

（图 3-27b 所示阴影部分）切除，侧刃就是用来切除该料边的（因装在侧边，故名侧刃），因此采用侧刃定位时，条料宽度必须增加侧刃切去的料边宽度 b，如图 3-27 所示。此时条料宽度为

$$B_{-\Delta}^{\ 0} = (L + 2a' + nb)_{-\Delta}^{\ 0} = (L + 1.5a + nb)_{-\Delta}^{\ 0} \tag{3-5}$$

式中，B 是条料宽度（mm）；L 是冲裁件在垂直送料方向上的最大外形尺寸（mm）；a'是裁去料边后的侧搭边值（mm），$a'=0.75a$（a 是侧搭边值，见表 3-3）；n 是侧刃数（个）；b 是侧刃冲切的料边宽度（mm），见表 3-6；Δ 是条料宽度的单向极限偏差（mm），见表 3-4。导料板之间的距离 $A=B+e$，$A'=B'+e'$，e'是冲切后的条料与导料板之间间隙（mm），见表 3-6；e 是条料与导料板之间间隙（mm），见表 3-5。

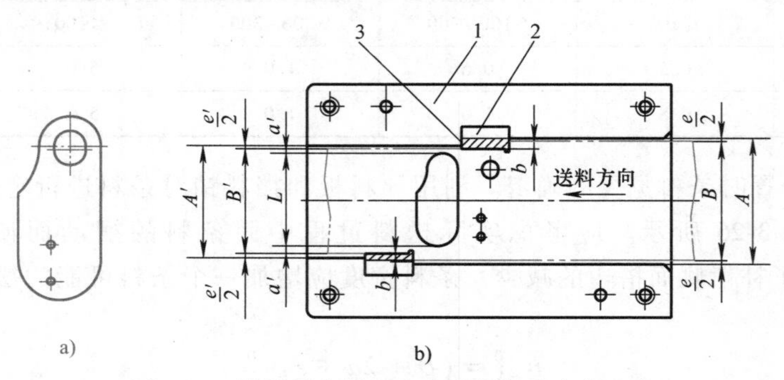

图 3-27　导料板和侧刃定位时条料宽度的确定

a）工件　b）侧刃定位条料宽度的确定

1—导料板　2—侧刃切去的料边　3—导料板台阶

4. 排样图的绘制

排样设计的结果以排样图表达。一张完整的排样图，应标注条料宽度 $B_{-\Delta}^{\ 0}$、条料长度

L、材料厚度 t、进距 S、工件间搭边 a_1 和侧搭边 a，并习惯以剖面线表示冲压位置，以反映冲压工序的安排，如图 3-28 所示。排样图是模具结构设计的依据之一，通常放置在模具总装图的右上角。

表 3-6　b 和 e' 值　（单位：mm）

材料厚度 t	b		e'
	金属材料	非金属材料	
≤1.5	1.5	2	0.10
>1.5~2.5	2.0	3	0.15
>2.5~3	2.5	4	0.20

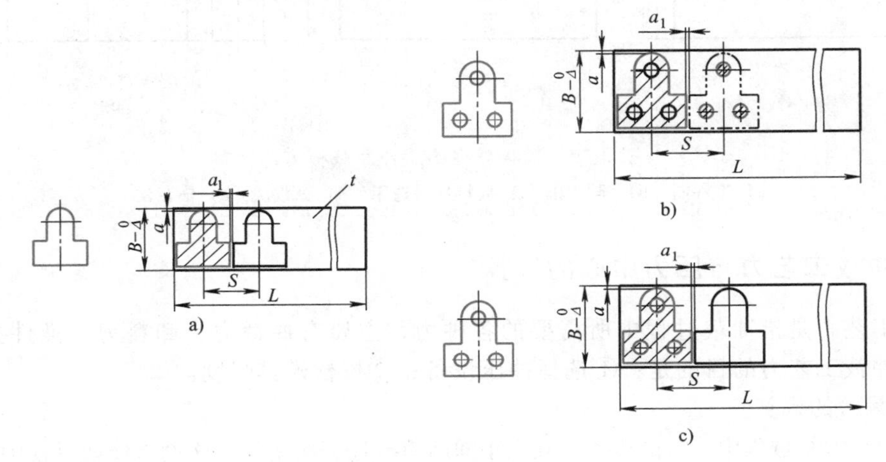

图 3-28　排样图的绘制

a）单工序冲压　b）级进冲压　c）复合冲压

扩展阅读

实际上，条料宽度和进距确定后，再选择所用原材料板料的规格，确定板料的裁板方法（横裁或纵裁）。需要说明的是，在选择板料规格和确定裁板方法时，除考虑材料利用率外，还需要考虑板料轧制时形成的纤维方向（对弯曲件而言）、操作方便性和安全等。图 3-29 举例说明了如何选择板料规格及裁板方法。冲制图 3-29a 所示工件，采用图 3-29b 所示的无废料排样，则可选用图 3-29c 所示的板料规格，这样裁成条料后将不会产生多余的废料，原因是板料的宽度 1000mm 是条料宽度 100mm 的整数倍，板料的长度 2000mm 是进距 50mm 的整数倍。1000mm×2000mm 的板料正好可以裁成 10 条 100mm×2000mm 的条料，每条条料可以冲制 40 件产品。

一般来说，裁板方法有两种：一种是沿板料的长度方向剪切下料，称为纵裁（图 3-29d）；另一种是沿板料的宽度方向剪切下料，称为横裁（图 3-29e）。由于纵裁时所裁条料少，可减少冲裁时的换料次数，提高生产率，所以通常情况下应尽可能纵裁。但当纵裁后条料太长、太重，或不能满足弯曲件坯料对轧制纤维方向要求等情况下，则应考虑横裁。

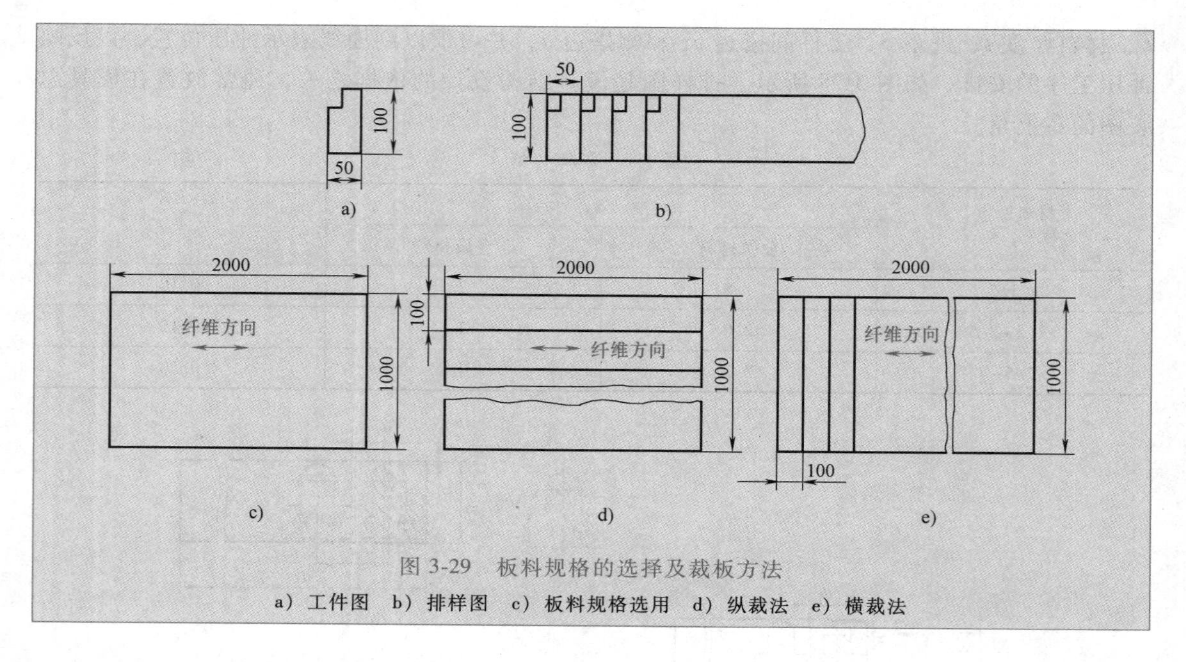

图 3-29　板料规格的选择及裁板方法

a）工件图　b）排样图　c）板料规格选用　d）纵裁法　e）横裁法

3.3.2　冲裁工艺力与压力中心的计算

冲裁工艺力是指冲裁过程中所需要的各种力，主要有冲裁力、卸料力、推件力和顶件力。计算冲裁工艺力的目的是：①选择冲压设备；②校核模具强度。

1. 冲裁力的计算

冲裁力是冲裁过程中所需的压力，其大小随凸模行程不断变化，这里指冲裁过程中所需的最大压力 F_{max}（图 3-30a）。当用普通平刃口模具（图 3-30b）冲裁时，其冲裁力 F 的计算式为

$$F = KLt\tau_b \tag{3-6}$$

式中，K 是安全系数，一般取 1.3；L 是剪切长度（mm），特别强调：L 不等于工件的轮廓长度；t 是板料厚度（mm）；τ_b 是板料的抗剪强度（MPa）。

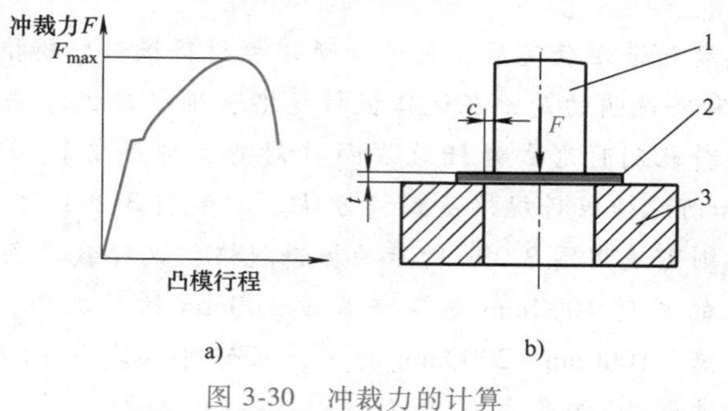

图 3-30　冲裁力的计算

a）冲裁力随凸模行程的变化曲线　b）平刃口模具

1—凸模　2—板料　3—凹模

【例 3-2】　冲制图 3-31 所示工件，已知材料 Q235，材料厚度为 2mm，抗剪强度为 310MPa，采用平刃口模具冲裁，试计算两种不同排样类型所需的冲裁力。

解：1）有废料排样时，沿工件的整个轮廓进行冲裁，此时剪切长度为

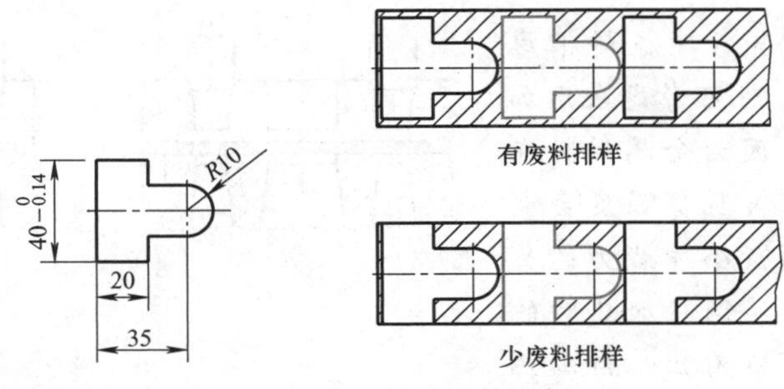

图 3-31 冲裁力计算实例

$$L = 40\text{mm} + 20\text{mm} \times 2 + (40 - 20)\text{mm} + (35 - 20)\text{mm} \times 2 + \pi \times 10\text{mm} = 161.4\text{mm}$$

由式（3-6）得冲裁力为

$$F = KLt\tau_b = 1.3 \times 161.4\text{mm} \times 2\text{mm} \times 310\text{MPa} = 130088.4\text{N}$$

2）少废料排样时，沿工件的部分轮廓进行冲裁，此时剪切长度为

$$L = 40\text{mm} + (40 - 20)\text{mm} + (35 - 20)\text{mm} \times 2 + \pi \times 10\text{mm} = 121.4\text{mm}$$

由式（3-6）得冲裁力为

$$F = KLt\tau_b = 1.3 \times 121.4\text{mm} \times 2\text{mm} \times 310\text{MPa} = 97848.4\text{N}$$

扩展阅读

当冲裁大尺寸、高强度的厚板时，有可能使所需冲裁力过大，甚至超出现有设备吨位，此时就必须采取措施减小冲裁力。生产中常见减小冲裁力的方法有斜刃口冲裁、阶梯凸模冲裁和加热冲裁。

1）斜刃口冲裁。斜刃口冲裁是指将凸模或凹模的刃口做成斜的，如图 3-32 所示，此时由于避免了刃口沿板料轮廓同时进行剪切，因此能达到减小冲裁力的目的。为了保证得到平整的冲裁件，落料时将凹模做成斜刃，冲孔时将凸模做成斜刃，并使刃口对称，以保证模具受力均衡，只有在切舌时刃口才可以做成单面斜，如图 3-32f 所示。

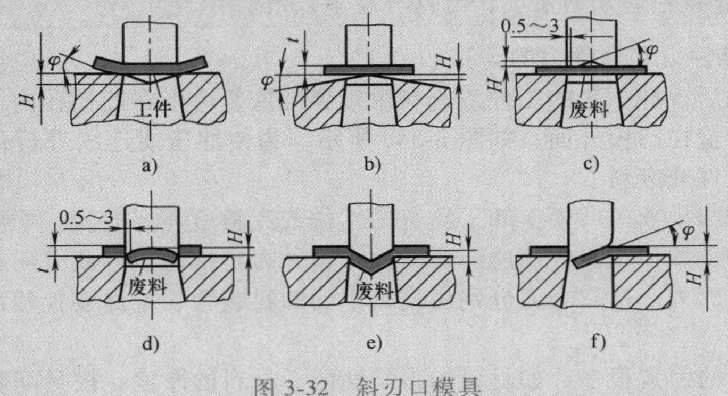

图 3-32 斜刃口模具

2）阶梯凸模冲裁。多凸模的冲模中，当采用图 3-33a 所示的结构时，由于各凸模冲裁力同时达到最大值，因此总的冲裁力等于各凸模冲裁力之和，可能会导致总的冲裁力过大。此时可将凸模设计成不同长度，使工作端面呈阶梯式布置（图 3-33b），这样，各凸模冲裁力的最大峰值不同时出现，从而达到减小冲裁力的目的。

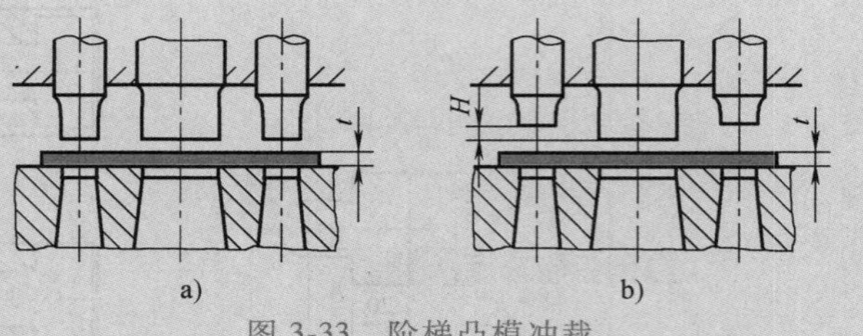

图 3-33 阶梯凸模冲裁

3）加热冲裁。当所冲板料很厚（通常指超过 10mm）时可考虑采用加热的方式进行冲裁。因为金属材料在加热到一定温度后，其抗剪强度会大幅度降低，从而达到减小冲裁力的目的。表 3-7 列出了部分钢在加热时的抗剪强度。从表中可以看出，当加热温度超过 700℃时，材料抗剪强度降低幅度很大。当温度超过 800℃时，虽然抗剪强度降低明显，但材料会发生氧化，因而建议一般钢加热到（750±50）℃，既能降低冲裁力，又能得到较好质量的冲裁件。

表 3-7 部分钢在加热时的抗剪强度 （单位：MPa）

牌号	加热温度/℃					
	室温	500	600	700	800	900
Q195、Q215、10、15	360	320	200	110	60	30
Q235、20、25	450	450	240	130	90	60
30、35	530	520	330	160	90	70
40、45、50	600	580	380	190	90	70

需要说明的是，上述三种减小冲裁力的方法在一般情况下不建议采用，因为无论从加工的角度，还是从修模的角度，斜刃口模具、阶梯模具都没有平刃口模具和长度相同的模具简单方便。加热冲裁更不可取，因为金属材料一旦加热，其原有的表面质量会受到破坏，将严重影响冲裁件的表面质量，所以一般不采用。

2. 卸料力、推件力和顶件力的计算

一次冲裁结束后，冲下来的工件或废料由于弹性恢复会卡在凹模孔内，带孔的废料或工件因弹性恢复会紧箍在凸模外面，如图 3-34a 所示。为使冲压能连续进行，必须取出凹模孔内和凸模外面的工件或废料。

卸料力是指从凸模或凸凹模上卸下箍着的工件或废料所需要的力，推件力是指顺着冲裁方向将工件或废料从凹模孔内推出所需要的力，顶件力是指逆着冲裁方向将工件或废料从凹模孔内顶出所需要的力。这三个力分别由模具中的卸料装置、推件装置和顶件装置提供，如图 3-34b 所示。

影响这三个力的因素很多，如材料的力学性能、材料的厚度、模具间隙、凹模孔口的结构、搭边大小、润滑情况、工件的形状和尺寸等，因此，理论计算这些力比较困难，实际生产中常采用以下经验公式计算，即

$$F_{卸} = K_{卸} F \tag{3-7}$$

$$F_{推} = nK_{推} F \tag{3-8}$$

$$F_{顶} = K_{顶} F \tag{3-9}$$

式中，$F_{卸}$、$F_{推}$、$F_{顶}$ 分别为卸料力、推件力、顶件力（N）；$K_{卸}$、$K_{推}$、$K_{顶}$ 分别为卸料力系数、推件力系数、顶件力系数，其数值大小见表 3-8；F 为平刃口模具冲裁时的冲裁力（N）；n 为卡在凹模孔口内的料的件数，$n=h/t$，h 为凹模刃口高度（mm），见表 3-27，t 为板料厚度（mm）。

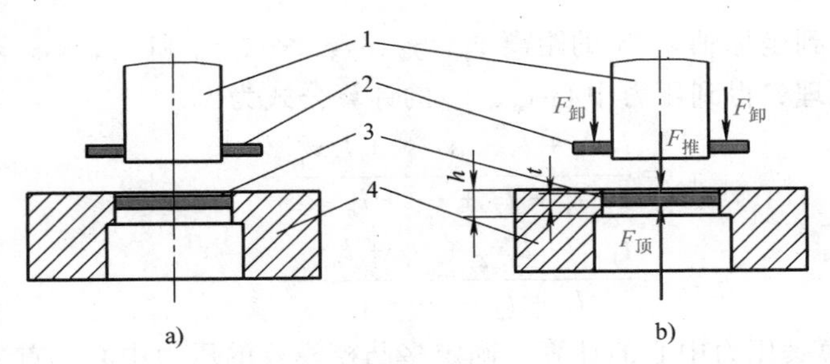

图 3-34　卸料力、推件力和顶件力

1—凸模　2—带孔的工件或废料　3—冲下来的工件或废料　4—凹模

表 3-8　卸料力系数 $K_{卸}$、推件力系数 $K_{推}$、顶件力系数 $K_{顶}$

材料厚度　t/mm		$K_{卸}$	$K_{推}$	$K_{顶}$
钢	≤0.1	0.065~0.075	0.1	0.14
	>0.1~0.5	0.045~0.055	0.063	0.08
	>0.5~2.5	0.04~0.05	0.055	0.06
	>2.5~6.5	0.03~0.04	0.045	0.05
	>6.5	0.02~0.03	0.025	0.03
铝、铝合金		0.025~0.08	0.03~0.07	
纯铜、黄铜		0.02~0.06	0.03~0.09	

3. 压力中心的计算

压力中心是指冲压合力的作用点。为使冲模能平稳工作，冲模与压力机固定时，必须使其压力中心通过模柄中心并与滑块的中心线重合，否则模具将受到偏载，造成凸、凹模之间的间隙分布不均，导向零件磨损加速，模具刃口及其他零件损坏，甚至会引起压力机导轨磨损，影响压力机精度。因此必须计算压力中心，并在模具安装时，使其通过模柄中心并与滑块中心线重合。

形状对称的冲裁件，其压力中心位于冲裁轮廓的几何中心，无需计算，如图 3-35 所示。复杂形状冲裁件或多凸模冲压时的压力中心，可按力矩平衡原理进行解析计算。

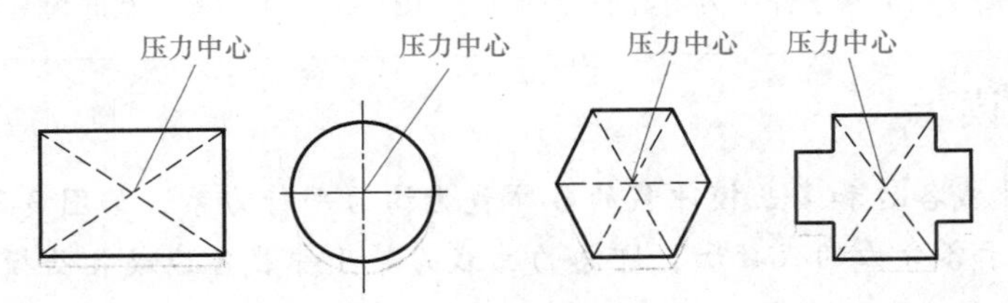

图 3-35　形状对称冲裁件的压力中心

（1）单凸模冲裁复杂形状工件压力中心的计算　步骤如下：

1）按比例画出冲裁件的轮廓（图 3-36）。

2）建立直角坐标系 xOy。

3）将冲裁件的冲裁轮廓分解为若干直线段和圆弧段，并计算各线段的长度 l_1，l_2，l_3，…，l_n。

4）计算各线段重心到坐标轴 x、y 的距离 y_1，y_2，y_3，…，y_n 和 x_1，x_2，x_3，…，x_n。

5）根据力矩平衡原理，得到压力中心 x_c、y_c 的计算公式为

$$x_c=\frac{l_1x_1+l_2x_2+\cdots+l_nx_n}{l_1+l_2+\cdots+l_n} \tag{3-10}$$

$$y_c=\frac{l_1y_1+l_2y_2+\cdots+l_ny_n}{l_1+l_2+\cdots+l_n} \tag{3-11}$$

（2）多凸模冲裁时模具压力中心的计算　确定多凸模模具的压力中心，首先应计算各单个凸模的压力中心，然后计算模具的压力中心。步骤如下：

1）按比例并根据各凸模的相对位置画出每一个冲裁轮廓形状，如图 3-37 所示。

2）在任意位置建立直角坐标系 xOy。

3）分别计算每个冲裁轮廓的压力中心到 x、y 轴的距离 y_1，y_2，y_3，…，y_n 和 x_1，x_2，x_3，…，x_n。

4）分别计算每个冲裁轮廓的周长 L_1，L_2，L_3，…，L_n。

5）根据力矩平衡原理，可得压力中心坐标 x_c、y_c 的计算公式为

$$x_c=\frac{L_1x_1+L_2x_2+\cdots+L_nx_n}{L_1+L_2+\cdots+L_n} \tag{3-12}$$

$$y_c=\frac{L_1y_1+L_2y_2+\cdots+L_ny_n}{L_1+L_2+\cdots+L_n} \tag{3-13}$$

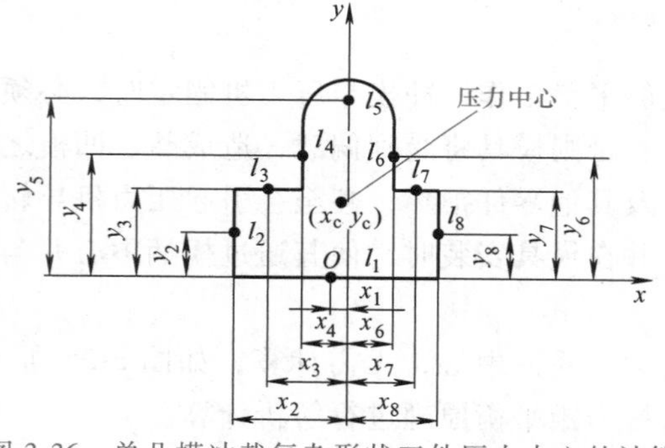

图 3-36　单凸模冲裁复杂形状工件压力中心的计算

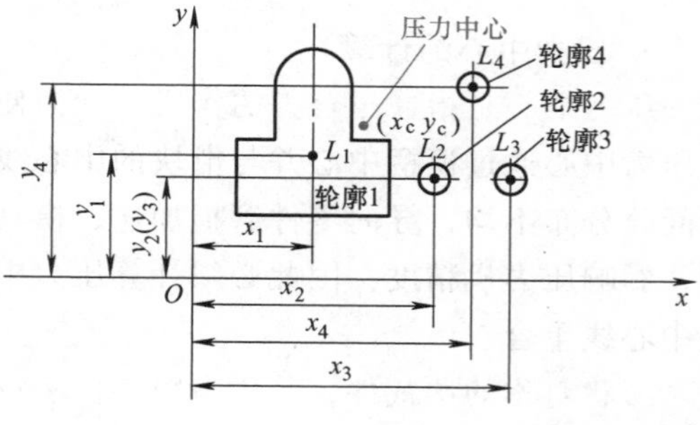

图 3-37　多凸模冲裁时模具压力中心的计算

扩展阅读

1）单凸模冲裁各边和多凸模冲裁的各冲裁力均为平行力系，如图 3-38 所示。平行力系的合力大小等于各分力的代数和，即总的冲裁力等于冲裁各边或各凸模冲裁所需冲裁力的代数和，即 $F=F_1+F_2+F_3+F_4+F_5+F_6+F_7+F_8$。

2）平行力系合力作用点可根据力矩平衡原理求出，即合力到某一轴的力矩等于各分力到同一轴的力矩之和。

3）冲裁力与冲裁长度成正比，因此可以用冲裁长度代替各冲裁力进行计算。

4）坐标轴位置的选取从理论上说是任意的，但为便于计算，应尽量把坐标原点取在某一冲裁轮廓的压力中心，或使坐标轴线尽量多地通过冲裁轮廓的压力中心，坐标原点最好是几个冲裁轮廓压力中心的对称中心。

5）实际设计中可借助CAD软件直接完成压力中心的计算。

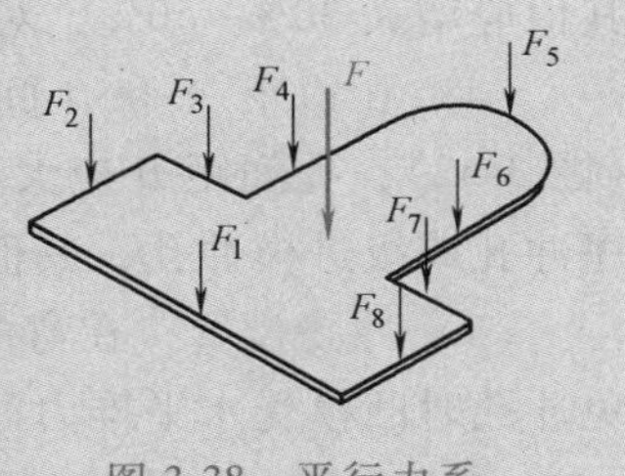

图3-38　平行力系

3.4　冲裁工艺设计

冲裁工艺设计（GB/T 30570—2014）包括冲裁件工艺性分析和冲裁工艺方案确定。劳动量和冲裁件成本是衡量冲裁工艺设计合理性的主要指标。工艺设计为模具的结构设计提供依据，工艺设计的好坏将直接影响模具的结构、产品的成本等。

3.4.1　冲裁件工艺性分析

冲裁件工艺性是指冲裁件对冲裁工艺的适应性，这是从加工的角度对冲裁件的形状结构、尺寸大小、精度高低、原材料的选用、技术要求等方面提出的要求。冲裁工艺性好是指能用最简单的模具、最少的工序数，在生产率较高、成本较低的条件下得到质量合格的冲裁件，并能最大限度地提高模具寿命。冲裁件工艺性分析的目的就是了解冲裁件加工的难易，为制定冲裁工艺方案奠定基础。

冲裁件的工艺性可以从冲裁件的结构工艺性、尺寸公差及冲裁件剪断面的表面粗糙度等方面进行分析。

1. 冲裁件的结构工艺性

（1）冲裁件的结构应尽可能简单、对称，尽可能有利于材料的合理利用　如图3-39所示，该产品在使用时仅对孔间距有尺寸要求，对外形没有要求，则可以对其外形进行适当改进，改进后的结构不仅节省材料，而且生产率也提高近一倍，使产品的成本大为降低。

（2）冲裁件的外形和内孔应避免尖锐的角，宜有适当的圆角　这样做的目的是便于模具的加工，减少热处理变形，减少冲裁时尖角处的崩刃和过快磨损。一般圆角半径R应大于或等于板厚t的一半，即$R \geqslant 0.5t$，如图3-40所示。

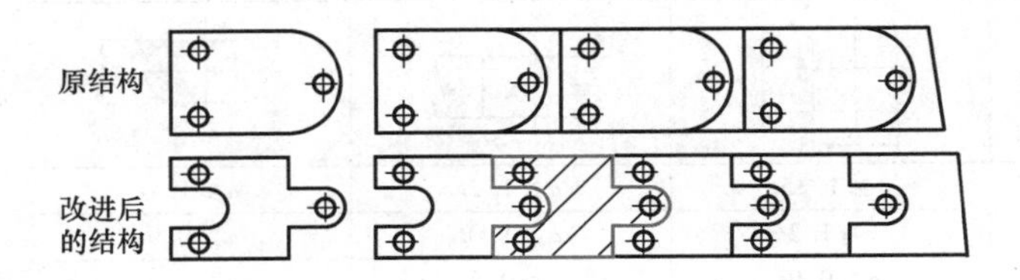

图3-39　冲裁件的形状改进

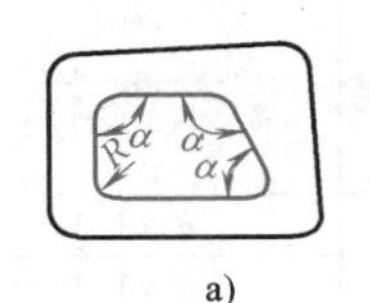

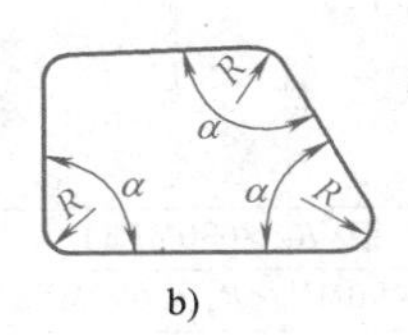

图3-40　冲裁件圆角

a）冲裁件内孔圆角　b）冲裁件外形圆角

（3）冲裁件上应避免窄长的悬臂和凹槽　悬臂和凹槽如图3-41所示。一般凸出和凹入部分的宽度B应大于或等于板厚t的1.5倍，即$B \geqslant 1.5t$。对于高碳钢、合金钢等较硬材料，其值应增大 30%~50%，对黄铜、铝等软材料应减小 20%~25%。

(4) 孔边距 A 和孔间距 B　孔边距 A 应大于或等于板厚 t 的 1.5 倍，即 $A \geqslant 1.5t$ (图 3-42)；孔间距 B 应大于或等于板厚 t 的 1.5 倍，即 $B \geqslant 1.5t$ (图 3-42)。如果采用单工序冲孔或级进模冲孔，其值可适当减小。

(5) 冲孔位置　在弯曲件或拉深件上冲孔时，孔边与直壁之间应保持一定距离，以避免冲孔时凸模受水平推力而折断，如图 3-43 所示。

(6) 孔径　冲孔时，因受凸模强度的限制，孔的尺寸不应太小，否则凸模易折断或压弯。图 3-44a 所示为无保护装置冲孔模，它能冲出的最小尺寸见表 3-9。图 3-44b 所示为有保护装置冲孔模，它能冲出的最小尺寸见表 3-10。

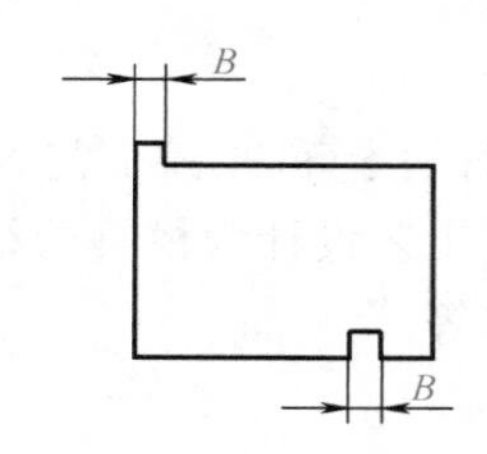

图 3-41　悬臂、凹槽的允许值

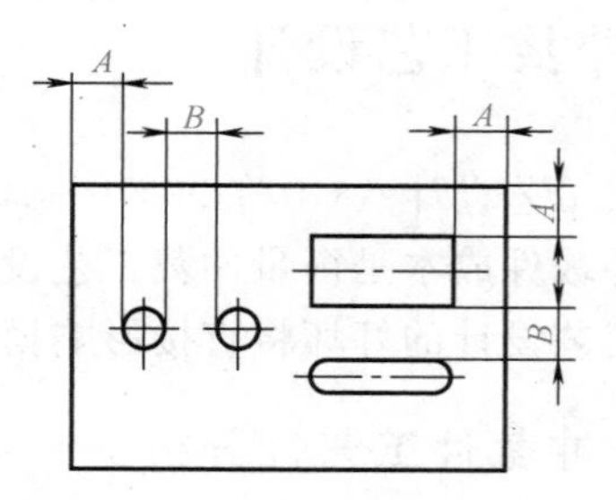

图 3-42　孔边距和孔间距

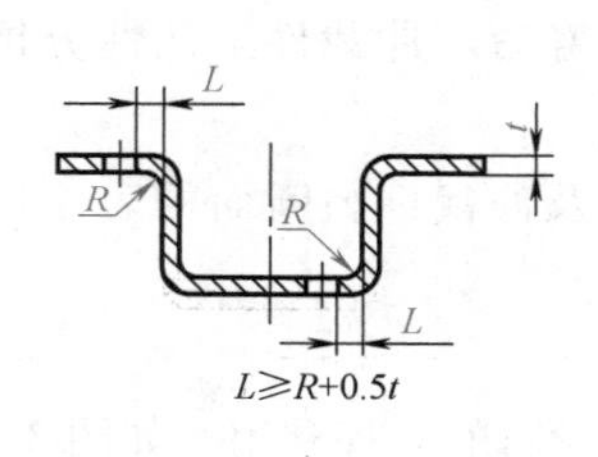

图 3-43　弯曲件上冲孔的位置

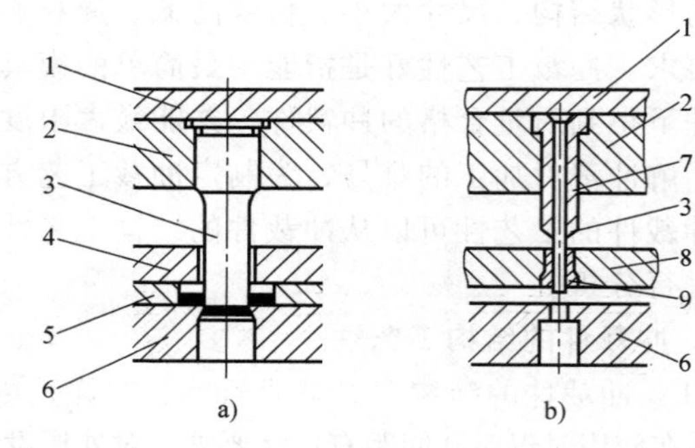

图 3-44　冲孔模具

a) 无保护装置冲孔模　b) 有保护装置冲孔模

1—垫板　2—固定板　3—凸模　4—刚性卸料板

5—导料板　6—凹模　7—保护套　8—弹性卸料板　9—小导套

表 3-9　无保护装置冲孔模冲出的最小尺寸

材　料	d	a	a	a
钢(R_m>690MPa)	$d \geqslant 1.5t$	$a \geqslant 1.35t$	$a \geqslant 1.2t$	$a \geqslant 1.1t$
钢(490MPa<R_m≤690MPa)	$d \geqslant 1.3t$	$a \geqslant 1.2t$	$a \geqslant 1.0t$	$a \geqslant 0.9t$
钢(R_m≤490MPa)	$d \geqslant 1.0t$	$a \geqslant 0.9t$	$a \geqslant 0.8t$	$a \geqslant 0.7t$
黄铜、铜	$d \geqslant 0.9t$	$a \geqslant 0.8t$	$a \geqslant 0.7t$	$a \geqslant 0.6t$
铝、锌	$d \geqslant 0.8t$	$a \geqslant 0.7t$	$a \geqslant 0.6t$	$a \geqslant 0.5t$
纸胶板、布胶板	$d \geqslant 0.7t$	$a \geqslant 0.7t$	$a \geqslant 0.5t$	$a \geqslant 0.4t$
硬纸	$d \geqslant 0.6t$	$a \geqslant 0.5t$	$a \geqslant 0.4t$	$a \geqslant 0.3t$

注：t 为材料厚度。

表 3-10 有保护装置冲孔模冲出的最小尺寸

材　料	高碳钢	低碳钢、黄铜	铝、锌
圆孔直径 d	$0.5t$	$0.35t$	$0.3t$
长方孔宽度 a	$0.45t$	$0.3t$	$0.28t$

注：t 为材料厚度。

2. 冲裁件的尺寸公差

按照 GB/T 13914—2013 的规定，冲裁件的公差等级共分为 11 级，用符号 ST 表示，从 ST1 到 ST11 逐级降低。表 3-11 列出了冲裁件的尺寸公差。冲裁件的尺寸极限偏差按下述规定选用：

1）孔（内形）尺寸的极限偏差取表 3-11 中给出的公差数值，冠以“+”号作为上极限偏差，下极限偏差为 0。

2）轴（外形）尺寸的极限偏差取表 3-11 中给出的公差数值，冠以“-”号作为下极限偏差，上极限偏差为 0。

3）孔中心距、孔边距等尺寸的极限偏差取表 3-11 中给出的公差数值的一半，冠以“±”号分别作为上、下极限偏差。

冲裁件公差等级选用见表 3-12。对于冲裁件上未注公差尺寸的极限偏差的处理办法按照 GB/T 15055—2021 的规定处理。

表 3-11 冲裁件的尺寸公差（GB/T 13914—2013）　　（单位：mm）

公称尺寸		板材厚度		公差等级										
大于	至	大于	至	ST1	ST2	ST3	ST4	ST5	ST6	ST7	ST8	ST9	ST10	ST11
0.5	1	—	0.5	0.008	0.010	0.015	0.020	0.030	0.040	0.060	0.080	0.120	0.160	—
		0.5	1	0.010	0.015	0.020	0.030	0.040	0.060	0.080	0.120	0.160	0.240	—
		1	1.5	0.015	0.020	0.030	0.040	0.060	0.080	0.120	0.160	0.240	0.340	—
1	3	—	0.5	0.012	0.018	0.026	0.036	0.050	0.070	0.100	0.140	0.200	0.280	0.400
		0.5	1	0.018	0.026	0.036	0.050	0.070	0.100	0.140	0.200	0.280	0.400	0.560
		1	3	0.026	0.036	0.050	0.070	0.100	0.140	0.200	0.280	0.400	0.560	0.780
		3	4	0.034	0.050	0.070	0.090	0.130	0.180	0.260	0.360	0.500	0.700	0.980
3	10	—	0.5	0.018	0.026	0.036	0.050	0.070	0.100	0.140	0.200	0.280	0.400	0.560
		0.5	1	0.026	0.036	0.050	0.070	0.100	0.140	0.200	0.280	0.400	0.560	0.780
		1	3	0.036	0.050	0.070	0.100	0.140	0.200	0.280	0.400	0.560	0.780	1.10
		3	6	0.046	0.060	0.090	0.130	0.180	0.260	0.360	0.480	0.680	0.980	1.400
		6		0.060	0.080	0.110	0.160	0.220	0.300	0.420	0.600	0.840	1.200	1.600
10	25	—	0.5	0.026	0.036	0.050	0.070	0.100	0.140	0.200	0.280	0.400	0.560	0.780
		0.5	1	0.036	0.050	0.070	0.100	0.140	0.200	0.280	0.400	0.560	0.780	1.100
		1	3	0.050	0.070	0.100	0.140	0.200	0.280	0.400	0.560	0.780	1.100	1.500
		3	6	0.060	0.090	0.130	0.180	0.260	0.360	0.500	0.700	1.000	1.400	2.000
		6		0.080	0.120	0.160	0.220	0.320	0.440	0.600	0.880	1.200	1.600	2.400
25	63	—	0.5	0.036	0.050	0.070	0.100	0.140	0.200	0.280	0.400	0.560	0.780	1.100
		0.5	1	0.050	0.070	0.100	0.140	0.200	0.280	0.400	0.560	0.780	1.100	1.500

（续）

公称尺寸		板材厚度		公差等级										
大于	至	大于	至	ST1	ST2	ST3	ST4	ST5	ST6	ST7	ST8	ST9	ST10	ST11
25	63	1	3	0. 070	0. 100	0. 140	0. 200	0. 280	0. 400	0. 560	0. 780	1. 100	1. 500	2. 100
		3	6	0. 090	0. 120	0. 180	0. 260	0. 360	0. 500	0. 700	0. 980	1. 400	2. 000	2. 800
		6		0. 110	0. 160	0. 220	0. 300	0. 440	0. 600	0. 860	1. 200	1. 600	2. 200	3. 000
63	160	—	0. 5	0. 040	0. 060	0. 090	0. 120	0. 180	0. 260	0. 360	0. 500	0. 700	0. 980	1. 400
		0. 5	1	0. 060	0. 090	0. 120	0. 180	0. 260	0. 360	0. 500	0. 700	0. 980	1. 400	2. 000
		1	3	0. 090	0. 120	0. 180	0. 260	0. 360	0. 500	0. 700	0. 980	1. 400	2. 000	2. 800
		3	6	0. 120	0. 160	0. 240	0. 320	0. 460	0. 640	0. 900	1. 300	1. 800	2. 500	3. 600
		6		0. 140	0. 200	0. 280	0. 400	0. 560	0. 780	1. 100	1. 500	2. 100	2. 900	4. 200
160	400	—	0. 5	0. 060	0. 090	0. 120	0. 180	0. 260	0. 360	0. 500	0. 700	0. 980	1. 400	2. 000
		0. 5	1	0. 090	0. 120	0. 180	0. 260	0. 360	0. 500	0. 700	1. 000	1. 400	2. 000	2. 800
		1	3	0. 120	0. 180	0. 260	0. 360	0. 500	0. 700	1. 000	1. 400	2. 000	2. 800	4. 000
		3	6	0. 160	0. 240	0. 320	0. 460	0. 640	0. 900	1. 300	1. 800	2. 600	3. 600	4. 800
		6		0. 200	0. 280	0. 400	0. 560	0. 780	1. 100	1. 500	2. 100	2. 900	4. 200	5. 800
400	1000	—	0. 5	0. 090	0. 120	0. 180	0. 240	0. 340	0. 480	0. 660	0. 940	1. 300	1. 800	2. 600
		0. 5	1	—	0. 180	0. 240	0. 340	0. 480	0. 660	0. 940	1. 300	1. 800	2. 600	3. 600
		1	3	—	0. 240	0. 340	0. 480	0. 660	0. 940	1. 300	1. 800	2. 600	3. 600	5. 000
		3	6	—	0. 320	0. 450	0. 620	0. 880	1. 200	1. 600	2. 400	3. 400	4. 600	6. 600
		6		—	0. 340	0. 480	0. 700	1. 000	1. 400	2. 000	2. 800	4. 000	5. 600	7. 800
1000	6300	—	0. 5	—	—	0. 260	0. 360	0. 500	0. 700	0. 980	1. 400	2. 000	2. 800	4. 000
		0. 5	1	—	—	0. 360	0. 500	0. 700	0. 980	1. 400	2. 000	2. 800	4. 000	5. 600
		1	3	—	—	0. 500	0. 700	0. 980	1. 400	2. 000	2. 800	4. 000	5. 600	7. 800
		3	6	—	—	—	0. 900	1. 200	1. 600	2. 200	3. 200	4. 400	6. 200	8. 000
		6		—	—	—	1. 000	1. 400	1. 900	2. 600	3. 600	5. 200	7. 200	10. 000

表 3-12　冲裁件公差等级选用（GB/T 13914—2013）

加工方法	尺寸类型	公差等级										
		ST1	ST2	ST3	ST4	ST5	ST6	ST7	ST8	ST9	ST10	ST11
精密冲裁	外形	—	—	—	—	—						
	内形	—	—	—	—							
	孔中心距	—	—	—	—							
	孔边距				—	—	—					
普通平面冲裁	外形		—	—	—	—	—	—	—	—	—	—
	内形		—	—	—	—	—	—	—	—	—	—
	孔中心距		—	—	—	—	—	—	—	—	—	—
	孔边距				—	—	—	—	—	—	—	—
成形冲压冲裁	外形					—	—	—	—	—	—	—
	内形				—	—	—	—	—	—	—	—
	孔中心距				—	—	—	—	—	—	—	—
	孔边距						—	—	—	—	—	—

3. 冲裁件剪断面的表面粗糙度

冲裁件剪断面的表面粗糙度值与材料塑性、材料厚度、冲模间隙、刃口锐钝及冲模结构等有关。一般冲裁件剪断面的表面粗糙度值见表 3-13。

表 3-13　一般冲裁件剪断面的表面粗糙度

材料厚度 t/mm	≤1	>1~2	>2~3	>3~4	>4~5
冲裁件剪断面的表面粗糙度值 Ra/μm	3.2	6.3	12.5	25	50

扩展阅读

1）需特别强调的是，上述工艺设计的前提是满足产品使用要求。如果产品要求有尖角、窄槽、过长的悬臂等不适合冲裁加工的结构，作为工艺设计人员无权直接更改产品的有关信息，必须会同产品设计人员，在征得产品设计人员同意并满足产品使用要求的前提下，对冲裁件形状、尺寸、精度要求乃至原材料的选用等进行适当修改。工艺设计人员的任务就是把产品上不合理的部分变成合理的部分，或通过工艺设计将产品以尽可能低的成本加工出来。

2）冲裁件工艺性分析是以产品零件图为依据，分析时要特别注意零件的极限尺寸（如最小冲孔尺寸、最小窄槽宽度、最小孔间距和孔边距等）、尺寸公差、设计基准及其他特殊要求。因为这些要素对所需工序的性质、数量、排列顺序的确定以及定位方式、模具结构型式与制造精度的选择均有显著影响，进而最终影响产品的成本。如图 3-45 所示工件，根据表 3-11 和表 3-12 分析可知，普通冲裁无法保证两孔间距的精度（±0.02mm），如果在工艺分析时忽略了这个孔间距的精度，而是按照普通冲裁件进行设计，最终结果就是一件合格产品也生产不出来。所以认真、细致，一丝不苟应是每个工程技术人员必须具备的职业素养。

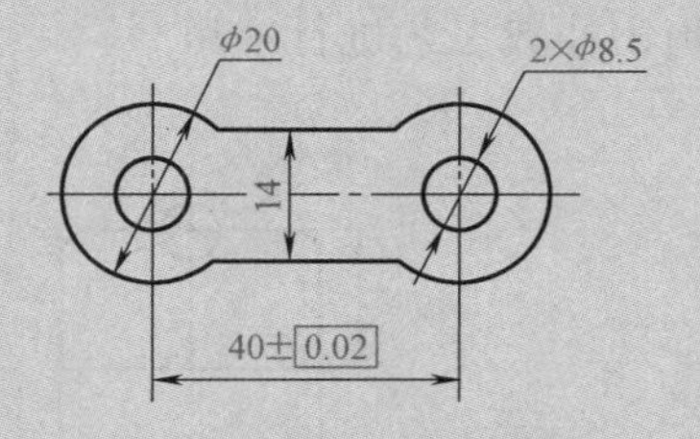

图 3-45　工艺分析示例 1

【例 3-3】　冲裁图 3-46 所示冲裁件，料 Q235，料厚 2mm，试分析其冲裁工艺性。

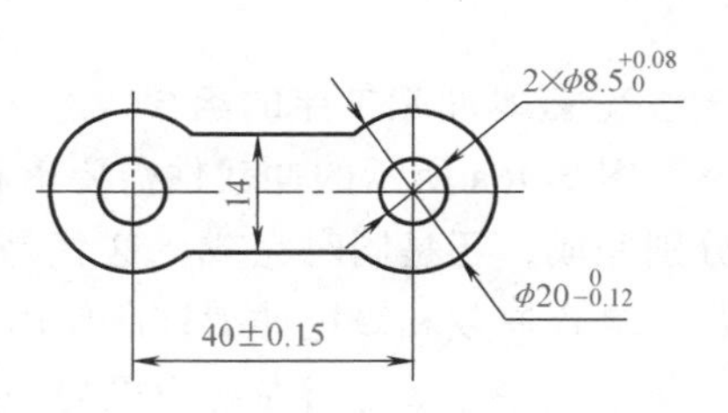

图 3-46　工艺分析示例 2

分析：

1）该冲裁件结构对称，无凹槽、悬臂、尖角等，符合冲裁工艺要求。

2）由表 3-11 和表 3-12 可知，内孔和外形尺寸的公差以及孔间距的公差均属于一般公差要求，采用普通冲裁即可保证精度要求。

3）由图 3-42 和表 3-9 可知，所冲孔的尺寸及孔边距和孔间距尺寸均满足最小值要求，可以采用复合冲裁。

4）Q235 是常用的冲压用材料，具有良好的冲压工艺性。

综上所述，该冲裁件的冲裁工艺性良好，适合冲裁。

扩展阅读

如果将图 3-46 换成图 3-47 所示的尺寸，那么该产品的冲裁工艺性就不是很理想。因为孔边距只有 1mm，小于 1.5t，不满足最小孔边距要求，不能采用复合冲裁，也不宜采用单工序冲裁，只能采用级进冲裁。

图 3-47 工艺分析示例 3

3.4.2 冲裁工艺方案确定

所谓冲裁工艺方案，是指用哪几种基本冲裁工序，按照何种冲裁顺序，以怎样的工序组合方式完成冲裁件的冲裁加工。冲裁工艺方案是在工艺性分析的基础上结合产品生产批量确定的，主要解决如下三个问题。

1. 基本冲裁工序的确定

冲裁件所需基本冲裁工序一般可根据冲裁件的结构特点直接判断。图 3-48a 所示的冲裁件需要落料和冲孔两道冲裁工序，图 3-48b 所示的冲裁件只需要落料一道冲裁工序，图 3-48c 所示的冲裁件则需要落料和切舌两道冲裁工序。当工件的平面度要求较高时，还需在最后采用校平工序进行精压；当工件的断面质量和尺寸精度要求较高时，则可以直接采用精密冲裁工艺进行冲压。

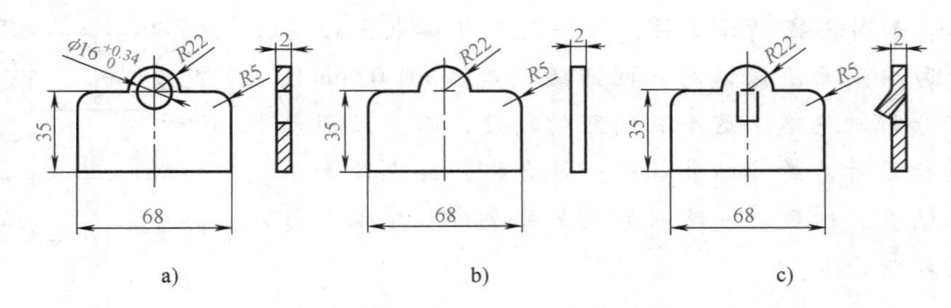

图 3-48 基本冲裁工序的确定

2. 基本冲裁工序的组合

图 3-48a 所示的冲裁件需要落料和冲孔两道冲裁工序完成，这两道冲裁工序是一步一步分别完成，还是同时完成，这就是工序的组合问题。冲裁工序的组合方式可分为单工序冲裁、复合冲裁和级进冲裁，所使用的模具对应为单工序模、复合模和级进模。

单工序冲裁是指在压力机的一次行程中只完成一道冲裁工序，因此对于需要多道工序才能完成的冲裁件就需要多副模具。图 3-48a 所示的冲裁件就需要一副落料模和一副冲孔模。复合冲裁是指只有一个工位，并在压力机的一次行程中，同时完成两道或两道以上的冲裁工序。当用复合模冲制图 3-48a 所示的冲裁件时就只需要一副模具。级进冲裁是指在压力机一次行程中，在送料方向连续排列的多个工位上同时完成多道冲裁工序。当用级进模冲制图 3-48a 所示的冲裁件时也只需一副模具。表 3-14 列出了三种类型模具的特点对比。

表 3-14 三种类型模具的特点对比

模具类型	单工序模	复合模	级进模
工位数	1	1	2 或 2 以上
完成的工序数	1 种	2 或 2 种以上	2 或 2 种以上
适合的冲裁件尺寸	大、中型	大、中、小型	中、小型
对材料的要求	对条料宽度要求不严,可用边角料	对条料宽度要求不严,可用边角料	对条料或带料要求严格
冲裁件精度	低	高	介于两者之间
生产率	低	高	很高
实现机械化、自动化的可能性	较易	难,工件与废料排出较复杂	容易
应用	适用于精度要求低的大、中型件的中、小批量生产或大型件的大批量生产	适用于形状较复杂、精度要求高的大、中、小型件的大批量生产	适用于形状复杂、精度要求较高的中、小型件的大批量生产

扩展阅读

冲裁工序是否组合及如何组合（如采用复合冲裁还是级进冲裁），需要考虑的因素较多，非常灵活，并与工艺人员的经验密切相关。如冲制图 3-49 所示的垫圈，当料厚为 0.5mm 时，即使是小批量、精度低，从安全角度考虑，也宜选择复合或级进冲裁的方式，而不仅仅考虑批量和精度。只有在尺寸合适的情况下，才会以精度和批量等为主要考虑的因素。此外，在实际生产中，为了提高效率和操作安全性，广泛采用级进冲裁的方案。

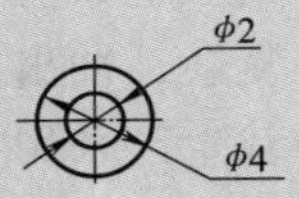

图 3-49 垫圈

3. 冲裁顺序的安排

当用单工序或级进冲裁的方式进行冲压时，是先落料还是先冲孔，就存在一个冲裁顺序的问题。

1）级进冲裁时，无论冲裁件的形状多复杂，中间需要多少道工序，通常冲孔工序放在第一工位完成，目的是可以利用先冲好的孔为后面的工序定位；落料或切断工序（即使冲裁件与条料分离的工序）放在最后一个工位，目的是可以利用条料运送工序件（每冲好一步得到的形状均可以称为工序件）。图 3-50a 所示工件需要落料和冲孔两道冲裁工序，现采用级进冲裁方案，图 3-50b 所示为其排样图，第 1 工位冲孔，第 2 工位落料，在落料时以预先冲出的孔进行定位。

2）采用单工序冲裁多工序的冲裁件时，则需要首先落料使坯料与条料分离，再冲孔或冲缺口，主要目的是操作方便。

3）冲裁大小不同、相距较近的孔时，为减少孔的变形，应先冲大孔后冲小孔。

综上所述，当冲裁基本工序、工序组合方式及冲裁顺序都确定下来后，则冲裁方案也就能确定下来，但这样确定的方案通常有多种，需要根据已知的产品信息，经过分析比较才能最终确定一个技术上可行、经济上比较合理的最佳方案。

4. 冲裁工艺方案确定的方法与步骤

冲裁工艺方案确定的方法与步骤如下：

1）分析冲裁件的工艺性，指出该冲裁件在工艺上存在的缺陷及解决的办法。

2）列出冲裁件所需的基本冲裁工序。

3）在工艺允许的条件下，列出可能的几种工艺方案。

4）从冲裁件的形状、尺寸、精度、批量、模具结构等方面进行分析比较，选择最佳工艺方案。

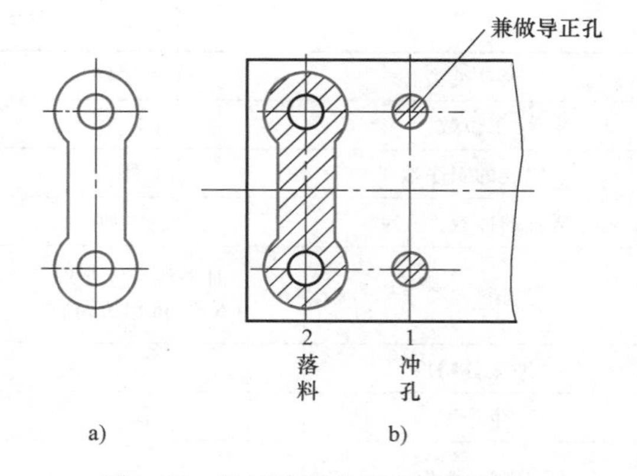

图 3-50 级进冲裁的工序顺序安排

【例 3-4】 冲制图 3-46 所示冲裁件，年产量 300 万件，试制定其冲裁工艺方案。

1）由【例 3-3】分析可知，该冲裁件具有良好的冲裁工艺性，比较适合冲裁。

2）该冲裁件需要落料、冲孔两道基本冲压工序才能成形，有以下三种可能的工艺方案。

方案一：采用单工序模生产，即先落料，后冲孔。

方案二：采用复合模生产，即落料-冲孔复合冲裁。

方案三：采用级进模生产，即冲孔-落料级进冲裁。

3）分析比较。方案一中模具结构简单，但需要两道工序、两副模具，生产率较低，难以满足大批量生产时对效率的要求。方案二只需要一副模具，冲裁件的几何精度和尺寸精度容易保证，生产率比方案一高，但模具结构比方案一复杂，操作不方便，不易实现自动化。方案三也只需要一副模具，操作方便安全，易于实现自动化，生产率最高，模具结构比方案一复杂，冲出的工件精度能满足产品的精度要求。通过对上述三种方案的分析比较，该件的冲裁生产采用方案三为佳。

扩展阅读

如果冲裁件的尺寸如图 3-47 所示，虽然也需要落料和冲孔两道基本冲裁工序，但列出的可能的加工方案只有一种：采用级进模生产。这就是所谓的在工艺性分析的基础上列出可能的加工方案。这里不能将复合冲裁和单工序冲裁作为方案列出，原因就是孔边距过小，由于模具强度的限制不能采用复合冲裁，同时因为冲孔时容易引起外边缘的变形，所以也不能采用单工序冲裁。

3.5 冲裁模总体结构设计

冲裁模是冲裁工艺必不可少的工艺装备，模具结构设计的合理与否将直接影响冲裁件的形状、尺寸和精度，同时也影响生产率、模具寿命和操作的方便与安全。模具总体结构设计包含模具类型的选择和模具零件结构型式的确定。

3.5.1 冲裁模的分类及典型结构

1. 冲裁模的分类

冲裁模是冲压模中应用最为普遍的一种。表 3-15 列出了部分冲压模的分类依据及名称。

表 3-15　部分冲压模的分类依据及名称

序号	分类依据	名称
1	冲压工序性质	冲裁模、弯曲模、拉深模、成形模等
2	工序的组合程度	单工序模(简单模)、复合模、级进模(连续模、跳步模)
3	导向方式	无导向模、导板模、导柱模等
4	卸料方式	刚性卸料模、弹性卸料模
5	控制进距的方法	挡料销式、侧刃式、导正销式等
6	模具工作零件的材料	硬质合金模具、锌基合金模、橡胶冲模等

2. 冲裁模的典型结构

在表 3-15 的分类依据中，工序的组合程度是最常见的分类依据，本节主要介绍各种单工序模、复合模和级进模的典型结构。

(1) 单工序模　单工序模也称为简单模，是指在压力机的一次行程中只完成一道冲压工序的模具。

图 3-51 所示为带弹性卸料装置下出件的单工序落料模。工作过程是：模具开启，条料从前往后送进模具，由导料板 18 导向，挡料销 21 控制进距；冲裁开始时，上模下行，卸料板 4 首先与条料接触并将条料压向凹模 2 工作表面，接着上模

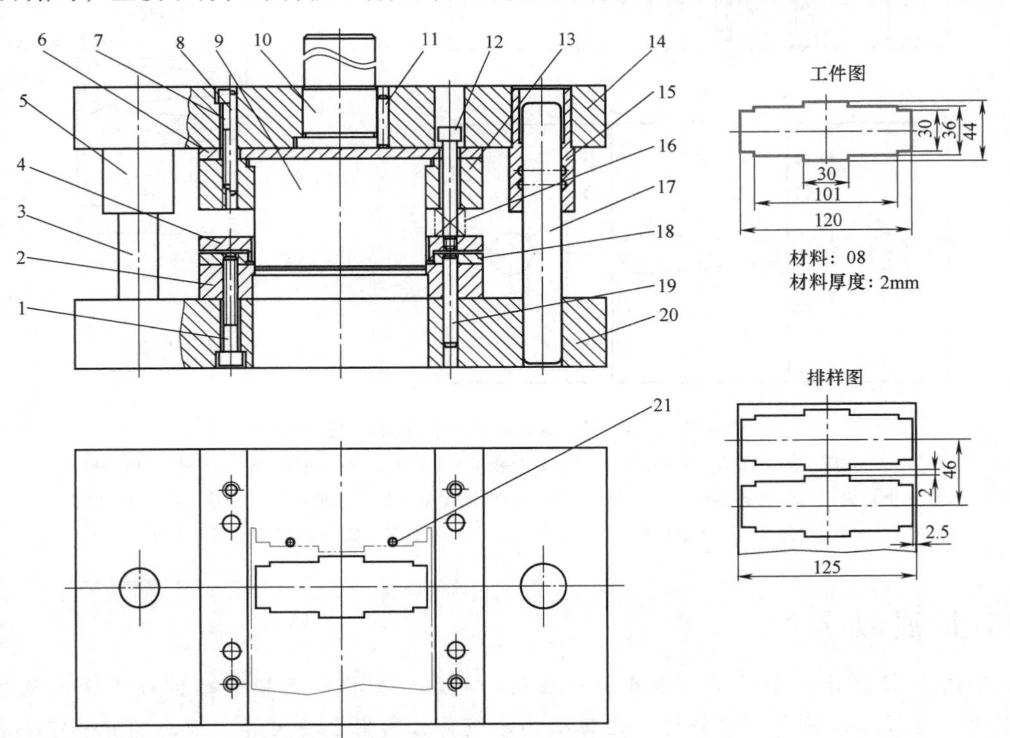

图 3-51　带弹性卸料装置下出件的单工序落料模

1、7—螺钉　2—凹模　3—导柱 1　4—卸料板　5—导套 1　6—垫板　8、19—销　9—凸模　10—模柄　11—止转销　12—卸料螺钉　13—凸模固定板　14—上模座　15—导套 2　16—弹簧　17—导柱 2　18—导料板　20—下模座　21—挡料销

继续下行，凸模 9 与条料接触并穿过条料完成冲裁；冲裁结束后，落下来的工件从凹模 2 的孔内由凸模 9 直接推下，带孔的条料由弹性卸料装置（卸料板 4、弹簧 16 和卸料螺钉 12 组成）卸下。这副模具的结构特点是：采用弹性卸料装置卸料，以下出料的方式出件，由中间导柱导套导向。

图 3-52 所示为带弹性卸料装置上出件的单工序落料模。工作过程是：模具开启，条料从前往后送进模具，由导料板 19 导向，挡料销 23 进行挡料；冲裁开始时，上模下行，卸料板 4 首先将条料压向凹模 2 工作表面，上模继续下行，凸模 13 施加给条料压力并与顶件块 22 将被冲部分夹紧进行冲裁；冲裁结束后，冲下来的工件由顶件块 22 从凹模 2 孔内向上顶出，箍在凸模 13 外面带孔的条料由弹性卸料装置（卸料板 4、弹簧 17 和卸料螺钉 12 组成）卸下。这副模具的结构特点是：采用弹性卸料装置卸料，以上出件方式出件，由中间导柱导套导向。

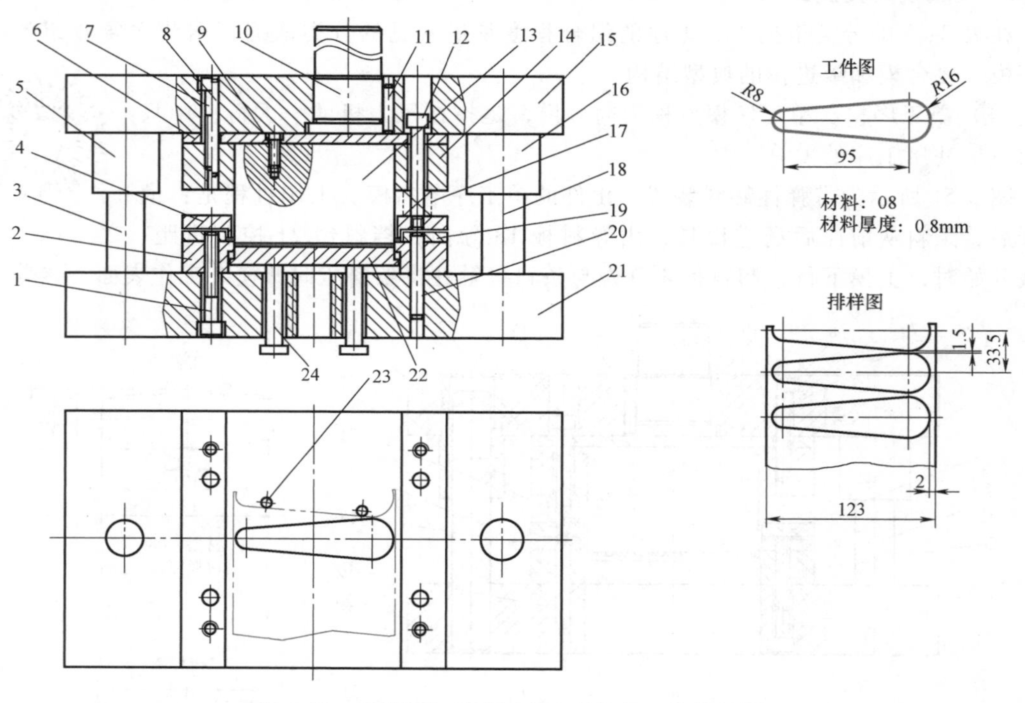

图 3-52 带弹性卸料装置上出件的单工序落料模

1、7、9—螺钉 2—凹模 3—导柱 1 4—卸料板 5—导套 1 6—垫板 8、20—销 10—模柄 11—止转销 12—卸料螺钉 13—凸模 14—凸模固定板 15—上模座 16—导套 2 17—弹簧 18—导柱 2 19—导料板 21—下模座 22—顶件块 23—挡料销 24—顶杆

扩展阅读

如图 3-52 所示，条料送入模具后是在被卸料板、凹模、凸模和顶件块压紧的状态下冲裁的，所得工件的平面度较好。这种结构的模具通常用于料较薄、平面度有一定要求的冲裁件的冲压，但其缺点是出件不方便。而图 3-51 所示的下出件结构，冲裁完成后，出件很方便，但工件得不到校平。因此，图 3-51 所示结构的模具通常用于板较厚、对平面度无要求时的冲裁。

图 3-53 所示为同时冲三个孔的冲孔模。工作过程是：模具开启，毛坯放入模具中，利用定位板 4 对毛坯进行定位；冲孔结束后，冲孔废料由冲孔凸模 11、12、14 从凹模孔内直接推出，箍在冲孔凸模 11、12、14 外面的工件由弹性卸料装置（卸料板 5、弹簧 6 和卸料螺钉 10 组成）卸下。这副模具的结构特点是：采用定位板进行定位，弹性卸料装置卸料，后侧导柱导套导向。

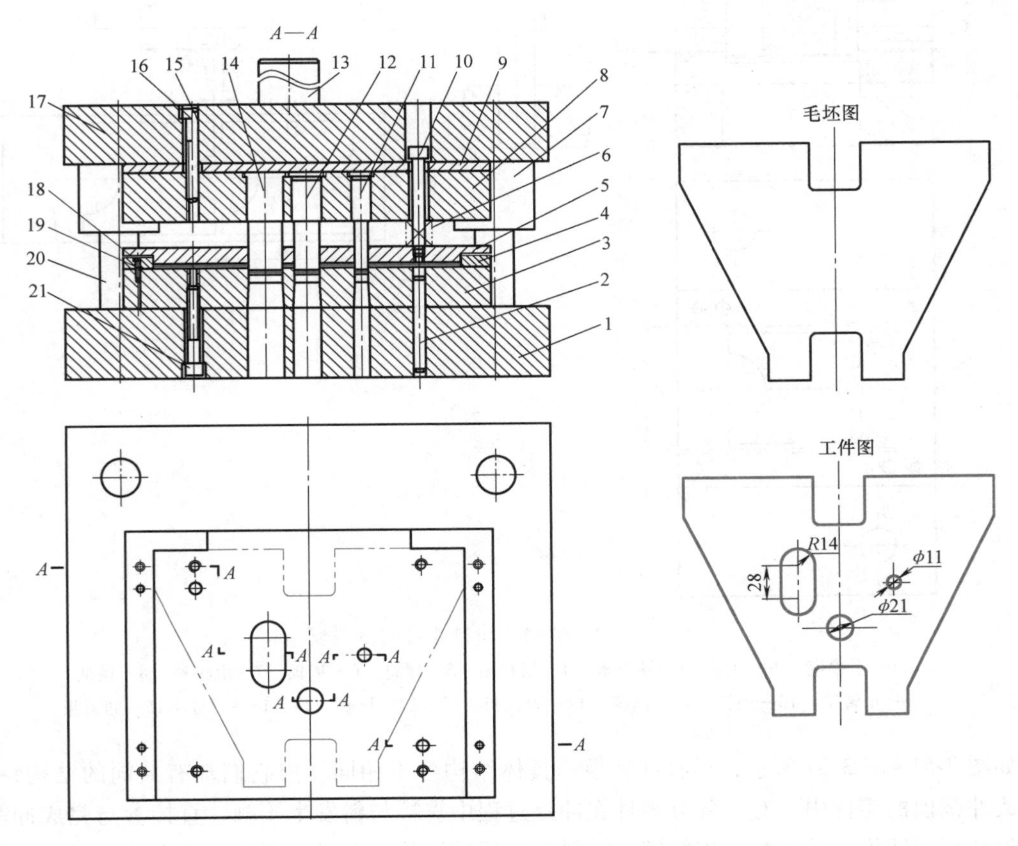

图 3-53　同时冲三个孔的单工序冲孔模

1—下模座　2、15、19—销　3—凹模　4—定位板　5—卸料板　6—弹簧　7—导套　8—凸模固定板　9—垫板　10—卸料螺钉　11、12、14—凸模　13—模柄　16、18、21—螺钉　17—上模座　20—导柱

扩展阅读

图 3-53 所示冲孔模虽然同时冲三个孔，但仍属于单工序模，这说明单工序模不一定只有一个凸模和凹模，也可以是多凸模的模具。

图 3-54 所示为带刚性卸料装置的单工序落料模。工作过程是：模具开启，条料从前往后送进模具，由导料板 3 导向，挡料销 4 控制进距；冲裁结束后，落下来的工件从凹模 2 的孔内由凸模 11 直接推下，带孔的条料由卸料板 15 卸下。这副模具的结构特点是：采用刚性卸料装置卸料，以下出料的方式出件，由对角导柱导套导向。

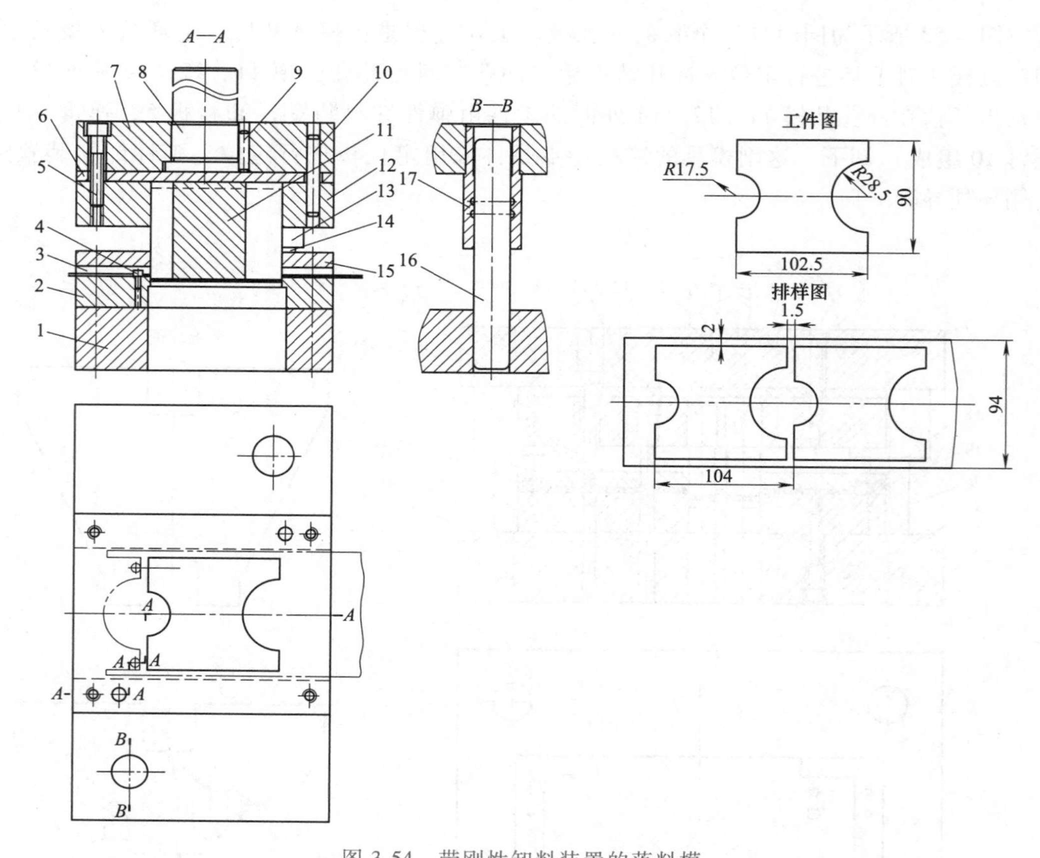

图 3-54　带刚性卸料装置的落料模

1—下模座　2—凹模　3—导料板　4—挡料销　5—螺钉　6—垫板　7—上模座　8—模柄　9—止转销　10—销钉　11—凸模　12—固定板　13、17—导套　14、16—导柱　15—卸料板

如图 3-51～图 3-54 所示，尽管冲裁模的具体结构各不相同，但它们却有共同的结构特点。在组成冲裁模的零件中，有一部分零件在冲裁过程中直接与料发生接触，直接参与完成冲裁工作，如凸模、凹模、导料板、挡料销、卸料板、顶件块等。而另一部分零件在冲裁时不与料直接接触，如导柱、导套、模柄、固定板、垫板、螺钉、销、卸料螺钉、顶杆等。据此可将模具零件按功能的不同分成两大类五种，见表 3-16。一副完整的具有典型结构的冲裁模均是由工作零件，定位零件，压料、卸料、送料零件，导向零件和固定零件这五种零件组成的。

表 3-16　冲裁模的零件分类

模具零件类型		作　用	主 要 零 件
工艺结构零件	工作零件	直接对条料进行冲裁加工的零件	凸模、凹模、凸凹模、定距侧刃等
	定位零件	确定条料、工件或模具零件在冲裁模中正确位置的零件	定位销、定位板、导料板、挡料销、侧刃、导正销、始用挡料销、侧刃挡块、侧压板、限位柱等
	压料、卸料、送料零件	压住条料和卸下或推出工件与废料的零件	卸料板、卸料螺钉、顶件块、顶杆、推件块、推杆、打杆、弹性元件、推板、废料切断刀、压边圈等
辅助结构零件	导向零件	保证运动导向和确定上、下模相对位置的零件	导柱、导套、导板、凸模保护套等
	固定零件	将凸模、凹模固定于上、下模上，以及将上、下模固定在压力机上的零件	上模座、下模座、固定板、垫板、模柄、螺钉、销、斜楔等

扩展阅读

1. 模具装配图

一副完整的模具装配图一般应包含：主视图、俯视图、工件图、排样图、必要的局部视图、技术要求、标题栏和明细栏。各部分的绘制或填写要求见本书7.3.3节内容。

掌握上述基本知识后，看懂模具装配图是有一定方法和步骤的。

2. 看模具装配图的方法和步骤

当拿到模具装配图（教材上常见的图不包含图框、明细栏、标题栏、技术要求等）后，可按照如下步骤看图：

（1）看工件图　由图样右上角摆放的工件图可大概判断出该副模具所能完成的冲压工序的性质，如落料、冲孔、冲槽、弯曲、拉深等。

（2）看排样图　通常含有落料工序的模具装配图中要求配置排样图（图3-51、图3-52、图3-54），不含落料工序的模具装配图中没有排样图（图3-53）。由排样图即可判断该副模具的类型。图3-51所示右上角的工件只需落料一道工序完成，而该图中有排样图，说明该副模具应该是单工序落料模。图3-59和图3-62所示模具图右上角的工件均需要落料和冲孔两道工序完成，而模具图中又有排样图，说明落料一定在该副模具中完成，因此该副模具应该是复合模或是级进模，如图3-59所示。如果在排样图上看到落料和冲孔的形状，在条料的两个不同位置，则说明是级进冲裁，如图3-59所示；如果落料和冲孔的形状在条料的同一个位置，则说明是复合冲裁，如图3-62所示。因此由排样图就可断定该副模具的类型。

（3）看主视图　简单结构的模具可先看主视图，再结合俯视图；复杂的级进模可先从俯视图看起。看主视图时按照工作零件—定位零件—压料、卸料、送料零件—导向零件—固定零件的顺序，即由图的中心向外看。

1）找到凸模和凹模。从主视图上找到涂黑的毛坯和冲下来的工件。对于冲裁模，当发现有一个零件穿过毛坯并进入另一个零件的孔中，则该零件就是凸模，带孔的零件即为凹模，如图3-55所示。

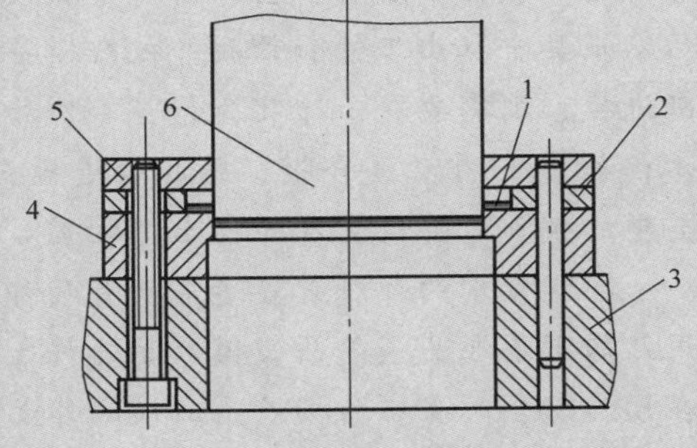

图3-55　判断凸模、凹模方法示意图

1—毛坯　2—导料板　3—下模座
4—凹模　5—卸料板　6—凸模

2）找定位零件。定位零件的作用是确定毛坯能送到模具中的准确位置，因此，定位零件在冲裁的开始阶段要与毛坯接触。如果送进模具中的是条料，则既要控制条料的送进方向（保证不送偏），又要控制条料的送进距离，因此需要在模具中设置给条料进行导向的导料装置和控制送进距离的挡料装置。这两个零件通常可从俯视图中找到。在送料的前方并在搭边处与条料接触的即为挡料零件，如图3-56所示的挡料销2。在送料的左右方向上并与条料接触的即为导料零件，如图3-56所示的导料板1和导料销3。至于送料方向，一般情况下可以由排样图的放置方向判断。当排样图水平放置时，说明条料是从右往左或从左往右送进模具中的（图3-54、图3-59和图3-60）；当排样图垂直放置时，说明条料是从前往后送进模具中的（图 3-51 和图 3-52）。如果送进模具中的是单个毛坯，则只需根据毛坯的外形或内孔的形状设置定位板、定位销或定位块（图 3-53 和图 3-57）。

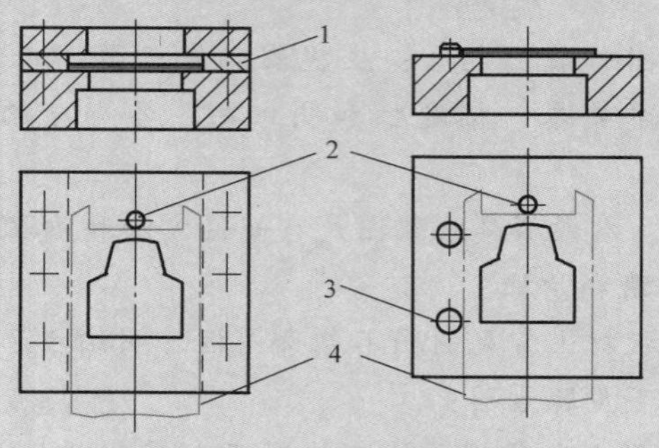

图 3-56 条料定位示意图

1—导料板 2—挡料销 3—导料销 4—条料

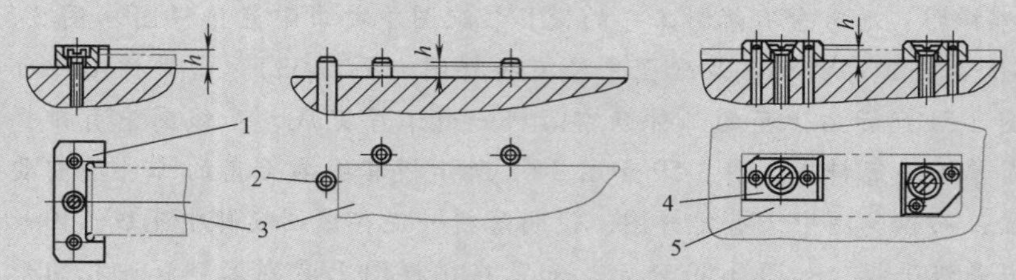

图 3-57 单个毛坯定位示意图

1—定位板 2—定位销 3、5—（单个）毛坯 4—定位块

3）找压料、卸料、送料零件。这类零件的作用是每次冲裁结束后，取出模具中的工件和废料，因此，这类零件至少在冲裁结束时要与条料接触。当判断出模具类型之后，即可知道冲裁结束后有哪些东西需要从模具中取出。如单工序的落料模，则需要在冲裁结束后从模具中取出工件和带孔并被凸模穿过的条料，如图 3-51 和图 3-52 所示；如冲孔-落料级进模，则需要取出冲孔废料、工件和带孔并被凸模穿过的条料，如图 3-59 和图 3-60 所示；如落料-冲孔复合模，则和级进模一样需取出冲孔废料、工件和条料等。因此，不同类型的模具需要设置不同的出件装置。

冲裁模中的卸料装置通常只有两种形式，即弹性卸料装置和刚性卸料装置，它们的作用是取下箍在凸模或凸凹模外面的料或工件，因此卸料装置只与凸模或凸凹模有关，通常在模具闭合时套在凸模或凸凹模的外面。如果采用弹性卸料装置，则在模具中应该可以找到弹簧、橡胶或氮气弹簧等弹性元件，而这些弹性元件在模具装配图中有其独特的画法，极易辨认，因此只要没有在图中找到弹性元件，说明用的是刚性卸料装置。刚性卸料装置只有一块板，直接通过螺钉、销固定在凹模上（通常是在导料板的上方），如图 3-54 所示的卸料板 15。如果在模具中找到弹性元件，说明采用的是弹性卸料装置。弹性卸料装置由卸料板、卸料螺钉和弹性元件三个零件组成。只要判断出采用了弹性卸料装置，就能找到这三个零件，如图 3-51 所示的卸料板 4、卸料螺钉 12、弹簧 16 和图 3-53 所示的卸料板 5、弹簧 6、卸料螺钉 10。

4）找导向零件。导向零件的作用是保证上模沿着正确的方向运动。最常见的导向装置是导柱导套。冲模标准规定，导柱导套在模座上的安装位置只有四种，即后侧、中间、对角和四角（图 3-116）。它们的结构是固定的，故这部分零件比较好找。

5）找固定零件。即除上述四类零件外的其他零件。根据模具中的安装位置，一般是从上到下依次为模柄、上模座、垫板、凸模固定板、下模座等，以及连接和定位用的螺钉和销。

有了上述知识后，就可以尝试看懂较复杂的模具装配图了。

（2）级进模　级进模又称为连续模或跳步模，是指在压力机一次行程中，在送料方向连续排列的多个工位上同时完成多道冲压工序的模具。图 3-58 所示为冲定子、转子的多工位级进模。

图 3-58　冲定子、转子的多工位级进模

图 3-59 所示为带导正销导正的两工位冲孔-落料级进冲裁模。工作过程是：模具开启，条料从右往左送进模具，由导料板 19 导料，在第一工位上利用始用挡料装置（挡块 28、弹簧 29、弹簧芯柱 30 组成）挡料，完成冲孔。冲孔结束后条料继续送进到第二工位，此时用固定挡料销 3 进行挡料，实现粗定距，利用装在落料凸模 9 上的导正销 5 插入在第一工位已经冲出的孔中精确定距，完成落料；冲下来的冲孔废料和落下来的工件均直接从各自的凹模孔内被凸模推下，带孔的且箍在凸模上的条料由卸料板 4、弹簧 18 和卸料螺钉 13 组成的弹性卸料装置卸下，完成一个工件的冲裁工作。这副模具的特点是：第一工位上利用始用挡料装置挡料，第二工位上用固定挡料销粗定距，用导正销精确定距，采用弹性卸料装置卸料，由对角导柱导套导向。

图 3-60 所示为利用侧刃和导正销联合定距的四工位级进冲裁模。由于所冲工件的内孔形状复杂，为简化模具结构并保证模具寿命，将其内孔分步冲出。工作过程是：模具开启，条料从右往左送入模具，由后侧导料板 21 中的侧刃挡块 25 挡料，在第一工位侧刃冲去料边，同时冲出两个导正销孔以及工件上的 12 个孔。条料继续送进一个进距，到第二工位由导正销 30 先行导正并继续冲孔，完成工件内形的加工。第三工位再次导正并落料，第四工位由第二个侧刃 31 冲去一个料边，一次循环结束。落下来的工件、冲孔废料及侧刃冲出的料边直接从漏料孔被各自的凸模推下，箍在凸模外面的条料由卸料板 5、卸

料螺钉 17 和弹簧 20 组成的弹性卸料装置卸下。这副模具的结构特点是：利用侧刃粗定位，导正销精确定位，四导柱导套导向。

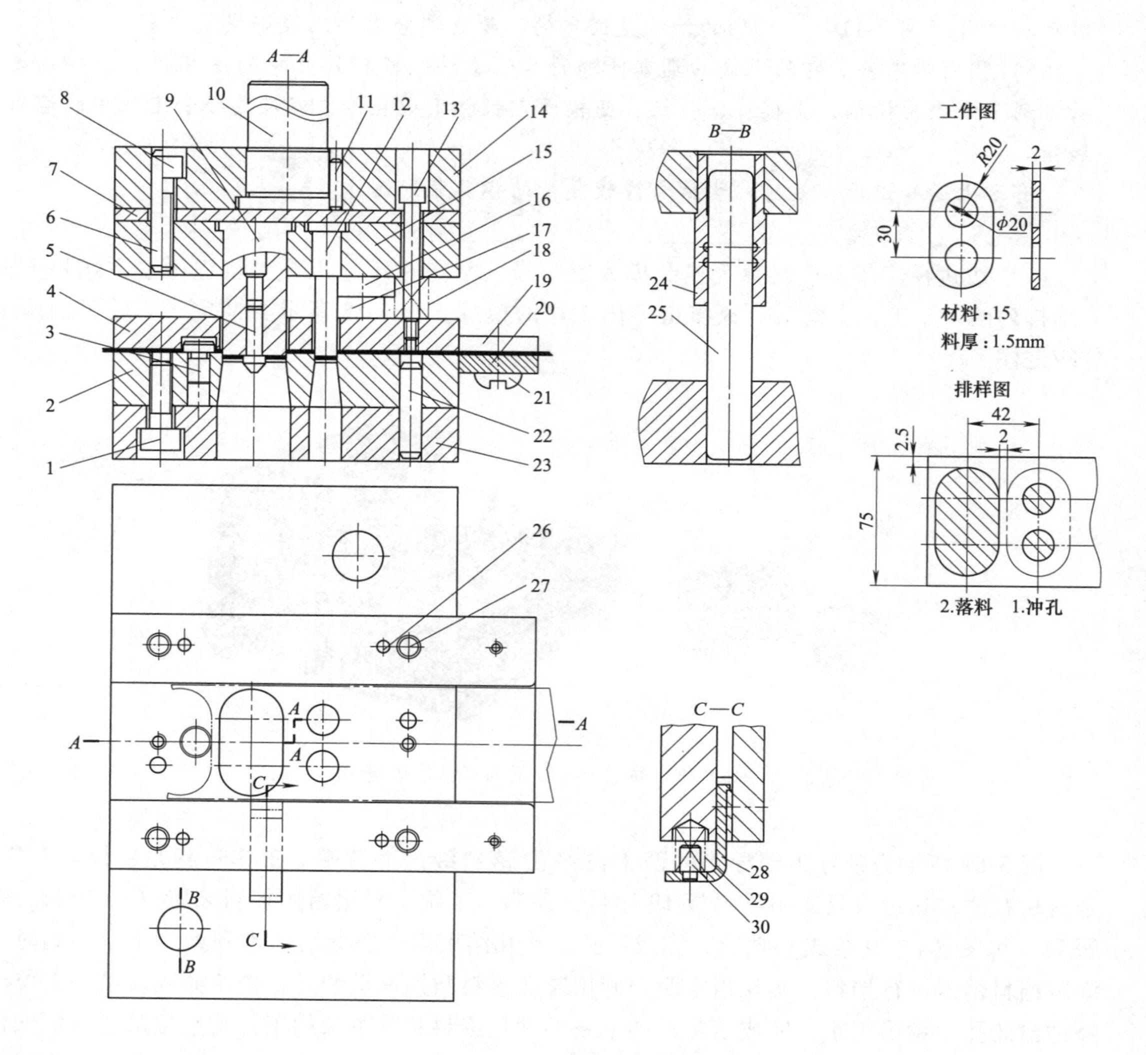

图 3-59　导正销导正的级进冲裁模

1、8、27—螺钉　2—凹模　3—挡料销　4—卸料板　5—导正销　6、22、26—销钉　7—垫板　9—落料凸模　10—模柄　11—止转销　12—冲孔凸模　13—卸料螺钉　14—上模座　15—凸模固定板　16、24—导套　17、25—导柱　18、29—弹簧　19—导料板　20—承料板　21—螺钉　23—下模座　28—挡块　30—弹簧芯柱

（3）复合模　复合模是只有一个工位，并在压力机的一次行程中，同时完成两道或两道以上的冲压工序的模具。图 3-61 所示为冲制电动机转子的冲孔、冲槽复合模。

复合模的结构特点是有一个既是凸模又是凹模的零件——凸凹模。根据工作零件安装位置的不同，复合模分为正装复合模和倒装复合模两种。表 3-17 列出了正、倒装复合模的特点比较。

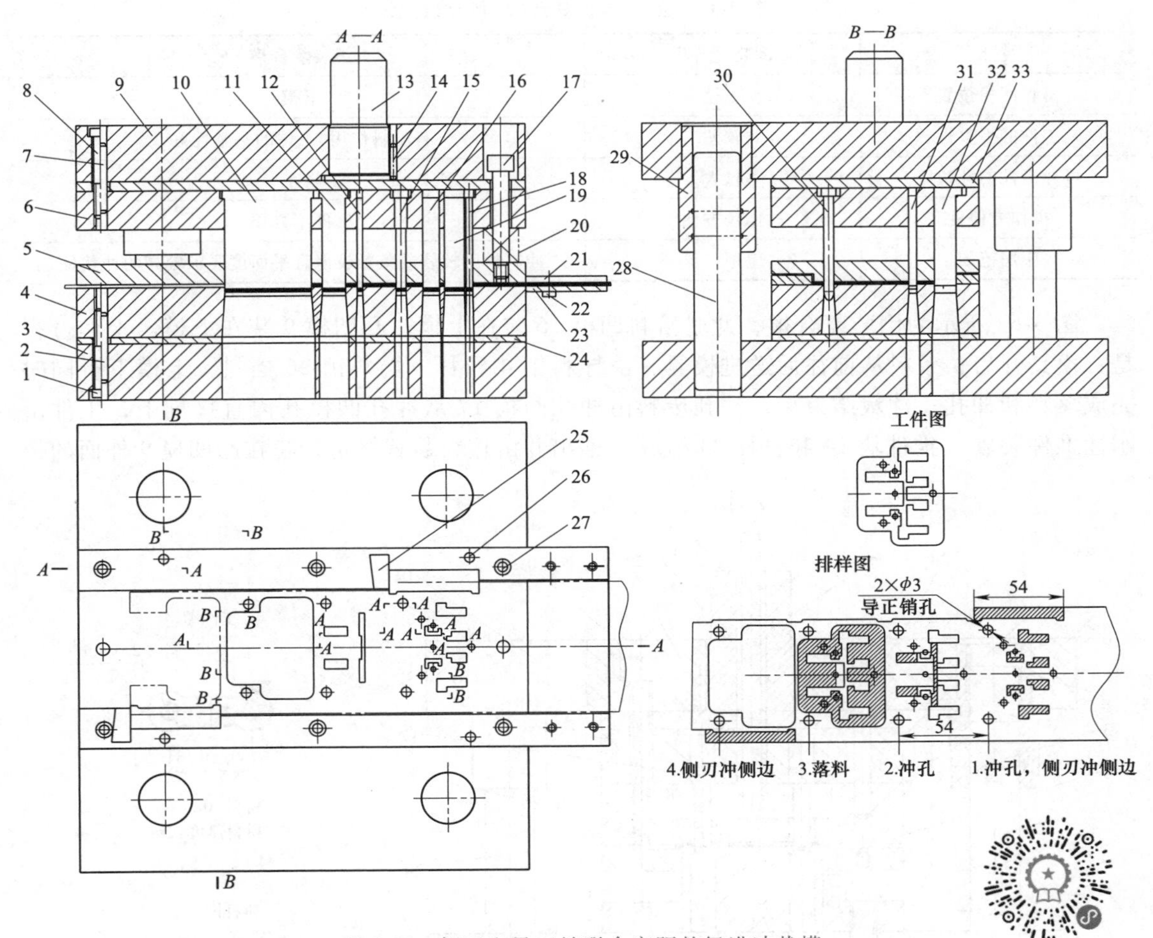

图 3-60　侧刃和导正销联合定距的级进冲裁模

1、8、22、27—螺钉　2、7、26—销钉　3—下模座　4—凹模　5—卸料板　6—凸模固定板　9—上模座　10—落料凸模　11、12、15、16、18、19、31—冲孔凸模　13—模柄　14—止转销　17—卸料螺钉　20—弹簧　21—导料板　23—承料板　24—下垫板　25—侧刃挡块　28—导柱　29—导套　30—导正销　32—侧刃　33—上垫板

图 3-61　冲制电动机转子的复合模

表 3-17　正、倒装复合模的特点比较

特点	倒装复合模	正装复合模
落料凹模位置	上模	下模
工件的平整性	较差	有压料作用,工件的平整性好
可冲工件的孔边距	较大	较小
操作方便性	比较方便	出件不方便
应用范围	应用广泛	冲制材质较软或条料较薄且平面度要求较高的冲裁件

图 3-62 所示为倒装复合模，此时落料凹模 16 装在上模，凸凹模 9 装在下模。工作过程是：模具开启，条料从前往后送进模具，由导料销 4 导料，挡料销 26 挡料，上模下行同时完成落料和冲孔；冲裁结束后，冲孔废料由冲孔凸模 17 从冲孔凹模孔内直接推下，工件由刚性推件装置（推件块 14 和打杆 23 组成）推出并由接料装置接走，箍在凸凹模 9 外面的带

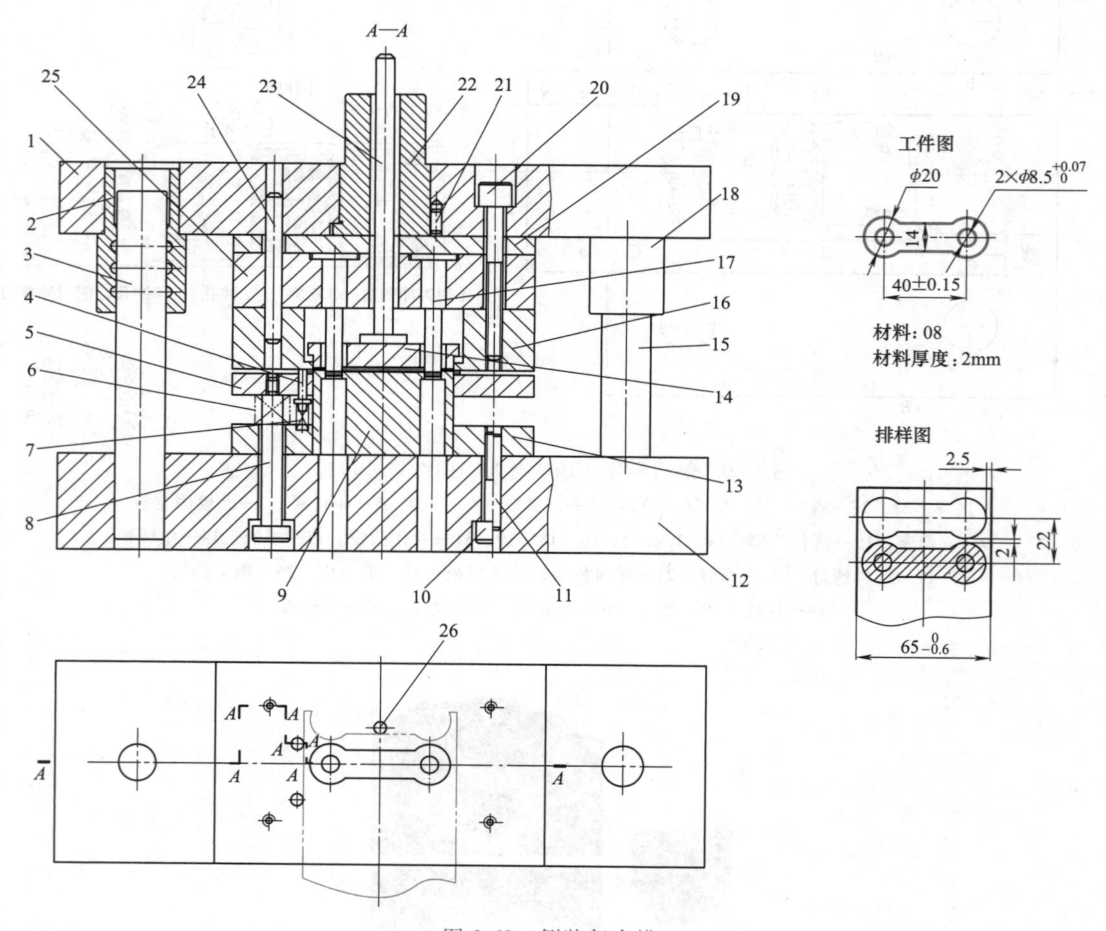

图 3-62　倒装复合模

1—上模座　2—导套 1　3—导柱 1　4—导料销　5—卸料板　6、7—弹簧　8—卸料螺钉　9—凸凹模　10、20—螺钉　11、24—销　12—下模座　13—凸凹模固定板　14—推件块　15—导柱 2　16—落料凹模　17—冲孔凸模　18—导套 2　19—垫板　21—止转销　22—模柄　23—打杆　25—固定板　26—挡料销

孔条料由弹性卸料装置（卸料板5、弹簧6和卸料螺钉8组成）卸下，一次冲裁结束。这副模具的结构特点是：冲孔废料较易排出，操作方便。

图3-63所示为正装复合模，落料凹模30装在下模，凸凹模14装在上模。工作过程是：模具开启，条料从前往后送进模具，由导料销33导料，挡料销35控制进距，上模下行，同时完成落料和冲孔；冲裁结束后，上模回程，冲孔废料由刚性推件装置（打杆8、推板7和推件杆5、6、11组成）推出并由接料装置接走（或由高压空气吹离），工件由顶件装置（顶件块20、带肩顶杆23及未画出的弹顶器组成）顶出到落料凹模30的工作表面并及时取走，箍在凸凹模14外面的条料由弹性卸料装置（卸料板17、弹簧16和卸料螺钉12组成）卸下，一次冲裁工作结束。这副模具的结构特点是：上模下行时，首先由卸料板和凹模压紧位于凹模上的条料，同时凸模和顶件块压紧位于凸凹模下面的材料，被压紧的情况下条料完成冲裁变形，因此能冲制出表面平面度较高的工件。

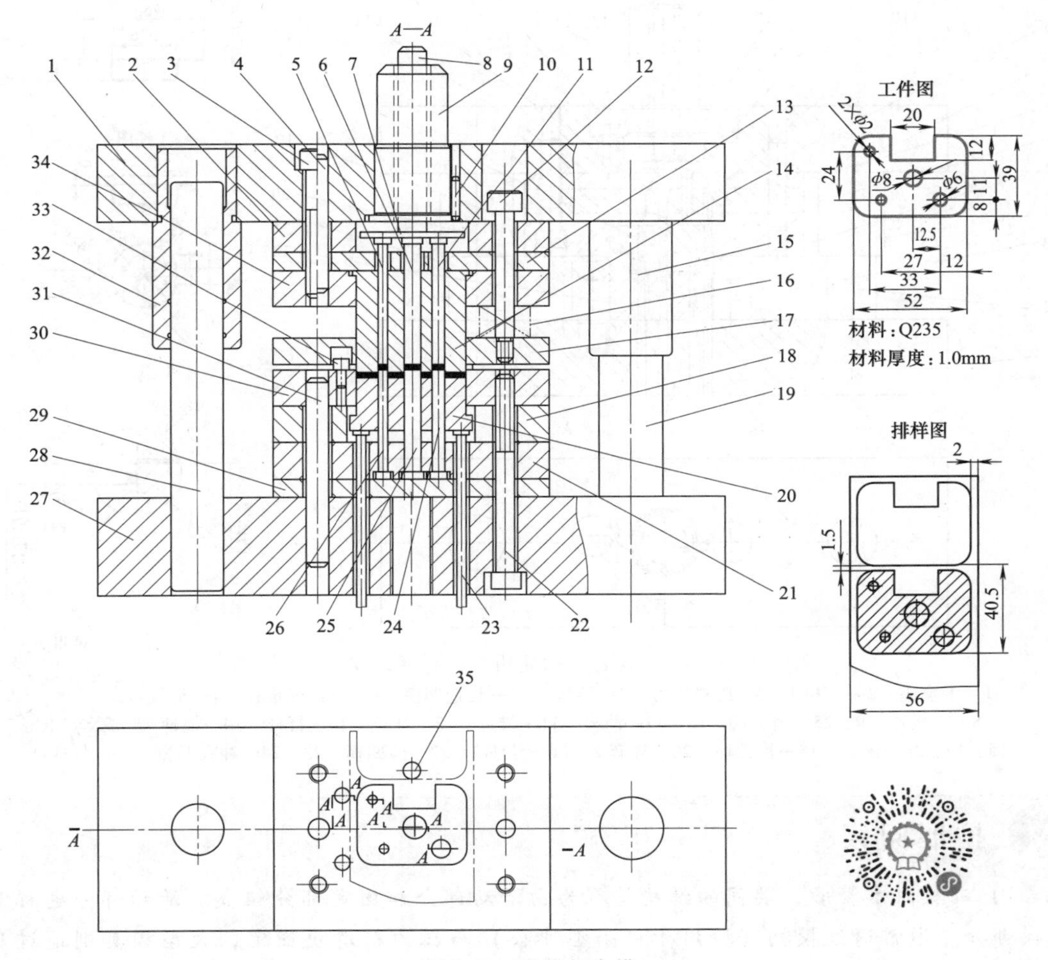

图3-63 正装复合模

1—上模座 2、18—空心垫板 3、22—螺钉 4、31—销钉 5、6、11—推件杆 7—推板 8—打杆 9—模柄 10—止转销 12—卸料螺钉 13—上模垫板 14—凸凹模 15、32—导套 16—弹簧 17—卸料板 19、28—导柱 20—顶件块 21—凸模固定板 23—带肩顶杆 24、25、26—冲孔凸模 27—下模座 29—下模垫板 30—落料凹模 33—导料销 34—凸凹模固定板 35—挡料销

图 3-64 所示为拉深件上的切边与冲孔倒装复合模，切边凹模 5 在上模，凸凹模 22 在下模。工作过程是：模具开启，拉深件毛坯放入模具，由凸凹模 22 上的窝孔定位，上模下行的同时进行外形的切边和内部的冲孔；冲裁结束后，冲孔废料由冲孔凸模从冲孔凹模孔内直接推下，工件由刚性推件装置（推件块 18、推杆 11、推板 12、打杆 13 组成）推出并由接料装置接走，第 1 次和第 2 次切下来的切边废料会紧箍在凸凹模 22 的外面，第 3 次冲裁开始，第 1 次切边切下的环形废料由安装在凸凹模外侧的废料切刀 3 切断后自行落下，完成卸料，此后随着冲裁不断进行，废料切刀将连续切断第 2 次、第 3 次……切下来的切边废料，达到自行卸料的目的。这副模具的结构特点是：在凸凹模外面安装了两个废料切断刀，且使刃口的高度低于凸凹模刃口高度 2 倍材料厚度（通常为 2~3 倍材料厚度，如图 3-64 所示的局部放大图），利用废料切刀将封闭的废料切断为不封闭的形状，利用废料的自重进行卸料。

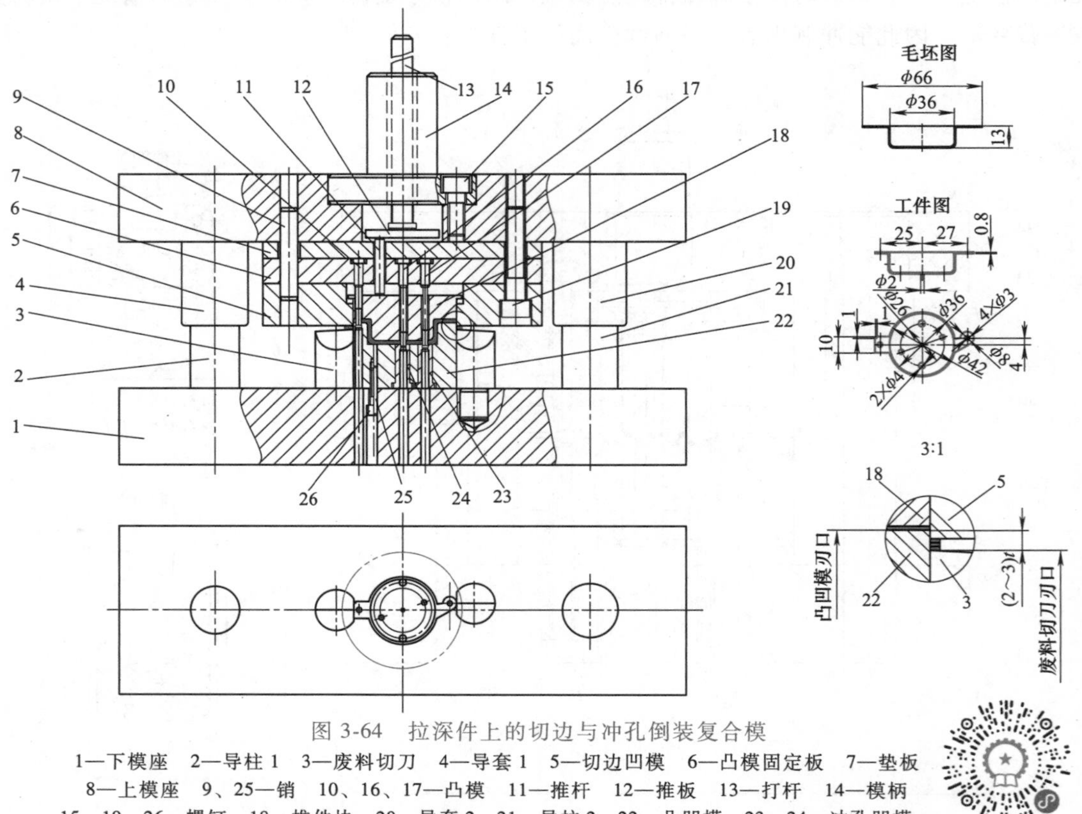

图 3-64　拉深件上的切边与冲孔倒装复合模

1—下模座　2—导柱 1　3—废料切刀　4—导套 1　5—切边凹模　6—凸模固定板　7—垫板　8—上模座　9、25—销　10、16、17—凸模　11—推杆　12—推板　13—打杆　14—模柄　15、19、26—螺钉　18—推件块　20—导套 2　21—导柱 2　22—凸凹模　23、24—冲孔凹模

扩展阅读

1）冲模种类繁多，共同的结构特征为由活动部分和固定部分组成。活动部分也称为上模部分，通常通过模柄（适用于中小型冲模）与压力机滑块固定，大型模具则通过压板与压力机滑块固定，并随滑块的上下往复运动完成冲压工作。固定部分也称为下模部分，通常通过压板直接压装在压力机的工作台上，模具安装示意图如图 3-65 所示。冲模的这种结构特征类似于塑料模、锻造模、压铸模等模具，说明无论是哪种模具，它们的结构都有共同点。

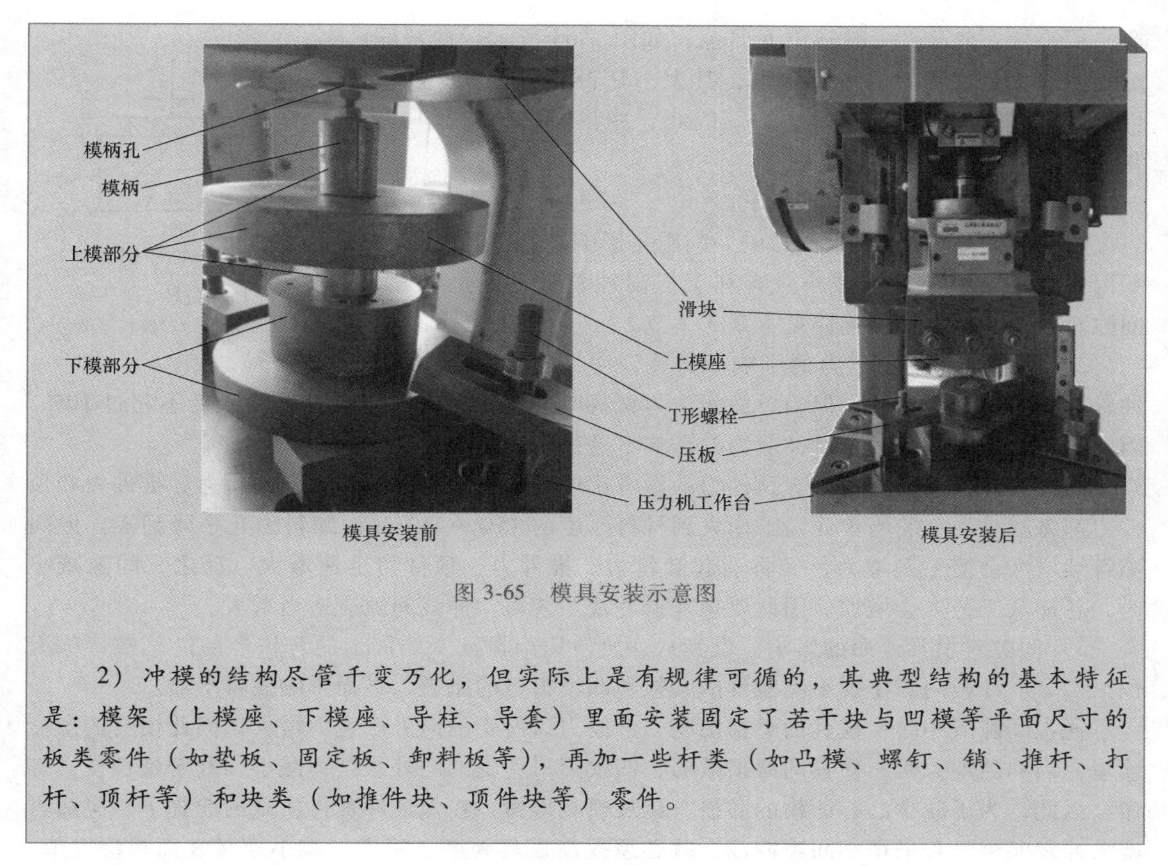

图 3-65　模具安装示意图

2）冲模的结构尽管千变万化，但实际上是有规律可循的，其典型结构的基本特征是：模架（上模座、下模座、导柱、导套）里面安装固定了若干块与凹模等平面尺寸的板类零件（如垫板、固定板、卸料板等），再加一些杆类（如凸模、螺钉、销、推杆、打杆、顶杆等）和块类（如推件块、顶件块等）零件。

3.5.2　冲裁模的类型选择和冲裁模零件结构型式的确定

冲裁工艺方案确定后，模具类型即已经确定，但采用正装结构还是倒装结构，需要根据模具的结构特点、产品要求等方面进行考虑。对于单工序模，由于正装结构的模具出件方便，优先采用正装结构；对于复合模，由于倒装复合模操作方便、安全，实际生产中优先采用倒装结构。当所冲条料较薄、孔间距稍小、对工件的平面度又有要求时，应选择正装结构的复合模。

各模具零件的结构型式应视所冲工件的具体情况而定，详细内容见本章 3.6 节。

3.6　模具主要零件的设计与标准的选用

3.6.1　工作零件的设计与标准的选用

工作零件主要包括凸模、凹模、凸凹模及侧刃（按照习惯，仍将侧刃的设计放到定位零件中讲述），它们的作用是对条料直接进行加工，保证得到所需形状和尺寸的工件。工作零件的设计主要包括冲裁间隙的确定、刃口尺寸及公差的确定、结构型式及固定方式的确定、其他尺寸的确定、必要的校核等内容。

1. 冲裁间隙的确定

根据 GB/T 16743—2010 的定义，冲裁间隙是指冲裁模中凹模与凸模刃口侧壁之间的距离，用符号 c 表示，一般指单面间隙，如图 3-66 所示。冲裁间隙是冲裁工艺过程中的重要参数，其大小是否合适将影响冲裁件质量、冲裁工艺力和模具寿命。因此，冲裁间隙的选取是冲裁模设计过程中的重要一步。

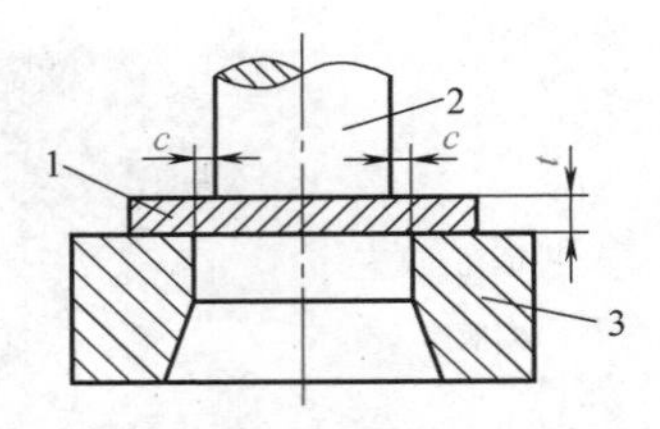

图 3-66　冲裁间隙

1—条料　2—凸模　3—凹模

c—冲裁间隙　t—条料厚度

（1）间隙对冲裁过程的影响

1）间隙对冲裁件质量的影响。间隙是影响冲裁件质量的主要因素之一。间隙适当减小，有利于提高冲裁件的断面质量。间隙对冲裁件质量的影响详见本章 3.2 节。

2）间隙对冲裁工艺力的影响。试验证明，随着间隙增大，冲裁力有一定程度降低，但当单面间隙为材料厚度的 5%~20%时，冲裁力降低不超过 10%，因此在正常情况下，间隙对冲裁力的影响不是很明显。

间隙对卸料力、推件力、顶件力的影响比较显著。随着间隙增大，卸料力、推件力和顶件力都将减小。一般当单面间隙增大到材料厚度的 15%~25%时，卸料力几乎降到零。但间隙继续增大会使毛刺增大，又将引起卸料力、推件力、顶件力迅速增大。反之，间隙减小时，各冲裁工艺力会增加。因此要想降低冲裁工艺力，冲裁间隙应适当增大。

3）间隙对模具寿命的影响。模具从开始使用到报废所能加工的合格产品的总数，称为模具寿命。冲裁间隙主要影响模具的磨损和凹模刃口的胀裂，进而影响模具寿命。

通常间隙减小时，模具的磨损加剧，凹模刃口所受的向外胀裂力增大，因此模具的寿命缩短。当间隙增大时，模具的磨损减弱，凹模刃口所受的向外胀裂力减小，利于延长模具寿命。因此，为了减少凸、凹模的磨损，延长模具寿命，在保证冲裁件质量的前提下，应适当增大冲裁间隙。若采用小间隙冲裁，就必须提高模具硬度、精度，减小模具表面粗糙度值，并加强润滑。

扩展阅读

冲裁结束后，被凸模穿过的带孔的条料之所以会箍在凸模上，冲下的工件之所以会留在凹模孔内，主要是由两者接触面之间的摩擦力所致，因此，对于卸料力、推件力、顶件力，实际上就是克服凸模和带孔条料之间、凹模和冲下工件之间的摩擦力。而摩擦力的大小与正压力的大小成正比。当间隙减小时，弹性恢复的结果是孔的尺寸小于凸模刃口尺寸，落进凹模孔内的料的尺寸大于凹模刃口尺寸，因此，带孔条料会紧箍在凸模的外面，凹模孔内的料也会被紧紧地挤在凹模孔内，两者之间的正压力增大，接触面上的摩擦力也相应增大，此时需要较大的卸料力、推件力、顶件力以克服摩擦力，从而加剧了模具的磨损，导致模具寿命缩短。间隙增大时，则情况正好相反。

（2）合理间隙值的确定　由以上分析可见，为了提高冲裁件的质量，模具应取较小的间隙值。但要想降低冲裁工艺力和延长模具寿命，则应该取较大的间隙值。所以很难找到一个确定的间隙值能同时满足冲裁件质量最佳、模具寿命最长、各种冲裁工艺力最小等各方面的要求。合理间隙值的确定有两种方法，即理论计算法和经验值法。

1）理论计算法。理论上说，冲裁时只要凸、凹模刃口产生的裂纹相互重合，即可认为间隙合理。图 3-67 所示为冲裁时裂纹重合的瞬时状态，根据图中几何关系可求得合理间隙 c 为

$$c = t\left(1 - \frac{h}{t}\right)\tan\alpha$$

式中，c 是理论上的合理间隙值（mm）；t 是被冲条料厚度（mm）；h 是裂纹重合瞬间凸模切入条料的深度（mm）；α 是断裂角（°）。

由上式可看出，合理间隙 c 与材料厚度 t、凸模相对切入材料深度 h/t、断裂角 α 有关，而 h/t 和 α 又与材料塑性有关，具体见表 3-18，因此，影响间隙值的主要因素是材料性质和厚度。厚度越厚、塑性越低的材料，所需间隙值就越大；厚度越薄、塑性越好的材料，则所需间隙值就越小。由于理论计算法在生产中使用不方便，故目前广泛采用的是经验数据。

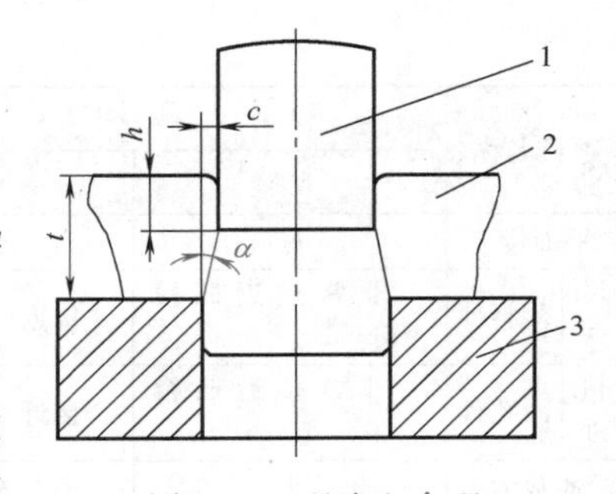

图 3-67 理论上合理间隙值的确定
1—凸模 2—条料 3—凹模

表 3-18 h/t 和 α 值

材料	h/t		α	
	退火	硬化	退火	硬化
软钢、纯铜、软黄铜	0.5	0.35	6°	5°
中硬钢、硬黄铜	0.3	0.2	5°	4°
硬钢、硬青铜	0.2	0.1	4°	4°

2）经验值法。GB/T 16743—2010 规定了厚度在 10mm 以下的金属条料和非金属条料间隙。其中，金属条料的冲裁间隙按冲裁件的尺寸精度、剪切面质量、模具寿命和力能消耗等主要因素分成五类，即 i 类（小间隙）、ii 类（较小间隙）、iii 类（中等间隙）、iv 类（较大间隙）和 v 类（大间隙）。金属板料冲裁间隙分类见表 3-19。表 3-19 中各字母含义如图 3-68 所示。

冲裁间隙按金属条料的种类、供应状态、抗剪强度分成了与表 3-19 对应的五类间隙值，见表 3-20。厚度在 10mm 以下的非金属板料冲裁间隙值见表 3-21。

表 3-19 金属板料冲裁间隙分类（GB/T 16743—2010）

项目名称	类别和间隙值				
	i 类	ii 类	iii 类	iv 类	v 类
剪切面特征	毛刺细长 α 很小 光亮带很大 塌角很小	毛刺中等 α 小 光亮带大 塌角小	毛刺一般 α 中等 光亮带中等 塌角中等	毛刺较大 α 大 光亮带小 塌角大	毛刺大 α 大 光亮带最小 塌角大
塌角高度 R	(2%~5%)t	(4%~7%)t	(6%~8%)t	(8%~10%)t	(10%~20%)t
光亮带高度 B	(50%~70%)t	(35%~55%)t	(25%~40%)t	(15%~25%)t	(10%~20%)t
断裂带高度 F	(25%~45%)t	(35%~50%)t	(50%~60%)t	(60%~75%)t	(70%~80%)t
毛刺高度 h	细长	中等	一般	较高	高
断裂角 α	—	4°~7°	7°~8°	8°~11°	14°~16°

（续）

项目名称		类别和间隙值				
		i 类	ii 类	iii 类	iv 类	v 类
平面度 f		好	较好	一般	较差	差
尺寸精度	落料件	非常接近凹模尺寸	接近凹模尺寸	稍小于凹模尺寸	小于凹模尺寸	小于凹模尺寸
	冲孔件	非常接近凸模尺寸	接近凸模尺寸	稍大于凸模尺寸	大于凸模尺寸	大于凸模尺寸
冲裁力		大	较大	一般	较小	小
卸、推料力		大	较大	最小	较小	小
冲裁功		大	较大	一般	较小	小
模具寿命		低	较低	较高	高	最高

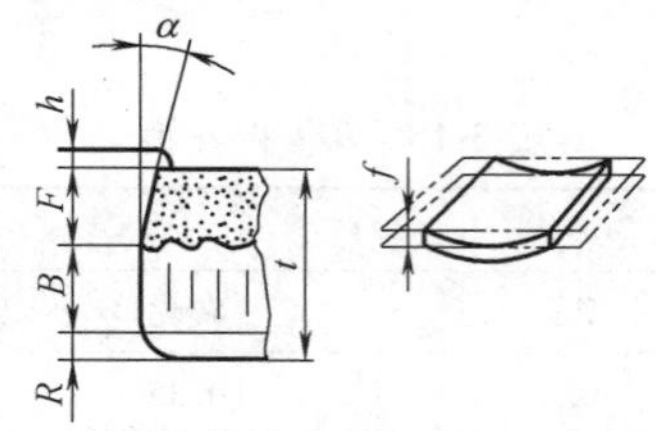

图 3-68　冲裁件断面及平面质量符号

表 3-20　金属板料冲裁间隙值（GB/T 16743—2010）

材　料	抗剪强度 τ_b/MPa	初始间隙（单边间隙）				
		i 类	ii 类	iii 类	iv 类	v 类
低碳钢 08、10、20、Q235A	≥210～400	(1.0%～2.0%)t	(3.0%～7.0%)t	(7.0%～10.0%)t	(10.0%～12.5%)t	21.0%t
中碳钢 45、不锈钢 12Cr18Ni9、40Cr13，膨胀合金（可伐合金）4J29	≥420～560	(1.0%～2.0%)t	(3.5%～8.0%)t	(8.0%～11.0%)t	(11.0%～15.0%)t	23.0%t
高碳钢 T8A、T10A、65Mn	≥590～930	(2.5%～5.0%)t	(8.0%～12.0%)t	(12.0%～15.0%)t	(15.0%～18.0%)t	25.0%t
纯铝 1060、1050A、1035、1200，铝合金（软态）3A21，黄铜（软态）H62，纯铜（软态）T1、T2、T3	≥65～255	(0.5%～1.0%)t	(2.0%～4.0%)t	(4.5%～6.0%)t	(6.5%～9.0%)t	17.0%t
黄铜（硬态）H62，铅黄铜 HPb59-1，纯铜（硬态）T1、T2、T3	≥290～420	(0.5%～2.0%)t	(3.0%～5.0%)t	(5.0%～8.0%)t	(8.5%～11.0%)t	25.0%t
铝合金（硬态）2A12，锡青铜 QSn4-4-2.5，铝青铜 QAl7，铍青铜 QBe2	≥225～550	(0.5%～1.0%)t	(3.5%～6.0)%t	(7.0%～10.0%)t	(11.0%～13.5%)t	20.0%t
镁合金 M2M、ME20M	120～180	(0.5%～1.0%)t	(1.5%～2.5%)t	(3.5%～4.5%)t	(5.0%～7.0)%t	16.0%t
电工硅钢	190	—	(2.5%～5.0%)t	(5.0%～9.0%)t	—	—

注：1. i 类冲裁间隙适用于冲裁件剪切面、尺寸精度要求高的场合；ii 类冲裁间隙适用于冲裁件剪切面、尺寸精度要求较高的场合；iii 类冲裁间隙适用于冲裁件剪切面、尺寸精度要求一般的场合，适用于连续塑性变形的工件的场合；iv 类冲裁间隙适用于冲裁件剪切面、尺寸精度要求不高时，应优先采用大间隙，以利于提高模具寿命的场合；v 类冲裁间隙适用于冲裁件剪切面、尺寸精度要求较低的场合。

2. 当凸、凹模配合使用时，凸、凹模之间的间隙将随着冲裁过程中模具的磨损而变得越来越大，因此，新模具的间隙应取间隙值中的最小值。

表 3-21 非金属板料冲裁间隙值（GB/T 16743—2010）

材 料	初始间隙(单边间隙)
酚醛层压板、石棉板、橡胶板、有机玻璃板、环氧酚醛玻璃布	(1.5%~3.0%)t
红纸板、胶纸板、胶布板	(0.5%~2.0%)t
云母片、皮革、纸	(0.25%~0.75%)t
纤维板	2.0%t
毛毡	(0%~0.2%)t

（3）冲裁间隙选用方法　选用金属板料冲裁间隙时，应针对冲裁件技术要求、使用特点和特定的生产条件等因素，首先按表 3-19 确定拟采用的间隙类别，然后按表 3-20 选取相应的间隙值。

2. 凸、凹模刃口尺寸及公差的确定

凸模和凹模的刃口尺寸和公差会直接影响冲裁件的尺寸精度。模具的合理间隙值也靠凸、凹模刃口尺寸及其公差来保证。因此，正确确定凸、凹模刃口尺寸和公差是冲裁模设计中的又一项重要工作。

（1）凸、凹模刃口尺寸的计算原则

1）落料时，选凹模作为基准，首先设计凹模刃口尺寸，通过减小或增大间隙得到凸模刃口尺寸。

2）冲孔时，选凸模作为基准，首先设计凸模刃口尺寸，通过增大或减小间隙得到凹模刃口尺寸。

3）取磨损后尺寸增大的基准模刃口尺寸等于或接近于工件的下极限尺寸；取磨损后尺寸减小的基准模刃口尺寸等于或接近于工件的上极限尺寸。对磨损前后尺寸不发生变化的刃口尺寸取其等于工件的尺寸。

4）磨损后尺寸发生变化的冲模刃口尺寸及与之对应的工件尺寸，原则上按“入体”原则标注偏差为单向偏差；对磨损后无变化的模具刃口尺寸及与之对应的工件尺寸，一般标注双向偏差。所谓“入体”原则，即向着材料实体的方向。

（2）刃口尺寸计算公式　为了便于模具零件磨损或损坏后的快速更换，生产中通常按凸、凹模的零件图分别加工到最后的尺寸，以保证它们具有良好的互换性。按照上述计算原则，可列出表 3-22 中的计算公式。

表 3-22 模具刃口尺寸计算公式

基准模刃口尺寸磨损规律	尺寸标注	基准模刃口尺寸计算公式	非基准模刃口尺寸计算公式
越磨越大	$A_{-\Delta}^{0}$	$A_1=(A-x\Delta)_{0}^{+\delta_1}$	$A_2=(A_1-2c_{\min})_{-\delta_2}^{0}$
越磨越小	$B_{0}^{+\Delta}$	$B_1=(B+x\Delta)_{-\delta_1}^{0}$	$B_2=(B_1+2c_{\min})_{0}^{+\delta_2}$
磨损后尺寸不变	$C\pm\Delta'$	$C_1=C\pm\delta_1/2$	$C_2=C\pm\delta_2/2$
校核不等式		$\delta_1+\delta_2\leqslant 2(c_{\max}-c_{\min})$	

注：必须进行不等式校核，目的是保证加工出的凸、凹模之间具有合理间隙值。

表 3-22 中，A、B、C 分别是工件的公称尺寸（mm）；A_1、B_1、C_1 分别是基准模刃口尺寸（mm），基准模是凹模时，将下标“1”改为“d”，基准模是凸模时，将下标“1”改为“p”；A_2、B_2、C_2 分别是非基准模刃口尺寸（mm），非基准模是凹模时，将下标“2”改为“d”，非基准模是凸模时，将下标“2”改为“p”；Δ 是工件公差（mm）；Δ'是工件极限偏

差（mm）；δ_1、δ_2 分别是基准模和非基准模的制造公差（mm），分别用 δ_p、δ_d 代表凸模和凹模的制造公差，它们的值可按 IT6、IT7 级选用，当这种方法确定的 δ_p、δ_d 不符合表 3-22 中不等式的要求时，则取 $\delta_p=0.8(c_{max}-c_{min})$，$\delta_d=1.2(c_{max}-c_{min})$；$x$ 是磨损系数，见表 3-23；c_{max}、c_{min} 分别是冲裁模合理间隙的最大和最小值（mm），可从表 3-19 和表 3-20 中查取。

表 3-23　磨损系数 x

材料厚度 t/mm	非圆形工件 x 值			圆形工件 x 值	
	1	0.75	0.5	0.75	0.5
	工件公差 Δ/mm				
1	<0.16	0.17~0.35	≥0.36	<0.16	≥0.16
>1~2	<0.20	0.21~0.41	≥0.42	<0.20	≥0.20
>2~4	<0.24	0.25~0.49	≥0.50	<0.24	≥0.24
>4	<0.30	0.31~0.59	≥0.60	<0.30	≥0.30

扩展阅读

冲制（极）薄料或复杂形状工件，无先进模具加工设备时，为保证凸、凹模之间的合理间隙值，可采用凸模与凹模配作的加工方法。这种方法是先设计并加工基准模，非基准模的刃口尺寸根据已经加工好的基准模刃口的实际尺寸按照最小合理间隙进行配作。落料时，首先设计并制造凹模，凸模刃口尺寸根据已经加工完成的凹模刃口的实际尺寸按照最小合理间隙配作；冲孔时，首先设计并制造凸模，凹模刃口尺寸根据已经加工完成的凸模刃口的实际尺寸按照最小合理间隙配作。这种配作法虽可在一定程度上降低模具的加工难度，但不能实现凸、凹模的并行加工及互换，增加了模具制造周期，目前生产中极少采用。

【例 3-5】 冲制如图 3-69 所示工件，材料为 Q235，材料厚度为 2mm。计算凸、凹模刃口尺寸及公差。

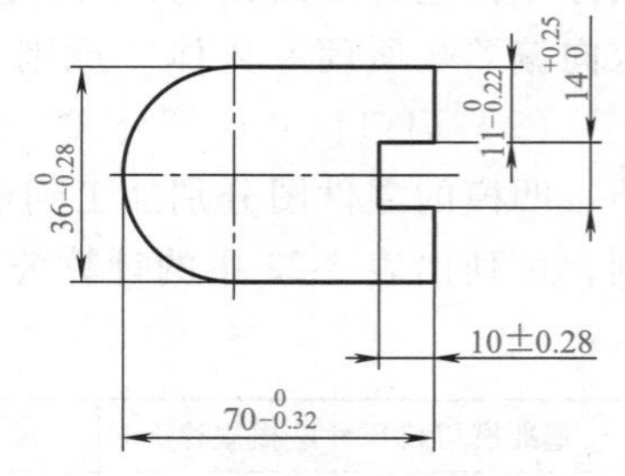

图 3-69　刃口尺寸计算举例

解： 由图 3-69 可知，该零件为落料件，以凹模为基准。

查表 3-19 和表 3-20 得 $c=(7.0\%\sim10.0\%)\ t$，即

$$c_{min}=7.0\%t=7.0\%\times2\text{mm}=0.14\text{mm}$$

$$c_{max}=10.0\%t=10.0\%\times2\text{mm}=0.2\text{mm}$$

磨损系数 x 由表 3-23 查得，凸、凹模的制造公差 δ_p、δ_d 查 GB/T 1800.1—2020 并分别取 IT6 和 IT7 级公差等级，则凹、凸模刃口尺寸计算如下：

1）尺寸 $A_1=36_{-0.28}^{\ 0}$mm：$x=0.75$，$\delta_{1p}=0.016$mm，$\delta_{1d}=0.025$mm

$$A_{1d}=(A_1-x\Delta)_{\ 0}^{+\delta_{1d}}=(36-0.75\times0.28)_{\ 0}^{+0.025}\text{mm}=35.79_{\ 0}^{+0.025}\text{mm}$$

$$A_{1p}=(A_{1d}-2c_{min})_{-\delta_{1p}}^{\ 0}=(35.79-2\times0.14)_{-0.016}^{\ 0}\text{mm}=35.51_{-0.016}^{\ 0}\text{mm}$$

$$\delta_{1p}+\delta_{1d}=0.016\text{mm}+0.025\text{mm}=0.041\text{mm}$$

$$2(c_{max}-c_{min})=2\times(0.2\text{mm}-0.14\text{mm})=0.12\text{mm}$$

即 $\delta_{1p}+\delta_{1d}<2(c_{max}-c_{min})$，故模具精度合适。

2）尺寸 $A_2=11_{-0.22}^{0}$mm：$x=0.75$，$\delta_{2p}=0.011$mm，$\delta_{2d}=0.018$mm

$A_{2d}=(A_2-x\Delta)_{0}^{+\delta_{2p}}=(11-0.75\times0.22)_{0}^{+0.018}mm=10.835_{0}^{+0.018}$mm

$A_{2p}=(A_{2d}-2c_{min})_{-\delta_{2p}}^{0}=(10.835-2\times0.14)_{-0.011}^{0}mm=10.555_{-0.011}^{0}$mm

$\delta_{2p}+\delta_{2d}=0.011mm+0.018mm=0.029$mm

$2(c_{max}-c_{min})=2\times(0.2mm-0.14mm)=0.12$mm

即 $\delta_{2p}+\delta_{2d}<2(c_{max}-c_{min})$，故模具精度合适

3）尺寸 $A_3=70_{-0.32}^{0}$mm：$x=0.75$，$\delta_{3p}=0.019$mm，$\delta_{3d}=0.030$mm

$A_{3d}=(A_3-x\Delta)_{0}^{+\delta_{3d}}=(70-0.75\times0.32)_{0}^{+0.030}=69.76_{0}^{+0.030}$mm

$A_{3p}=(A_{3d}-2c_{min})_{-\delta_{3p}}^{0}=(69.76-2\times0.14)_{-0.019}^{0}=69.48_{-0.019}^{0}$mm

$\delta_{3p}+\delta_{3d}=0.019mm+0.030mm=0.049$mm

$2(c_{max}-c_{min})=2\times(0.2mm-0.14mm)=0.12$mm

即 $\delta_{3p}+\delta_{3d}<2(c_{max}-c_{min})$，故模具精度合适。

4）尺寸 $B=14_{0}^{+0.25}$mm：$x=0.75$，$\delta_{p}=0.011$mm，$\delta_{d}=0.018$mm

$B_{d}=(B+x\Delta)_{-\delta_{d}}^{0}=(14+0.75\times0.25)_{-0.018}^{0}mm=14.188_{-0.018}^{0}$mm

$B_{p}=(B_{d}+2c_{min})_{0}^{+\delta_{p}}=(14.188+2\times0.14)_{0}^{+0.011}mm=14.468_{0}^{+0.011}$mm

$\delta_{p}+\delta_{d}=0.011mm+0.018mm=0.029$mm

$2(c_{max}-c_{min})=2\times(0.2mm-0.14mm)=0.12$mm

即 $\delta_{p}+\delta_{d}<2(c_{max}-c_{min})$，故模具精度合适。

5）尺寸 $C=10\pm0.28$mm：$\delta_{p}=0.009$mm，$\delta_{d}=0.015$mm

$C_{d}=C\pm\delta_{d}/2=10\pm0.005$mm

$C_{p}=C\pm\delta_{p}/2=10\pm0.008$mm

$\delta_{p}+\delta_{d}=0.009mm+0.015mm=0.024$mm

$2(c_{max}-c_{min})=2\times(0.2mm-0.14mm)=0.12$mm

即 $\delta_{p}+\delta_{d}<2(c_{max}-c_{min})$，故模具精度合适。

3. 凸模的设计

凸模的设计主要解决凸模的结构型式、固定方式、标准的选用、长度尺寸的确定及强度校核等。按刃口截面形状的不同有圆形和非圆形（即异形）两种结构型式。

（1）圆形凸模　小型圆凸模已有标准件可用。JB/T 5825—2008 和 JB/T 5829—2008 分别规定了圆柱头直杆圆凸模（杆部直径 $\phi D=1\sim36$mm）、圆柱头缩杆圆凸模（杆部直径 $\phi D=5\sim36$mm）、锥头直杆圆凸模（刃口直径 $\phi D=0.5\sim15$mm）、60°锥头缩杆圆凸模（杆部直径 $\phi D=2\sim3$mm）和球锁紧圆凸模（直径 $\phi D=6.0\sim32$mm）的结构、尺寸及标记示例。凸模材料推荐采用 Cr12MoV、Cr12、Cr6WV、CrWMn。硬度要求：Cr12MoV、Cr12、Cr6WV 的刃口硬度为 58～62HRC，头部固定部分硬度为 40～50HRC；CrWMn 刃口硬度为 56～60HRC，头部固定部分硬度为 40～50HRC。

图 3-70 所示为常用标准圆柱头缩杆圆凸模的结构型式及固定方法。表 3-24 所示为其标准尺寸。由于凸模的径向尺寸较小，因此需采用凸模固定板固定。凸模以直径为 D 的圆柱面与凸模固定板采用 H7/m5 或 H7/n5 的过渡配合，并通过台阶 ϕD_1 压紧在固定板的台阶孔的台阶面上，防止凸模被拉出。其他标准结构的圆凸模请参照相关标准选用。

标准圆凸模的选用依据是凸模刃口的计算尺寸。

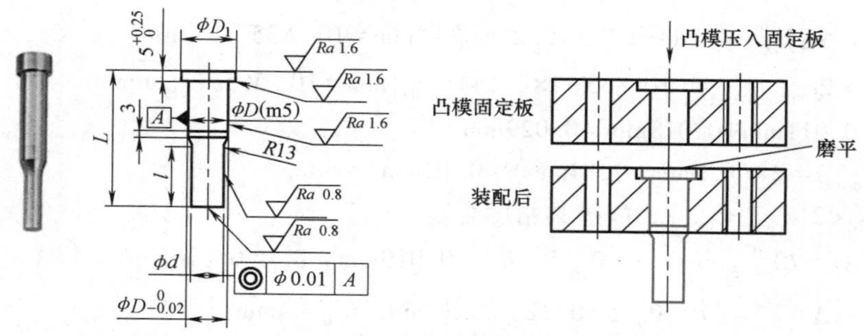

图 3-70　常用标准圆柱头缩杆圆凸模的结构型式及固定方法

表 3-24　圆柱头缩杆圆凸模部分标准数据（JB/T 5826—2008）　（单位：mm）

D(m5)	d		D_1	L
	下限	上限		
5	1	4.9	8	45、50、56、63、71、80、90、100
6	1.6	5.9	9	
8	2.5	7.9	11	
10	4	9.9	13	
13	5	12.9	16	
16	8	15.9	19	
20	12	19.9	24	
25	16.5	24.9	29	
32	20	31.9	36	
36	25	35.9	40	

注：刃口长度 l 由设计者自行选定。

大、中型圆凸模的结构型式及固定方法如图 3-71 所示，它们是非标准件。其中图 3-71a 所示为整体式结构，为了减少切削加工量，将凸模的底面和侧面离刃口稍远的材料去除。图 3-71b 所示为带凸缘的结构。图 3-71c 所示为镶件结构，凸模的基体用普通材料（如 45 钢）加工，镶件用合金工具钢（如 Cr12MoV 或 Cr12）等制作，以降低模具成本，减小加工

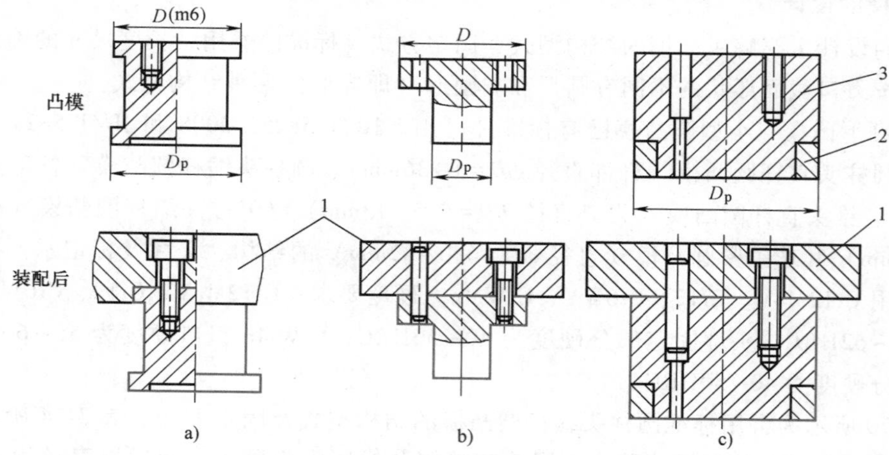

图 3-71　大、中型圆凸模的结构型式及固定方法

a）整体式凸模　b）整体式带凸缘凸模　c）镶件凸模

1—上模座　2—凸模镶块　3—凸模基体

困难和热处理变形等。由于这三种凸模横截面的尺寸较大，可以直接在凸模上加工螺孔和销孔，用螺钉和销直接将凸模固定在上模座上。其中图 3-71a 所示结构采用的是无销定位，利用凸模上的 D 与上模座上预先加工好的窝孔采用 H7/m6 的过渡配合进行定位，图 3-71b 和图 3-71c 所示结构直接用销进行定位。

冲小孔凸模的结构型式及固定方法如图 3-72 所示。小孔一般指孔径 d 小于被冲条料的厚度、直径 $d<1\text{mm}$ 的圆孔或面积 $A<1\text{mm}^2$ 的异形孔。由于此时凸模直径极小，冲裁过程中容易折断或失稳，因此模具中需要增加保护装置，即在凸模的外面加上保护套，并由弹性卸料板对其起导向作用。保护套可以是局部的（图 3-72a)，也可以是全程的（图 3-72b)。

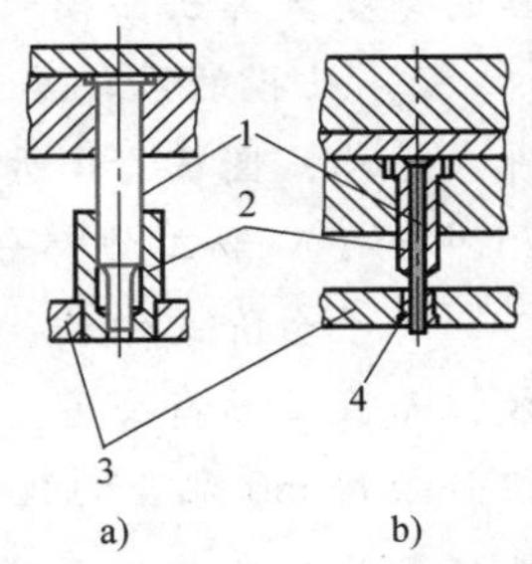

图 3-72 冲小孔凸模的结构型式及固定方法
1—凸模 2—保护套
3—弹性卸料板 4—小导套

（2）非圆形凸模 实际生产中广泛应用的是非圆形凸模。非圆形凸模的结构型式主要有两种，即台阶式结构（图 3-73a、b）和直通式结构（图 3-75b)。凡是截面为非圆形的凸模，如果采用台阶式结构，其固定部分应尽量简化成简单形状的几何截面（圆形或矩形)。只要工作部分截面是非圆形的，而固定部分是圆形的，当采用压入式固定到凸模固定板时，都必须在固定端接缝处加止转销。非圆形凸模的固定方式参见本书第 8.3.1 节。

（3）凸模长度的确定 凸模长度应根据模具的具体结构，并考虑修磨、固定板与卸料板之间的安全距离、装配等的需要来确定。

当采用图 3-74 所示的刚性卸料板卸料、导料板导料的模具结构时，其凸模长度按下式计算，即

$$L=h_1+h_2+h_3+h_{附加}$$

式中，L 是凸模长度（mm)；h_1 是凸模固定板厚度（mm)；h_2 是卸料板厚度（mm)；h_3 是导料板厚度（mm)；$h_{附加}$ 是增加的长度（mm)，一般取经验值 10~20mm，包括模具闭合时凸模固定板与卸料板之间的安全距离、凸模修磨量及凸模进入凹模的深度（0.5~1mm)。

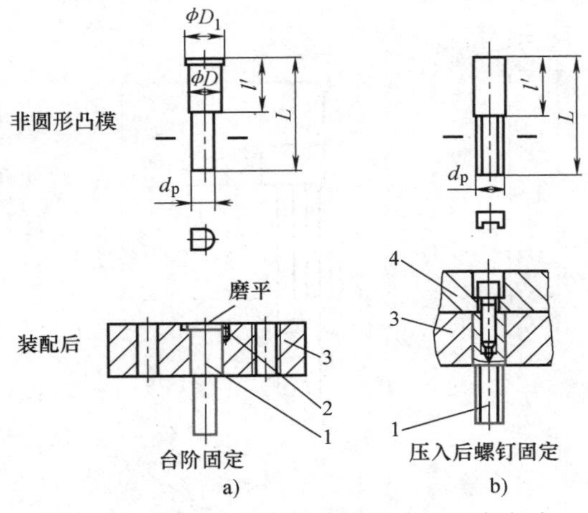

图 3-73 非圆形凸模的结构型式及固定方式
a）台阶式结构一 b）台阶式结构二
1—凸模 2—止转销 3—凸模固定板 4—垫板或上模座

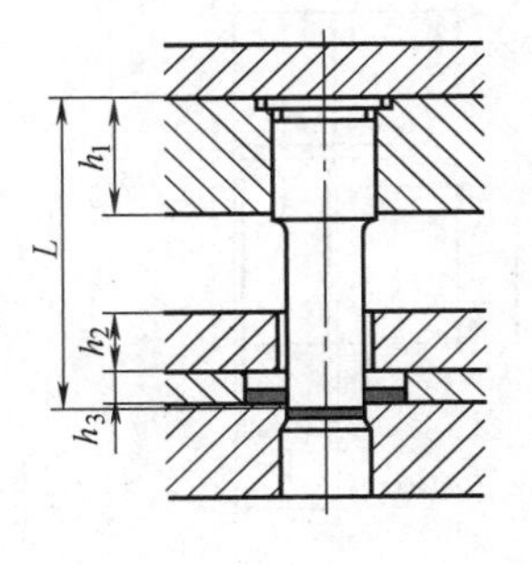

图 3-74 凸模长度的确定

扩展阅读

1）凸模长度一般为40~100mm，实用长度则为50~60mm。具体设计时，首先根据模具的结构计算出凸模长度，再参照标准选用。

2）凸模的设计其实很简单，凸模的结构如图3-75所示，其中图3-75a、c所示为台阶式结构，图3-75b所示为直通式结构。无论采用哪种结构，凸模都是由固定部分（图3-75中的l'）和工作部分（图3-75中的$L-l'$）组成。

对于台阶式结构，工作部分的刃口尺寸由刃口尺寸计算公式计算出来的，不仅是小数，而且必须有公差。尺寸D部分是凸模与固定板采用H7/m6过渡配合的部分，是整数但必须按m6配合的极限偏差进行标注。尺寸D_1部分是防止凸模松动被拉出固定板而设置的结构，这部分在装配时不与其他结构产生配合关系，也是整数且不需要标注公差。

对于直通式结构的凸模，由于固定部分的形状和尺寸与工作部分完全一致，除高度尺寸外，所有尺寸都是由模具刃口尺寸的计算公式计算出来的。

3）凸模表面质量的设计也很容易理解，可根据凸模各个面与其周围零件的装配关系将凸模各个表面分成四种类型：①工作表面，即刃口的侧面和端面，图3-75a中的l和图3-75b、c中的（$L-l$）部分，由于冲裁模的刃口要求锋利，因此该部分的表面质量要求较高，表面粗糙度值一般为$Ra0.4$~$Ra0.8\mu m$；②配合面，图3-75a、c中长度为（$l'-5mm$）的部分，图3-75b中l'部分，这部分在装配中需要压入凸模固定板并与固定板采用过渡配合，这部分的表面粗糙度值一般为$Ra0.8$~$Ra1.6\mu m$；③结合面，图3-75中各凸模的上端面，这个面在模具装配时将与上垫板或上模座贴合，图3-75a、c中台阶的下平面，这个面装配时将与固定板台阶孔的台阶面贴合，这些表面的表面粗糙度值一般为$Ra0.8$~$Ra1.6\mu m$；④自由表面，即在装配时不与其他面贴合或配合、也不是工作表面的部分，这些面的表面粗糙度值为未注表面粗糙度，可统一标准为$Ra3.2\mu m$或$Ra6.3\mu m$。

4）其他模具零件的设计也可参照上述方法。

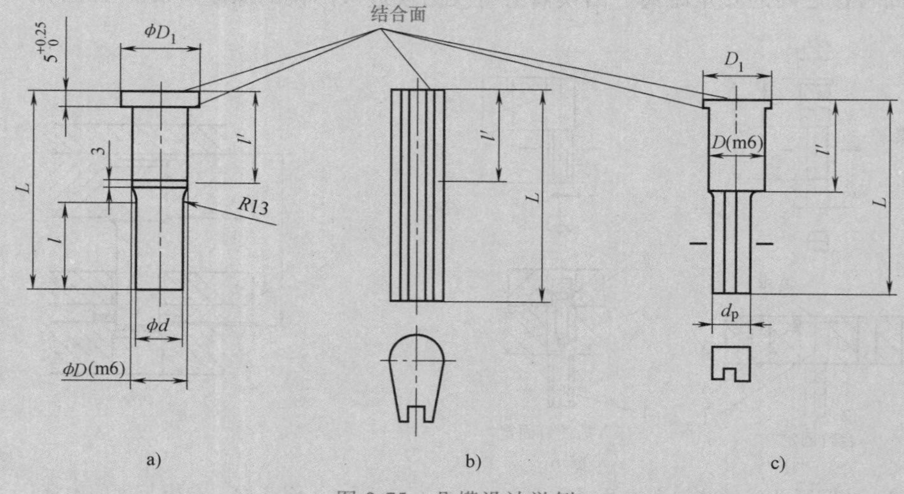

图3-75　凸模设计举例

a）圆形带台阶式　b）异形直通式　c）异形带台阶式

（4）凸模的强度校核　一般情况下，凸模的强度和刚度是足够的，无须强度校核。但对特别细长的凸模或凸模的截面尺寸很小而冲裁的板料厚度较厚时，则必须进行承压能力和抗纵弯能力的校核，其目的是检查凸模的危险截面尺寸和自由长度是否满足要求，以防止凸模纵向失稳和折断。冲裁凸模的校核计算公式见表 3-25。

表 3-25　冲裁凸模的校核计算公式

校核内容	计算公式			式中符号意义
弯曲应力	简图	无导向	有导向	L是凸模允许的最大自由长度(mm) d是凸模最小直径(mm) J是凸模最小截面的惯性矩(mm^4) F是冲裁力(N) t是被冲材料厚度(mm) τ_b是被冲材料抗剪强度(MPa) $[\sigma_压]$是凸模材料的许用压应力(MPa)
	圆形	$L\leqslant 90\frac{d^2}{\sqrt{F}}$	$L\leqslant 270\frac{d^2}{\sqrt{F}}$	
	非圆形	$L\leqslant 416\sqrt{\frac{J}{F}}$	$L\leqslant 1180\sqrt{\frac{J}{F}}$	
压应力	圆形	$d\geqslant\frac{4t\tau_b}{[\sigma_压]}$		
	非圆形	$d\geqslant\frac{F}{[\sigma_压]}$		

4. 凹模的设计

在典型结构的冲模中，可根据凹模的结构型式和尺寸设计或选用模具中的多个零件，因此凹模设计很关键。凹模设计主要解决凹模的结构型式及固定方式、凹模刃口形式和凹模的外形设计。

（1）凹模的结构型式及固定方式　凹模有整体式、组合式和镶块式三种。

① 整体式凹模。根据冲模标准 JB/T 7643.1—2008 和 JB/T 7643.4—2008，整体式凹模板有矩形和圆形两种，如图 3-76 所示，推荐材料有 T10A、9Mn2V、Cr12、Cr12MoV、CrWMn，热处理硬度为 60～64HRC，未注表面粗糙度 Ra 为 6.3μm，全部棱边倒角 $C2$。

这种整体式凹模是普通冲裁模最常用的结构。这种结构的优点是模具结构简单、强度较好，装配比较容易、方便；缺点是一旦刃口局部磨损或损坏就需要整体更换，同时由于凹模的非工作部分也采用模具钢，所以制造成本较高。这种结构适用于中小型冲压件的模具。由于平面尺寸较大，它可以直接利用螺钉和销固定在下模座上，如图 3-77 所示。

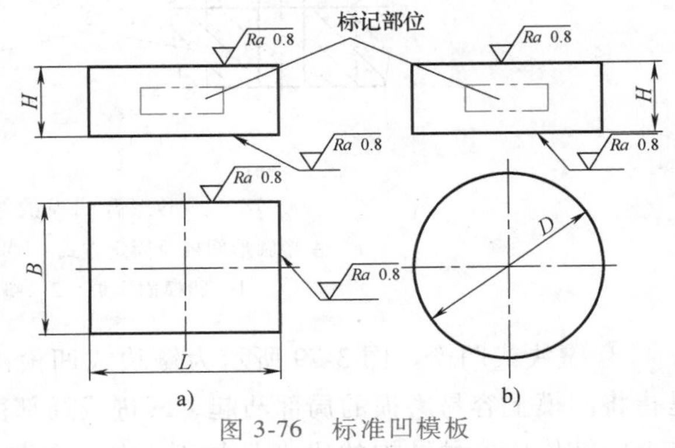

图 3-76　标准凹模板
a）矩形凹模板（JB/T 7643.1—2008）
b）圆形凹模板（JB/T 7643.4—2008）

② 组合式凹模。根据冲模标准 JB/T

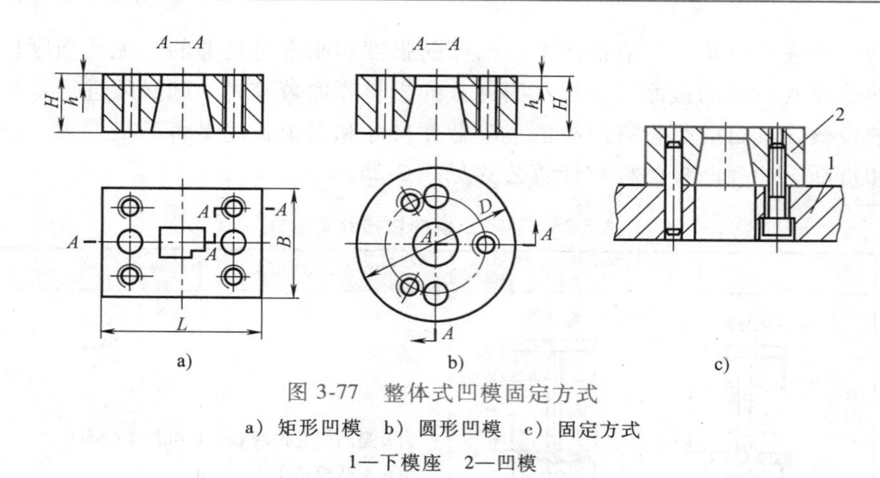

图 3-77　整体式凹模固定方式

a）矩形凹模　b）圆形凹模　c）固定方式

1—下模座　2—凹模

5830—2008，圆形组合凹模有 A 型和 B 型两种，可以冲制直径 d 为 1~36mm（d 的增量是 0.1mm）的圆形工件。由于凹模尺寸较小，采用凹模固定板固定后，再通过螺钉和销与下模座连接，如图 3-78 所示。这种结构的优点是节省模具材料，模具刃口磨损后，只需更换凹模，维修方便，降低维修成本。推荐材料有 Cr12MoV、Cr12、Cr6WV、CrWMn，热处理硬度为 58~62HRC，未注表面粗糙度值 $Ra6.3\mu m$，全部外棱边倒角 $C2$。标准圆形组合凹模的选用依据是凹模刃口的计算尺寸。

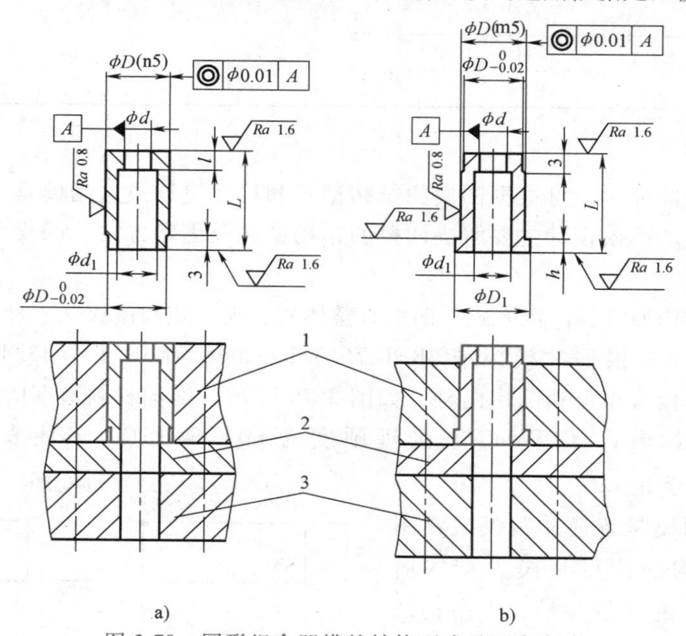

图 3-78　圆形组合凹模的结构型式及固定方式

a）A 型圆形凹模及固定方式　b）B 型圆形凹模及固定方式

1—凹模固定板　2—垫板　3—下模座

③ 镶块式凹模。图 3-79 所示为镶块式凹模的结构型式及固定方式。所谓镶块式凹模，是指将凹模上容易磨损的局部凸起、凹进或局部薄弱的地方单独做成一块，再固定到凹模主体上的结构。这种结构的优点是加工方便，易损部分更换容易，降低了复杂模具的加工难度，适用于冲制窄臂、形状复杂的冲压件。

（2）凹模的刃口形式　凹模的刃口形式主要有图 3-80 所示的三种结构，图 3-80a 所示的结构是直壁刃口并有带斜度的漏料孔，这种结构的刃口强度较高，修模后刃口尺寸不变，漏料孔由于带有斜度，利于漏料。图 3-80b 所示为斜壁刃口，刃口强度不如直壁刃口高，刃口修模后尺寸发生变化，但刃口内不容易集聚废料。随着电火花线切割技术在模具制造上的大量使用，这两种刃口形式的凹模目前使用得非常普遍。图 3-80c 所示的也是直壁刃口，与图 3-80a 不同的是，漏料孔也是直壁的，这种形式的刃口凹模目前主要用于倒装复合模中。

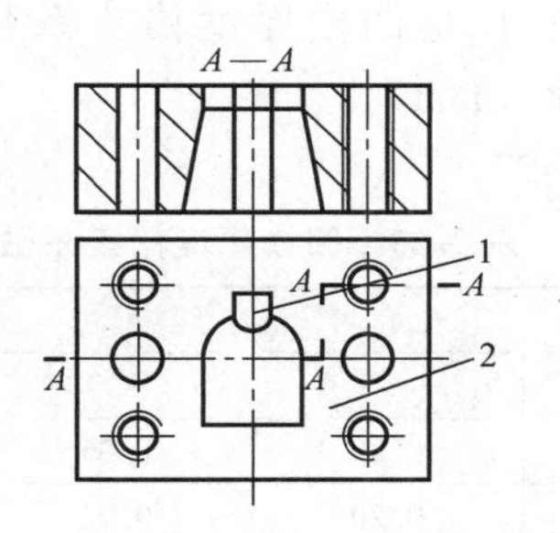

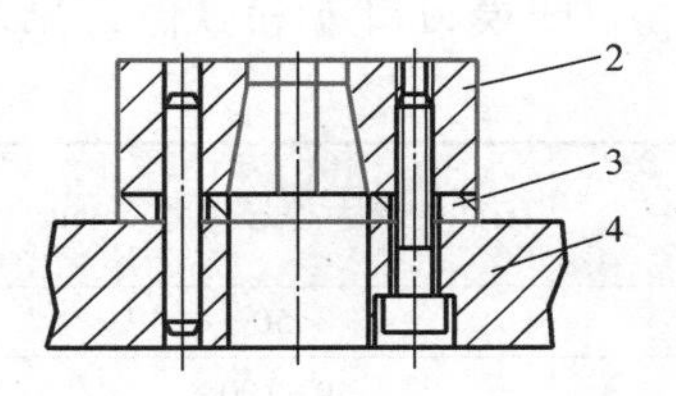

图 3-79　镶块式凹模的结构型式及固定方式

1—镶块　2—凹模主体　3—垫板　4—下模座

（3）凹模的外形设计　凹模的外形设计主要有两点：①设计形状；②设计外形尺寸。JB/T 7643.1—2008 和 JB/T 7643.4—2008 对冲模凹模外形及尺寸制定了标准。标准规定，凹模的外形只有两种形式，即矩形或圆形。通常情况下，如果所冲工件的形状接近矩形，则选用矩形凹模；如果所冲工件形状接近圆形，则选用圆形凹模。

整体式凹模外形尺寸需要考虑工件的尺寸、凹模的壁厚 c，可以借助经验公式。凹模外形尺寸的确定如图 3-81 所示。

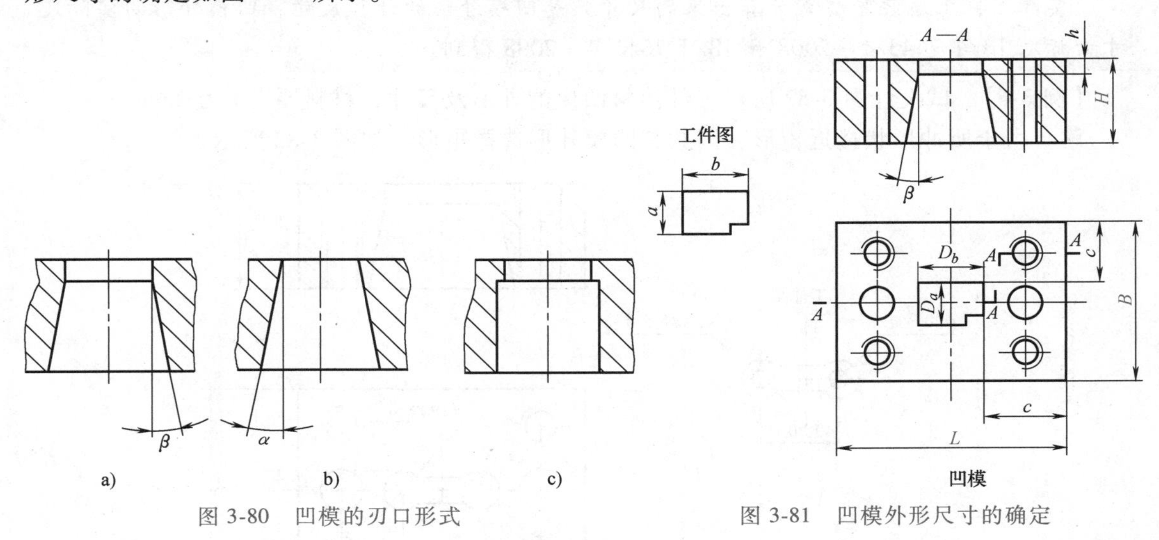

图 3-80　凹模的刃口形式

图 3-81　凹模外形尺寸的确定

$$H=Kb\geqslant 15\text{mm} \tag{3-14}$$

$$c=(1.5\sim2)H\geqslant 30\sim40\text{mm}$$

由此得到凹模外形的计算尺寸为

$$H=Kb$$

$$L=D_b+2c$$

$$B=D_a+2c$$

式中，H 是凹模的厚度或高度（mm）；L 是凹模的长度（mm）；B 是凹模的宽度（mm）；b

是工件的最大外形尺寸（mm）；K 是凹模厚度修正系数，由表 3-26 选用；c 是凹模壁厚（mm）；D_a、D_b 是凹模刃口尺寸（mm）。

凹模刃口 h 和 β 值，见表 3-27。

表 3-26 凹模厚度修正系数 K

工件的最大外形尺寸 b/mm	材料厚度 t/mm				
	0.5	1.0	2.0	3.0	>3.0
<50	0.30	0.35	0.42	0.50	0.60
50~100	0.20	0.22	0.28	0.35	0.42
100~200	0.15	0.18	0.20	0.24	0.30
>200	0.10	0.12	0.15	0.18	0.22

表 3-27 凹模刃口 h 和 β 值

材料厚度 t/mm	α/(′)	β/(°)	刃口高度 h/mm	备 注
≤0.5 >0.5~1 >1~2.5	15	2	≥4 ≥5 ≥6	表列 α 值适用于钳工加工，采用线切割加工时 α = 5′~20′
>2.5~6 >6	30	3	≥8 ≥10	

扩展阅读

实际上，上述经验公式计算出来的尺寸只是凹模外形的计算尺寸，凹模外形的实际尺寸由标准 JB/T 7643.1—2008 和 JB/T 7643.4—2008 得到。

【例 3-6】 试设计图 3-82 所示工件落料凹模的外形及尺寸，材料厚度 t 为 2mm。

解： 由于所冲形状接近矩形，因此其凹模外形选择矩形，如图 3-82 所示。

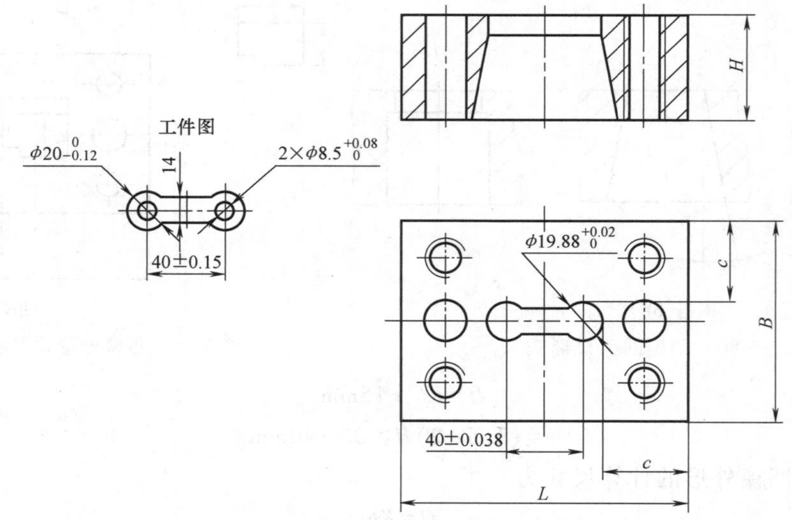

图 3-82 凹模外形尺寸计算举例

根据工件的最大外形尺寸 b = 40mm + 20mm = 60mm 和材料厚度 2mm，查表 3-26 得 K = 0.28，则可计算出凹模的各尺寸。

$$H=Kb=0.28\times60\text{mm}=16.8\text{mm}$$

$$c=(1.5\sim2)H=(1.5\sim2)\times16.8\text{mm}=25.2\sim33.6\text{mm}，取\ c=30\text{mm}$$

则

$$L=40\text{mm}+19.88\text{mm}+30\text{mm}\times2=119.88\text{mm}$$

$$B=19.88\text{mm}+30\text{mm}\times2=79.88\text{mm}$$

这是计算出来的凹模外形尺寸，依据计算出来的尺寸查表3-28可知实际的凹模外形尺寸应该为

$$L\times B\times H=125\text{mm}\times80\text{mm}\times18\text{mm}$$

表3-28 矩形凹模的部分标准数据（JB/T 7643.1—2008） （单位：mm）

L	*B*	*H*												
		10	12	14	16	18	20	22	25	28	32	36	40	45
80	80		×	×	×	×	×	×						
100			×	×	×	×	×	×						
125			×	×	×	×	×	×						
250					×	×	×	×						
315					×	×	×	×						
100	100		×	×	×	×	×	×						
125				×	×	×	×	×	×					
160					×	×	×	×	×	×				
200						×	×	×	×	×	×			
315						×	×	×	×					
400						×	×	×	×					

5. 凸凹模的设计

凸凹模是复合模中同时具有落料凸模和冲孔凹模作用的工作零件，其内外缘均为刃口，其形状和尺寸完全取决于所冲工件的形状和尺寸。从强度方面考虑，其壁厚应受最小值限制。凸凹模的最小壁厚与模具结构有关，当模具为正装结构时，内孔不积存废料，胀力小，最小壁厚可以小些；当模具为倒装结构时，若内孔为直壁形刃口形式，且采用下出料方式，则内孔积存废料，胀力大，故最小壁厚应大些。

凸凹模的最小壁厚值，目前一般按经验数据确定。倒装复合模的凸凹模最小壁厚见表3-29。正装复合模的凸凹模最小壁厚可比倒装的小些。

表3-29 倒装复合模的凸凹模最小壁厚

简图										
材料厚度 t/mm	0.4	0.5	0.6	0.7	0.8	0.9	1.0	1.2	1.5	1.75
最小壁厚 a/mm	1.4	1.6	1.8	2.0	2.3	2.5	2.7	3.2	3.8	4.0
材料厚度 t/mm	2.0	2.1	2.5	2.75	3.0	3.5	4.0	4.5	5.0	5.5
最小壁厚 a/mm	4.9	5.0	5.8	6.3	6.7	7.8	8.5	9.3	10.0	12.0

3.6.2　定位零件的设计与标准的选用

定位零件的作用是确定送进模具的毛坯在模具中的正确位置，以保证冲出合格的工件。送进模具的毛坯通常有两种，即条料（带料或卷料）和单个毛坯（块料或工序件）。

条料由于是沿着一定的方向“推进”模具的，因此它的定位必须是两个方向的：①在与送料方向垂直方向（即左右方向）上定位，以保证条料沿正确的方向送进，称为导料，常用的零件有导料板、导料销；②在送料前方定位，以控制条料每次送进模具的距离（即进距），称为挡料，常见的零件有挡料销、侧刃等。对于单个毛坯的定位，只需将它“放进”模具中预先确定的位置即可，因此通常在模具的相应位置上设置定位板或定位销。上述结构分别如图 3-83 和图 3-84 所示。

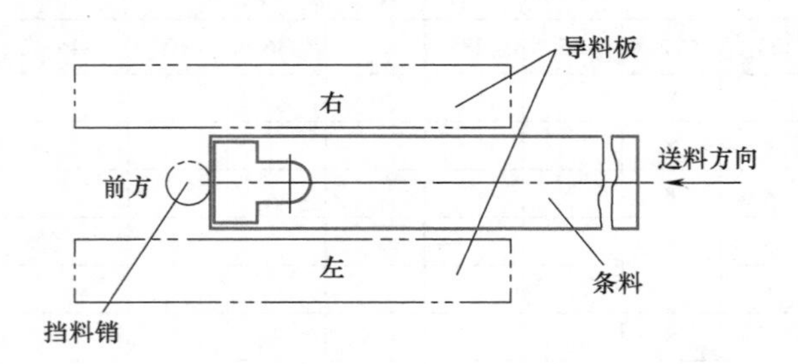

图 3-83　条料定位

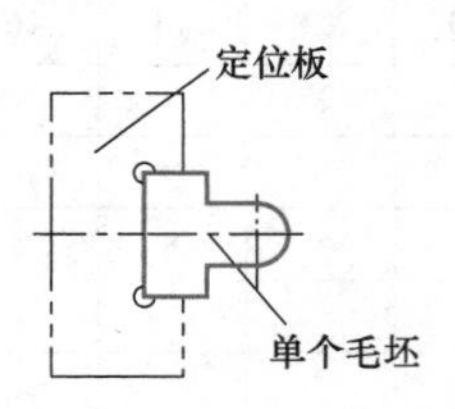

图 3-84　单个毛坯定位

1. 导料零件

常见的导料零件有导料板、导料销和侧压装置。它们的作用是保证条料沿正确的方向送进模具。

（1）导料板　常见的导料板结构有两种型式，一种是标准结构，一种是非标准结构。JB/T 7648.5—2008 规定了导料板的标准结构和尺寸，如图 3-85a 所示。使用时通常为两块，分别设在条料两侧，利用螺钉和销直接固定在凹模上，如图 3-85b、c 所示。标准导料板的选用依据是所冲条料厚度，通常导料板的厚度是条料厚度的 2.5～4 倍（料厚时取小值，标准导料板的厚度 $H=4\sim18$mm）。由图 3-85b、c 可知单块导料板的宽度 $B=($凹模宽度-条料宽度$-e)/2$。非标准结构的导料板与卸料板做成一个整体，如图 3-85d 所示。导料板装配后一般与凹模的外形尺寸相同，推荐材料为 45 钢，热处理硬度为 28～32HRC，未注表面粗糙度 Ra 为 6.3μm，全部棱边倒角 $C2$。

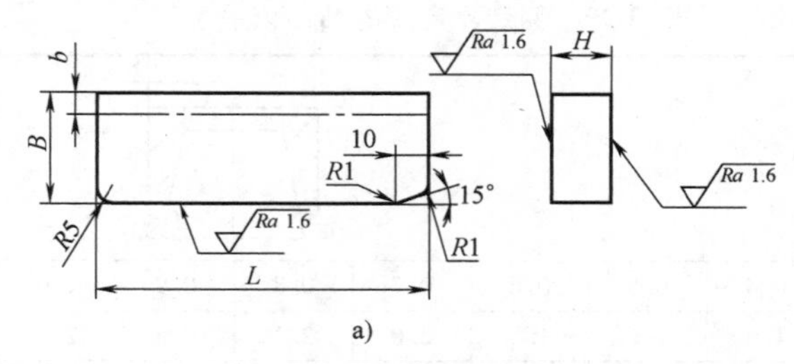

图 3-85　导料板结构型式及固定方式

a）标准导料板结构

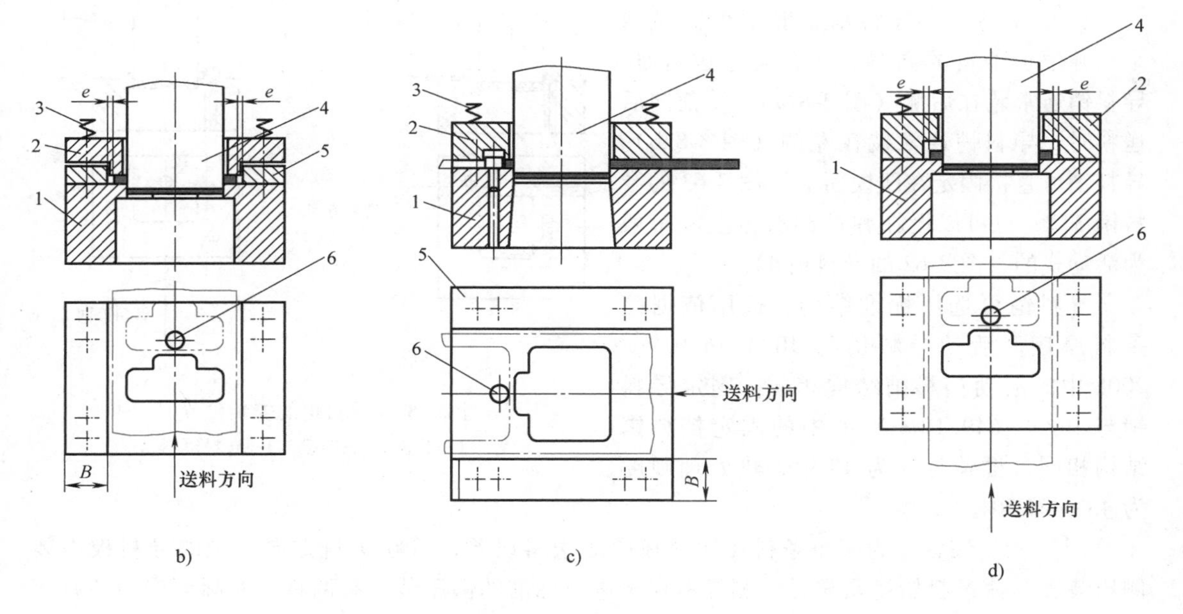

图 3-85　导料板结构型式及固定方式（续）

b)、c) 标准导料板装配位置　d) 导料板与卸料板做成一体

1—凹模　2—卸料板　3—弹簧　4—凸模　5—导料板　6—挡料销

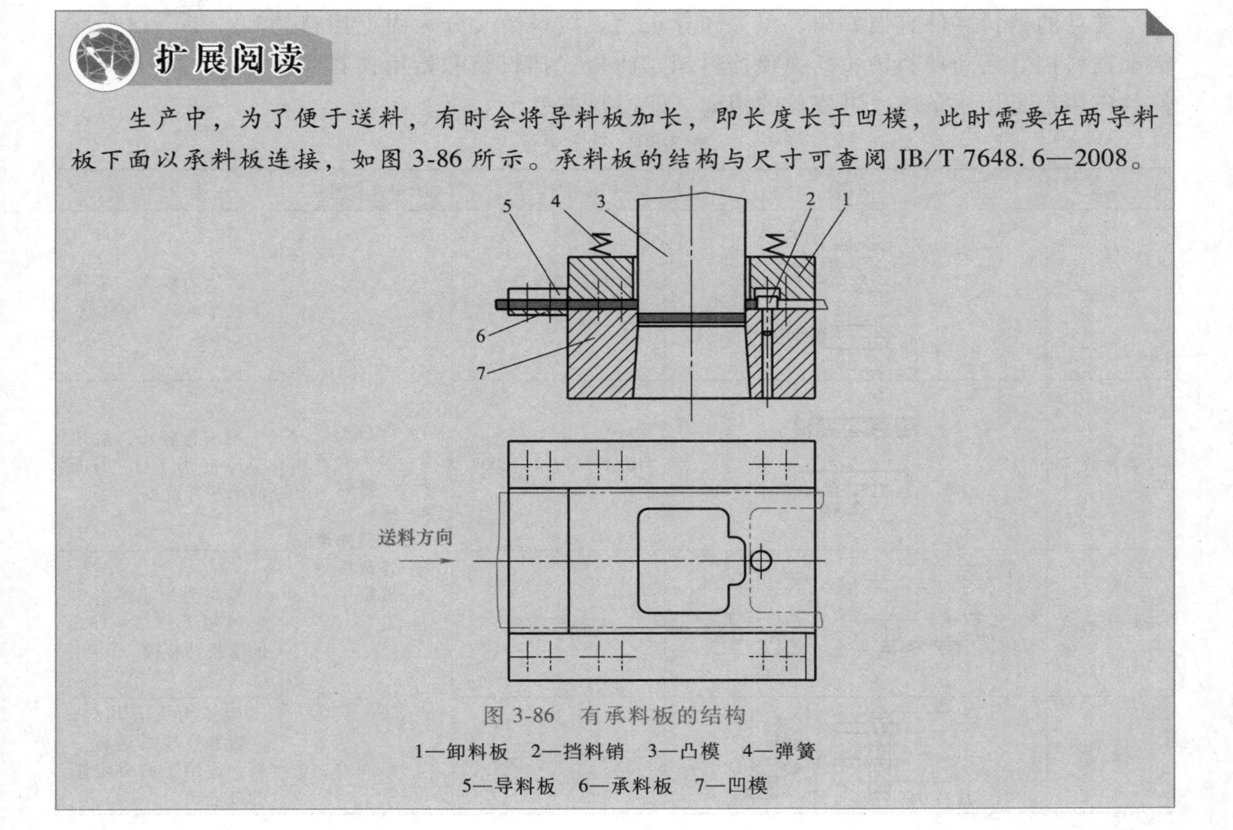

扩展阅读

生产中，为了便于送料，有时会将导料板加长，即长度长于凹模，此时需要在两导料板下面以承料板连接，如图 3-86 所示。承料板的结构与尺寸可查阅 JB/T 7648.6—2008。

图 3-86　有承料板的结构

1—卸料板　2—挡料销　3—凸模　4—弹簧

5—导料板　6—承料板　7—凹模

(2) 导料销　导料销一般至少需设两个，并位于条料的同侧。从右向左送料时，导料销通常装在后侧（图 3-87a）；从前向后送料时，导料销通常装在左侧（图 3-87b）。导料销可直接固定在凹模面上（图 3-63 的导料销 33），也可以设在弹性卸料板上（一般为活动式的，图 3-62 的导料销 4）。

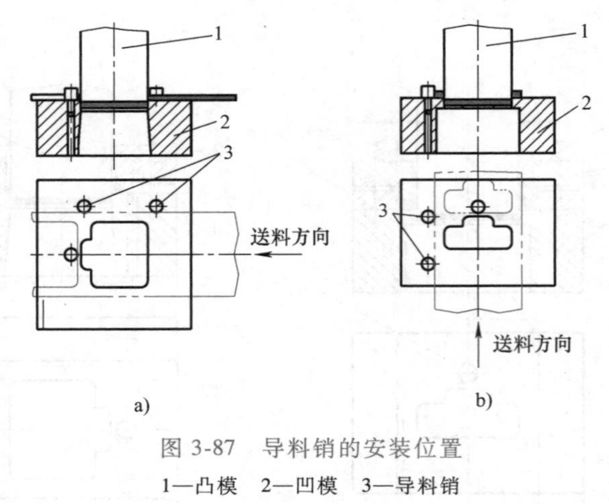

图 3-87　导料销的安装位置

1—凸模　2—凹模　3—导料销

导料销可选用标准结构，选用依据是条料厚度。活动导料销与 JB/T 7649.9—2008 中的活动挡料销结构相同，固定导料销与 JB/T 7649.10—2008 中的固定挡料销结构相同，推荐材料为 45 钢，热处理硬度为 43~48HRC。

(3) 侧压装置　为减小条料在导料板中的送料误差，可在送料方向一侧的导料板内装侧压装置，使条料始终紧靠另一侧导料板送进。标准的侧压装置有两种，实际生产中还有两种非标准的侧压装置，见表 3-30。

在一副模具中，侧压装置的数量和位置视实际需要而定，簧片式和簧片压块式通常为 2~3 个。需要注意的是，厚度在 0.3mm 以下的薄板不宜采用侧压装置。

2. 挡料零件

常见的挡料零件有挡料销、侧刃和导正销。挡料销又分为固定挡料销和活动挡料销。活动挡料销包括弹顶挡料销、回带式挡料销和始用挡料销，它们的作用都是控制条料送进模具的距离，即控制进距。

表 3-30　侧压装置

名称	简图	标准代号	图中件号意义	适用场合
弹簧式	1 2 3 4 5	JB/T 7649.3—2008	1—条料 2—侧压板 3—导料板 4—螺钉 5—螺旋弹簧 6—弹簧片 7—压块	侧压力较大，适用于较厚条料的冲裁模
簧片式	0.2 3 6 送料方向 1	JB/T 7649.4—2008		侧压力较小，适用于厚度为 0.3 ~ 1mm 的薄板冲裁模
簧片压块式	1 3 6 7 1 6 7	非标准结构		侧压力较小，适用于厚度为 0.3 ~ 1mm 的薄板冲裁模
板式	送料方向	非标准结构		侧压力大且均匀，一般装在模具送料一端，适用于侧刃定距的级进模

（1）固定挡料销　标准结构的固定挡料销及装配方式（JB/T 7649.10—2008）如图 3-88 所示。因为它结构简单、制造容易，所以广泛应用于手工送料的模具。使用时直接将挡料销杆部以 H7/m6 配合固定在凹模（图 3-88b）上，头部起挡料作用。操作方法是送料时使挡料销的头部挡住搭边进行定位，冲压结束后人工将条料抬起使其头部越过搭边再次送料。挡料销的选用依据是材料厚度，见表 3-31。

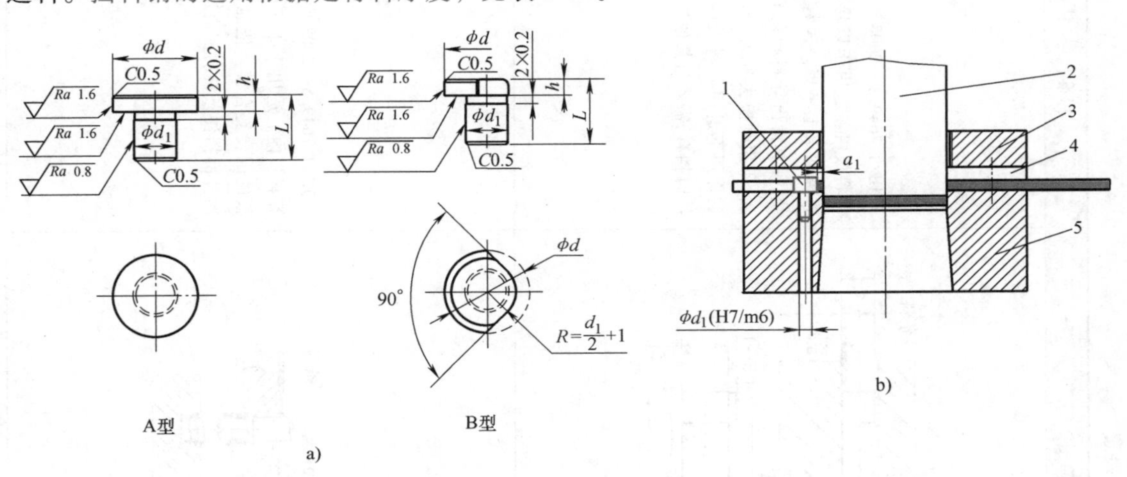

图 3-88　标准结构的固定挡料销及装配方式

a）A 型和 B 型标准挡料销　b）固定挡料销的装配

1—挡料销　2—凸模　3—刚性卸料板　4—导料板　5—凹模

表 3-31　挡料销头部高度尺寸 h

材料厚度 t/mm	<1	1~3	>3
h/mm	2	3	4

由于安装固定挡料销杆部的销孔离凹模刃口较近，削弱了凹模的强度，因此在标准中还有一种钩形挡料销，如图 3-89a 所示。这种挡料销安装杆部的销孔距离凹模刃壁较远，不会削弱凹模强度。但为了防止钩头使用过程中发生转动，需加止转销防转，如图 3-89b 所示。

（2）活动挡料装置　表 3-32 列出了几种常见活动挡料装置。挡料销（块）推荐材料为 45 钢，热处理硬度为 43~48HRC。

上述挡料装置一般只适用于手工送料的模具，无法自动化冲压。侧刃和导正销则可用于自动送料的模具进行定位。

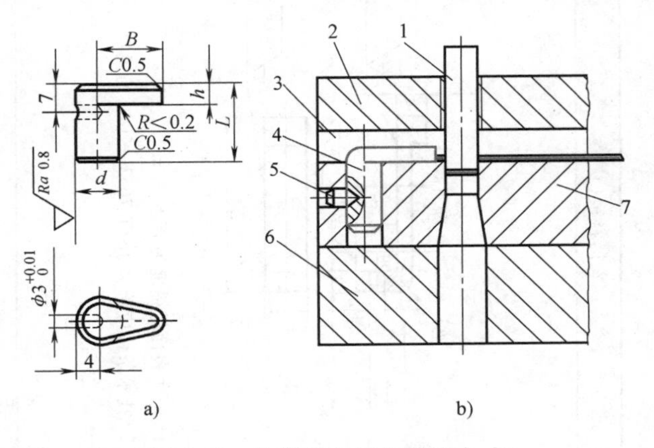

图 3-89　钩形挡料销及装配方式

a）钩形挡料销　b）钩形挡料销的装配

1—凸模　2—刚性卸料板　3—导料板　4—钩形挡料销　5—止转销　6—下模座　7—凹模

（3）侧刃　级进模中，为了限定条料送进距离，在条料侧边冲切出一定

表 3-32　几种常见活动挡料装置

序号	名称	挡料销(块)	装配简图	标准代号、特点及应用
1	始用挡料装置	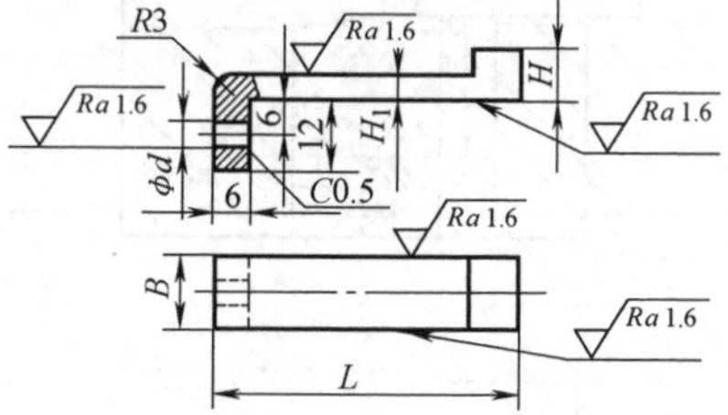 1. 未注表面粗糙度为 $Ra6.3\mu m$。 2. 技术条件应符合 JB/T 7653—2020 的规定。	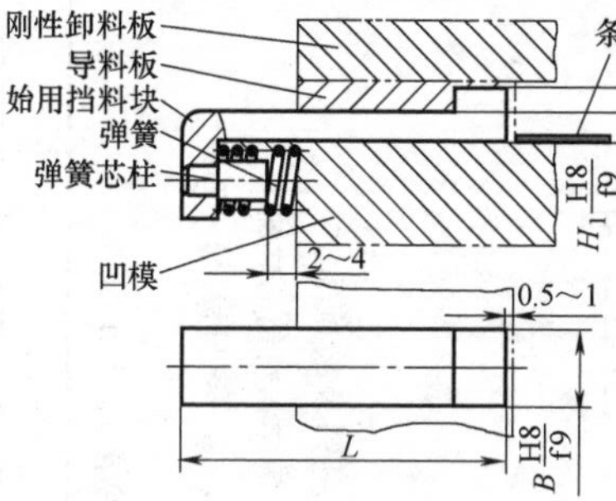	JB/T 7649.1—2008。始用挡料块安装于导料板内。适用于以导料板送料导向的级进模和单工序模。送料前用力压始用挡料块，使其滑出导料板的导料面，起到定位作用，不用时撤去外力，始用挡料块会在弹簧的作用下退回导料板内。主要用于首次冲压时挡料，需要与其他挡料装置配合使用
2	弹簧弹顶挡料装置	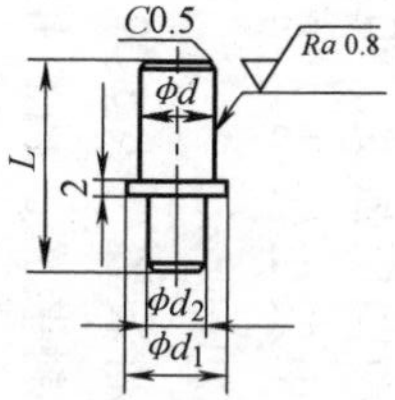 1. 未注表面粗糙度为 $Ra6.3\mu m$。 2. 技术条件应符合 JB/T 7653—2020 的规定。	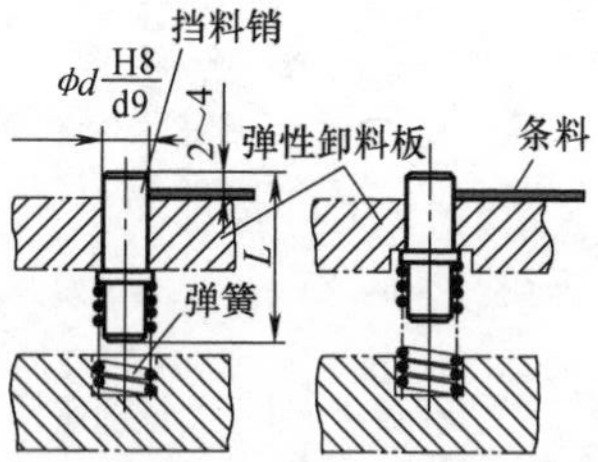	JB/T 7649.5—2008。挡料销安装于弹性卸料板内。适用于手工送料的带弹性卸料板的倒装复合模。依靠凸出于弹性卸料板的杆部挡住条料的搭边进行定位

（续）

序号	名称	挡料销（块）	装配简图	标准代号、特点及应用
3	扭簧弹顶挡料装置	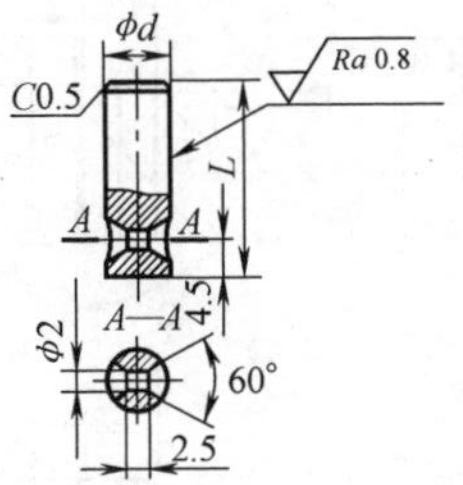 1. 未注表面粗糙度为 $Ra6.3\mu m$。 2. 技术条件应符合 JB/T 7653—2020 的规定。	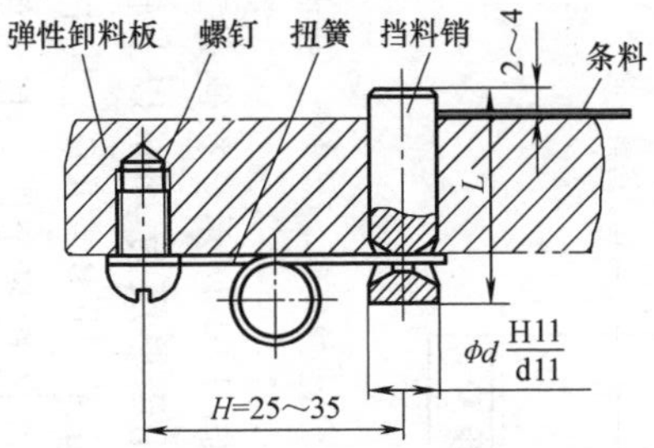 弹性卸料板 螺钉 扭簧 挡料销 条料 2~4 L $\phi d\frac{H11}{d11}$ H=25~35	JB/T 7649.6—2008。挡料销安装于弹性卸料板内。适用于手工送料的带弹性卸料板的倒装复合模。依靠凸出于卸料板的杆部挡住条料的搭边进行定位
4	橡胶弹顶挡料装置	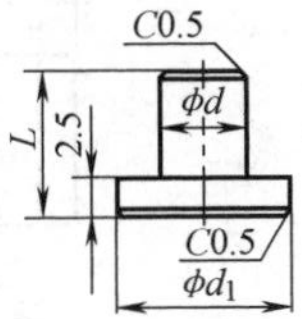 1. 未注表面粗糙度为 $Ra6.3\mu m$。 2. 技术条件应符合 JB/T 7653—2020 的规定。	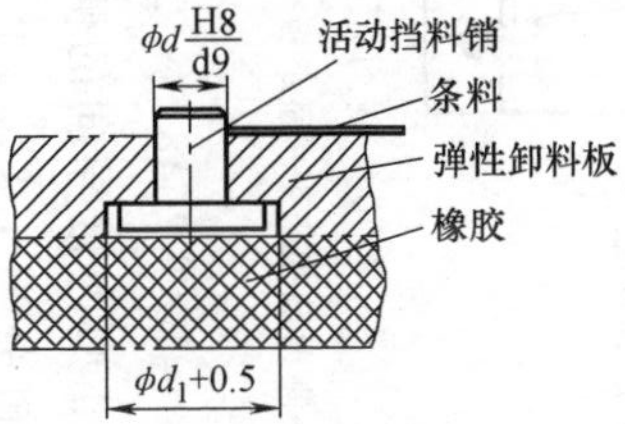 $\phi d\frac{H8}{d9}$ 活动挡料销 条料 弹性卸料板 橡胶 ϕd_1+0.5	JB/T 7649.9—2008。活动挡料销安装于弹性卸料板内。适用于手工送料的带弹性卸料板的倒装复合模。依靠凸出于弹性卸料板的杆部挡住条料的搭边进行定位
5	回带式挡料装置	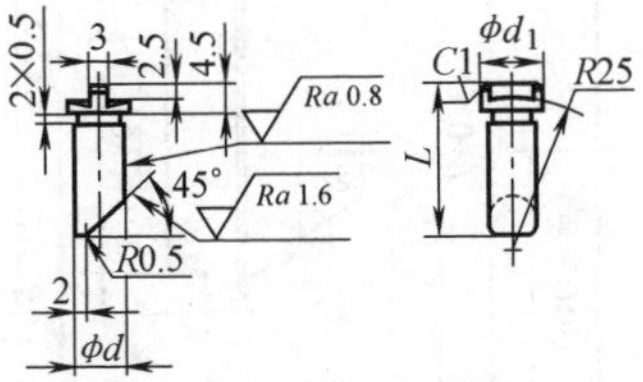 1. 未注表面粗糙度为 $Ra6.3\mu m$。 2. 技术条件应符合 JB/T 7653—2020 的规定。	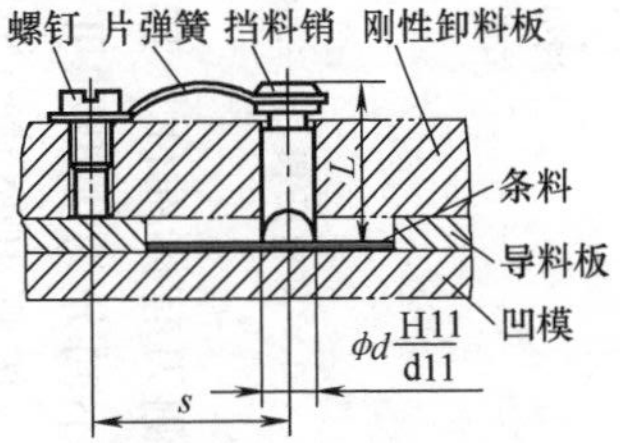 螺钉 片弹簧 挡料销 刚性卸料板 条料 导料板 凹模 L $\phi d\frac{H11}{d11}$ s	JB/T 7649.7—2008。挡料销安装于刚性卸料板内。适用于带刚性卸料装置的手工送料的模具。送料时搭边碰撞斜面使挡料销跳起并越过搭边，再将条料后拉，使挡料销挡住搭边定位。即每次送料都要先推后拉，做方向相反的两个动作，操作比较麻烦

形状缺口的工作零件，称为侧刃。侧刃通常与导料板配合使用，其定位原理是依靠导料板的台阶挡住条料，利用侧刃冲切掉长度等于进距的料边后，条料再送进模具一个进距，如图3-90所示。侧刃定位可靠，可单独使用，通常用于薄料、定距精度和生产率要求较高的级进模。

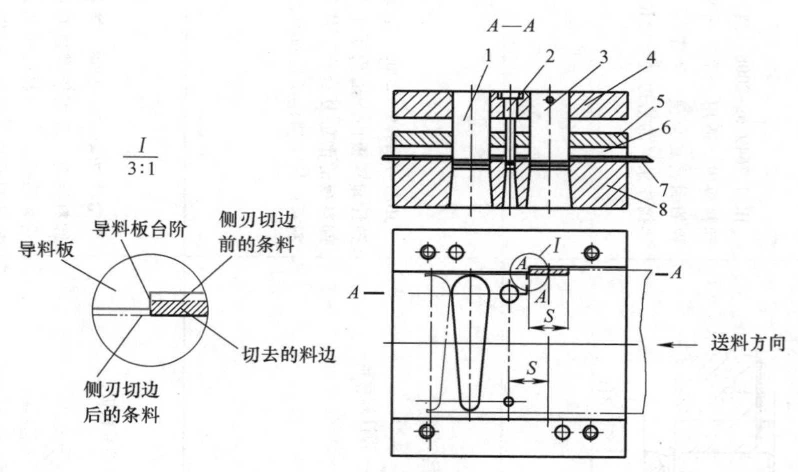

图 3-90 侧刃定距原理

1—落料凸模 2—冲孔凸模 3—侧刃凸模 4—固定板 5—卸料板 6—导料板 7—条料 8—凹模

侧刃有标准件，其标准结构（JB/T 7648.1—2008）如图3-91所示。按侧刃工作端面的形状不同分为Ⅰ型和Ⅱ型两类。Ⅱ型为带导向的侧刃，多用于厚度为1mm以上较厚条料的冲裁。按侧刃的截面形状不同，可分为ⅠA、ⅠB、ⅠC、ⅡA、ⅡB、ⅡC。其中ⅠA、ⅡA型侧刃一般用于条料厚度小于1.5mm、冲裁件精度要求不高的送料定距，其余侧刃多用于冲裁件精度要求较高的送料定距。

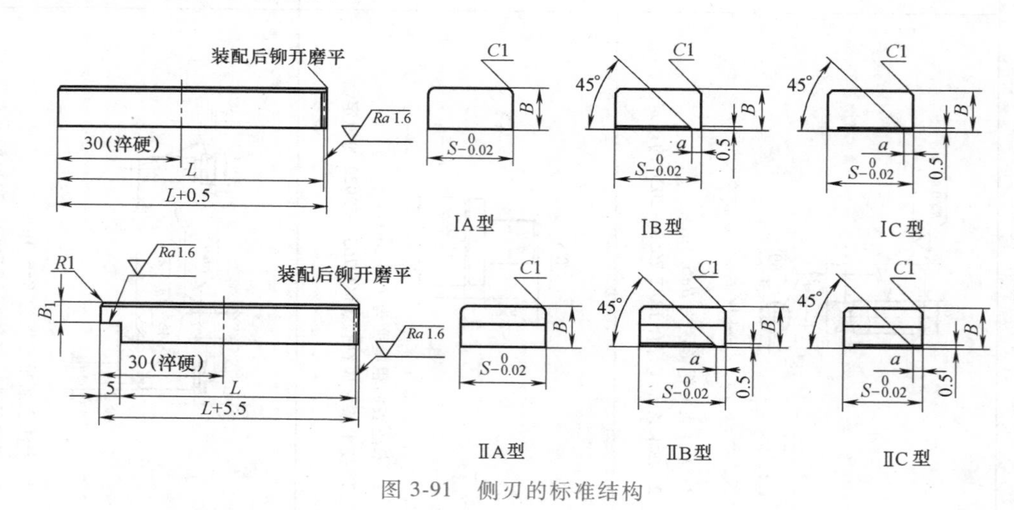

图 3-91 侧刃的标准结构

实际生产中，往往遇到两侧边或一侧边有一定形状的工件，如图3-92所示。对于这种工件，如果用侧刃定距，则可以设计与侧边形状相应的特殊侧刃。这种侧刃既可定距，又可冲裁工件的部分轮廓，侧刃的截面形状由工件的形状决定。

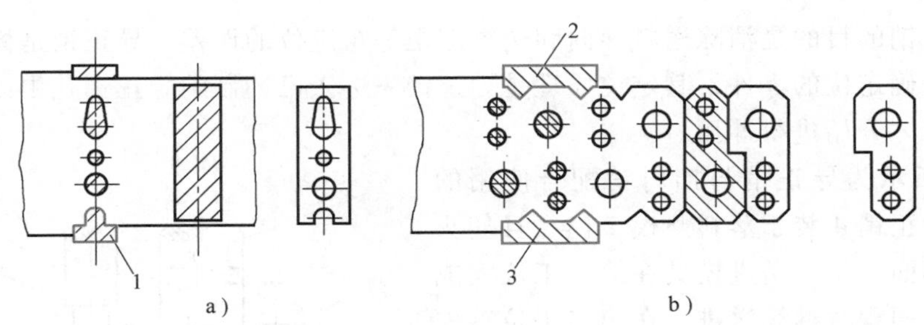

图 3-92 特殊侧刃

1、2、3—特殊侧刃

标准侧刃凸模的选用依据是进距，其宽度尺寸 S 原则上等于送料进距。侧刃的凸、凹模刃口尺寸按冲孔模刃口尺寸计算方法进行计算，即以凸模为基准，通过增大间隙得到凹模刃口尺寸。侧刃可以为一个，也可以为两个。两个侧刃可以在条料两侧并列布置，也可以对角布置。对角布置能够保证料尾的充分利用。侧刃材料推荐选用 T10A，热处理硬度为 56~60HRC。

扩展阅读

由于导料板通常选用 45 钢，热处理硬度为 28~32HRC，因此为防止导料板被侧刃凸模磨损，侧刃通常与侧刃挡块配合使用。侧刃挡块安装在导料板内，为标准结构，有 A 型、B 型和 C 型三种，如图 3-93 所示。侧刃挡块推荐材料为 T10A，热处理硬度为 56~60HRC，与导料板按 H7/m6 配合。

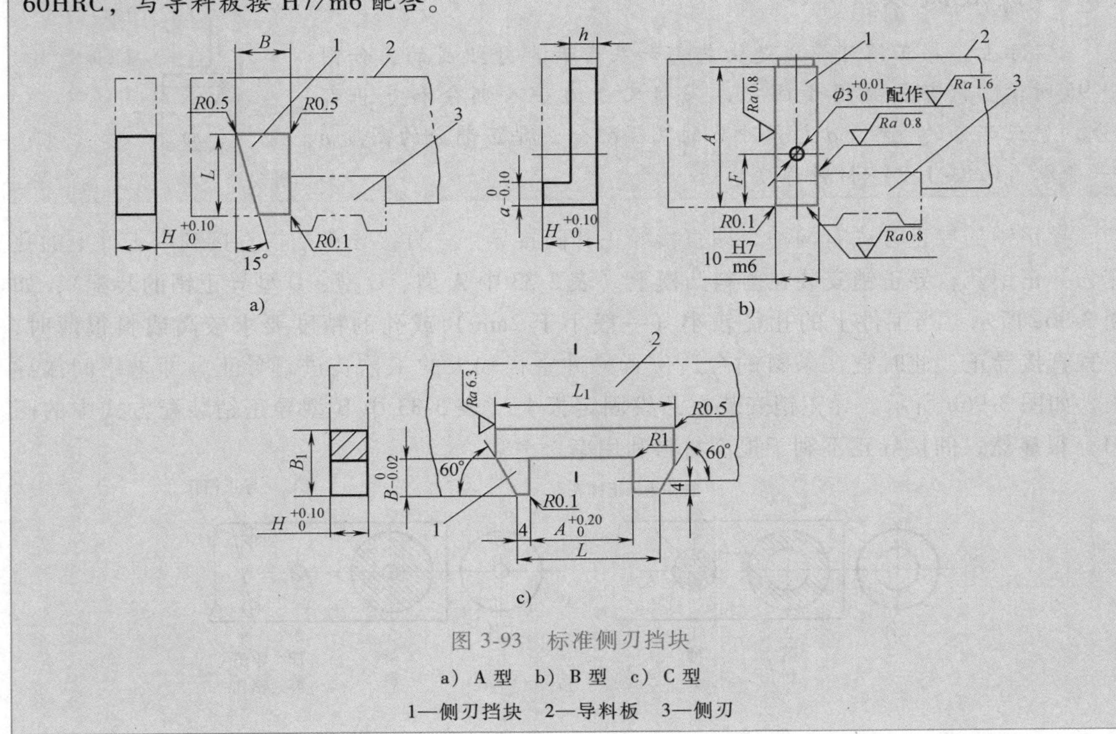

图 3-93 标准侧刃挡块

a) A 型 b) B 型 c) C 型

1—侧刃挡块 2—导料板 3—侧刃

（4）导正销 导正销是与导正孔配合，确定工件正确位置和消除送料误差的圆柱形零件。

使用导正销的目的是消除送料导向和送料定距等粗定位的误差。导正销是模具中唯一能对条料进行精确定位的零件，其定位原理是导正销先进入已冲制的导正销孔中以导正条料位置，其他凸模才开始进行冲压。

图 3-94 所示为导正销与挡料销配合使用的定位方式。导正销 4 装于落料凸模 2 内，且使头部凸出凸模端面，条料送进模具在第一工位完成冲孔后，上模回程时继续送进，在第二工位首先由挡料销 1 粗定位，上模下行时，凸出凸模端面的导正销先进入在第一工位冲好的孔中，以准确确定条料的位置，下模继续下行完成落料。导正销主要用于级进模，不能单独使用，必须与挡料销配合使用，或与侧刃配合使用，或与自动送料装置配合使用，此时挡料销、侧刃和自动送料装置仅起粗定位作用，精确定位由导正销实现。

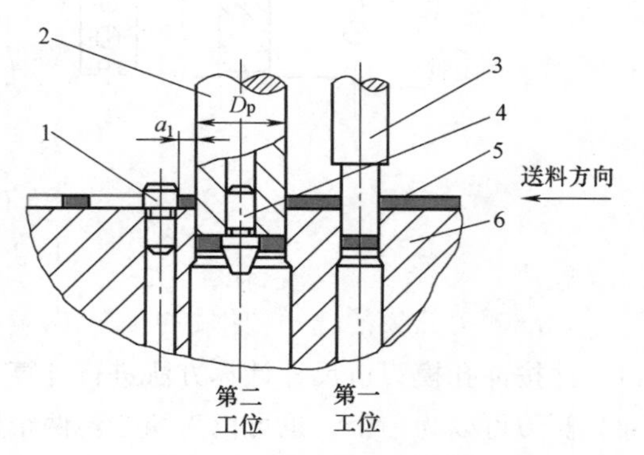

图 3-94 导正销与挡料销配合使用的定位方式

1—挡料销 2—落料凸模 3—冲孔凸模 4—导正销 5—条料 6—凹模

冲模中常用的导正销是标准件，标准结构有四种型式，见表 3-33。标准导正销的选用依据是导正销孔直径。导正销推荐材料为 9Mn2V，热处理硬度为 52~56HRC。

扩展阅读

实际上，导正销可看成是由杆部和头部两部分组成的，如图 3-95 所示。杆部主要用于固定，头部又分为导入部分和导正部分，导正部分的直径 ϕd 与预冲孔的孔径配合，导正部分的高度 h 一般取（0.8~1.2）×材料厚度。

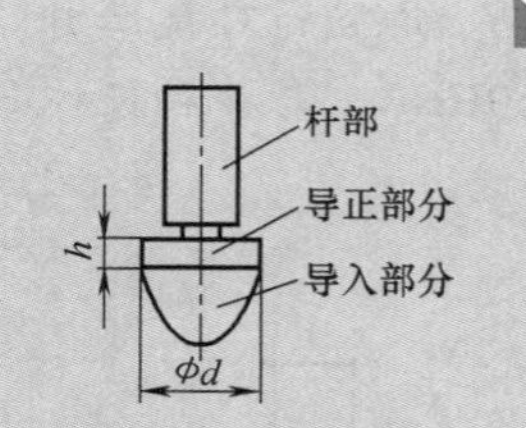

图 3-95 导正销结构简图

导正销的导正方式有两种，即直接导正和间接导正。直接导正是指直接利用工件上的孔作为导正销孔，导正销安装在落料凸模上（表 3-33 中 A 型、C 型、D 型导正销的装配），如图 3-96a 所示。当工件上的孔径较小（一般小于 2mm）或孔的精度要求较高或料很薄时，不宜直接导正，此时宜在条料的合适位置另冲直径较大的工艺孔进行导正，即采用间接导正，如图 3-96b 所示。导正销安装在凸模固定板上（表 3-33 中 B 型导正销装配方式中的图 b）。很显然，间接导正不利于提高材料利用率。

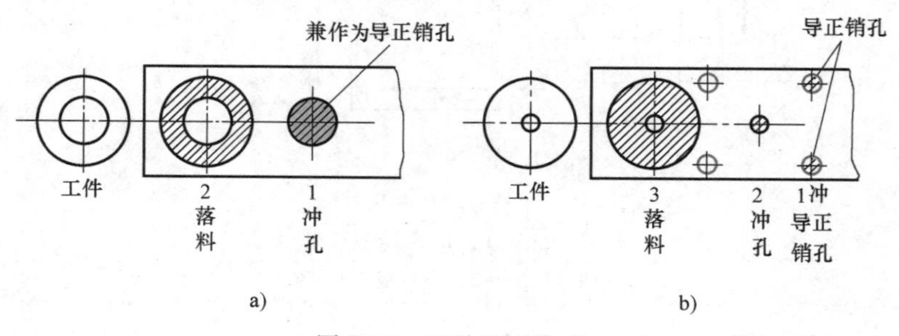

图 3-96 两种导正方式

a）直接导正 b）间接导正

表 3-33 标准导正销

名称	导正销	导正销装配方式	标准代号、特点及应用
A型导正销		1—固定板 2—落料凸模 3—压柱 4—导正销	JB/T 7647.1—2008。导正部分直径 $\phi d_1 = 0.99 \sim 15.9\text{mm}$，通常以 H7/h6 固定在落料凸模上。尺寸 h 设计时决定，与材料厚度有关
B型导正销		a) b) 1—螺塞 2—上模座 3—弹簧 4—垫板 5—凸模固定板 6—落料凸模 7—导正销 8—卸料板	JB/T 7647.2—2008。导正部分的直径 $\phi d_1 = 0.99 \sim 31.9\text{mm}$，通常装在落料凸模或凸模固定板上，与落料凸模之间能相对滑动，当送料失误时压缩弹簧缩回，具有保护模具的作用

（续）

名称	导正销	导正销装配方式	标准代号、特点及应用
C型导正销	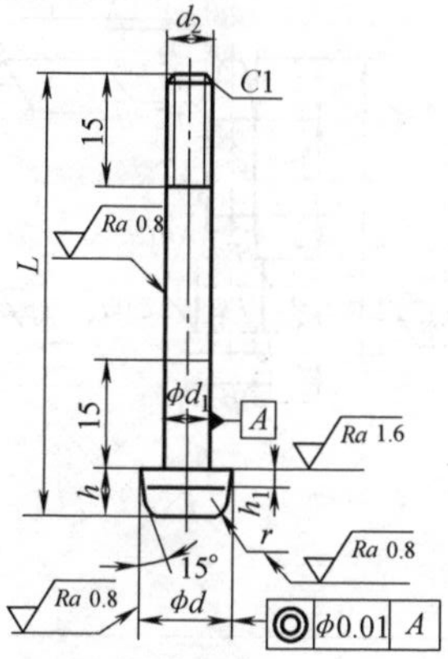	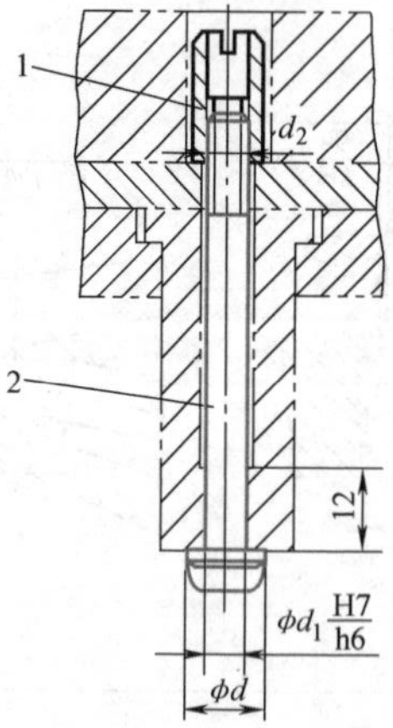 1—长螺母 2—导正销	JB/T 7647.3—2008。导正部分的直径 $\phi d=4\sim12$mm，通常以 H7/h6 固定在落料凸模上，并由长螺母锁紧
D型导正销	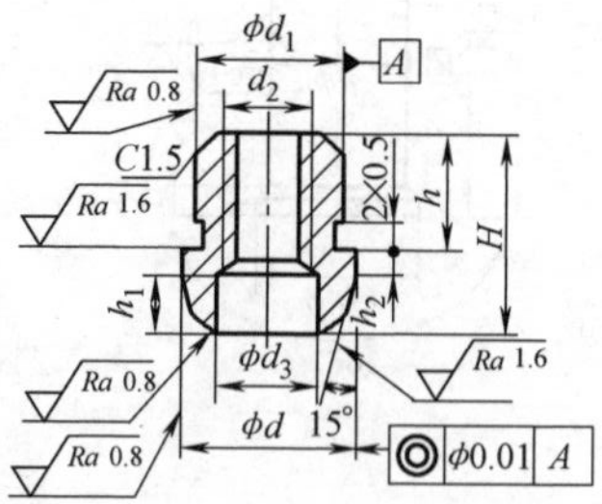	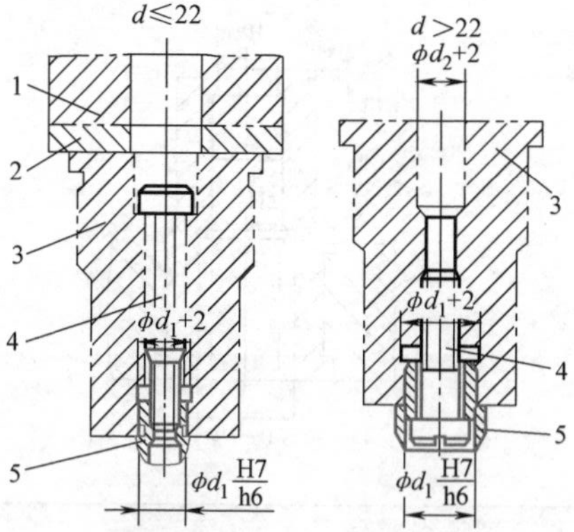 1—上模座 2—垫板 3—落料凸模 4—螺钉 5—导正销	JB/T 7647.4—2008。导正部分尺寸 $\phi d=12\sim50$mm，通常固定在落料凸模上，与落料凸模之间不能相对滑动

3. 定位板和定位销

定位板和定位销是用于单个坯料或工序件的定位。定位原理是依据坯料或工序件的外形或内孔进行定位，如图 3-97 所示。当所冲坯料的外形较简单时，一般可采用外形定位，如图 3-97a 所示；当所冲坯料的外形较复杂时，一般采用内孔定位，如图 3-97b 所示。定位板和定位销的头部高度 h 依据材料厚度确定，见表 3-34。

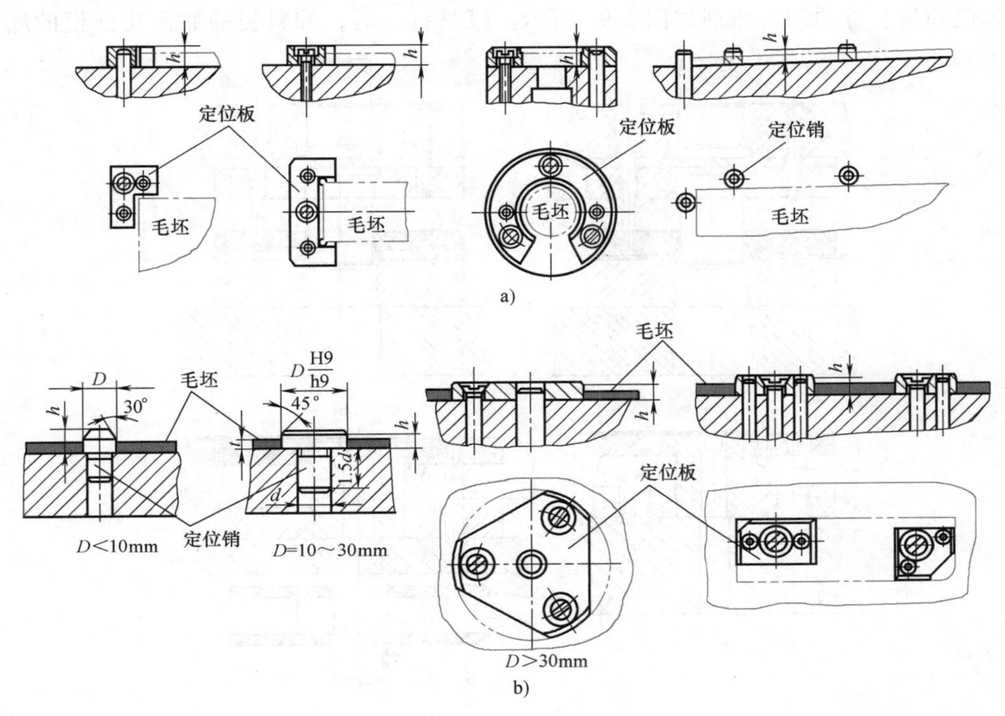

图 3-97 定位板和定位销

a）外形定位 b）内孔定位

表 3-34 定位板、定位销头部高度尺寸

材料厚度 t/mm	<1	1~3	>3
h/mm	$t+2$	$t+1$	t

3.6.3 压料、卸料、送料零件的设计与标准的选用

压料、卸料、送料零件是压住条料和卸下或推出工件与废料的零件，包括卸料零件、推件零件、顶件零件、废料切刀等。

1. 卸料装置

卸料装置的作用是卸下箍在凸模或凸凹模外面的工件或废料，根据卸料力的来源不同分为弹性卸料装置和刚性卸料装置，生产中使用广泛的是弹性卸料装置。拉深件切边时需要采用废料切刀卸料。

（1）弹性卸料装置 一般由卸料板、弹性元件和卸料螺钉三个零件组成，如图 3-98 所示。弹性卸料装置可安装在上模（图 3-98a、b），也可安装在下模（图 3-98c、d）。图 3-98a

所示的卸料板为平板结构，用于导料销导料的模具；图 3-98b 所示的卸料板为带台阶结构，用于导料板导料的模具；图 3-98c、d 所示的卸料板为平板结构，用于倒装复合模。弹性元件通常选用弹簧、橡胶或氮气弹簧，可以安装在模具内部（图 3-98a、b、c），也可安装在模具外面（图 3-98d）。由于受模具空间尺寸的限制，安装在模具内部的弹性卸料装置只能提供较小的卸料力。

弹性卸料装置的卸料原理如图 3-99 所示。模具打开时，卸料板的底面比凸模的底面略

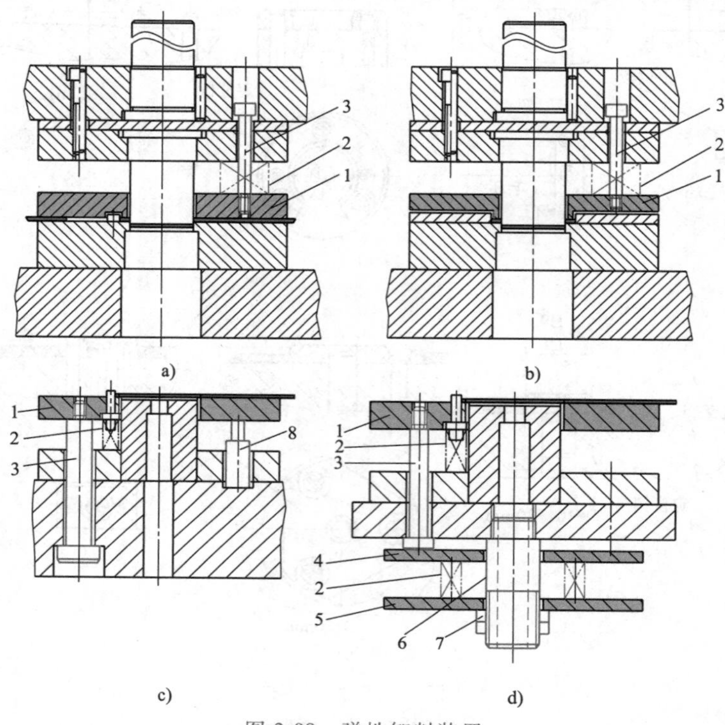

图 3-98　弹性卸料装置

1—卸料板　2—弹簧　3—卸料螺钉　4—上托板　5—下托板　6—双头螺柱　7—螺母　8—氮气弹簧

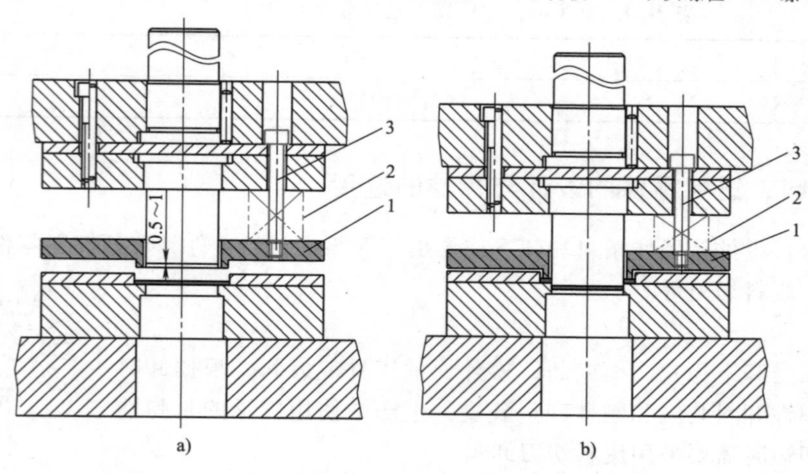

图 3-99　弹性卸料装置的卸料原理

a）冲裁前　b）冲裁结束时

1—卸料板　2—弹性元件　3—卸料螺钉

低 0.5~1mm，此时弹性元件为预压状态（预压到能提供卸料力）。当上模下行进行冲裁时，卸料板首先与条料接触停止下行，并在条料的反力作用下压缩弹簧，但凸模需继续下行完成冲裁。冲裁结束上模回程时，弹性元件因不再受力将恢复到冲裁前的位置，故能卸下箍在凸模外面的料。弹性卸料装置除起卸料作用外，也能起压料作用。

若选用弹性卸料装置卸料，则需设计卸料板、卸料螺钉和弹性元件。弹性卸料装置的设计见表 3-35。

表 3-35　弹性卸料装置的设计

<table>
<tr><td colspan="2">简图</td><td>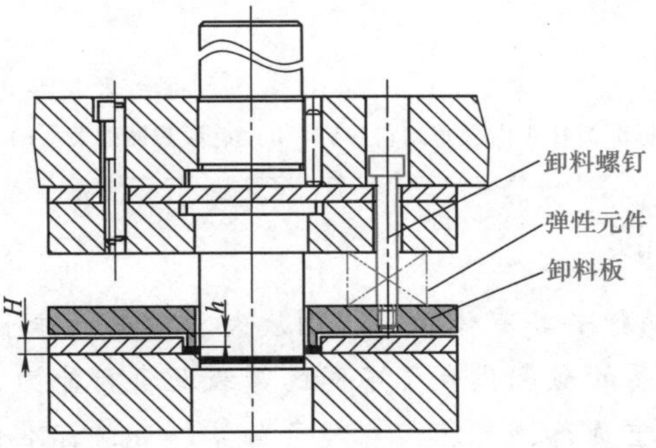
</td></tr>
<tr><td colspan="2">设计内容</td><td>卸料板、卸料螺钉、弹性元件</td></tr>
<tr><td rowspan="4">卸料板</td><td>卸料板外形</td><td>卸料板外形的平面形状和尺寸一般与凹模一致，带台阶卸料板的台阶高度 $h=H-t+(0.1\sim0.3)t$（t>1mm 时取 0.1t，薄料取 0.3t，H 是导料板厚度）。当安装的弹性元件过多过大时，允许将卸料板的平面尺寸加大以提供足够的位置放置弹性元件</td></tr>
<tr><td>卸料孔</td><td>被凸模穿过的卸料孔形与本次冲裁用凸模外形相同，两者之间单边留 0.05~0.15mm 的间隙。当卸料板对细小凸模兼起导向作用时，卸料孔与凸模外形采用 H7/h6 的间隙配合</td></tr>
<tr><td>卸料板厚度</td><td>由所冲材料厚度决定，可根据表 3-36 选用</td></tr>
<tr><td>材料</td><td>推荐材料为 45 钢，热处理硬度为 43~48HRC</td></tr>
<tr><td colspan="2">卸料螺钉</td><td>有标准件，作用是连接卸料板并保证卸料板的卸料行程。模具中使用最多的是 JB/T 7650.6—2008 中的圆柱头内六角卸料螺钉，如图 3-100a 所示，选用依据是卸料螺钉的尺寸 l（图 3-100a），一般使 l 小于卸料板的厚度约 0.3mm，材料推荐为 45 钢，热处理硬度为 43~48HRC</td></tr>
<tr><td colspan="2">弹性元件</td><td>常用的弹性元件是弹簧、橡胶和氮气弹簧，是标准件（图 3-100b、c、d），可依据卸料力的大小及模具结构参考有关冲压手册进行选用。普通模具使用较多的弹性元件是弹簧丝为矩形截面的螺旋弹簧</td></tr>
</table>

表 3-36　卸料板厚度　（单位：mm）

材料厚度 t	卸料板宽度 B									
	≤50		>50~80		>80~125		>125~200		>200	
	S	S'	S	S'	S	S'	S	S'	S	S'
0.8	6	8	6	10	8	12	10	14	12	16
>0.8~1.5	6	10	8	12	10	14	12	16	14	18
>1.5~3	8	—	10	—	12	—	14	—	16	—
>3~4.5	10	—	12	—	14	—	16	—	18	—
>4.5	12	—	14	—	16	—	18	—	20	—

注：S—刚性卸料板的厚度，S'—弹性卸料板的厚度。

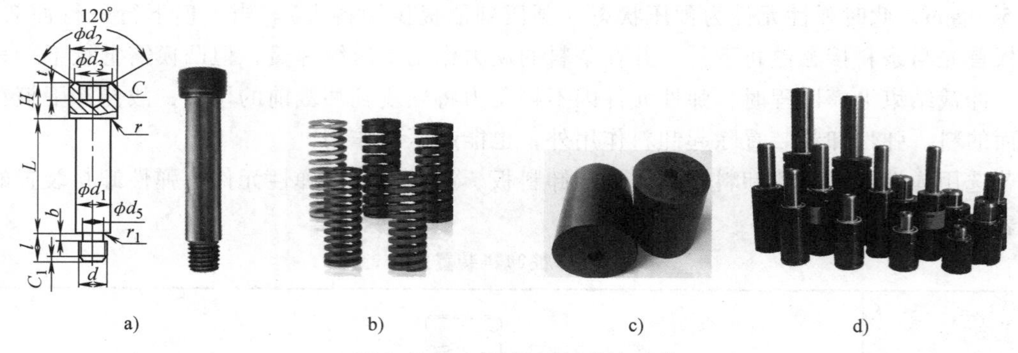

图 3-100　卸料螺钉及弹性元件

a）标准圆柱头内六角卸料螺钉　b）矩形截面弹簧　c）聚氨酯橡胶　d）氮气弹簧

扩展阅读

1）矩形截面弹簧具有体积小、刚度大、疲劳寿命长等特点，现已广泛应用于各类模具。矩形截面弹簧的颜色代表了不同的等级及负荷能力，如绿色代表轻负荷，蓝色代表中负荷，红色代表重负荷，黄色代表超负荷等。目前标准化产品主要参照日标 B5012（较小荷重、轻荷重、中荷重、重荷重、超重荷重），美国联合标准（中荷重、中等荷重、重荷重、超重荷重），美国 ISO 标准（轻荷重、中荷重、重荷重、超重荷重），德标 ISO10243（1S、2S、3S、4S、5S）等。

2）氮气弹簧是一种结构比较复杂的弹性元件，其原理是将高压氮气密封在缸体内，外力通过柱塞将氮气压缩，当外力去除时，靠高压氮气膨胀来获得一定的弹压力。这种部件也称氮气缸或气体弹簧。它具有体积小、弹力大、行程长、工作平稳等性能。图 3-101a 所示为其内部构造图，图 3-101b 所示为它在模具中的应用。

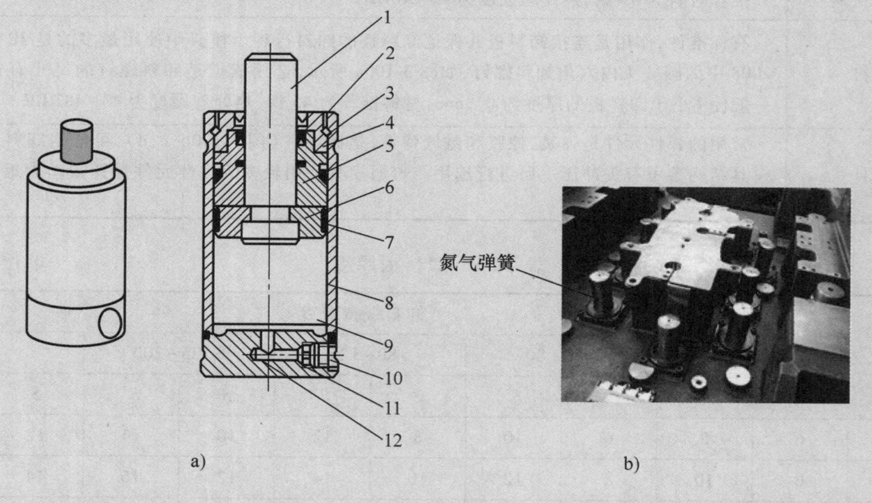

图 3-101　氮气弹簧

a）内部构造图　b）在模具中的使用

1—柱塞或活塞杆　2—端面防尘密封圈　3—钢丝圈　4—防尘盖板　5—上内套　6—支承环　7—运动密封圈　8—缸体　9—内控容积　10—螺塞　11—充气嘴　12—缸底

（2）刚性卸料装置　刚性卸料装置又称为固定卸料装置，仅由一块板（称为卸料板）构成，直接利用螺钉和销固定在凹模上，如图 3-102a 所示。

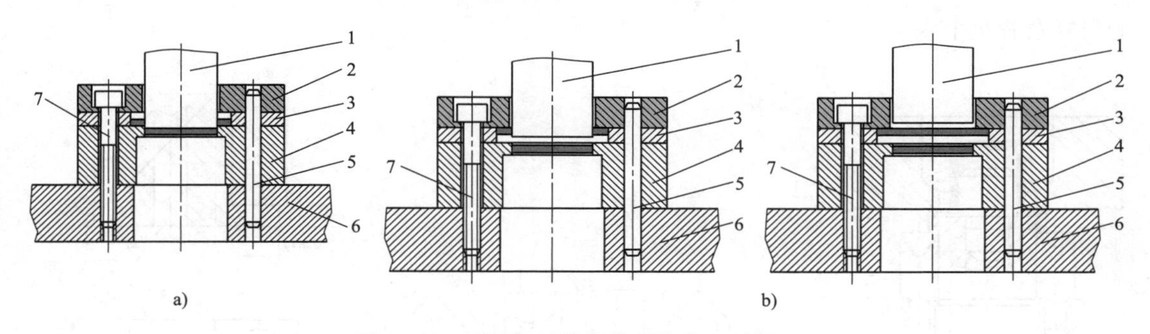

图 3-102　刚性卸料装置的结构及卸料原理

a）刚性卸料装置的结构　b）卸料原理

1—凸模　2—卸料板　3—导料板　4—凹模　5—销　6—下模座　7—螺钉

刚性卸料装置的卸料原理是冲裁结束凸模回程时，凸模带动其外面的条料或工件一起向上运动，当条料或工件与卸料板刚性接触并撞击时，凸模仍然可以继续上行，但箍在凸模外面的条料或工件则由卸料板的撞击力卸下，如图 3-102b 所示。这种卸料装置由于卸料时产生较大的噪声且对条料不具有校平作用，目前在生产中的应用越来越少。

刚性卸料装置的结构设计比较简单，只需设计一块卸料板，见表 3-37。

表 3-37　刚性卸料装置的设计

简图	凸模 卸料板 导料板 凹模
设计内容	卸料板
卸料板外形	外形形状及平面尺寸一般与凹模相同
卸料孔	被凸模穿过的卸料孔形与本次冲裁用凸模外形相同，双边留间隙 0.2～0.5mm（料薄时取小值，料厚时取大值）
卸料板厚度	由所冲材料厚度决定，可根据表 3-36 选用
材料	推荐材料 45 钢，热处理硬度 43～48HRC

（3）废料切刀　废料切刀的作用是切断废料。对于成形件或大型件的切边，由于切下的废料多为封闭的环状或大尺寸，往往采用废料切刀代替卸料装置，将废料切断进行卸料，如图 3-103 所示。废料切刀可固定在凸模固定板上，刃口的高度比凸模刃口端面低 2～3 倍材料厚度（图 3-103a 所示为 2 倍材料厚度）。当凹模向下切边时，同时把已切下的废料压向废料切刀上，从而将紧挨着废料切刀的废料切断，以达到卸料的目的。废料切

刀是标准件，标准结构有圆形（JB/T 7651.1—2008，如图 3-103b 所示）和方形（JB/T 7651.2—2008，如图 3-103c 所示）两种，可根据实际需要选用，其数量与工件的尺寸大小和复杂程度有关。

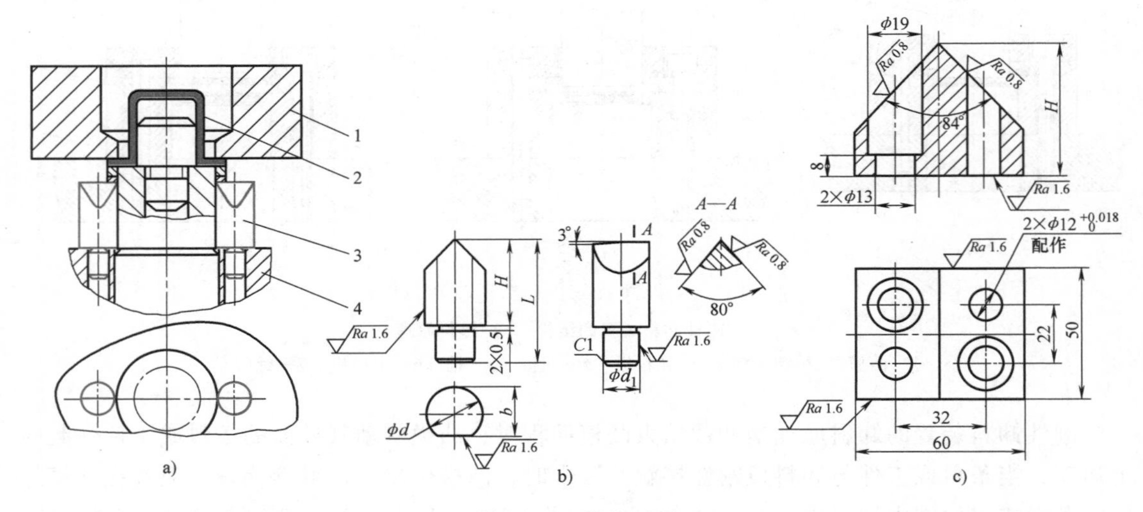

图 3-103　废料切刀

1—凹模　2—工件　3—废料切刀　4—凸模固定板

2. 推件装置

推件装置的作用是顺着冲压方向推出卡在凹模孔内的工件或废料，根据推件力的来源不同分为刚性推件装置和弹性推件装置。

（1）刚性推件装置　刚性推件装置如图 3-104a 所示，由打杆 1、推板 2、连接推杆 3 和推件块 4 组成。有的刚性推件装置无需推板和连接推杆组成中间传递结构，而由打杆直接推动推件块（图 3-104b），甚至有的模具直接由打杆推件（图 3-104c）。

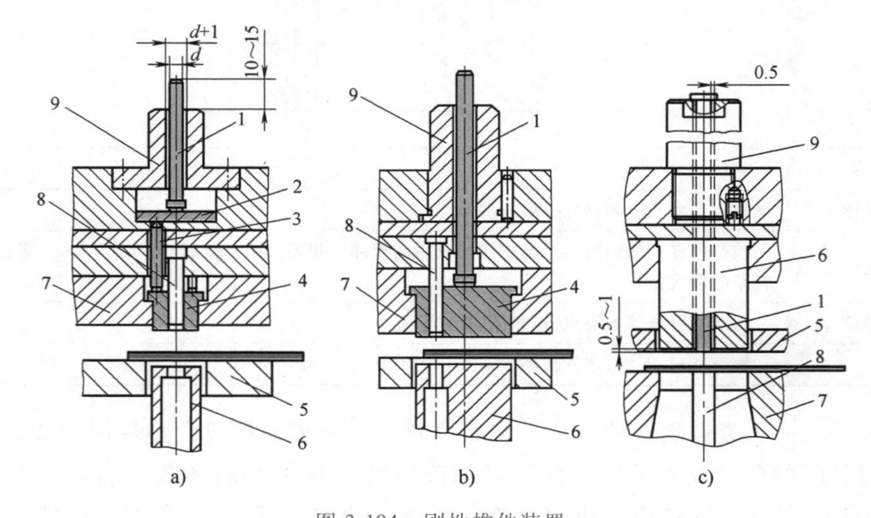

图 3-104　刚性推件装置

1—打杆　2—推板　3—连接推杆　4—推件块　5—弹性卸料板

6—凸凹模　7—凹模　8—凸模　9—模柄

刚性推件装置的推件原理如图3-105所示。打杆3与横穿在压力机滑块中的打料横杆2始终接触，冲裁结束时，随上模回程一起上行，当上行到打料横杆2撞击装在压力机床身上的挡块1时，产生的力则由打料横杆2传给打杆3，由打杆3把力传给推板4，连接推杆5把接收到的力传给推件块6，通过推件块6将凹模孔内的工件或废料7推出。由于推件力是刚性撞击产生的，因此推件力大，工作可靠。

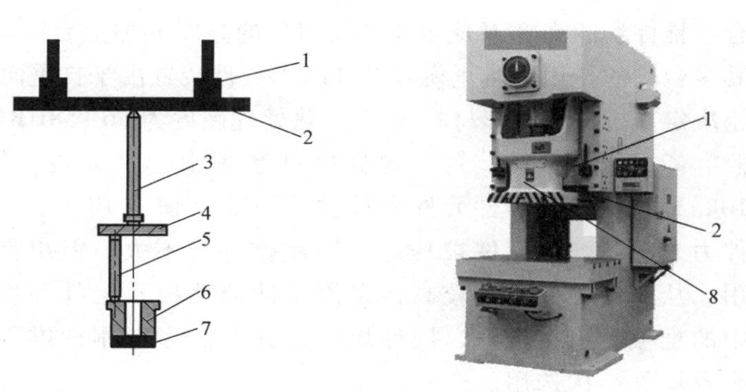

图3-105　刚性推件装置的推件原理

1—挡块　2—打料横杆　3—打杆　4—推板　5—连接推杆　6—推件块　7—工件或废料　8—滑块

若选用刚性推件装置推件，则需设计打杆、推板、连接推杆和推件块。

打杆从模柄孔中伸出，并能在模柄孔内上下运动，因此它的直径比模柄内的孔径单边小0.5mm，长度由模具结构决定，在模具打开时一般超出模柄10~15mm（图3-104a）。推板为标准结构，图3-106所示为标准推板结构，推板的形状无须与工件的形状一样，只要有足够的刚度，其平面形状尺寸能够覆盖到连接推杆，不必设计太大，以减小安装推板的孔的尺寸，设计时可根据实际需要选用。连接推杆是连接推板和推件块的传力件，通常需2~4根，且分布均匀、长短一致，可根据模具的结构进行设计。

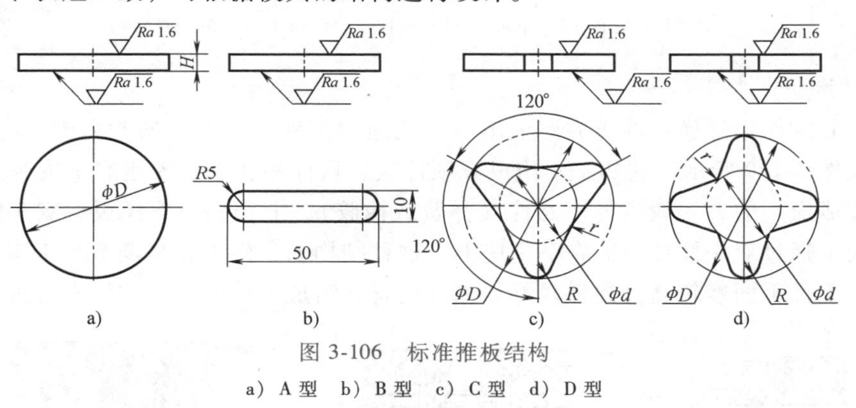

图3-106　标准推板结构

a）A型　b）B型　c）C型　d）D型

推件块是从凹模孔内推出工件或废料的零件，如图3-107所示。它通常安装在落料凹模和冲孔凸模之间，并能进行上下的相对滑动，在模具打开时要求其下端面比落料凹模的下端面低0.5~1.0mm。因此推件块的设计非常简单，外形由落料凹模的孔形决定，内孔由冲孔凸模的外形决定，当工件或废料的外形复杂时，推件块与冲孔凸模的外形采用H8/f8的间隙配合，与落料凹模之间留有间隙；反之，与落料凹模采用H8/f8的间隙配

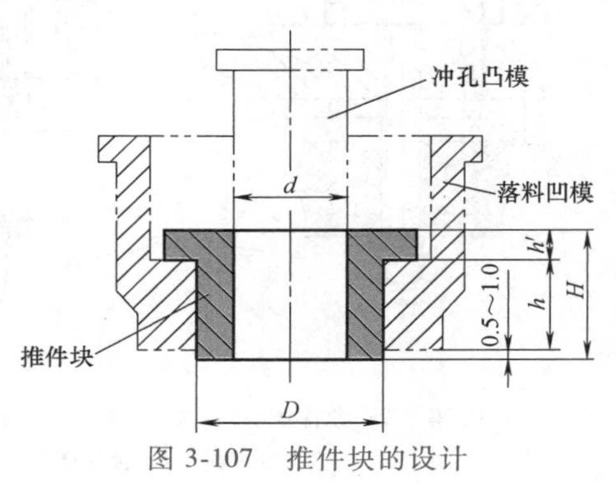

图3-107　推件块的设计

合。推件块的高度 H 应等于凹模刃口的高度 h 加上台阶的高度 h' 和 0.5~1.0mm 的伸出量，其中台阶的作用是防止模具打开时，推件装置由于自重而掉出模具，其值由所推件的尺寸大小决定。推件块推荐材料为 T8，热处理硬度为 56~58HRC。

（2）弹性推件装置　弹性推件装置由弹性元件、推板、连接推杆和推件块（图 3-108a）或直接由弹性元件和推件块组成（图 3-108b、c）。与刚性推件装置不同的是其推件力来源于弹性元件被压缩，因此推件力不大，但出件平稳无撞击，同时兼有压料的作用，从而使工件质量较高，多用于冲裁薄板及工件精度要求较高的模具。弹性推件装置中的推板、连接推杆、推件块的设计方法参考刚性推件装置，弹性元件根据推件力的大小及模具结构选用。

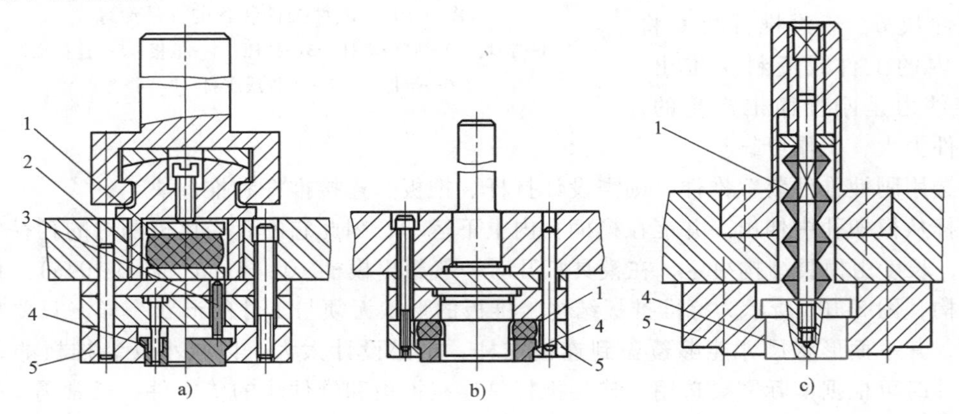

图 3-108　弹性推件装置

1—弹性元件　2—推板　3—连接推杆　4—推件块　5—凹模

3. 顶件装置

顶件装置的作用是逆着冲压方向顶出凹模孔内的工件或废料，通常是弹性结构，如图 3-109 所示。它的基本组成有顶件块、顶杆和装在下模座底下的弹顶器。弹顶器可以制作成通用的，一般由弹性元件（弹簧或橡胶）、上托板、下托板、双头螺柱、锁紧螺母等组成，通过双头螺柱紧固在下模座上。这种结构的顶件力容易调节，工作可靠，兼有压料作用，工件平面度较高，质量较好。顶件装置各组成零件的设计方法参考推件装置。

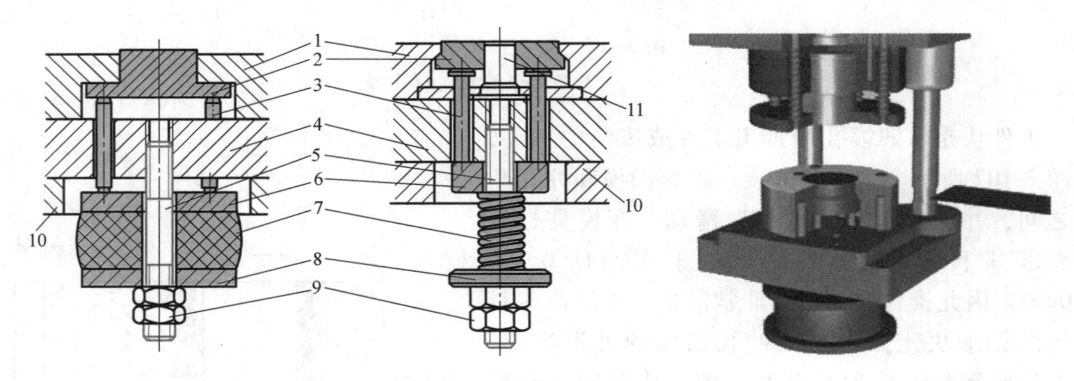

图 3-109　顶件装置

1—凹模　2—顶件块　3—顶杆　4—下模座　5—双头螺柱　6—上托板　7—弹性元件（弹簧或橡胶）　8—下托板　9—锁紧螺母　10—工作台（或工作台垫板）　11—凸模

扩展阅读

在模具装配图的习惯画法中，通常通用弹顶器不予绘出，但为了表达模具中使用了通用弹顶器，需要将下模座中的螺孔绘出，并将顶杆绘出且使它露出在下模座的下底面，如图3-110所示。

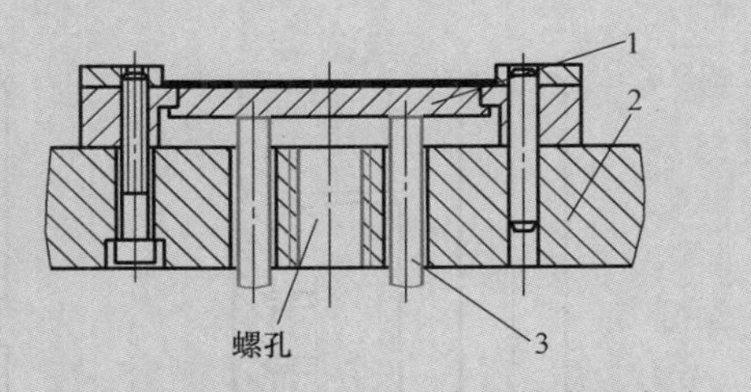

图 3-110 通用弹顶器不予绘出的表示方法

1—顶件块 2—下模座 3—顶杆

3.6.4 导向零件的设计与标准的选用

导向零件的作用是保证运动导向和确定上、下模相对位置，目的是使凸模能正确进入凹模，并尽可能地使凸、凹模周边间隙均匀。**使用最广泛的导向装置是导柱和导套。**

导柱、导套是标准件（GB/T 2861.1～11—2008），根据导柱与导套配合关系的不同分为**滑动导柱导套**和**滚动导柱导套**两种，如图3-111所示。

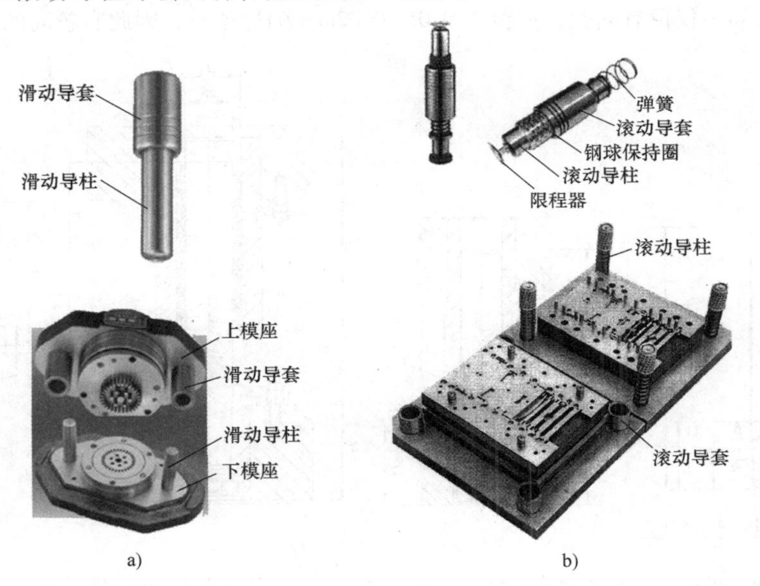

图 3-111 导柱导套

a）滑动导柱导套 b）滚动导柱导套

图3-112所示为常用的A型和B型滑动导柱导套结构及安装示意图。导柱和导套一般采用过盈配合H7/r6，分别压入下模座和上模座的安装孔中，模具闭合时必须保证图3-112c所示的尺寸关系（H 为模具的闭合高度），即模具闭合后导柱的顶端面与上模座的上平面之间的距离为10～15mm，最小不得小于5mm，以保证在凸、凹模多次刃磨后不会妨碍冲模的正常工作，导柱的下端面与下模座的下平面保留2～3mm的距离。导套的上端面与上模座的上平面之间的距离应大于3mm，以排气和出油。

通常冲裁间隙小时，滑动导柱导套按H6/h5配合；冲裁间隙较大时，滑动导柱导套按

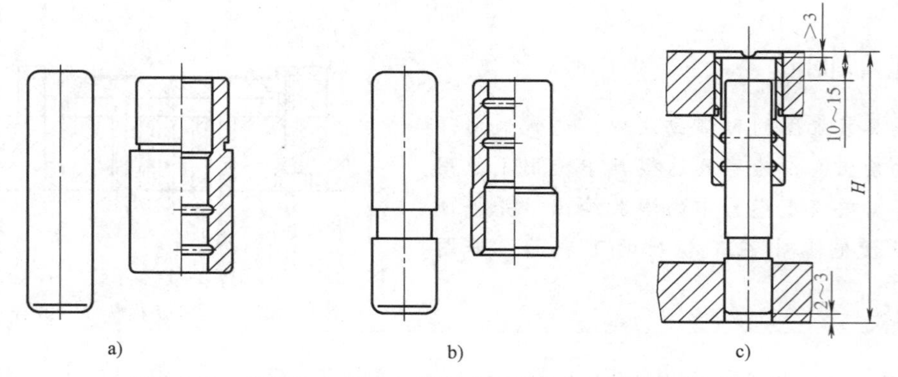

图 3-112　常用的 A 型和 B 型滑动导柱导套结构及安装示意图

a）A 型滑动导柱导套　b）B 型滑动导柱导套　c）导柱导套的装配及尺寸关系

H7/h6 配合。不管是哪种配合，都必须保证其配合间隙小于冲裁间隙，否则，导向件起不到应有的作用。

图 3-113 所示为可拆卸的滑动导柱导套。图 3-114 所示为可拆卸的滚动导柱导套。滚动导柱导套由导柱、导套及钢球保持圈组成。导柱与导套不直接接触，通过可以滚动的钢球导向。钢球与导柱、导套之间不仅没有间隙，还留有 0.01~0.02mm 的过盈量，因此有较高的导向精度。

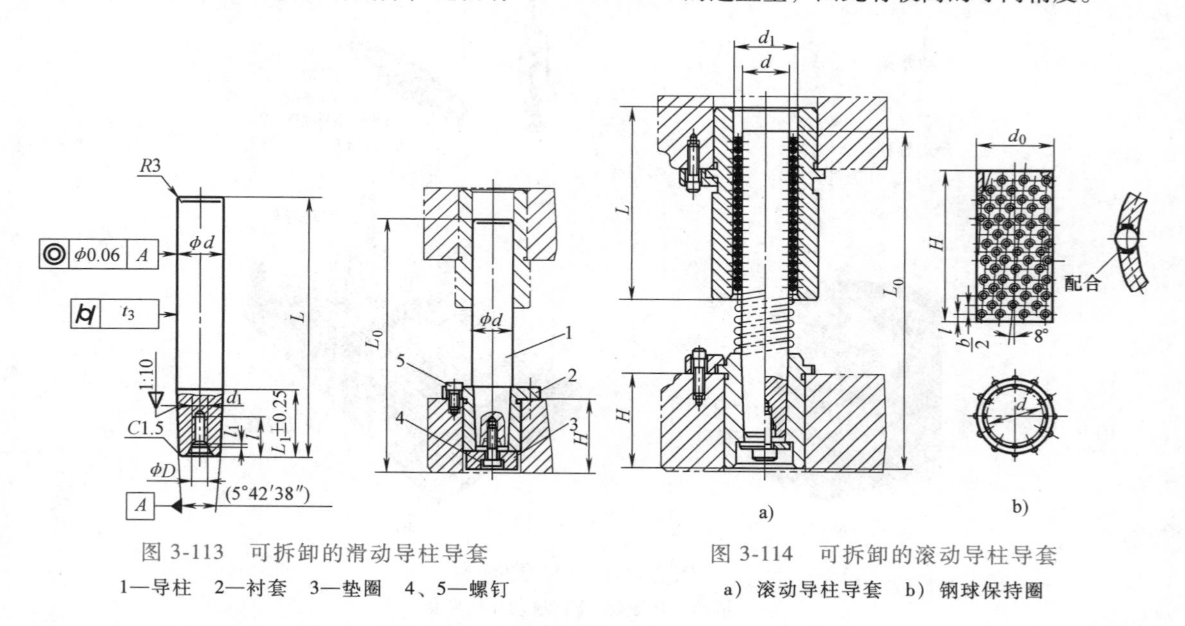

图 3-113　可拆卸的滑动导柱导套

1—导柱　2—衬套　3—垫圈　4、5—螺钉

图 3-114　可拆卸的滚动导柱导套

a）滚动导柱导套　b）钢球保持圈

可拆卸导柱导套的导向精度低于固定的导柱导套，但装拆方便。

滑动导柱导套的导向精度低于滚动导柱导套的导向精度。普通冲裁模具广泛采用滑动导柱导套，在高速精密级进模、硬质合金冲模、精冲模及冲裁薄料的冲裁模具中，广泛采用滚动导柱导套。滑动导柱导套在模具打开时可以脱开，而滚动导柱导套通常在模具打开时仍保持配合，不脱开。

选用导柱、导套时，首先选定标准模架，由模架的规格得到与此模架配套的导柱、导套的规格。再根据此规格分别查导柱、导套的标准，得到导柱、导套的具体结构与尺寸。导柱、导套材料推荐20Cr和GCr15。20Cr表面渗碳深度为0.8～1.2mm，硬度为58～62HRC；GCr15热处理硬度为58～62HRC。

扩展阅读

除广泛采用导柱导套导向，还有一种导板导向的模具结构。将刚性卸料板的厚度加到足够大，凸模和卸料孔之间采用H7/h6的间隙配合，并使上模回程时，凸模也不脱离卸料孔，则卸料孔可以对凸模导向，此时的刚性卸料板就是导板，所以导板实际上就是可以对凸模进行导向的刚性卸料板，如图3-115所示。

导板的设计与刚性卸料板相同，外形的形状及平面尺寸与凹模相同，厚度取（0.8～1）×凹模的厚度，材料推荐45钢。

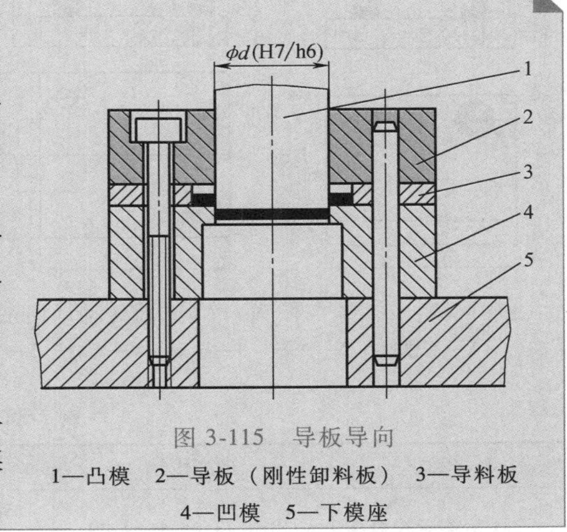

图3-115 导板导向
1—凸模 2—导板（刚性卸料板） 3—导料板 4—凹模 5—下模座

3.6.5 固定零件的设计与标准的选用

固定零件的作用是将凸模、凹模固定于上、下模，以及将上、下模固定在压力机上，**包括模座、模柄、垫板、固定板、螺钉、销钉等。**

（1）**模座** 模座有上模座和下模座，用于装配和支承上模或下模的所有零部件。上、下模座与导柱、导套组成标准模架。**根据导柱、导套间的运动关系不同，**标准钢板模架分为冲模滑动导向钢板模架（图3-116）和冲模滚动导向钢板模架（图3-117）**两种。按照导柱、导套安装位置的不同又分成四种，见表3-38。**

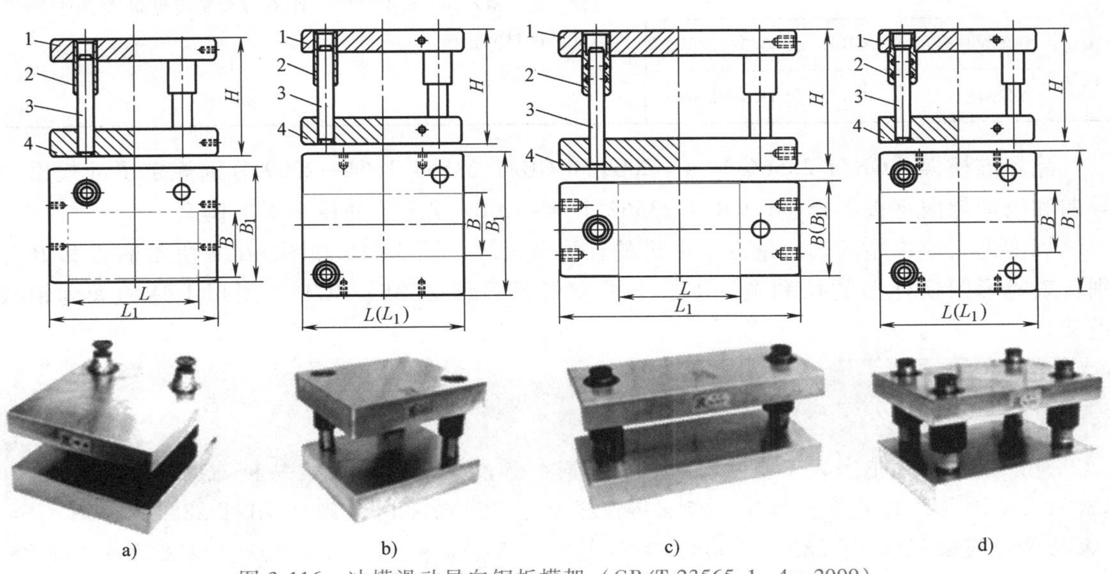

图3-116 冲模滑动导向钢板模架（GB/T 23565.1～4—2009）
a）后侧导柱模架 b）对角导柱模架 c）中间导柱模架 d）四导柱模架
1—上模座 2—导套 3—导柱 4—下模座

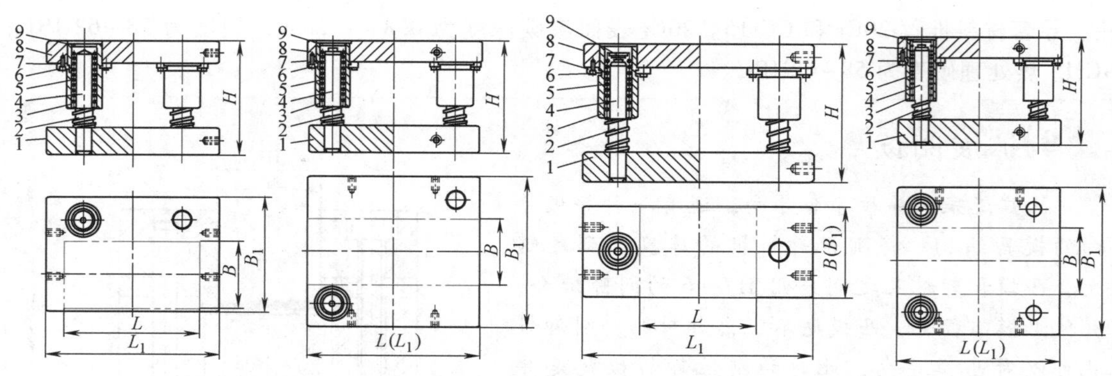

图 3-117　冲模滚动导向钢板模架（GB/T 23563.1~4—2009）

1—下模座　2—弹簧　3—导套　4—导柱　5—钢球保持圈　6—螺钉　7—压板　8—上模座　9—限程器

表 3-38　标准钢板模架

名称		标准代号	结构特点及应用
冲模滑动导向钢板模架	后侧导柱模架	GB/T 23565.1—2009	导柱、导套安装在模座后侧，模座承受偏心载荷，导向精度不高，但送料方便，适用于一般精度要求的模具，如图 3-116a 所示
	对角导柱模架	GB/T 23565.2—2009	导柱、导套对角布置，安装在模座对称中心两侧，导向平稳，精度较高，适用于横向和纵向送料的模具，如图 3-116b 所示
	中间导柱模架	GB/T 23565.3—2009	导柱、导套安装在模座的对称中心线上，导向较平稳，适用于纵向送料的模具，如图 3-116c 所示
	四导柱模架	GB/T 23565.4—2009	导柱、导套安装在模座的四个角上，模架受力平衡，稳定性和导向精度较高，适用于尺寸较大及精度较高的模具，如图 3-116d 所示
冲模滚动导向钢板模架	对角导柱模架	GB/T 23563.1—2009	与同类型的滑动导向模架结构相似，但导向精度更高，适用于高精度或冲制薄料的模具
	后侧导柱模架	GB/T 23563.2—2009	
	中间导柱模架	GB/T 23563.3—2009	
	四导柱模架	GB/T 23563.4—2009	

除标准模架，GB/T 23566.1~4—2009 和 GB/T 23564.1~4—2009 分别规定了冲模滑动导向和滚动导向钢板上模座，GB/T 23562.1~4—2009 规定了冲模钢板下模座。

标准模架或模座的选用依据是凹模的外形及尺寸，图 3-116 和图 3-117 所示的 L 和 B 分别代表矩形凹模外形的长和宽。上、下模座材料推荐 ZG35、ZG45，所以上述模架为钢板模架。

扩展阅读

1）根据模架中上、下模座所用材料不同，标准模架有钢板模架和铸铁模架两种，目前应用越来越广的是钢板模架。标准铸铁模架分为滑动导向模架（GB/T 2851—2008）和滚动导向模架（GB/T 2852—2008）两种，如图 3-118 和图 3-119 所示。模架的选用依据仍然是凹模的外形及尺寸。与钢板模架相比，铸铁模架多了一种中间导柱圆形模架（图 3-118d），主要适用于凹模外形为圆形的情况。上、下模座材料推荐 HT200。

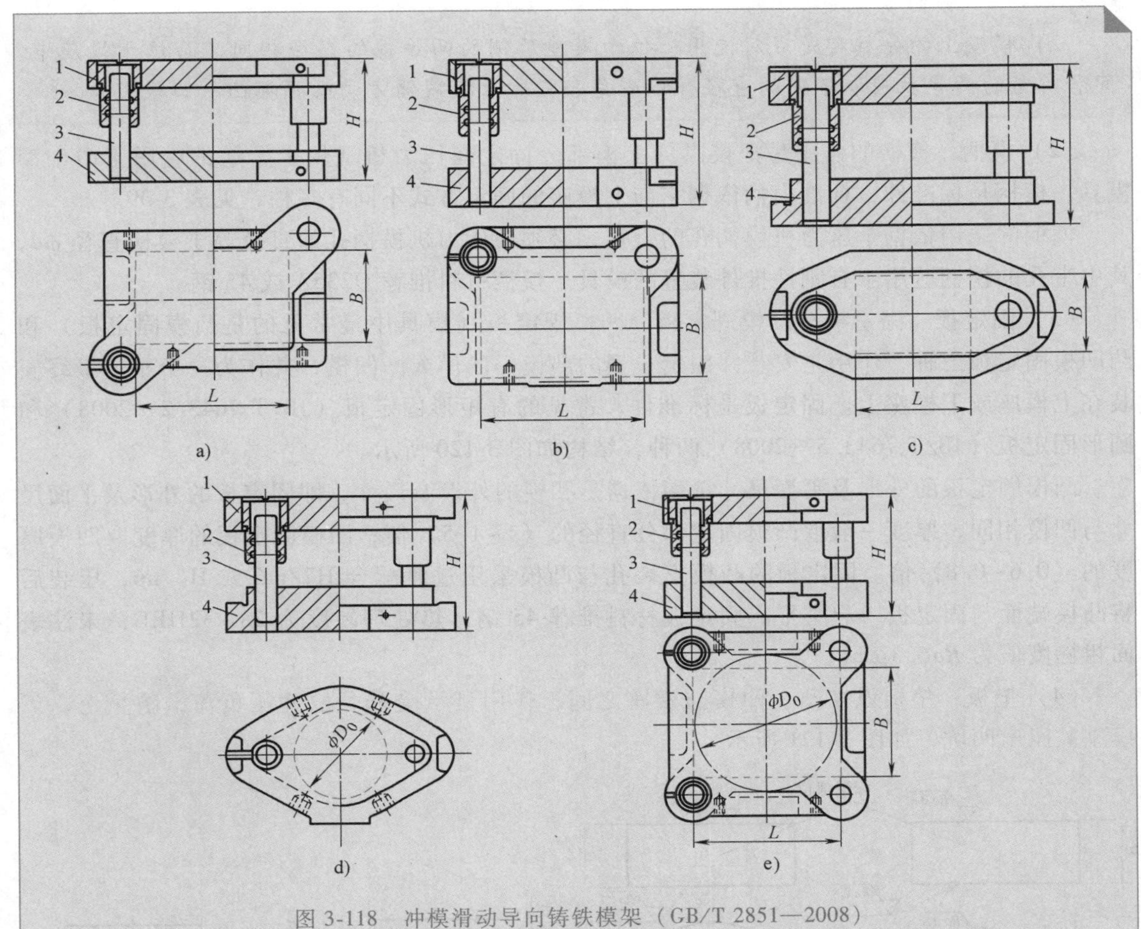

图 3-118 冲模滑动导向铸铁模架（GB/T 2851—2008）

a）对角导柱模架 b）后侧导柱模架 c）中间导柱模架 d）中间导柱圆形模架 e）四导柱模架

1—上模座 2—导套 3—导柱 4—下模座

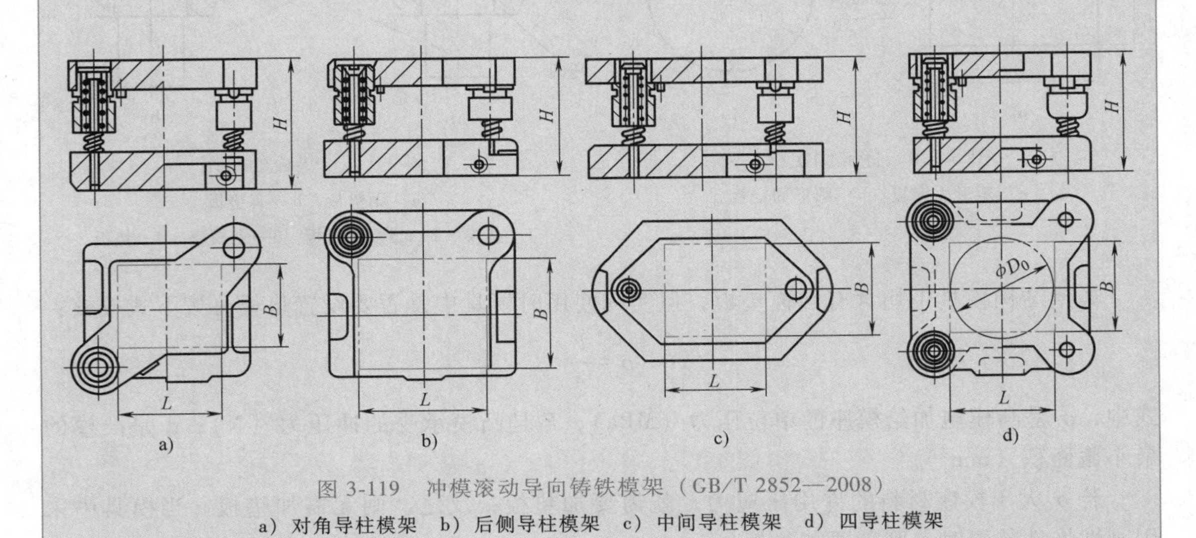

图 3-119 冲模滚动导向铸铁模架（GB/T 2852—2008）

a）对角导柱模架 b）后侧导柱模架 c）中间导柱模架 d）四导柱模架

2）模座上的导柱都是成对使用，位于模座后侧的两导柱的直径相同，而位于模座中间和对角的两导柱应取不同的直径，以避免合模时上模装错方向而损坏凸、凹模刃口。

（2）模柄 模柄的作用是把模具的上模部分固定在压力机滑块上，通常应用于中小型模具。模柄是标准件，标准模柄依据它与上模座的固定方式不同有多种，见表 3-39。

模柄的选用依据是压力机模柄孔的直径，必须使压力机模柄孔的直径等于模柄直径 ϕd，其中带孔的模柄适用于有刚性推件装置的模具。模柄材料推荐 Q235A 或 45 钢。

（3）固定板 固定板有凸模固定板、凹模固定板（模具中最常见的是凸模固定板）和凸凹模固定板三种，作用是安装并固定小型的凸模、凹模或凸凹模，并作为一个整体最终安装在上模座或下模座上。固定板是标准件，常见的有矩形固定板（JB/T 7643.2—2008）和圆形固定板（JB/T 7643.5—2008）两种，结构如图 3-120 所示。

凸模固定板的外形及平面尺寸选用依据是凹模的外形及尺寸，即固定板的外形及平面尺寸与凹模相同，厚度一般取凸模固定部分直径的（1~1.5）倍；凹模固定板的厚度取凹模厚度的（0.6~0.8）倍。固定板的凸模安装孔与凸模采用过渡配合 H7/m6 或 H7/n6，压装后将凸模端面与固定板一起磨平。固定板材料推荐 45 钢，热处理硬度为 28~32HRC，未注表面粗糙度值为 $Ra6.3\mu m$。

（4）垫板 垫板设在凸、凹模与模座之间，作用是承受和分散冲压负荷，防止上、下模座被压出凹坑，如图 3-121 所示。

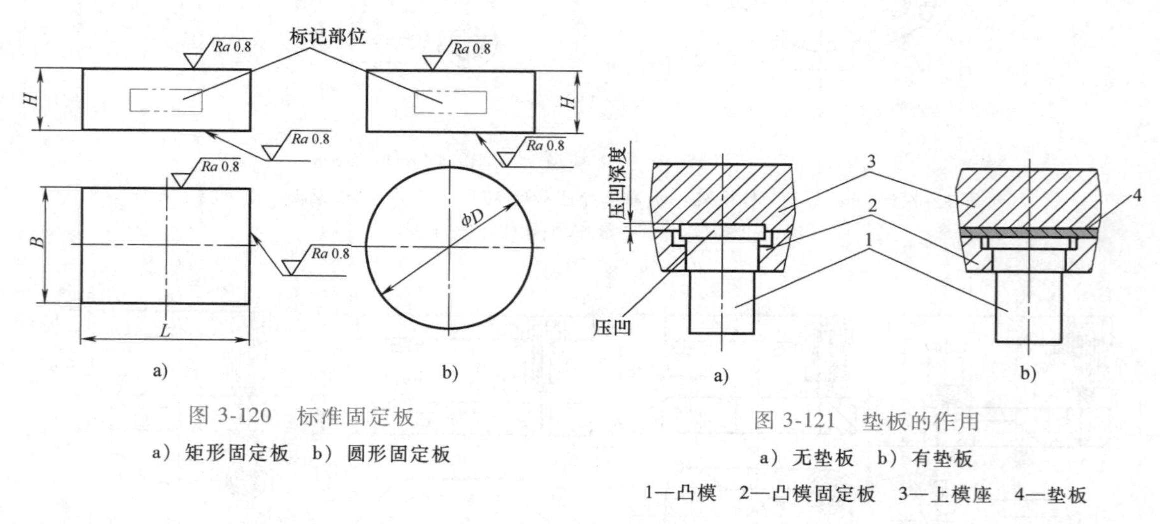

图 3-120 标准固定板

a）矩形固定板 b）圆形固定板

图 3-121 垫板的作用

a）无垫板 b）有垫板

1—凸模 2—凸模固定板 3—上模座 4—垫板

典型结构模具中均含有凸模垫板，但实际使用时模具中是否要设置垫板可按下式校核：

$$\sigma=\frac{F}{A}$$

式中，σ 是凸模施加给模座的单位压力（MPa）；F 是凸模承受的冲压力（N）；A 是凸模的最小截面积（mm^2）。

若 σ 大于模座材料的许用压应力，就需要加垫板；反之，则无需加垫板。当模具中采用刚性推件装置时，则需要加垫板。

表 3-39 常用的标准模柄

名称及标准代号	结构简图	装配方式	装配简图	特点及应用
压入式模柄 JB/T 7646.1—2008	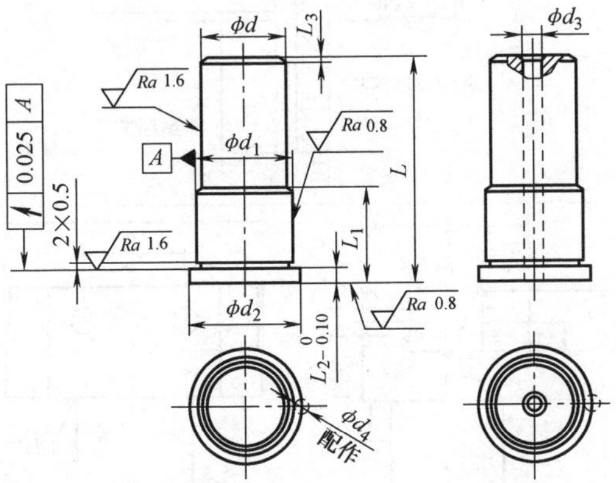 ϕd, ϕd_1, ϕd_2, ϕd_3, ϕd_4 配作, L, L_1, $L_2{}_{-0.10}^{0}$, L_3, 2×0.5, Ra 1.6, Ra 0.8, 0.025 A A型 B型	与模座孔采用 H7/m6 过渡配合并加销以防转动	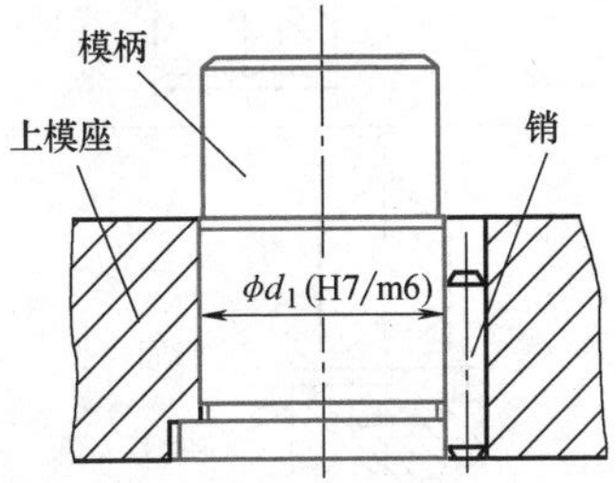 模柄, 上模座, 销, ϕd_1(H7/m6)	可较好地保证轴线与上模座的垂直度，适用于各种中、小型模具，使用普遍
旋入式模柄 JB/T 7646.2—2008	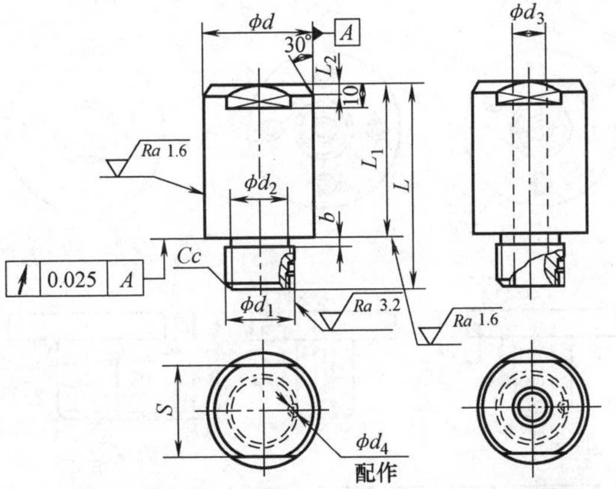 ϕd, ϕd_1, ϕd_2, ϕd_3, ϕd_4 配作, 30°, L, L_1, L_2, 10, b, Cc, S, Ra 1.6, Ra 3.2, 0.025 A A型 B型	通过螺纹与上模座连接，并加螺钉防止松动	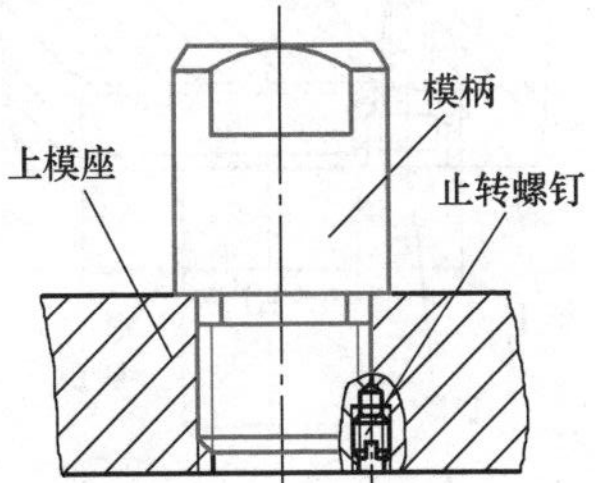 模柄, 上模座, 止转螺钉	拆装方便，但模柄轴线与上模座的垂直度较差，多用于有导柱的中、小型模具

（续）

名称及标准代号	结构简图	装配方式	装配简图	特点及应用
凸缘模柄 JB/T 7646.3—2008	A型　B型　C型	利用3～4个螺钉紧固于上模座，模柄的凸缘与上模座的窝孔采用H7/js6过渡配合	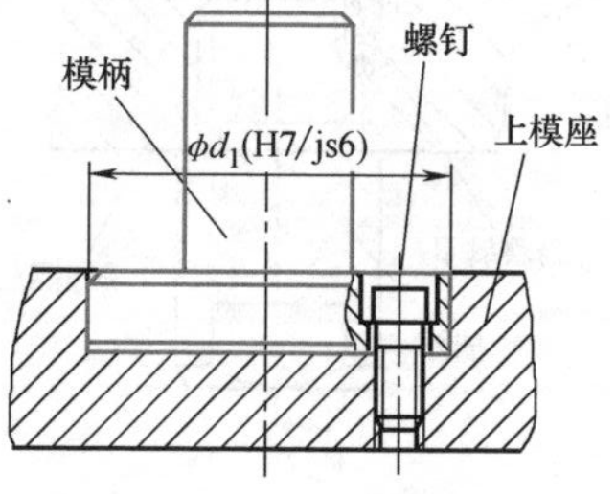 模柄　螺钉　上模座　ϕd_1(H7/js6)	具有上述两种模柄的优点，但会削弱上模座强度，多用于较大型的模具
槽形模柄 JB/T 7646.4—2008	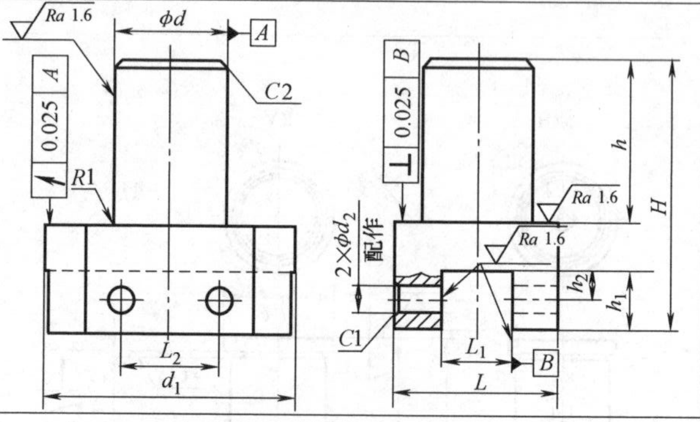	直接用于固定凸模，不需要上模座	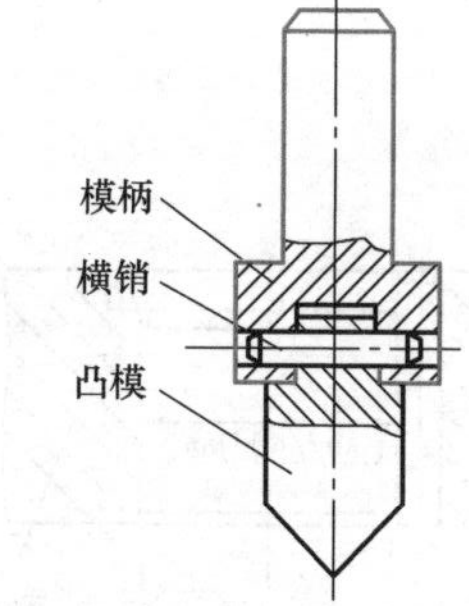 模柄　横销　凸模	用于简单模，更换凸模方便
浮动模柄 JB/T 7646.5—2008	凹球面模柄　凸球面垫块　锥面压圈	利用4或6个螺钉将锥面压圈和上模座固定，锥面压圈压紧模柄	螺钉　模座　a=15～20	由于凸球面和凹球面的连接，使上模有少许浮动，可以减小滑块误差对模具导向精度的影响，主要用于精密模具

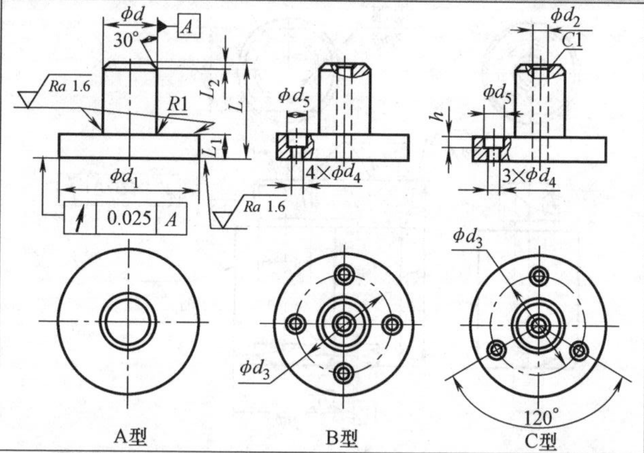

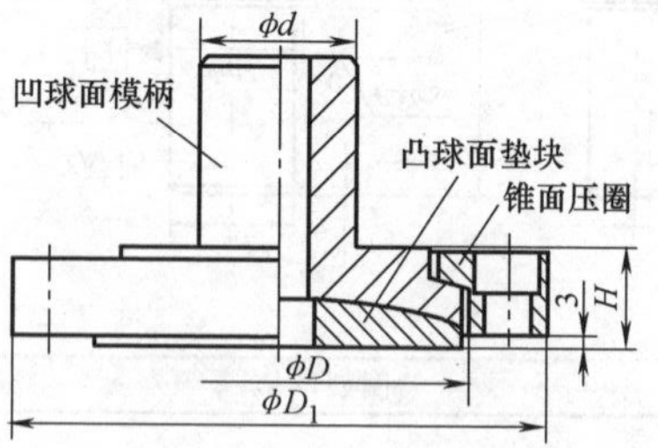

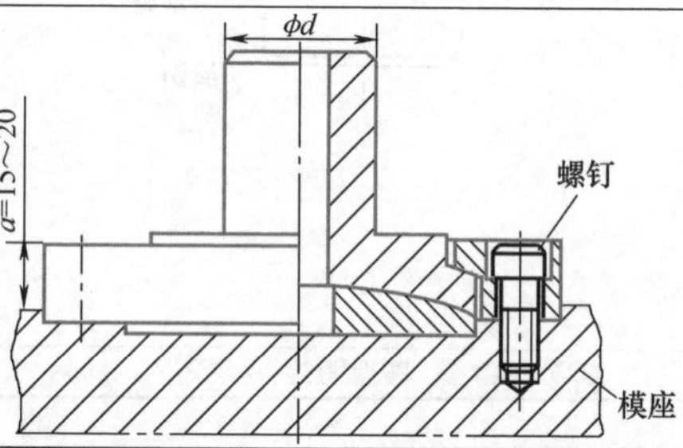

垫板是标准件，有圆形垫板（JB/T 7643.6—2008）和矩形垫板（JB/T 7643.3—2008），选用依据是凹模的外形及平面尺寸，即垫板的外形及平面尺寸与凹模相同，厚度一般为5～12mm，材料推荐45钢，热处理硬度为43～45HRC。

（5）螺钉与销　冲裁模常采用内六角圆柱头螺钉固定模具零件，利用圆柱销对模具零件定位。它们都是标准件，设计时按标准选用。通常同一副模具中用于固定上模部分和下模部分的螺钉、销钉的直径相同，规格大小可依凹模厚度确定，见表3-40。

表3-40　凹模厚度与螺钉直径的关系

凹模厚度/mm	<13	13～19	19～25	25～32	>32
螺钉直径	M4,M5	M5,M6	M6,M8	M8,M10	M10,M12

扩展阅读

1）GB/T 8845—2017对模具各零件名称给出了标准定义，均具有“顾名思义”的效果。例如：确定板料送进方向的板状零件，简称导料板；确定板料或制件正确位置的板状零件，简称定位板；确定板料或制件正确位置的圆柱形零件，简称定位销；从凹模中推出制件或废料的块状零件，简称推件块。因此，模具零件的作用也可以通过名称进行理解。

2）从本节内容可以看出，凹模是模具中最为关键的零件，只要凹模的外形及尺寸确定了，模架、垫板、固定板、卸料板等零件的尺寸都可以确定下来，从而达到快速设计冲裁模的目的。冲裁模快速设计步骤框图如图3-122所示。

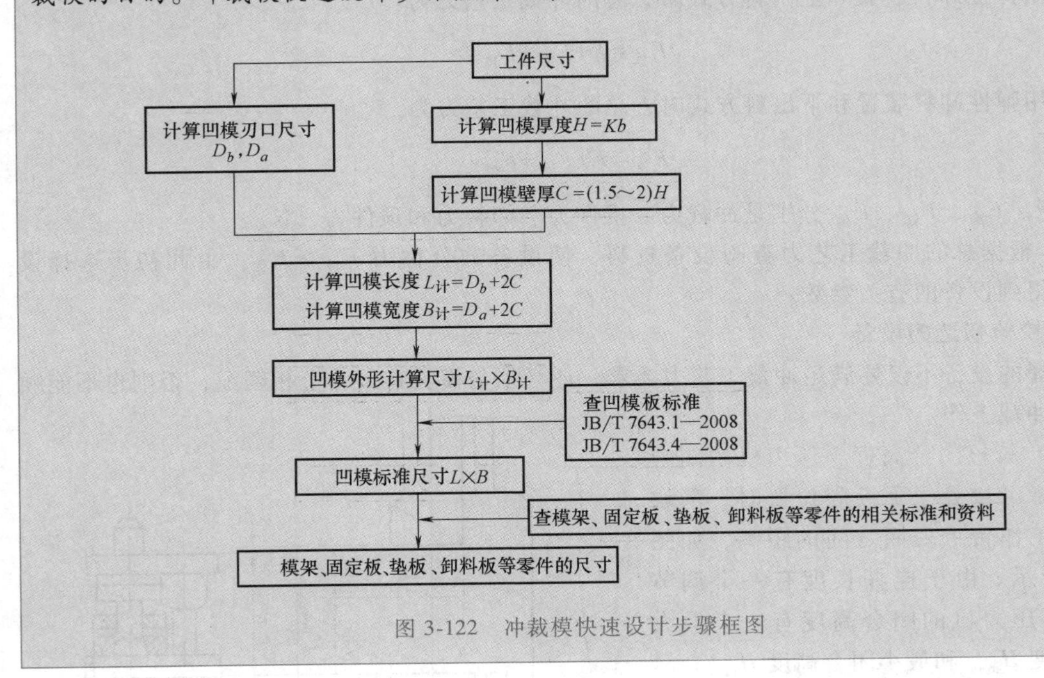

图3-122　冲裁模快速设计步骤框图

3.7　冲裁设备的选用与校核

冲裁设备是完成冲裁加工的三要素之一，设备选择合适与否将直接影响模具的使用。冲裁所用设备通常为曲柄压力机，如图3-123所示。

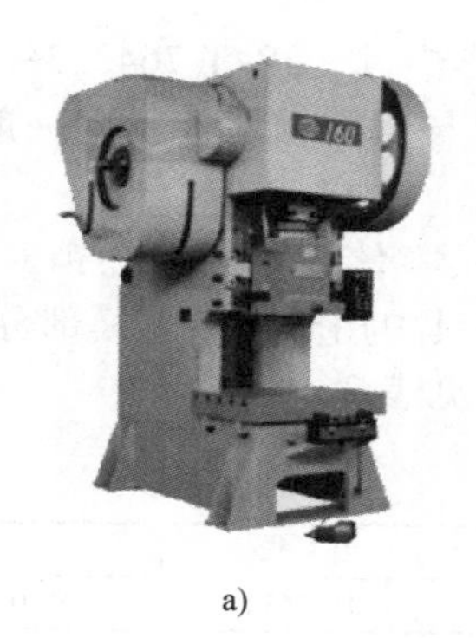

a)

b)

c)

图 3-123　曲柄压力机

a）开式固定台曲柄压力机　b）开式可倾曲柄压力机　c）闭式曲柄压力机

1. 设备的选择

设备选择的依据是冲裁工艺力的大小和模具结构，选择步骤如下：

1）根据模具结构特征计算总的冲裁工艺力 $F_{总}$。采用刚性卸料装置和下出料方式出料时，总的冲裁工艺力为

$$F_{总}=F+F_{推}$$

采用弹性卸料装置和上出料方式时，总的冲裁工艺力为

$$F_{总}=F+F_{卸}+F_{顶}$$

采用弹性卸料装置和下出料方式时，总的冲裁工艺力为

$$F_{总}=F+F_{卸}+F_{推}$$

式中，F、$F_{推}$、$F_{卸}$、$F_{顶}$ 分别是冲裁力、推件力、卸料力和顶件力（N）。

2）根据总的冲裁工艺力查阅设备资料，使设备的公称力 $F_{设} \geqslant F_{总}$，由此初步选择设备，并得到设备的有关参数。

2. 校核初选的设备

选择的设备不仅要满足冲裁工艺力要求，还必须与模具在尺寸上相匹配，否则也不能顺利完成冲裁工作。

（1）校核闭合高度　压力机的闭合高度是指滑块处于下极限位置时，滑块底面到工作台上表面之间的距离，如图 3-124 所示。由于连杆长度有一个调节量 ΔH，压力机的闭合高度有一个最大闭合高度 H_{max} 和最小闭合高度 H_{min}。

模具的闭合高度 H 是指模具在工作位置下死点时，下模座的下平面与上模座的上平面之间的距离。H 应满足：

$$H_{max}-5\text{mm} \geqslant H \geqslant H_{min}+10\text{mm}。$$

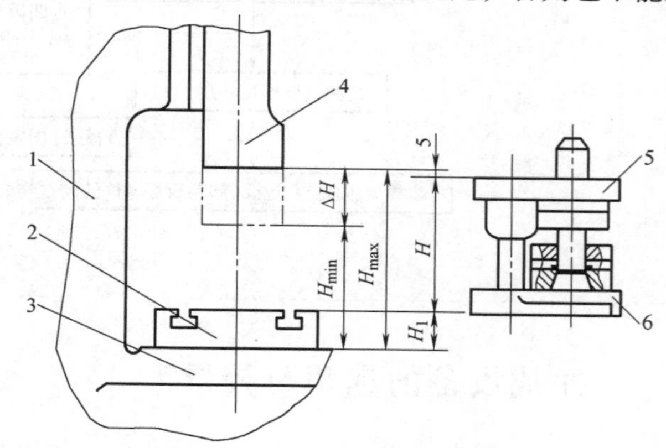

图 3-124　模具与压力机高度方向的尺寸关系

1—床身　2—垫板　3—工作台　4—滑块　5—上模座　6—下模座

模具的闭合高度不能大于压力机的最大闭合高度，否则，模具不能装在此压力机上；若模具的闭合高度小于压力机的最小闭合高度，则可增加垫板满足要求。

（2）校核平面尺寸　模具的总体平面尺寸应该与压力机工作台或垫板的平面尺寸以及滑块下平面尺寸相适应。通常要求下模座的平面尺寸比压力机工作台漏料孔的尺寸单边大 40~50mm，比工作台板长度单边小 50~70mm。当模具中使用顶出装置时，压力机工作台漏料孔的尺寸必须能安装弹顶器。

（3）校核模柄孔尺寸　模具的模柄直径应与滑块的模柄孔尺寸相适应，通常要求两者的公称直径相等。在没有合适的模柄尺寸时，允许模柄直径小于模柄孔的直径，装配时在模柄的外面加装一个模柄套，如图 3-125 所示。

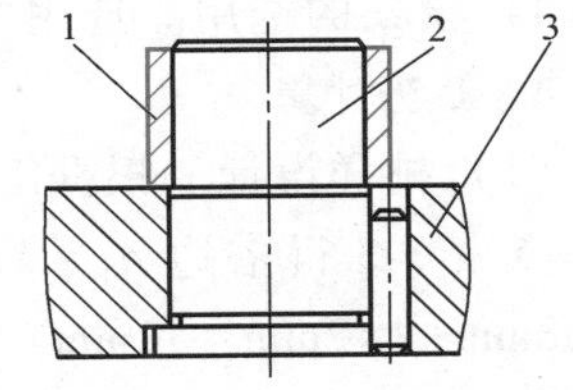

图 3-125　模柄套装配示意图
1—模柄套　2—模柄　3—上模座

扩展阅读

实际生产时，设备应根据设计者所在公司现有设备的情况进行选择，因此在模具总体结构设计时就应该考虑模具的总体外形尺寸，否则，可能会出现设计出来的模具与现有设备不匹配的情况。

3.8　冲裁模设计举例

冲制图 3-126 所示工件，材料为 Q235，材料厚度为 1mm，抗剪强度为 350MPa，大批量生产，试完成其冲裁工艺与模具设计。

1. 冲裁件的工艺性分析

（1）结构工艺性　该工件结构简单，形状对称，悬臂宽度为 25mm，凹槽宽度为 24mm，均大于 1.5 倍材料厚度，可以直接冲出，因此比较适合冲裁。

（2）精度　由表 3-11 和表 3-12 可知，该工件的尺寸精度均不超过 ST4 等级，因此可通过普通冲裁方式保证工件的精度。

（3）原材料　Q235 是常用冲压材料，具有良好的塑性（A = 21% ~ 25%），屈服极限为 240MPa，适合冲裁加工。

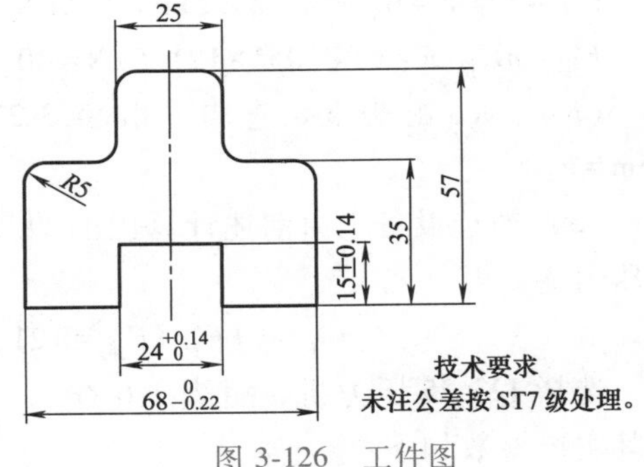

图 3-126　工件图

综上所述，该工件具有良好的冲裁工艺性，适合冲裁加工。

2. 冲裁工艺方案的确定

该工件只需要一道落料工序即可完成，因此采用单工序落料模进行冲裁。

3. 模具总体设计

（1）模具类型的确定　选用正装下出料的结构。

（2）模具零件结构型式的确定

1）凹模采用整体结构，凸模采用双边带台阶结构。

2）送料及定位方式。采用手工送料，导料板导料，固定挡料销挡料。

3）卸料与出件方式。采用弹性卸料装置卸料，下出件方式出件。

4）模架的选用。选用中间导柱导向的滑动导向钢板模架。

4. 工艺计算

（1）排样设计　根据工件的形状，选用有废料的单排排样类型，查表 3-3 得搭边 $a_1=1.5\text{mm}$，侧搭边 $a=2\text{mm}$，则条料宽度 $B=68\text{mm}+2\times2\text{mm}=72\text{mm}$，进距 $S=57\text{mm}+1.5\text{mm}=58.5\text{mm}$。查表 3-4 得裁板误差 $\Delta=0.5\text{mm}$，于是得到图 3-127 所示的排样图。

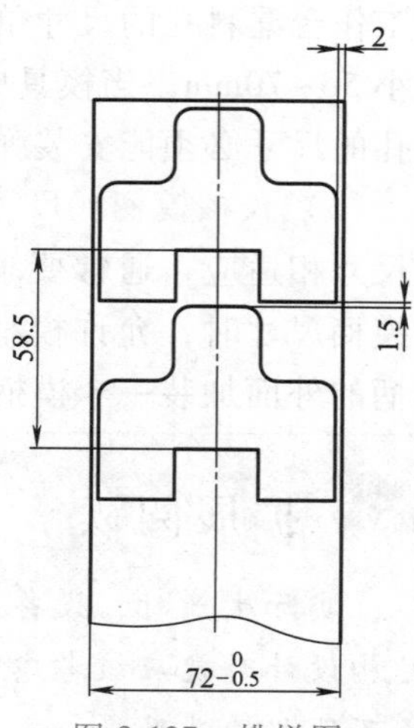

图 3-127　排样图

钢板规格为 1800mm×1180mm，采用横裁法，则可裁得宽度为 72mm 的条料 1800mm÷72mm＝25 条；每条条料可冲出工件（1180mm−1.5mm）÷58.5mm≈20 个。由图 3-126 可计算出该工件的面积 $A=2558.43\text{mm}^2$，则材料利用率为

$$\eta=\frac{NA}{LB}\times100\%=\frac{25\times20\times2558.43\text{mm}^2}{1800\text{mm}\times1180\text{mm}}\times100\%=60.2\%$$

（2）冲裁工艺力计算　因为采用弹性卸料和下出料的模具结构，需计算冲裁力、卸料力和推件力。

$$\begin{aligned}F&=KLt\tau_b\\&=1.3\times[68\text{mm}+15\text{mm}\times2+(35\text{mm}-5\text{mm})\times2+(68\text{mm}-6\times5)+15\pi+\\&\quad(57\text{mm}-35\text{mm}-10\text{mm})\times2]\times1\text{mm}\times350\text{MPa}\\&=1.3\times267.1\text{mm}\times1\text{mm}\times350\text{MPa}\\&=121.5\text{kN}\end{aligned}$$

$$F_{卸}=K_{卸}\ F=0.045\times121.5\text{kN}=5.5\text{kN}$$

$$F_{推}=nK_{推}\ F=6\times0.055\times121.5\text{kN}=40.1\text{kN}$$

（$K_{卸}$、$K_{推}$ 由表 3-8 查得。由表 3-27 查得凹模刃口直壁高度为 6mm，则 $n=6\text{mm}/1\text{mm}=6$。）

（3）初选设备　由前述计算出的冲裁工艺力，确定了模具的结构型式后，可得到总的冲压力 $F_{总}$ 为

$$F_{总}=F+F_{卸}+F_{推}=121.5\text{kN}+5.5\text{kN}+40.1\text{kN}=167.1\text{kN}$$

选择 J23-25 压力机，由表 1-6 查得其主要参数如下：

公称力：250kN。

最大装模高度：230mm。

装模高度调节量：50mm。

工作台板尺寸：700mm×400mm。

工作台孔尺寸：250mm×170mm。

模柄孔尺寸：ϕ40mm。

（4）压力中心的计算

1）建立图 3-128 所示坐标系。

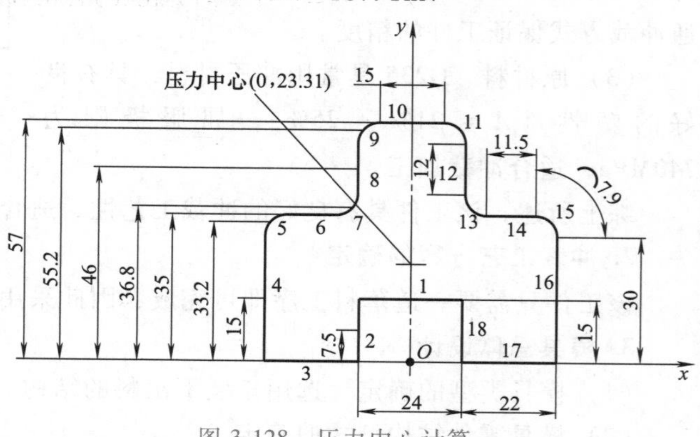

图 3-128　压力中心计算

2）由于外形以 y 轴对称，因此其压力中心应在 y 轴上，仅需计算 y 坐标值 y_c。将图形分成1、2、3……18共18条线段和圆弧，计算各冲裁线段和圆弧的长度及各段压力中心坐标，见表3-41。

表3-41　各冲裁线段和圆弧的长度及压力中心坐标　（单位：mm）

序号	线段和圆弧的长度 L_i	y_i	序号	线段和圆弧的长度 L_i	y_i
1	24	15	10	15	57
2	15	7.5	11	7.9	55.2
3	22	0	12	12	46
4	30	15	13	7.9	36.8
5	7.9	33.2	14	11.5	35
6	11.5	35	15	7.9	33.2
7	7.9	36.8	16	30	15
8	12	46	17	22	0
9	7.9	55.2	18	15	7.5

3）将上表各值代入式（3-13）得压力中心坐标

$$y_c=\frac{\begin{array}{c}24\text{mm}\times15\text{mm}+15\text{mm}\times7.5\text{mm}\times2+22\text{mm}\times0\text{mm}\times2+30\text{mm}\times15\text{mm}\times2+7.9\text{mm}\times33.2\text{mm}\times2+\\11.5\text{mm}\times35\text{mm}\times2+7.9\text{mm}\times36.8\text{mm}\times2+12\text{mm}\times46\text{mm}\times2+7.9\text{mm}\times55.2\text{mm}\times2+15\text{mm}\times57\text{mm}\end{array}}{267.1\text{mm}}$$

$$=\frac{6227.16\text{mm}^2}{267.1\text{mm}}=23.31\text{mm}$$

即压力中心坐标为（0，23.31），如图3-128所示。

扩展阅读

实际设计时，工件的面积、周长及压力中心的计算均可借助CAD软件直接完成，无需上述烦琐计算，如要查询某一图形的面积和周长，首先绘制图形，再利用CAD的region命令使图形成为一个面域，最后利用massprop命令即可直接查询到该图形的面积、周长等数据了。

5. 模具零件的详细设计

（1）工作零件的设计　工作零件包括凸模、凹模，其模具采用分别加工法制造，以凹模为基准。

1）冲裁间隙。由于工件无特殊要求，精度一般，这里选用iii类冲裁间隙，由表3-20查得 $c=(7.0\%\sim10.0\%)t$，即 $c_{\min}=0.07\times1\text{mm}=0.07\text{mm}$，$c_{\max}=0.10\times1\text{mm}=0.10\text{mm}$。

2）凸、凹模制造公差 δ_p 和 δ_d 分别按照IT6级和IT7级，查GB/T 1800.1，磨损系数查表3-23，图3-126所示未注公差尺寸35、25、$R5$、57按ST7级查表3-11得极限偏差值。凸、凹模刃口尺寸计算见表3-42。

3）落料凹模采用整体式结构，外形为矩形，首先由经验公式计算出凹模外形的参考尺寸，再查阅标准得到凹模外形的标准尺寸，见表3-43。材料为Cr12，硬度为60~64HRC。

表 3-42　凸、凹模刃口尺寸计算　（单位：mm）

尺寸	磨损系数 x	模具制造公差		凹模刃口尺寸	凸模刃口尺寸	校核不等式
		δ_d	δ_p			
$68_{-0.22}^{0}$	0.75	0.030	0.019	$(68-0.75\times0.22)_{0}^{+0.030}$ $=67.835_{0}^{+0.030}$	$(67.835-2\times0.070)_{-0.019}^{0}$ $=67.695_{-0.019}^{0}$	$(0.019+0.030)\leqslant2$ $\times(0.10-0.070)$
$24_{0}^{+0.14}$	1	0.021	0.013	$(24+1\times0.14)_{-0.021}^{0}$ $24.14_{-0.021}^{0}$	$(24.14+2\times0.07)_{0}^{+0.013}$ $=24.28_{0}^{+0.013}$	$(0.013+0.021)\leqslant2$ $\times(0.10-0.070)$
15 ± 0.14		0.018	0.011	15 ± 0.009	15 ± 0.006	
$35_{-0.4}^{0}$	0.5	0.025	0.016	$(35-0.5\times0.40)_{0}^{+0.025}$ $=34.8_{0}^{+0.025}$	$(34.80-2\times0.7_{-0.016}^{0}$ $=34.66_{-0.016}^{0}$	$(0.016+0.025)\leqslant2$ $\times(0.10-0.070)$
$57_{-0.4}^{0}$	0.5	0.030	0.019	$(57-0.5\times0.4)_{0}^{+0.030}$ $=56.8_{0}^{0.030}$	$(56.8-2\times0.070)_{-0.019}^{0}$ $=56.66_{-0.019}^{0}$	$(0.019+0.030)\leqslant2$ $\times(0.10-0.070)$
$R5_{-0.20}^{0}$	0.75	0.012	0.008	$(5-0.75\times0.20)_{0}^{+0.012}$ $=4.85_{0}^{+0.012}$	$(4.85-2\times0.070)_{-0.008}^{0}$ $=4.71_{-0.008}^{0}$	$(0.008+0.012)\leqslant$ $2\times(0.10-0.070)$
$25_{-0.28}^{0}$	0.75	0.021	0.013	$(25-0.75\times0.25)_{0}^{+0.021}$ $=24.79_{0}^{+0.021}$	$(24.79-2\times0.070)_{-0.013}^{0}$ $=24.65_{-0.013}^{0}$	$(0.013+0.021)\leqslant2$ $\times(0.10-0.070)$

表 3-43　落料凹模外形设计　（单位：mm）

凹模外形尺寸符号	凹模简图	凹模外形尺寸计算值	凹模外形尺寸标准值（JB/T 7643.1—2008）
凹模厚度 H		$H=Kb=0.22\times68=14.96$，取 $H=15$（查表 3-26 得 $K=0.22$）	$L\times B\times H=160\times125\times16$
凹模壁厚 c		$c=(1.5\sim2)H$ $=22.5\sim30$，取 $c=30$	
凹模长度 L		$L=67.835+2\times30=127.835$	
凹模宽度 B		$B=56.8+2\times30=116.8$	

4）落料凸模为双边带台阶结构，凸模高度由模具结构决定，取 103mm。材料为 Cr12，硬度为 58～62HRC。

（2）其他板类零件的设计　当落料凹模的外形尺寸确定后，根据凹模外形尺寸查阅有关标准或资料，即可得到模座、固定板、垫板、卸料板、导料板的外形尺寸。

1）查 GB/T 23565.3—2009 得：中间导柱模架　160×125×165-I　GB/T 23565.3—2009。实际上，当模架标准确定后，即可由此标准得到上、下模座，导柱、导套的标准。

2）查 GB/T 23562.3—2009 得：中间导柱下模座　160×125×40　GB/T 23562.3—2009。材料为 45 钢，硬度为 24～28HRC。

3）查 GB/T 23566.3—2009 得：中间导柱上模座　160×125×32　GB/T 23566.3—2009。材料为 45 钢，硬度为 24～28HRC。

4）查 JB/T 7643.2—2008 得：矩形固定板　160×125×16　JB/T 7643.2—2008。材料为

45 钢，硬度为 28~32HRC。

5）查 JB/T 7643.3—2008 得：矩形垫板 160×125×6 JB/T 7643.3—2008。材料为 45 钢，硬度为 43~48HRC。

6）查表 3-36 得卸料板厚度为 16mm，则卸料板的尺寸为 160mm×125mm×16mm。由于采用导料板导料，因此卸料板应该是台阶结构，台阶高度为 6mm-1mm+0.1×1mm=5.1mm（这里 6mm 是导料板厚度，1mm 是材料厚度）。材料选用 45 钢，硬度为 28~32HRC。

7）查 JB/T 7648.5—2008 得：导料板 125×45×6 JB/T 7648.5—2008。材料为 45 钢，硬度为 28~32HRC。

（3）卸料螺钉、挡料销的选用

1）查 JB/T 7650.6—2008 得：圆柱头内六角卸料螺钉 M10×50 JB/T 7650.6—2008。材料为 45 钢，硬度为 35~40HRC。

2）查 JB/T 7649.10—2008 得：固定挡料销 A 6 JB/T 7649.10—2008。材料为 45 钢，硬度为 43~48HRC。

（4）导柱、导套的选用 查 GB/T 2861.1—2008 和 GB/T 2861.3—2008 得：

1）滑动导向导柱 A 22×160 GB/T 2861.1—2008。材料为 20Cr，硬度为 60~64HRC（渗碳）。

2）滑动导向导柱 A 25×160 GB/T 2861.1—2008。材料为 20Cr，硬度为 60~64HRC（渗碳）。

3）滑动导向导套 A 22×80×28 GB/T 2861.3—2008。材料为 20Cr，硬度为 58~62HRC（渗碳）。

4）滑动导向导套 A 25×80×28 GB/T 2861.3—2008。材料为 20Cr，硬度为 58~62HRC（渗碳）。

（5）模柄的选用 根据初选设备 J23-25 模柄孔的尺寸，查 JB/T 7646.1—2008 得：压入式模柄 A 40×110 JB/T 7646.1—2008。材料选用 Q235A。

（6）螺钉、销的选用 查表 3-40，选 M6 内六角圆柱头螺钉、直径为 ϕ6mm 的圆柱销。上、下模螺钉、销规格一致。

1）下模部分：内六角圆柱头螺钉 GB/T 70.1—2008 M6×50。材料为 45 钢，头部硬度为 43~48HRC。

2）销 GB/T 119.2—2000 6×40。材料为 T10A，硬度为 56~60HRC。

（说明：上述各零件材料及硬度要求由 GB/T 14662—2006 推荐使用）

6. 设备验收

设备验收主要验收平面尺寸和闭合高度。

由标记为“中间导柱下模座 160×125×40 GB/T 23562.3—2009”可知，下模座平面的最大外形尺寸为 315mm×125mm，该尺寸小于压力机工作台板尺寸，因此满足模具安装和支承要求。

模具的闭合高度为 32mm+6mm+103mm+16mm+40mm-1mm=196mm，小于压力机的最大装模高度 230mm，因此所选设备合适。

7. 绘图

当上述各零件设计完成后，即可绘制模具总装配图和各设计件的零件图，这里只画出了部分设计件的零件图，如图 3-129~图 3-134 所示。

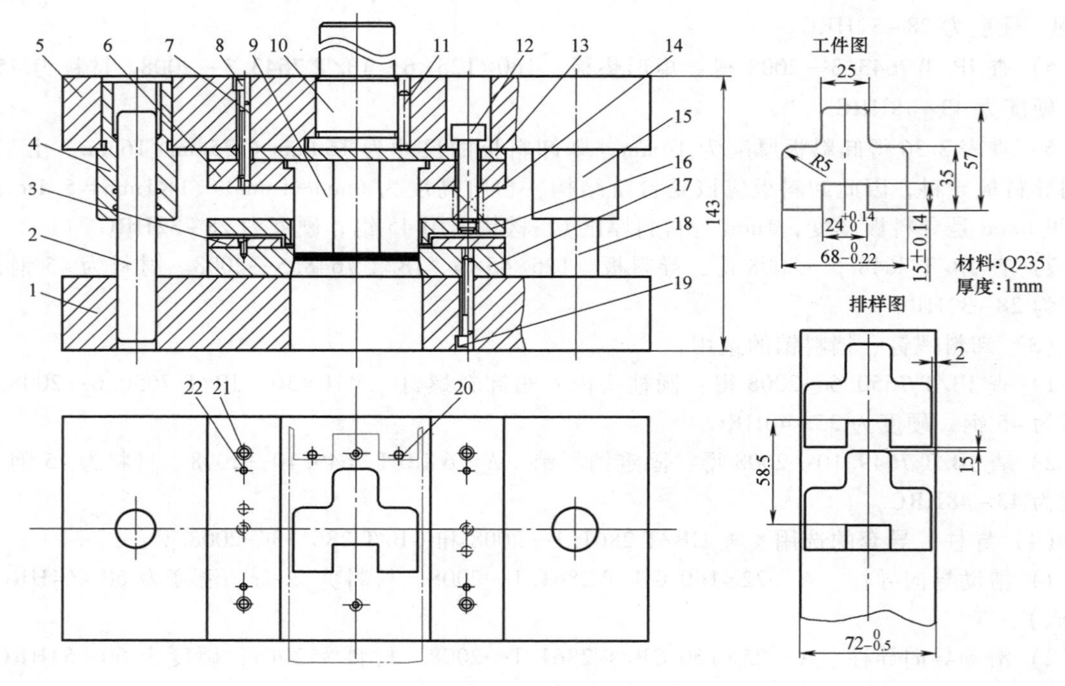

图 3-129　模具装配图

1—下模座　2—导柱 1　3—导料板　4—导套 1　5—上模座　6—凸模固定板　7、22—销　8、19、21—螺钉　9—凸模　10—模柄　11—止转销　12—卸料螺钉　13—垫板　14—弹簧　15—导套 2　16—卸料板　17—凹模　18—导柱 2　20—挡料销

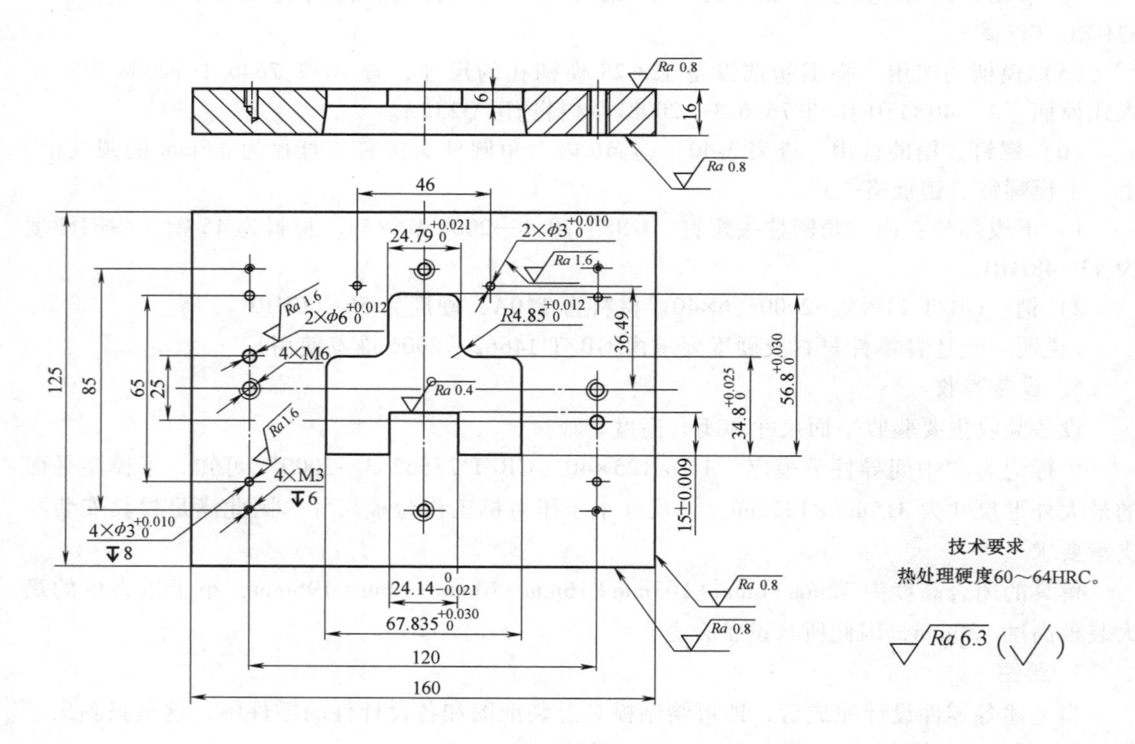

图 3-130　落料凹模零件图

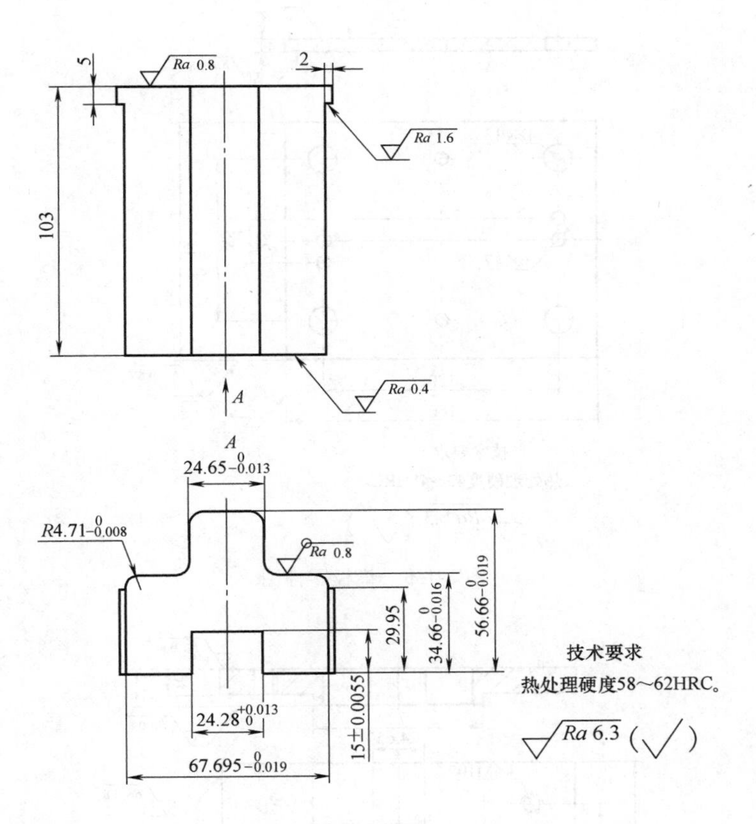

技术要求
热处理硬度58～62HRC。

$\sqrt{Ra\ 6.3}$ ($\sqrt{}$)

图 3-131　落料凸模零件图

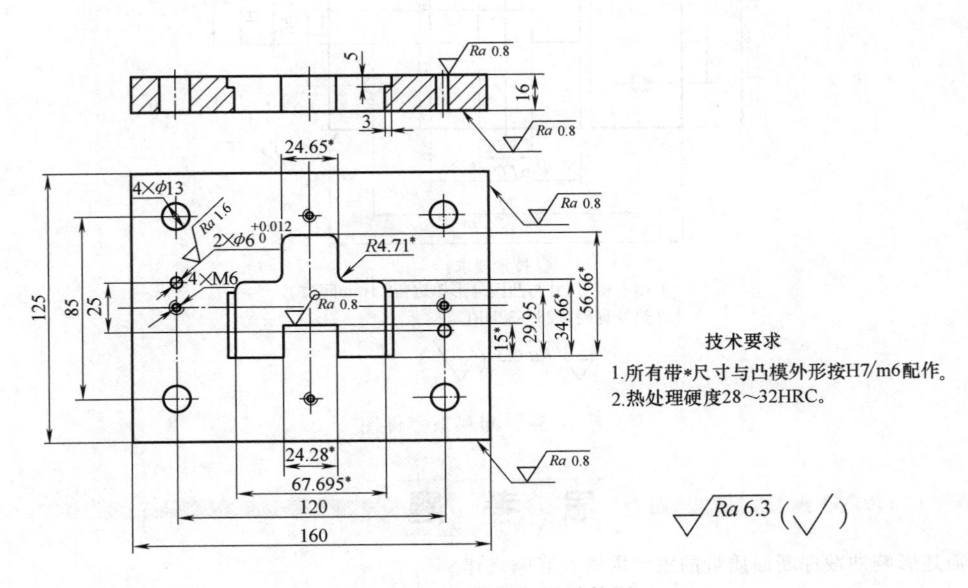

技术要求
1.所有带*尺寸与凸模外形按H7/m6配作。
2.热处理硬度28～32HRC。

$\sqrt{Ra\ 6.3}$ ($\sqrt{}$)

图 3-132　凸模固定板零件图

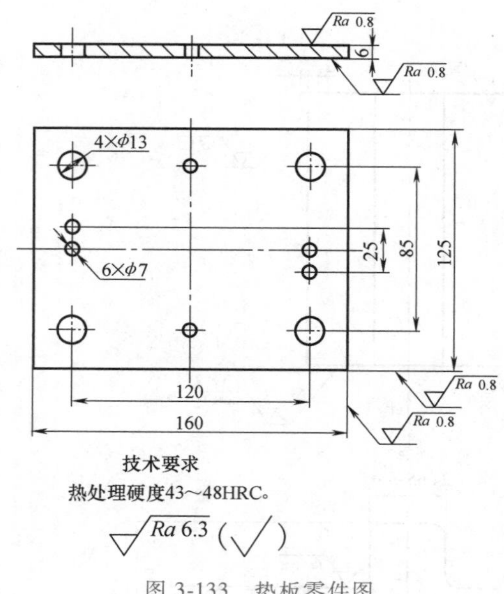

图 3-133　垫板零件图

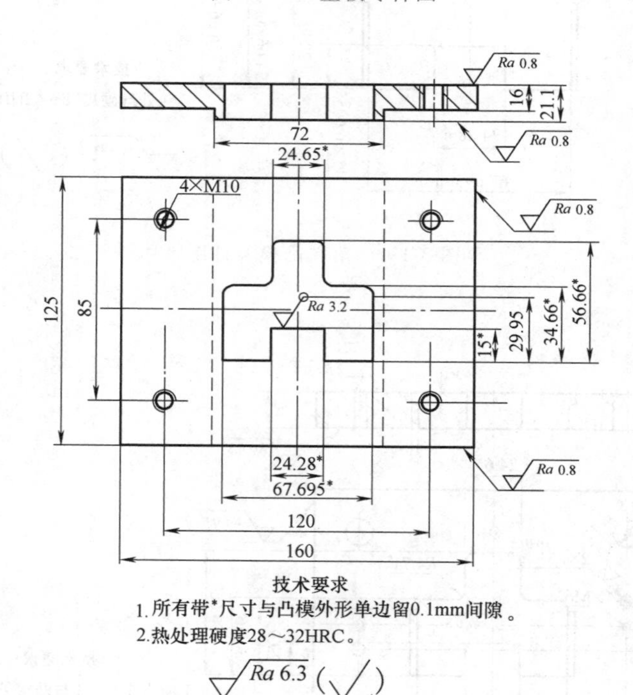

图 3-134　卸料板零件图

思　考　题

1. 简述影响冲裁件断面质量的主要因素及影响规律。
2. 简述冲裁间隙对冲裁工艺力及模具寿命的影响。
3. 简述确定冲裁工艺方案的方法和步骤。

4. 简述计算冲裁凸、凹模刃口尺寸的基本原则。

5. 简述排样类型及其选择方法。

6. 试比较单工序模、复合模与级进模的特点。

7. 简述典型模具结构的零件组成。

8. 简述挡料销、导料板、侧刃、导正销的作用。

9. 简述标准模架、模柄的选用依据。

10. 简述卸料装置的结构型式及各自的卸料原理。

11. 采用复合冲压冲制如图 3-135 所示工件时，试计算所需冲裁力。已知材料为 Q235，材料厚度为 2mm，抗剪强度为 310MPa。

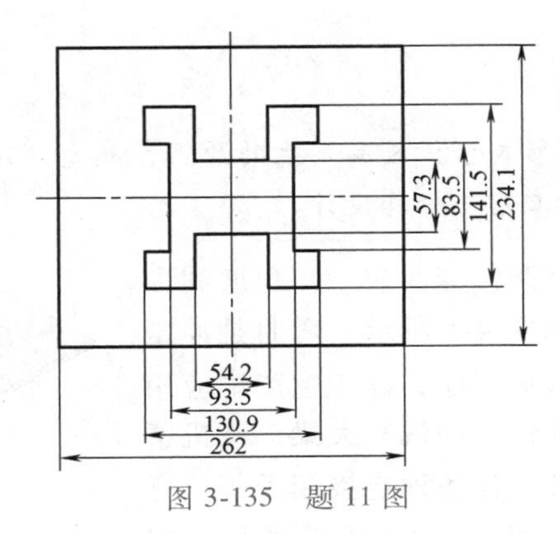

图 3-135 题 11 图

12. 冲制图 3-136 所示工件，材料为 08 钢，材料厚度为 1mm，大批量生产，试完成：工艺设计和模具设计，并绘制模具装配草图。

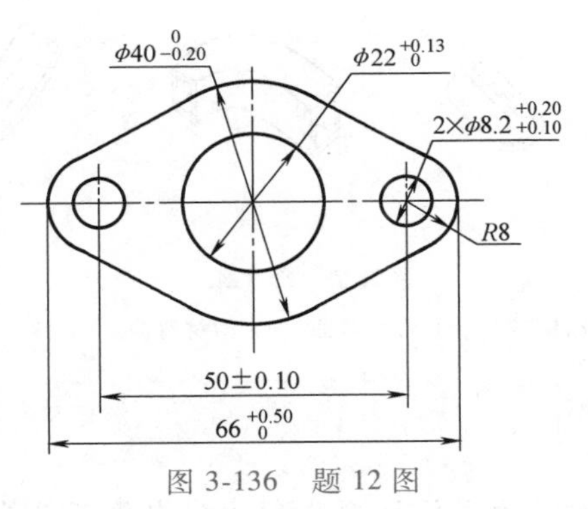

图 3-136 题 12 图

第4章 弯曲工艺与模具设计

能力要求

☞能根据弯曲件的废品形式分析废品产生的原因，熟悉解决措施。

☞能完成典型弯曲件的工艺与模具设计。

冲压生产中，利用模具将制件弯曲成一定角度和形状的加工方法，称为弯曲，如图4-1所示。弯曲是冲压加工的基本工序之一，属于成形工序，冲压生产中应用广泛，可用于制造大型结构零件，如汽车大梁、飞机蒙皮等，也可用于制造精细零件，如各种连接端子等。弯曲所用的毛坯可以是板材、型材、管材或棒材，如图4-2所示。

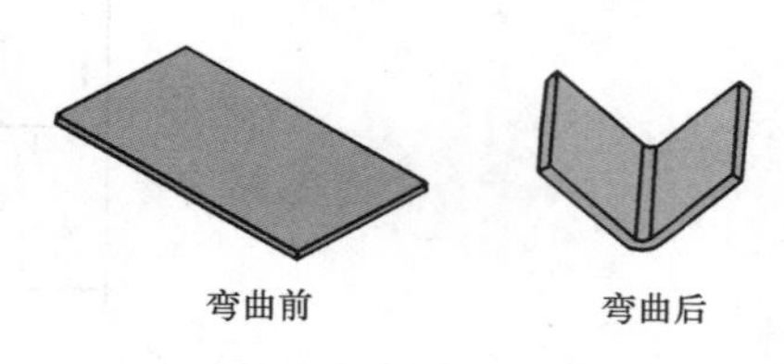

图4-1 弯曲示意图

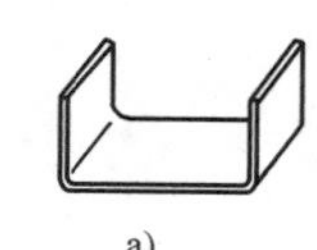

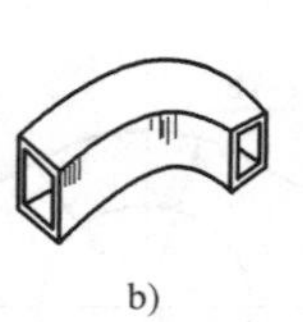
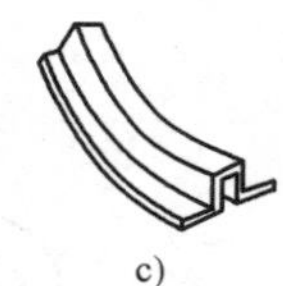
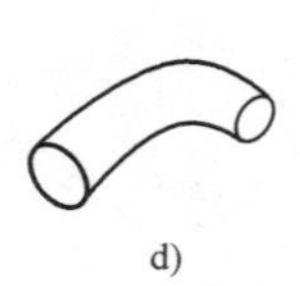

图4-2 弯曲举例

a）板材弯曲 b）管材弯曲 c）型材弯曲 d）棒材弯曲

扩展阅读

1）使用模具弯曲管材时，为了保证弯曲后管材内侧不产生皱纹或不被压扁，通常需在管内充填干砂、硬橡胶粒或高压液体之类的填充物。

2）根据所使用工具与设备的不同，弯曲可分为在压力机上利用模具进行的板料压弯，以及在专用弯曲设备上进行的折弯、滚弯、拉弯等，如图4-3所示。本章主要介绍利用压力机和模具进行弯曲的板料弯曲工艺与弯曲模设计。

弯曲使用的模具称为弯曲模。它是弯曲过程中必不可少的工艺装备。图4-4所示为一副常见的V形件弯曲模。弯曲开始前，先将平板毛坯放入定位板4中定位，然后凸模6下行，与顶料杆5将板料压住（防止板料在弯曲过程中发生偏移），实施弯曲，直至板料与凸模6、凹模2完全贴紧，最后开模，V形件被顶料杆5顶出。

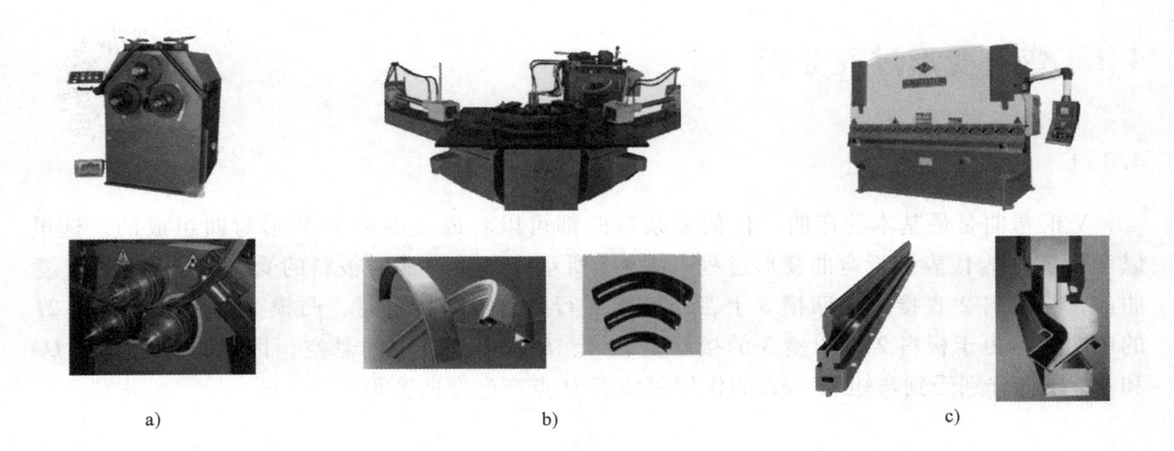

a)　　b)　　c)

图 4-3　各种弯曲设备及工艺

a）滚弯机及滚弯工艺　b）拉弯机及拉弯产品　c）折弯机、折弯模具及折弯工艺

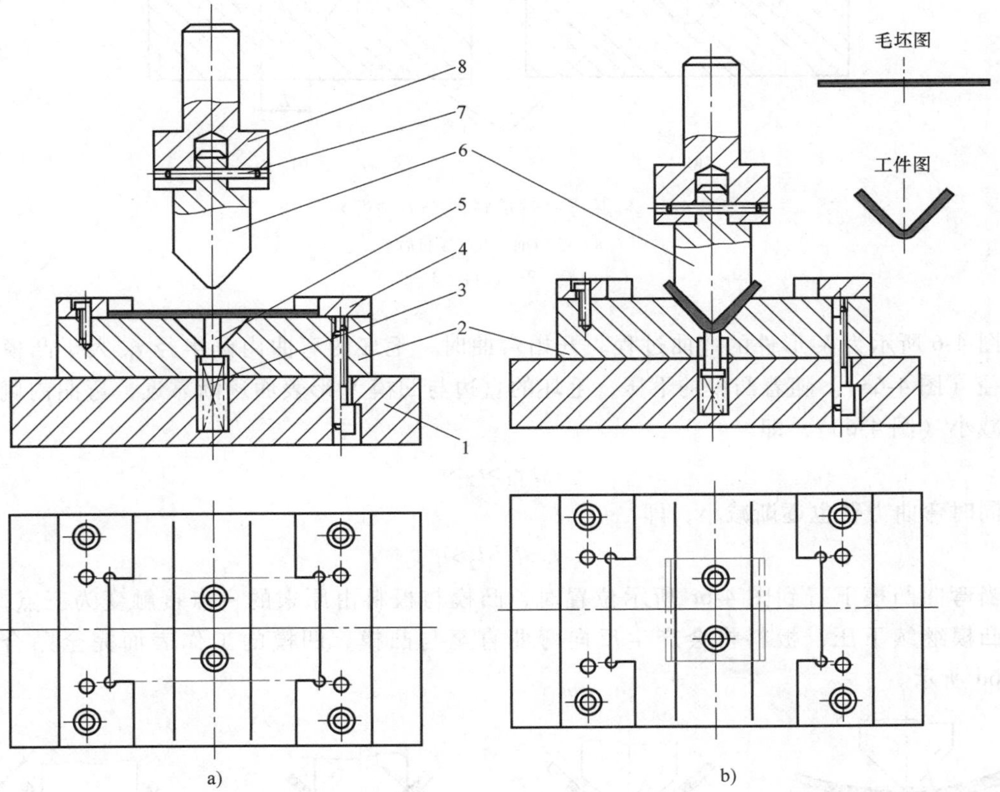

毛坯图

工件图

a)　　b)

图 4-4　V 形件弯曲模

a）弯曲前　b）弯曲结束

1—下模座　2—凹模　3—弹簧　4—定位板

5—顶料杆　6—凸模　7—横销　8—槽形模柄

4.1　弯曲变形过程分析

4.1.1　弯曲变形过程

V形弯曲是最基本的弯曲，任何复杂弯曲都可以看成是由多个V形弯曲组成的，这里以V形弯曲为代表分析弯曲变形过程。图4-5所示为V形弯曲时板料的受力情况示意图。弯曲前，将板料2直接放在凹模3上，凸模1下行到与板料接触时，凸模1即施加给板料2F的弯曲力，由于板料2与凹模3的接触是在A、B两点，且中间悬空，因此，板料2的OA和OB段将分别受到弯矩$M=FL$的作用而绕着O点产生弯曲变形。

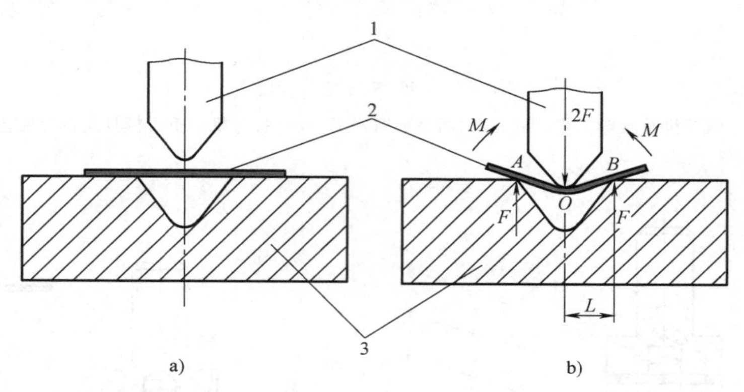

图4-5　V形弯曲时板料的受力情况示意图

a）弯曲前　b）弯曲后

1—凸模　2—板料　3—凹模

图4-6所示为V形件的弯曲过程。开始弯曲时，毛坯的弯曲内侧半径r_0大于凸模的圆角半径（图4-6a）。随着凸模的下压，毛坯的直边与凹模V形表面逐渐靠近，弯曲内侧半径逐渐减小（图4-6b），即

$$r_0>r_1>r_2>r$$

同时弯曲力臂也逐渐减小，即

$$l_0>l_1>l_2>l$$

当弯曲凸模下行到图4-6c所示位置时，凸模与板料由原来的一点接触变为三点接触，此后凸模继续下压，板料将会产生反向弯曲直至与凸模、凹模的工作表面完全贴合，如图4-6d所示。

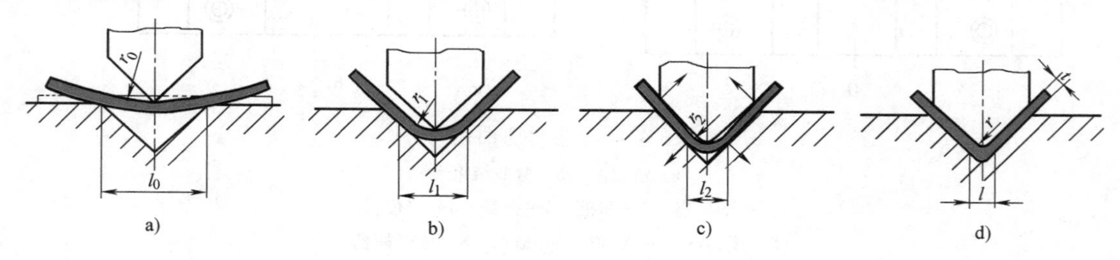

图4-6　V形件的弯曲过程

扩展阅读

弯曲变形有自由弯曲和校正弯曲两种。自由弯曲通常是指用不带底的凹模进行弯曲，如图 4-7a 所示。校正弯曲通常是指在弯曲终了前，凸模给板料施加足够大的压力使它进一步产生塑性变形，从而得到校正，如图 4-7b 所示。由校正弯曲得到的弯曲件的质量明显好于由自由弯曲得到的弯曲件。

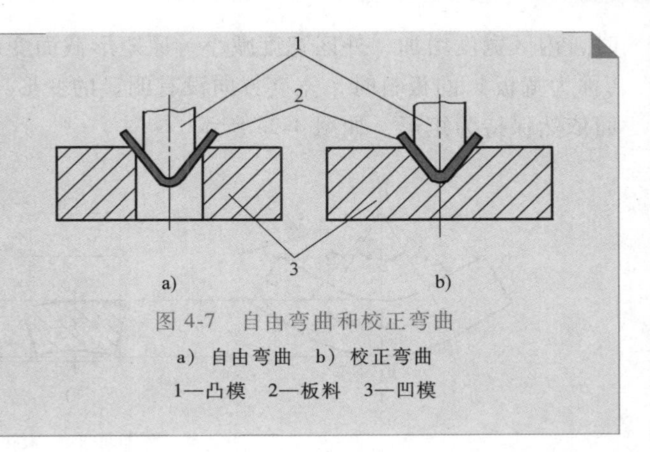

图 4-7 自由弯曲和校正弯曲

a）自由弯曲 b）校正弯曲

1—凸模 2—板料 3—凹模

4.1.2 弯曲变形特点

为了了解在弯曲模的作用下板料沿长度、宽度和厚度方向上产生的塑性变形，这里通过网格试验进行验证，即弯曲前在弯曲板料的断面上划出均匀的正方形网格（图 4-8a），再将此板料弯曲（图 4-8b），通过比较弯曲前后网格的变化得出材料的流动情况。

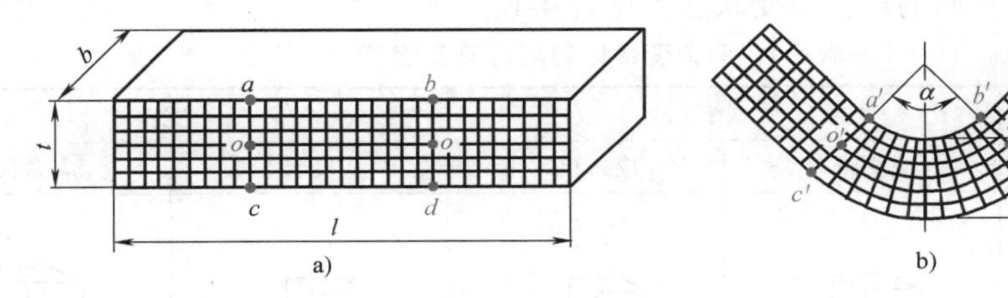

图 4-8 弯曲前后的网格变化

a）弯曲前 b）弯曲后

对比弯曲前后网格的变化可知，弯曲变形具有以下几个特点：

1）弯曲变形后，毛坯分成了直边和圆角两个部分，弯曲变形主要发生在圆角 α 范围内。圆角范围内的网格发生了明显的形状改变，由弯曲前的正方形变成了扇形，而其他位置的网格基本保持形状不变，说明弯曲变形不是整个板料发生变形，而是局部的。圆角 α 范围是弯曲变形的主要变形区。这里的 α 称为弯曲中心角。

2）变形区的材料在长度（切向）方向发生了明显的变形，且变形不均匀。变形前：$\overline{ab}=\overline{cd}=\overline{oo}$；变形后：$\widehat{a'b'}<\widehat{o'o'}<\widehat{c'd'}$，且 $\overline{oo}=\widehat{o'o'}$。说明以 oo 金属层为界，贴近凸模区域（称为内区）的材料沿长度方向被压缩而缩短了，越往内侧压缩得越多，最内侧 $\widehat{a'b'}$ 压缩得最多；贴近凹模区域（称为外区）的材料沿长度方向被拉伸而伸长了，且越往外侧伸长得越多，最外侧 $\widehat{c'd'}$ 伸长得最多。中间出现了一层既不伸长也不缩短的金属层，称为应变中性层。

3）变形区的厚度发生了变化，由弯曲前的 t 变为弯曲后的 t'，且 $\eta=t'/t\leqslant1$，说明变形区减薄了，减薄程度与 r/t 的比值有关，r/t 越小，减薄越严重。η 称为减薄系数。

4）宽度方向的变化与 b/t 的比值有关，分两种情况：①弯曲 $b/t<3$（称为窄板）的板料

时，内区宽度增加，外区宽度减小，原矩形截面变成了扇形，如图 4-9b 所示；②弯曲 $b/t>3$（称为宽板）的板料时，宽度方向没有明显的变形，即弯曲前横截面是矩形，弯曲后的横截面依然保持为矩形，如图 4-9c 所示。

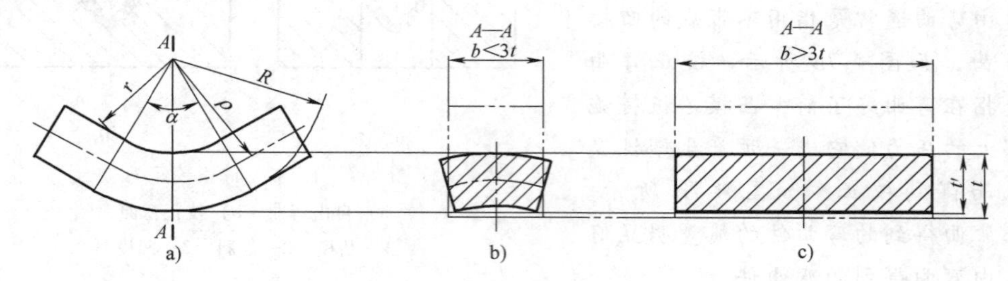

图 4-9　弯曲变形区宽度方向的变化

b，t—弯曲前板料横截面的宽度和厚度　t'—弯曲后变形区的厚度

4.1.3　弯曲变形区的应力应变状态

由弯曲变形特点可以看出，宽板和窄板、内区和外区的弯曲变形各不相同，因此表现出各不相同的应力应变状态，见表 4-1。

表 4-1　弯曲变形时的应力应变状态

变形区域	窄板		宽板	
	应变状态	应力状态	应变状态	应力状态
内区	ε_ρ ε_θ ε_B	σ_ρ σ_θ	ε_ρ ε_θ	σ_ρ σ_θ σ_B
外区	ε_ρ ε_θ ε_B	σ_ρ σ_θ	ε_ρ ε_θ	σ_ρ σ_B σ_θ

注：1. σ_θ、σ_ρ、σ_B 分别为长度方向（切向）、厚度方向（径向）、宽度方向（横截面）的应力。

2. ε_θ、ε_ρ、ε_B 分别为长度方向（切向）、厚度方向（径向）、宽度方向（横截面）的应变。

从表 4-1 看出，窄板弯曲时的应变状态是立体的，应力状态是平面的，宽板弯曲时的应变状态是平面的，应力状态是立体的。

扩展阅读

1）从弯曲变形特点看，弯曲件最外侧沿切向的拉伸变形最严重，当弯曲变形超出材料允许的变形极限时，将在弯曲变形区的外侧产生裂纹，这是导致弯曲件报废的原因之一。

2）弯曲变形区变形最为严重的是沿切向的变形，因此切向变形是绝对值最大的主变形，根据塑性变形体积不变定律，其他方向的变形将与主变形方向相反。

4.2 弯曲件质量分析及控制

根据弯曲变形特点，弯曲件可能产生的质量问题通常有弯裂、回弹、偏移、翘曲、变形区厚度变小和弯曲长度增加等。

4.2.1 弯裂

弯裂是指弯曲件外侧表面出现裂纹的现象（图 4-10）。产生弯裂的主要原因是弯曲变形程度超出被弯材料的成形极限。因此，只要限制每次弯曲时的变形程度，就可避免弯裂。

1. 弯曲变形程度

弯曲变形区材料沿切向变形量最大，因此可以用切向变形量来表示弯曲变形程度的大小。如图 4-11 所示，在变形区外区任意取一层金属，该层金属距应变中性层的距离为 y，则该层金属在弯曲过程中所产生的切向应变为

$$\varepsilon_\theta=\frac{(\rho+y)\alpha-\rho\alpha}{\rho\alpha}=\frac{y}{\rho} \tag{4-1}$$

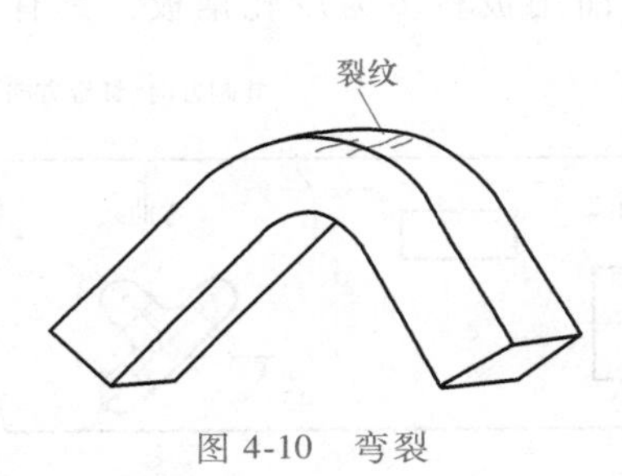

图 4-10 弯裂

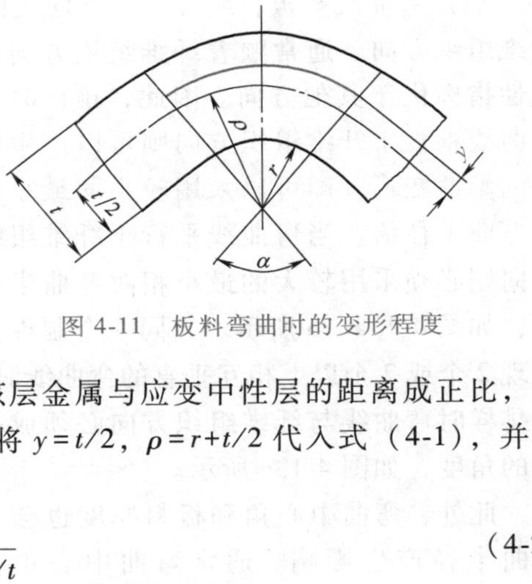

图 4-11 板料弯曲时的变形程度

由式（4-1）可以看出，切向应变值的大小与该层金属与应变中性层的距离成正比，因此，外区切向应变最大的地方为变形区的最外侧。将 $y=t/2$，$\rho=r+t/2$ 代入式（4-1），并整理得

$$\varepsilon_{\theta\max}=\frac{1}{1+2r/t} \tag{4-2}$$

式中，$\varepsilon_{\theta\max}$ 是最大切向应变；r 是弯曲半径（mm）；t 是板料厚度（mm）。

式（4-2）中，r/t 称为相对弯曲半径，该值的大小与 $\varepsilon_{\theta\max}$ 呈近似反比关系，说明 r/t 的比值越小，最外侧的切向伸长变形越大。当 r/t 的值小到某一最小值 $r_{\min}/t$ 时，$\varepsilon_{\theta\max}$ 将超出板料允许的变形极限而弯裂。因此，这里可以采用相对弯曲半径 r/t 值的大小来衡量弯曲变形程度的大小。r/t 越小，弯曲变形程度越大。$r_{\min}/t$ 用于限制弯曲变形的极限程度，是弯曲工艺中的重要工艺参数。

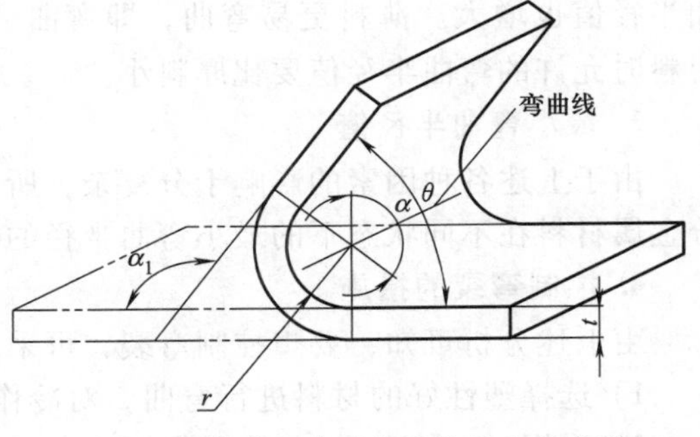

图 4-12 弯曲工艺过程中涉及的各参数

图 4-12 所示为弯曲工艺过程中涉及的各参数，其中：①弯曲变形区的内圆角半径 r 称为弯曲半径；②弯曲半径与板料厚度的比值 r/t 称为相对弯曲半径；③弯曲时板料最外层纤维濒于拉裂时的弯曲半径称为最小弯曲半径 r_{min}；④最小弯曲半径与板料厚度的比值 r_{min}/t 称为最小相对弯曲半径；⑤制件被弯曲加工的角度，即弯曲后制件直边夹角的补角 α_1 称为弯曲角；⑥弯曲后变形区圆弧部分所对的圆心角 α 称为弯曲中心角；⑦弯曲后制件直边的夹角 θ 称为弯曲件角度；⑧板料产生弯曲变形时相应的直线或曲线，称为弯曲线。

2. 最小相对弯曲半径及其影响因素

最小相对弯曲半径 r_{min}/t 值的大小反映了材料允许的弯曲变形极限的大小，该值越小，允许的弯曲变形极限越大，因此该值越小越有利于弯曲变形。影响该值的因素主要有以下几点：

（1）材料的力学性能　由于弯裂是变形区外侧的切向变形量超出材料允许的变形极限而造成的，因此，材料的塑性越好，允许产生的塑性变形越大，许可的最小相对弯曲半径值就越小。

实际生产中，对于因冷作硬化导致材料塑性降低而出现的开裂，应在弯曲前安排退火工艺以恢复材料的塑性，对镁合金、钛合金等低塑性材料通常需加热弯曲。

（2）材料表面和侧面的质量　弯曲件所用毛坯多为剪板机剪切或落料所得，断面粗糙且有毛刺，并有冷作硬化层。当将有毛刺的一端置于弯曲变形区外侧，或毛坯的外侧表面有划伤、裂纹等缺陷时，必须采用较大的最小相对弯曲半径值。

（3）弯曲线与板料纤维组织方向之间的关系　弯曲用板料多为冷轧钢板，具有明显的纤维组织方向，通常顺着纤维组织方向的塑性指标优于其他方向。因此，排样时当弯曲线垂直于纤维组织方向则可以产生较大的塑性变形，即可以采用较小的最小相对弯曲半径值。当弯曲线平行于纤维组织方向则必须采用较大的最小相对弯曲半径值，如图 4-13a、b 所示。当同一个制件上出现 2 个或 2 个以上相互垂直的弯曲线时，则排样时弯曲线与纤维组织方向必须成一定的角度，如图 4-13c 所示。

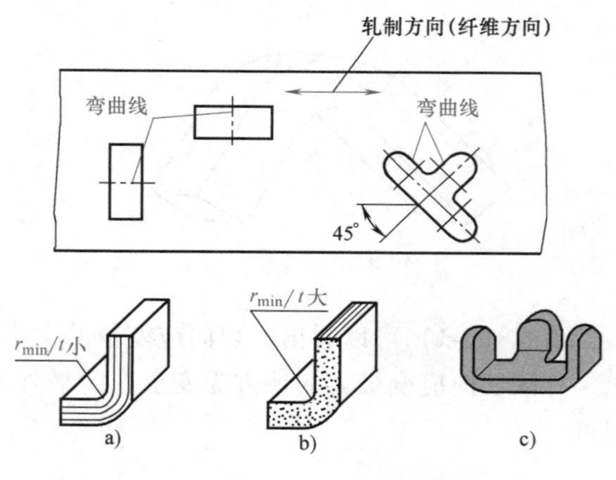

图 4-13　弯曲线与纤维方向对弯曲制件的影响

此外，弯曲中心角和板料厚度也会对弯曲半径产生影响。通常弯曲中心角在 90°以内时，随着角度的增大，允许的弯曲半径值也增大。薄料更易弯曲，即弯曲薄料时允许的弯曲半径值要比厚料小。

3. 最小弯曲半径值

由于上述各种因素的影响十分复杂，所以最小弯曲半径的数值一般用试验方法确定。部分金属材料在不同状态下的最小弯曲半径的数值见表 4-2。

4. 控制弯裂的措施

由上述分析可知，要想控制弯裂，可采取如下措施：

1）选择塑性好的材料进行弯曲，对冷作硬化的材料在弯曲前进行退火处理。

2）采用 r/t 大于 r_{min}/t 的弯曲。

表 4-2　部分金属材料在不同状态下的最小弯曲半径的数值（JB/T 5109—2001）

材料		弯曲线与轧制方向垂直	弯曲线与轧制方向平行
08、08Al		0.2*t*	0.4*t*
10、15、Q195		0.5*t*	0.8*t*
20、Q215A、Q235A、09MnXtL		0.8*t*	1.2*t*
25、30、35、40、Q275A、10Ti、13MnTi、16MnL、16MnXtL		1.3*t*	1.7*t*
65Mn	T	2.0*t*	4.0*t*
	Y	3.0*t*	6.0*t*
12Cr18Ni9	I	0.5*t*	2.0*t*
	B1	0.3*t*	0.5*t*
	R	0.1*t*	0.2*t*
1J79	Y	0.5*t*	2.0*t*
	M	0.3*t*	0.5*t*
3J1	Y	3.0*t*	6.0*t*
	M	0.3*t*	0.6*t*
5J53	Y	0.7*t*	1.2*t*
	M	0.4*t*	0.7*t*
TA2	冷作硬化	3.0*t*	4.0*t*
TA5		5.0*t*	6.0*t*
TB2		7.0*t*	8.0*t*
H62	Y	0.3*t*	0.8*t*
	Y2	0.1*t*	0.2*t*
	M	0.1*t*	0.1*t*
HPb59-1	Y	1.5*t*	2.5*t*
	M	0.3*t*	0.4*t*
BZn15-20	Y	2.0*t*	3.0*t*
	M	0.3*t*	0.5*t*
QSn6.5-0.1	Y	1.5*t*	2.5*t*
	M	0.2*t*	0.3*t*
QBe2	Y	0.8*t*	1.5*t*
	M	0.2*t*	0.3*t*
T2	Y	1.0*t*	1.5*t*
	M	0.1*t*	0.1*t*
1050A、1035	Y	0.7*t*	1.5*t*
	M	0.1*t*	0.2*t*
7A04	CSY	2.0*t*	3.0*t*
	M	1.0*t*	1.5*t*
5A05、5A06、3A21	Y	2.5*t*	4.0*t*
	M	0.2*t*	0.3*t*
2A12	CZ	2.0*t*	3.0*t*
	M	0.3*t*	0.4*t*

注：1. 表中 *t* 为板料厚度。

2. 表中数值适用于90°V形校正压弯，毛坯板厚小于20mm、宽度大于3倍板料厚度，毛坯剪切面的光亮带在弯角外侧。

3）排样时，使弯曲线与板料的纤维组织方向垂直。

4）将有毛刺的一面朝向弯曲凸模一侧，或弯曲前去除毛刺。避免弯曲毛坯外侧有任何划伤、裂纹等缺陷。

4.2.2　回弹

回弹是指弯曲制件从模具中取出后，其形状与尺寸变得与模具形状和尺寸不一致的现象，如图 4-14 所示。回弹是由于弯曲变形区内的总变形包含了弹性变形和塑性变形，当弯曲件从模具中取出后，弹性变形部分发生回复造成的。由于弯曲时内、外区切向应力方向相反，因此弹性回复方向相反，即外区弹性缩短而内区弹性伸长，结果内、外区的回弹相互加剧，导致弯曲回弹是所有冲压工序中回弹量最大的，严重影响弯曲件的质量，必须通过工艺设计和模具设计来适当减小。

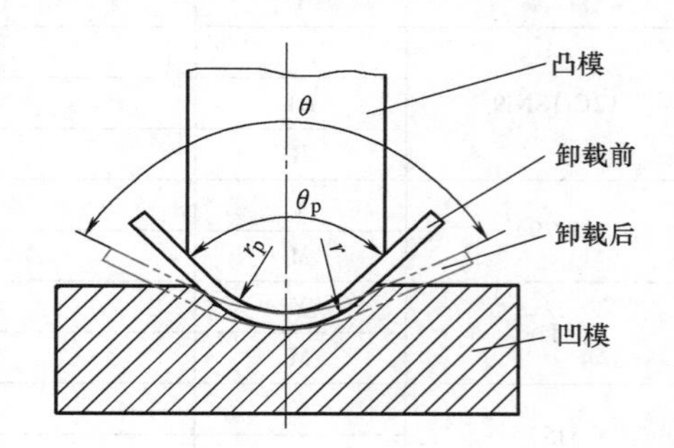

图 4-14　弯曲件卸载前后的形状和尺寸的改变

θ—弯曲后工件实际角度

r—弯曲后工件的实际半径

θ_p—凸模角度　r_p—凸模半径

1. 回弹的表现形式

弯曲回弹的表现形式有两个方面。

1）弯曲半径的改变，由加载时的 r_p 变为卸载时的 r。

2）弯曲件角度的改变，改变量 $\Delta\theta=\theta-\theta_p$。当 $\Delta\theta>0$ 时，称为正回弹，即回弹后工件的实际角度大于模具的角度；当 $\Delta\theta<0$ 时，称为负回弹，即回弹后工件的实际角度小于模具的角度。

2. 影响回弹的因素

影响回弹的因素主要有以下几点：

（1）材料的力学性能　回弹量的大小与材料的屈服强度 R_{eL} 和硬化指数 n 成正比，与弹性模量 E 成反比。图 4-15a 所示两种材料的屈服强度和硬化指数相同，但弹性模量不同（$E_1>E_2$），在产生相同变形量 ε 的情况下，材料 1 内部所包含的弹性变形量 ε_1' 却小于材料 2 内部所包含的弹性变形量 ε_2'，说明回弹量与弹性模量成反比。图 4-15b 所示两种材料的弹性模量和硬化指数相同，屈服强度不同，屈服强度大的材料（材料 4）的回弹大于屈服强度小的材料（材料 3）的回弹，说明回弹量与屈服强度成正比。

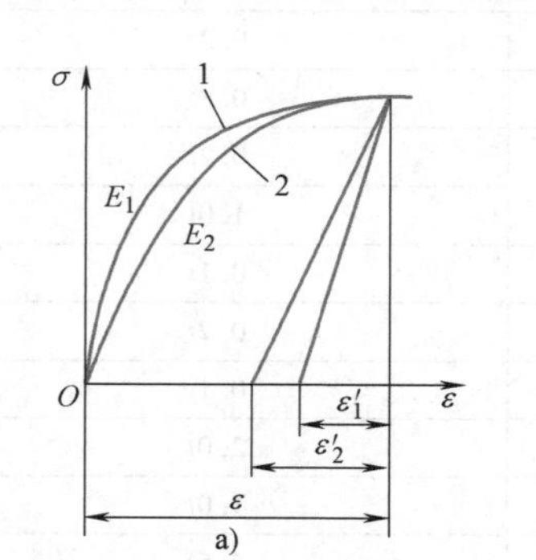

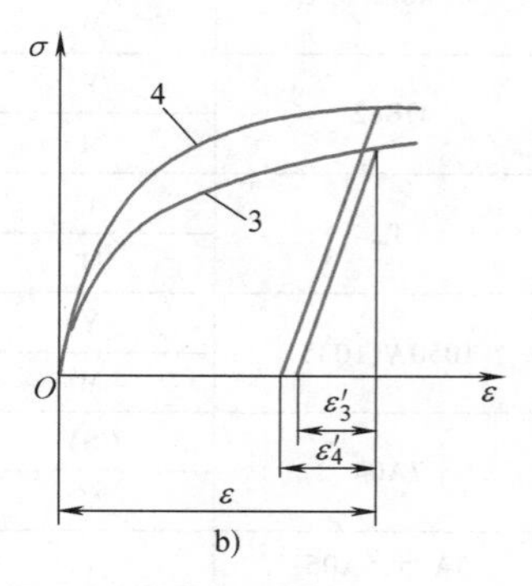

图 4-15　材料力学性能对回弹的影响

（2）相对弯曲半径　相对弯曲半径 r/t 越大，弯曲变形程度越小，总变形内部弹性变形量所占比例越大，回弹越大。

（3）弯曲中心角　弯曲中心角越大，变形区的长度越长，回弹积累值也越大，故回弹越大。

（4）弯曲方式　校正弯曲的回弹量比自由弯曲时大为减小，甚至可能出现负回弹。

（5）弯曲件的形状　一般而言，弯曲件越复杂，一次弯曲成形角的数量越多，回弹量就越小，如U形件的弯曲回弹就小于V形件的弯曲回弹。

模具设计时，为保证生产出合格的弯曲件，必须预先考虑弯曲件回弹的影响，以适当的回弹量进行补偿。由于影响回弹量的因素很多，各因素往往相互影响，因此，很难实现对回弹量的精确计算或分析。一般情况下，模具设计时，对回弹量大多按经验确定，通过实际试模修正。

3. 减小回弹的措施

根据上述影响因素，减小回弹的主要措施有以下几点：

（1）改进弯曲件的设计，合理选材

1）尽量避免选用过大的 r/t。如有可能，在弯曲区压制加强筋（图4-16），以提高零件的刚度，抑制回弹。

2）尽量选用屈服强度小、硬化指数小、弹性模量大的板料进行弯曲。

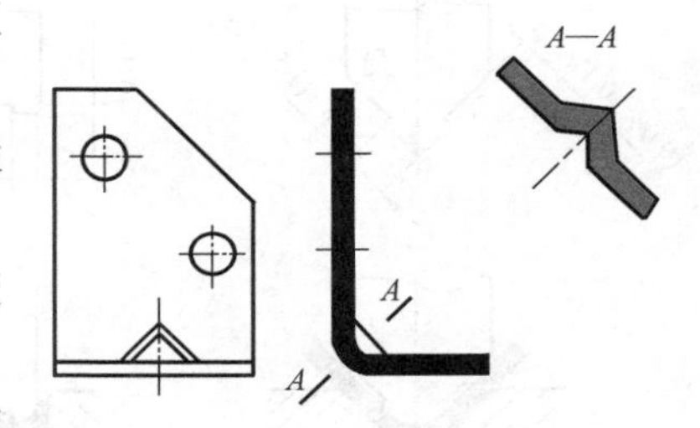

图4-16　设计加强筋减小回弹

（2）采取适当的弯曲工艺，改变变形区的应力应变状态

1）采用校正弯曲代替自由弯曲。利用有底凹模的校正弯曲代替无底凹模的自由弯曲，这样可大大减小弯曲回弹，这也是实际生产中经常采用的方法之一。

2）采用拉弯工艺。拉弯工艺如图4-17所示，在板料弯曲的同时沿长度方向施加拉力，使整个变形区均处于拉应力状态，以消除弯曲变形区内、外区回弹加剧的现象，达到减小回弹的目的。生产中通常采用这种方法弯曲 r/t 很大的弯曲件，如飞机蒙皮的成形。

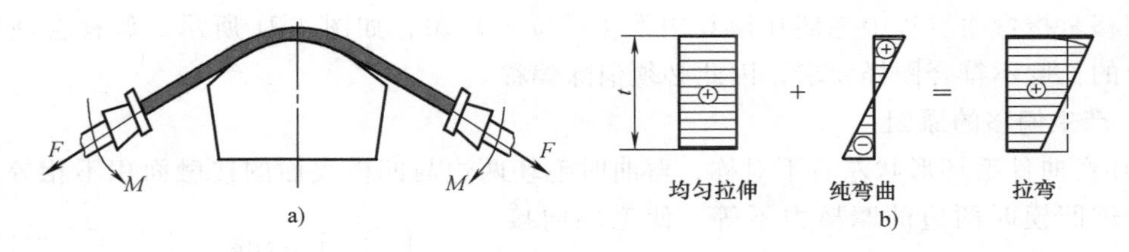

图4-17　拉弯工艺与应力分布

a）拉弯工艺　b）拉弯时的切向应力分布

3）对冷作硬化的材料须先退火，使其屈服强度降低。对回弹较大的材料，必要时采用加热弯曲。

（3）合理设计弯曲模

1）补偿法。预先估算或试验出工件弯曲后的回弹量，在设计模具时，根据回弹量的大小对模具工作部分进行修正，保证获得理想的形状和尺寸。单角弯曲时，根据估算的回弹量将模具的角度减小，如图4-18a所示。双角弯曲时，可在凸模两侧做出回弹角并适当减小间隙（图4-18b）或将模具底部做成弧状（图4-18c）进行补偿。这种方法简单易行，在生产中广泛采用。

2）对于厚度在 0.8mm 以上的软材料，且相对弯曲半径不大时，可把凸模做成图 4-19 所示的结构，使凸模的作用力集中在变形区，以改变应力状态，达到减小回弹的目的。但此时容易在弯曲件圆角部位压出痕迹。

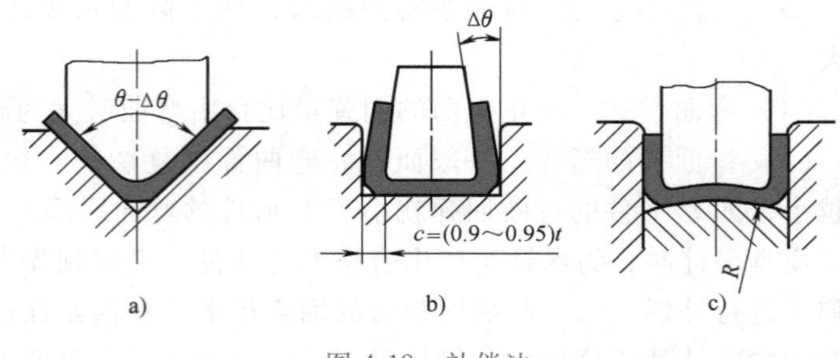

图 4-18　补偿法

3）用橡胶或聚氨酯软模代替刚性金属凹模，可消除直边部分的变形和回弹，并通过调节凸模压入软凹模的深度来控制回弹，如图 4-20 所示。

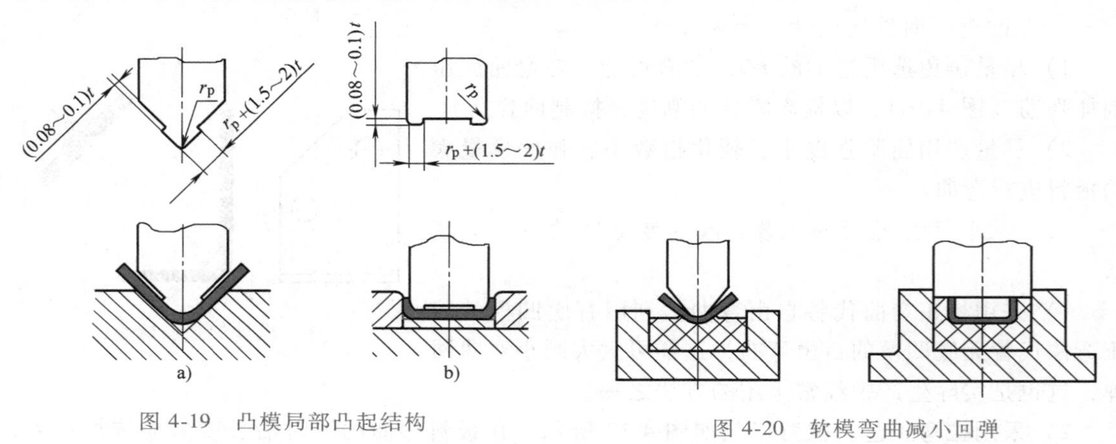

图 4-19　凸模局部凸起结构

图 4-20　软模弯曲减小回弹

4.2.3　偏移

偏移是指弯曲过程中毛坯在模具中发生移动的现象，如图 4-21 所示。偏移会使弯曲件两直边的长度不符合图样要求，因此必须消除偏移。

1. 产生偏移的原因

1）弯曲件毛坯形状左右不对称，弯曲时毛坯两边与凹模表面的接触面积不相等，导致毛坯滑进凹模时两边的摩擦力不等，使毛坯向接触面积大的一边移动。

2）毛坯定位不稳，压料效果不理想。

3）模具结构左右不对称。

此外，模具间隙两边不相同、润滑不一致时，都会发生偏移。

2. 控制偏移的措施

1）选择可靠的定位和压料方式，采用合适的模具结构，如图 4-22 所示。

2）对于小型不对称的弯曲件，采用成对弯曲再剖切的工艺，如图 4-23 所示。

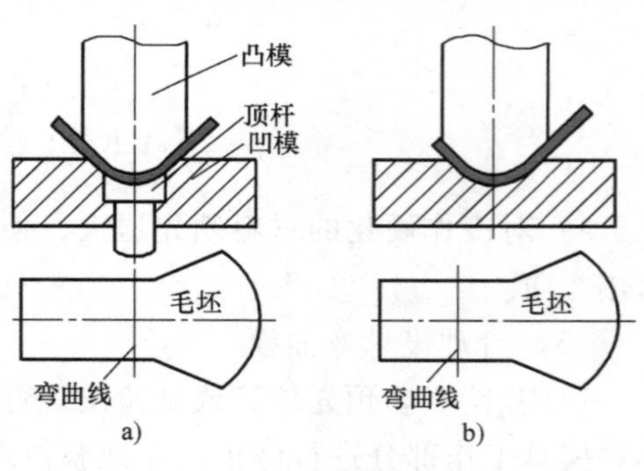

图 4-21　偏移现象

a）无偏移现象　b）产生偏移现象

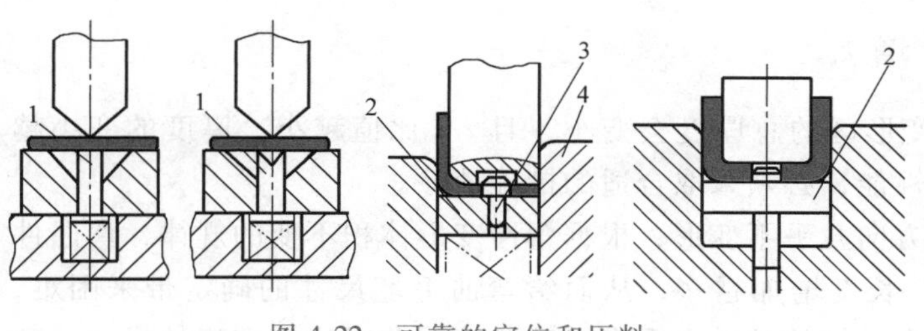

图 4-22　可靠的定位和压料

1—顶杆　2—顶板　3—定位销　4—止推块

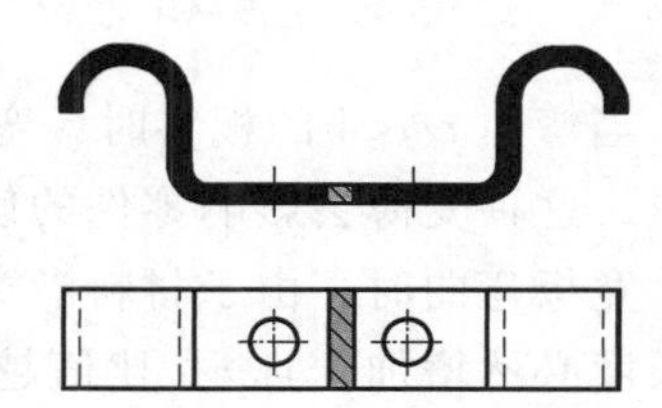

图 4-23　小型不对称弯曲件成对弯曲

4.2.4　板料横截面的畸变和翘曲变形

窄板弯曲时，变形区外区切向受拉伸长使板宽和板厚产生压缩变形，内区切向受压缩短使板宽和板厚产生伸长变形，使变形区的横截面变成内宽外窄的梯形，即截面发生畸变，使内表面的宽度 $b_1>b$，外表面的宽度 $b_2<b$，如图 4-24a 所示。如果弯曲件的宽度 b 的精度要求较高（不允许出现 $b_1>b$）时，可在毛坯的弯曲线处预先切出工艺切口，如图 4-24b 所示。

宽板弯曲时，变形区在宽度方向上受到较大的阻力，几乎不变形，因此变形后的横截面仍能保持为矩形，但由于内区受压应力，外区受拉应力，这种方向相反的力在变形区内部形成弯矩，卸载后会引起弹性回复，造成弯曲后板料的弯曲线不能保持为直线而发生翘曲现象，如图 4-24c 所示。

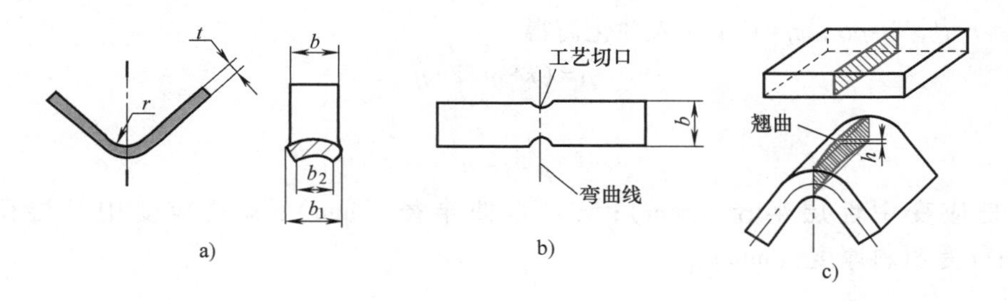

图 4-24　板料横截面的畸变和翘曲变形

克服翘曲可从模具结构上采取措施，可通过加侧板的模具或预先将翘曲量 h 设计在与翘曲相反的方向上，如图 4-25 所示。

此外，在弯曲型材和管材时，也易导致截面发生畸变，如图 4-26 所示。此时可通过校正弯曲减小型材截面的畸变，通过在管材内加填料避免管材的截面发生畸变。

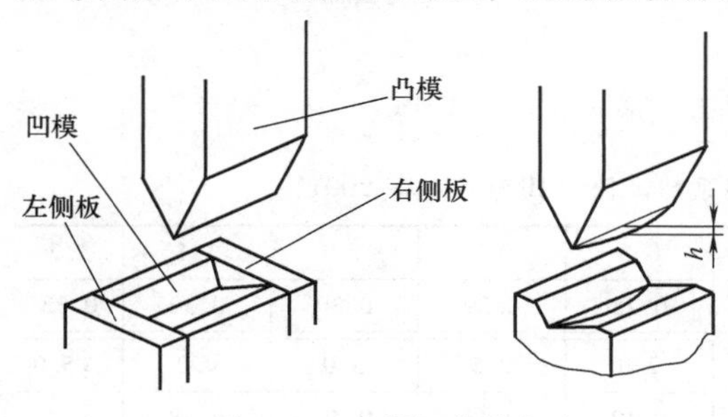

图 4-25　克服翘曲的方法

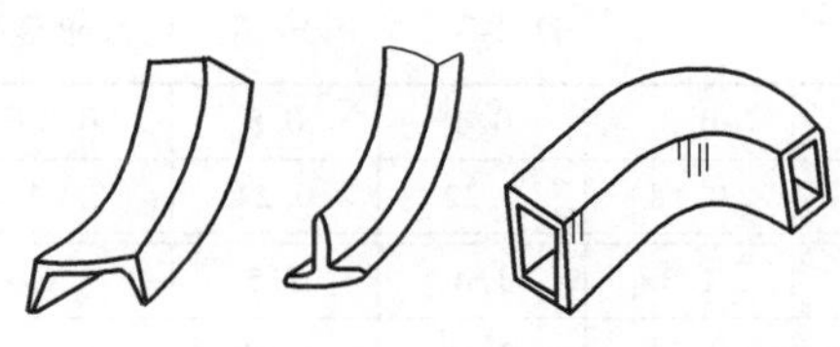

图 4-26　截面畸变

4.2.5　变形区变薄和弯曲长度增加

当弯曲 $r/t<4$ 的板料时，弯曲变形区的总厚度会变小，且 r/t 比值越小，厚度的变小越严重，这种变薄会影响零件的使用性能，必须采取合适的措施消除。

宽板弯曲时，由于材料沿宽度方向几乎不变形，根据塑性变形体积不变的规律，弯曲件的长度必然增加，且 r/t 比值越小，长度增加越多，从而给弯曲毛坯尺寸的确定带来困难，因此在计算弯曲件的毛坯长度时，在计算的基础上需多次试验才能获得比较准确的尺寸。弯曲件的模具设计步骤通常是先设计弯曲模，通过试模得到准确的毛坯尺寸，再设计落料模。

4.3　弯曲工艺计算

4.3.1　弯曲件毛坯尺寸的计算

1. 应变中性层的位置

由于应变中性层是弯曲变形前后长度保持不变的金属层，因此其展开长度就是弯曲毛坯的长度。应变中性层位置以曲率半径 ρ 表示，可通过弯曲变形前后体积不变求出（图4-27），即

$$lbt=\pi(R^2-r^2)b\frac{\alpha}{2\pi}$$

将 $R=r+t'$，$l=\rho\alpha$，$\eta=t'/t$ 代入并化简得

$$\rho=(r+\eta t/2)\eta$$

简写成

$$\rho=r+xt \tag{4-3}$$

式中，ρ 是应变中性层半径（mm）；r 是弯曲半径（mm）；x 是应变中性层位移系数（表4-3）；t 是材料厚度（mm）。

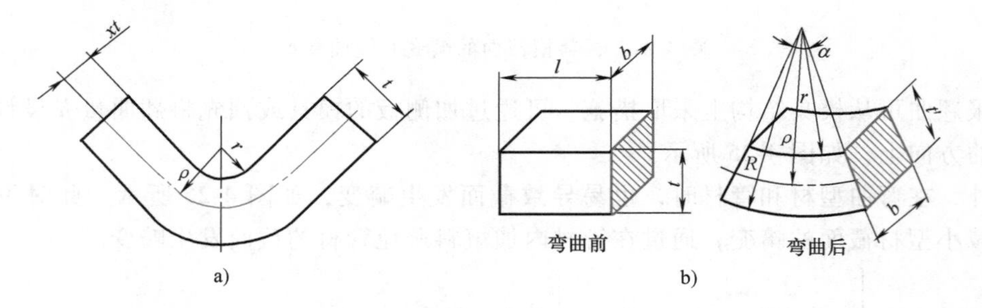

图4-27　应变中性层位置

表4-3　V形压弯90°时应变中性层位移系数 x 值（JB/T 5109—2001）

r/t	0.3	0.4	0.5	0.6	0.7	0.8	0.9	1.0	1.1	1.2
x	0.18	0.22	0.24	0.25	0.26	0.28	0.29	0.30	0.32	0.33
r/t	1.3	1.4	1.5	1.6	1.8	2.0	2.5	3.0	4.0	≥5.0
x	0.34	0.35	0.36	0.37	0.39	0.40	0.43	0.46	0.48	0.50

扩展阅读

与应变中性层对应的有应力中性层。应力中性层是指切向应力为零或应力发生突变的金属层。在弯曲变形程度不大的情况下，两个中性层的位置重合，均位于板料厚度的中间位置。当弯曲变形程度较大时，两中性层的位置不再重合，都向内区偏移，但偏移量不同，应力中性层先于应变中性层向内区移动。

2. 弯曲件毛坯尺寸的确定

由于实际生产中的弯曲多为宽板弯曲，因此弯曲工件的宽度即为毛坯的宽度，这里只需确定弯曲件的展开长度，即弯曲件在弯曲前的展开长度。

弯曲件的形状不同、弯曲半径不同、弯曲方法不同，其展开长度的计算方法也不一样。一般来说，圆角半径 $r>0.5t$ 的弯曲件，在弯曲过程中，毛坯中性层的尺寸基本不发生变化，因此，计算弯曲件展开长度，只需计算中性层展开尺寸即可。对于圆角半径 $r<0.5t$ 的弯曲件，由于弯曲区域内材料变薄严重，其展开长度应按体积不变原则进行计算。

（1）圆角半径 $r>0.5t$ 的弯曲件　如上所述，此类弯曲件的展开长度是根据弯曲前后毛坯中性层尺寸不变的原则进行计算的，其展开长度等于所有直线段及弯曲部分中性层展开长度之和，以图 4-28 为例，计算步骤如下：

1）从弯曲件一端开始，将其分成若干直线段和圆弧段，计算直线段 a、b、c、d 的长度。

2）根据表 4-3 查出应变中性层位移系数 x 值。

3）按式（4-3）确定各圆弧段中性层弯曲半径 ρ。

4）根据各弯曲中心角 α_1、α_2、α_3 及与其对应的中性层弯曲半径 ρ_1、ρ_2、ρ_3，计算各圆弧段展开长度 l_1、l_2、l_3。

$$l_i = \pi\rho_i\alpha_i/180° \quad (i=1、2、3)$$

5）计算总展开长度 L。

$$L=a+b+c+d+l_1+l_2+l_3$$

当弯曲件的弯曲角度为 90°时（图 4-29），弯曲件展开长度计算可简化为

$$L=a+b+1.57(r+xt)$$

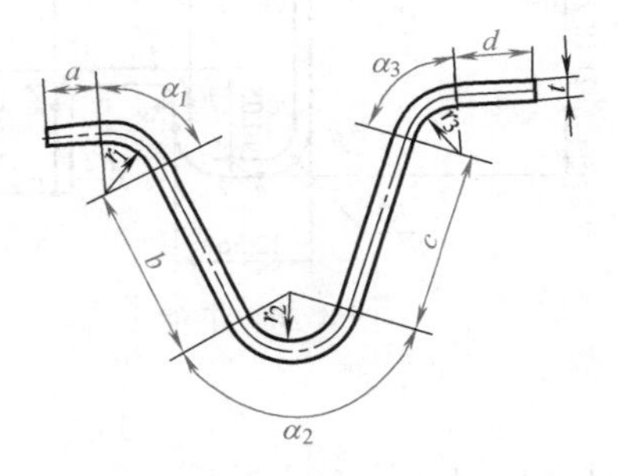

图 4-28　展开长度计算

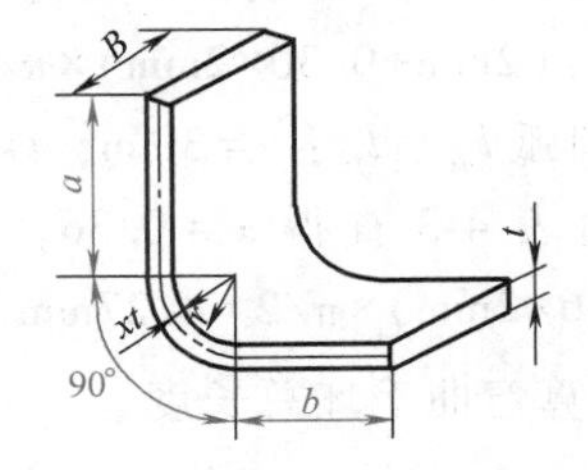

图 4-29　弯曲角度为 90°时的展开长度计算

（2）圆角半径 $r<0.5t$ 的弯曲件　此类弯曲件展开长度是根据弯曲前后材料体积不变的原则进行计算的，其计算公式见表 4-4。

表 4-4　$r<0.5t$ 弯曲件展开长度的经验公式（JB/T 5109—2001）

序号	弯曲特征	简图	公式
1	弯一个角		$L\approx l_1+l_2+0.4t$
2	弯一个角		$L=l_1+l_2+t$
3	一次同时弯两个角		$L=l_1+l_2+l_3+0.6t$
4	一次同时弯三个角		$L=l_1+l_2+l_3+l_4+0.75t$
5	一次同时弯两个角、第二次弯曲另一个角		$L=l_1+l_2+l_3+l_4+t$
6	四角压弯		$L=l_1+l_2+l_3+2l_4+t$

【例 4-1】　弯曲如图 4-30 所示工件，试计算其展开长度。

解： 1）将工件从 a 点开始分成直线段 l_{ab}、l_{cd}、l_{ef}、l_{gh}、l_{ij}、l_{km} 和圆弧段 l_{bc}、l_{de}、l_{fg}、l_{hi}、l_{jk}。

2）计算圆弧段的展开长度。

对于圆弧 l_{bc}、l_{hi}、l_{jk}：$r=2\text{mm}$，$t=2\text{mm}$，则 $r/t=2\text{mm}/2\text{mm}=1$，由表 4-3 查得 $x=0.30$，则弧长 $l_{bc}=l_{hi}=l_{jk}=(2\text{mm}+0.30\times2\text{mm})\times\pi/2=4.082\text{mm}$。

对于圆弧 l_{de}、l_{fg}：$r=3\text{mm}$，$t=2\text{mm}$，则 $r/t=3/2=1.5$，由表 4-3 查得 $x=0.36$，则弧长 $l_{de}=l_{fg}=(2\text{mm}+0.36\times2\text{mm})\times\pi/2=4.27\text{mm}$。

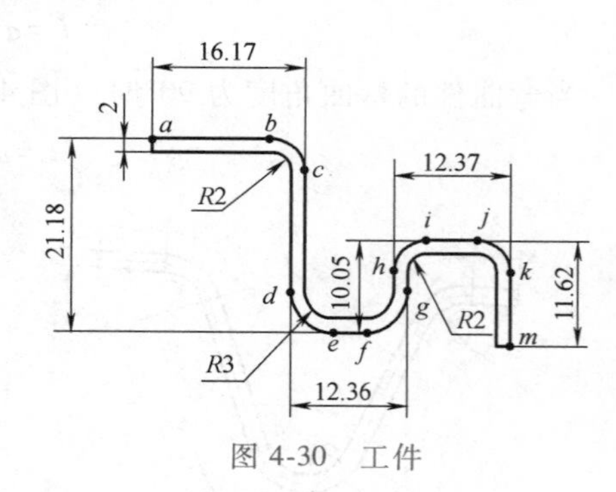

图 4-30　工件

3）计算弯曲毛坯总长度。

$$L=\Sigma l_{直线段}+\Sigma l_{圆弧段}=l_{ab}+l_{cd}+l_{ef}+l_{gh}+l_{ij}+l_{km}+l_{bc}+l_{de}+l_{fg}+l_{hi}+l_{jk}$$

$$=16.17\text{mm}-4\text{mm}+21.18\text{mm}-9\text{mm}+12.36\text{mm}-10\text{mm}+10.05\text{mm}-9\text{mm}+12.37\text{mm}-8\text{mm}+11.62\text{mm}-4\text{mm}+3\times4.082\text{mm}+2\times4.27\text{mm}$$

$$=60.536\text{mm}$$

扩展阅读

1）实际上弯曲毛坯展开长度的计算可以借助CAD软件辅助完成，这将会大大简化计算过程，如图4-28所示的各段（直线段和圆弧段）长度可直接通过CAD从图中量取，而不必进行烦琐的计算。

2）中性层位置确定后，对于形状比较简单、尺寸精度要求不高的弯曲件，可直接采用上述方法计算毛坯长度。而对于形状比较复杂或精度要求高的弯曲件，在利用上述公式初步计算毛坯长度后，还需反复试弯不断修正，才能最后确定毛坯的准确形状及尺寸。

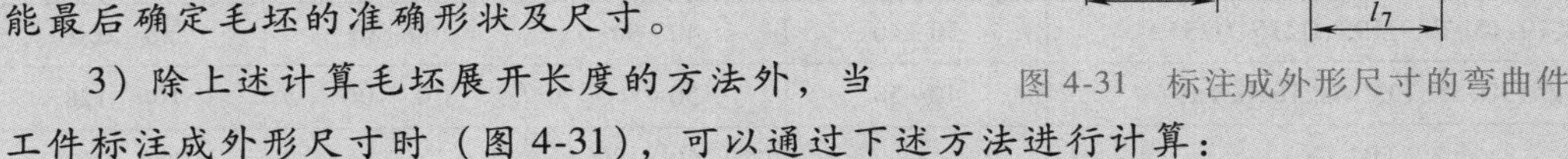

图4-31　标注成外形尺寸的弯曲件

3）除上述计算毛坯展开长度的方法外，当工件标注成外形尺寸时（图4-31），可以通过下述方法进行计算：

$$L=l_1+l_2+l_3+\cdots+l_n-(n-1)c$$

式中，n是直边数，图4-31所示的直边数为10；c是伸长量的修正值，见表4-5。

表4-5　伸长量修正值

材料厚度/mm	1.0	1.2	1.6	2.0	2.3	3.2
c	1.85	2.22	2.96	3.70	4.26	5.92

4.3.2　弯曲工艺力的计算及设备选用

1. 弯曲工艺力的计算

弯曲工艺力是指弯曲工艺过程中所需的各种力，通常包括弯曲力、压料力或顶件力。弯曲力是指压力机完成预定的弯曲工序需施加的压力。为选择合适的压力机，必须计算各种力。

弯曲力的大小不仅与毛坯尺寸、材料力学性能、凹模支点间的间距、弯曲半径及凸凹模间隙等因素有关，而且与弯曲方式也有很大关系。生产中常用经验公式进行计算，见表4-6。

表4-6　弯曲力计算公式

弯曲方式		弯曲工序简图	弯曲力计算公式	b、t、r含义
自由弯曲	V形件		$F_Z=bt^2R_m/(r+t)$	
	U形件			
校正弯曲			$F_J=qA$	

注：F_Z是材料在冲压行程结束时的自由弯曲力（N）；b是弯曲件宽度（mm）；t是弯曲件厚度（mm）；r是弯曲半径（mm）；R_m是抗拉强度（MPa）；F_J是校正弯曲力（N）；q是单位校正力（MPa），可参考表4-7选取；A是工件被校正部分在垂直于凸模运动方向上的投影面积（mm^2）。

若弯曲模设有顶件装置或压料装置，其顶件力 F_D（或压料力 F_Y）可按下式计算：

$$F_D = C_D F_Z \tag{4-4}$$

$$F_Y = C_Y F_Z \tag{4-5}$$

式中，C_D 是顶件力系数，简单形状弯曲件取 0.1~0.2，复杂形状弯曲件取 0.2~0.4；C_Y 是压料力系数，简单形状弯曲件取 0.3~0.5，复杂形状弯曲件取 0.5~0.8。

表 4-7　单位校正力 q（JB/T 5109—2001）　（单位：MPa）

材料	材料厚度 t/mm			
	≤1	>1~3	>3~6	>6~10
1050A、1035	15~20	20~30	30~40	40~50
H62、H68、QBe2	20~30	30~40	40~60	60~80
08、10、15、20、Q195、Q215、Q235A	30~40	40~60	60~80	80~100
25、30、35、13MnTi、16MnXtL	40~50	50~70	70~100	100~120
TB2	—	160~180	—	180~210

2. 设备吨位的选择

对于有压料的自由弯曲，压力机的吨位选择需要考虑弯曲力和压料力的大小，即

$$F_{压力机} \geqslant 1.2\ (F_Z + F_Y)$$

对于校正弯曲，其校正弯曲力比自由弯曲力要大得多，且校正弯曲与自由弯曲两者不是同时存在的，因此在校正弯曲时，选择压力机吨位可以只考虑校正弯曲力，即

$$F_{压力机} \geqslant 1.2F_J \tag{4-6}$$

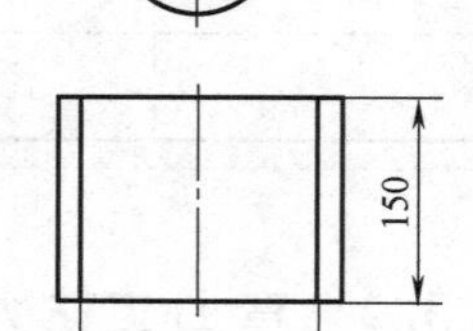

图 4-32　V 形件

【例 4-2】 弯曲如图 4-32 所示 V 形件，已知材料为 20 钢，抗拉强度为 400MPa，试分别计算自由弯曲力和校正弯曲力。当采用压料装置时，试选择压力机吨位。

解： 由表 4-6 中公式得

自由弯曲时

$$F_Z = bt^2R_m/(r+t) = 150\text{mm}\times2\text{mm}\times2\text{mm}\times400\text{MPa}/(3\text{mm}+2\text{mm}) = 48\text{kN}$$

$$F_Y = C_Y F_Z = 0.4\times48\text{kN} = 19.2\text{kN}$$

总的工艺力为

$$F_Z + F_Y = 48\text{kN} + 19.2\text{kN} = 67.2\text{kN}$$

设备吨位

$$F_{压力机} \geqslant 1.2(F_Z + F_Y) = 1.2\times67.2\text{kN} = 80.64\text{kN}$$

即可选用 100kN 的压力机。

校正弯曲时，由表 4-7 查得 q 可取 50MPa，由表 4-6 中公式得

$$F_J = qA = 50\text{MPa}\times166.8\text{mm}\times150\text{mm} = 1251\text{kN}$$

设备吨位

$$F_{压力机} \geqslant 1.2\ F_J = 1.2\times1251\text{kN} = 1501.2\text{kN}$$

即可选用 1600kN 的压力机。

扩展阅读

由【例 4-2】可知，校正弯曲力比自由弯曲力要大得多，因此在进行校正弯曲时，选择设备吨位无须考虑压料力和顶件力。

4.4　弯曲工艺设计

弯曲工艺设计包括弯曲件工艺性分析和弯曲工艺方案确定两方面内容。

4.4.1　弯曲件工艺性分析

弯曲件的工艺性是指弯曲件对弯曲工艺的适应性，主要分析弯曲件的形状、尺寸、精度、材料及技术要求等是否符合弯曲加工的工艺要求，这是从产品加工的角度提出来的。具有良好工艺性的弯曲件，能简化弯曲的工艺过程及模具结构，提高工件的质量。

1. 对弯曲件的形状要求

1）为防止弯曲时产生偏移，要求弯曲件形状和尺寸尽可能对称，如图 4-33 所示。

2）局部弯曲某一段边缘时，为避免弯曲根部撕裂，应在弯曲部分与不弯曲部分之间切槽（图 4-34a）或在弯曲前冲出工艺孔（图 4-34b）。

3）增添连接带和定位工艺孔。在弯曲变形区附近有缺口的弯曲件，若在毛坯上先将缺口冲出，弯曲时会出现叉口，严重时无法成形，这时应在缺口处留连接带，待弯曲成形后再将连接带切除（图 4-35a）。为保证毛坯在弯曲模内准确定位，或防止弯曲过程中毛坯的偏移，最好能在毛坯上预先增添定位工艺孔（图 4-35b）。

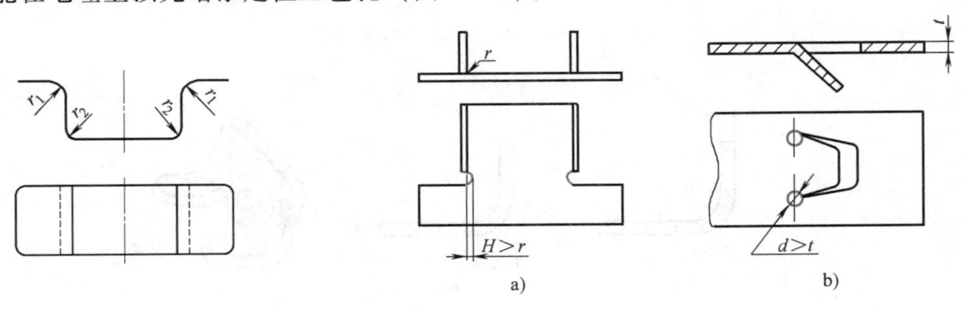

图 4-33　弯曲件形状要求　　图 4-34　防止裂纹的结构

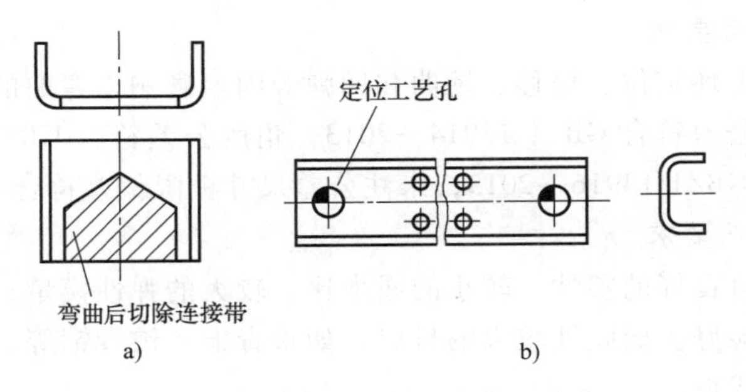

图 4-35　增添连接带和定位工艺孔

2. 对弯曲件的尺寸要求

（1）弯曲半径　弯曲件的弯曲半径不宜小于最小弯曲半径，否则要多次弯曲，增加工序数；也不宜过大，因为过大时，受回弹的影响，弯曲角度与弯曲半径的精度不易保证。

（2）弯曲件弯边高度　弯曲件弯边高度不宜过小，其值应为 $h \geqslant r+2t$（图 4-36a）。当 h 较小时，弯边在模具上支持的长度过小，不易形成足够的弯矩，很难得到形状准确的工件。若 $h<r+2t$ 时，则须预先压槽，再弯曲；或增加弯边高度，弯曲后再切掉（图 4-36b）。如果所弯直边带有斜角，则在斜边高度小于 $r+2t$ 的区段上不可能弯曲到要求的角度，而且此处也容易开裂（图 4-36c），因此必须改变工件的形状，加高弯边尺寸，弯曲后再切除（图 4-36d）。

（3）弯曲件孔边距离　弯曲有孔的工序件时，如果孔位于弯曲变形区内，则弯曲时孔会发生变形，为此必须使孔处于变形区之外。当弯曲直角时，最小孔边距 $l_{min}=r+2t$（图 4-37a）。

如果孔边距过小，为防止弯曲时孔变形，可在弯曲线上冲工艺孔或切槽，如图 4-37b、c 所示。如对孔的精度要求较高，则应弯曲后再冲孔。

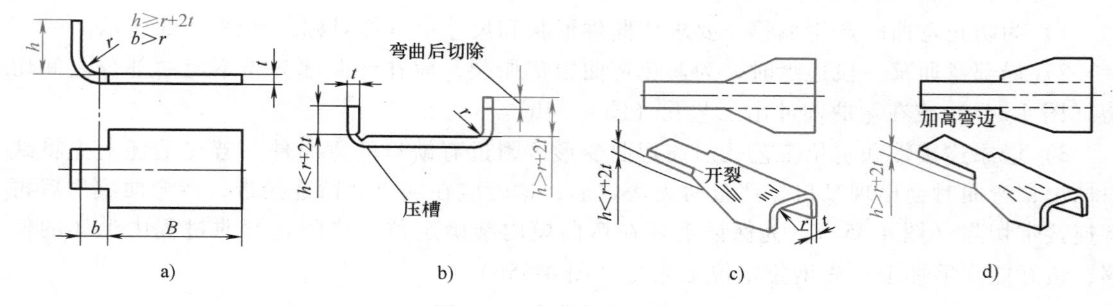

图 4-36　弯曲件弯边要求

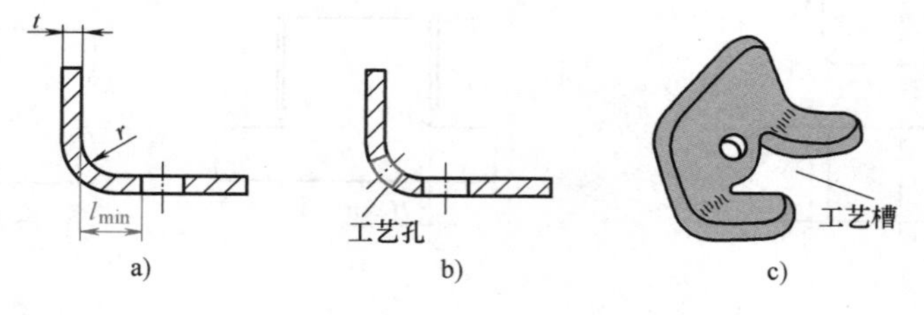

图 4-37　弯曲件孔边距

3. 对弯曲件的精度要求

弯曲件的精度受毛坯定位、偏移、翘曲和回弹等因素影响，弯曲的工序数目越多，精度越低。弯曲件的尺寸公差符合 GB/T 13914—2013，角度公差符合 GB/T 13915—2013，形状和位置未注公差符合 GB/T 13916—2013，未注公差尺寸极限偏差符合 GB/T 15055—2021。

4. 对弯曲件的材料要求

弯曲件的材料要有良好的塑性、较小的屈强比、较大的弹性模量，如低碳钢、黄铜和铝等材料的弯曲成形性能好。而脆性较大的材料，如磷青铜、铍青铜等，其最小相对弯曲半径大，回弹大，不利于成形。

5. 对尺寸标注的要求

尺寸标注对弯曲件的工艺性有很大的影响。图 4-38 所示为弯曲件孔的位置尺寸的三种标注法。对于第一种标注法，孔的位置精度不受毛坯展开长度和回弹的影响，将大大简化工艺设计。因此，在不要求弯曲件有一定装配关系时，应尽量考虑冲压工艺的方便与否来标注尺寸。

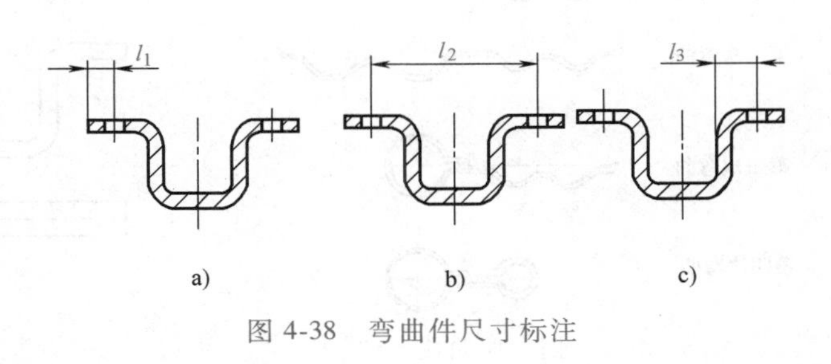

图 4-38　弯曲件尺寸标注

4.4.2　弯曲工艺方案确定

弯曲件的工艺方案应根据工件形状、公差等级、生产批量及材料的力学性质等因素进行考虑。弯曲工艺方案合理，则可以简化模具结构、提高工件质量和劳动生产率。

1）对于形状简单的弯曲件，如 V 形、U 形、L 形、Z 形工件等，可以采用一次弯曲成形，如图 4-39 所示；对于形状复杂的弯曲件，一般需要采用两次（图 4-40）或多次弯曲成形（图 4-41 和图 4-42）。

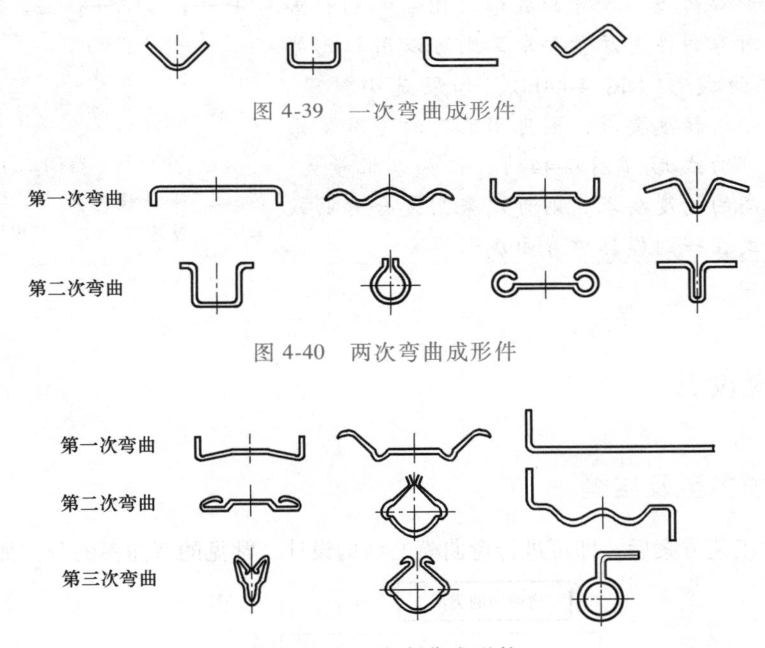

图 4-39　一次弯曲成形件

图 4-40　两次弯曲成形件

图 4-41　三次弯曲成形件

2）对于批量大而尺寸较小的弯曲件，为使操作方便、定位准确和提高生产率，应尽可能采用级进冲压成形。

3）当弯曲件几何形状不对称时，为避免压弯时毛坯偏移，应尽量采用成对弯曲，再切成两件的工艺，如图 4-43 所示。

4）需多次弯曲时，弯曲次序一般是先弯外端，后弯中间部分，前次弯曲应考虑后次弯曲有可靠的定位，后次弯曲不能影响前次已成形的形状。

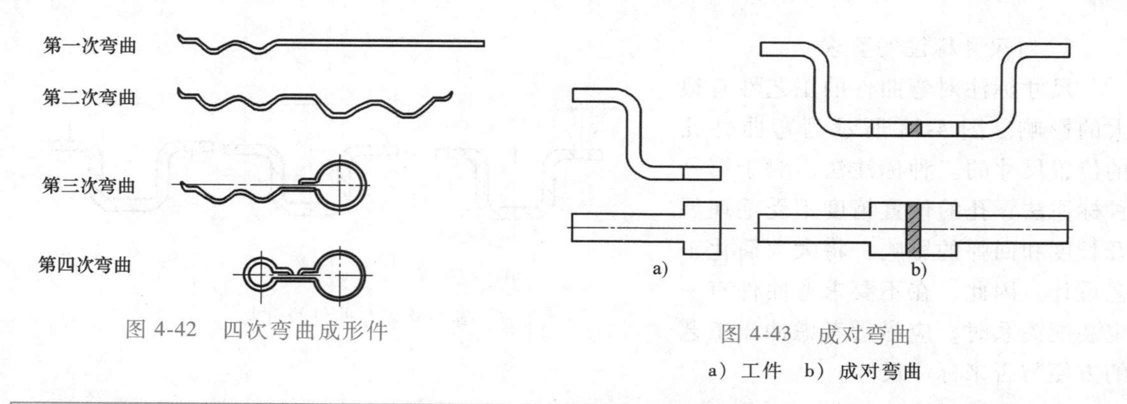

图 4-42　四次弯曲成形件

图 4-43　成对弯曲

a）工件　b）成对弯曲

扩展阅读

弯曲件的工序安排十分灵活，最主要的决定因素是形状、精度和批量要求。如图 4-44 所示的四角形弯曲件，就其形状来说可以一次弯曲，也可以两次弯曲，还可以四次弯曲；可以级进弯曲，也可以复合弯曲等。如果 h 比较小、批量较大且对弯曲件的质量没有过高的要求，则可以用四角形弯曲模一次弯曲成形（图 4-44a）；如果批量不大，对弯曲件有质量要求，则可以用 U 形弯曲模分两次弯曲成形（图 4-44b）；如果是小批量、对弯曲件没有任何精度要求，则可用已有的通用 V 形弯曲模分四次弯曲成形（图 4-44c）；但如果批量大，对弯曲件有较高的精度要求，则可以采用复合弯曲或级进弯曲的方式在一副模具中弯曲成形。

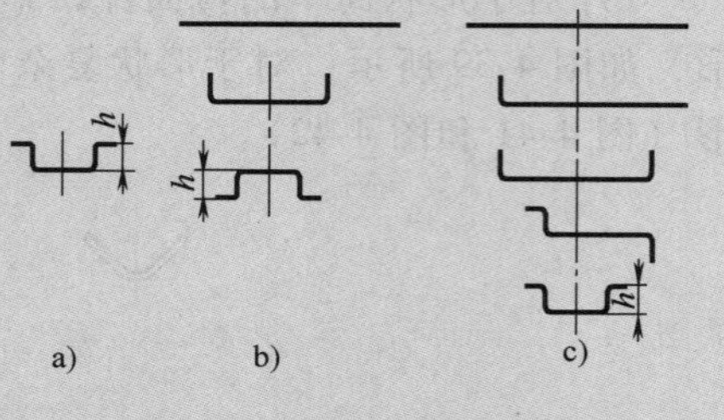

图 4-44　弯曲工序的安排

a）一次弯曲　b）U 形模两次弯曲　c）V 形模四次弯曲

4.5　弯曲模设计

4.5.1　弯曲模类型及结构

确定弯曲件工艺方案后，即可进行弯曲模的结构设计。常见的弯曲模的分类如图 4-45 所示。

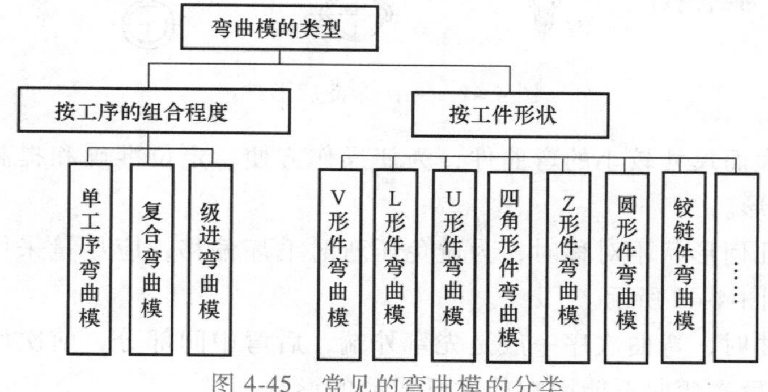

图 4-45　常见的弯曲模的分类

扩展阅读

1）相比冲裁件，弯曲件的结构要复杂得多，由于弯曲方向和弯曲角度可以是任意的（图 4-46），因此要求弯曲模能提供相应的成形方向，使弯曲模的结构灵活多变，没有统一的标准。

图 4-46　弯曲件示例

2）尽管弯曲模的结构型式多样，但弯曲模仍然是由工作零件，定位零件，压料、卸料、送料零件，固定零件和导向零件组成的，因此可以采用看冲裁模图的方法看弯曲模图，区别在于弯曲凸、凹模的判定方法不同，对于弯曲模（拉深等其他成形模也如此），被弯曲件包围的是凸模，包围弯曲件的是凹模。

1. V 形件弯曲模

图 4-47a 所示为简单的 V 形件弯曲模，其特点是结构简单、通用性好，但弯曲时毛坯容易偏移，影响工件精度。图 4-47b～d 所示分别为带有定位钉、顶杆、V 形顶杆的模具结构，可以防止毛坯偏移，提高工件精度。

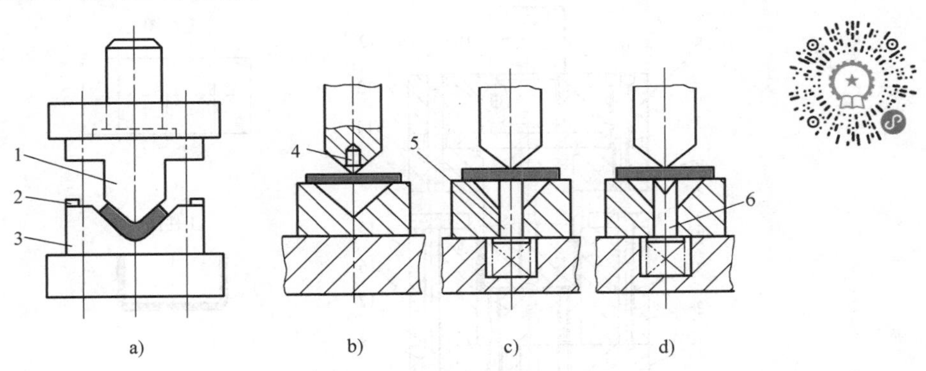

图 4-47　V 形件弯曲模

1—凸模　2—定位板　3—凹模　4—定位钉　5—顶杆　6—V 形顶杆

图 4-48 所示为 V 形件精弯模，两块活动凹模 2 通过转轴 7 铰接，定位板 3 固定在活动凹模 2 上。弯曲前顶杆 8 将转轴 7 顶到最高位置，使两块活动凹模 2 组成一平面。在弯曲过程中，毛坯始终与活动凹模 2 接触，以防止毛坯偏移。这种结构特别适用于有精确孔定位的小工件、毛坯不易放平稳的带窄条的工件及没有足够压料面的工件。

2. L 形件弯曲模

图 4-49 所示为两直边不相等的 L 形件弯曲模。图 4-49a 所示为用定位板对毛坯外形进行定位，毛坯在弯曲过程中易发生偏移，所得弯曲件的精度不高。因此，L 形弯曲件尽可能采用图 4-49b 所示的结构，由定位销通过工艺孔对毛坯进行定位，可以有效防止弯曲时毛坯偏

移。无论采用哪种结构，为平衡单边弯曲时产生的水平侧向力，需设置一反侧压块。

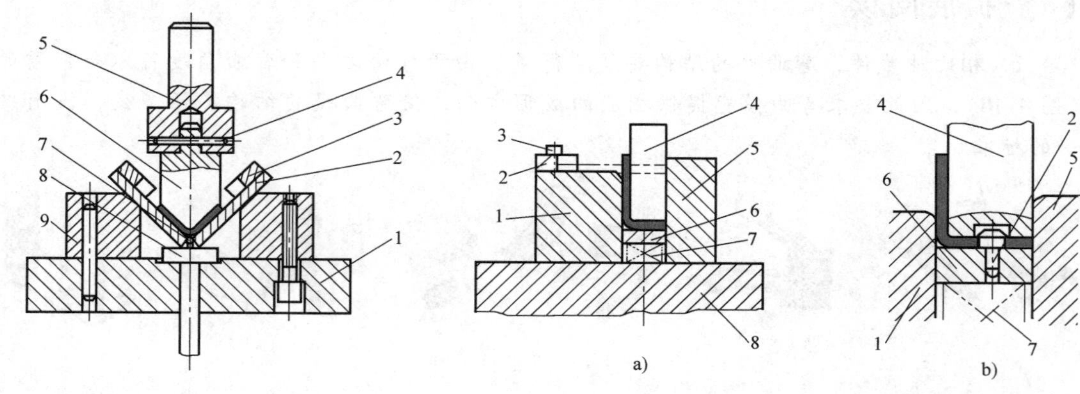

图 4-48　V 形件精弯模

1—下模座　2—活动凹模　3—定位板　4—横销
5—模柄　6—凸模　7—转轴　8—顶杆　9—支承板

图 4-49　两直边不相等的 L 形件弯曲模

1—凹模　2—定位板（销）　3—螺钉　4—凸模
5—反侧压块　6—顶件板　7—弹簧　8—下模座

3. U 形件弯曲模

图 4-50 所示为弯曲 90°的 U 形件弯曲模。毛坯放入模具中由定位板 5 进行定位，上模下行，由凸模 14 和顶料板 15 将毛坯压住并进行弯曲。弯曲结束时，顶料板 15 与下模座 1 刚性接触对弯曲件底部进行校正，然后，U 形件在顶料板 15 的作用下被顶出凹模 2。

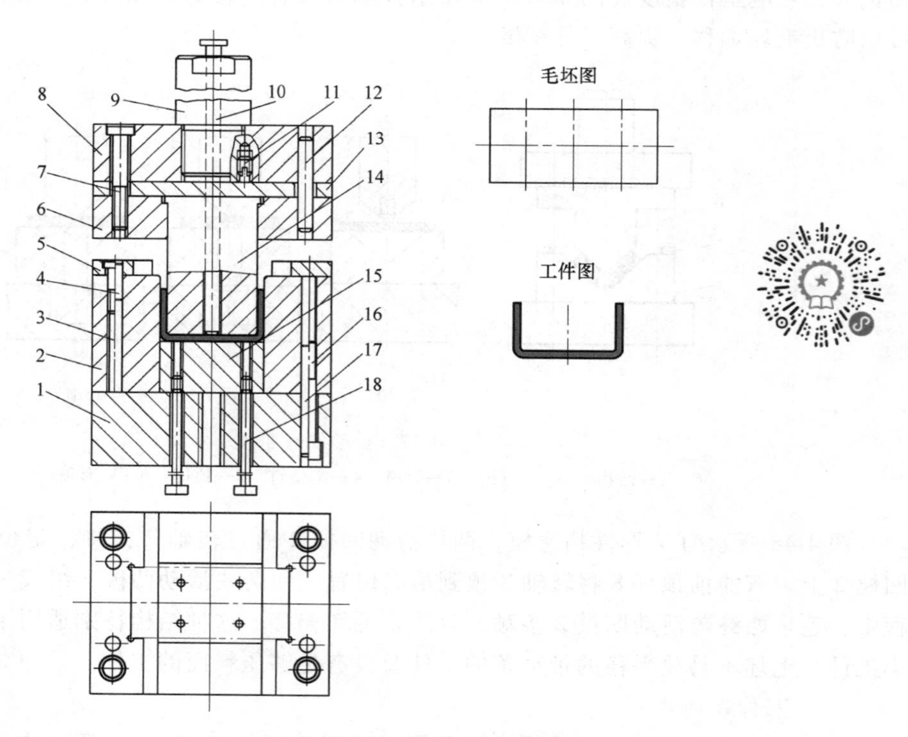

图 4-50　弯曲 90°的 U 形件弯曲模

1—下模座　2—凹模　3、7、16—螺钉　4、12、17—销钉　5—定位板　6—凸模固定板　8—上模座　9—模柄
10—打杆　11—止转螺钉　13—垫板　14—凸模　15—顶料板（兼压料板）　18—顶杆

根据弯曲件的要求不同，常用的 U 形件弯曲模还有图 4-51 所示的几种结构型式。

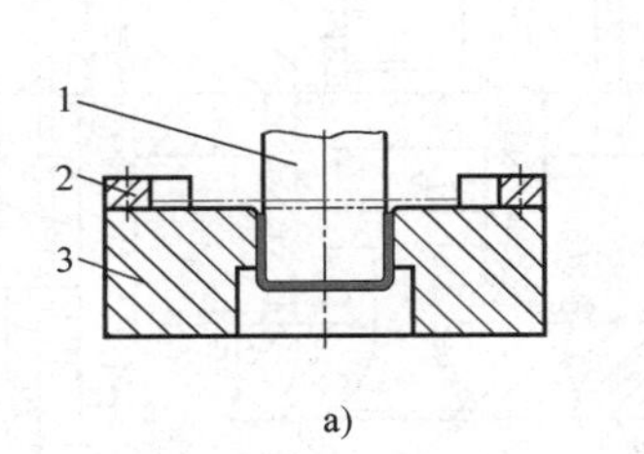

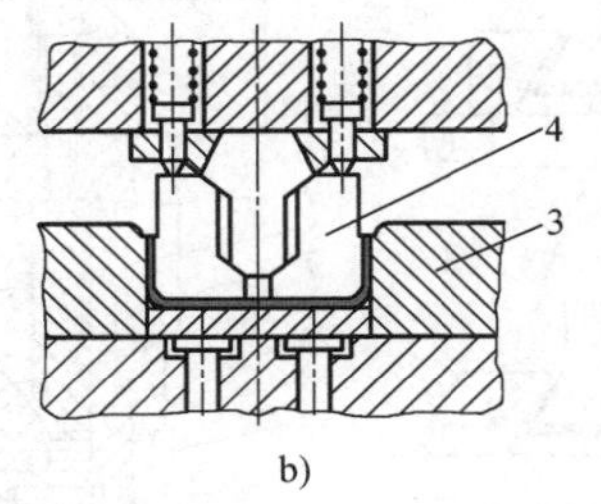

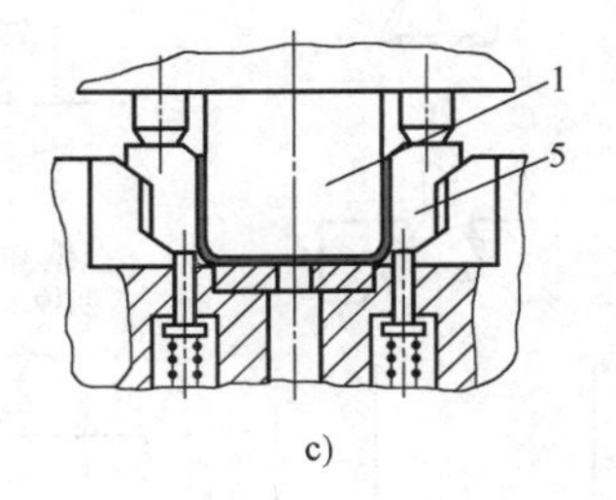

图 4-51　有其他要求的 U 形件弯曲模

1—凸模　2—定位板　3—凹模　4—凸模活动镶块　5—凹模活动镶块

图 4-51a 所示为无底凹模，用于底部无平整要求的弯曲件。图 4-51b 所示为用于料厚公差较大而外侧尺寸精度要求较高的弯曲件，其凸模为活动结构，可随料厚自动调整凸模横向尺寸，凹模是固定结构，用于保证弯曲件外形尺寸。图 4-51c 所示为用于料厚公差较大而内侧尺寸精度要求较高的弯曲件，两侧凹模为活动结构，可随料厚自动调整凹模横向尺寸，凸模为固定结构，用于保证弯曲件的内形尺寸。

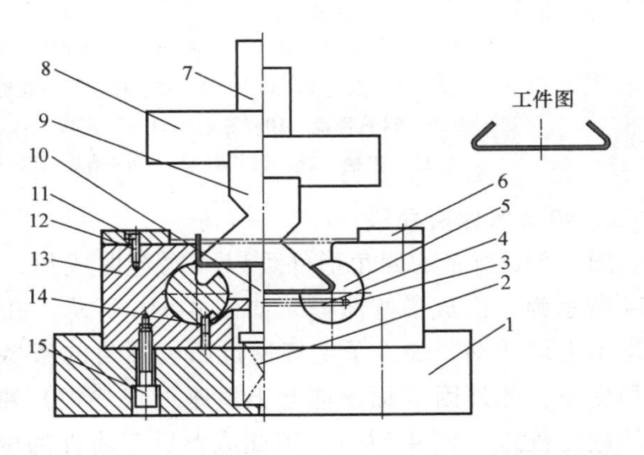

图 4-52　弯曲件角度小于 90°的闭角形弯曲件的弯曲模

1—下模座　2、4—弹簧　3—销轴　5—活动凹模　6—定位板　7—模柄　8—上模座　9—凸模　10—顶料销　11、15—螺钉　12—销　13—固定凹模　14—限位销

图 4-52 所示为弯曲件角度小于 90°的闭角形弯曲件的弯曲模。压弯时凸模 9 和固定凹模 13 首先将毛坯弯曲成 U 形，当凸模 9 继续下压时，两侧的活动凹模 5 开始绕销轴 3 向内转动，使毛坯最后压弯成角度小于 90°的 U 形件。凸模 9 上升，弹簧 4 使活动凹模 5 复位，工件则由垂直图面方向从凸模 9 上卸下。

扩展阅读

模具结构设计时，应充分领会“结构根据功能需要来设计”的设计理念。根据图 4-53a 所示闭角形 U 形件的结构，可设计出图 4-53b 所示的凸模和凹模，根据模具零件的装配关系，自然会想到将凹模直接利用螺钉和销固定到下模座上，即如图 4-53c 所示结构。很显然，这种结构无法实现冲压。要想使凸模能顺利地进入凹模，同时又能保证弯曲结束后凸模顺利地从凹模中出来，只有让凹模能沿水平方向滑动，如图 4-53d 所示。而冲压的方向是垂直向下的，如何将垂直向下的运动转换成水平方向的运动，是该副模具设计的一个关键，这就自然想到斜楔机构，于是就能设计出图 4-53e 所示的模具结构。图 4-53f 所示为图 4-53e 的完整结构图。

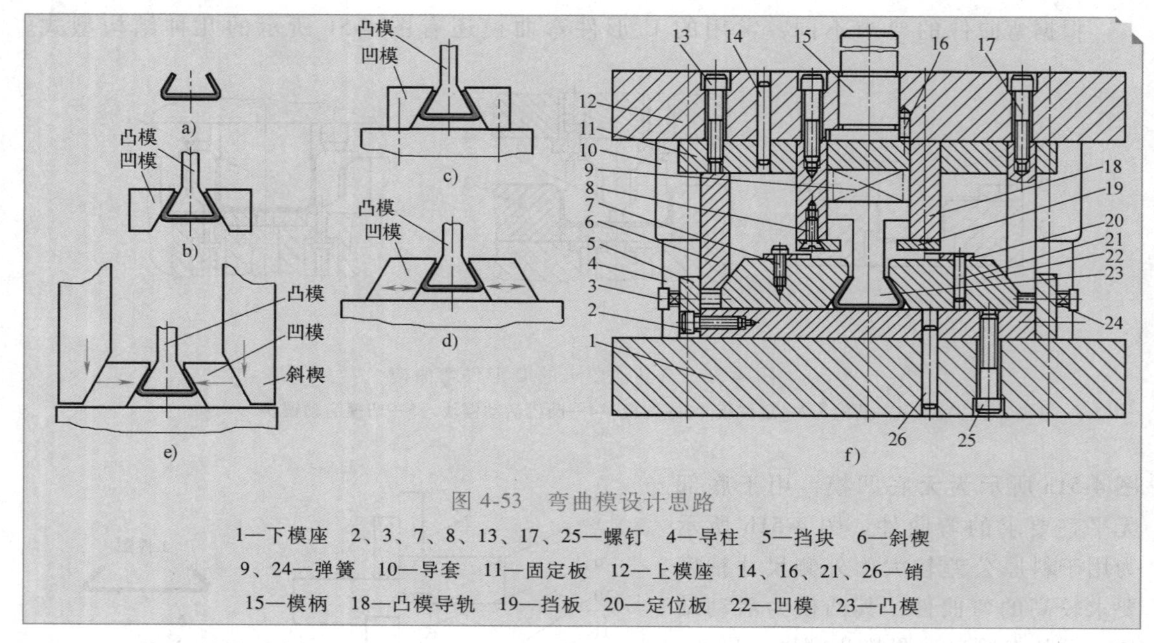

图 4-53　弯曲模设计思路

1—下模座　2、3、7、8、13、17、25—螺钉　4—导柱　5—挡块　6—斜楔　9、24—弹簧　10—导套　11—固定板　12—上模座　14、16、21、26—销　15—模柄　18—凸模导轨　19—挡板　20—定位板　22—凹模　23—凸模

4. 四角形件弯曲模

图 4-54a 所示的四角形件可以一次弯曲成形，也可以两次弯曲成形。图 4-54 所示为一次成形弯曲模。如图 4-54b 所示，在弯曲过程中由于凸模肩部妨碍了毛坯转动，加大了毛坯通过凹模圆角的摩擦力，使弯曲件侧壁容易擦伤和变薄。此外因 C 面不能与下模座（或垫板）刚性接触，导致 A、B 两个面难以同时对弯曲件进行校正（图 4-54c），因此成形后弯曲件的两肩部与底面不易平行，如图 4-54d 所示，特别是材料厚、弯曲件直壁高、圆角半径小时，这一现象更为严重。

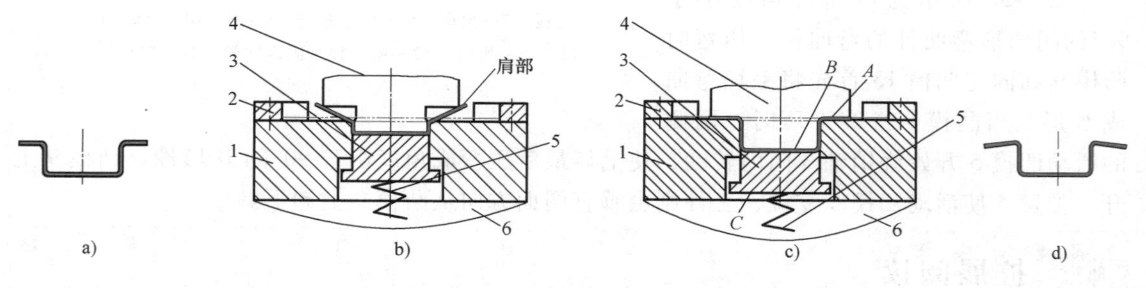

图 4-54　四角形件的一次弯曲模

1—凹模　2—定位板　3—顶件块　4—凸模　5—弹簧　6—下模座（或垫板）

为克服上述缺陷，可采用如图 4-55 所示的分两次成形的弯曲模。首先将平板弯成 U 形，如图 4-55a 所示，第二次将 U 形件倒扣在弯曲凹模上，利用 U 形件的内形进行定位弯成四角形件，如图 4-55b 所示。但从图 4-55b 可以看出，第二次弯曲时，凹模的壁厚 c 取决于四角形件的高度 H，只有在 $H=(12\sim15)t$ 时，才能使凹模保持足够的强度。

图 4-56 所示为弯曲四角形件的复合弯曲模。该副模具的弯曲过程实际上是分两步完成的。首先利用凸凹模 1 和凹模 2 将平板毛坯弯成 U 形，随着凸凹模 1 的下行，再利用凸凹模 1 和活动凸模 3 弯成四角形。这种结构需要凹模 2 下腔空间较大，以方便工件侧边转动。

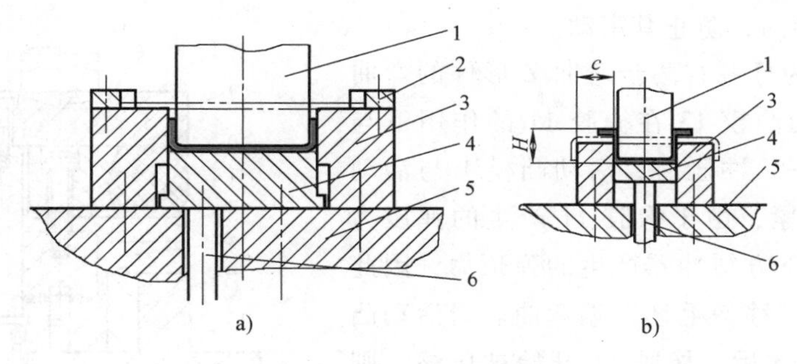

图 4-55 四角形件的两次弯曲模
a）首次弯曲 b）二次弯曲
1—凸模 2—定位板 3—凹模 4—顶件块 5—下模座 6—顶杆

图 4-57 所示为复合弯曲四角形件的另一种模具结构型式。凹模 1 下行，利用活动凸模 2 的弹性力先将毛坯弯成 U 形。凹模 1 继续下行，当推件块 5 与凹模 1 底面接触时，强迫活动凸模 2 向下运动，在摆块 3 的作用下最后弯成四角形，它的缺点是模具结构复杂。

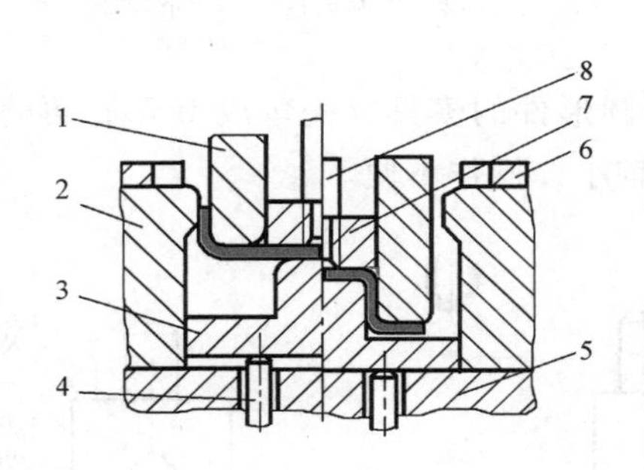

图 4-56 四角形件的复合弯曲模（一）
1—凸凹模 2—凹模 3—活动凸模
4—顶杆 5—下模座 6—定位板
7—推件块 8—打杆

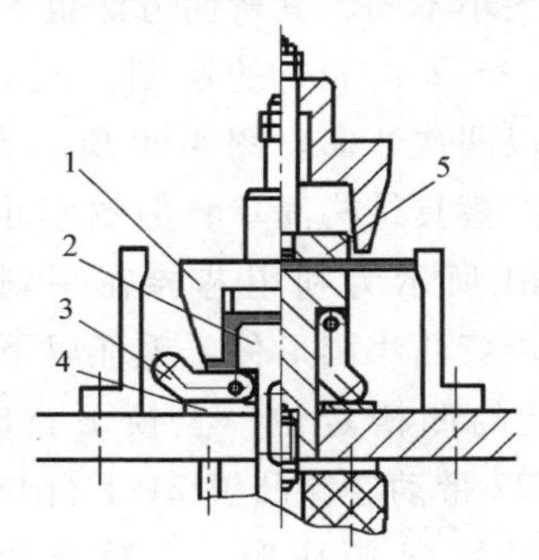

图 4-57 四角形件的复合弯曲模（二）
1—凹模 2—活动凸模 3—摆块
4—垫板 5—推件块

5. Z 形件弯曲模

图 4-58a 所示为 Z 形件一次弯曲模，结构较简单，但由于没有压料装置，压弯时毛坯容易偏移，故只适用于要求不高的 Z 形件弯曲。图 4-58b 所示为有顶板和定位销的 Z 形件一次弯曲模，能有效防止毛坯偏移。反侧压块 3 的作用是克服上、下模之间水平方向的错移力，

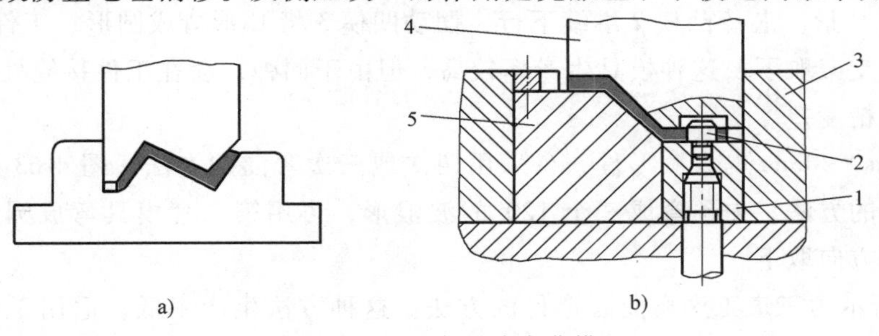

图 4-58 Z 形件一次弯曲模
1—顶板 2—定位销 3—反侧压块 4—凸模 5—凹模

同时也为顶板 1 导向，防止其窜动。

图 4-59 所示为分左右两步弯曲 Z 形件的弯曲模。冲压前，活动凸模 13 在橡胶 11 的作用下与凹模 5 下端面齐平。冲压时，活动凸模 1 与活动凸模 13 将毛坯压紧，由于橡胶 11 产生的弹压力大于活动凸模 13 下方缓冲器产生的弹顶力，因此推动活动凸模 13 下移使毛坯左端弯曲。当活动凸模 1 接触下模座 15 后，橡胶 11 开始被压缩，则凹模 5 相对于活动凸模 13 下移，将毛坯右端弯曲成形。当限位块 10 与上模座 9 相碰时，整个工件得到校正。

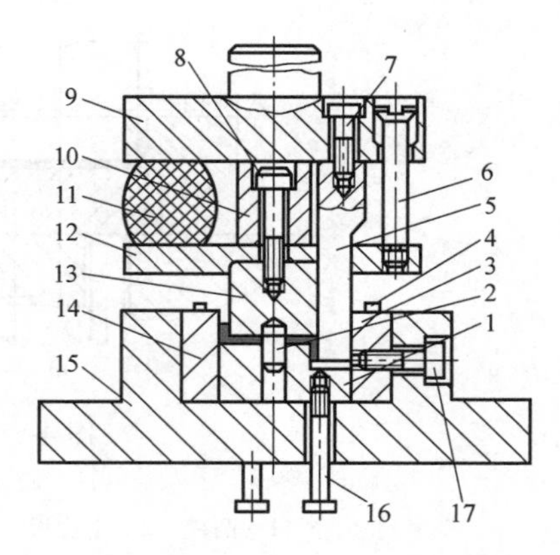

图 4-59　分左右两步弯曲 Z 形件的弯曲模
1、13—活动凸模　2、4—定位销　3—反侧压块　5、14—凹模　6—卸料螺钉　7、8、16、17—螺钉　9—上模座　10—限位块　11—橡胶　12—凸模托板　15—下模座

6. 圆形件弯曲模

圆形件弯曲模的结构型式多种多样，根据圆形件尺寸大小不同，其弯曲方法也不同。

1）直径 $d \leqslant 5$mm 的小圆形件，可以一次弯曲，也可以两次弯曲。图 4-60 所示为分两次弯曲小圆形件的模具，先弯成 U 形，再将 U 形弯成圆形。模具结构简单，但效率低，且因为工件较小，操作不便。

图 4-61 所示为利用芯棒在一副模具上分两步弯曲小圆形件。毛坯以下固定板 16 上的凹槽定位。上模下行时，压料支架 22 带动芯棒凸模 21 下行与下凹模 4 将毛坯弯成 U 形。上模继续下行，芯棒凸模带动压料支架 3 及压缩弹簧，由上凹模 10 将中间半成品 U 形弯成圆形。弯曲结束，工件留在芯棒凸模上，由垂直图面方向从芯棒上取下。

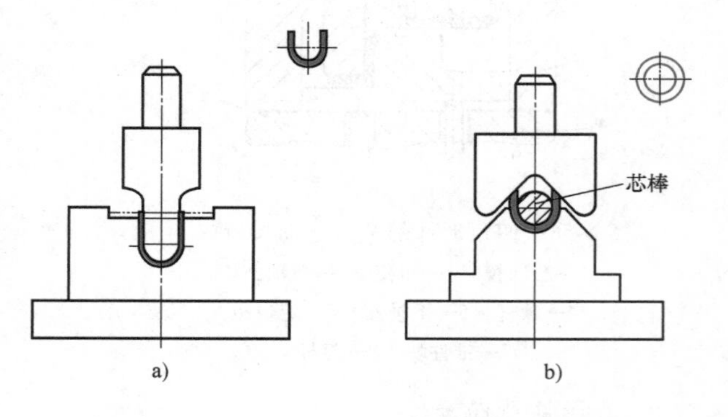

图 4-60　分两次弯曲小圆形件的模具
a）第一次弯曲　b）第二次弯曲

2）直径 $10\text{mm} \leqslant d \leqslant 40\text{mm}$ 的圆形件，可采用如图 4-62 所示的带摆动凹模的一次弯曲模成形。芯棒凸模 2 下行先将毛坯压成 U 形。芯棒凸模 2 继续下行，摆动凹模 3 将 U 形弯成圆形，工件顺芯棒凸模 2 轴线方向推开支架取下。这种模具生产率较高，但由于回弹，会在工件接缝处留有缝隙和少量直边，工件精度差。

3）直径 $d \geqslant 20$mm 的大圆形件，可采用两次或三次弯曲的方法。图 4-63 所示为两道工序弯曲圆形件的方法，先预弯成三个 120°的波浪形，再用第二套模具弯成圆形，工件顺着芯棒凸模轴线方向取下。

图 4-64 所示为三道工序弯曲圆形件的方法。这种方法生产率低，适用于料厚较大的圆形件。

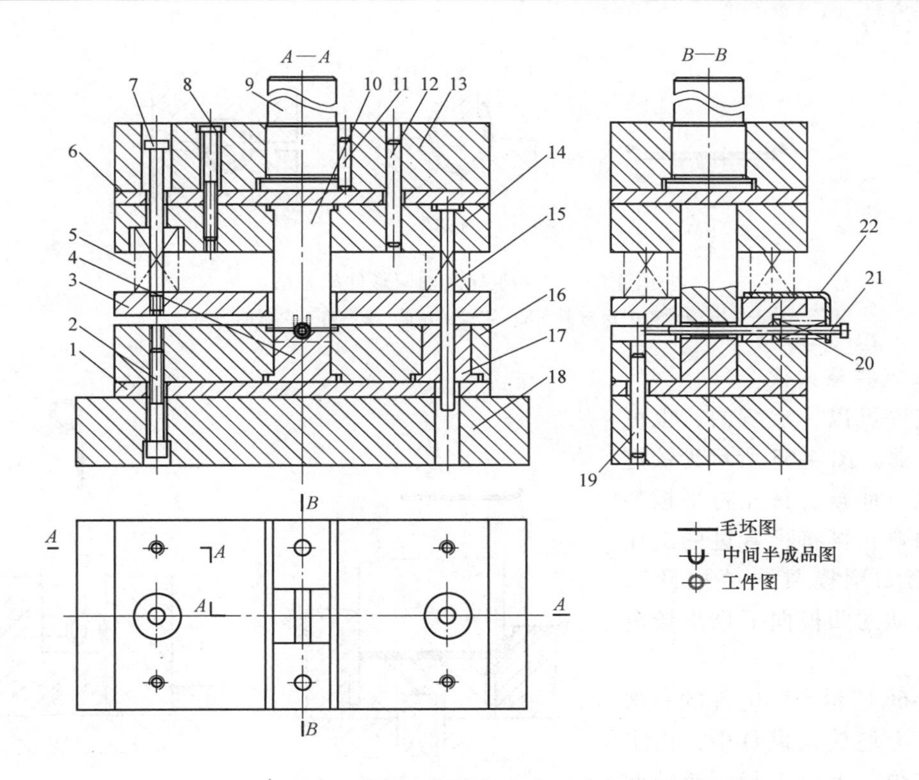

图 4-61 利用芯棒在一副模具上分两步弯曲小圆形件

1—下垫板 2、8—螺钉 3—压料支架 4—下凹模 5、20—弹簧 6—上垫板 7—卸料螺钉 9—模柄 10—上凹模 11、12、19—销 13—上模座 14—上固定板 15—小导柱 16—下固定板 17—导套 18—下模座 21—芯棒凸模 22—支架

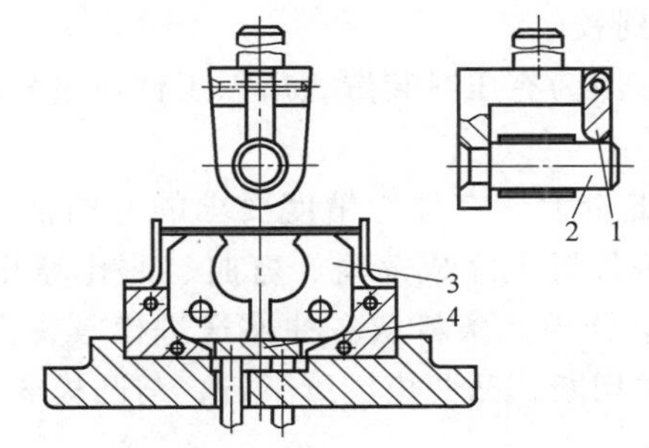

图 4-62 带摆动凹模圆形件的一次弯曲模

1—支架 2—芯棒凸模 3—摆动凹模 4—顶板

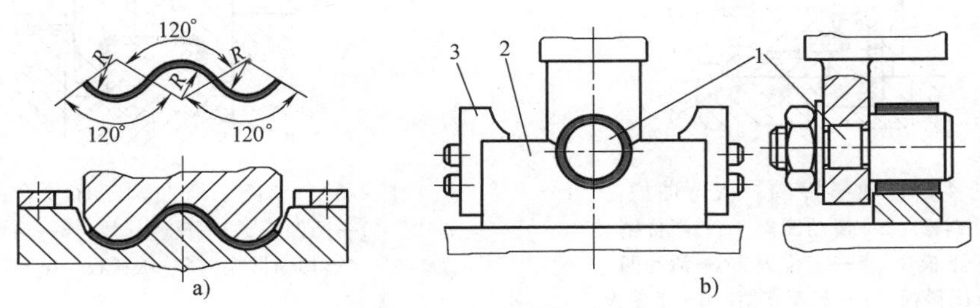

图 4-63 两道工序弯曲圆形件的方法

a）第一次弯曲 b）第二次弯曲

1—芯棒凸模 2—凹模 3—定位板

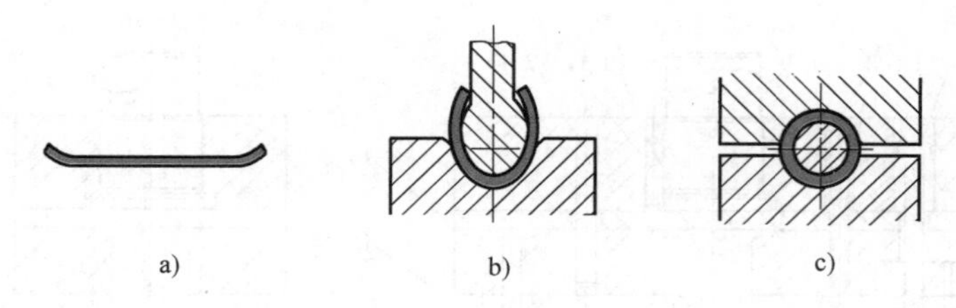

图 4-64　三道工序弯曲圆形件的方法
a）第一次弯曲　b）第二次弯曲　c）第三次弯曲

7. 铰链件弯曲模

铰链件可以一次弯曲，也可以两次弯曲。图 4-65 所示为铰链件的两次弯曲模。首先将平板料的一端预弯，再将预弯过的工序件送到第二副模具中“推圆”，即利用滑动的凹模向下推出铰链形状。

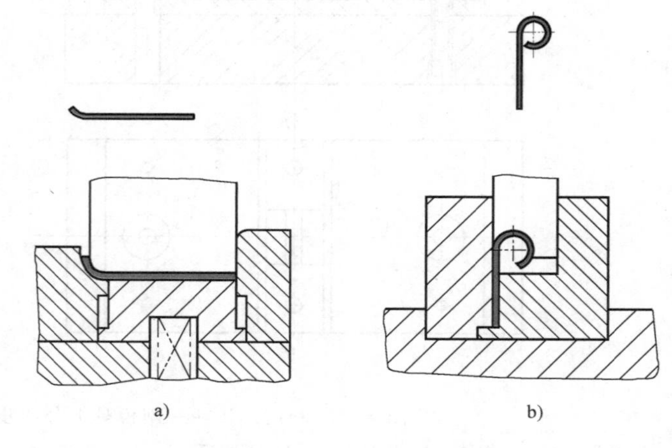

图 4-65　铰链件的两次弯曲模
a）第一次弯曲　b）第二次弯曲

图 4-66 所示为铰链件的一次弯曲模。毛坯放入模具中，由定位板 5 定位，上模下行，活动凹模兼压料板 6 压住毛坯，斜楔 1 推动滑动凹模 2 向右运动，将毛坯的一端“推成”圆筒，得到铰链件。这是一种卧式卷圆模，因为有压料装置，所以工件质量较好，操作方便。

8. 其他弯曲模

（1）复合弯曲模　对于批量大、有位置精度要求的弯曲件，可以采用复合模，即在压力机一次行程内，在模具同一位置上完成落料、弯曲、冲孔等几种不同工序。图 4-67 所示为切断、弯曲两工序复合的复合模。条料从右往左送进模具，由反侧压块 2 挡料，上模下行，由凸凹模 1 与凹模 4 完成切断，凸凹模继续下行，与凸模 3 完成弯曲。

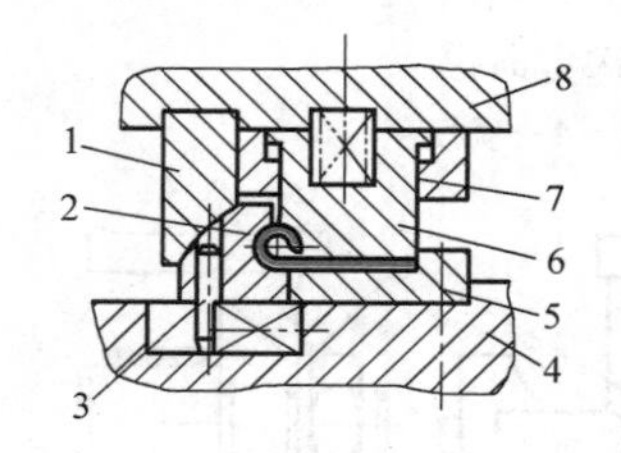

图 4-66　铰链件的一次弯曲模
1—斜楔　2—滑动凹模　3—限位销
4—下模座　5—定位板　6—活动凹模兼压料板　7—凹模支架　8—上模座

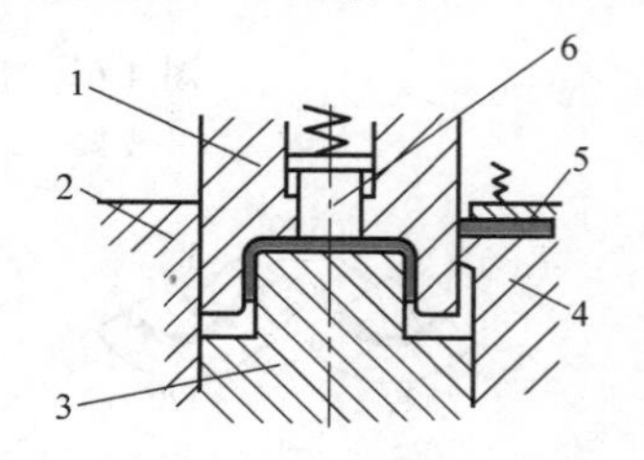

图 4-67　切断、弯曲两工序复合的复合模
1—凸凹模　2—反侧压块　3—弯曲凸模
4—切断凹模　5—压料板　6—推件块

（2）级进弯曲模　对于批量大的小型弯曲件，可以采用级进弯曲的方式成形。图 4-68 所示为冲孔、切断、弯曲两工位级进模。条料从右往左送进模具，由反侧压块 5 挡料，上模

下行，卸料板3压住条料，第一工位由冲孔凸模4和冲孔凹模8进行冲孔，冲孔结束后条料送到第二工位，由定位销11定位，由凸凹模1和切断凹模7完成切断，上模继续下行时，由凸凹模1和弯曲凸模6完成弯曲。这里件1既是弯曲凹模，同时又是切断凸模，即为凸凹模。

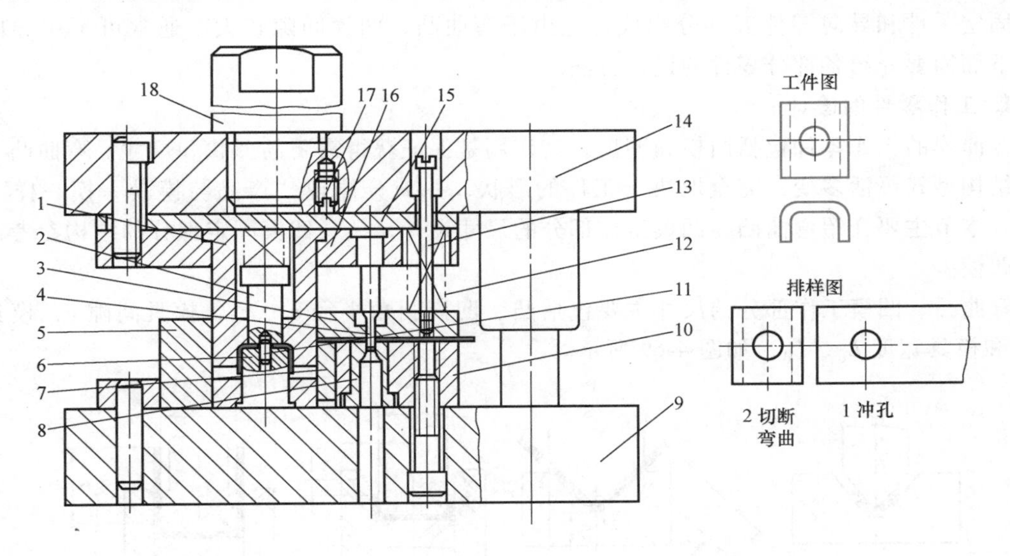

图4-68　冲孔、切断、弯曲两工位级进模

1—凸凹模　2—推杆　3—卸料板　4—冲孔凸模　5—反侧压块　6—弯曲凸模
7—切断凹模　8—冲孔凹模　9—下模座　10—下模固定板　11—定位销　12—弹簧
13—卸料螺钉　14—上模座　15—垫板　16—上模固定板　17—止转螺钉　18—模柄

扩展阅读

1）从上述各种弯曲模的结构可以看出，除V形弯曲件，弯曲时条料在厚度方向上是被压入凸模和凹模的间隙中，因此弯曲凸、凹模的单边间隙基本上为料厚。通常情况下，设备的导向精度足以保证弯曲凸模能顺利进入凹模，因此弯曲模中通常不再需要另设导向装置进行导向，即弯曲模的组成部分中多数情况下看不到导柱、导套或导板等导向零件，只能看到工作零件、定位零件、固定零件及压料、卸料、送料零件。

2）从上述各模具结构还可以看出，弯曲结束时，通常会使顶件块与下模座刚性接触，其目的是对工件进行校正，以提高工件的精度。

4.5.2　弯曲模具零件设计

设计弯曲模时应注意以下几点：

1）多道工序弯曲时，各工序尽可能采用同一定位基准。

2）模具结构要保证毛坯的放入和工件的取出顺利、安全和方便。

3）准确的回弹值需要通过反复试弯才能得到，因此弯曲凸、凹模装配时要定位准确、装拆方便，且新凸模的圆角半径应尽可能小，以方便试模后的修模。

4）弯曲模的凹模圆角表面应光滑，半径大小应合适，凸、凹模之间的间隙要适当，尽可能地减小弯曲时的长度增加量、变形区厚度的变小量和工件表面的划伤等缺陷。

5）当弯曲不对称的工件或弯曲过程中有较大的水平侧向力作用到模具上时，应设计反侧压块以平衡水平侧压力。

弯曲模的典型结构与冲裁模一样，也是由工作零件，定位零件，压料、卸料、送料零件，固定零件和导向零件五部分组成，但由于弯曲凸、凹模间隙较大，通常可不用导向零件。下面简要介绍各部分零件的设计方法。

1. 工作零件的设计

弯曲模的工作零件包括凸模和凹模，其作用是保证获得需要的形状和尺寸。弯曲凸、凹模的结构型式灵活多变，完全取决于工件的形状，并充分体现"产品与模具一模一样"的关系。本节主要介绍弯曲凸、凹模工作部分的尺寸设计，凸、凹模固定部分的结构参考冲裁凸、凹模。

弯曲凸、凹模工作部分的尺寸主要包括凸、凹模圆角半径 r_p、r_d，模具间隙 c，模具深度 l_0 和模具宽度 L_p、L_d，如图 4-69 所示。

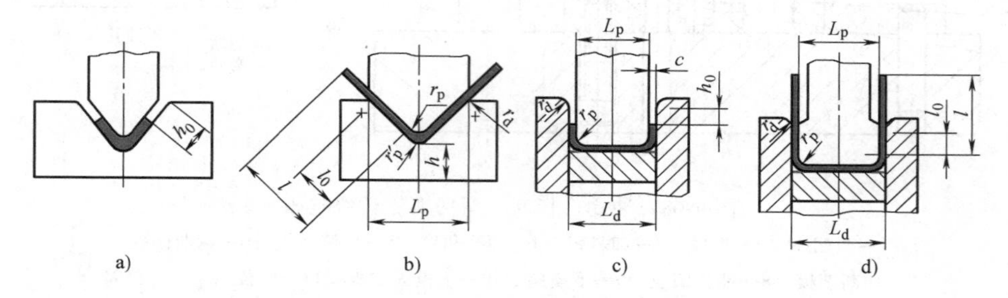

图 4-69　弯曲凸、凹模工作部分尺寸

（1）凸模圆角半径 r_p　根据工件弯曲半径 r 大小的不同，凸模圆角半径 r_p 通常可按下述方法设计：

1）$r \geqslant r_{min}$ 时，取 $r_p = r$，这里 r_{min} 是材料允许的最小弯曲半径。

2）$r < r_{min}$ 时，取 $r_p > r_{min}$，工件的圆角半径 r 通过整形获得，即使整形凸模的圆角半径 r_Z 等于工件的圆角半径 r。

3）$r/t > 10$ 时，则应考虑回弹，将凸模圆角半径加以修正。

4）V 形弯曲凹模的底部可开退刀槽或取圆角，圆角半径 $r_p' = (0.6 \sim 0.8)(r_p + t)$。

（2）凹模圆角半径 r_d　凹模圆角半径 r_d 的大小对弯曲过程的影响比较大，影响到弯曲力、弯曲件质量与弯曲模寿命。

当 r_d 偏小，毛坯在经过凹模圆角滑进凹模时受到的阻力增大，会使弯曲力增大，凹模磨损加剧，模具寿命缩短；若过小，可能会刮伤弯曲件表面。

当 r_d 偏大，毛坯在经过凹模圆角滑进凹模时受到的阻力减小，会使弯曲力减小，凹模磨损减弱，模具寿命延长；但若过大，由于支承不利，弯曲件质量不理想。

一般 r_d 在满足弯曲件质量的前提下尽量取大，通常不小于 3mm，且左右大小一致，具体的数值可根据板厚确定，即

$t < 2$mm 时　　$r_d = (3 \sim 6)t$

$t = 2 \sim 4$mm 时　　$r_d = (2 \sim 3)t$

$t > 4$mm 时　　$r_d = 2t$

（3）凹模深度　对于弯边高度不大或要求两边平直的工件，则凹模深度应大于工件的高度（图 4-69a、c）；对于弯边高度较大而平直度要求不高的工件，凹模深度可以小于工件的高度（图 4-69b、d），以节省模具材料，降低成本。弯曲凹模深度的设计可见表 4-8、表 4-9 和表 4-10。

表 4-8　凹模尺寸 h_0　（单位：mm）

材料厚度	<1	1~2	2~3	3~4	4~5	5~6	6~7	7~8	8~10
h_0	3	4	5	6	8	10	15	20	25

表 4-9　弯曲 V 形件的凹模深度 l_0 和底部最小厚度 h　（单位：mm）

弯曲件边长	材料厚度					
	≤2		>2~4		>4	
	h	l_0	h	l_0	h	l_0
10~25	20	10~15	22	15	—	—
25~50	22	15~20	27	25	32	30
50~75	27	20~25	32	30	37	35
75~100	32	25~30	37	35	42	40
100~150	37	30~35	42	40	47	50

表 4-10　弯曲 U 形件的凹模深度 l_0　（单位：mm）

弯曲件边长	材料厚度				
	<1	1~2	>2~4	>4~6	>6~10
<50	15	20	25	30	35
50~75	20	25	30	35	40
75~100	25	30	35	40	40
100~150	30	35	40	50	50
150~200	40	45	55	65	65

（4）凸、凹模间隙 c　弯曲凸、凹模之间的间隙是指单边间隙，用 c 表示，如图 4-69 所示。对于 V 形件弯曲，凸、凹模之间的间隙靠调节压力机的闭合高度来控制，设计和制造模具时可以不考虑。

对于 U 形弯曲件，凸、凹模之间的间隙值 c 对弯曲件质量、弯曲模寿命和弯曲力均有很大的影响。间隙越大，回弹越大，工件精度越低，但弯曲力减小，利于延长模具寿命；间隙过小，会引起材料变薄，增大材料与模具的摩擦，降低模具寿命。U 形件弯曲凸、凹模的单边间隙 c 一般可按下式计算，即

钢板　$$c=(1.05\sim1.15)t$$

有色金属　$$c=(1\sim1.1)t$$

当对弯曲件的精度要求较高时，间隙值应适当减小，可以取 $c=t$。

（5）U 形件弯曲凸、凹模宽度尺寸　根据弯曲件尺寸标注形式的不同，弯曲凸、凹模宽度尺寸可按表 4-11 所列公式进行计算。

2. 定位零件的设计

定位零件的作用是保证送进模具中的毛坯的位置准确。由于送进弯曲模的毛坯是单个毛坯，因此，弯曲模中使用的定位零件是定位板或定位销。

为防止弯曲件在弯曲过程中发生偏移，尽可能用定位销插入毛坯上已有的孔或预冲的工

艺定位孔中进行定位；若毛坯上无孔且不允许预冲定位工艺孔，就需要用定位板对毛坯的外形进行定位，此时应设置压料装置压紧毛坯以防止偏移发生，如图 4-70 所示。定位板和定位销的设计及标准的选用参见冲裁模。

3. 压料、卸料、送料零件的设计

它们的作用是压住条料或弯曲结束后从模具中取出工件。由于弯曲是成形工序，弯曲过程中不发生分离，因此，弯曲结束后留在模具内的只有工件。

为减小回弹，提高工件的精度，通常弯曲快结束时要求对工件进行校正，如图 4-70 所示，利用顶件块 3 与下模座 1 的刚性接触对工件进行校正。校正的结果有可能使工件产生负回弹，所以在模具打开时需要防止工件紧扣在凸模上。为此，该模具中设置了打杆 6，模具打开后，若工件箍在凸模外面，则由打杆进行推件。

顶件块和打杆的设计参见冲裁模。

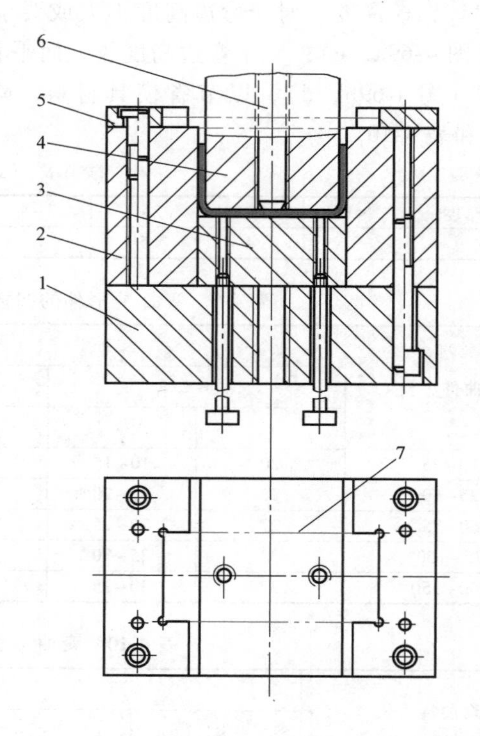

图 4-70 定位板定位的弯曲模

1—下模座 2—凹模 3—顶件块（兼压料） 4—凸模 5—定位板 6—打杆 7—毛坯

表 4-11 弯曲凸、凹模宽度尺寸计算公式

<table>
<tr><th>工件尺寸标注方式</th><th>基准</th><th>工件简图</th><th>凹模宽度尺寸</th><th>凸模宽度尺寸</th></tr>
<tr><td rowspan="2">工件标注外形尺寸</td><td rowspan="2">凹模</td><td>$L\pm\Delta'$</td><td>$L_d=(L-0.5\Delta)_{\ 0}^{+\delta_d}$</td><td rowspan="2">$L_p=(L_d-2c)_{-\delta_p}^{\ 0}$</td></tr>
<tr><td>$L_{-\Delta}^{\ 0}$</td><td>$L_d=(L-0.75\Delta)_{\ 0}^{+\delta_d}$</td></tr>
<tr><td rowspan="2">工件标注内形尺寸</td><td rowspan="2">凸模</td><td>$L\pm\Delta'$</td><td rowspan="2">$L_d=(L_p+2c)_{\ 0}^{+\delta_d}$</td><td>$L_p=(L+0.5\Delta)_{-\delta_p}^{\ 0}$</td></tr>
<tr><td>$L_{\ 0}^{+\Delta}$</td><td>$L_p=(L+0.75\Delta)_{-\delta_p}^{\ 0}$</td></tr>
</table>

注：L_d、L_p 是弯曲凹、凸模宽度尺寸（mm）；c 是凸、凹模间隙（mm）；L 是工件宽度尺寸（mm）；Δ 是工件的尺寸公差（mm）；δ_d、δ_p 是弯曲凹、凸模制造公差（mm），采用 IT6~IT7 级；Δ'是工件极限偏差（mm）。

4. 固定零件的设计

它们的作用是将凸模、凹模固定于上、下模，并将上模、下模固定在压力机上，包括模柄、上模座、下模座、垫板、固定板、螺钉和销等。

（1）模柄　与冲裁模中的模柄相同，是标准件，依据设备上的模柄孔选取。在简易弯曲模中可以使用槽形模柄（图 4-4 中件 8），此时不需要上模座。

（2）上、下模座　弯曲模中使用导柱、导套进行导向时，可选用标准模座，选用方法参见冲裁模。当弯曲模中不使用导柱、导套导向时，可自行设计并制造上、下模座。

（3）垫板、固定板、螺钉、销　其设计方法参见冲裁模。

4.6　弯曲模设计举例

图 4-71 所示为 U 形弯曲件，材料为 10 钢，材料厚度 $t=6\text{mm}$，$R_m=400\text{MPa}$，小批量生产，试完成该产品的弯曲工艺及模具设计。

1. 工艺性分析

该工件结构比较简单、形状对称，适合弯曲。

工件弯曲半径为 5mm，由表 4-2（垂直于轧制方向）查得 $r_{min}=0.5t=3\text{mm}$，即能一次弯曲成功。

工件的弯曲直边高度为 42mm−6mm−5mm=31mm，远大于 $2t$，因此可以弯曲成功。

该工件是一个弯曲角度为 90°的弯曲件，所有尺寸精度均为未注公差，而当 $r/t<5$ 时，可以不考虑圆角半径的回弹，所以该工件符合普通弯曲的经济精度要求。

工件所用材料为 10 钢，是常用的冲压材料，塑性较好，适合进行冲压加工。

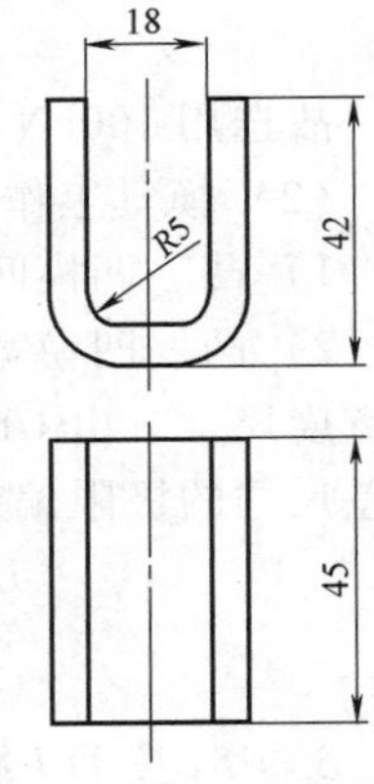

图 4-71　U 形弯曲件

综上所述，该工件的弯曲工艺性良好，适合弯曲加工。

2. 工艺方案的拟订

（1）毛坯展开　如图 4-72a 所示，毛坯总长度等于各直边长度加上各圆角展开长度，即

$$L=2L_1+2L_2+L_3$$

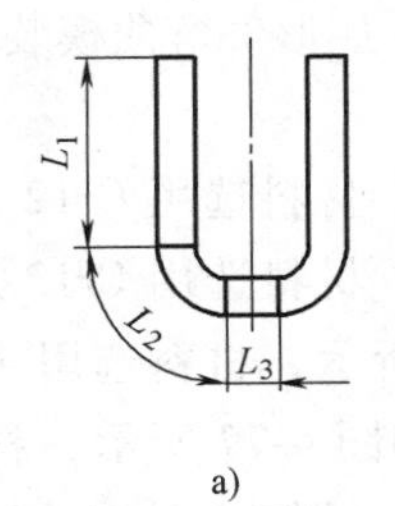

a)

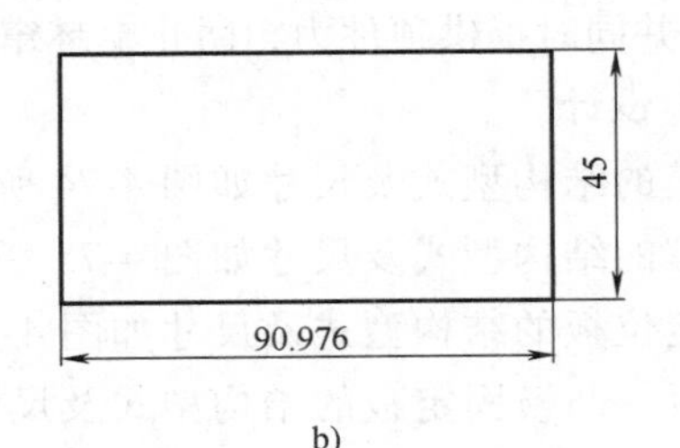

b)

图 4-72　毛坯展开

根据图 4-71 和图 4-72 得

$L_1=42\text{mm}-5\text{mm}-6\text{mm}=31\text{mm}$

$L_2=1.57(r+xt)=1.57\times(5\text{mm}+0.28\times6\text{mm})=10.488\text{mm}$（$x$ 由表 4-3 查得）

$L_3=18\text{mm}-2\times5\text{mm}=8\text{mm}$

于是得

$L=2\times31\text{mm}+2\times10.488\text{mm}+8\text{mm}=90.976\text{mm}$

（2）方案确定　如图 4-71 所示，该产品需要的基本冲压工序为落料、弯曲。由于是小批量生产，根据上述工艺分析的结果，生产该产品的工艺方案为先落料再弯曲，采用单工序模生产。

3. 工艺计算

（1）冲压力的计算　弯曲力由表 4-6 中公式得

$$F_J=qA=80\text{MPa}\times18\text{mm}\times45\text{mm}=64800\text{N}=64.8\text{kN}$$

顶件力为

$$F_D=C_DF_J=0.2\times64.8\text{kN}=12.96\text{kN}$$

因是校正弯曲，则压力机公称力可按下式选取，即

$$F_{压机}\geqslant1.2F_J=1.2\times64.8\text{kN}=77.76\text{kN}$$

故选用 100kN 的开式曲柄压力机。

（2）模具工作部分尺寸计算

1）凸、凹模间隙。由 $c=(1.05\sim1.15)t$，可取 $c=1.1t=6.6\text{mm}$。

2）凸、凹模宽度尺寸。由于工件尺寸标注在内形上，因此以凸模作为基准，先计算凸模宽度尺寸。由 GB/T 15055—2021 查得公称尺寸为 18mm、材料厚度为 6mm 的弯曲件未注公差尺寸的极限偏差为±1.3mm，则由表 4-11 中公式得

$$L_p=(L+0.5\Delta)_{-\delta_p}^{\ 0}=(18+0.5\times2.6)_{-0.021}^{\ 0}\text{mm}=19.3_{-0.021}^{\ 0}\text{mm}$$

$$L_d=(L_p+2c)_{\ 0}^{+\delta_d}=(19.3+2\times6.6)_{\ 0}^{+0.025}\text{mm}=32.5_{\ 0}^{+0.025}\text{mm}$$

δ_p、δ_d 按 IT7 级查 GB/T 1800.1—2020 得到。

3）凸、凹模圆角半径的确定。由于一次即能弯成，因此可取凸模圆角半径等于工件的弯曲半径，即 $r_p=5\text{mm}$。

由于 $t=6\text{mm}$，可取 $r_d=2t$，即 $r_d=12\text{mm}$。

4）凹模深度。查表 4-10 得凹模深度为 30mm。

4. 模具总体结构型式确定（仅以弯曲模设计为例）

为了操作方便，选用后侧滑动导柱模架，毛坯利用凹模上的定位板定位，刚性推件装置推件，顶件装置顶件，并同时提供顶件力，防止毛坯窜动。U 形件弯曲模装配图如图 4-73 所示。

5. 模具主要零件设计

（1）凸模　凸模的结构型式及尺寸如图 4-74 所示，材料选用 Cr12。

（2）凹模　凹模的结构型式及尺寸如图 4-75 所示，材料选用 Cr12。

（3）定位板　定位板的结构型式及尺寸如图 4-76 所示，材料选用 45 钢。

（4）凸模固定板　凸模固定板的结构型式及尺寸如图 4-77 所示，材料选用 Q235 钢。

（5）垫板　垫板的结构型式及尺寸如图 4-78 所示，材料选用 45 钢。

（6）顶件板　顶件板的结构型式及尺寸如图 4-79 所示，材料选用 45 钢。

（7）其他零件　模架选用 160×100×170～205　I　GB/T 2851—2008；模柄选用压入式模柄　A　32×80 JB/T 7646.1—2008。

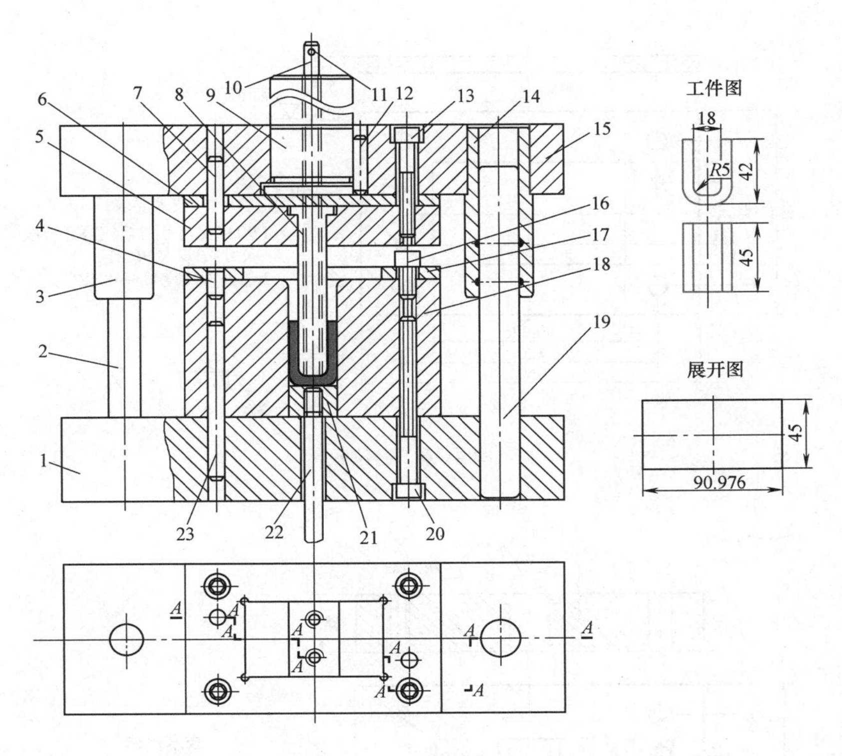

图 4-73 U形件弯曲模装配图

1—下模座 2、19—导柱 3、14—导套 4、7、23—销 5—凸模固定板
6—垫板 8—凸模 9—模柄 10—推件杆 11—横销 12—止转销
13、16、20—螺钉 15—上模座 17—定位板 18—凹模 21—顶件板 22—顶杆

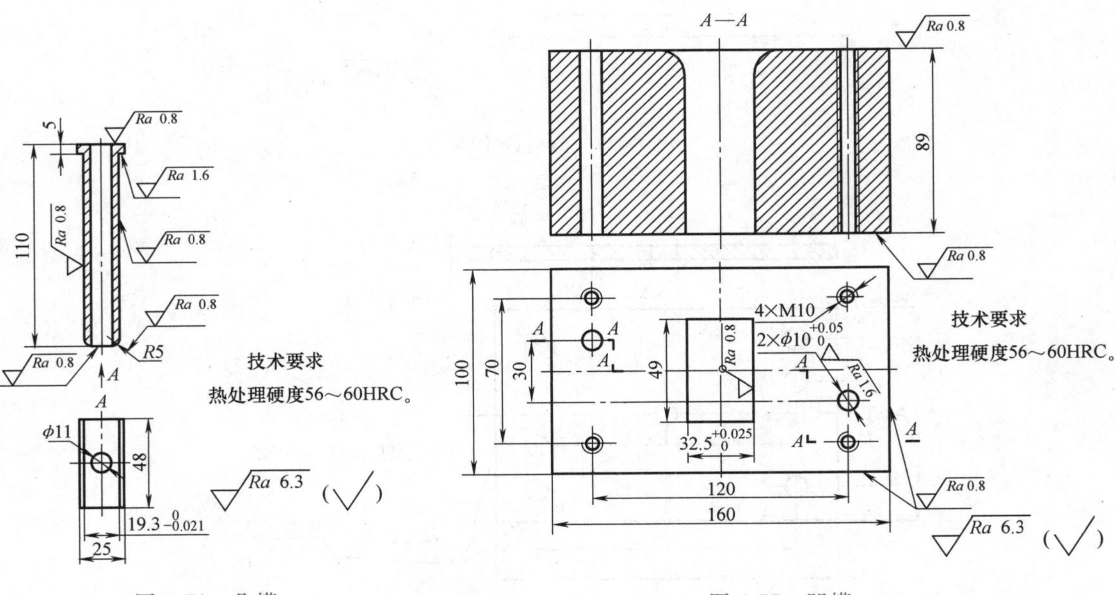

图 4-74 凸模

图 4-75 凹模

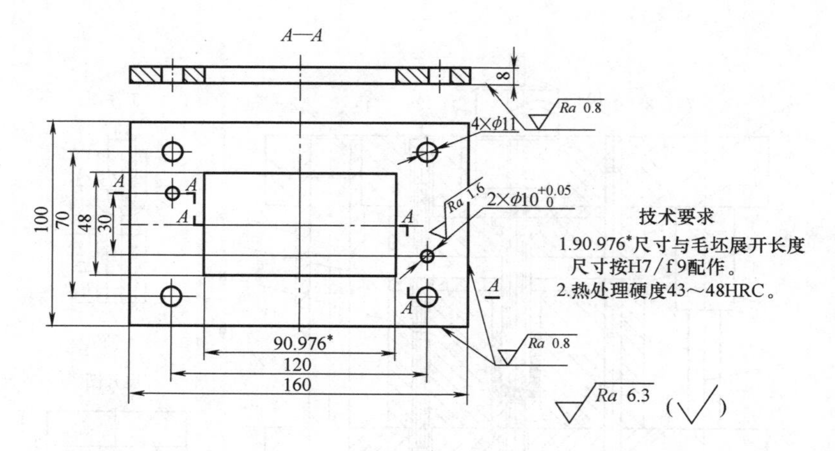

图 4-76　定位板

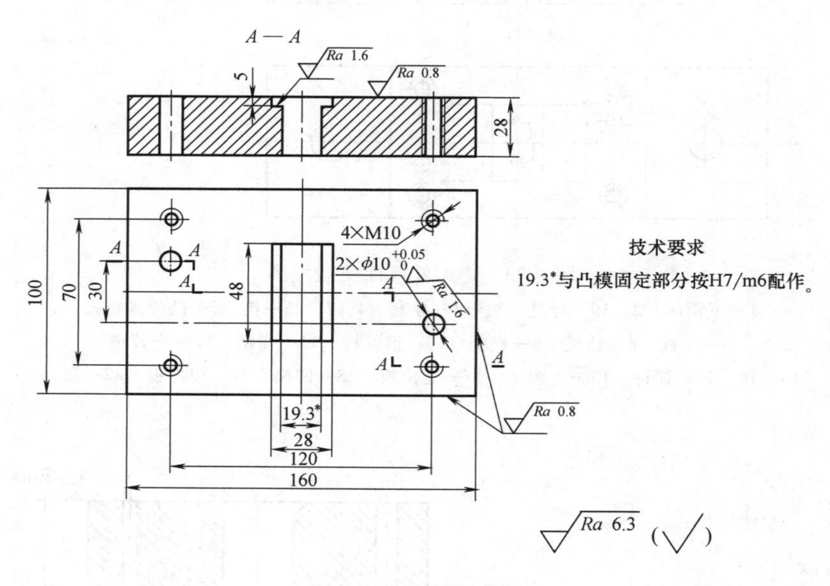

图 4-77　凸模固定板

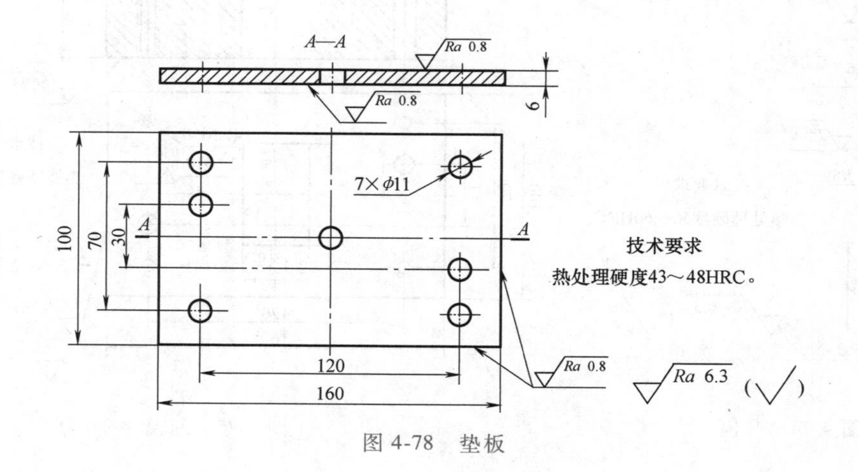

图 4-78　垫板

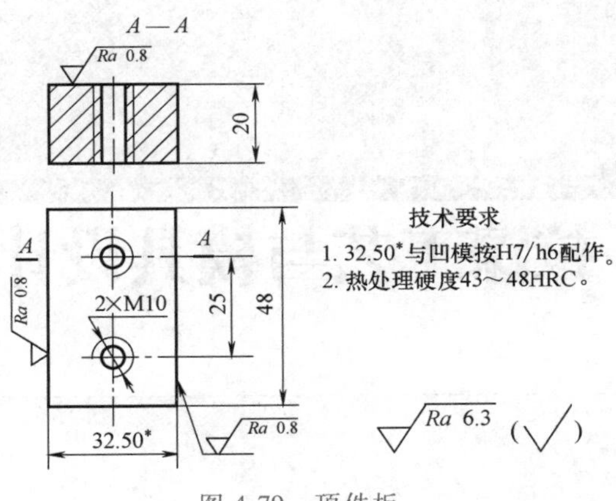

图 4-79 顶件板

思 考 题

1. 简述弯曲变形的特点。

2. 简述影响最小相对弯曲半径的主要因素及影响规律。

3. 简述弯曲回弹的原因、影响因素及影响规律。为什么弯曲回弹的回弹量是所有塑性变形中最大的？

4. 简述减小弯曲回弹的主要措施。

5. 简述弯曲件产生偏移的原因及克服偏移的措施。

6. 简述弯曲凹模圆角半径对弯曲过程的影响。

7. 简述弯曲模间隙对弯曲过程的影响。

8. 弯曲如图 4-80 所示工件，材料为 35 钢，已退火，材料厚度为 4mm，中批量生产，请完成以下工作：

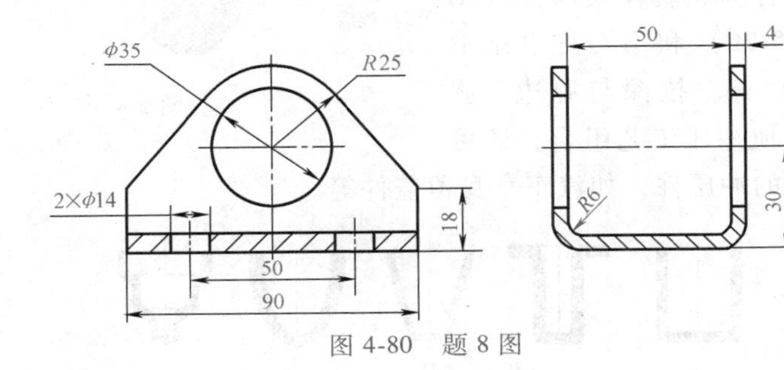

图 4-80 题 8 图

1）分析弯曲件的工艺性。

2）计算毛坯展开长度和弯曲力（采用校正弯曲）。

3）绘制弯曲模结构草图。

4）确定弯曲凸、凹模工作部位尺寸，绘制凸、凹模零件图。

9. 已知弯曲件尺寸如图 4-81 所示，材料为 10 钢，材料厚度为 1mm，小批量生产，请完成以下工作：

1）计算毛坯展开尺寸。

2）弯曲工艺分析和方案确定。

3）画出弯曲该工件的模具结构示意图。

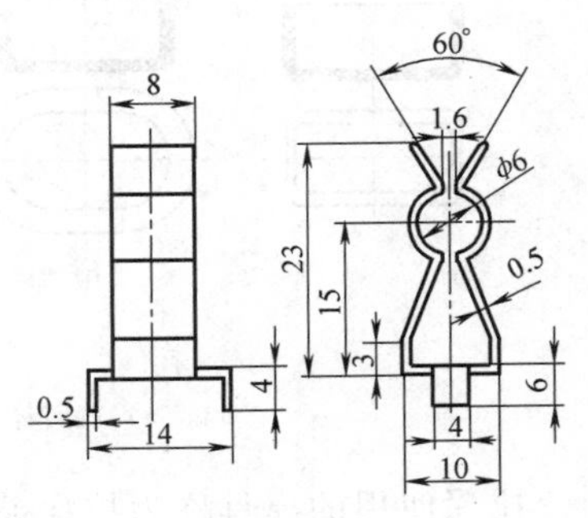

图 4-81 题 9 图

第5章 拉深工艺与模具设计

能力要求

☞能根据拉深件的废品形式分析其产生的原因，并提出解决措施。

☞能完成典型拉深件的工艺与模具设计。

拉深是指利用模具将平板毛坯冲压成开口空心零件或将开口空心零件进一步改变其形状和尺寸的一种冲压加工方法，又称拉延，如图5-1所示。拉深是冲压的基本工序之一，属于成形工序，广泛应用于汽车、拖拉机、电器、仪器仪表、电子、轻工等工业领域。冲压生产中，拉深件种类繁多、形状各异，按形状特点可分为旋转体拉深件（图5-2a）、盒形件（图5-2b）和不对称复杂形状拉深件（图5-2c）等。拉深与翻边、胀形、扩口、缩口等其他冲压工艺组合，还可以制成形状更为复杂的冲压件，如汽车车身覆盖件等。

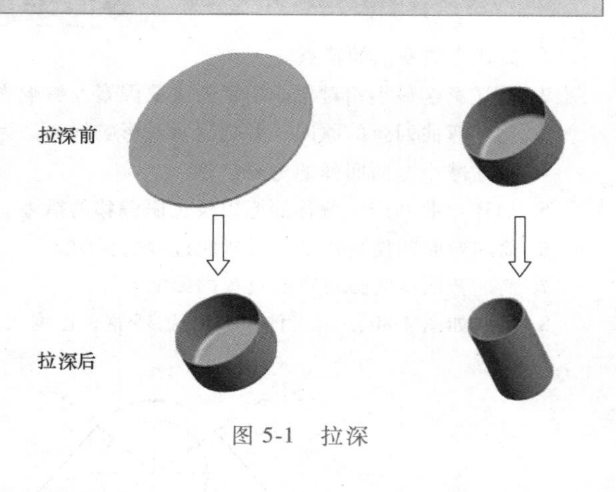

图5-1 拉深

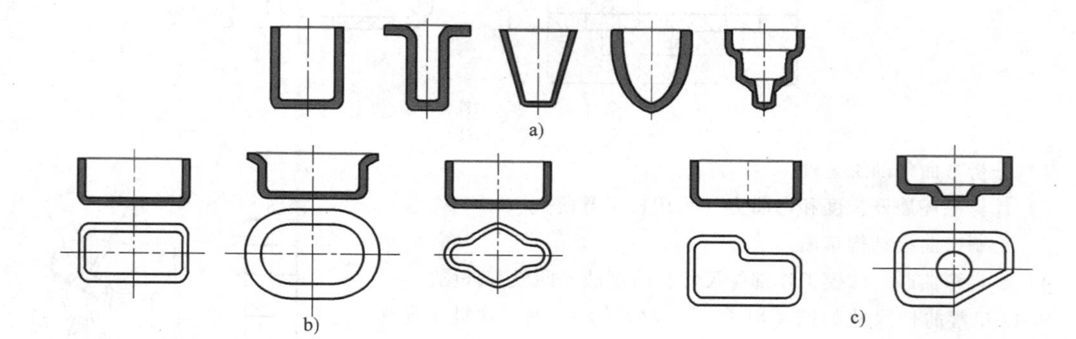

图5-2 拉深件的类型

a）旋转体拉深件 b）盒形件 c）不对称复杂形状拉深件

拉深使用的模具称为拉深模。图5-3所示为正装拉深模的结构。工作时，毛坯由定位板3定位，上模下行，压边圈15与凹模2首先压紧毛坯，凸模5继续下行完成拉深。拉深结束后上模回程，箍在凸模5外面的拉深件由凹模2下的台阶刮下并由漏料孔落下。

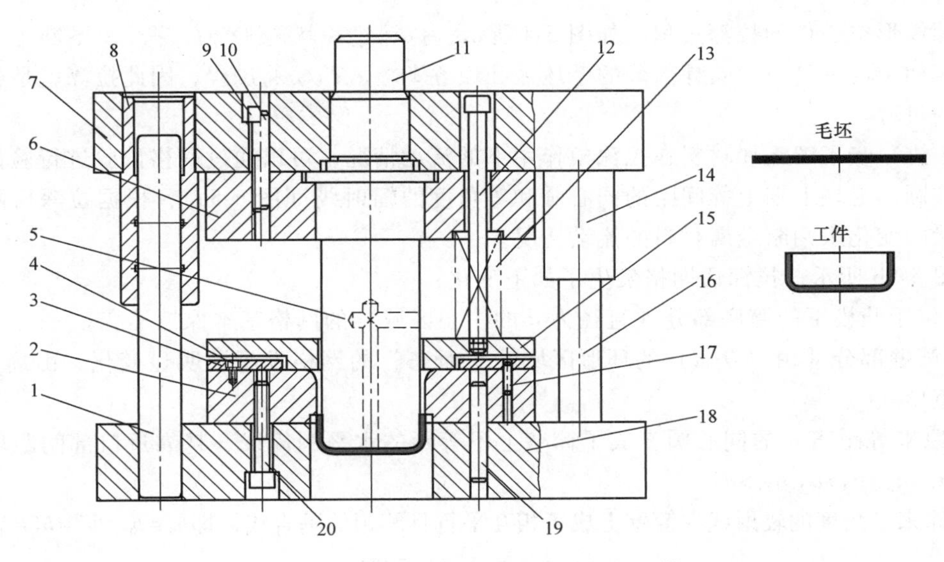

图 5-3 带压边装置的正装首次拉深模

1、16—导柱 2—凹模 3—定位板 4、9、20—螺钉 5—凸模 6—凸模固定板 7—上模座 8、14—导套 10、17、19—销钉 11—模柄 12—卸料螺钉 13—弹簧 15—压边圈 18—下模座

按拉深后筒壁厚度的变化不同可分为普通拉深（工件壁厚基本不变）和变薄拉深（工件壁厚变薄，底部厚度基本不变）。变薄拉深用于制造薄壁厚底、变壁厚、大高度的筒形件，如可乐易拉罐。本章主要介绍普通拉深。

5.1 拉深变形过程分析

5.1.1 拉深变形过程及特点

图 5-4 所示为以直径为 D、厚度为 t 的圆形平板毛坯经过拉深得到内径为 d、高度为 h

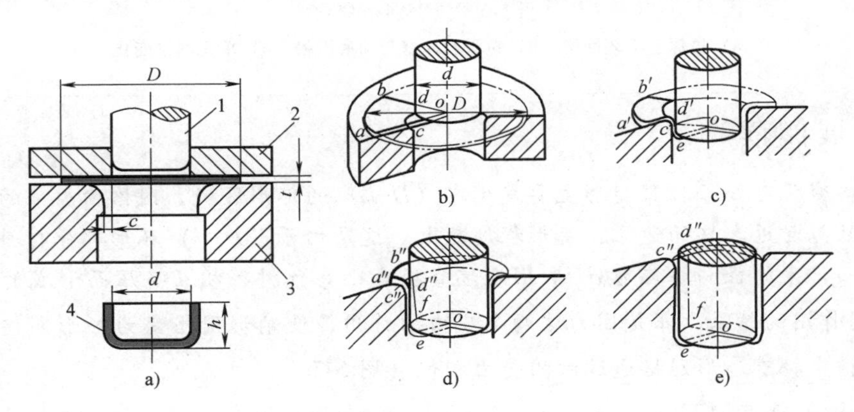

图 5-4 开口圆筒形空心件的拉深过程

a）拉深示意图 b）凸模与毛坯接触 c）凸模下行，毛坯被拉入凹模 d）更多的材料被拉入凹模 e）拉深结束，圆环（$D-d$）部分被全部拉入凹模

1—凸模 2—压边圈 3—凹模 4—拉深件

的开口圆筒形空心件的拉深过程。如图 5-4 所示，拉深过程就是随着拉深凸模不断下行，留在凹模表面上的（$D-d$）圆环部分的毛坯被凸模逐渐拉入凹模的过程，因此拉深就是板料塑性流动的过程。

为了进一步了解毛坯材料在拉深模作用下的流动情况，可以通过网格试验进行验证，即拉深前在圆形毛坯上划上等间距的同心圆和等角度的辐射线（图 5-5a），根据拉深后网格尺寸和形状的变化来判断金属材料的流动情况。

如图 5-5b 所示，拉深后网格发生了如下变化：

1）位于凸模下的筒底部分（直径为 d 的中心区域）的网格基本保持不变。

2）筒壁部分［由（$D-d$）的环形区域转变而来］的网格发生了明显变化，由扇形 dA_1 变成了矩形 dA_2。

① 原来等距离 a 的同心圆变成了筒壁上不等距的水平圆筒线，越靠近口部间距增加越大，即 $a_5>a_4>a_3>a_2>a_1>a$。

② 原来等角度的辐射线在筒壁上成了相互平行且等距的垂直线，即$b_5'=b_4'=b_3'=b_2'=b_1'=b$。

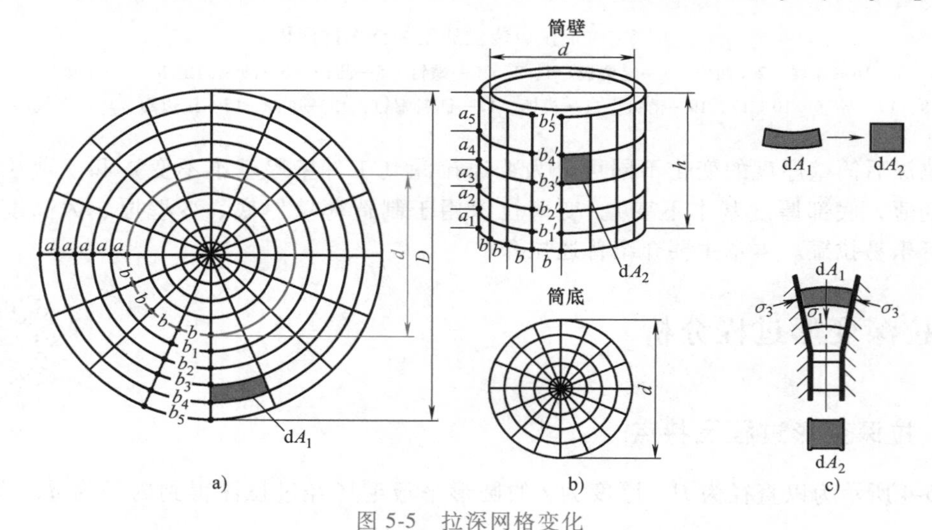

图 5-5　拉深网格变化

a）拉深前毛坯网格　b）拉深后筒壁与筒底网格　c）单元网格变化

扩展阅读

由网格变化可知，拉深变形主要发生在（$D-d$）的环形区域，网格由原来的扇形变成了矩形，且越靠近毛坯的边缘，变形程度越大。这是由于（$D-d$）环形部分材料因受到拉深力作用而产生的径向拉应力 σ_1 和因毛坯直径减小导致材料相互挤压而形成的切向压应力 σ_3 共同作用的结果，正是因为这两个应力的作用，使扇形网格变为矩形网格，这和在一个楔形槽中拉着扇形网格通过时的受力相似（图 5-5c）。

拉深变形的特点如下：

（1）拉深后毛坯分成了两个部分——筒底和筒壁　如图 5-5b 所示，位于凸模下面的材料基本不发生变形，拉深后成为筒底，变形主要集中在位于凹模表面的平面凸缘区［即（$D-d$）的环形部分］，该区材料拉深后由平板变成筒壁，是拉深变形的主要变形区。

（2）主要变形区的变形不均匀　沿切向受压而缩短，沿径向受拉而伸长，越靠近口部，压缩和伸长越多，其中沿切向的压缩变形是绝对值最大的主变形，因此，拉深变形属于压缩类成形。

（3）拉深后，拉深件壁部厚度不均　筒壁上部有所增厚，越靠近口部，厚度增加越多，口部增厚最多；筒壁下部有所减薄，其中凸模圆角稍上处最薄，如图 5-6 所示。

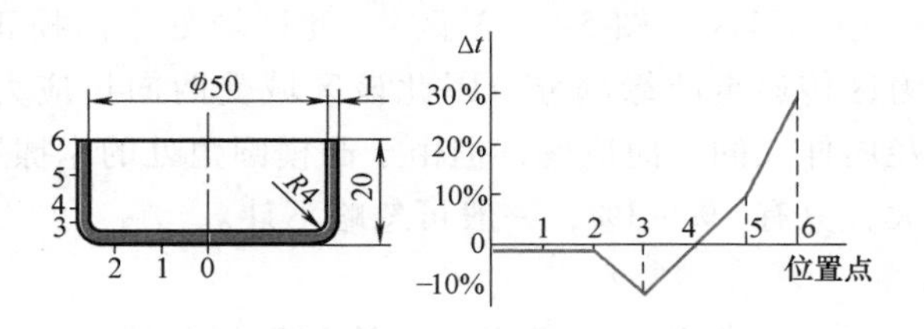

图 5-6　拉深后厚度和硬度的变化

5.1.2　拉深过程中毛坯应力应变状态及分布

1. 应力应变状态

下面以带压边圈的圆筒形件首次拉深为例分析拉深过程中毛坯的应力应变状态。如图 5-7 所示，σ_1、σ_2、σ_3 和 ε_1、ε_2、ε_3 分别表示径向、厚度方向和切向的应力、应变。根据应力、应变状态的不同，可将拉深毛坯划分为以下 5 个部分。

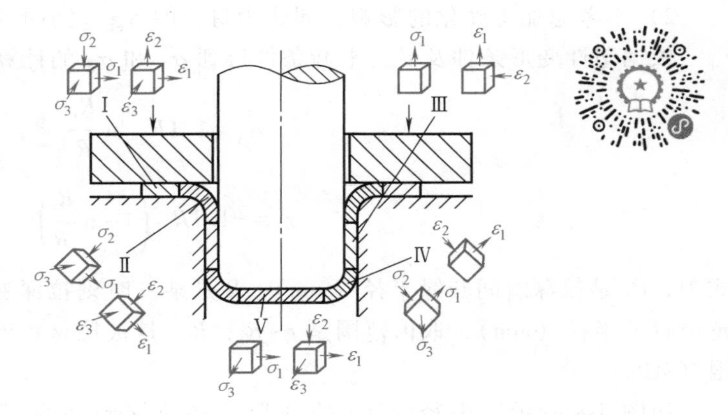

图 5-7　拉深过程中毛坯的应力应变状态

（1）平面凸缘部分——主要变形区（图 5-7，Ⅰ区）　此区域为拉深变形的主要变形区。该区的材料主要承受切向压应力 σ_3 和径向拉应力 σ_1 以及厚度方向由压边力引起的压应力 σ_2 的共同作用，产生切向压缩变形 ε_3、径向伸长变形 ε_1，而厚度方向上的变形 ε_2 取决于 σ_1 和 σ_3 的值。当 σ_1 的绝对值最大时，则 ε_2 为压应变；当 σ_3 的绝对值最大时，ε_2 为拉应变。

（2）凹模圆角部分——过渡区（图 5-7，Ⅱ区）　此区域为连接凸缘（主要变形区）和筒壁（已变形区）的过渡区，除了具有与凸缘部分相同的特点（即径向受拉应力 σ_1 和切向受压应力 σ_3 作用），厚度方向受凹模圆角的弯曲作用而承受压应力 σ_2。同时，该区域的应变状态也是三向的：ε_1 为绝对值最大的主应变（拉应变），ε_2 和 ε_3 为压应变，此处材料厚度减小。

（3）筒壁部分——传力区/已变形区（图 5-7，Ⅲ区）　此区域是由凸缘部分经凹模圆角被拉入凸、凹模间隙形成的，该区域在拉深过程中承受拉深凸模的作用力并传递至凸缘部分，使凸缘部分产生变形，因此又称为传力区。该区主要承受单向拉应力 σ_1，并产生少量的径向伸长和厚度方向的压缩变形。

（4）凸模圆角部分——过渡区（图5-7，Ⅳ区）　此区域为连接筒壁部分（已变形区）和筒底部分（小变形区）的过渡区，材料承受筒壁较大的拉应力 σ_1、因弯曲而产生的压应力 σ_2 和切向拉应力 σ_3，产生径向伸长、厚度减小的变形，在筒底与筒壁转角处稍上的位置，厚度减小最为严重，使之成为整个拉深件中强度最薄弱的地方，是拉深过程中的“危险断面”。

（5）筒底部分——小变形区（图5-7，Ⅴ区）　此区域处于凸模正下方，直接承受凸模施加的作用力并由传力区传递至凸缘部分，因此该区域受两向拉应力 σ_1 和 σ_3 的作用，产生厚度减小、切向和径向伸长的三向应变，但由于凸模圆角处的摩擦制约了底部材料的向外流动，故筒底变形不大，只有1%～3%，一般可忽略不计。

2. 应力应变分布

由于变形主要发生在凸缘部分，这里主要讨论该区域的应力应变分布。为简化计算，作如下假设：

1）板厚方向应力 σ_2 为0，即凸缘变形区为承受切向压应力和径向拉应力的平面应力状态。

2）不考虑加工硬化的影响，即认为材料的 R_{eL} 大小不变。

依据塑性变形条件及受力平衡条件得到 σ_1 和 σ_3 的计算公式为

$$\sigma_1 = 1.1R_{eL}\ln\frac{R_t}{R} \tag{5-1}$$

$$\sigma_3 = -1.1R_{eL}\left(1-\ln\frac{R_t}{R}\right) \tag{5-2}$$

式中，R_t 是拉深瞬间凸缘半径（mm）；R 是某一时刻拉深变形区任意位置的半径（mm），取值范围是 $r\sim R_t$；R_{eL} 是被拉材料的屈服极限（MPa）。

如图5-8所示，半径为 R_0 的圆形毛坯拉深到凸缘半径为 R_t 时，将不同的 R 值代入式（5-1）和式（5-2），即可得出 σ_1 和 σ_3 这一时刻在变形区的分布规律，由此分布规律知道，径向拉应力 σ_1 从变形区最外缘的最小值0逐渐增大到凹模入口处的最大值 $\sigma_{1max}=1.1R_{eL}\ln\frac{R_t}{r}$；切向压应力 σ_3 从最外缘的最大值（绝对值）$|\sigma_{3max}|=1.1R_{eL}$ 逐渐减小到凹模入口处的最小值。$R=0.61R_t$ 时，两个应力的大小相等，以此半径的圆周为界，将整个变形区分成两个部分：大于此半径区域（即靠近外缘）的毛坯以压应力为主，压缩变形是绝对值最大的主变形，毛坯增厚；小于此半径的区域（即靠近凹模入口）的毛坯以拉应力为主，拉伸变形是绝对值最大的主变形，毛坯减薄。

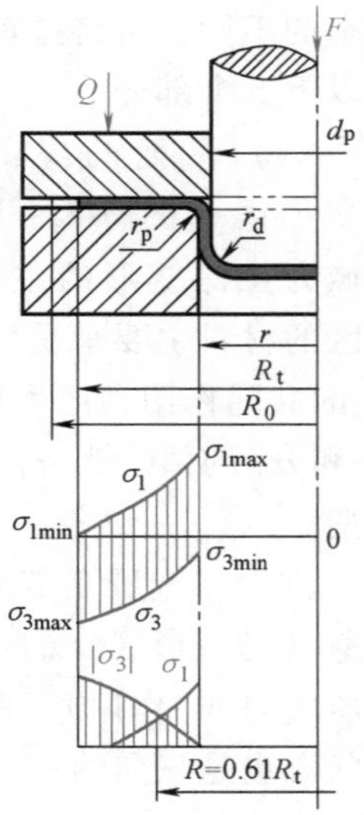

图5-8　拉深某一时刻变形区的应力分布

随着拉深凸模的继续下行，R_t 不断减小，但实际拉深时由于加工硬化的存在，R_{eL} 却在不断地增大，因此 σ_{1max} 的值在不断变化。由试验得知，直壁圆筒形件带压边圈的首次拉深时，当 $R_t=(0.7\sim0.9)R_0$ 时，σ_{1max} 达到拉

深过程中的最大值 $\sigma_{1\max}^{\max}$。同样，由于 R_{eL} 随着拉深过程的进行不断增大，使得 $|\sigma_{3\max}|$ 的值也不断增大，其变化规律与材料的硬化曲线类似。

5.2　拉深件质量分析及控制

实际生产中，最常见的拉深质量问题是凸缘部分（主要变形区）的起皱和筒壁与筒底连接处（即危险断面）板料的拉裂。

5.2.1　起皱

1. 起皱的概念及产生原因

根据前面的分析可知，拉深时，凸缘变形区的毛坯主要受切向压应力 σ_3 和径向拉应力 σ_1 的作用。当毛坯较薄而 σ_3 又过大并超过此处材料所能承受的临界压应力时，毛坯就会发生失稳弯曲而拱起，沿切向形成高低不平的皱褶，这种现象称为起皱，如图 5-9 所示。拉深失稳起皱与压杆弯曲失稳相似。

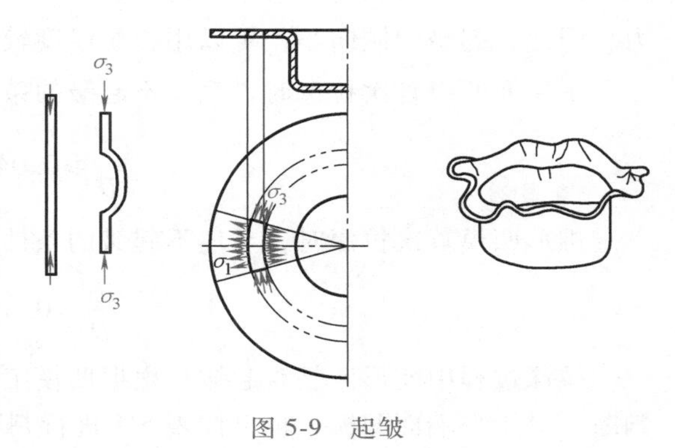

图 5-9　起皱

扩展阅读

变形区一旦起皱，对拉深过程的顺利进行非常不利。因为毛坯起皱后，拱起的皱褶很难通过凸、凹模间隙被拉入凹模，如果强行拉入，则拉应力迅速增大，容易使毛坯受过大的拉力而断裂报废，如图 5-10a 所示。即使模具间隙较大或者起皱不严重，拱起的皱褶能勉强被拉进凹模内形成筒壁，皱褶也会留在工件的侧壁，从而影响工件的表面质量，如图 5-10b 所示。同时，起皱后的材料通过模具间隙时，与凸模、凹模间的压力增加，导致与模具间的摩擦加剧，磨损严重，使得模具的寿命大大降低。因此，应尽量避免起皱。

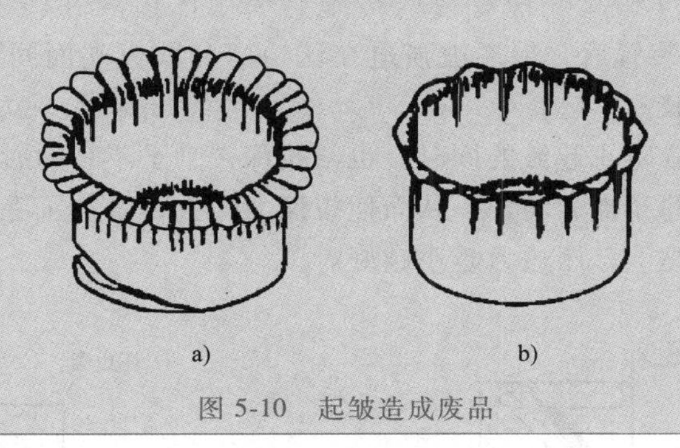

图 5-10　起皱造成废品

2. 影响起皱的因素

拉深过程中是否起皱，主要取决于以下几方面：

（1）毛坯的相对厚度 t/D　毛坯的相对厚度越小，拉深变形区抵抗失稳的能力越差，因而就越容易起皱。反之，毛坯相对厚度越大，越不容易起皱。

(2) 切向压应力 σ_3　切向压应力 σ_3 的大小取决于变形程度，变形程度越大，需要转移的剩余材料越多，加工硬化现象越严重，则 σ_3 越大，就越容易起皱。

(3) 材料的力学性能　毛坯的屈强比越小，则屈服极限越小，变形区内的切向压应力也相对减小，因此毛坯不易起皱；塑性应变比 r 越大，则毛坯在宽度方向上的变形易于厚度方向，材料易于沿平面流动，因此不容易起皱。

(4) 凹模工作部分的几何形状　与普通的平端面凹模相比，锥形凹模（图 5-11）能保证在拉深开始时毛坯有一定的预变形，以减小毛坯流入模具间隙时的摩擦阻力和弯曲变形阻力，因此，起皱的倾向小，可以用相对厚度较小的毛坯进行拉深而不致起皱。

平端面凹模首次拉深时，毛坯不起皱的条件是

$$\frac{t}{D} \geqslant 0.045\left(1-\frac{d}{D}\right) \tag{5-3}$$

锥形凹模首次拉深时，毛坯不起皱的条件是

$$\frac{t}{D} \geqslant 0.03\left(1-\frac{d}{D}\right) \tag{5-4}$$

拉深过程中变形区是否起皱，根据凹模工作部分的几何形状选择式（5-3）或式（5-4）判断，对于平端面凹模，也可按表 5-1 进行判断。

表 5-1　平端面凹模起皱判定

拉深方法	第一次拉深		以后各次拉深	
	$(t/D)\times100$	m_1	$(t/D)\times100$	m_n
需要使用压边圈	<1.5	<0.6	<1.0	<0.8
可用可不用压边圈	1.5~2.0	0.6	1.0~1.5	0.8
不需要使用压边圈	>2.0	>0.6	>1.5	>0.8

3. 防止起皱的措施

实际生产中，防止拉深起皱最有效的措施是采用压边圈并施加合适的压边力 Q，如图 5-12 所示。使用压边装置后，毛坯被强迫在压边圈和凹模端面间的间隙 c 中流动，稳定性增强，不容易发生起皱。

当然，采用压边装置防止起皱的同时，也给拉深带来了不利的影响。压边装置会导致毛坯与凹模、压边圈之间的摩擦力增加，从而使拉深力增大，增加了毛坯拉深破裂的倾向。因此，在保证不起皱的前提下，压边力越小越好。

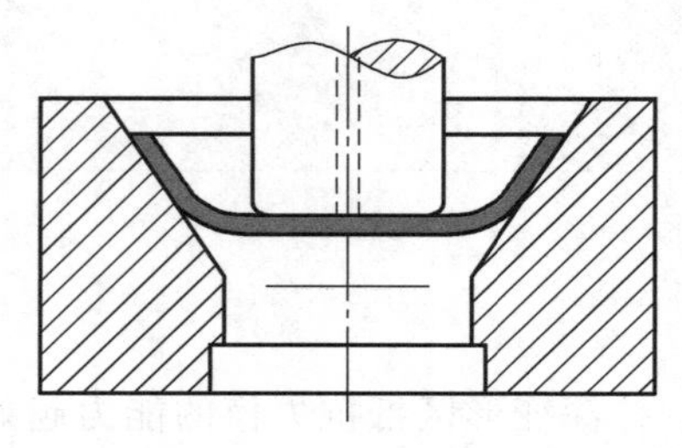

图 5-11　锥形凹模拉深

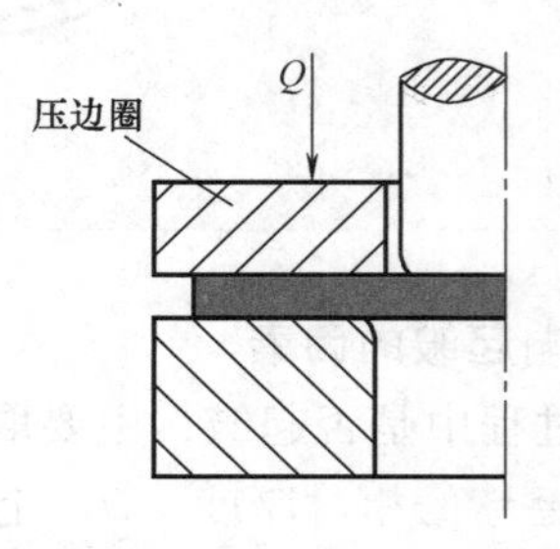

图 5-12　压边圈防止起皱

扩展阅读

实际上，拉深起皱最主要的原因之一是切向压应力过大。在其他条件相同的情况下，如果能减小切向压应力，则可以有效防止起皱的发生。由塑性变形方程（屈服准则）可知，减小压应力即意味着增大拉应力，因此常在压边圈或凹模表面增加凹凸不平的拉深筋，以增大毛坯流入凹模的阻力，以及利用反拉深增大毛坯与凹模接触面的摩擦力，均可在一定程度上达到防止起皱的目的，如图 5-13 和图 5-14 所示。

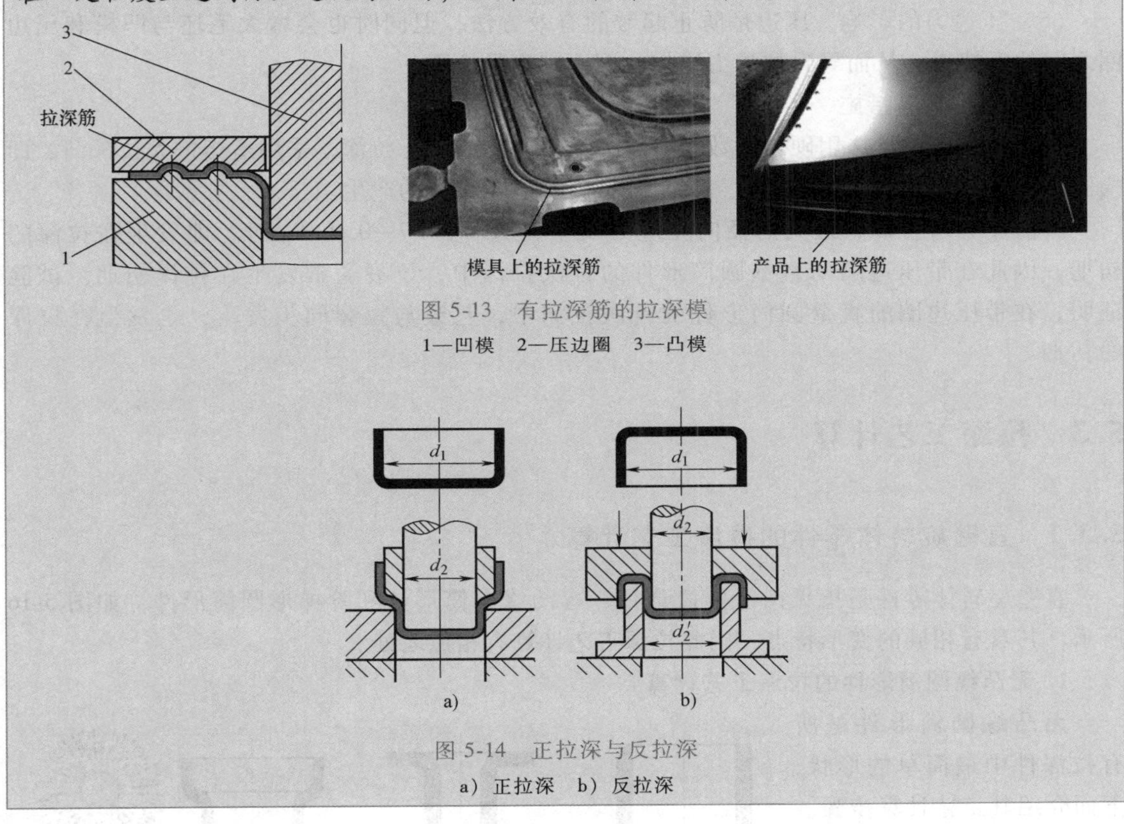

图 5-13 有拉深筋的拉深模

1—凹模 2—压边圈 3—凸模

图 5-14 正拉深与反拉深

a）正拉深 b）反拉深

5.2.2 拉裂

1. 拉裂的概念及产生原因

由前述可知，拉深时，筒底与筒壁连接处承受拉深力的作用，且因为此处变形较小，冷作硬化不明显，而厚度又减小得最为严重，所以承载能力较低，为拉深时的“危险断面”。当径向拉应力 σ_1 过大且超过此处材料的抗拉强度时，板料将会破裂，这种现象称为拉裂，如图 5-15 所示。拉裂是塑性变形拉伸失稳现象，是决定拉深成败的关键，也是制定拉深变形极限的依据。

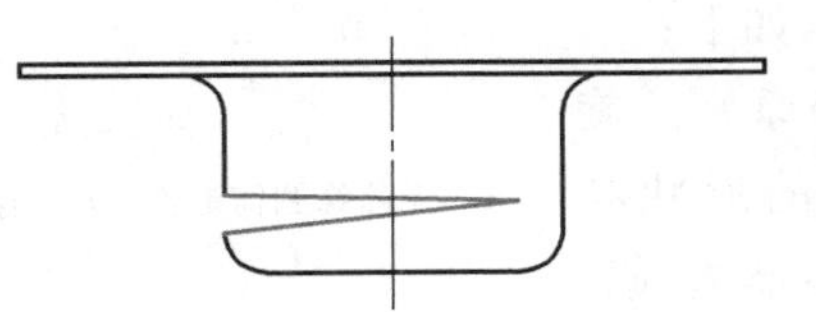

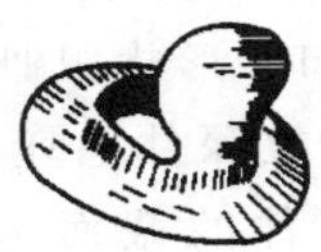

图 5-15 拉深时的拉裂

2. 影响拉裂的因素

（1）毛坯力学性能的影响　屈强比 R_{eL}/R_m 越小，伸长率 A、硬化指数 n 和塑性应变比 r 越大，越不容易拉裂。

（2）拉深变形程度的影响　变形程度越大，壁厚减小程度增大，越容易拉裂。

（3）凹模圆角半径的影响　凹模圆角半径越小，毛坯流动阻力越大，越容易拉裂。

（4）摩擦的影响　毛坯与模具之间的摩擦力越大，拉深力就会越大，径向拉应力 σ_1 也越大，越容易拉裂。

（5）压边力的影响　压边是防止起皱的有效方法，但同时也会增大毛坯与凹模和压边圈之间的摩擦力，从而导致拉深力增加，因而越容易拉裂。

3. 防止拉裂的措施

生产实际中，常选用硬化指数大、屈强比小的材料进行拉深，采用适当增大拉深凸、凹模圆角半径，增加拉深次数，改善润滑等措施来避免拉裂的产生。

由前述分析可知，最大的径向拉应力发生在 $R_t=(0.7\sim0.9)R_0$ 时，即发生在拉深的初期，因此在带压边圈的直壁圆筒形件的首次拉深中，拉裂通常发生在拉深初期。试验证明，在带压边圈的直壁圆筒形件的首次拉深中，起皱与拉裂同步发生，也发生在拉深的初期。

5.3　拉深工艺计算

5.3.1　直壁旋转体零件的拉深工艺计算

直壁旋转体零件是指无凸缘圆筒形件、有凸缘圆筒形件和阶梯形圆筒形件，如图 5-16 所示，其具有相同的变形特点，因此拉深工艺计算有相似之处。

1. 无凸缘圆筒形件的拉深工艺计算

无凸缘圆筒形件是所有拉深件中最简单的形状，下面介绍其工艺计算步骤。

（1）毛坯形状和尺寸的确定　拉深件毛坯形状和尺寸的确定依据如下：

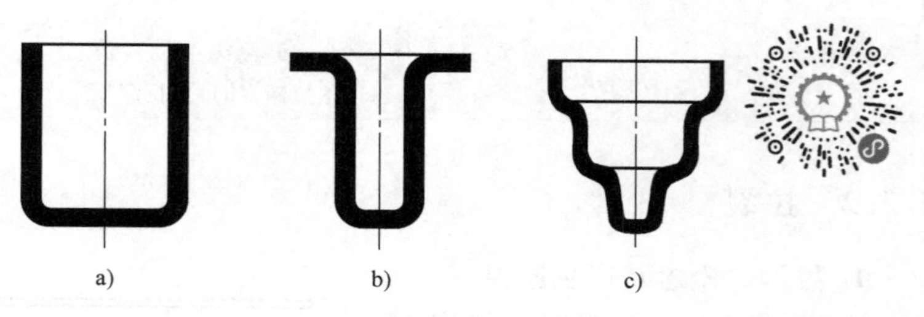

图 5-16　直壁旋转体零件

a）无凸缘圆筒形件　b）有凸缘圆筒形件　c）阶梯形圆筒形件

1）形状相似原则。旋转体拉深件毛坯的形状与拉深件的截面形状相似，均为圆形。对于非旋转体形状的拉深件，不具有这种相似性。

2）表面积相等原则。不考虑厚度变化的情况下，拉深前毛坯的表面积等于拉深后拉深件的表面积。

拉深件毛坯形状和尺寸确定的步骤如下：

1）确定修边余量。无凸缘圆筒形件的修边余量 Δh 见表 5-2。

表 5-2　无凸缘圆筒形件的修边余量 Δh（JB/T 6959—2008）　　（单位：mm）

工件高度 h	工件相对高度 h/d				附图
	>0.5~0.8	>0.8~1.6	>1.6~2.5	>2.5~4.0	
≤10	1.0	1.2	1.5	2.0	
>10~20	1.2	1.6	2.0	2.5	
>20~50	2.0	2.5	3.3	4.0	
>50~100	3.0	3.8	5.0	6.0	
>100~150	4.0	5.0	6.5	8.0	
>150~200	5.0	6.3	8.0	10.0	
>200~250	6.0	7.5	9.0	11.0	
>250	7.0	8.5	10.0	12.0	

2）计算拉深件的表面积。为便于计算，把拉深件划分成若干个简单的几何体，分别求出其表面积后相加，即可得出拉深件的表面积。如图 5-17 所示，将无凸缘圆筒形件划分为三个可直接计算出表面积的简单几何体——圆筒部分 A_1、圆弧旋转而成的球台部分 A_2 及底部圆形平板 A_3。

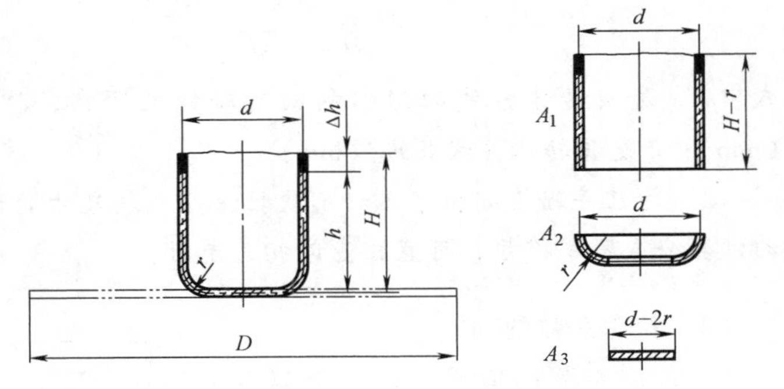

图 5-17　无凸缘圆筒形件毛坯尺寸计算分解图

圆筒部分的表面积为

$$A_1=\pi d(H-r)$$

圆弧旋转而成的球台部分的表面积为

$$A_2=\frac{1}{4}\pi[2\pi r(d-2r)+8r^2]$$

底部圆形平板的表面积为

$$A_3=\frac{1}{4}\pi(d-2r)^2$$

则拉深件总的表面积 A 应为以上三个部分面积之和，即

$$A=A_1+A_2+A_3=\pi d(H-r)+\frac{1}{4}\pi[2\pi r(d-2r)+8r^2]+\frac{1}{4}\pi(d-2r)^2$$

3）根据毛坯的表面积等于拉深件的表面积，求出毛坯的直径 D，即

$$\frac{1}{4}\pi D^2=\pi d(H-r)+\frac{1}{4}\pi[2\pi r(d-2r)+8r^2]+\frac{1}{4}\pi(d-2r)^2$$

化简得

$$D=\sqrt{d^2-1.72dr-0.56r^2+4dH} \tag{5-5}$$

式（5-5）中符号的含义如图 5-17 所示，各尺寸均为中线尺寸，当毛坯厚度小于 1mm 时，以零件图中标注尺寸代入式（5-5）进行计算不会引起过大的误差。

需要指出的是，理论计算方法确定的毛坯尺寸不是绝对准确的，尤其是复杂或变形程度较大的拉深件。实际生产中，对于形状复杂的拉深件，传统的做法是先做好拉深模，并以理论计算方法初步确定的毛坯进行反复试模修正，直至获得的工件符合要求，再将此毛坯形状和尺寸作为制造落料模的依据。而现代利用先进的CAE分析技术即可得到较为准确的毛坯尺寸。

扩展阅读

1）复杂旋转体拉深件的表面积可根据久里金法则求出，即任何形状的素线绕轴旋转一周得到的旋转体的表面积，等于该素线的长度与其形心绕该轴线旋转所得周长的乘积，如图5-18所示。该旋转体表面积为$2\pi xL$，根据表面积相等即可求出所用毛坯尺寸D，即

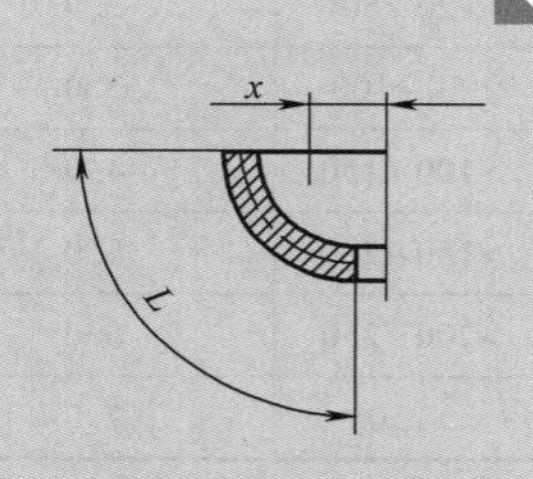

图5-18　旋转体表面积计算

$$\pi D^2/4=2\pi xL$$

$$D=\sqrt{8xL}$$

式中，x是旋转体素线的形心到旋转轴线的距离，称为旋转半径（mm）；L是旋转体素线长度（mm）。

2）冲压手册上列出了各种形状拉深件毛坯尺寸的计算公式，因此，拉深件毛坯尺寸的计算公式不用推导，可直接查阅相关手册。

（2）拉深系数的确定

1）拉深系数的概念。拉深系数是指拉深后圆筒形件的直径与拉深前毛坯或半成品的直径之比，其倒数称为拉深比，如图5-19所示。根据拉深系数的定义及图5-19可得各次拉深系数分别如下：

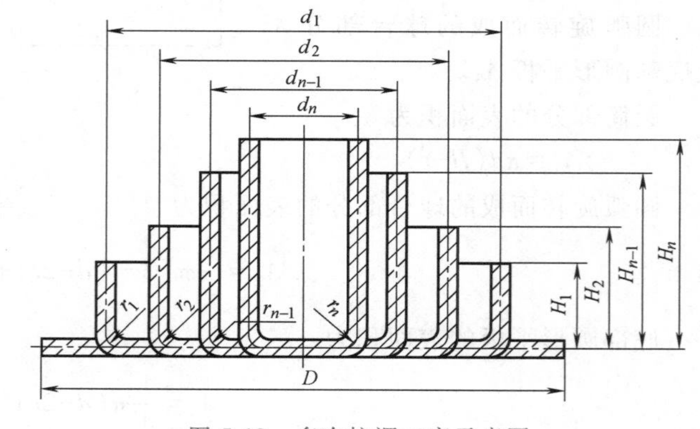

图5-19　多次拉深工序示意图

第一次拉深系数

$$m_1=\frac{d_1}{D}$$

第二次拉深系数

$$m_2=\frac{d_2}{d_1}$$

$$\vdots$$

第n次拉深系数

$$m_n=\frac{d_n}{d_{n-1}}$$

总的拉深系数

$$m_{总}=\frac{d_n}{D}=\frac{d_1}{D}\times\frac{d_2}{d_1}\times\cdots\times\frac{d_{n-1}}{d_{n-2}}\times\frac{d_n}{d_{n-1}}=m_1m_2\cdots m_{n-1}m_n \tag{5-6}$$

即总拉深系数等于各次拉深系数的乘积。

拉深系数表示了拉深前后毛坯直径的变化量，间接反映了毛坯外缘在拉深时切向压缩变形的大小，而切向变形是拉深变形区最大的主变形，因此可以用拉深系数衡量拉深变形程度的大小。拉深时毛坯外缘切向压缩变形量如下：

第一次拉深 $$\varepsilon_1=\frac{\pi D-\pi d_1}{\pi D}=1-\frac{d_1}{D}=1-m_1$$

第二次拉深 $$\varepsilon_2=\frac{\pi d_1-\pi d_2}{\pi d_1}=1-\frac{d_2}{d_1}=1-m_2$$

$$\vdots$$

第 n 次拉深 $$\varepsilon_n=\frac{\pi d_{n-1}-\pi d_n}{\pi d_{n-1}}=1-\frac{d_n}{d_{n-1}}=1-m_n$$

即

$$\varepsilon=1-m \tag{5-7}$$

因为 $0<m<1$，由式（5-7）可知，m 越大，ε 越小，切向压缩变形量越小，即拉深变形程度越小；反之，m 越小，拉深变形程度越大。当 m 值减小到小于某一个值时，拉深变形程度将超出材料允许承受的变形极限，导致工件局部严重变薄甚至被拉裂，得不到合格的工件。因此，拉深系数减小有一个最小值的限制，这一最小值称为极限拉深系数［m_n］，即保证拉深件不破裂的最小拉深系数。该值的大小反映了拉深变形的极限变形程度，是拉深工艺设计的依据。

生产中，为减少拉深次数，一般在保证不拉裂的前提下，采用尽量小的拉深系数。

2）影响极限拉深系数的因素。在不同的条件下，极限拉深系数不同，其大小受以下因素影响：

① 材料方面。材料的组织和力学性能影响极限拉深系数。一般来说，材料组织均匀、晶粒大小适当、屈强比 R_{eL}/R_m 小、塑性好、塑性应变比各向异性度 Δr 小、塑性应变比 r 大、硬化指数 n 大的毛坯，变形抗力小，筒壁传力区不容易产生局部严重变薄和拉裂，因而拉深性能好，极限拉深系数较小。

毛坯相对厚度 t/D 也会对极限拉深系数产生影响。t/D 大时，抗失稳能力较强，故极限拉深系数较小。材料表面光滑，拉深时摩擦力小，容易流动，故极限拉深系数较小。

② 模具方面。凸、凹模圆角半径及间隙大小是影响极限拉深系数的主要参数。凸模圆角半径太小，毛坯绕凸模弯曲的拉应力增加，易造成局部变薄严重，降低危险断面的强度，因而会降低极限变形程度；凹模圆角半径太小，毛坯在拉深过程中通过凹模圆角时弯曲阻力增大，增大了筒壁传力区的拉应力，也会降低极限变形程度；凸、凹模间隙太小，毛坯会受到较大的挤压作用和摩擦阻力，拉深力增大，使极限变形程度减小。因此，为了减小极限拉深系数，凸、凹模圆角半径及间隙应适当取较大值。

模具形状也会对极限拉深系数产生影响。使用锥形凹模拉深时，可减少材料流过凹模圆角时的摩擦力和弯曲变形力，防皱效果好，因而极限拉深系数可以减小。

③ 拉深条件。有压边装置的拉深模，减小了毛坯起皱的可能性，极限拉深系数可相

应减小。拉深次数也会对极限拉深系数产生影响。第一次拉深时，因材料没有冷作硬化，塑性好，极限拉深系数可小些。之后拉深时因材料产生硬化，塑性越来越差，变形越来越困难，所以极限拉深系数越往后越大，即在多次拉深中，各次极限拉深系数的关系是

$$[m_1]<[m_2]<\cdots<[m_{n-1}]<[m_n] \tag{5-8}$$

④ 润滑条件。凹模与压边圈的工作表面光滑、润滑条件较好时，可以减小极限拉深系数。但为了避免拉深过程中凸模与毛坯之间产生相对滑移造成危险断面的过度变薄或拉裂，在不影响拉深件内表面质量和脱模的前提下，凸模工作表面可以比凹模粗糙一些，并避免涂润滑剂。

除上述影响因素外，拉深方法、拉深速度、拉深件的形状等也会对极限拉深系数产生影响。

总结上述各种影响极限拉深系数的因素可知：凡能增大筒壁传力区危险断面的强度，减小筒壁传力区拉应力的因素，均可使极限拉深系数减小；反之，将会使极限拉深系数变大。

3）极限拉深系数值的确定。由于影响极限拉深系数的因素较多，因此实际生产中的极限拉深系数是考虑了各种具体条件后用试验的方法确定的经验值。无凸缘圆筒形件的极限拉深系数可查表 5-3 和表 5-4。

表 5-3　无凸缘圆筒形件的极限拉深系数 $[m_n]$（JB/T 6959—2008）

各次极限拉深系数	毛坯相对厚度$(t/D)\times100$					
	>1.5~2.0	>1.0~1.5	>0.6~1.0	>0.3~0.6	>0.15~0.3	>0.08~0.15
$[m_1]$	0.48~0.50	0.50~0.53	0.53~0.55	0.55~0.58	0.58~0.60	0.60~0.63
$[m_2]$	0.73~0.75	0.75~0.76	0.76~0.78	0.78~0.79	0.79~0.80	0.80~0.82
$[m_3]$	0.76~0.78	0.78~0.79	0.79~0.80	0.80~0.81	0.81~0.82	0.82~0.84
$[m_4]$	0.78~0.80	0.80~0.81	0.81~0.82	0.82~0.83	0.83~0.85	0.85~0.86
$[m_5]$	0.80~0.82	0.82~0.84	0.84~0.85	0.85~0.86	0.86~0.87	0.87~0.88

注：1. 表中的系数适用于 08、10S、15S 钢等普通拉深钢及软黄铜 H62、H68。当材料的塑性好、屈强比小、塑性应变比大时（05、08Z 及 10Z 钢等），应比表中数值减小 1.5%~2.0%；而当材料的塑性差、屈强比大、塑性应变比小时（20、25、Q215、Q235、酸洗钢、硬铝、硬黄铜等），应比表中数值增大 1.5%~2.0%。（符号 S 为深拉深钢，Z 为最深拉深钢。）

2. 表中数值适用于无中间退火的拉深，若有中间退火时，可将表中数值减小 2%~3%。

3. 表中较小值适用于凹模圆角半径 $r_d=(8\sim15)t$，较大值适用于 $r_d=(4\sim8)t$。

表 5-4　其他金属材料的极限拉深系数（JB/T 6959—2008）

材料名称	牌号	首次拉深$[m_1]$	以后各次拉深$[m_n]$
铝和铝合金	8A06、1035、3A21	0.52~0.55	0.70~0.75
杜拉铝	2A11、2A12	0.56~0.58	0.75~0.80
黄铜	H62	0.52~0.54	0.70~0.72
	H68	0.50~0.52	0.68~0.72

（续）

材料名称	牌号	首次拉深[m_1]	以后各次拉深[m_n]
纯铜	T2、T3	0.50~0.55	0.72~0.80
无氧铜		0.50~0.58	0.75~0.82
镍、镁镍、硅镍		0.48~0.53	0.70~0.75
康铜（铜镍合金）		0.50~0.56	0.74~0.84
白铁皮		0.58~0.65	0.80~0.85
酸洗钢板		0.54~0.58	0.75~0.78
不锈钢	12Cr13	0.52~0.56	0.75~0.78
	06Cr18Ni	0.50~0.52	0.70~0.75
	06Cr18Ni11Nb、06Cr23Ni13	0.52~0.55	0.78~0.80
镍铬合金	Cr20Ni80Ti	0.54~0.59	0.78~0.84
合金结构钢	30CrMnSiA	0.62~0.70	0.80~0.84
可伐合金		0.65~0.67	0.85~0.90
钼铱合金		0.72~0.82	0.91~0.97
钽		0.65~0.67	0.84~0.87
铌		0.65~0.67	0.84~0.87
钛及钛合金	TA2、TA3	0.58~0.60	0.80~0.85
	TA5	0.60~0.65	0.80~0.85
锌		0.65~0.70	0.85~0.90

注：1. 毛坯相对厚度 $(t/D)\times100<0.62$ 时，表中系数取大值；$(t/D)\times100\geqslant0.62$ 时，表中系数取小值。
2. 凹模圆角半径 $R_d<6t$ 时，表中系数取大值；凹模圆角半径 $R_d\geqslant(7\sim8)t$ 时，表中系数取小值。

扩展阅读

1）拉深系数是一个重要的工艺参数，是拉深工艺计算的依据。知道拉深系数就可求出工件总的变形量，进而求出拉深次数及各次半成品的尺寸。

2）实际生产中采用的拉深系数一般应略大于表5-3和表5-4中的数值。因为采用接近甚至等于极限拉深系数的拉深会使工件在凸模圆角处过分变薄甚至破裂，导致零件质量降低甚至报废。所以，当零件质量要求较高时，应采用稍大于极限值的拉深系数。

（3）拉深次数的确定　每次拉深允许的极限变形程度确定后，即可求出拉深次数。拉深次数 n 的确定步骤如下：

1）判断能否一次拉成。比较拉深件实际所需的总拉深系数 $m_总$ 和第一次允许使用的极限拉深系数［m_1］的大小，即可判断能否一次拉成。

若 $m_总\geqslant[m_1]$，说明该拉深件的实际变形程度小于第一次允许的极限变形程度，可以一次拉成。

若 $m_总<[m_1]$，说明该拉深件的实际变形程度大于第一次允许的极限变形程度，不能一次拉成。

2）确定拉深次数 n。需要多次拉深时，就需要进一步确定拉深次数。常用的方法有推算法和查表法。

① 推算法。首先查表 5-3 或表 5-4，得到每次拉深的极限拉深系数 $[m_1]$、$[m_2]$、…、$[m_n]$，然后假设以此极限拉深系数进行拉深，依次求出每次拉深的最小拉深直径，直到某次计算出的直径 d_n 小于或等于拉深件的直径 d，则 n 即为拉深次数，即

$$d_1=[m_1]D$$
$$d_2=[m_2]d_1$$
$$\vdots$$
$$d_n=[m_n]d_{n-1}$$

计算至 $d_n \leqslant d$ 时结束，则 n 为拉深次数。

② 查表法。也可根据拉深件相对高度 h/d 和毛坯相对厚度 t/D 查表 5-5 得到拉深次数。

表 5-5　无凸缘圆筒形件相对高度 $[h/d]$ 与拉深次数的关系

拉深次数	毛坯相对厚度$(t/D)\times100$					
	2.0~1.5	1.5~1.0	1.0~0.6	0.6~0.3	0.3~0.15	0.15~0.08
1	0.94~0.77	0.84~0.65	0.71~0.57	0.62~0.5	0.5~0.45	0.46~0.38
2	1.88~1.54	1.60~1.32	1.36~1.1	1.13~0.94	0.96~0.63	0.9~0.7
3	3.5~2.7	2.8~2.2	2.3~1.8	1.9~1.5	1.6~1.3	1.3~1.1
4	5.6~4.3	4.3~3.5	3.6~2.9	2.9~2.4	2.4~2.0	2.0~1.5
5	8.9~6.6	6.6~5.1	5.2~4.1	4.1~3.3	3.3~2.7	2.7~2.0

注：大的 h/d 值适用于第一次拉深的凹模圆角半径 $r_d=(8\sim15)t$；小的 h/d 值适用于第一次拉深凹模圆角半径 $r_d=(4\sim8)t$。

（4）拉深工序件（半成品）尺寸的确定　第 n 次拉深的工序件尺寸包括工序件直径 d_n、筒底圆角半径 r_n 和工序件高度 H_n，如图 5-19 所示。

1）工序件直径 d_n。确定拉深次数是假设以极限拉深系数进行拉深的，但是实际生产中一般不会选择极限拉深系数，所以需要重新计算工序件直径 d_n。计算方法如下：

设实际采用的拉深系数为 m_1、m_2、m_3、…、m_n，则按照

$$m_{总}=m_1m_2m_3\cdots m_n,\ m_1<m_2<m_3<\cdots<m_n$$

求出各次实际使用的拉深系数后，即可求出各次拉深的工序件直径，即

$$d_1=m_1D$$
$$d_2=m_2d_1$$
$$\vdots$$
$$d_n=m_nd_{n-1}=d$$

扩展阅读

按照上述方法计算工序件直径时，需反复试取 m_1、m_2、m_3、…、m_n 的值，比较烦琐，实际上将各次极限拉深系数放大一个合适倍数 k 即可，这里 $k=\sqrt[n]{\dfrac{m_{总}}{[m_1][m_2]\cdots[m_n]}}$，$n$ 为拉深次数。

2）筒底圆角半径 r_n。筒底圆角半径 r_n 为本道拉深凸模的圆角半径 r_p，可参考5.5.2节的内容进行确定。

3）工序件高度 H_n。各次工序件筒壁高度 H_n 可由毛坯尺寸计算式（5-5）反推得出，即

$$H_n=\frac{D^2-d_n^2+1.72r_nd_n+0.56r_n^2}{4d_n} \tag{5-9}$$

式中，d_n 是各次拉深的工序件直径（mm）；r_n 是各次拉深筒底圆角半径（mm）；H_n 是各次拉深的工序件高度（mm），包含修边余量；D 是毛坯直径（mm）。

【例5-1】 如图5-20所示的拉深件，材料为08钢，材料厚度 $t=2\text{mm}$。计算拉深次数和各次拉深的工序件尺寸。

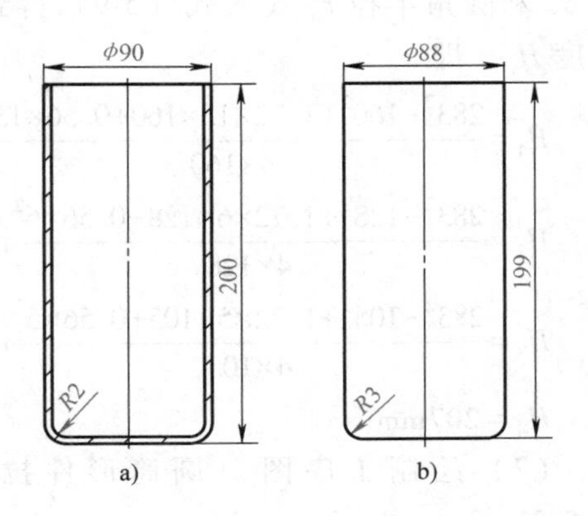

图5-20　拉深零件图及中线尺寸图
a）零件图　b）中线尺寸图

解： 由于 $t=2\text{mm}$，所以应按中线尺寸计算。

（1）确定修边余量 Δh　$h/d=199\text{mm}/88\text{mm}=2.26$，查表5-2得 $\Delta h=8\text{mm}$。

（2）计算毛坯直径 D　$d=88\text{mm}$，$r=3\text{mm}$，$H=h+\Delta h=199\text{mm}+8\text{mm}=207\text{mm}$，代入式（5-5）得 $D=283\text{mm}$。

（3）确定是否采用压边圈　$(t/D)\times100=(2\text{mm}/283\text{mm})\times100=0.7$，查表5-1可知，需采用压边圈。

（4）判断能否一次拉深　查表5-3可得 $[m_1]=0.55$。该零件的总拉深系数 $m_{总}=d/D=88\text{mm}/283\text{mm}=0.31$，即 $m_{总}<[m_1]$，故该零件不能一次拉成。

（5）确定拉深次数 n　由表5-3查得各次极限拉深系数，并采用推算法计算各次拉深直径，即

$$[m_1]=0.55,d_1=[m_1]D=0.55\times283\text{mm}=155.65\text{mm}$$
$$[m_2]=0.78,d_2=[m_2]d_1=0.78\times155.65\text{mm}=121.41\text{mm}$$
$$[m_3]=0.80,d_3=[m_3]d_2=0.80\times121.41\text{mm}=97.13\text{mm}$$
$$[m_4]=0.82,d_4=[m_4]d_3=0.82\times97.13\text{mm}=79.64\text{mm}$$

因为 $d_4=79.64\text{mm}<d=88\text{mm}$，故该拉深件需4次拉深。

（6）计算各次拉深的工序件尺寸

1）工序件直径 d_n。放大系数 $k=\sqrt[n]{\dfrac{m_{总}}{[m_1][m_2]\cdots[m_n]}}=\sqrt[4]{\dfrac{88\text{mm}/283\text{mm}}{0.55\times0.78\times0.80\times0.82}}=1.025$，设实际采用的拉深系数为 m_1、m_2、m_3、m_4，则有

$$m_1=k[m_1]=1.025\times0.55=0.564$$
$$m_2=k[m_2]=1.025\times0.78=0.800$$
$$m_3=k[m_3]=1.025\times0.80=0.82$$
$$m_4=k[m_4]=1.025\times0.82=0.84$$

按调整好的拉深系数计算各次拉深的工序件直径，即

$$d_1'=m_1D=0.564\times283\text{mm}=160\text{mm}$$
$$d_2'=m_2d_1'=0.8\times160\text{mm}=128\text{mm}$$
$$d_3'=m_3d_2'=0.82\times128\text{mm}=105\text{mm}$$
$$d_4'=m_4d_3'=0.84\times105\text{mm}=88\text{mm}$$

2）圆角半径 r_n。由式（5-38）计算并取

$r_1=13\text{mm}$，$r_2=6\text{mm}$，$r_3=5\text{mm}$，$r_4=3\text{mm}$

3）工序件高度 H_n。将上述确定的各次工序件直径 d_n 和圆角半径 r_n 代入式（5-9）得到各次工序件高度 H_n，即

$$H_1=\frac{283^2-160^2+1.72\times13\times160+0.56\times13^2}{4\times160}\text{mm}=91\text{mm}$$

$$H_2=\frac{283^2-128^2+1.72\times6\times128+0.56\times6^2}{4\times128}\text{mm}=127\text{mm}$$

$$H_3=\frac{283^2-105^2+1.72\times5\times105+0.56\times5^2}{4\times105}\text{mm}=167\text{mm}$$

$$H_4=207\text{mm}$$

（7）绘制工序图　圆筒形件拉深工序图如图 5-21 所示。

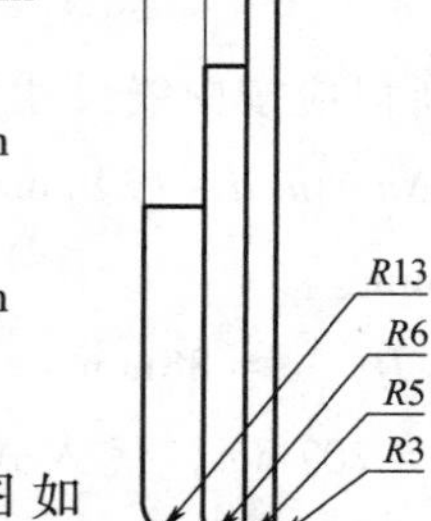

图 5-21　圆筒形件拉深工序图（中线尺寸）

2. 有凸缘圆筒形件的拉深工艺计算

（1）有凸缘圆筒形件的分类及变形特点　有凸缘圆筒形件是指图 5-22 所示的零件，相当于无凸缘圆筒形件拉深至中间某一时刻的半成品，即变形区材料没有被完全拉入凹模转变为筒壁，还留有一个凸缘 d_f，因此，其变形区的应力状态和变形特点与无凸缘圆筒形件相同。但由于带有凸缘，其拉深方法及工艺计算方法与一般圆筒形件又有一定的差别。

根据凸缘相对直径 d_f/d 的比值不同，有凸缘圆筒形件可分为窄凸缘圆筒形件（$d_f/d=1.1\sim1.4$）和宽凸缘圆筒形件（$d_f/d>1.4$）两种。

（2）有凸缘圆筒形件的拉深方法　有凸缘圆筒形件的多次拉深可按如下原则进行设计：

1）窄凸缘圆筒形件。可当作无凸缘圆筒形件拉深，只在倒数第二次才拉出锥形凸缘，最后一次拉到所需高度，然后利用整形工序将凸缘压平，如图 5-23 所示。

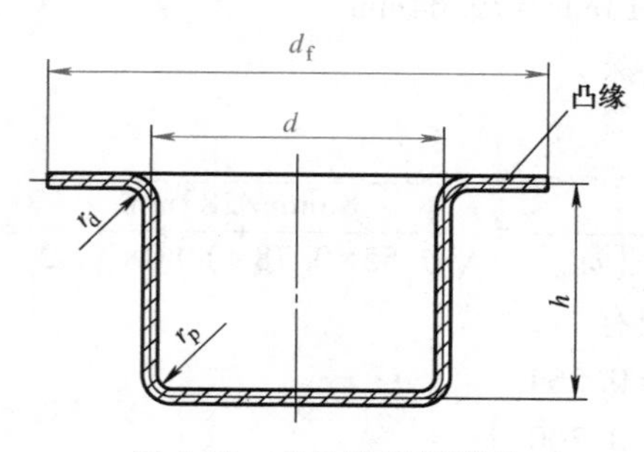

图 5-22　有凸缘圆筒形件

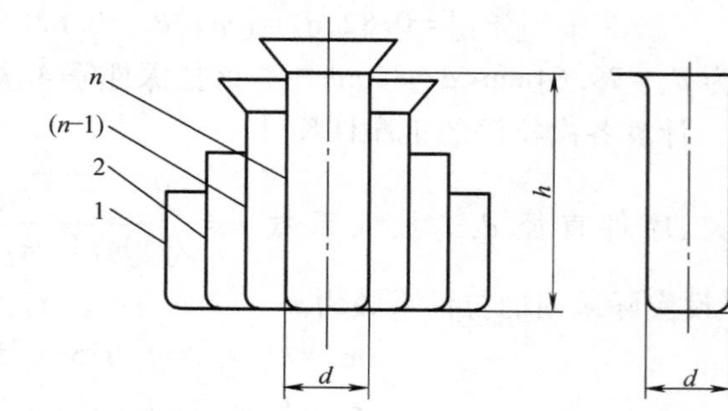

图 5-23　窄凸缘圆筒形件多次拉深的方法

2）宽凸缘圆筒形件。首次拉深中形成要求的凸缘直径，而在以后的拉深中保持凸缘直径不变。具体有以下几种拉深方法：

① 圆角半径在首次拉深中成形，而在以后的拉深中，保持圆角半径基本不变，仅以减小圆筒直径来增大制件高度，如图 5-24a 所示。这种方法主要适用于料薄、拉深高度比直径大的中小型拉深件。

② 高度在首次拉深中基本成形，在以后的拉深中制件高度基本保持不变，仅减小圆筒直径和圆角半径，如图 5-24b 所示。这种方法主要适用于料厚、直径和高度相近的大中型拉深件。

③ 为了避免凸缘在以后的拉深中发生收缩变形，宽凸缘圆筒形件首次拉深时拉入凹模的毛坯面积（凸缘圆角以内的部分，包括凸缘圆角）应加大 3%~10%。多余材料在以后的拉深中逐次将 1.5%~3%的部分挤回到凸缘位置，使凸缘增厚。

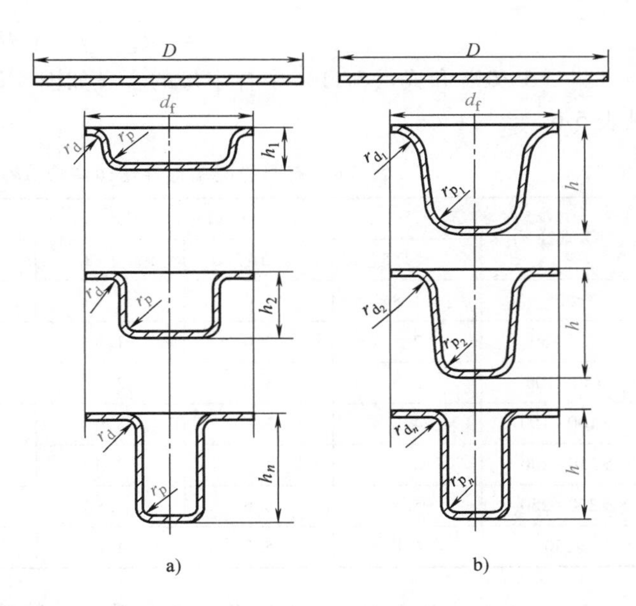

图 5-24 宽凸缘圆筒形件的拉深方法

④ 当工件的凸缘与底部圆角半径过小时，可先以适当的圆角半径拉深成形，然后再整形至工件要求的圆角半径。

扩展阅读

宽凸缘圆筒形件在多次拉深成形过程中需要特别注意的是：凸缘通常在首次拉深中成形，且在后续拉深中不能变动。因为后续拉深时，凸缘尺寸的微量缩小也会使中间圆筒部分的拉应力过大而使危险断面破裂。因此，必须正确计算拉深高度，并严格控制凸模进入凹模的深度。由此可见，拉深模的安装调试异常重要。

（3）有凸缘圆筒形件工艺计算　窄凸缘圆筒形件的工艺计算与无凸缘件相同，在此不再赘述。下面主要介绍宽凸缘圆筒形件工艺计算的方法与步骤。

1）宽凸缘圆筒形件的毛坯尺寸确定。宽凸缘圆筒形件毛坯尺寸的计算方法与无凸缘圆筒形件相同，也是根据表面积相等的原理进行计算的。如图 5-25 所示，其毛坯直径 D 为

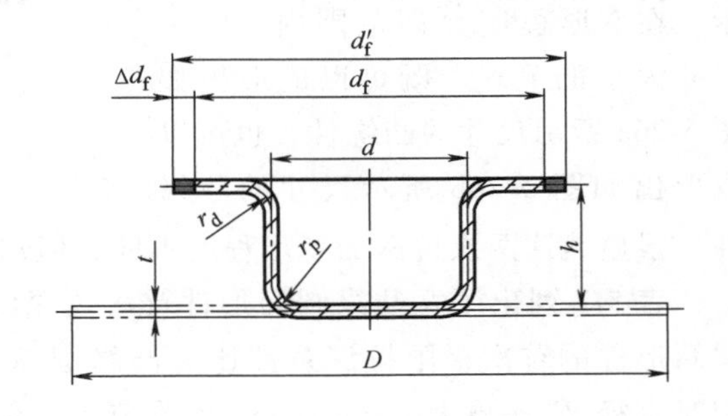

图 5-25 宽凸缘圆筒形件毛坯尺寸计算

$$D=\sqrt{d'^2_f-1.72d(r_p+r_d)-0.56(r_p^2-r_d^2)+4dh} \tag{5-10}$$

式中，$d'_f=d_f+2\Delta d_f$。

当 $r_p=r_d=r$ 时，宽凸缘圆筒形件的毛坯直径可简化为

$$D=\sqrt{d_f'^2+4dh-3.44dr} \tag{5-11}$$

式（5-10）和式（5-11）中各字母的含义如图5-25所示。有凸缘圆筒形件修边余量Δd_f见表5-6。

表5-6　有凸缘圆筒形件修边余量Δd_f（JB/T 6959—2008）　（单位：mm）

凸缘直径d_f	凸缘相对直径d_f/d				附图
	≤1.5	>1.5~2.0	>2.0~2.5	>2.5~3.0	
≤25	1.8	1.6	1.4	1.2	
>25~50	2.5	2.0	1.8	1.6	
>50~100	3.5	3.0	2.5	2.2	
>100~150	4.3	3.6	3.0	2.5	
>150~200	5.0	4.2	3.5	2.7	
>200~250	5.5	4.6	3.8	2.8	
>250	6.0	5.0	4.0	3.0	

2）宽凸缘圆筒形件的变形程度。根据拉深系数的定义，宽凸缘圆筒形件总的拉深系数可表示为

$$m=\frac{d}{D}=\frac{1}{\sqrt{(d_f'/d)^2+4h/d-3.44r/d}} \tag{5-12}$$

由式（5-12）可看出，宽凸缘圆筒形件的拉深系数取决于以下三个因素：凸缘相对直径d_f'/d、相对高度h/d和相对圆角半径r/d。d_f'/d影响最大，h/d次之，r/d影响较小，因此宽凸缘圆筒形件的变形程度不能仅用拉深系数衡量，必须考虑d_f'/d和h/d的影响，如图5-26所示。在变形程度允许范围内，同一尺寸大小的毛坯，既可以成形出如图5-26a所示尺寸的凸缘件，也可以成形出如图5-26b所示尺寸的凸缘件，很显然这两次拉深的变形程度不同，但却具有相同的拉深系数$m=d/D$。

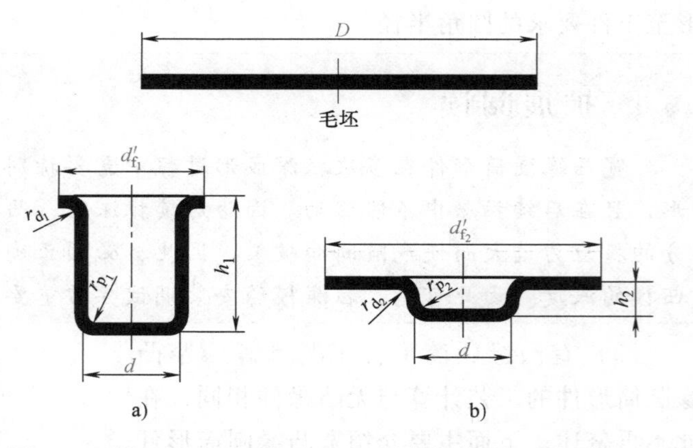

图5-26　同一尺寸毛坯拉出两种不同尺寸的有凸缘圆筒形件

表5-7列出了宽凸缘圆筒形件首次拉深的极限拉深系数。从表5-7可以看出，宽凸缘圆筒形件的首次极限拉深系数比无凸缘圆筒形件要小，而且当毛坯直径D一定时，凸缘相对直径d_f'/d越大，极限拉深系数越小，但这并不表明宽凸缘圆筒形件的变形程度大。宽凸缘圆筒形件后续拉深各次极限拉深系数可相应地选取表5-3中的$[m_2]$、$[m_3]$、…、$[m_n]$。

由上述分析可知，影响拉深系数的因素中，r/d的影响较小，因此当拉深系数一定时，d_f'/d与h/d的关系也就基本确定了。这样，就可用拉深件的相对高度来表示宽凸缘圆筒形

件的变形程度。宽凸缘圆筒形件首次拉深的最大相对高度见表5-8。

表5-7 宽凸缘圆筒形件首次拉深的极限拉深系数 [m_1]（JB/T 6959—2008）

凸缘相对直径 d'_f/d_1	毛坯相对厚度$(t/D)\times100$				
	>0.06~0.2	>0.2~0.5	>0.5~1.0	>1.0~1.5	>1.5
≤1.1	0.59	0.57	0.55	0.53	0.50
>1.1~1.3	0.55	0.54	0.53	0.51	0.49
>1.3~1.5	0.52	0.51	0.50	0.49	0.47
>1.5~1.8	0.48	0.48	0.47	0.46	0.45
>1.8~2.0	0.45	0.45	0.44	0.43	0.42
>2.0~2.2	0.42	0.42	0.42	0.41	0.40
>2.2~2.5	0.38	0.38	0.38	0.38	0.37
>2.5~2.8	0.35	0.35	0.34	0.34	0.33
>2.8~3.0	0.33	0.33	0.32	0.32	0.31

注：表中系数适用于08、10钢。对于其他材料，可根据其成形性能的优劣对表中数值进行适当修正。

表5-8 宽凸缘圆筒形件首次拉深的最大相对高度 [h_1/d_1]（JB/T 6959—2008）

凸缘相对直径 d'_f/d_1	毛坯相对厚度$(t/D)\times100$				
	>0.06~0.2	>0.2~0.5	>0.5~1.0	>1.0~1.5	>1.5
≤1.1	0.45~0.52	0.50~0.62	0.57~0.70	0.60~0.80	0.75~0.90
>1.1~1.3	0.40~0.47	0.45~0.53	0.50~0.60	0.56~0.72	0.65~0.80
>1.3~1.5	0.35~0.42	0.40~0.48	0.45~0.53	0.50~0.63	0.52~0.70
>1.5~1.8	0.29~0.35	0.34~0.39	0.37~0.44	0.42~0.53	0.48~0.58
>1.8~2.0	0.25~0.30	0.29~0.34	0.32~0.38	0.36~0.46	0.42~0.51
>2.0~2.2	0.22~0.26	0.25~0.29	0.27~0.33	0.31~0.40	0.35~0.45
>2.2~2.5	0.17~0.21	0.20~0.23	0.22~0.27	0.25~0.32	0.28~0.35
>2.5~2.8	0.16~0.18	0.15~0.18	0.17~0.21	0.19~0.24	0.22~0.27
>2.8~3.0	0.10~0.13	0.12~0.15	0.14~0.17	0.16~0.20	0.18~0.22

注：1. 表中系数适用于08、10钢。对于其他材料，可根据其成形性能的优劣对表中数值进行适当修正。
2. 圆角半径大时 [r_p、$r_d=(10\sim20)t$] 取较大值，圆角半径小时 [r_p、$r_d=(4\sim8)t$] 取较小值。

3）判断能否一次拉深成形。比较工件实际所需的总拉深系数 $m_总$ 和相对高度 h/d 与凸缘件第一次拉深的极限拉深系数 [m_1] 和极限拉深相对高度 [h_1/d_1] 可知，若 $m_总>$[m_1]，$h/d\leqslant$[h_1/d_1]，则能一次拉深成形，否则应多次拉深。

4）计算拉深次数。凸缘件多次拉深时，第一次拉深后得到的工序件尺寸在保证凸缘直径满足要求的前提下，其筒部直径 d_1 应尽可能小，以减少拉深次数，同时又能尽量多地将毛坯拉入凹模。

宽凸缘件的拉深次数仍可用推算法求得，具体方法为：先假定 d'_f/d_1 的值，根据毛坯相对厚度 t/D 由表5-7查出第一次拉深的极限拉深系数 [m_1]，再由表5-3查出之后各次拉深的极限拉深系数，依次计算各次拉深的极限拉深直径，一直计算到小于或等于工件直径为止，即可得到拉深次数 n。

5）计算工序件尺寸。工序件尺寸包括筒部直径 d_i、高度 h_i 和圆角半径 r_{p_i}、r_{d_i}。拉深次数确定以后，应重新调整各次拉深系数，并满足 $d=m_1m_2m_3\cdots m_nD$。此时需按照本节宽凸缘圆筒形件拉深方法中的第③条重新计算毛坯直径 D'，即首次拉深时拉入凹模的毛坯面积加大 3%～10%，再根据调整后的拉深系数 m_i 和毛坯直径 D' 计算各次拉深工序件的筒部直径 d_i 和 h_i。

参照 5.5.2 节确定圆角半径 r_{p_i}、r_{d_i}。按下式计算工序件高度 h_i，即

$$h_i=\frac{0.25}{d_i}(D'^2-d'^2_f)+0.43(r_{p_i}+r_{d_i})+\frac{0.14}{d_i}(r^2_{p_i}-r^2_{d_i}) \tag{5-13}$$

式中，D'是调整后的毛坯直径（mm）；d'_f是零件的凸缘直径（mm）；d_i 为第 i 次拉深后零件的筒部直径（mm）；r_{p_i} 为第 i 次拉深后凸模处圆角半径（mm）；r_{d_i} 为第 i 次拉深后凹模处圆角半径（mm）。

上述计算是在假定 d'_f/d_1 值的条件下进行的，假定是否合适须进行验证。如果假定后求出的 $h/d\leqslant[h_1/d_1]$，则说明假定成功，否则，须重新假定，再按上述步骤重新计算。

【例 5-2】 图 5-27 所示的宽凸缘圆筒形件，材料为 08 钢，材料厚度为 2mm，试确定所需的拉深次数，并计算各工序尺寸。

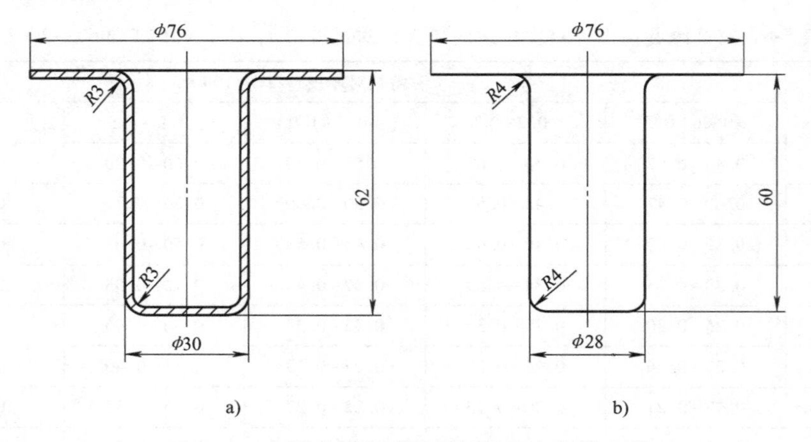

图 5-27　宽凸缘圆筒形件零件图及中线尺寸图

a）零件图　b）中线尺寸图

解： 由于材料厚度为 2mm，以下所有尺寸均按中线尺寸计算（图 5-27b）。

（1）确定修边余量 Δd_f　$d_f/d=76\text{mm}/28\text{mm}=2.7$，查表 5-6 可得 $\Delta d_f=2.2\text{mm}$，所以拉深件的实际凸缘尺寸 $d'_f=d_f+2\Delta d_f=80.4\text{mm}$。

（2）计算毛坯直径　因为 $r_d=r_p=4\text{mm}$，由式（5-11）可得 $D=113\text{mm}$。

（3）判断能否一次拉深成形　$d'_f/d=80.4\text{mm}/28\text{mm}=2.87$，$(t/D)\times100=(2\text{mm}/113\text{mm})\times100=1.77$，查表 5-7 和表 5-8 可知：首次拉深的极限拉深系数 $[m_1]=0.31$，首次拉深的最大相对高度 $[h_1/d_1]=0.18\sim0.22$。

该零件的实际总拉深系数 $m_{总}=28\text{mm}/113\text{mm}=0.248$，实际总拉深相对高度 $h/d=60\text{mm}/28\text{mm}=2.14$。

因为 $m_{总}<[m_1]$，$h/d>[h_1/d_1]$，故该零件不能一次拉深成形。

（4）确定拉深次数

1）先假定 d'_f/d_1 值，由表 5-7 查出 $[m_1]$，进而求出 d_1。

2）按5.5.2节确定凸、凹模圆角半径的方法确定首次拉深的凸、凹模圆角半径 r_{p_1}、r_{d_1}，并取 $r_{d_1}=r_{p_1}$。

3）由式（5-13）求出 h_1。

4）根据上述计算结果求出实际拉深的拉深系数 m_1 和实际相对高度 h_1/d_1。

5）验算。查表5-7和表5-8得 $[m_1]$ 和 $[h_1/d_1]$，若满足 $m_1>[m_1]$，$h_1/d_1<[h_1/d_1]$，则说明假定的 d_f'/d_1 值合理，否则重新假定 d_f'/d_1 值进行计算。

具体验算结果见表5-9，这里进行了4次假定。

表5-9　假定 d_f'/d_1 值时的计算结果

假定的 d_f'/d_1 值	极限拉深系数 $[m_1]$（表5-7）	d_1/mm	凸、凹模圆角半径 r_{p_1}、r_{d_1}	实际拉深系数（$m_1=d_1/D$）	h_1/mm	h_1/d_1	$[h_1/d_1]$
1.7	0.45	47.29	9	0.42	41.07	0.87	0.48~0.58
1.6	0.45	50.25	9	0.44	39.11	0.78	0.48~0.58
1.5	0.47	53.60	9	0.47	37.15	0.69	0.52~0.70
1.4	0.47	57.43	8	0.51	34.33	0.60	0.52~0.70

由表5-9可以看出，$d_f'/d_1=1.4$ 时符合要求。故初选 $d_1=57\text{mm}$。

查表5-3可得：$[m_2]=0.73$，$[m_3]=0.76$，$[m_4]=0.78$，则

$$d_2=[m_2]d_1=0.73\times57\text{mm}=41.61\text{mm}$$

$$d_3=[m_3]d_2=0.76\times41.61\text{mm}=31.62\text{mm}$$

$$d_4=[m_4]d_3=0.78\times31.62\text{mm}=24.67\text{mm}$$

因为 $d_4<d=28\text{mm}$，所以该零件需要4次拉深。

（5）调整毛坯直径和首次拉深高度　按照宽凸缘圆筒形件的拉深要求，为了避免凸缘直径在以后的拉深中发生收缩变形，首次拉深时拉入凹模的毛坯面积应加大3%~10%，此处取5%。设凸缘圆角以内部分（包括凸缘圆角）的凸缘直径为 d_{f1}，面积为 A_1，凸缘圆角以外部分的面积为 A_2，则有

$$A_1=\frac{\pi}{4}(d_{f_1}^2+4dh-3.44dr)=\frac{3.14}{4}\times[(28\text{mm}+4\text{mm}\times2)^2+4\times28\text{mm}\times60\text{mm}-3.44\times28\text{mm}\times4\text{mm}]=5990\text{mm}^2$$

$$A_2=\frac{\pi}{4}(d_f'^2-d_{f_1}^2)=\frac{3.14}{4}\times[80.4^2\text{mm}^2-(28\text{mm}+4\text{mm}\times2)^2]=4057\text{mm}^2$$

修正后的毛坯直径 $D'=\sqrt{\frac{4}{\pi}[(1+5\%)A_1+A_2]}=115\text{mm}$。

（6）重新计算拉深系数及拉深直径　放大系数 $k=\sqrt[n]{\frac{m_{总}}{[m_1][m_2]\cdots[m_n]}}=\sqrt[4]{\frac{28\text{mm}/115\text{mm}}{0.47\times0.73\times0.76\times0.78}}=1.046$，设实际采用的拉深系数为 m_1、m_2、m_3 和 m_4，则有

$$m_1=k[m_1]=1.046\times0.47=0.492$$

$$m_2=k[m_2]=1.046\times0.73=0.764$$

$$m_3=k[m_3]=1.046\times0.76=0.795$$

$$m_4=k[m_4]=1.046\times0.78=0.816$$

重新计算拉深直径如下：

$$d'_1=m_1D'=0.492\times115\text{mm}=56.6\text{mm}$$
$$d'_2=m_2d'_1=0.764\times56.6\text{mm}=43.2\text{mm}$$
$$d'_3=m_3d'_2=0.795\times43.2\text{mm}=34.4\text{mm}$$
$$d'_4=m_4d'_3=0.816\times34.4\text{mm}=28.0\text{mm}$$

（7）确定各工序的圆角半径　按5.5.2节计算各次拉深的凸、凹模圆角半径分别为：$r_{p_1}=r_{d_1}=8.6\text{mm}$；$r_{p_2}=r_{d_2}=4.1\text{mm}$；$r_{p_3}=r_{d_3}=3.4\text{mm}$。根据实际情况分别取：$r_{p_1}=r_{d_1}=8.5\text{mm}$；$r_{p_2}=r_{d_2}=5\text{mm}$；$r_{p_3}=r_{d_3}=4\text{mm}$；$r_{p_4}=r_{d_4}=4\text{mm}$。

（8）计算首次拉深高度　由式（5-13）计算首次拉深实际拉深高度为

$$\begin{aligned}h_1&=\frac{0.25}{d_1}(D'^2-d'^2_f)+0.43(r_{p_1}+r_{d_1})+\frac{0.14}{d_1}(r^2_{p_1}-r^2_{d_1})\\&=\frac{0.25}{56.6\text{mm}}(115^2\text{mm}^2-80.4^2\text{mm}^2)+0.43\times(8.6\text{mm}+8.6\text{mm})\\&=37.2\text{mm}\end{aligned}$$

（9）重新校核首次拉深成形极限　$d'_f/d_1=80.4\text{mm}/56.6\text{mm}=1.42$，$(t/D')\times100=(2\text{mm}/115\text{mm})\times100=1.74$，查表5-7和表5-8可知：首次拉深的极限拉深系数$[m_1]=0.47$，首次拉深的最大相对高度$[h_1/d_1]=0.52\sim0.70$。

该拉深件的首次实际拉深系数$m_1=56.6\text{mm}/115\text{mm}=0.49$，实际拉深相对高度$h_1/d_1=37.2\text{mm}/56.6\text{mm}=0.65$。因为$m_1>[m_1]$，$h_1/d_1$在$[h_1/d_1]$的许可范围内，故首次拉深可以成形。

（10）计算以后各次拉深高度　设第二次多拉入3%材料，按上述方法首先计算出其假想毛坯尺寸$D_2=114\text{mm}$，再按式（5-13）求出第二次拉深的高度$h_2=42.1\text{mm}$。

设第三次多拉入1.5%材料，同理计算出$D_3=113.6\text{mm}$，第三次拉深的高度$h_3=50.2\text{mm}$。

剩余0.5%的材料第四次拉入，则第四次假想毛坯尺寸$D_4=113.3\text{mm}$，拉深高度即为零件的高度，$h_4=60\text{mm}$。

（11）绘制工序图　工序图如图5-28所示。

3. 阶梯形圆筒形件的拉深工艺计算

从形状来说阶梯形圆筒形件（图5-29）相当于若干个圆筒形件的组合，因此它的拉深同圆筒形件的拉深基本相似，每一个阶梯的拉深即相当于相应的圆筒形件的拉深。但由于其形状相对复杂，因此拉深工艺的设计与圆筒形件有较大的差别，主要表现为拉深次数和拉深方法的确定。

（1）拉深次数的确定　判断阶梯形圆筒形件能否一次拉深成形，主要根据零件的总高度与其最小阶梯筒部直径之比，是否小于或等于相应圆筒形件第一次拉深所允许的相对高度，即

$$\frac{h_1+h_2+\cdots+h_n}{d_n}\leqslant\left[\frac{h_1}{d_1}\right]\tag{5-14}$$

式中，h_1、h_2、…、h_n分别是各个阶梯的高度（mm）；d_n是最小阶梯筒部直径（mm）；

$[h_1/d_1]$ 是直径为 d_n 的圆筒形件第一次拉深时的最大相对高度，可由表 5-5 查得。

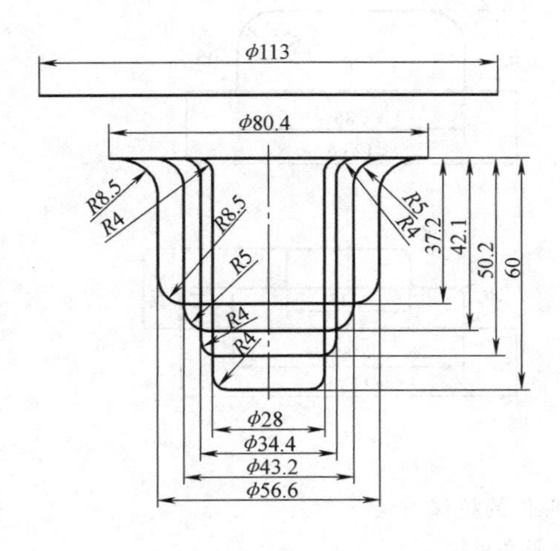

图 5-28 宽凸缘圆筒形件拉深工序图

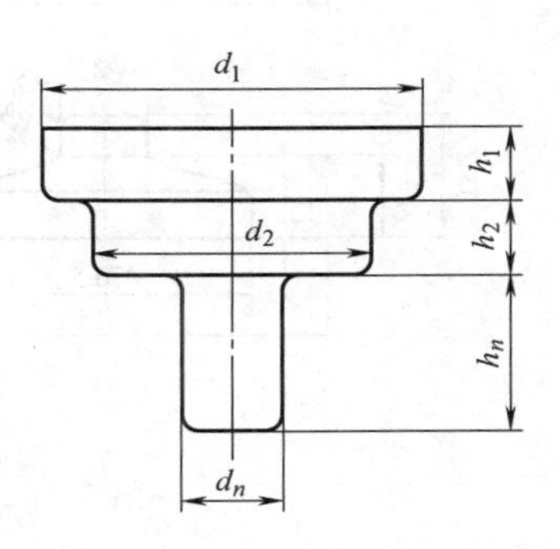

图 5-29 阶梯形圆筒形件

若满足上述条件，说明该阶梯形圆筒形件可一次拉深成形，否则，须多次拉深成形。

(2) 拉深方法的确定　多次拉深时，拉深方法有下述几种：

1) 若任意两个相邻阶梯的直径之比 d_n/d_{n-1} 均大于或等于相应的圆筒形件的极限拉深系数，其工序安排按由大阶梯到小阶梯的顺序，每次拉深出一个阶梯，阶梯的数目就是拉深次数（图 5-30a）。

2) 若某两个相邻阶梯的直径之比小于相应圆筒形件的极限拉深系数，则这两个阶梯的拉深应采用有凸缘圆筒形件的拉深工艺，即先拉深小直径，再拉深大直径。如图 5-30b 所示，d_2/d_1 小于相应圆筒形件的极限拉深系数，故先通过 1、2、3 三次拉深成形出 d_2，再通过第 4 次拉深成形出 d_n，最后第 5 次拉深成形出 d_1。

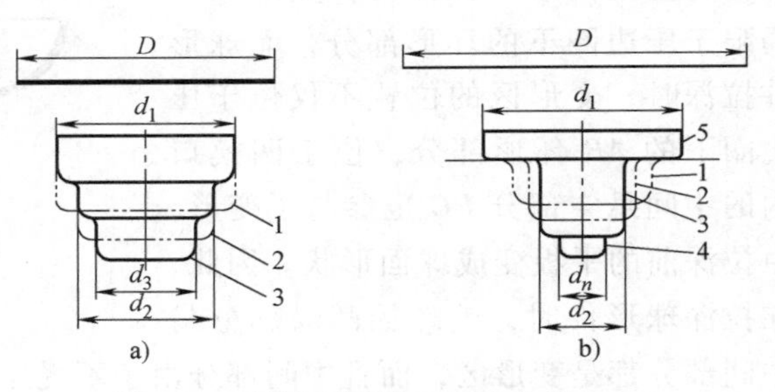

图 5-30 阶梯形圆筒形件的拉深方法

3) 当阶梯形圆筒形件最小的阶梯直径 d_n 很小，即 d_n/d_{n-1} 过小，其高度 h_n 又不大时，则最小阶梯可以用胀形的方法得到，但材料会变薄，零件质量会受到影响。

4) 对直径差别较大的浅阶梯形圆筒形件，当不能一次拉深成形时，可以先拉深成球面或大圆角形的过渡形状，然后再采用整形工序满足零件的形状和尺寸要求，如图 5-31 所示。

5.3.2 非直壁旋转体零件的拉深工艺计算

常见的非直壁旋转体零件有球形件、锥形件及抛物线形件（图 5-32）。此类零件均为曲面，成形时其变形区的位置、受力情况、变形特点等都与直壁旋转体零件不同，所以拉深时出现的各种问题和解决方法也有差异。对于这类零件，不能简单地用拉深系数衡量成形的难易程度或把拉深系数作为制定拉深工艺和模具设计的依据。

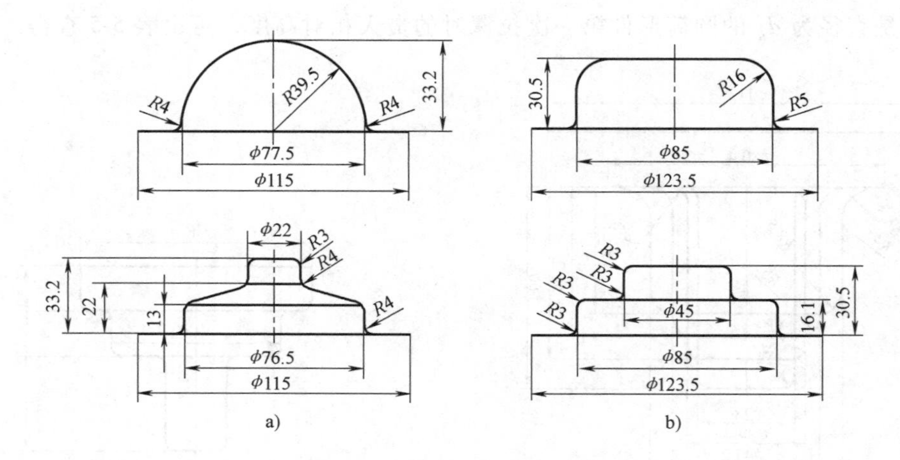

图 5-31　浅阶梯形圆筒形件的拉深方法

a）球面形状　b）大圆角形状

1. 非直壁旋转体零件的拉深特点

以球形件变形为例，如图 5-33 所示，直壁圆筒形件拉深时，变形区仅局限于压边圈下的环形部分，而球形件拉深时，变形区的位置不仅位于压边圈下的 AB 环形部分，位于凹模口内的中间悬空部分 BC 也参与了变形，由拉深前的平板变成球面形状。因此，在拉深球形件时，毛坯的凸缘部分与中间部分都是变形区，而且中间部分由于不受压边圈和凹模的支承作用往往成为最薄弱的区域，最容易起皱。

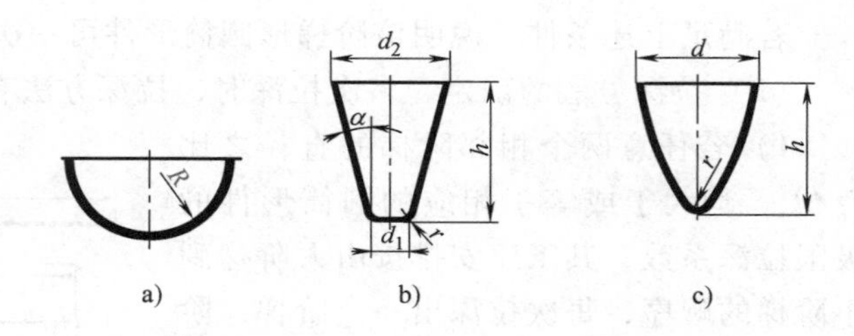

图 5-32　常见的非直壁旋转体零件

a）球形件　b）锥形件　c）抛物线形件

由球形件的拉深可以看出，拉深开始时，毛坯与凸模的接触仅局限在以凸模顶点为中心的一个很小的范围内。在凸模力的作用下，这个范围内的金属处于切向和径向双向受拉的应力状态，产生双向受拉、厚向减薄的胀形变形。随着这个范围内的金属与顶点距离的加大，

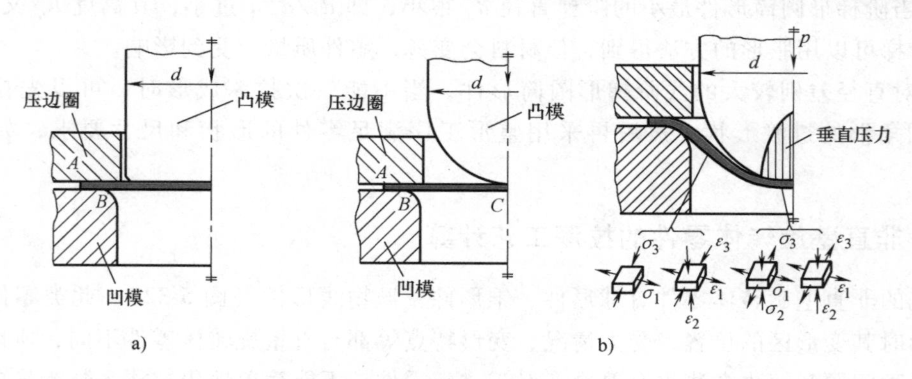

图 5-33　球形件拉深变形区

a）直壁圆筒形件拉深　b）球形件拉深

切向应力 σ_3 不断减小，当超过一定界线以后变为压应力（图 5-33b），即在这个界线以外区域的材料，受到的是切向压应力和径向拉应力的作用，产生切向压缩、径向伸长的拉深变形。实践证明，胀形区域与拉深区域的界线随压边力大小等冲压条件的变化而变化。

抛物线形件、锥形件的拉深与球形件相似。拉深开始，中间毛坯处于悬空状态，极易发生起皱，且由于抛物线形件和锥形件的素线形状复杂，拉深时变形区的位置、受力情况、变形特点等都随零件形状、尺寸的不同而变化，因此它们的拉深比球形件更为困难。

由上述分析可知，非直壁旋转体零件的拉深具有以下特点：

1）非直壁旋转体零件拉深时，位于压边圈下面的凸缘部分和凹模口内的悬空部分都是变形区。

2）非直壁旋转体零件的拉深过程是拉深变形和胀形变形的复合。

3）胀形变形主要位于凸模顶点下面的附近区域，该区域内的金属沿径向和切向产生伸长变形、厚度方向发生减薄，当减薄过于严重时，可能导致凸模顶点处材料被拉裂。拉深变形区将产生切向压缩、径向伸长的变形，当切向压应力超过该区材料的抗压能力时，即产生起皱现象，尤以中间悬空部分材料的起皱（称为内皱）更为严重，限制了这类零件的成形极限。

为了解决该类零件拉深的起皱问题，生产中常采用增加压边圈与毛坯之间摩擦力的办法，如加大毛坯凸缘尺寸、增加压边圈的摩擦系数和增大压边力、采用带拉深筋的模具结构及反拉深工艺方法等，借以增大径向拉应力，从而减小切向压应力。

2. 球形件的拉深

球形件可分为半球形件（图 5-34a）和非半球形件（图 5-34b～d）两大类。不论哪一种类型，均不能用拉深系数来衡量拉深成形的难易程度。因为对于半球形件，根据拉深系数的定义可知其拉深系数 $m=0.707$，是一个与拉深直径无关的常数。因此，一般使用毛坯相对厚度 t/D 来确定拉深的难易和拉深方法。

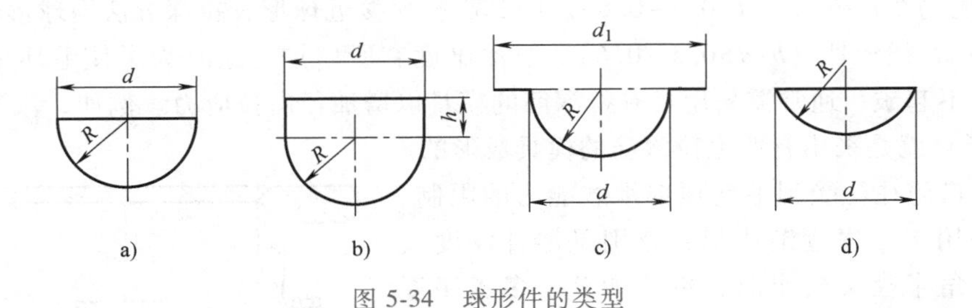

图 5-34 球形件的类型

1）$t/D>0.03$ 时，可以采用不带压边装置的简单有底凹模一次拉深成形（图 5-35a）。这时需要采用带球形底的凹模，并且要在压力机行程终了时进行一定程度的精整校形。在一般情况下，用这种方法制成工件的表面质量不高，而且由于贴模性不好，也影响了工件的几何形状精度和尺寸精度。

2）$t/D=0.005\sim0.03$ 时，采用带压边圈的拉深模拉深（图 5-35b）。这时，压边圈除了能防止法兰部分的起皱，还能因压边力产生的摩擦阻力引起拉深过程中径向拉应力和胀形成分的增加，从而防止毛坯中间部分起皱且使其紧密贴模。

3）$t/D<0.005$ 时，采用反拉深模具（图 5-35c）或带有拉深筋的凹模（图 5-35d）。

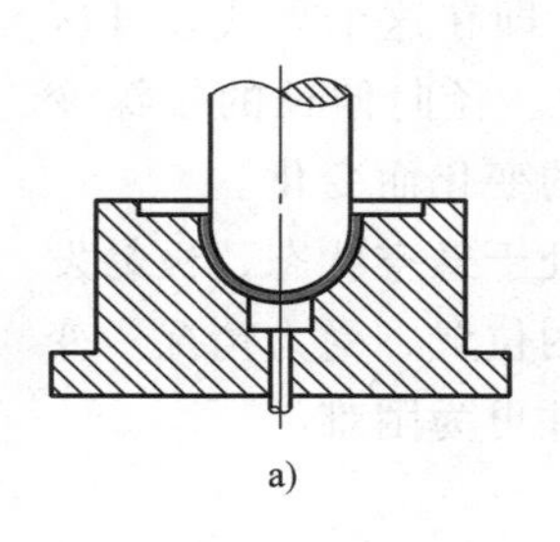

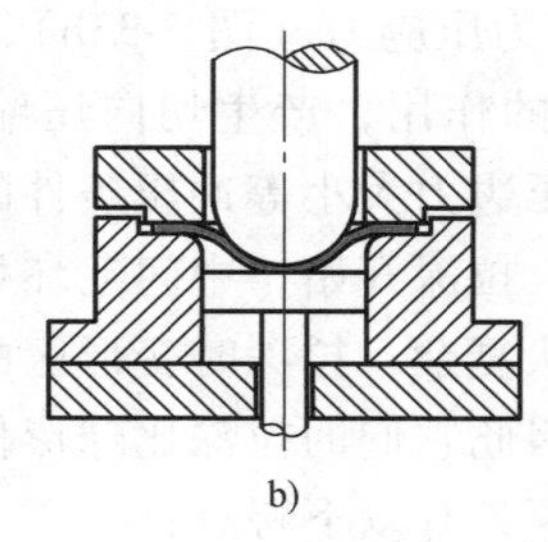

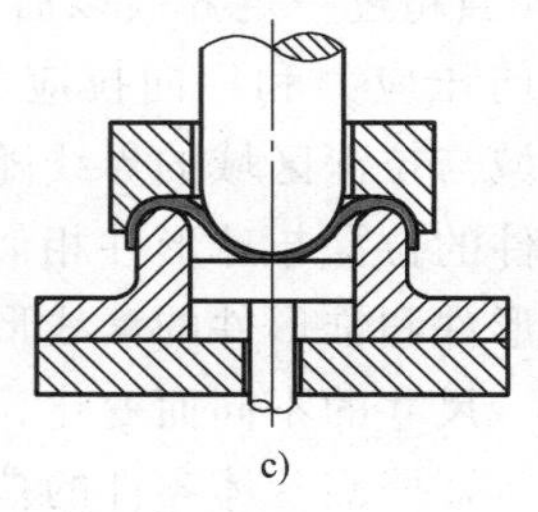

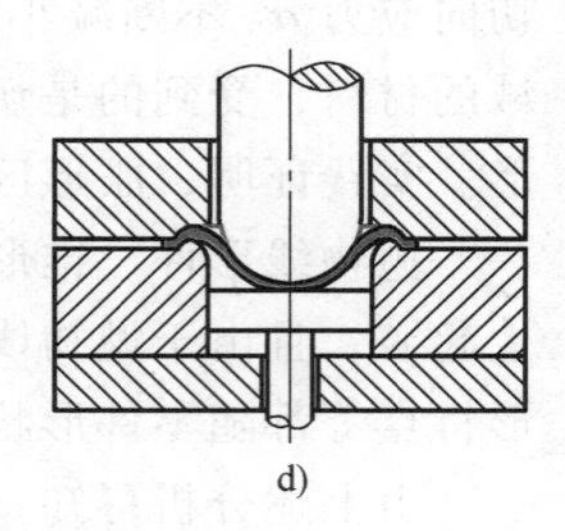

图 5-35　半球形件的拉深

对于带有高度 $h=(0.1\sim0.2)d$ 的圆筒直边（图 5-34b），或带有宽度为 $(0.1\sim0.15)d$ 的凸缘的非半球形件（图 5-34c），虽然拉深系数有所降低，但对零件的拉深却有一定的好处。当对半球形件的表面质量和尺寸精度要求较高时，可先拉成带圆筒直边和带凸缘的非半球形件，拉深后将直边和凸缘切除。

高度小于球面半径（浅球形件）的零件（图 5-34d），其拉深工艺按几何形状可分为两类。

1）毛坯直径 D 较小时，毛坯不易起皱，但成形时毛坯易窜动，而且可能产生一定的回弹，常采用带底拉深模。

2）毛坯直径 D 较大时，起皱将成为必须解决的问题，常采用强力压边装置或带拉深筋的模具，拉成有一定宽度凸缘的浅形件。这时的变形是拉深和胀形两种变形的复合，因此零件回弹小，尺寸精度和表面质量均得到提高。当然，加工余料在成形后应予切除。

3. 抛物线形件的拉深

抛物线形件拉深时的受力及变形特点与球形件一样，但由于曲面部分高度 h 与口部直径 d 之比大于球形件，故拉深更加困难。

抛物线形件常见的拉深方法有下述几种：

1）浅抛物线形件（$h/d<0.5\sim0.6$）。因其高径比接近球形，拉深方法同球形件。

2）深抛物线形件（$h/d>0.5\sim0.6$）。拉深难度有所增加，这时为了使毛坯中间部分紧密贴模而又不起皱，通常需采用具有拉深筋的模具以增加径向拉应力。例如，汽车灯罩的拉深（图 5-36）就是采用有两道拉深筋的模具成形的。

但这一措施往往受到毛坯顶部承载能力的限制，所以需要采用多工序逐渐成形，特别是零件深度大而顶部的圆角半径又较小时，更应如此。多工序逐渐成形的要点是采用正拉深或反拉深的办法，逐步增加高度的同时减小顶部的圆角半径（图 5-37）。为了保证零件的尺寸精度和表面质量，最后一道工序中应保证一定的胀形，应使最后一道工序所用中间毛坯的表面积稍小于成品零件的表面积。对于形状复杂的抛物线形件，广泛采用液压成形方法。

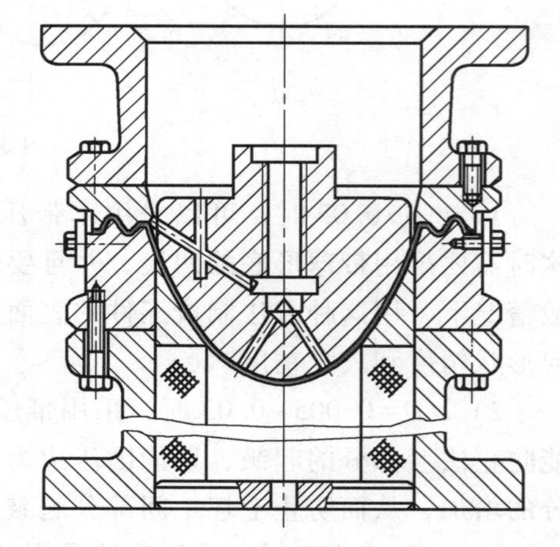

图 5-36　深抛物线形件（灯罩）的拉深模

4. 锥形件的拉深

锥形件的拉深次数及拉深方法取决于锥形件的几何参数，即相对高度 h/d_2、锥角 α 和相对料厚

t/D，如图 5-32b 所示。一般情况下，当 h/d_2、α 较大，而 t/D 又较小时，变形困难，须多次拉深。

根据上述参数值的不同，拉深锥形件的方法有如下几种：

（1）浅锥形件（$h/d_2<0.30$，$\alpha=50°\sim80°$） 可一次拉深成形，但精度不高。因回弹较严重，可采用带拉深筋的凹模或压边圈，或采用软模进行拉深。

（2）中锥形件（$h/d_2=0.30\sim0.70$，$\alpha=15°\sim45°$） 其拉深方法取决于毛坯相对厚度，即：

1）$t/D>0.025$ 时，可不采用压边圈一次拉深成形。为保证工件的精度，最好在拉深终了时增加一道整形工序。

2）$t/D=0.015\sim0.025$ 时，也可一次拉深成形，但须采用压边圈、拉深筋，增加工艺凸缘等措施提高径向拉应力，防止起皱。

3）$t/D<0.015$ 时，因料较薄而容易起皱，须采用有压边圈的模具，并经两次拉深成形，第一次拉深成较大圆角半径或接近球面形状的工件，第二次用带有胀形性质的整形工艺压成所需形状。

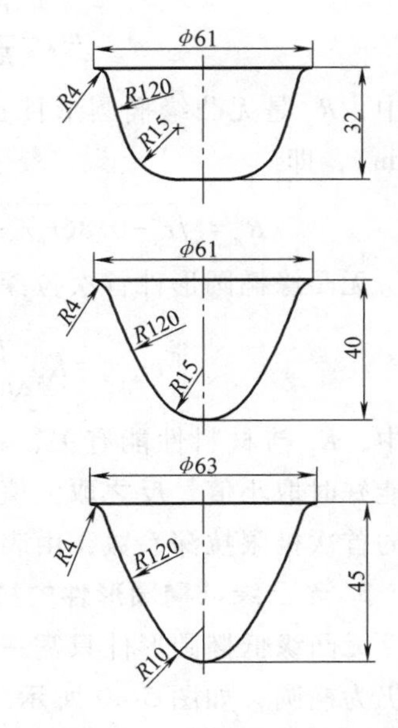

图 5-37 深抛物线形件的拉深方法

（3）高锥形件（$h/d_2>0.70$，$\alpha\leqslant10°\sim30°$） 因其大小直径相差很小，变形程度更大，很容易因变薄严重而导致拉裂和起皱。这时常需要采用特殊的拉深工艺，通常有下列方法：

1）阶梯过渡拉深成形法（图 5-38a）。这种方法是将毛坯分数道工序逐步拉成阶梯形。阶梯与成品内形相切，最后在成形模内整形成锥形件。

2）锥面逐步拉深成形法（图 5-38b）。这种方法先将毛坯拉成圆筒形，使表面积等于或大于成品圆锥表面积，而直径等于圆锥大端直径，以后各道工序逐步拉出圆锥面，使其高度逐渐增加，最后形成所需的圆锥形。若先拉成圆弧曲面形，然后过渡到锥形将更好些。

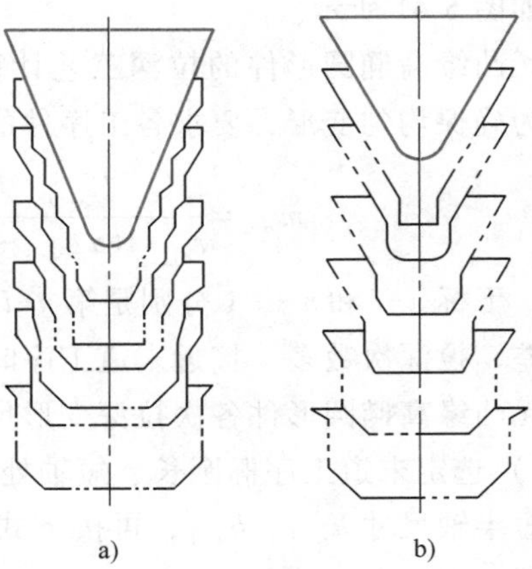

图 5-38 高锥形件拉深方法

a）阶梯过渡拉深成形法 b）锥面逐步拉深成形法

5.3.3 无凸缘椭圆形件的拉深工艺计算

无凸缘椭圆形件如图 5-39 所示，根据能否一次拉深成形分成两类：一次拉深成形的称为无凸缘低椭圆形件，多次拉深成形的称为无凸缘高椭圆形件。

1. 修边余量的确定

无凸缘椭圆形件的修边余量 Δh 可参考表 5-2，这时表中相对高度以 $h/2b$ 代替。

2. 判断能否一次拉深成形

无凸缘椭圆形件一次拉深成形的拉深系数按下式计算，即

$$m_a = \frac{r_a}{R_a} \tag{5-15}$$

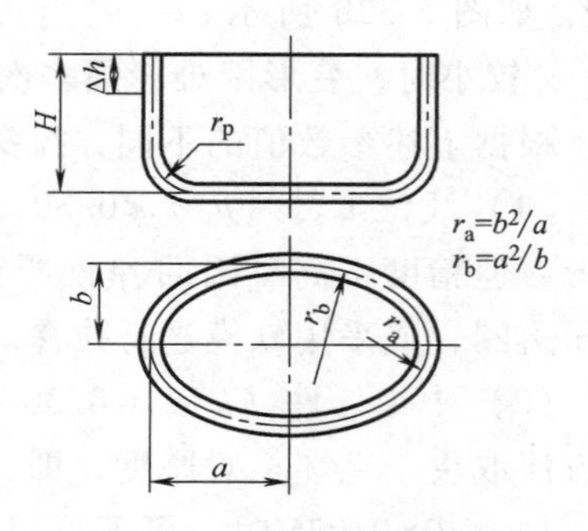

图 5-39　无凸缘椭圆形件

式中，R_a 是无凸缘椭圆形件长轴端部的展开毛坯半径（mm），即

$$R_a = \sqrt{r_a^2 - 0.86 r_a r_p - 0.14 r_p^2 + 2 r_a H} \tag{5-16}$$

无凸缘椭圆形件首次拉深的极限拉深系数为

$$[m_{a_1}] = K_a \sqrt{\frac{b}{a}} [m_1] \tag{5-17}$$

式中，K_a 与材料性能有关，一般取 1.04~1.08，材料性能好时取小值，反之取大值；$[m_1]$ 是无凸缘圆筒形件的首次极限拉深系数，由表 5-3 和表 5-4 查得，表中毛坯相对厚度 t/D 以 $t/2a$ 代替。

3. 无凸缘低椭圆形件的拉深工艺计算

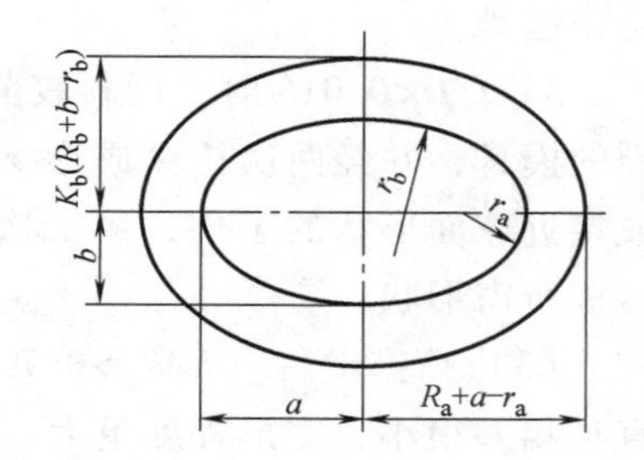

图 5-40　无凸缘低椭圆形件的毛坯展开形状

无凸缘低椭圆形件只需一次拉深成形，其毛坯展开形状仍为椭圆，如图 5-40 所示。尺寸 R_b 为短轴端部的展开毛坯半径，按式（5-16）计算，式中以 r_b 代替 r_a。系数 $K_b = 1.0 \sim 1.1$，工件椭圆度 a/b 较大时，取大值。

4. 无凸缘高椭圆形件的拉深工艺计算

无凸缘高椭圆形件需要多次拉深，其中间各道工序可直接将它拉成无凸缘椭圆形件或无凸缘圆筒形件，其拉深方法如图 5-41 所示。

无凸缘高椭圆形件的拉深工艺计算由末道工序向前推算，为确保均匀变形，要求各工序件的椭圆长、短轴处的拉深系数相等，计算公式为

$$m_{n-i} = \frac{r_{a_{(n-i)}}}{r_{a_{(n-i)}} + a_{n-i-1} - a_{n-i}} = \frac{r_{b_{(n-i)}}}{r_{b_{(n-i)}} + b_{n-i-1} - b_{n-i}} = 0.75 \sim 0.85 \tag{5-18}$$

式中，下标 $n-i$ 和 $n-i-1$ 分别是第 $n-i$ 和第 $n-i-1$ 次拉深，其中 $i=0$、1、2、3…。材料成形性能差、拉深次数多、接近末道工序时，拉深系数取大值，反之，取小值。

无凸缘高椭圆形件各次拉深变形尺寸的确定方法与步骤如下：

1）选定末道工序椭圆长、短轴处的拉深系数，按式（5-18）计算 $n-1$ 道工序件的椭圆长、短半轴尺寸 a_{n-1}、b_{n-1}，再按下式分别计算 $n-1$ 道工序件的椭圆长、短轴处的曲率半径，即

$$r_{a_{(n-1)}} = \frac{b_{n-1}^2}{a_{n-1}} \tag{5-19}$$

$$r_{b_{(n-1)}} = \frac{a_{n-1}^2}{b_{n-1}} \tag{5-20}$$

2）按照前述方法判断 $n-1$ 道工序件能否一次拉深成形。

3）如果不能一次拉深成形，则应进行 $n-2$ 道工序件的工艺计算，此时分两种情况。

① $a_{n-1}/b_{n-1} \leqslant 1.3$ 时，$n-2$ 道工序件应选用无凸缘圆筒形件，圆筒直径按下式计算，其

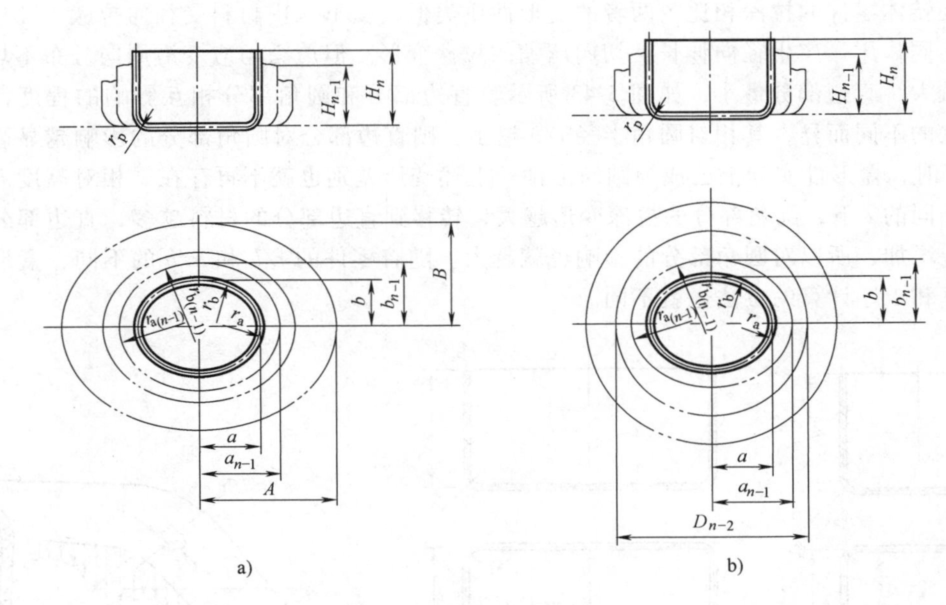

图 5-41 无凸缘高椭圆形件的拉深方法

a）由椭圆到椭圆的多次拉深 b）由圆筒到椭圆的多次拉深

他各道工序的计算可参考无凸缘圆筒形件的拉深。

$$D_{n-2}=2\frac{r_{b_{(n-1)}}a_{n-1}-r_{a_{(n-1)}}b_{n-1}}{r_{b_{(n-1)}}-r_{a_{(n-1)}}} \tag{5-21}$$

② $a_{n-1}/b_{n-1}>1.3$ 时，$n-2$ 道工序件仍选用无凸缘椭圆形件，其计算方法与 $n-1$ 道工序件完全相同，只需变换各公式符号中的下标。

4）确定各工序件的底部圆角半径，确定方法与圆筒形件相同。

5）按下式计算各工序件的高度尺寸，即

$$H_{n-i}=\frac{1}{3.14d_{n-i}}[0.79D^2-3.14(a_{n-i}-r_{p_{(n-i)}})(b_{n-i}-r_{p_{(n-i)}})-1.79d_{n-i}r_{p_{(n-i)}}+3.58r_{p_{(n-i)}}^2] \tag{5-22}$$

式中，D 是无凸缘椭圆形件的近似毛坯当量直径（mm），按式（5-23）计算；d_{n-i} 是与各工序件椭圆周长等效的圆筒当量直径（mm），按式（5-24）计算。

$$D=1.13\sqrt{3.14[(a-r_p)(b-r_p)+dh]+1.79dr_p-3.58r_p^2} \tag{5-23}$$

$$d_{n-i}=(a_{n-i}+b_{n-i})\left(1+\frac{3\lambda}{10+\sqrt{4-3\lambda}}\right),\qquad \lambda=\frac{(a_{n-i}-b_{n-i})^2}{(a_{n-i}+b_{n-i})^2} \tag{5-24}$$

5.3.4 无凸缘盒形件的拉深工艺计算

1. 无凸缘盒形件拉深变形特点

无凸缘盒形件属于非旋转体零件，包括方形盒和矩形盒，如图 5-42 所示。根据能否一次拉深成形，将无凸缘盒形件分为两类：能一次拉深成形的称为无凸缘低盒形件，需多次拉深成形的称为无凸缘高盒形件。

与旋转体零件的拉深相比，两者的变形性质类似，变形区内材料受径向拉应力和切向压应力的共同作用，产生径向伸长、切向压缩的拉深变形。但应力与应变沿周向分布不均，圆角部分最大，直边部分最小，如图 5-43 所示。直边部分和圆角部分相互影响的程度，随盒形件形状的不同而异，其相对圆角半径 r/b 越小，则直边部分对圆角部分的影响越显著。当 $r/b=0.5$ 时，盒形件实际上已成为圆筒形件，上述变形差别也就不再存在。相对高度 h/b 越大，在相同的 r 下，圆角部分的拉深变形越大，转移到直边部分的材料越多，直边部分的变形也相应增加，所以对圆角部分的影响也就越大。随着零件的 r/b 和 h/b 的不同，盒形件毛坯的计算和工序计算的方法也就不同。

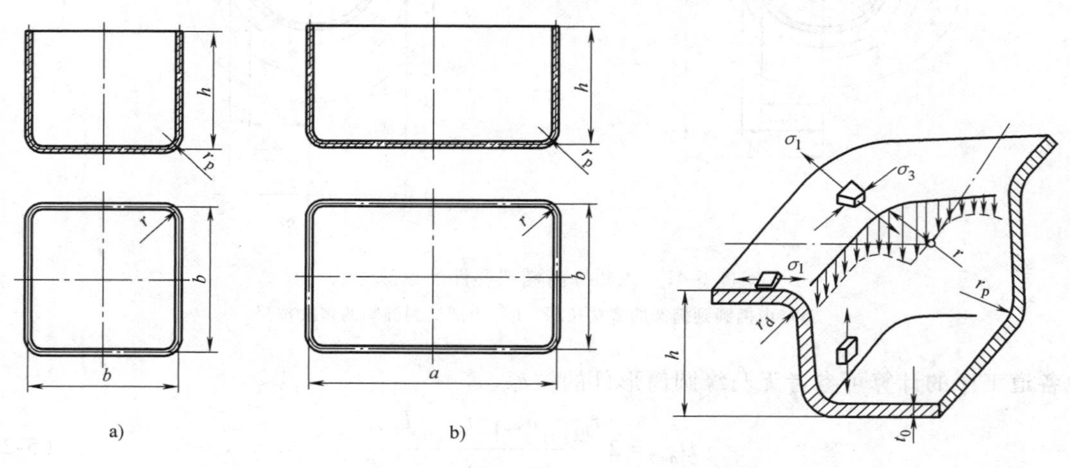

图 5-42　无凸缘盒形件
a）方形盒　b）矩形盒

图 5-43　盒形件拉深时的应力分布

2. 无凸缘盒形件拉深变形程度

无凸缘盒形件首次拉深的极限变形程度可以用无凸缘盒形件的最大相对高度［h/b］来表示，见表 5-10。

表 5-10　无凸缘盒形件首次拉深的最大相对高度［h/b］（JB/T 6959—2008）

相对转角半径 r/b	毛坯相对厚度 $(t/D)\times100$				简图
	>0.2~0.5	>0.5~1.0	>1.0~1.5	>1.5~2.0	
0.05	0.35~0.50	0.40~0.55	0.45~0.60	0.50~0.70	
0.10	0.45~0.60	0.50~0.65	0.55~0.70	0.60~0.80	
0.15	0.60~0.70	0.65~0.75	0.70~0.80	0.75~0.90	
0.20	0.70~0.80	0.70~0.85	0.82~0.90	0.90~1.00	
0.30	0.85~0.90	0.90~1.00	0.95~1.10	1.00~1.20	

注：1. 表中系数适用于 08、10 钢。对于其他材料，可根据其成形性能的优劣对表中数值进行适当修正。
2. D 为毛坯尺寸，圆形毛坯为其直径，矩形毛坯为其短边宽度。
3. $b\leqslant100$mm 时，表中系数取大值；$b>100$mm 时，表中系数取小值。

若无凸缘盒形件的相对高度 h/b 小于表 5-10 中的极限值，则盒形件可以一次拉深，否则必须采用多道工序拉深。

3. 无凸缘盒形件的拉深方法

1）当零件为无凸缘高方形盒形件，需多次拉深时，其中间各道工序可按无凸缘圆筒形件进行拉深，由最后一道工序保证工件的形状和尺寸，其毛坯采用圆形，如图 5-44 所示。

2）当零件为无凸缘高矩形盒形件，需多次拉深时，$n-1$ 道工序拉深成椭圆形，其他各道工序按高椭圆形件的拉深方法进行拉深，最后一道工序保证工件的形状和尺寸，如图 5-45 所示。

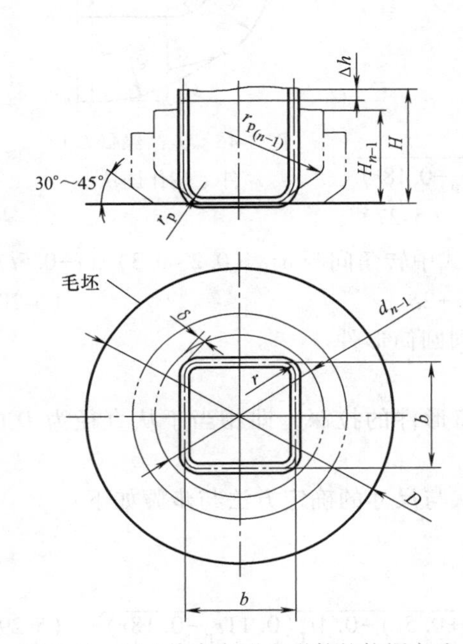

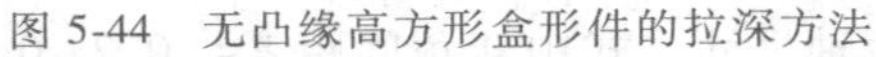

图 5-44　无凸缘高方形盒形件的拉深方法

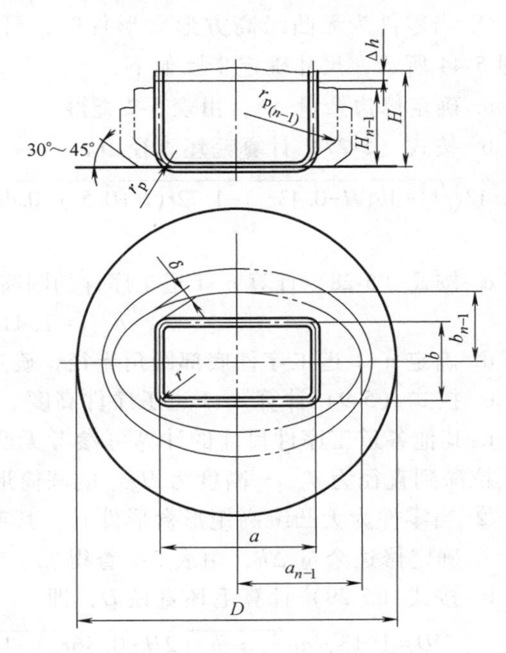

图 5-45　无凸缘高矩形盒形件的拉深方法

4. 无凸缘盒形件毛坯形状与尺寸的确定

无凸缘盒形件毛坯形状与尺寸确定的原则是：保证毛坯的表面积等于加上修边余量后的零件表面积。

1）无凸缘低盒形件（$h \leqslant 0.3b$，b 为盒形件的短边长度）毛坯形状与尺寸的确定。无凸缘低盒形件初始毛坯的形状和尺寸可按如下步骤计算，并通过图 5-46 所示的作图法获得，但最终毛坯形状和尺寸须由拉深试验确定。

① 确定修边余量 Δh，由表 5-2 查得。

② 计算直边部分展开长度 L_a 和 L_b，即

$$L_a = L_b = H + 0.57r_p \tag{5-25}$$

式中，r_p 是无凸缘盒形件侧壁与底面的圆角（mm）；H 是无凸缘盒形件高度（mm），包含修边余量 Δh。

③ 计算转角部分毛坯展开半径 R，即

$$R = \sqrt{r^2 + 2rH - 0.86r_p(r + 0.16r_p)} \tag{5-26}$$

$r = r_p$ 时，有 $R = \sqrt{2rH}$。

④ 如图5-46所示，作从转角到直边呈阶梯形过渡的毛坯形状 $ABCDEF$，过线段 BC、DE 中点分别作半径为 R 的圆弧，并用圆弧 R 过渡所有的直线相交位置，从而得到1/4盒形件展开毛坯的轮廓线 AO_1O_2F。

⑤ 按对称作整个无凸缘低盒形件的展开毛坯。

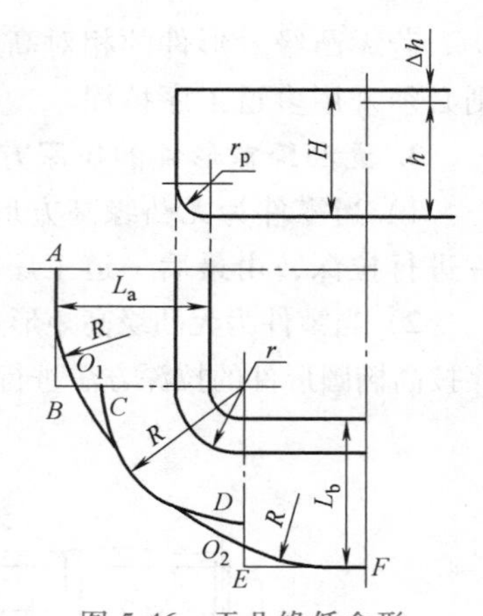

图5-46　无凸缘低盒形件毛坯作图法

2）无凸缘高盒形件毛坯形状与尺寸的确定，其工艺计算仍从倒数第二道工序开始往前推算。

① 当零件为无凸缘高方形盒形件时，可采用圆形毛坯，如图5-44所示，尺寸确定步骤如下：

a. 确定修边余量 Δh，由表5-2查得。

b. 按式（5-27）计算毛坯直径 D。

$$D=1.13\sqrt{b^2+4b(H-0.43r_p)-1.72r(H+0.5r)-0.4r_p(0.11r_p-0.18r)} \tag{5-27}$$

c. 按式（5-28）计算 $n-1$ 道工序件的圆筒直径，式中转角间距 $\delta=(0.2\sim0.3)(r-0.5t)$。

$$d_{n-1}=1.41b-0.82r+2\delta \tag{5-28}$$

d. 确定 $n-1$ 道工序件底部圆角半径，确定方法同圆筒形件。

e. 按式（5-9）计算 $n-1$ 道工序件高度。

f. 其他各道工序件尺寸的计算可参考无凸缘圆筒形件的拉深，即相当于从直径为 D 的毛坯拉深到直径为 d_{n-1}、高度为 H_{n-1} 的圆筒形件。

② 当零件为无凸缘高矩形盒形件时，其毛坯形状与尺寸的确定方法与步骤如下：

a. 确定修边余量 Δh，由表5-2查得。

b. 按式（5-29）计算毛坯直径 D，即

$$D=1.13\sqrt{ab+(a+b)(2H-0.86r_p)-1.72r(H+0.5r)-0.4r_p(0.11r_p-0.18r)} \tag{5-29}$$

c. 按式（5-30）计算 $n-1$ 道工序件的椭圆长、短轴尺寸，式中转角间距 $\delta=(0.2\sim0.3)(r-0.5t)$。

$$a_{n-1}=0.5a+0.205b-0.41r+\delta$$
$$b_{n-1}=0.5b+0.205a-0.41r+\delta \tag{5-30}$$

d. 按无凸缘高椭圆形件高度确定方法计算无凸缘高矩形盒形件 $n-1$ 道工序件高度 H_{n-1}。

e. 其他各道工序件尺寸的计算可参考无凸缘高椭圆形件的拉深。

5.3.5　拉深工艺力计算及设备选用

拉深工艺力是指拉深工艺过程中所需的各种力，主要包括拉深力和压边力，拉深力由设备提供。为选择合适的压力机并设计压边装置，须计算各种工艺力。

1. 压边力和压边装置

解决拉深过程中起皱问题的常用方法是采用压边装置，至于是否需要使用压边装置，可按式（5-3）、式（5-4）或表5-1进行判断。

（1）压边力　压边力大小的确定是设计压边装置的一项重要内容。压边力的大小应适当。压边力过小时，防皱效果不好；压边力过大时，则会增大传力区危险断面上的拉应力，从而引起严重变薄甚至拉裂。因此，压边力的大小应允许在一定范围内调节（图5-47），在

保证毛坯变形区不起皱的前提下，尽量减小压边力。

模具设计时，压边力可按下面经验公式计算，即

$$Q=Aq \tag{5-31}$$

式中，Q 是压边力（N）；A 是有效压边面积（mm^2），开始拉深时，同时与压边圈和凹模端面接触部分的面积；q 是单位压边力（MPa），通常取 $q=R_m/150$。

在生产中，一次拉深时的压边力 Q 也可按拉深力的 1/4 选取。

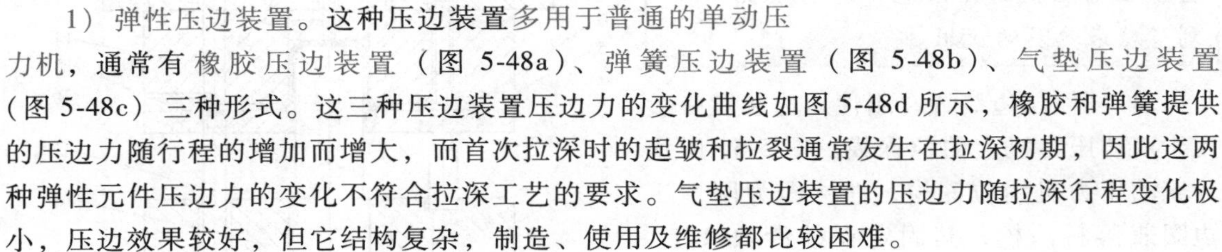

图 5-47 压边力对拉深的影响

（2）压边装置 实际生产中常用的压边装置有弹性压边装置和刚性压边装置两类。

1）弹性压边装置。这种压边装置多用于普通的单动压力机，通常有橡胶压边装置（图 5-48a）、弹簧压边装置（图 5-48b）、气垫压边装置（图 5-48c）三种形式。这三种压边装置压边力的变化曲线如图 5-48d 所示，橡胶和弹簧提供的压边力随行程的增加而增大，而首次拉深时的起皱和拉裂通常发生在拉深初期，因此这两种弹性元件压边力的变化不符合拉深工艺的要求。气垫压边装置的压边力随拉深行程变化极小，压边效果较好，但它结构复杂，制造、使用及维修都比较困难。

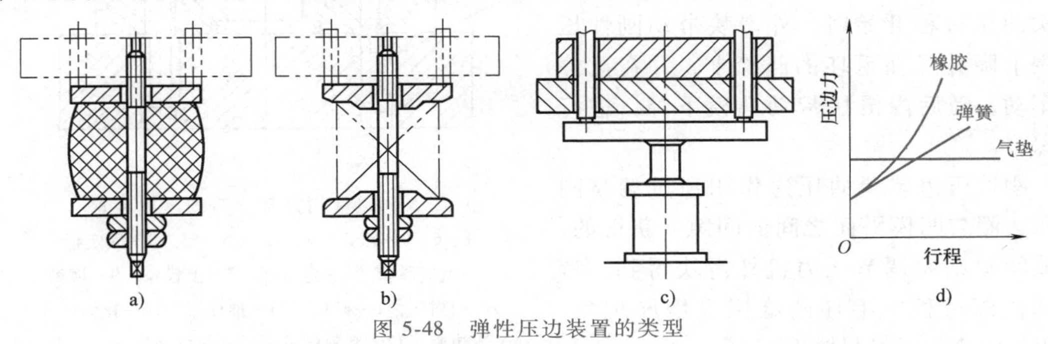

图 5-48 弹性压边装置的类型

a）橡胶压边装置 b）弹簧压边装置 c）气垫压边装置 d）压边力的变化曲线

采用单动压力机拉深时，为了克服橡胶和弹簧的缺点，可采用如图 5-49 所示的限位装

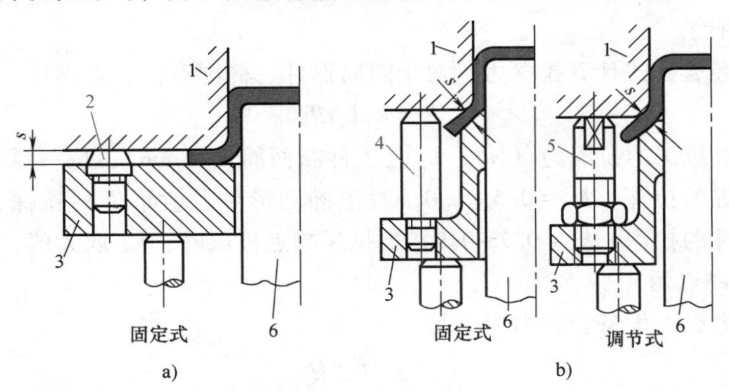

图 5-49 有限位装置的压边结构

a）第一次拉深用 b）以后各次拉深用

1—凹模 2—限位销 3—压边圈 4—限位柱销 5—限位螺栓 6—凸模

置（限位销、限位柱销或限位螺栓），使压边圈和凹模间始终保持一定的距离 s，通常 $s=(1.05\sim1.1)t$。这种限位装置能在一定程度上减轻压边力过大对拉深过程的影响。图5-49a所示用于第一次拉深，图5-49b所示用于以后各次拉深。

为了弥补上述弹性元件的不足，可采用体积小、弹力大、行程长、工作平稳的氮气弹簧作为弹性元件，如图5-50所示。

扩展阅读

由于常规弹性元件的缺陷，近年来，氮气弹簧（也称氮气缸）作为一种新型、性能优良的弹性元件，在模具中得到了越来越多的应用。

2）刚性压边装置。刚性压边装置一般用于双动压力机上的拉深模。图5-51所示为双动压力机用拉深模，件4即为刚性压边圈兼落料凸模，其固定在外滑块2上。每次冲压行程开始时，外滑块带动刚性压边圈下降并压在毛坯的凸缘上，并在此停止不动，随后内滑块带动凸模下降，进行拉深。

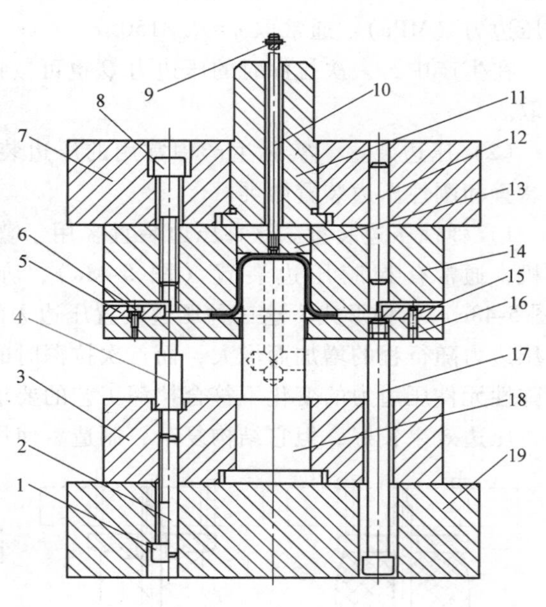

图5-50　使用氮气弹簧的压边装置

1、6、8—螺钉　2、12、15—销　3—固定板　4—氮气弹簧　5—定位板　7—上模座　9—横销　10—打杆　11—模柄　13—推件板　14—拉深凹模　16—压边圈　17—卸料螺钉　18—拉深凸模　19—下模座

刚性压边装置的压边作用通过调整刚性压边圈与凹模平面之间的间隙 c 获得的，而该间隙则靠调节压力机外滑块得到。考虑到拉深过程中毛坯凸缘区有增厚现象，所以 c 应略大于材料厚度。

刚性压边装置的特点是压边力不随拉深的工作行程而变化，压边效果较好。但由于双动压力机的工艺适应性较差，目前生产中的应用已越来越少。

2. 拉深力的计算

生产中常用经验公式计算拉深力，对于圆筒形件、椭圆形件、盒形件，拉深力为

$$F_i=K_pL_stR_m \tag{5-32}$$

式中，F_i 是第 i 次拉深的拉深力（N）；L_s 是工件断面周长（mm），按料厚中心算；K_p 是系数，对于圆筒形件的拉深，$K_p=0.5\sim1.0$，对于椭圆形件及盒形件的拉深，$K_p=0.5\sim0.8$，对于其他形状工件的拉深，$K_p=0.7\sim0.9$，当拉深趋近极限时，K_p 取大值，反之，取小值。

3. 拉深设备的选用

对于单动压力机，设备公称力应满足

$$F_{设}>F_i+Q \tag{5-33}$$

式中，$F_{设}$ 是单动压力机公称力（N）。

当拉深行程较大，特别是冲裁拉深复合冲压时，不能简单地将冲裁工艺力与拉深工艺力叠加后去选择压力机，因为公称力为压力机在接近下死点时的压力。因此，应该注意压力机

的压力曲线（图5-52），否则很可能由于过早出现最大冲压力而使压力机超载损坏。实际应用时，一般可按下式做概略计算。

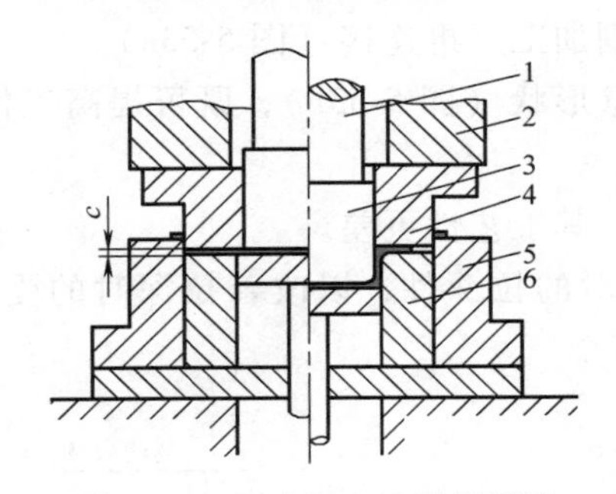

图5-51　双动压力机用拉深模

1—凸模固定杆　2—外滑块　3—拉深凸模　4—刚性压边圈兼落料凸模　5—落料凹模　6—拉深凹模

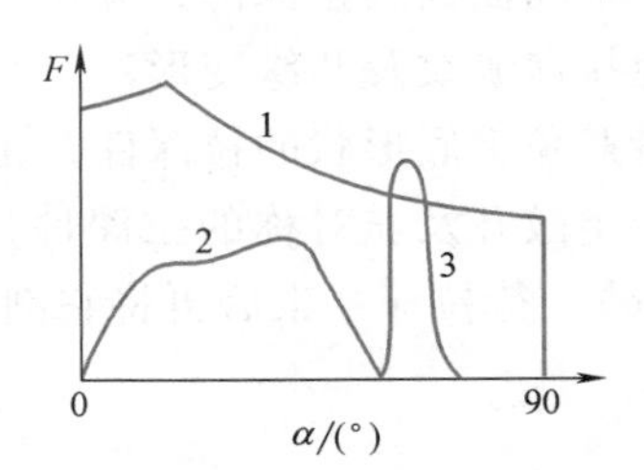

图5-52　冲压力与压力机压力曲线的关系

1—压力机的压力曲线　2—拉深力　3—落料力

浅拉深时

$$\sum F \leqslant (0.7 \sim 0.8) F_{设} \tag{5-34}$$

深拉深时

$$\sum F \leqslant (0.5 \sim 0.6) F_{设} \tag{5-35}$$

式中，$\sum F$ 是拉深工艺力（N），冲裁拉深复合冲压时，还包括冲裁工艺力；$F_{设}$ 是压力机的公称力（N）。

对于双动压力机，设备公称力应满足

$$F_{内} > F_i \tag{5-36}$$

$$F_{外} > Q \tag{5-37}$$

式中，$F_{内}$ 是双动压力机内滑块公称力（N）；$F_{外}$ 是双动压力机外滑块公称力（N）。

扩展阅读

除考虑工艺力，拉深设备的选择还需考虑压力机的行程。当压力机滑块回程时，必须保证拉深件或工序件能顺利取出或放入，因此压力机的行程至少为拉深高度的2倍。

5.4　拉深工艺设计

拉深工艺设计包括拉深件工艺性分析和拉深工艺方案确定两方面内容。

5.4.1　拉深件工艺性分析

拉深件的工艺性是指拉深件对拉深工艺的适应性，这是从拉深加工的角度对拉深产品设计提出的工艺要求。良好工艺性的拉深件能简化拉深模的结构，减少拉深次数，提高生产率。

拉深件的工艺性要求主要是从拉深件的形状、尺寸、精度及材料选用等方面提出的。

1. 拉深件的形状

(1) 拉深件的结构形状　拉深件的结构形状应简单、对称，尽量避免急剧的外形变化。对于形状非常复杂的拉深件，应将它进行分解，分别加工后再连接（图 5-53a）。

对于空间曲面的拉深件，应在口部增加一段直壁形状（图 5-53b），既可提高工件刚度，又可避免拉深皱纹及凸缘变形。

尽量避免尖底形状的拉深件，尤其是高度大时，其工艺性更差。

对于半敞开及非对称的拉深件，应考虑设计成对的拉深件，以改善拉深时的受力状况（图 5-53c），待拉深结束后再将它剖切成两个或更多个。

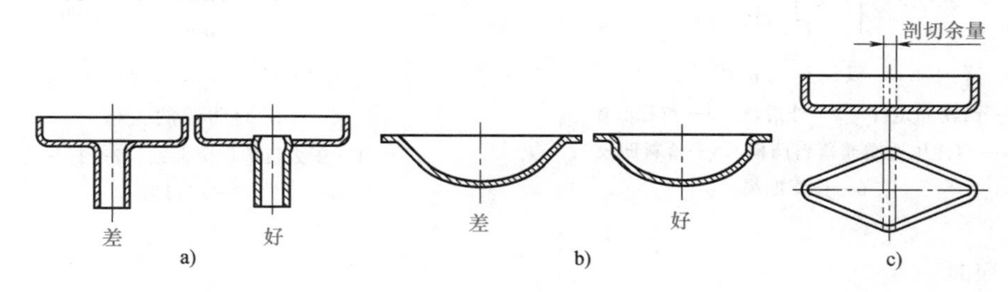

图 5-53　拉深件的结构形状

(2) 拉深件的形状误差　拉深件的壁厚在拉深变形过程中会发生变化，导致拉深件各处壁厚不完全一致，因此只能得到近似壁厚。图 5-54a 所示为直壁圆筒形件拉深成形后的壁厚变化情况。

拉深件的凸缘及底部平面存在一定的形状误差。如果对工件凸缘及底面有严格的平面度要求，则应增加整形工序。

多次拉深时，内、外侧壁及凸缘表面会残留有中间各工步产生的弯痕，如图 5-54b 所示，这样会产生较大的尺寸偏差。如果工件壁厚尺寸精度及表面质量要求较高，应增加整形工序。

无凸缘件拉深时，由于材料各向异性的影响，拉深件口部会不可避免地出现“凸耳”现象，如图 5-54c 所示。如果对工件的高度有尺寸要求时，就需要增加切边工序。

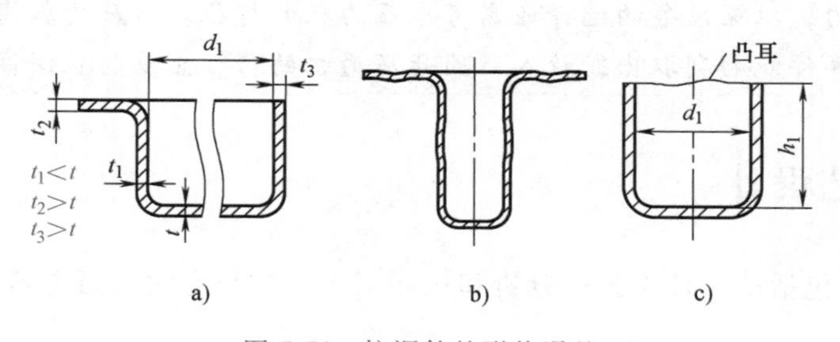

图 5-54　拉深件的形状误差

2. 拉深件的高度

拉深件的高度尺寸过大，则需多次拉深，因此应尽量减小拉深高度。

3. 拉深件的凸缘宽度

对于有凸缘直壁圆筒形件，凸缘直径宜控制在 $d_1+12t \leqslant d_f \leqslant d_1+25t$，如图 5-55a 所示。

对于宽凸缘直壁圆筒形件，为改善其工艺性，减少拉深次数，通常应保证 $d_f \leqslant 3d_1$，$h_1 \leqslant 2d_1$。对于有凸缘盒形件，凸缘宽度不宜超过 $r_{d_1}+(3\sim5)t$，如图 5-55b 所示。拉深件的凸缘宽度应尽可能保持一致，并与拉深部分的轮廓形状相似，如图 5-55c 所示。

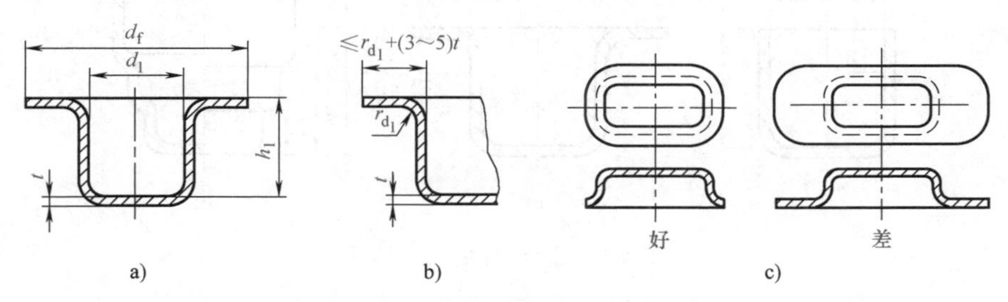

图 5-55　拉深件的凸缘宽度

4. 拉深件的圆角半径

拉深件的圆角半径（图 5-56）应尽量大些，以减少拉深次数并利于拉深成形。拉深件圆角半径可按如下原则进行选取：

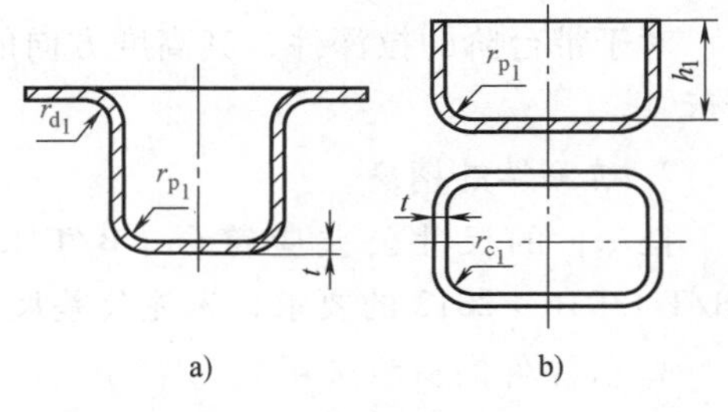

图 5-56　拉深件的圆角半径

1）拉深件底部圆角半径 r_{p_1} 应满足 $r_{p_1} \geqslant t$。为使拉深工序顺利进行，一般应取 $r_{p_1}=(3\sim5)t$。增加整形工序时，可取 $r_{p_1} \geqslant (0.1\sim0.3)t$。

2）拉深件凸缘圆角半径 r_{d_1} 应满足 $r_{d_1} \geqslant 2t$。为使拉深工序顺利进行，一般应取 $r_{d_1}=(5\sim8)t$。增加整形工序时，可取 $r_{d_1} \geqslant (0.1\sim0.3)t$。

3）盒形件转角半径 r_{c_1} 应满足 $r_{c_1} \geqslant 3t$。为使拉深工序顺利进行，一般应取 $r_{c_1} \geqslant 6t$。为便于一次拉深成形，应保证 $r_{c_1} \geqslant 0.15h_1$。

5. 拉深件的冲孔设计

拉深件底部及凸缘上冲孔的边缘与工件圆角半径的切点之间的距离不应小于 $0.5t$（图 5-57a）。对于拉深件侧壁上的冲孔，孔中心与底部或凸缘的距离应满足 $h_d \geqslant 2d_h+t$，如图 5-57b 所示。

拉深件上的孔位应设置在与主要结构面（凸缘面）同一平面上或使孔壁垂直于该平面，以便冲孔与修边在同一工序中完成，如图 5-57c 所示。

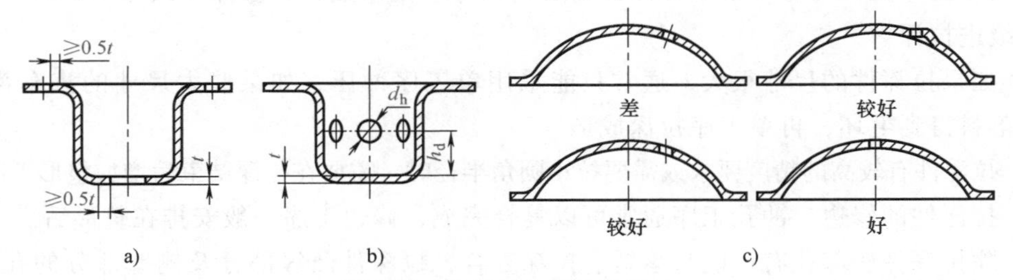

图 5-57　拉深件上的冲孔设计

6. 拉深件的尺寸标注

标注拉深件尺寸时，径向尺寸应根据使用要求只标注外形尺寸或内形尺寸，不能同时标注内、外形尺寸。对于有配合要求的口部尺寸，应标注配合部分的深度，如图 5-58a 所示的 h_m。

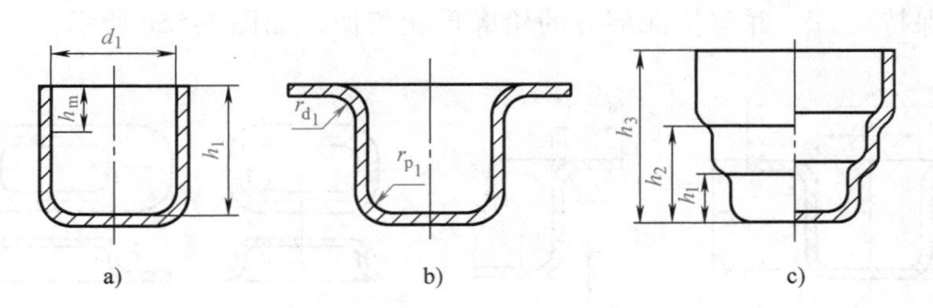

图 5-58　拉深件的尺寸标注

筒壁和底面连接处的圆角半径应标注在较小半径的一侧，即模具能够控制到的圆角半径一侧，如图 5-58b 所示。材料厚度不宜标注在筒壁或凸缘上。

对于带台阶的拉深件，其高度方向的尺寸应以拉深件底部为基准进行标注，如图 5-58c 所示。

7. 拉深件的精度

拉深件的尺寸公差应符合 GB/T 13914—2013 的要求，未注形状及位置公差应符合 GB/T 13916—2013 的要求，未注公差尺寸的极限偏差应符合 GB/T 15055—2021 的要求。

8. 拉深件的材料选用

用于拉深件的材料，要求具有较好的塑性、较小的屈强比 R_{eL}/R_m、大的塑性应变比 r、小的塑性应变比各向异性度 Δr。

5.4.2　拉深工艺方案确定

拉深工艺方案确定可遵循如下原则：

1）一次拉深即能成形的浅拉深件，可采用落料拉深复合工序。但如果拉深件高度过小，会导致复合拉深时的凸凹模壁厚过薄，此时，批量不大时，应采用先落料再拉深的单工序冲压方案，批量大时，采用级进拉深。

2）对于需要多次拉深才能成形的高拉深件，批量不大时，可采用单工序冲压，即落料得到毛坯，再按照计算出的拉深次数逐次拉深到需要的尺寸；也可以采用首次落料拉深复合，再按单工序拉深的方案逐次拉深到需要的尺寸。批量很大且拉深件尺寸不大时，可采用带料的级进拉深。

3）如果拉深件的尺寸很大，通常只能采用单工序冲压，如某些大尺寸的汽车覆盖件，通常是落料得到毛坯，再单工序拉深成形。

4）拉深件有较高的精度要求或需要拉小圆角半径时，需要在拉深结束后增加整形工序。

5）拉深件的修边、冲孔工序通常可以复合完成，修边工序一般安排在整形后。

6）除拉深件底部孔有可能与落料、拉深复合，拉深件凸缘部分及侧壁部分的孔和槽均须在拉深工序完成后再冲出。

7）如果局部还需其他成形工序（如弯曲、翻孔等）才能最终完成拉深件的形状，其他冲压工序必须在拉深结束后进行。

扩展阅读

以后各次拉深由于所用毛坯与首次拉深不同（不再是平板而是经过了拉深的拉深件），会使以后各次拉深过程中出现一些不同于首次拉深的现象，具体有以下几点：

1）以后各次拉深毛坯变形区的变化情况与首次拉深时不同。首次拉深时，变形区的大小随着拉深凸模的不断下行而逐渐缩小，如图5-59a所示；以后各次拉深中，在拉深毛坯的直壁部分没有完全转化为变形区之前，变形区大小保持不变，在拉深快结束时才会逐渐减小，如图5-59b所示。

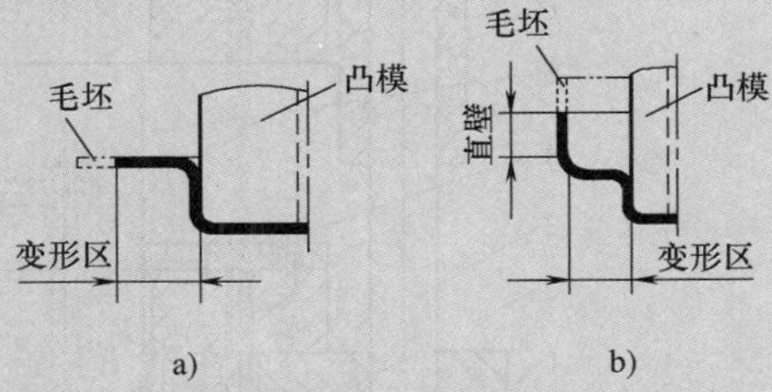

毛坯 凸模 变形区 a) 毛坯 凸模 直壁 变形区 b)

图5-59 首次拉深与以后各次拉深变形区的变化

a）首次拉深 b）以后各次拉深

2）因为变形区的变化不同，导致以后各次拉深时，最大的拉深力通常发生在拉深后期，因此以后各次拉深时，起皱和拉裂通常发生在拉深后期。

3）以后各次拉深时的拉深方法有多种形式，可以采用与首次拉深方向相同的正拉深，也可以采用与首次拉深方向相反的反拉深，当需要时，还可进行变薄拉深。

5.5 拉深模具设计

5.5.1 拉深模具类型及典型结构

拉深模具类型众多，可从不同的角度分类，如图5-60所示。

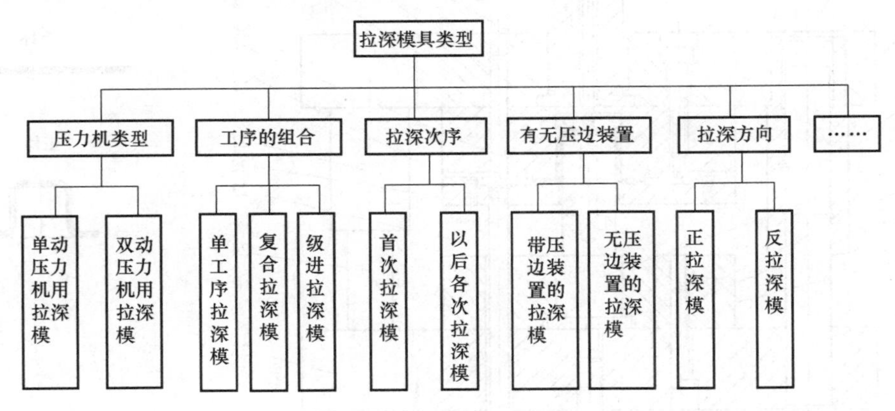

图5-60 拉深模具类型

下面对首次拉深模和以后各次拉深模的典型结构进行介绍。

1. 首次拉深模

（1）无压边装置的首次拉深模 图5-61所示为无压边装置的首次拉深模。工作时，毛坯在定位圈中定位。拉深结束后，工件由凹模底部的台阶完成脱模，并由漏料孔落下。

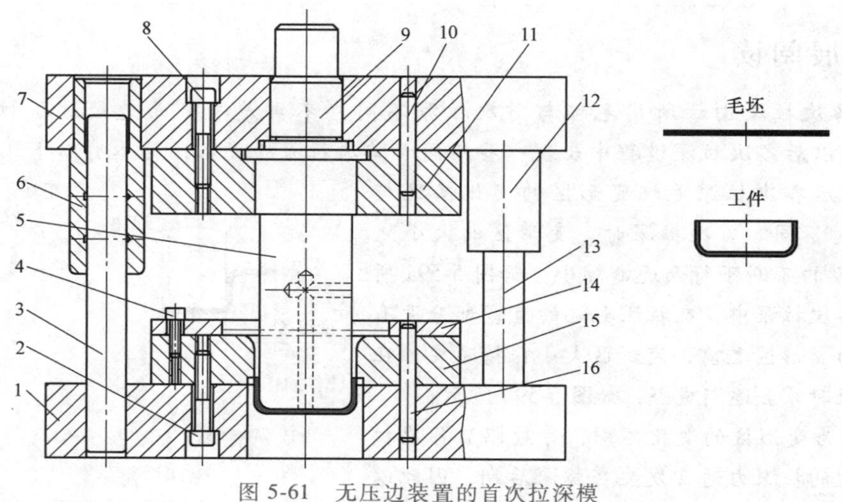

图 5-61　无压边装置的首次拉深模

1—下模座　2、4、8—螺钉　3、13—导柱　5—凸模　6、12—导套　7—上模座
9—模柄　10、16—销　11—固定板　14—定位圈　15—凹模

此类模具结构简单、制造方便，常用于材料塑性好、相对厚度较大的工件拉深。由于拉深凸模要深入凹模，所以该模具只适用于浅拉深。

（2）带压边装置的首次拉深模　图 5-62 所示为带压边装置的正装首次拉深模。该模具中压边装置置于模具内，由于受模具空间尺寸的限制，不能提供太大的压边力，只适用于浅拉深件的拉深。

图 5-62 所示为带压边装置的倒装首次拉深模，此时凹模在上模，这种结构在生产中应

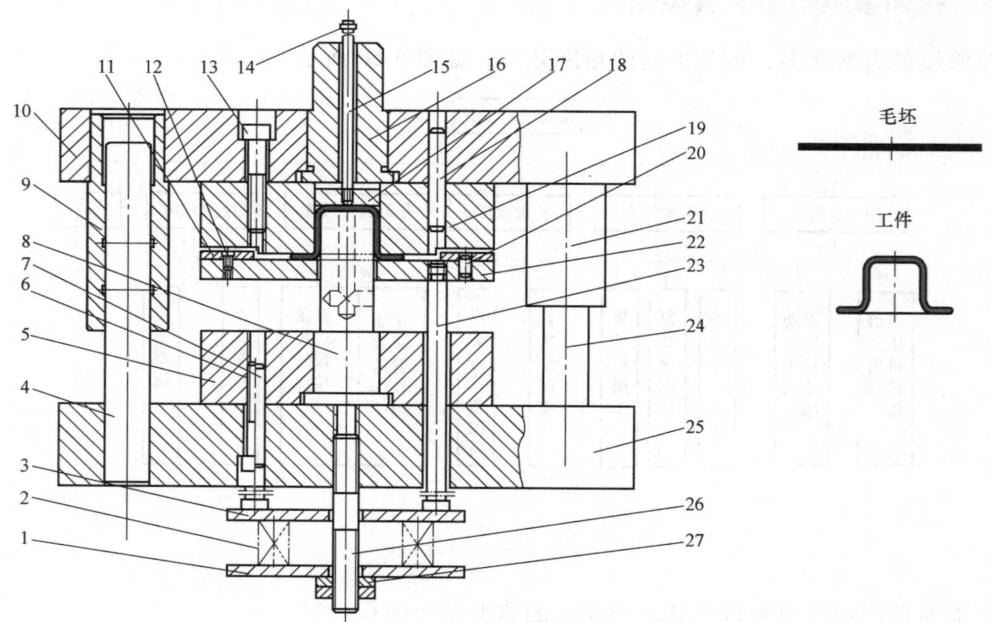

图 5-62　带压边装置的倒装首次拉深模

1—下托板　2—弹簧　3—上托板　4、24—导柱　5—凸模固定板　6、12、13—螺钉　7、18、20—销钉　8—凸模
9、21—导套　10—上模座　11—定位板　14—横销　15—打杆　16—模柄　17—推件块
19—凹模　22— 压边圈　23—卸料螺钉　25—下模座　26—双头螺柱　27—螺母

用广泛。该模具中压边装置所需的弹性元件放在下模座下方，大小不受模具空间的限制，因此可选择较大尺寸的弹性元件以保证提供足够大的压边力，并使模具结构紧凑。工作时，毛坯由定位板 11 定位，凹模 19 下行与毛坯接触，并与压边圈 22 一起压紧毛坯再开始拉深。拉深结束后，凹模 19 上行，压边圈 22 同步复位并将工件顶起，使工件留在凹模 19 内，最后由打杆 15 和推件块 17 组成的刚性推件装置将工件推出。

扩展阅读

1）从上述几副模具的结构可以看出，拉深模也是由工作零件，定位零件，压料、卸料、送料零件，导向零件和固定零件五部分组成，因此拉深模的看图方法与冲裁模的看图方法相同，而拉深模工作零件的判别方法与弯曲模一样，即当找到拉深的工件时，被工件包围的是凸模，包围工件的是凹模。

2）虽然根据有无压边装置将拉深模分成带压边装置和无压边装置两种类型，但由于压边装置不仅起压边防皱作用，而且在拉深结束时兼卸料用，因此实际生产中使用的基本是带压边装置的拉深模。

（3）落料拉深复合模　图 5-63 所示为无凸缘件落料拉深复合模。模具的工作过程是：模具开启，毛坯从前往后送入模具，由导料板 3 和挡料销 28 定位；上模下行，凸凹模 14 与压边圈 24

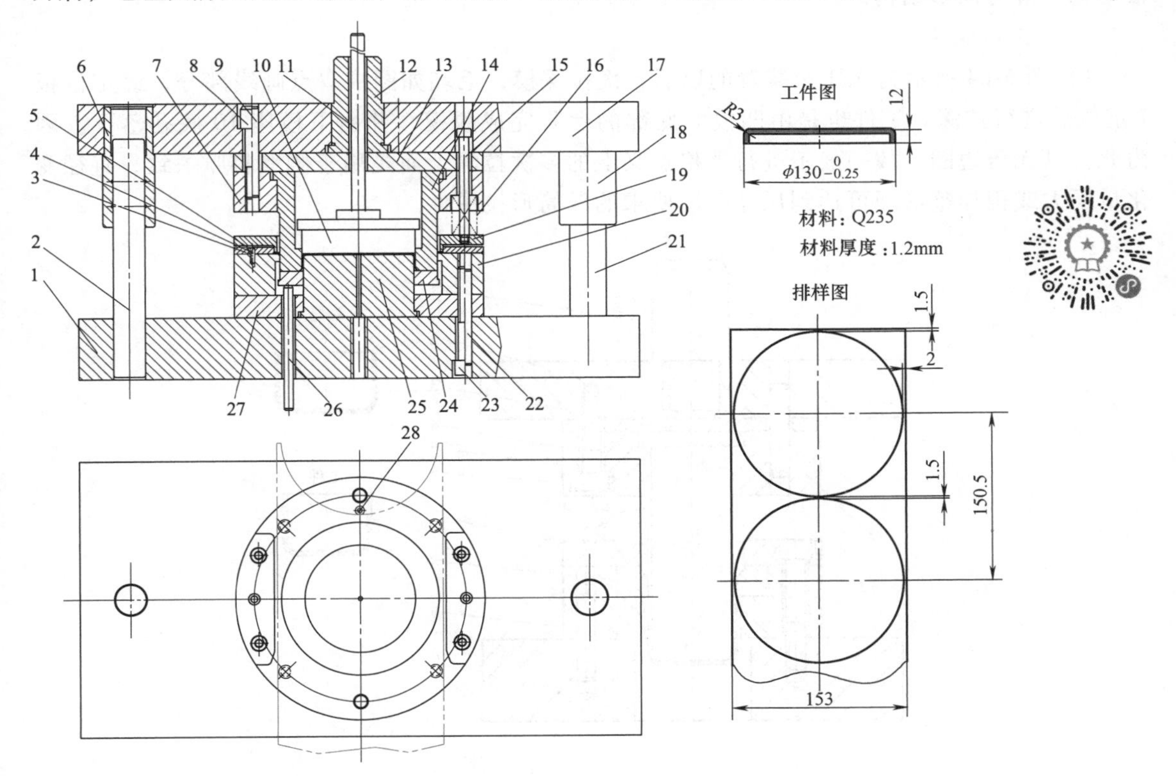

图 5-63　无凸缘件落料拉深复合模

1—下模座　2、21—导柱　3—导料板　4、9、22—销钉　5、8、23—螺钉　6、18—导套　7—凸凹模固定板　10—推件块　11—打杆　12—模柄　13—垫板　14—凸凹模　15—卸料螺钉　16—弹簧　17—上模座　19—卸料板　20—落料凹模　24—压边圈　25—拉深凸模　26—顶杆　27—拉深凸模固定板　28—挡料销压住毛坯并与落料凹模 20 首先完成落料；上模继续下行，拉深凸模 25 开始接触落下的毛坯并将它拉入凸凹模 14 孔内，完成拉深；上模回程时，由卸料螺钉 15、弹簧 16 和卸料板 19 组成的弹性卸料装置从凸凹模 14 上卸下带孔的条料，压边圈 24 同步将工件从拉深凸模 25 上顶出，使工件留在凸凹模 14 孔内，再通过由打杆 11 和推件块 10 组成的刚性推件装置推出。

扩展阅读

1）图 5-63 所示虽为复合模，但落料和拉深不是同时完成的，要先完成落料，再进行拉深，为此拉深凸模的顶面应比落料凹模的顶面低一个料厚，以保证模具功能的实现，同时也能实现毛坯的准确定位。

2）由于该模具拉深的是浅拉深件，因此采用的是弹性卸料装置，当拉深深度较大的拉深件时应采用刚性卸料装置卸料。

2. 以后各次拉深模

以后各次拉深模所用的毛坯是已经经过拉深的半成品开口空心件，而不再是平板毛坯，因此，其定位装置及压边装置与首次拉深模不同。以后各次拉深模的定位方法通常有两种：①利用拉深件的外形定位；②利用拉深件的内形定位。以后各次拉深模所用压边圈不再是平板结构，应为筒形结构。

（1）正拉深模

1）图 5-64 所示为无压边装置的以后各次拉深模，毛坯如图中双点画线部分，经定位板 7 定位后进行拉深。工件也是由凹模 8 底部的台阶完成脱模，并由下模座 10 底孔落下。因为此模具无压边圈，故一般不进行严格意义上的多次拉深，而是用于侧壁料厚一致、直径变化量不大或稍加整形即可达到尺寸精度要求的深筒形拉深件。

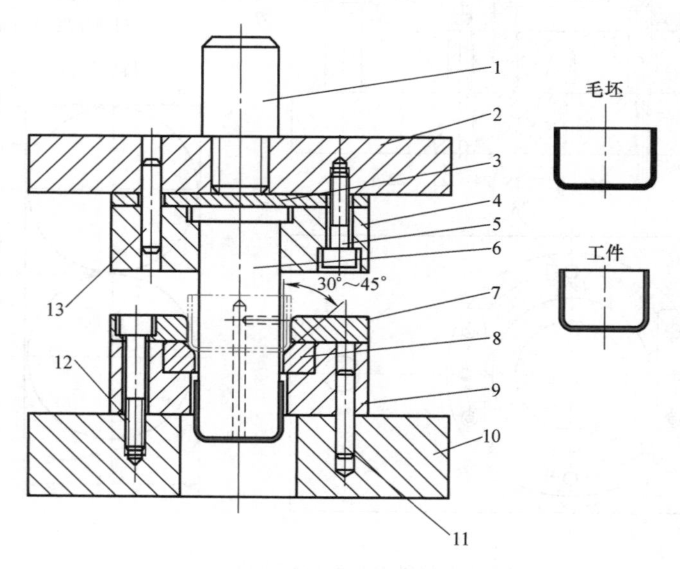

图 5-64　无压边装置的以后各次拉深模

1—模柄　2—上模座　3—垫板　4—凸模固定板　5、12—螺钉　6—凸模
7—定位板　8—凹模　9—凹模固定板　10—下模座　11、13—销钉

2）图 5-65 所示为带压边装置的以后各次倒装拉深模。工作时，将前次拉深的毛坯套在压边圈 8 上进行定位，上模下行，将毛坯拉入凹模 18，从而得到所需要的工件；当上模回程，工件被压边圈 8 从凸模 7 上顶出，留在凹模 18 内，最后由打杆 14 和推件块 16 组成推件装置推出。这种模具结构合理、使用方便，在生产中广泛应用。

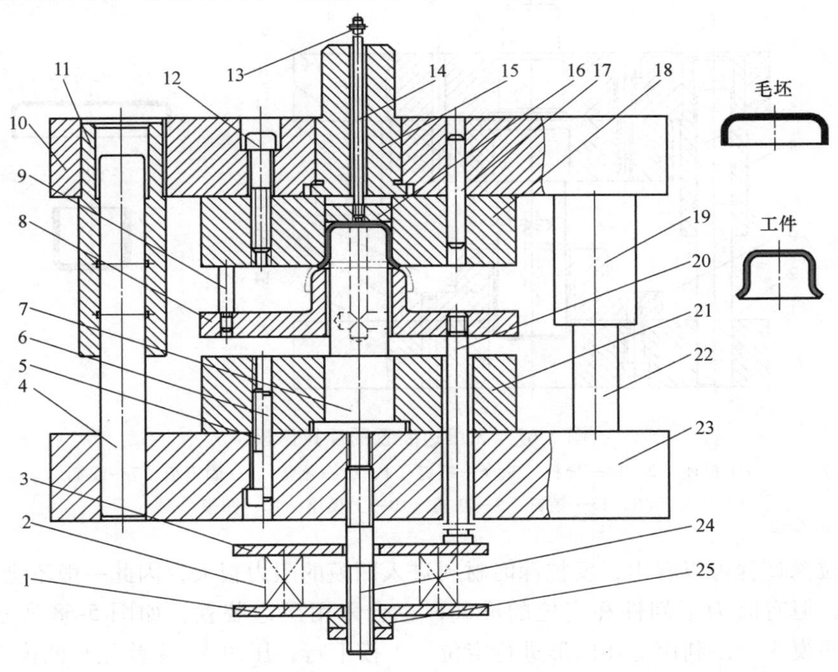

图 5-65 带压边装置的以后各次倒装拉深模

1—下托板 2—弹簧 3—上托板 4、22—导柱 5、12—螺钉 6、17—销钉 7—凸模 8—压边圈 9—限位柱 10—上模座 11、19—导套 13—横销 14—打杆 15—模柄 16—推件块 18—凹模 20—卸料螺钉 21—凸模固定板 23—下模座 24—双头螺柱 25—螺母

扩展阅读

如图 5-66 所示，为了定位可靠和操作方便，压边圈的外径应比毛坯的内径小 0.05~0.1mm，即 $d_y=d-(0.05\sim0.1)$mm；其工作部分比毛坯高出 2~4mm，即 $h_y=2\sim4$mm。压边圈顶部的圆角半径等于毛坯的底部圆角半径，即 $R_y=R$；模具装配时，要保证压边圈圆角部位与凹模圆角部位之间的间隙 c 为（1.05~1.1）t（钢件取大值）。

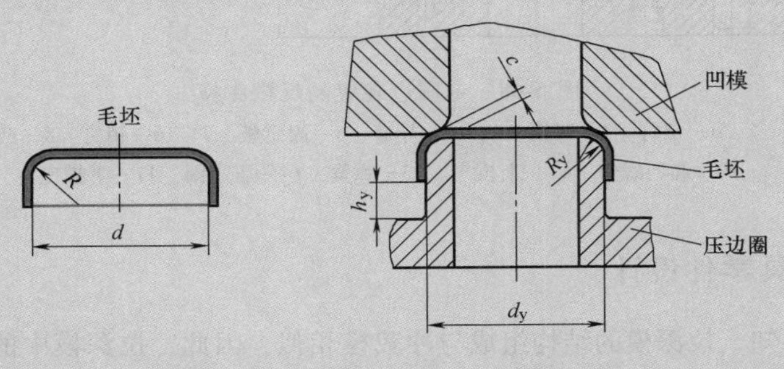

图 5-66 压边圈与毛坯之间的尺寸关系

（2）反拉深模 图5-67所示为无压边装置的反拉深模。工作时，将经过前次拉深的毛坯套在凹模12上，利用凹模12的外形定位，凸模9下行，将毛坯反向拉入凹模12，使毛坯内壁成为工件外壁。拉深结束后，利用凹模12的台阶卸件。

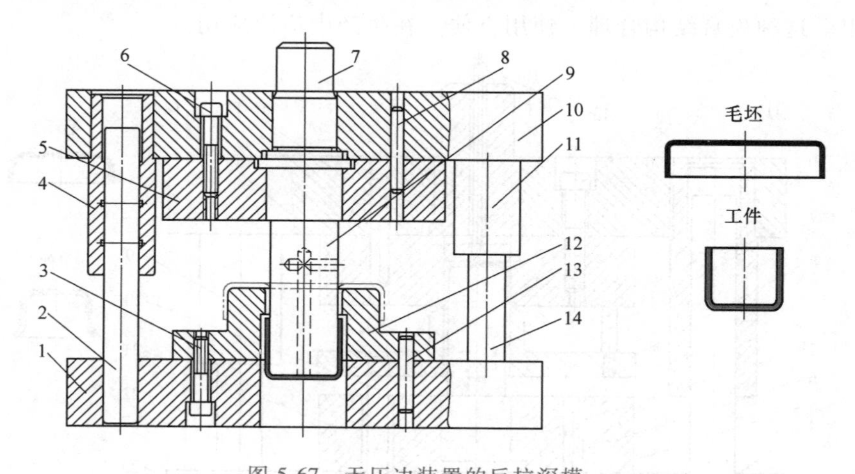

图5-67 无压边装置的反拉深模

1—下模座 2、14—导柱 3、6—螺钉 4、11—导套 5—固定板 7—模柄 8、13—销钉 9—凸模 10—上模座 12—凹模

由上述拉深过程可以看出，反拉深时材料进入凹模的阻力很大，因此一般不会起皱，无需设置压边圈，但有时为了卸件和定位的准确，也会采用压边装置，如图5-68所示。工作时，将毛坯套在凹模3上，利用毛坯内形进行定位，上模下行，压边圈14首先与凹模3压紧毛坯，保证定位的准确，凸模8继续下行进行拉深。拉深结束后，利用凹模3的台阶卸件。

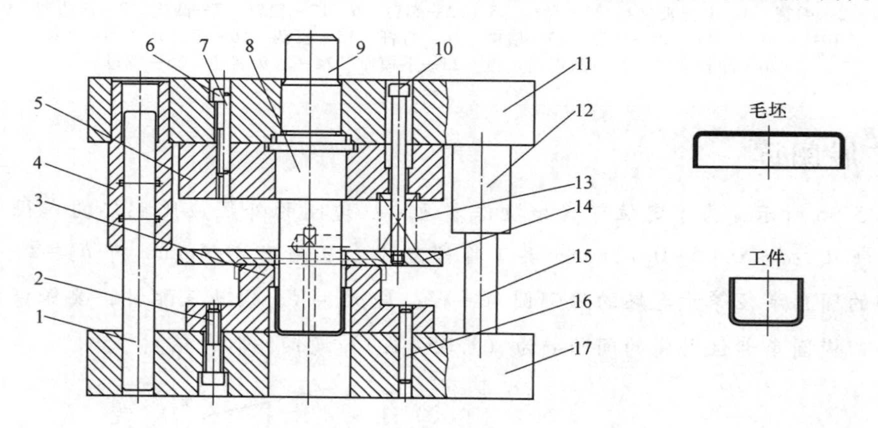

图5-68 带压边装置的反拉深模

1、15—导柱 2、6—螺钉 3—凹模 4、12—导套 5—固定板 7、16—销钉 8—凸模 9—模柄 10—卸料螺钉 11—上模座 13—弹簧 14—压边圈 17—下模座

5.5.2 拉深模具零件设计

由前述分析可知，拉深模的结构组成与冲裁模相似，因此，拉深模中的定位零件，卸料、压料、送料零件，固定零件及导向零件的设计可参考冲裁模，这里主要介绍工作零件的设计。

1. 拉深凸、凹模工作部分的结构

图 5-69 所示为带压边装置拉深凸、凹模的结构。图 5-69a 所示为凸、凹模工作部分具有圆角结构，用于拉深直径 $d \leqslant 100$mm 的拉深件。图 5-69b 所示为凸、凹模工作部分具有锥角结构，用于拉深直径 $d \geqslant 100$mm 的拉深件。

无论采用何种结构，均须注意前后两道拉深工序的模具在形状和尺寸上的协调，使前道工序得到的半成品利于后道工序的成形和定位。后道工序压边圈的形状和尺寸应与前道工序凸模相应部分相同。

另外，为避免出件时产生负压导致出件困难，须在拉深凸模上加工出通气孔，通气孔直径可按表 5-11 选取。

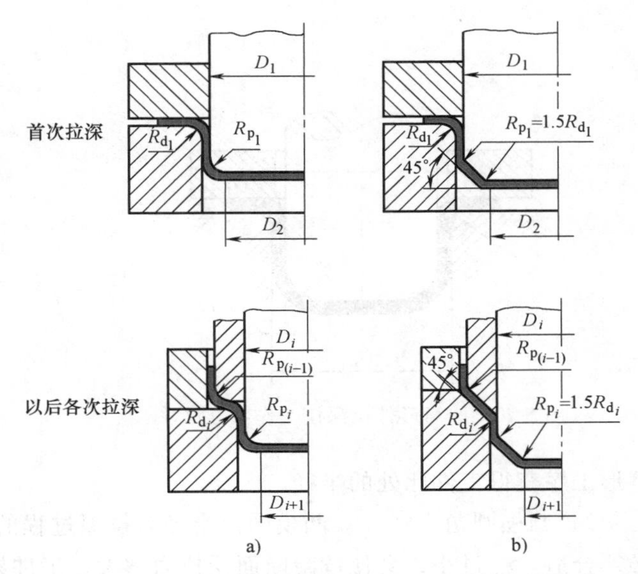

图 5-69　带压边装置拉深凸、凹模的结构

注：图中 i 表示第 i 次拉深。

表 5-11　拉深凸模通气孔直径

凸模直径/mm	≤50	>50~100	>100~200	>200
通气孔直径/mm	5.0	6.5	8.0	9.5

2. 拉深凸、凹模工作部分的尺寸

拉深凸、凹模工作部分的尺寸包括凸、凹模圆角半径，凸、凹模间隙，凸、凹模工作部分的横向尺寸（对圆筒形件来说，即凸、凹模的直径），如图 5-70 所示。

（1）凸、凹模圆角半径

1）凹模圆角半径 r_d。拉深时，材料在经过凹模圆角时不仅因为发生弯曲变形需要克服弯曲阻力，还要克服因相对流动引起的摩擦阻力，所以 r_d 的大小对拉深过程的影响非常大。r_d 太小，材料流过时，弯曲阻力和摩擦阻力较大，拉深力增大，磨损加剧，拉深件易被刮伤、过度变薄甚至破裂，模具寿命降低；r_d 太大，拉深初期不受压边力作用的区域较大（图 5-71），拉深后期毛坯外缘过早脱离压边圈的作用，容易起皱。

r_d 的值既不能太大也不能太小。在生产上，一般应尽量避免采用过小的凹模圆角半径，保证工件质量的前提下，尽量取大值，以满足模具寿命的要求。拉深凹模圆角半径可按下述经验公式计算，即

$$r_{d_i}=0.8\sqrt{(d_{i-1}-d_i)t} \tag{5-38}$$

式中，r_{d_i} 是第 i 次拉深凹模圆角半径（mm）；d_i 是第 i 次拉深的筒部直径（mm）；d_{i-1} 是第 $i-1$ 次拉深的筒部直径（mm）；t 是材料厚度（mm）。

同时，凹模圆角半径应满足前述工艺性要求，即 $r_{d_i} \geqslant 2t$。若 $r_d<2t$，则需要通过后续的

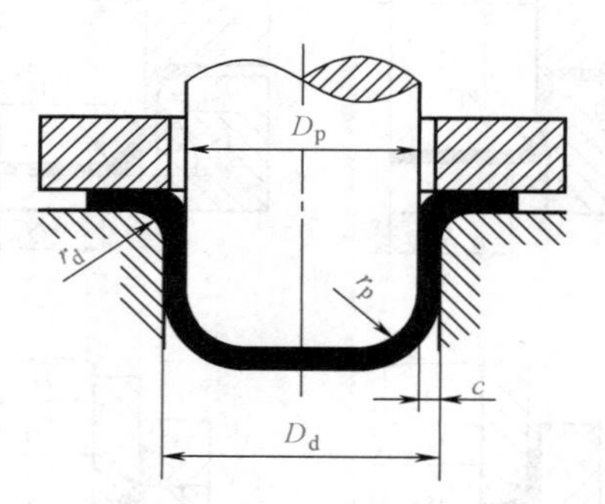

图 5-70　圆筒形件拉深模工作部分尺寸

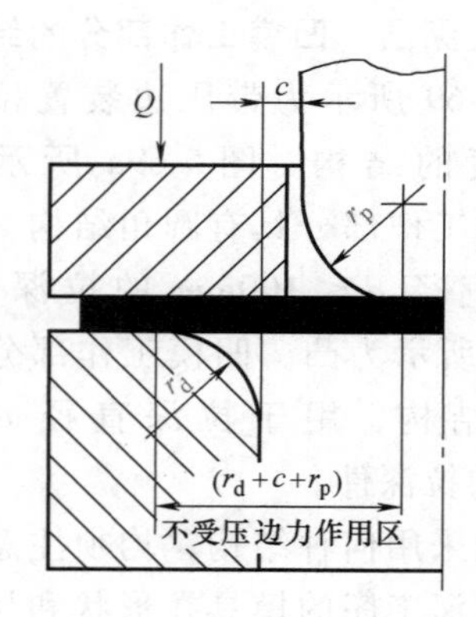

图 5-71　过大的圆角半径减小了压边面积

整形工序获得工件此处的半径。

2）凸模圆角半径 r_p。凸模圆角半径对拉深过程的影响没有凹模圆角半径大，但其值也必须合适。r_p 过小，会使危险断面受拉力增大，工件易产生局部变薄甚至拉裂；而 r_p 过大，则使凸模与毛坯接触面小，易产生底部变薄和内皱（图 5-71）。

一般情况下，除末道拉深工序，中间各道工序可取 $r_{p_i}=r_{d_i}$。对于末道拉深工序，若工件的圆角半径 $r \geqslant t$，则取凸模圆角半径等于工件的圆角半径，即 $r_{p_n}=r$；若工件的圆角半径 $r<t$，则取 $r_{p_n}>t$，拉深结束后再通过整形工序获得 r。

（2）凸、凹模间隙 c　拉深模间隙是指单边间隙 c，即凹模和凸模直径之差的一半。拉深时，凸、凹模之间的间隙对拉深力、工件质量、模具寿命等都有影响。间隙 c 过大，易起皱，工件有锥度，精度差；间隙 c 过小，摩擦加剧，导致工件变薄严重，甚至拉裂。因此，正确确定凸、凹模之间的间隙是很重要的。确定拉深间隙时，需考虑压边状况、拉深次数和工件精度等。

对于圆筒形件及椭圆形件的拉深，凸、凹模的单边间隙 c 可按下式计算，即

$$c=t_{max}+K_c t \tag{5-39}$$

式中，t_{max} 是材料最大厚度（mm）；K_c 是系数，见表 5-12。

表 5-12　系数 K_c

材料厚度 t/mm	一般精度		较精密	精密
	一次拉深	多次拉深		
≤0.4	0.07～0.09	0.08～0.10	0.04～0.05	0～0.04
>0.4～1.2	0.08～0.10	0.10～0.14	0.05～0.06	
>1.2～3.0	0.10～0.12	0.14～0.16	0.07～0.09	
>3.0	0.12～0.14	0.16～0.20	0.08～0.10	

注：1. 对于强度高的材料，表中数值取小值。
2. 精度要求高的工件，建议末道工序采用间隙（0.9～0.95）t 的整形工序。

对于盒形件的拉深，模具转角处的间隙应比直边部分大 0.1t，而直边部分的间隙可按式

(5-39) 计算，系数 K_c 按表 5-12 中较精密或精密选取。

(3) 凸、凹模工作部分的横向尺寸

1) 对于多次拉深中的首次拉深和中间各次拉深，因为是工序件，所以模具尺寸及公差没有必要进行严格限制，这时模具尺寸只需等于工序件的公称尺寸 D，模具制造偏差同样按磨损规律确定。若以凹模为基准，则凹模尺寸为

$$D_d = D^{+\delta_d}_{0} \tag{5-40}$$

凸模尺寸为

$$D_p = (D-2c)^{0}_{-\delta_p} \tag{5-41}$$

2) 对于一次拉深或多次拉深中的最后一次拉深，须保证拉深后工件的尺寸精度。因此，应按拉深件的尺寸及公差来确定模具工作部分的尺寸及公差。根据拉深件横向尺寸的标注不同，可分为以下两种情况：

① 拉深件标注外形尺寸时（图 5-72a），应以拉深凹模为基准，首先计算凹模的尺寸及公差。

凹模尺寸及公差为

$$D_d = (D_{max}-0.75\Delta)^{+\delta_d}_{0} \tag{5-42}$$

凸模尺寸及公差为

$$D_p = (D_{max}-0.75\Delta-2c)^{0}_{-\delta_p} \tag{5-43}$$

② 拉深件标注内形尺寸时（图 5-72b），应以拉深凸模为基准，首先计算凸模的尺寸及公差。

凸模尺寸及公差为

$$D_p = (d_{min}+0.4\Delta)^{0}_{-\delta_p} \tag{5-44}$$

凹模尺寸及公差为

$$D_d = (d_{min}+0.4\Delta+2c)^{+\delta_d}_{0} \tag{5-45}$$

式中，D_d、D_p 是凹模和凸模的尺寸（mm）；D_{max} 是拉深件外径的上极限尺寸（mm）；d_{min} 是拉深件内径的下极限尺寸（mm）；Δ 是拉深件公差（mm）；δ_d、δ_p 分别是凹模和凸模的制造公差（mm），可按 IT6~IT8 级选取；c 是拉深模单边间隙（mm）。

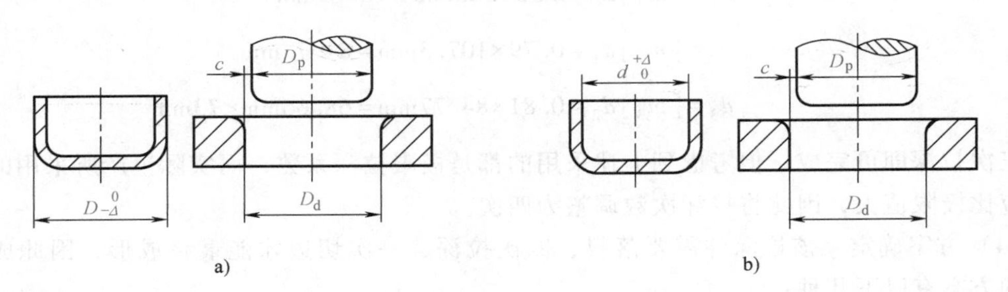

图 5-72　圆筒形件拉深模工作部分的横向尺寸

5.6　拉深模设计举例

图 5-73 所示为无凸缘的直壁圆筒形件，材料为 08 钢，材料厚度为 1mm，强度极限R_m = 320MPa，小批量生产，试完成该产品的拉深工艺与模具设计。

1. 工艺分析

该产品为不带凸缘的直壁圆筒形件，要求内形尺寸，厚度为 1mm，没有厚度不变的要求；零件的形状简单、对称，底部圆角半径为 3mm，满足拉深工艺对形状和尺寸的要求，适合拉深成形；所有尺寸均为未注公差，采用普通拉深即可达到；零件所用材料为 08 钢，塑性较好，易于拉深成形，因此该零件的冲压工艺性良好。

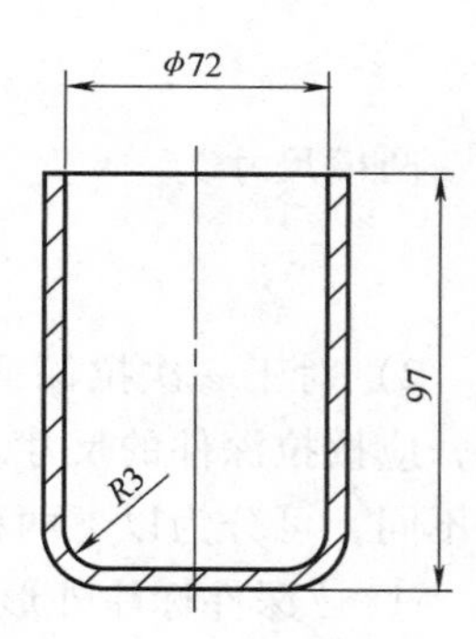

图 5-73　拉深件图

2. 工艺方案确定

为了确定工艺方案，首先应计算毛坯尺寸并确定拉深次数。由于材料厚度为 1mm，以下所有尺寸均以中线尺寸代入。

（1）确定修边余量　由$\frac{h}{d}=\frac{97\text{mm}-0.5\text{mm}}{72\text{mm}+1\text{mm}}=1.32$，查表 5-2 得 $\Delta h=3.8\text{mm}$。

（2）毛坯直径计算　由式（5-5）得

$$D=\sqrt{d^2-1.72dr-0.56r^2+4d(h+\Delta h)}$$

$$=\sqrt{(72\text{mm}+1\text{mm})^2-1.72\times(72\text{mm}+1\text{mm})\times(3\text{mm}+0.5\text{mm})+4\times(72\text{mm}+1\text{mm})\times(97\text{mm}-0.5\text{mm}+3.8\text{mm})-0.56\times(3\text{mm}+0.5\text{mm})^2}$$

$$=184.85\text{mm}\approx185\text{mm}$$

（3）拉深次数确定

1）判断是否需要压边圈。由毛坯相对厚度 $(t/D)\times100=(1\text{mm}/185\text{mm})\times100=0.541$，查表 5-1 可知，需要采用压边圈。

2）确定拉深次数。由 $(t/D)\times100=0.541$ 查表 5-3 得极限拉深系数为 $[m_1]=0.58$、$[m_2]=0.79$、$[m_3]=0.81$、$[m_4]=0.83$。则各次拉深件极限直径为

$$d_1=[m_1]D=0.58\times185\text{mm}=107.3\text{mm}$$

$$d_2=[m_2]d_1=0.79\times107.3\text{mm}=84.77\text{mm}$$

$$d_3=[m_3]d_2=0.81\times84.77\text{mm}=68.66\text{mm}<73\text{mm}$$

三次拉深即可完成。但考虑到上述采用的都是极限拉深系数，而实际生产所采用的拉深系数应比极限值大，因此将拉深次数调整为四次。

（4）方案确定　该拉深件需要落料、四次拉深、一次切边才能最终成形，因此成形该零件的方案有以下几种：

方案一：单工序生产，即落料—拉深—拉深—拉深—拉深—切边。

方案二：首次复合，即落料拉深复合—拉深—拉深—拉深—切边。

方案三：级进拉深。

方案一的模具结构简单，但所需模具数量较多。方案三一般适用于大批量生产。考虑到是小批量生产，因此上述方案中优选方案二。

3. 工艺计算

（1）各次拉深工序件尺寸的确定

1）直径（中线）。将上述各次极限拉深系数分别乘以系数 k 进行调整。

$k=\sqrt[n]{\dfrac{m_{总}}{[m_1][m_2]\cdots[m_n]}}=\sqrt[4]{\dfrac{73\text{mm}/185\text{mm}}{0.58\times0.79\times0.81\times0.83}}=1.0638569$，则调整后的各次拉深系数和工序件直径为

$$m_1=k[m_1]=1.0638569\times0.58=0.62,\ d_1=m_1D=0.62\times185\text{mm}=114.7\text{mm}$$

$$m_2=k[m_2]=1.0638569\times0.79=0.84,\ d_2=m_2d_1=0.84\times114.7\text{mm}=96.3\text{mm}$$

$$m_3=k[m_3]=1.0638569\times0.81=0.86,\ d_3=m_3d_2=0.86\times96.3\text{mm}=82.8\text{mm}$$

$$m_4=k[m_4]=1.0638569\times0.83=0.883,\ d_4=m_4d_3=0.883\times82.8\text{mm}=73.1\text{mm}\approx73\text{mm}$$

2）底部圆角半径。由式（5-38）计算各次拉深凹模圆角半径的值为

$$r_{d_1}=0.8\sqrt{(D-d_1)\ t}=0.8\sqrt{(185\text{mm}-114.7\text{mm})\ \times1\text{mm}}=6.7\text{mm}$$

取 $r_{d_1}=7\text{mm}$。

依次求出并取 $r_{d_2}=5\text{mm}$、$r_{d_3}=4\text{mm}$、$r_{d_4}=3\text{mm}$。

凸模圆角半径可取与凹模圆角半径相同，即 $r_{p_1}=7\text{mm}$、$r_{p_2}=5\text{mm}$、$r_{p_3}=4\text{mm}$、$r_{p_4}=3\text{mm}$。

则得到工件底部圆角半径为 $r_1=7.5\text{mm}$、$r_2=5.5\text{mm}$、$r_3=4.5\text{mm}$、$r_4=3.5\text{mm}$。

3）高度 H_1，由式（5-9）计算得

$$H_1=\frac{D^2-d_1^2+1.72r_1d_1+0.56r_1^2}{4d_1}=\frac{185^2\text{mm}^2-114.7^2\text{mm}^2+1.72\times7.5\text{mm}\times114.7\text{mm}+0.56\times7.5^2\text{mm}^2}{4\times114.7\text{mm}}=49.2\text{mm}$$

同理，$H_2=67.2\text{mm}$、$H_3=84.6\text{mm}$、$H_4=100.3\text{mm}$。

（2）冲压工艺力计算及初选设备（以第四次拉深为例，其他类同）

拉深力由式（5-32）计算，则

$$F_4=k_pL_st\,R_m=0.8\times3.14\times73\text{mm}\times1\text{mm}\times320\text{MPa}=58.68\text{kN}$$

式中，k_p 取 0.5~1.0，这里取 0.8；L_s 是第四次拉深所得圆筒的筒部周长。

压边力由式（5-31）计算，这里 $q=R_m/150=2.13\text{MPa}$，则

$$Q=\pi[d_3{}^2-d_4{}^2]q/4$$

$$=\pi[82.8^2\text{mm}^2-73^2\text{mm}^2]\times 2.13\text{MPa}/4$$

$$=2.55\text{kN}$$

选用单动压力机，设备公称力

$$F_{设}\geqslant F_4+Q=58.68\text{kN}+2.55\text{kN}=61.23\text{kN}$$

初选 100kN 的开式曲柄压力机 J23-10。

4. 模具总体结构设计（以第四次拉深模为例）

选用倒装拉深模，毛坯利用压边圈的外形进行定位，利用刚性推件装置推件。总体结构如图 5-74 所示。

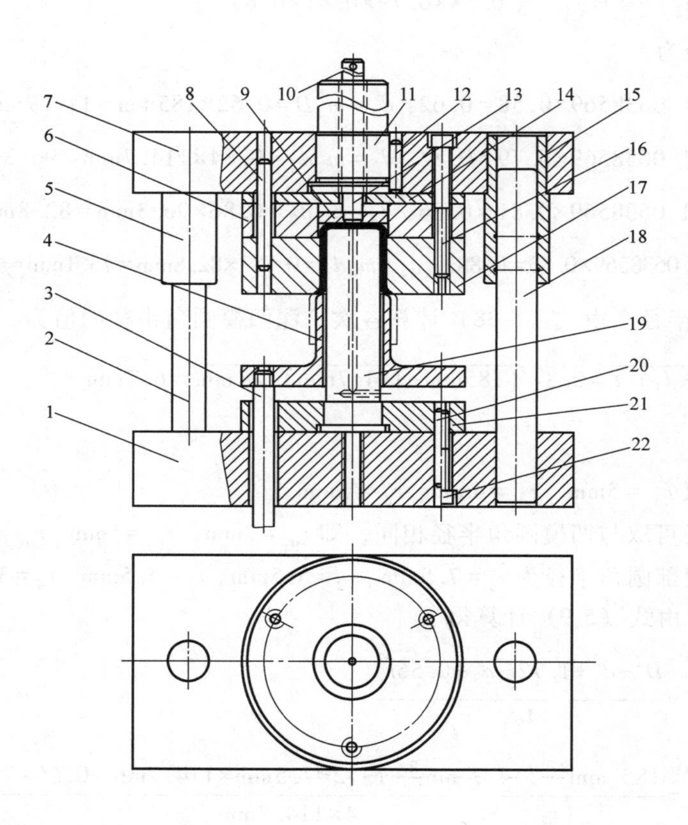

图 5-74　第四次拉深模总装图

1—下模座　2、18—导柱　3—卸料螺钉　4—压边圈　5、15—导套
6—空心垫板　7—上模座　8、20—销钉　9—推件块　10—横销
11—模柄　12—止转销　13—打杆　14—垫板　16、22—螺钉
17—凹模　19—凸模　21—凸模固定板

5. 模具零件设计

（1）工作部分尺寸的设计

1）模具间隙 c 的确定。由于该拉深件无精度要求，因此最后一次拉深时，凸、凹模之间的单边间隙可以取 $c_4=t=1\text{mm}$。

2）凸、凹模圆角半径的确定。由于圆角半径大于 $2t$（材料厚度），满足拉深工艺要求，因此最后一次拉深用的凸模圆角半径应与工件圆角半径一致，即 $r_{p_4}=3\text{mm}$，凹模圆角半径取 $r_{d_4}=3\text{mm}$。

3）凸、凹模刃口尺寸及公差的确定。零件的尺寸及精度由最后一道拉深模保证，因此最后一道拉深用模具的刃口尺寸与公差应由零件决定。由于零件对内形有尺寸要求，因此以凸模为基准，间隙取在凹模上。

凸、凹模制造公差分别按 IT6、IT7 级查 GB/T 1800.1—2020 得：$\delta_p=0.019\text{mm}$，$\delta_d=0.030\text{mm}$，

Δ 是拉深件的公差，拉深件为未注公差，可由 GB/T 15055-m 查得为±0.5mm，则工件筒部直径调整为 $71.5^{+1.0}_{0}\text{mm}$，由式（5-44）、式（5-45）得凸、凹模直径分别为

$$D_{p_4}=(d_{\min}+0.4\Delta)_{-\delta_p}^{\ 0}=(71.5+0.4\times1.0)_{-0.019}^{\ 0}\text{mm}=71.9_{-0.019}^{\ 0}\text{mm}$$

$$D_{d_4}=(D_{p_4}+2c)_{\ 0}^{+\delta_d}=(71.9+2\times1)_{\ 0}^{+0.030}\text{mm}=73.9_{\ 0}^{+0.030}\text{mm}$$

4）凸模通气孔尺寸的确定。由表 5-11 查得，通气孔直径为 6.5mm。

（2）模具主要零件的设计

1）凸模。尺寸及结构如图 5-75 所示，材料选用 Cr12MoV。

2）凹模。尺寸及结构如图 5-76 所示，材料选用 Cr12MoV。

3）压边圈。尺寸及结构如图 5-77 所示，材料选用 45 钢。

4）垫板。尺寸及结构如图 5-78 所示，材料选用 45 钢。

5）凸模固定板。尺寸及结构如图 5-79 所示，材料选用 45 钢。

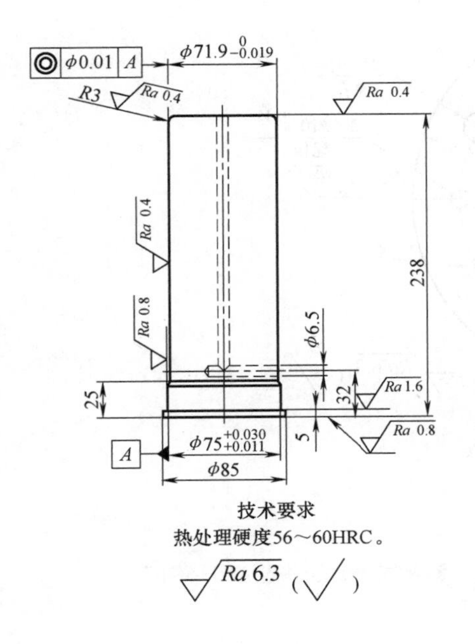

图 5-75 凸模

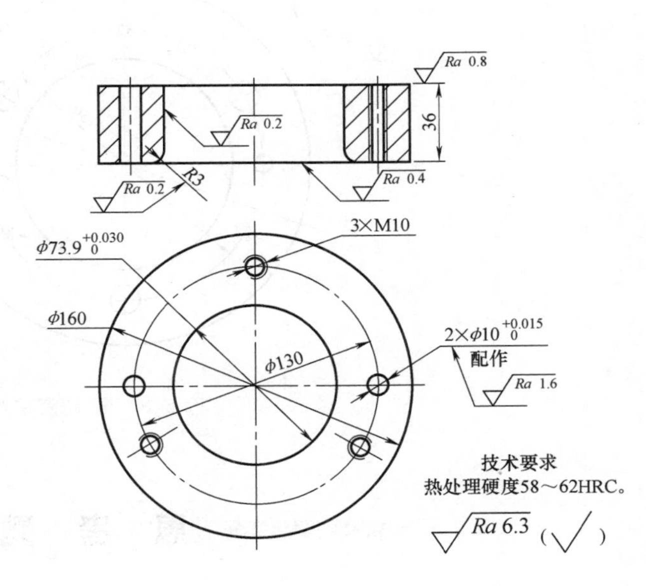

图 5-76 凹模

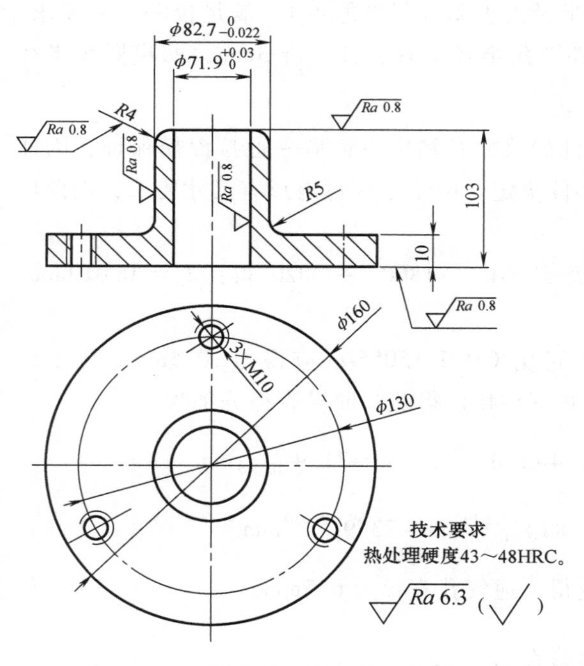

图 5-77　压边圈

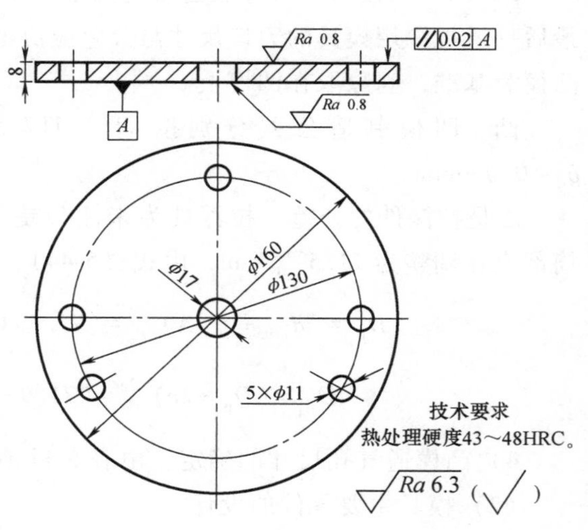

图 5-78　垫板

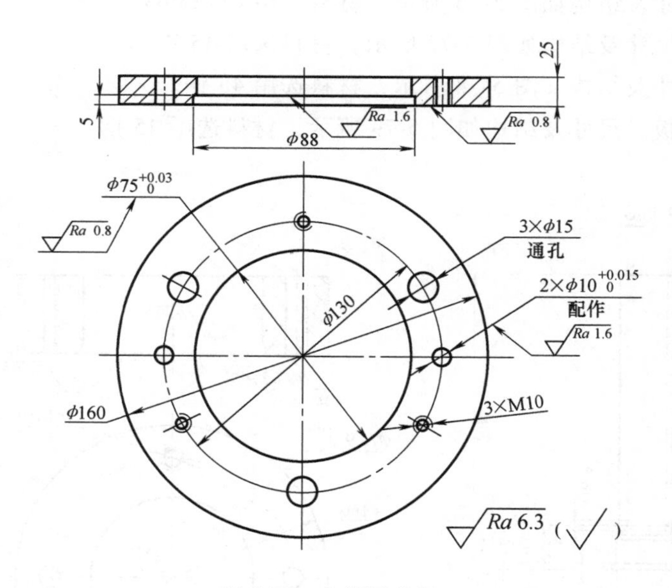

图 5-79　凸模固定板

思　考　题

1. 拉深变形具有哪些特点？用拉深方法可以制成哪些类型的零件？
2. 圆筒形零件拉深时，简述毛坯变形区的应力应变状态。

3. 拉深工艺中会出现哪些失效形式？说明产生的原因和防止措施。

4. 什么是圆筒形件的拉深系数？影响极限拉深系数的因素有哪些？拉深系数对拉深工艺有何意义？

5. 有凸缘圆筒形零件与无凸缘圆筒形零件的拉深相比，各有什么特点？工艺计算有何区别？

6. 非直壁旋转体零件的拉深有哪些特点？如何减小回弹和起皱？

7. 拉深模压边圈有哪些结构型式？各适用于什么情况？

8. 确定图 5-80 所示压紧弹簧座（材料为 08Al，材料厚度 $t=2\text{mm}$）的拉深次数和各工序尺寸，绘制各工序草图并标注全部尺寸。

9. 拉深过程中润滑的目的是什么？哪些部位需要润滑？

10. 以后各次拉深模与首次拉深模主要有哪些不同？为何在单动压力机上用的以后各次拉深模常采用倒装式结构？

11. 拉深如图 5-81 所示零件，材料为 10 钢，材料厚度 $t=2\text{mm}$，中批量生产。试完成以下工作内容：

1）分析零件的工艺性。

2）计算零件的拉深次数及各次拉深工序件尺寸。

3）计算各次拉深时的拉深力与压料力。

4）绘制首次落料拉深复合模的结构图。

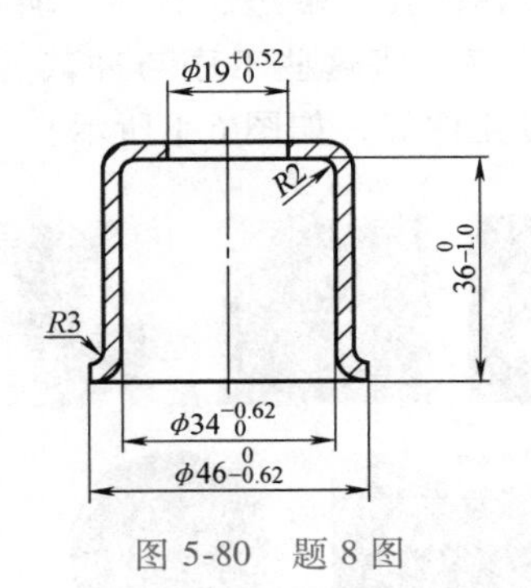

图 5-80 题 8 图

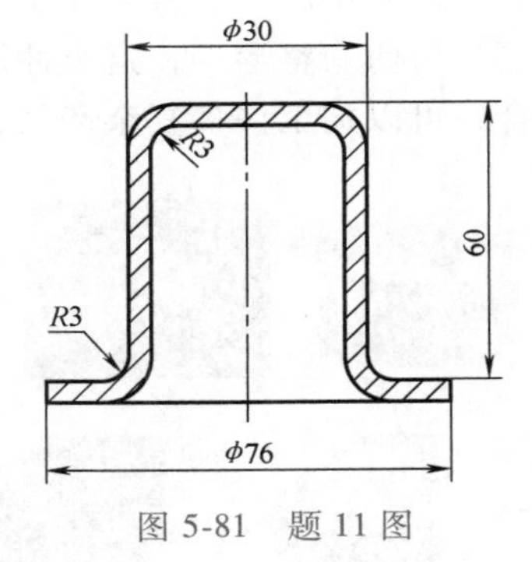

图 5-81 题 11 图

第 6 章

成形工艺与模具设计

能力要求

☞熟悉翻孔、翻边、胀形、缩口、压筋、压印等冲压工艺的应用。

☞能根据成形件的废品形式分析其产生的原因，并提出解决措施。

在冲压生产中，除冲裁、弯曲和拉深三大基本冲压工序，还有一些是通过板料的局部塑性变形，直接利用凸、凹模来复制成形的冲压加工方法，包括翻孔、翻边、胀形、缩口、扩口、压筋、压印、整形等，这类冲压工序统称为冲压成形工序。将这些工序与冲裁、弯曲、拉深结合，可以加工许多复杂产品，如金属波纹管、汽车覆盖件等，如图 6-1 所示。

图 6-1　成形工艺产品示例

6.1　翻孔

翻孔是指利用模具使工件的孔边缘翻起呈竖立或一定角度直边的冲压加工方法。根据所用毛坯及所翻孔边缘的形状不同，有在平板上进行翻孔，也有在曲面上进行翻孔，如管坯上的翻孔；可翻圆孔，也可翻非圆孔，如图 6-2 所示。利用翻孔可以使平面的零件变为立体形状，增加零件的刚性，还可以作为与管状零件的连接，如加工小螺纹底孔，当在底孔上攻螺纹后，即可与其他零件连接。

6.1.1　翻圆孔

1. 翻圆孔的变形特点

如图 6-3a 所示，将外径为 D_0、预冲孔孔径为 d_0 的毛坯放入模具中，当 D_0/d_p 的比值达

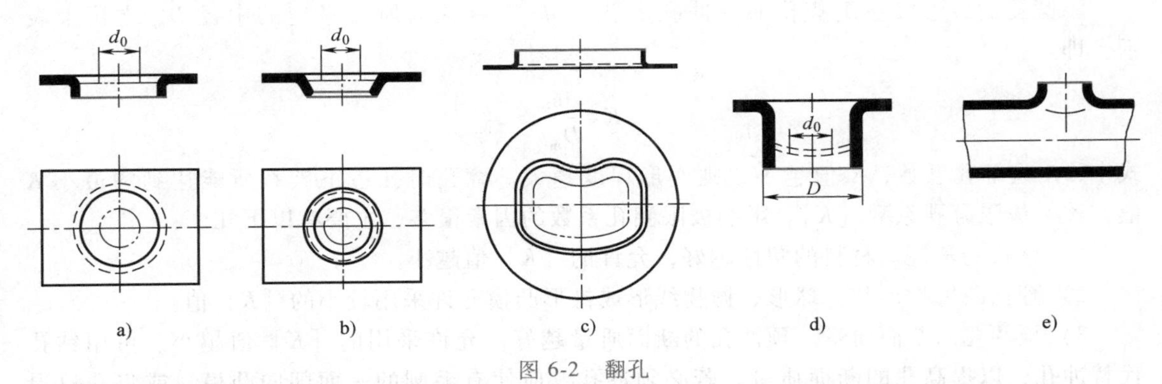

图 6-2 翻孔

a）沿圆孔缘翻竖边 b）沿圆孔缘翻斜边 c）沿非圆孔缘翻竖边 d）拉深件底部翻孔 e）管坯翻孔

到一定值时，毛坯外缘部分［$D_0-(d_p+2r_d)$］在压边力 Q 的作用下被压死，不再发生变形，变形主要发生在位于凸模 1 底下的区域。随着凸模不断下行，预冲孔的孔径 d_0 不断扩大，位于 d_d 与 d_0 之间的环形区域内的材料不断地向凹模 4 的侧壁转移，最终与凹模的侧壁完全贴合，形成竖边，完成翻孔。

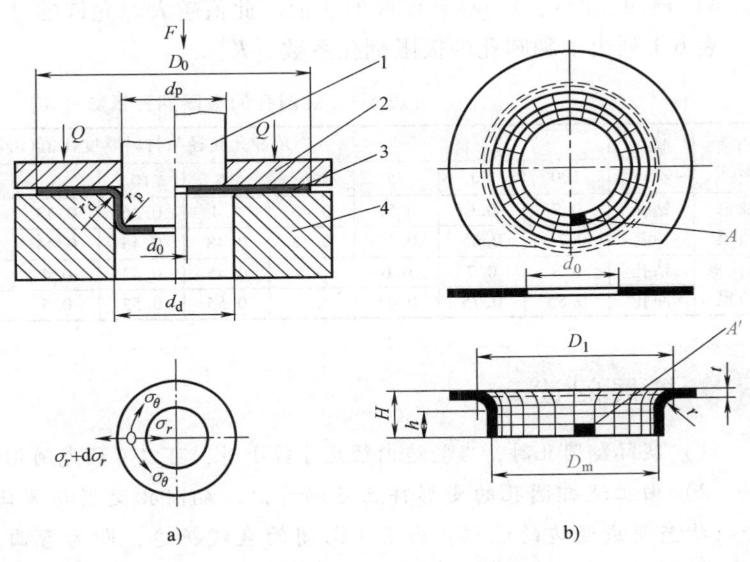

图 6-3 翻圆孔时的变形情况

1—凸模 2—压料板 3—毛坯 4—凹模

通过网格试验，如图 6-3b 所示，变形主要发生在 D_m-d_0 的环形区域，该区域的网格由变形前的扇形（图 6-3b 中的 A）变成矩形（图 6-3b 中的 A'），说明材料沿切向伸长，越靠近口部伸长越多，而各等距离的同心圆之间的距离变形后变化不明显，说明材料在径向的变形很小，但被竖起的直边变薄了，越到口部变薄越严重，口部最薄。

上述试验结果说明，翻圆孔时的变形特点如下：

1）变形是局部的，主要发生在凸模底部区域。

2）变形区的材料受切向拉应力 σ_θ 和径向拉应力 σ_r 的共同作用，产生切向和径向均伸长而厚度减薄的变形。

3）变形区材料的变形不均匀，径向变形不明显，沿切向产生较大的伸长变形，且越到口部伸长越多，导致口部厚度减薄最为严重，属伸长类变形。

因此，翻圆孔成功的关键在于口部的伸长变形量不能超过材料允许的变形极限，否则，就会在口部开裂。

翻圆孔的成形极限用翻孔前预冲孔的孔径 d_0 与翻孔后所得竖边的中径 D_m 之比来表示，即

$$K=\frac{d_0}{D_m}$$

式中，K 是翻孔系数，K 值越小，则变形程度越大。翻孔时孔边不破裂所能达到的最小 K 值，称为极限翻孔系数 [K]。影响极限翻孔系数的因素很多，主要有以下几个：

1）材料的塑性。材料的塑性越好，允许的 [K] 值越小。

2）翻孔凸模的形状。球形、抛物线形或锥形凸模允许采用较小的 [K] 值。

3）预冲孔的断面质量。预冲孔的断面质量越好，允许采用的 [K] 值越小。可用钻孔代替冲孔，以提高孔的断面质量。若必须冲孔，应使有毛刺的一面朝向凸模，或将孔口退火，消除冷作硬化，恢复其塑性。

4）预冲孔的孔径与材料厚度的比值。此值越大，允许的 [K] 值越小。

表 6-1 列出了翻圆孔的极限翻孔系数 [K]。

表 6-1　翻圆孔的极限翻孔系数 [K]

凸模形式	制孔方法	预冲孔孔径与材料厚度比值(d_0/t)										
		100	50	35	20	15	10	8	6.5	5	3	1
球形凸模	钻孔	0.7	0.6	0.52	0.45	0.4	0.36	0.33	0.31	0.3	0.25	0.2
	冲孔	0.75	0.65	0.57	0.52	0.48	0.45	0.44	0.43	0.42	0.42	—
圆柱形凸模	钻孔	0.8	0.7	0.6	0.5	0.45	0.42	0.4	0.37	0.35	0.3	0.25
	冲孔	0.85	0.75	0.65	0.6	0.55	0.52	0.5	0.5	0.48	0.47	—

扩展阅读

1）实际翻圆孔时，当竖边内径尺寸较小时，可以不预先制孔，而直接进行刺破翻孔。

2）由上述翻圆孔的变形特点可以看出，翻圆孔变形与弯曲变形有相似之处，都是由平板状态变成竖边的过程。当沿不封闭的直线折边，即为弯曲；当沿封闭的圆周线折边，即为翻圆孔。

2. 翻圆孔的工艺设计

（1）翻圆孔件的工艺性　图 6-4 所示为翻圆孔件的尺寸，翻孔后的竖边与凸缘之间的圆角半径应满足：材料厚度 $t<2$mm 时，$r=(2\sim4)t$；材料厚度 $t\geqslant2$mm 时，$r=(1\sim2)t$。若不能满足上述要求，则在翻孔后增加整形工序以整出需要的圆角半径。

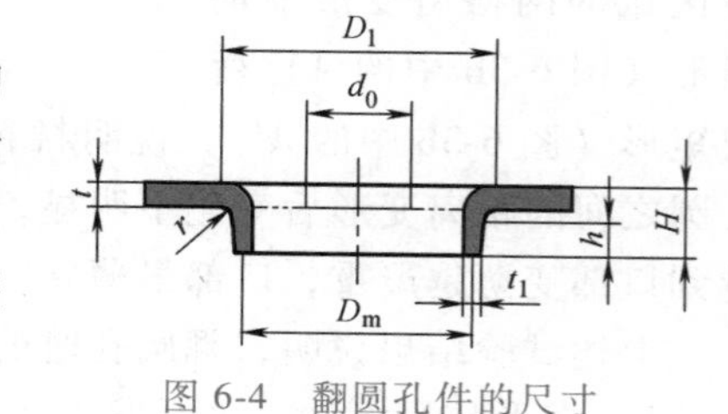

图 6-4　翻圆孔件的尺寸

翻孔后竖边口部减薄最为严重，最薄处的厚度为

$$t_1=t\sqrt{d_0/D_m}$$

（2）翻圆孔的工序安排　通常翻孔前需预冲出翻孔用的圆孔，再根据翻孔件的翻孔高度及翻孔系数确定能否一次翻成，进而确定翻圆孔件的成形方法。

（3）平板翻孔的工艺计算

1）预冲孔孔径的计算。在平板毛坯上翻圆孔时，由于变形区材料沿径向变形不明显，因此

预冲孔孔径可以参考弯曲件毛坯展开尺寸的计算方法进行计算。图 6-4 所示各参数之间应满足

$$(D_1-d_0)/2=h+\pi(r+t_1/2)/2$$

将 $D_1=D_m+t_1+2r$、$h=H-t-r$、$t_1=t$（不考虑竖边厚度的减薄）代入上式并化简，得预冲孔孔径的计算式为

$$d_0=D_m-2(H-0.43r-0.72t) \tag{6-1}$$

2）翻孔高度的计算。由式（6-1）得翻孔高度的计算式为

$$H=\frac{1}{2}(D_m-d_0)+0.43r+0.72t=\frac{D_m}{2}(1-K)+0.43r+0.72t$$

将极限翻孔系数［K］代入上式，即可求出一次翻孔的极限高度为

$$H_{max}=\frac{D_m}{2}(1-[K])+0.43r+0.72t \tag{6-2}$$

3）翻孔次数的确定。当工件的实际竖边高度 $H<H_{max}$ 时，可以用平板毛坯预冲孔 d_0 后一次翻孔制得，否则就需要采用加热翻孔、多次翻孔、拉深后切底或拉深后冲底孔再翻孔的方法得到所需尺寸的工件。

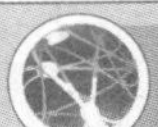

扩展阅读

1）加热翻孔虽能得到较高竖边的翻孔件，但由于金属加热后，其表面遭到破坏，因此应尽量避免采用。

2）多次翻孔时不仅中间需要增加退火工序，而且所翻竖边的厚度严重变薄，因此在工件质量有较高要求时不宜采用。

3）拉深后切底虽能得到较好的竖边质量，但由于切底工序模具较复杂，生产中应用不多。

4）拉深后冲底孔再翻孔的方法不仅能得到所需质量的工件，而且模具结构简单，因此利用这种方法可以加工竖边较高的翻孔件。

（4）先拉深后冲底孔再翻孔的工艺计算　如果采用先拉深后冲底孔再翻孔的工艺方法，则工艺计算程序应该是首先求出翻孔的最大高度 h_{max}，再由工件高度减去翻孔的最大高度，得到拉深高度 h'，剩下的就是拉深工艺计算了。

1）由图 6-5 得预拉深后翻孔所能达到的高度为

$$h=\frac{D_m-d_0}{2}-\left(r+\frac{t}{2}\right)+\frac{\pi}{2}\left(r+\frac{t}{2}\right)=\frac{D_m}{2}(1-K)+0.57\left(r+\frac{t}{2}\right) \tag{6-3}$$

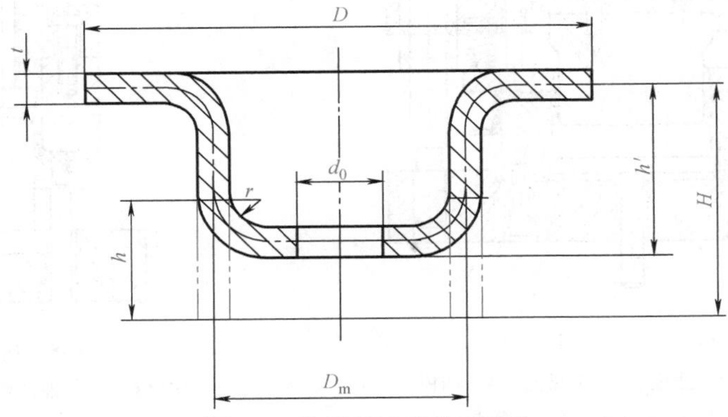

图 6-5　拉深后冲底孔再翻孔

将极限翻孔系数代入，则得到翻孔的最大高度为

$$h_{max}=\frac{D_m}{2}(1-[K])+0.57\left(r+\frac{t}{2}\right)$$

2）翻孔前预冲孔直径 d_0 及拉深高度 h'分别为

$$d_0=D_m+1.14\left(r+\frac{t}{2}\right)-2h_{max} \tag{6-4}$$

$$h'=H-h_{max}+r+t \tag{6-5}$$

3）拉深工艺计算。上述问题解决后，剩下的就是如何拉出凸缘直径为 D、筒部中径为 D_m、高度为 h'、底部圆角半径为 r 的带凸缘的圆筒形件，这一步的工艺计算参见本书第5章。

（5）翻孔力的计算　翻孔力的计算公式为

$$F=1.1\pi(D_m-d_0)tR_{eL} \tag{6-6}$$

式中，D_m 是翻孔后竖边的中径（mm）；d_0 是预冲孔孔径（mm）；t 是毛坯厚度（mm）；R_{eL} 是材料屈服强度（MPa）。

采用球形、抛物线形或锥形凸模（图 6-6）翻孔时，翻孔力可降低 20%~30%。无预制孔翻孔时，所需翻孔力是有预制孔的 1.33~1.75 倍。

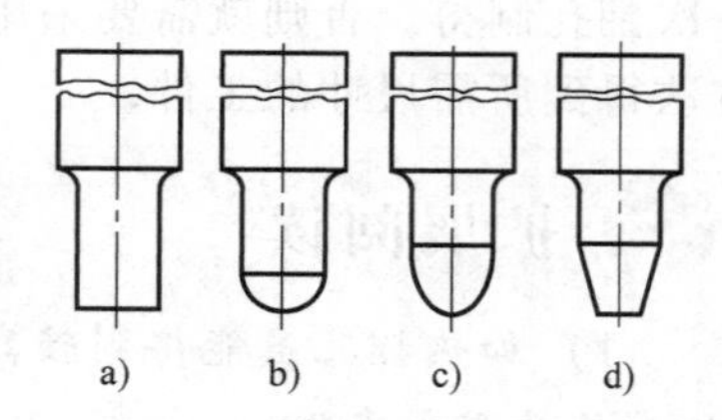

图 6-6　翻圆孔凸模形状

a）平底圆柱形凸模　b）球形凸模

c）抛物线形凸模　d）锥形凸模

3. 翻圆孔模

（1）翻圆孔模的结构　翻圆孔模的结构与拉深模相似，也有单工序、复合和级进之分，或正装与倒装之分。图 6-7 所示为正装翻孔模。毛坯由凹模 4 的外形定位，上模下行，压料板 1 首先将毛坯的底部压住，凸模 2 继续下行完成翻孔。翻孔结束后，工件由顶件块 5 顶出凹模。

图 6-8 所示为倒装翻孔模。毛坯由压料板 1 上的凹槽定位，上模下行时，凸模 4 完成翻孔，翻孔结束后，工件由推件块 2 从凹模 3 内推出。

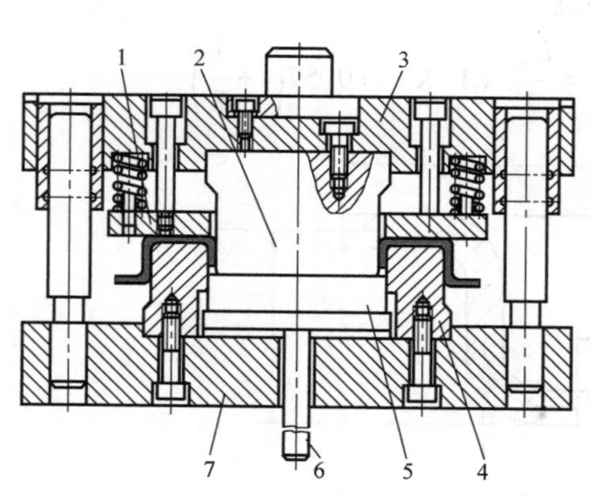

图 6-7　正装翻孔模

1—压料板　2—凸模　3—上模座　4—凹模

5—顶件块　6—顶杆　7—下模座

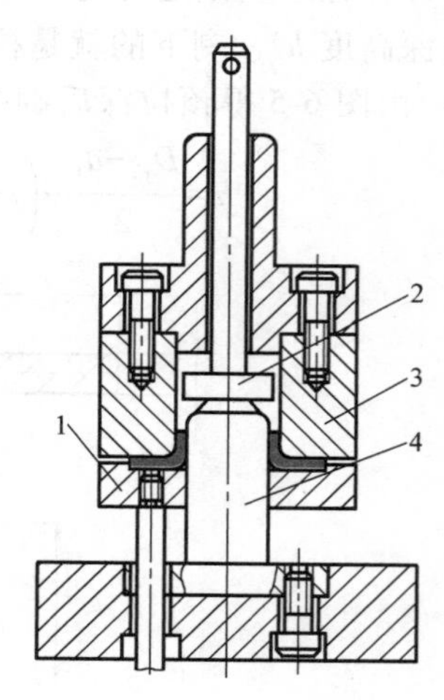

图 6-8　倒装翻孔模

1—压料板　2—推件块　3—凹模　4—凸模

图 6-9 所示为落料、拉深、冲孔、翻孔复合模。条料从右往左送进模具，由导料板 10 导料，挡料销 4 挡料，上模下行，首先由凸凹模 1 和落料凹模 5 完成落料，上模继续下行，由凸凹模 1 和压边圈 6 将毛坯压住，并随着上模不断下行，由凸凹模 1 和凸凹模 9 完成毛坯拉深。拉深到一定深度后由冲孔凸模 2 和凸凹模 9 完成底部冲孔。上模再下行时，由凸凹模 1 和 9 完成翻孔。冲压结束后，上模回程时，压边圈 6 同步顶出工件，使它进入凸凹模，再由推件块 3 推出，条料由卸料板 11 卸下，完成一次冲压。这副模具的结构特点是凸凹模 9 与落料凹模 5 均固定在固定板 8 上，以保证其同轴度。冲孔凸模 2 压入凸凹模 1 内，并以垫圈 12 调整它们的高度差，以此控制冲孔前的拉深高度，确保冲出合格的工件。

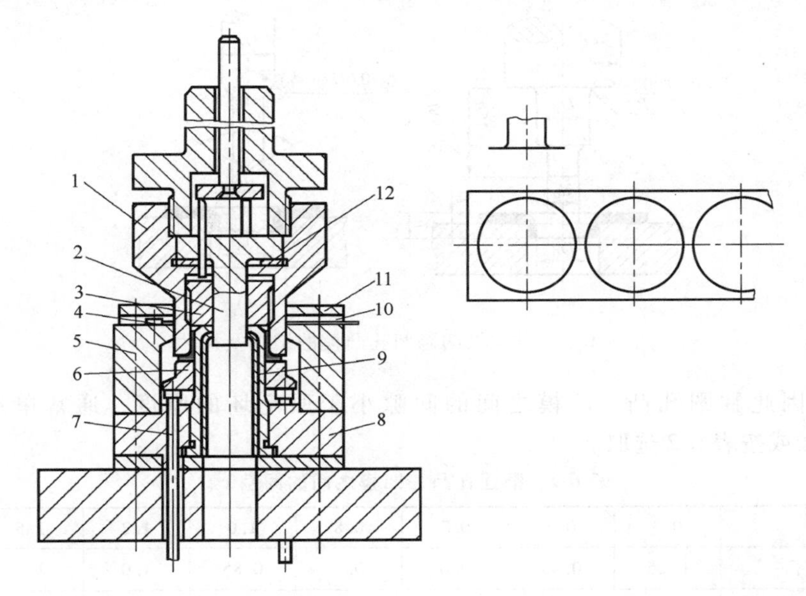

图 6-9　落料、拉深、冲孔、翻孔复合模

1、9—凸凹模　2—冲孔凸模　3—推件块　4—挡料销　5—落料凹模　6—压边圈（顶件块）　7—顶杆　8—固定板　10—导料板　11—卸料板　12—垫圈

（2）翻圆孔模工作部分的结构及尺寸设计

1）翻圆孔凸模的结构及尺寸。图 6-10 所示为几种常见的翻圆孔凸模的结构及尺寸。图 6-10a 所示为用于不用定位销的任意圆孔翻孔；图 6-10b 所示为带有定位销的结构，用于竖边内径 D_0>10mm 的圆孔翻孔；图 6-10c 所示为带有定位销的结构，用于竖边内径 $D_0 \leqslant$ 10mm 的圆孔翻孔；图 6-10d 所示为用于冲孔和翻孔同时进行且所翻竖边内径 $D_0 \leqslant$4mm 的圆孔翻孔；图 6-10e 所示为用于无预制孔且对翻孔质量要求不高的圆孔翻孔。采用压边装置时，台肩可以省略。采用平底圆柱形凸模翻孔时，取 $r_p \geqslant 4t$。

采用拉深后冲底孔再翻孔工艺时，由于拉深凸模同时又是翻孔凸模（图 6-9 中件 9），要求凸模圆角半径尽可能采用最大值，即

$$r_p=(D_0-d_0-t)/2 \tag{6-7}$$

式中，D_0 是竖边内径（mm）；d_0 是预制孔孔径（mm）；t 是毛坯厚度（mm）。

翻圆孔凹模刃口的结构及尺寸与工件相同。

2）翻圆孔凸、凹模之间的间隙 c。翻圆孔时，由于所翻竖边的厚度沿高度方向由底到

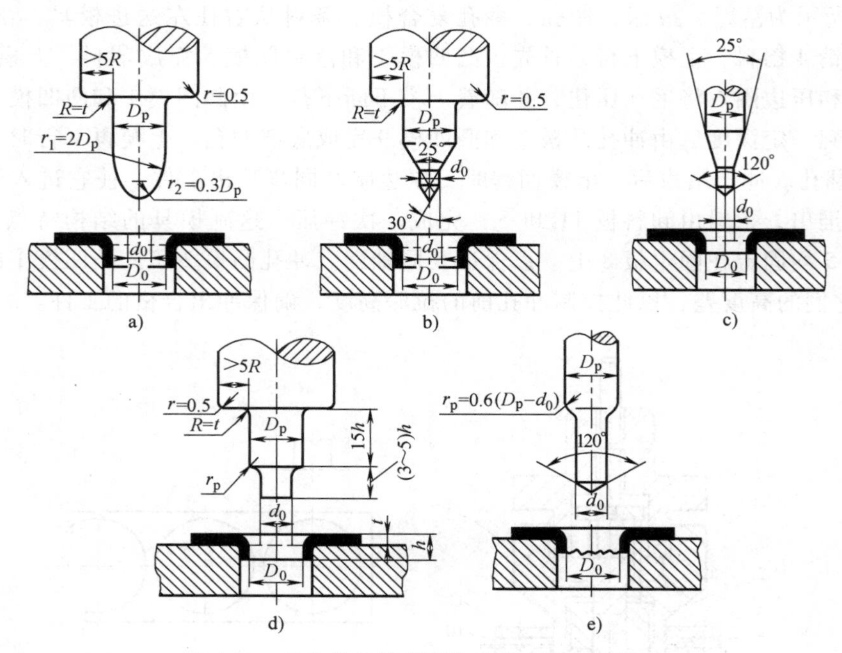

图 6-10 几种常见的翻圆孔凸模的结构及尺寸

口逐渐减小，因此翻圆孔凸、凹模之间的间隙小于原毛坯的厚度，通常单边间隙可取 $(0.75 \sim 0.85)t$ 或按表 6-2 选取。

表 6-2 翻圆孔凸、凹模之间的间隙 c （单位：mm）

材料厚度	0.3	0.5	0.7	0.8	1.0	1.2	1.5	2.0
平板毛坯翻孔	0.25	0.45	0.6	0.7	0.85	1.0	1.3	1.7
拉深后翻孔	—	—	—	0.6	0.75	0.9	1.1	1.5

6.1.2 翻非圆孔

图 6-11 所示为沿非圆孔的内缘进行的非圆孔翻孔。这些结构多用于减小工件的质量和增大结构刚度，翻孔高度一般不大，为 $(4 \sim 6)t$，同时精度要求也不高。

非圆孔翻孔的变形性质与孔缘的轮廓性质有关，须分别对待。如图 6-11 所示，圆角区 a 段可按翻圆孔处理，属于伸长类变形；直边区 b 段可按弯曲处理；孔缘的外曲部分 c 段可参照外缘的外曲翻边处理（参见 6.2.2 节），属于压缩类变形；孔缘的内曲部分 d 段可参照外缘的内曲翻边处理（参见 6.2.1 节），属于伸长类变形，因此非圆孔的翻孔变形属于复合变形。但由于材料是连续的，各部分的变形相互影响，伸长变形区的材料会扩展到弯曲变形区和压缩变形区，从而可以减轻伸长类翻边区的变形程度，因此非圆孔内凹弧段的极限翻孔系数小于相应的圆孔翻孔系数，通常为圆孔翻孔系数的 0.85~0.9。

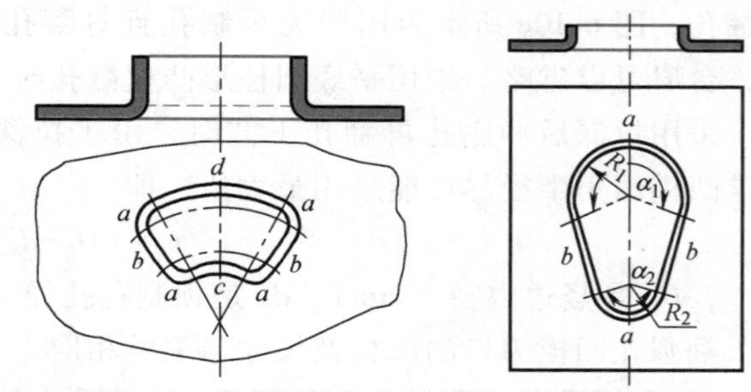

图 6-11 沿非圆孔的内缘进行的非圆孔翻孔

非圆孔翻孔毛坯预制孔的形状和尺寸，可以按圆孔翻边、弯曲和拉深各区分别展开，然后用作图法把各展开线段交接处光滑连接起来即可。

6.2 翻边

翻边是指利用模具使工件的边缘翻起呈竖立或一定角度直边的冲压加工方法。根据所翻外缘的形状不同，分为外缘的内曲翻边和外缘的外曲翻边。

1. 外缘的内曲翻边

图 6-12 所示为外缘的内曲翻边，其变形情况近似于翻圆孔，属于伸长类变形，变形区主要是切向受拉，边缘处变形最大，容易开裂，其变形程度为

$$E_s = \frac{b}{R-b} \tag{6-8}$$

式中符号含义如图 6-12 所示。

外缘内曲翻边的变形极限是以所翻竖边的边缘是否发生破裂为依据确定的，具体值可查阅有关冲压设计资料。

2. 外缘的外曲翻边

图 6-13 所示为外缘的外曲翻边，其变形情况类似于浅拉深，属于压缩类变形，毛坯变形区在切向压应力作用下主要产生压缩变形，容易失稳起皱，其变形程度为

$$E_c = \frac{b}{R+b} \tag{6-9}$$

式中各符号含义如图 6-13 所示。

外缘外曲翻边的成形极限是以所翻竖边是否失稳起皱为依据确定的，具体的值可查阅相关冲压设计手册。翻边高度较大时，为避免起皱，可采用压边装置。

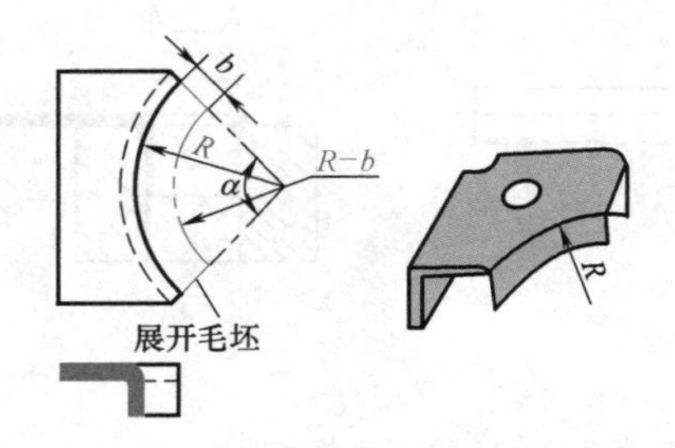

图 6-12 外缘的内曲翻边

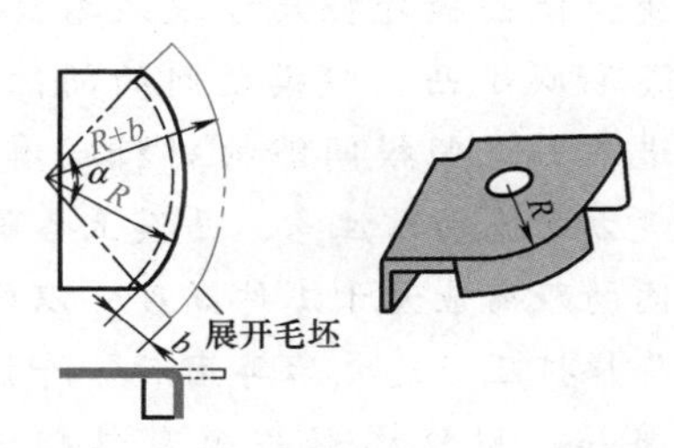

图 6-13 外缘的外曲翻边

3. 外缘翻边方法

外缘翻边的毛坯计算与毛坯外缘的曲线性质有关。内曲翻边可参照翻圆孔毛坯的计算方法，对外曲翻边可参照浅拉深的毛坯计算方法。计算出数值后，再用作图法将各线段圆滑连接起来。

外缘翻边的模具结构也有多种形式，可用钢模也可用软模。图 6-14 所示为翻孔、翻边

与整形三工序复合的钢模结构。无论采用何种模具进行外缘翻边，都应注意回弹的控制，以保证工件的形状精度。对于有不同方向的竖边要求的，应采用分段翻边的方法。

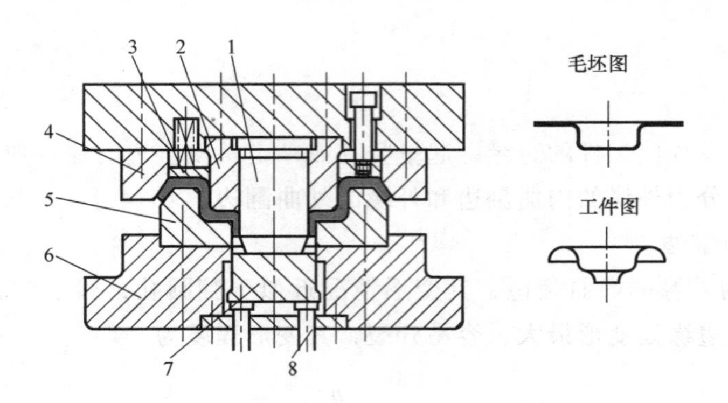

图 6-14 翻孔、翻边与整形三工序复合的钢模结构

1—翻孔凸模 2—整形凸模 3—压料板 4—翻边凹模

5—凸凹模 6—下模座 7—顶件块 8—顶杆

扩展阅读

无论是翻孔还是翻边，若需要较高竖边，且在不影响使用要求的前提下又允许竖边变薄，则可采用变薄翻孔或翻边工艺，这样不仅能提高生产率，还能节约材料。

所谓变薄翻孔或翻边，是指采用较小的模具间隙使竖边厚度变小、高度增加的一种变形工艺。图 6-15 所示的翻孔件采用厚度为 2mm 的毛坯，利用阶梯凸模翻成竖边厚度为 0. 8mm 的工件。由图可见，保持凹模内径尺寸不变，使凸模外径尺寸逐级增大，从而逐渐减小凸、凹模之间的间隙，迫使进入凸、凹模间隙的材料减薄，沿高度方向流动。注意，凸模上各阶梯之间的距离应大于工件高度，以便前一阶梯挤压竖边之后再用后一阶梯进行挤压。用阶梯形凸模变薄翻边时，应有强力的压料装置和良好的润滑。

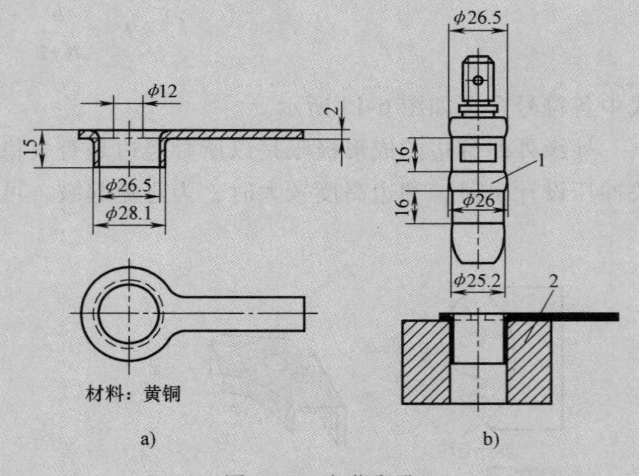

图 6-15 变薄翻孔

a）翻孔件 b）翻孔凸模和凹模

1—凸模 2—凹模

变薄翻孔或翻边属于体积成形，其变形程度用竖边的变薄系数 K 表示，即

$$K=\frac{t_1}{t}$$

式中，t_1 为变薄翻孔或翻边后工件竖边的厚度（mm）；t 为翻孔或翻边前毛坯的厚度（mm）。

一次变薄翻孔或翻边的变薄系数可以取0.4~0.5，甚至更小，变薄翻孔或翻边后的竖边高度按体积不变原则进行计算。变薄翻边力比普通翻边力要大得多，力的增大与变薄量增大成比例。

6.3 缩口与扩口

6.3.1 缩口

缩口是利用模具将空心或管状工件端部的径向尺寸缩小的一种冲压加工方法，在国防工业和民用工业中有着广泛应用，如枪炮的弹壳、钢气瓶、易拉罐等，如图 6-16 所示。

图 6-16 缩口产品

1. 缩口变形特点

图 6-17 所示为利用缩口模将直径为 D 的管状毛坯的口部直径缩小的过程。在模具的作用下，整个毛坯分成三个部分，A 区和 C 区为不变形区，B 区为正在变形的变形区，该区将由变形前的圆管变成变形后的锥形管。

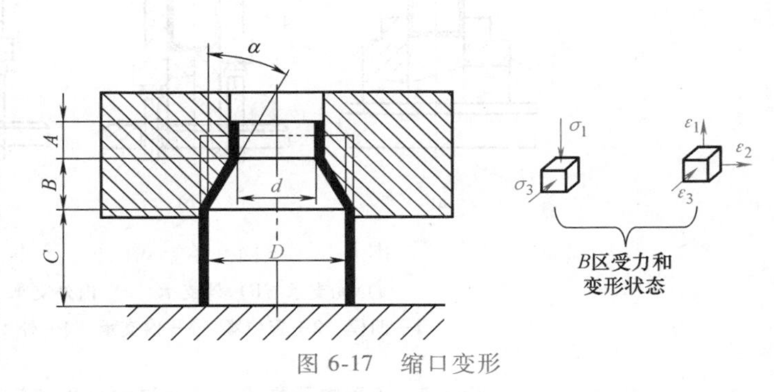

图 6-17 缩口变形

缩口变形区的变形特点是：在切向和径向两向压力的作用下材料沿切向产生压缩变形，使毛坯直径减小，壁厚和高度增加，属于压缩类变形。因此，缩口的极限变形程度主要受失稳条件限制。防止失稳是缩口工艺要解决的主要问题。

扩展阅读

1）实际上，图 6-17 所示的 A 区和 C 区虽然都是不变形区，但两者的性质不同。A 区是已经过塑性变形的已变形区，该部分材料随着上模的下行不会再发生变形；而 C 区是等待变形的待变形区，即随着上模的下行，C 区的材料将会逐渐转移到 B 区，产生缩口变形。

2）当上模施加的力 F 足够大时，C 区材料向 B 区转移的同时还有可能会产生镦粗变形或失稳弯曲变形，B 区材料则有可能产生缩口变形或沿切向的失稳起皱，即整个毛坯有四种不同的变形趋势。但最终所需的只能是缩口变形，因此，必须从工艺和模具结构上采取措施保证整个毛坯只在 B 区产生缩口变形，这是冲压变形趋向性的控制问题。

2. 缩口变形程度

缩口变形程度用缩口后的口部直径与缩口前的毛坯直径之比来表示，即

$$m=d/D \tag{6-10}$$

式中，m 是缩口系数，式中符号如图 6-17 所示。缩口系数 m 越小，变形程度越大，在保证缩口件不失稳的前提下得到的缩口系数的最小值称为极限缩口系数［m］。材料的塑性好、厚度大，模具对筒壁的支承刚性好，极限缩口系数就小。此外，极限缩口系数还与模具工作部分的表面形状和表面粗糙度、毛坯的表面质量、润滑等有关。图 6-18 所示为不同支承方式的模具结构：图 6-18a 所示为无支承方式，其模具结构简单，但缩口过程中毛坯稳定性差；图 6-18b 所示为外支承方式，缩口时毛坯的稳定性比前者好；图 6-18c 所示为内外支承方式，其模具结构比前两种复杂，但缩口时毛坯的稳定性最好。表 6-3 列出了不同支承方式下所允许的平均缩口系数 m_m。

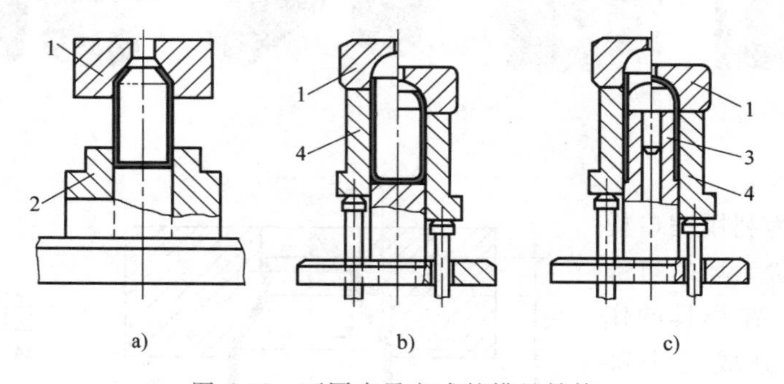

图 6-18　不同支承方式的模具结构

a）无支承　b）外支承　c）内外支承

1—凹模　2—定位圈　3—内支承　4—外支承

表 6-3　不同支承方式下所允许的平均缩口系数 m_m

材料	模具支承方式		
	无支承	外支承	内外支承
低碳钢	0.70～0.75	0.55～0.60	0.30～0.35
黄铜(H62,H68)	0.65～0.70	0.50～0.55	0.27～0.32
铝	0.68～0.72	0.53～0.57	0.27～0.32
硬铝(退火)	0.73～0.80	0.60～0.63	0.35～0.40
硬铝(淬火)	0.75～0.80	0.68～0.72	0.40～0.43

3. 缩口工艺设计

（1）毛坯尺寸的确定　缩口毛坯尺寸主要指缩口前工件的高度，一般根据变形前后体积不变的原则进行计算。表 6-4 列出了三种常见缩口件毛坯尺寸的计算公式。

表 6-4　三种常见缩口件毛坯尺寸的计算公式

缩口件形状	计算公式
	$H=(1\sim1.05)\left[h_1+\dfrac{D^2-d^2}{8D\sin\alpha}\left(1+\sqrt{\dfrac{D}{d}}\right)\right]$
	$H=(1\sim1.05)\left[h_1+h_2\sqrt{\dfrac{d}{D}}+\dfrac{D^2-d^2}{8D\sin\alpha}\left(1+\sqrt{\dfrac{D}{d}}\right)\right]$
	$H=h_1+\dfrac{1}{4}\left(1+\sqrt{\dfrac{D}{d}}\right)\sqrt{D^2-d^2}$

（2）缩口次数的确定　当工件要求的缩口系数小于表 6-3 所列数据，则不能一次缩口成功，需多次缩口，并增加中间退火工序。

首次缩口系数 $m_1=0.9m_m$，以后各次缩口系数 $m_n=(1.05\sim1.1)m_m$，则缩口次数为

$$n=\frac{\ln d-\ln D}{\ln m_m} \tag{6-11}$$

式中，d 是缩口后的口部直径（mm）；D 是缩口前的毛坯直径（mm）；m_m 是平均缩口系数，见表 6-3。

（3）缩口力的计算　无支承缩口时，如图 6-18a 所示，缩口力可按下式近似计算，即

$$P=(2.4\sim3.4)\pi tR_m(D-d) \tag{6-12}$$

式中，P 是缩口力（N）；t 是缩口毛坯厚度（mm）；R_m 是材料的抗拉强度（MPa）；D 是缩口前的毛坯直径（mm）；d 是缩口后的口部直径（mm）。

4. 缩口模结构

缩口模工作部分的尺寸需要根据缩口部分的尺寸来确定，并考虑比缩口模实际尺寸大 0.5%～0.8% 的弹性恢复量，以减小试冲后模具的修正量。缩口凹模的半锥角 α（图 6-17）值的大小对缩口成形很重要，取较小值对缩口变形有利，一般 $\alpha<45°$，最好 $\alpha<30°$。当 α 值合理时，极限缩口系数可比平均缩口系数小 10%～15%。

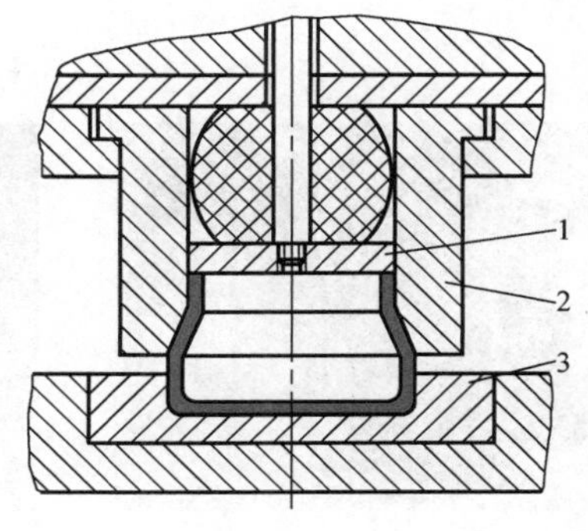

图 6-19　无支承缩口模
1—推件板　2—凹模　3—定位座

图 6-19 所示为无支承缩口模，毛坯由定位座 3 定位，上模下行，由凹模 2 完成缩口，缩口结束后，上模回程，同时工件由推件板 1 推出。这种模具结构简单，

适用于高度不大且带底的毛坯的缩口。

图 6-20 所示为带外支承的缩口模。毛坯放入模具的底座 5 上，由外支承 6 定位，上模下行，完成缩口，缩口结束后，由打杆 11 和推件块 8 组成的刚性推件装置推出工件。

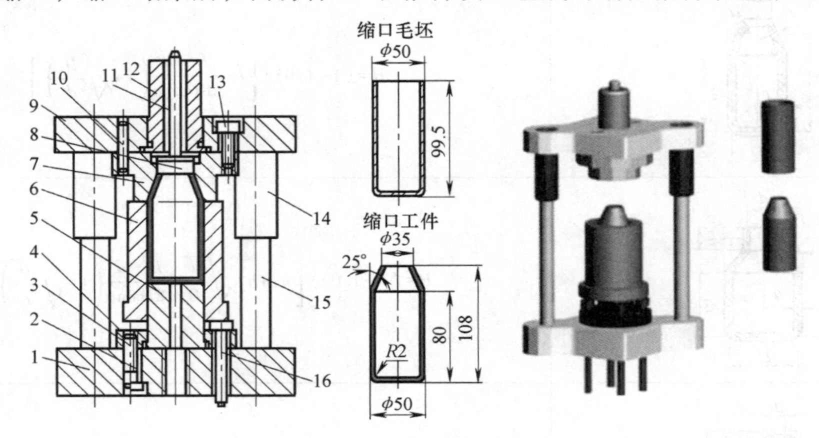

图 6-20　带外支承的缩口模

1—下模座　2、13—螺钉　3、10—销　4—固定板　5—底座　6—外支承　7—凹模　8—推件块　9—上模座　11—打杆　12—模柄　14—导套　15—导柱　16—顶杆

6.3.2　扩口

1. 扩口变形特点

与缩口变形相反，扩口是使空心或管状工件端部的径向尺寸扩大的一种冲压加工方法，在管材中应用较多，如各种管接头，如图 6-21 所示。

图 6-22 所示为将直径为 D_0 的管坯扩大到口部直径为 D 的扩口变形过程示意图。从图中可以看出，在模具的作用下，整个毛坯分成 A、B、C 三个部分，A 区为已经经过扩口变形的不变形区，C 区为正在等待变形的不变形区，B 区为正在进行扩口变形的变形区，该区材料沿切向产生伸长变形，使径向尺寸扩大，轴向和厚度方向压缩。因此，扩口的极限变形程度主要受拉裂的限制，防止变形区拉裂是扩口工艺要解决的主要问题。

图 6-21　扩口产品

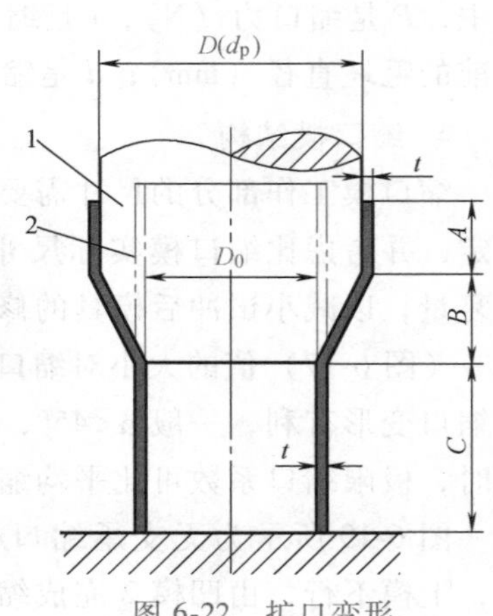

图 6-22　扩口变形

1—扩口凸模　2—毛坯

2. 扩口变形程度

扩口变形程度用扩口系数表示，即

$$K=\frac{D}{D_0} \tag{6-13}$$

式中，D 是扩口后工件的口部直径（mm）；D_0 是扩口前毛坯的直径（mm）。扩口系数越大，表示扩口变形程度越大。在保证扩口件不拉裂的前提下得到的扩口系数的最大值称为极限扩口系数［K］。极限扩口系数与材料性能、模具结构、管口状态、管口形状及扩口方式等有关。良好的塑性、在管的传力区增加约束、管口加热、利用锥形凸模扩口等都利于提高极限扩口系数。

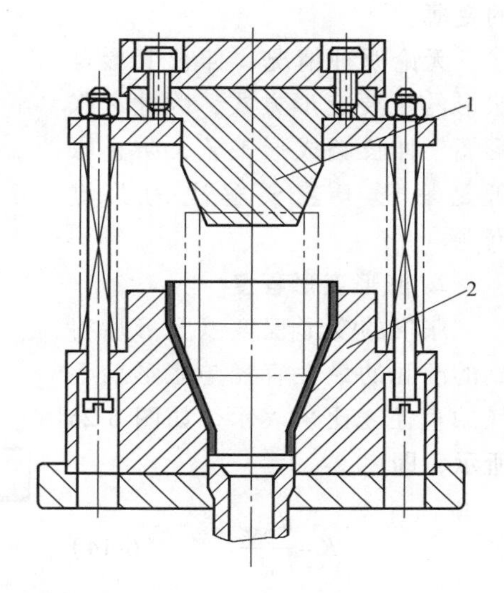

图 6-23　扩口与缩口复合工艺

1—凸模　2—凹模

3. 扩口的主要方式及模具

扩口的主要方式有利用手工工具扩口、利用模具扩口和利用专用工具或专机扩口。其中，手工扩口主要适用于直径小于 20mm、壁厚小于 1mm 且批量不大、精度要求不高的扩口件的生产。当需要大批量生产且有较高质量要求时，需采用模具或专机扩口。此外，旋压、爆炸成形、电磁成形等新工艺也都在扩口工艺中有成功应用。当工件两端直径相差较大时，可采用扩口与缩口复合工艺，如图 6-23 所示。

6.4　胀形

胀形是利用模具使空心工件内部在双向拉应力的作用下产生塑性变形，以获得凸肚形工件的一种冲压加工方法，如图 6-24 所示。利用胀形工艺可以加工素线为曲线的旋转体凸肚空心件，如图 6-24 所示汤锅的锅身，也可加工不规则形状的非旋转体凸肚空心件，如图 6-24 所示的水壶的壶嘴。

胀形时毛坯处于双向受拉的应力状态，变形区的材料不会产生失稳起皱现象，因此成形后工件的表面光滑，质量好。同时，由于变形区材料截面上的拉应力沿厚度方向的分布比较均匀，所以卸载时的弹性恢复很小，容易得到尺寸精度较高的工件，因此，胀形工艺在飞机、汽车、仪器、仪表、民用等行业的应用十分广泛，飞机蒙皮、汽车外覆盖件等的成形中均含有胀形变形的成分。

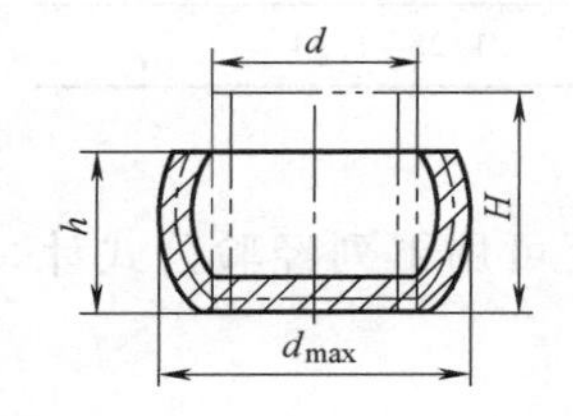

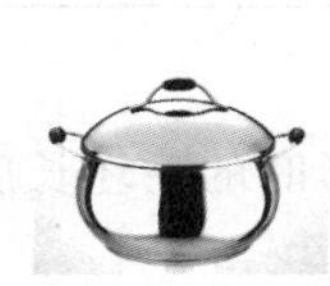

图 6-24　胀形产品

1. 胀形变形特点

胀形时变形区的变形特点分两种情况，如图 6-25 所示。其中，图 6-25a 所示的变形区几乎是整个毛坯，故变形区是沿圆周方向伸长、轴向压缩、厚度变小的变形状态。图 6-25b 所示的变形区仅局限在毛坯中间待胀形的部位，变形区主要产生沿圆周方向的伸长变形和厚度的变薄。

无论哪种情况，伸长变形是胀形的主要变形方式，因此，胀形属于伸长类成形工艺，防止胀破是胀形工艺要解决的关键问题。

2. 胀形变形程度

胀形的变形程度以胀形后得到的凸肚的最大直径与胀形前毛坯的直径之比来表示，如图 6-25 所示，即

$$K=\frac{d_{max}}{d} \tag{6-14}$$

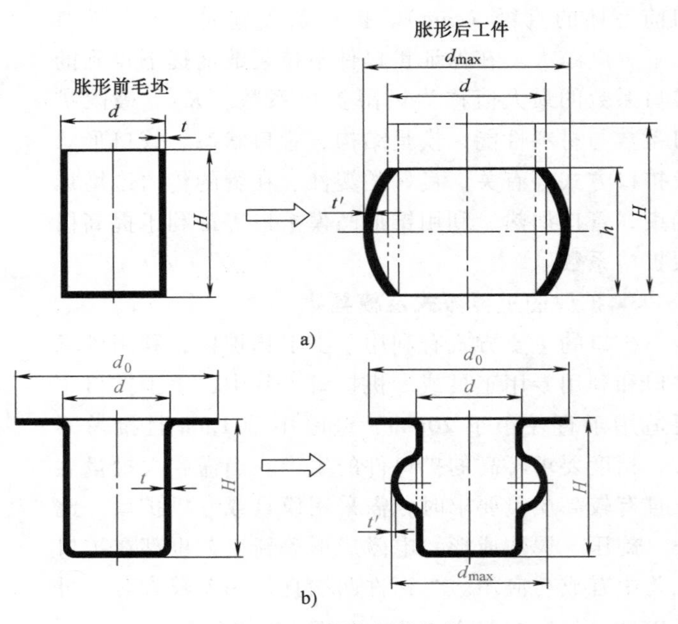

图 6-25　胀形变形特点

式中，K 是胀形系数。K 值越大，表示胀形变形程度越大。胀形前对毛坯进行退火处理或径向施压的同时，轴向也施压，或变形区加热等措施均可以提高胀形系数。此外，良好的表面质量也有利于提高胀形系数。表 6-5 列出了由试验确定的胀形系数的近似值。

表 6-5　由试验确定的胀形系数的近似值

材料	材料厚度 t/mm	K
高塑性铝合金	0.5	1.25
	1.0	1.28
	1.2	1.32
	2.0	1.30
低碳钢	0.5	1.2
	1.0	1.24
耐热不锈钢	0.5	1.26~1.32
	1.0	1.28~1.34

3. 胀形工艺设计

（1）胀形毛坯的确定　胀形时，轴向允许自由变形时的毛坯长度可用下列经验公式计算，如图 6-26 所示，即

$$l_0=(l+C\varepsilon)+B$$

式中，l_0 是毛坯长度（mm）；l 是工件的素线长度（mm）；C 是系数，一般取 0.3~0.4；ε 是胀形沿圆周方向的最大变形量，$\varepsilon=(d_{max}-d)/d$；$B$ 是修边余量，取 5~15mm。

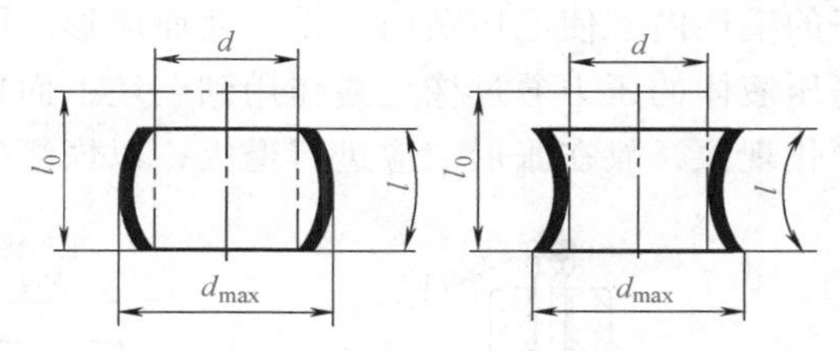

图 6-26 胀形毛坯尺寸确定

（2）胀形力的计算 胀形时，胀形力可按下式计算，即

$$F=pA$$

式中，F 是胀形力（N）；A 是胀形面积（mm^2）；p 是胀形单位压力（MPa）。

胀形单位压力 p 为

$$p=1.15\sigma_z\frac{2t}{d_{max}} \tag{6-15}$$

式中，σ_z 是胀形变形区的真实应力（MPa），估算时取 $\sigma_z=R_m$（材料抗拉强度）；t 是毛坯厚度（mm）；d_{max} 是胀形的最大直径（mm）。

4. 胀形方法及胀形模具结构

可以采用凸、凹模均为钢模的钢模胀形，也可以采用凸模为软材料的软模胀形。利用钢模胀形时，需要采用分瓣凸模，模具结构复杂，且难以保证工件的精度。利用软模胀形时材料的变形比较均匀，容易保证工件的精度，且软介质由于其流动性可随外界形状的不同而改变，便于成形任意不规则复杂的空心工件，所以在生产中广泛采用软模胀形空心毛坯。常见的软模有橡胶、石蜡、PVC 塑料、高压液体和高压气体等。

图 6-27 所示为橡胶凸模胀形示意图。模具结构简单，变形均匀，能得到质量较好的胀形件。图 6-27a 所示的凹模是上下分块的；图 6-27b 所示的凹模是分瓣的且可以沿凹模套上下移动，从而保证胀形后能顺利取出工件。生产中应用较多的软材料是聚氨酯橡胶。

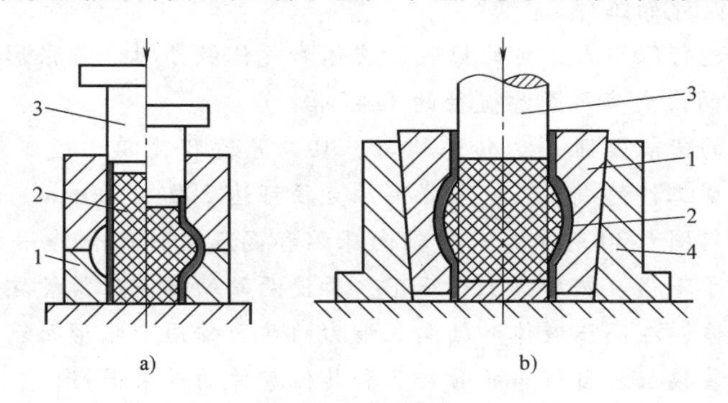

图 6-27 橡胶凸模胀形示意图

1—凹模 2—橡胶凸模 3—凸模 4—凹模套

图 6-28 所示为利用橡胶胀形的胀形模。毛坯放入模具中，由固定凹模 5 定位，上模下行时，活动凹模 6 的内形与固定凹模 5 的外形配合组成整体凹模，上模继续下行，弹簧 15 被压缩，同时凸模 9 给橡胶凸模 7 施加压力，使毛坯贴向凹模的工作表面，完成成形。冲压结束后，活动凹模 6 随上模回程，橡胶凸模 7 恢复原来的圆柱形与上模一起回程，工件留在固定凹模 5 内。

图 6-29 所示为利用液体胀形的示意图。图 6-29a 所示为直接将高压液体灌注到预先拉深

好的毛坯内，使毛坯贴向凹模表面而成形。图 6-29b 所示为将高压液体先灌入橡皮囊中，使高压液体的压力通过橡皮囊作用到毛坯上而成形。由于工序件经过多次拉深工序，伴随冷作硬化现象，故在胀形前应进行退火，以恢复金属的塑性。

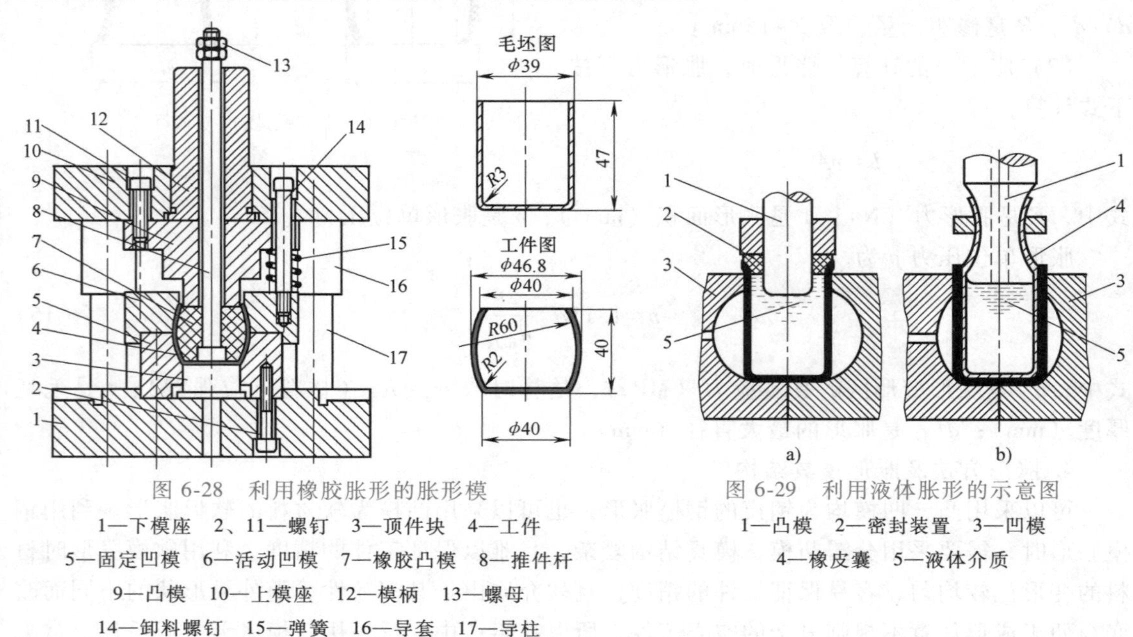

图 6-28　利用橡胶胀形的胀形模

1—下模座　2、11—螺钉　3—顶件块　4—工件　5—固定凹模　6—活动凹模　7—橡胶凸模　8—推件杆　9—凸模　10—上模座　12—模柄　13—螺母　14—卸料螺钉　15—弹簧　16—导套　17—导柱

图 6-29　利用液体胀形的示意图

1—凸模　2—密封装置　3—凹模　4—橡皮囊　5—液体介质

扩展阅读

与液体凸模相比，用橡胶做凸模进行胀形传递的压力没有液体凸模均匀，因此橡胶胀形一般用于制造小尺寸的工件。

用石蜡做凸模进行胀形时，可比橡胶、液体和气体做凸模进行胀形时，变形程度提高超过 10%，胀形后的最大直径是原直径的 1.47 倍。

液体凸模胀形的优点是胀形力传递均匀，且工艺过程简单，成本低廉，工件表面光滑，适用于大、中型工件的成形，一般胀形后直径可达 200~1500mm。液体凸模胀形在生产中的应用非常广。图 6-30 所示为采用轴向压缩和高压液体联合作用的三通管的胀形方法。首先将管坯置于下模，然后将上模压下，再使两端的轴头压紧管坯端部，继而由轴头中心孔通入高压液体，在高压液体和轴向压缩力的共同作用下胀形而获得所需的工件。用这种方法加工高压管接头、自行车的管接头和其他零件的效果很好。

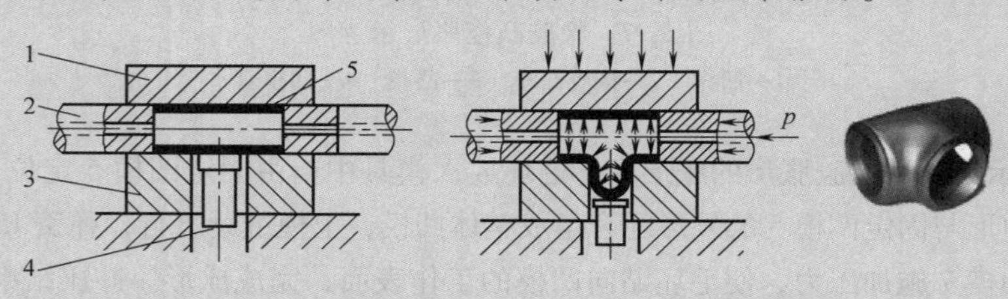

图 6-30　采用轴向压缩和高压液体联合作用的三通管的胀形方法

1—上模　2—轴头　3—下模　4—顶杆　5—管坯

6.5 压筋、压凸包与压印

6.5.1 压筋、压凸包

压筋或压凸包是指利用模具在工件上压出筋（加强筋）或凸包的冲压加工方法。图 6-31 所示为压筋、压凸包及其应用。当 D/d 的比值超过某一值时，凸包或筋的成形仅以直径为 d 的圆周以内的金属厚度变薄、表面积增大来实现的，即 d 以内的金属不向外流动，d 以外的金属也不流入其内，成形结束后工件的外形尺寸仍保持为 D。

很显然，压筋或压凸包的变形特点是变形区是局部的，变形区内金属沿切向和径向伸长，厚度方向减薄，属于伸长类成形，其成形极限将受拉裂的限制。

利用压筋或压凸包可以增强零件的刚度和强度，因此广泛应用于汽车、飞机、仪表等工业中。

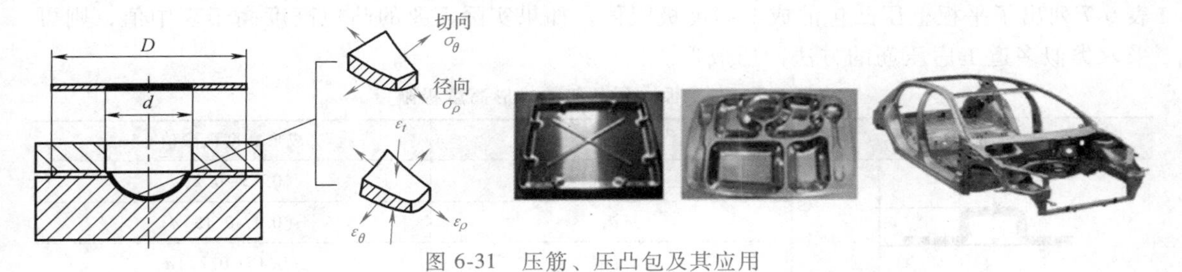

图 6-31　压筋、压凸包及其应用

1. 压筋

压筋的成形极限可以用压筋前后变形区的长度改变量来表示，如图 6-32 所示。加强筋能否一次成形，取决于筋的几何形状和所用材料。能够一次压出加强筋的条件是

$$\frac{l-l_0}{l_0} \leqslant (0.7 \sim 0.75) A \tag{6-16}$$

式中，l 是成形后筋断面的曲线长度（mm）；l_0 是压筋前原材料的长度（mm）；A 是材料的均匀伸长率。

显然，材料塑性越好，硬化指数 n 值越大，可产生的变形程度就越大。

若计算结果不满足上述不等式，则不能一次压出，需要分步成形。两道工序成形的加强筋如图 6-33 所示，第一道工序用大直径的球形凸模压制，达到在较大范围内聚料和均匀变形的目的，第二道工序成形使尺寸符合要求。表 6-6 列出了加强筋的形式和尺寸。

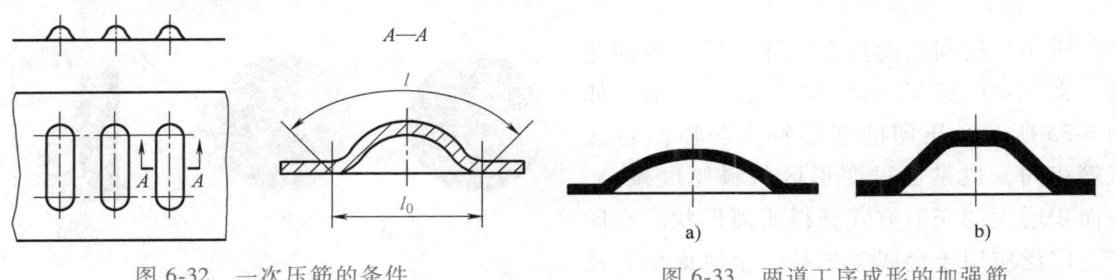

图 6-32　一次压筋的条件

图 6-33　两道工序成形的加强筋
a）预成形　b）最终成形

表 6-6 加强筋的形式和尺寸

名称	简图	R	h	B	r	$\alpha/(°)$
半圆形筋		$(3\sim4)t$	$(2\sim3)t$	$(7\sim10)t$	$(1\sim2)t$	—
梯形筋		—	$(1.5\sim2)t$	$\geq 3h$	$(0.5\sim1.5)t$	15~30

2. 压凸包

压凸包的成形极限可以用凸包的高度表示。凸包高度受材料塑性的限制，不能太大。表 6-7 列出了平板上压凸包的成形高度极限值。如果实际需要的凸包高度高于表中值，则可采取类似多道工序压筋的方法冲压成形。

表 6-7 在平板上压凸包的成形高度极限值

简图	材料	成形高度极限值
	低碳钢	$(0.15\sim0.2)d$
	铝	$(0.1\sim0.15)d$
	黄铜	$(0.15\sim0.22)d$

如果所压凸包或筋与边缘的距离小于 $(3\sim5)t$，成形时，边缘的材料会发生收缩变形，如图 6-34 所示，此时确定毛坯尺寸时需考虑增加切边余量。

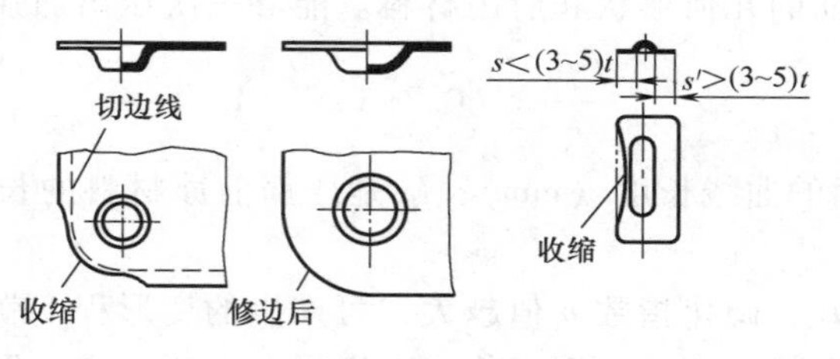

图 6-34 边缘收缩变形

6.5.2 压印

压印是指利用模具在工件上压出各种花纹、文字和商标等印记的冲压加工方法，如图 6-35 所示。压印的变形特点与压凸包或压筋相同，也是通过变形区材料厚度减小、表面积增大的变形方式获得所需形状。压印工艺广泛应用于金属工艺品、金属商标、铭牌和纪念币等的制作。

a) b)

图 6-35 压印产品

a）油箱盖 b）酒壶

思　考　题

1. 什么是翻边、翻孔、胀形、缩口？在这些成形工序中，由于变形过度而出现的材料损坏形式分别是什么？

2. 简述缩口与拉深工序在变形特点上的异同。

3. 试分析确定图6-36所示各零件的冲压工艺方案，并设计图6-36a所示零件的ϕ45mm圆孔翻孔模结构。

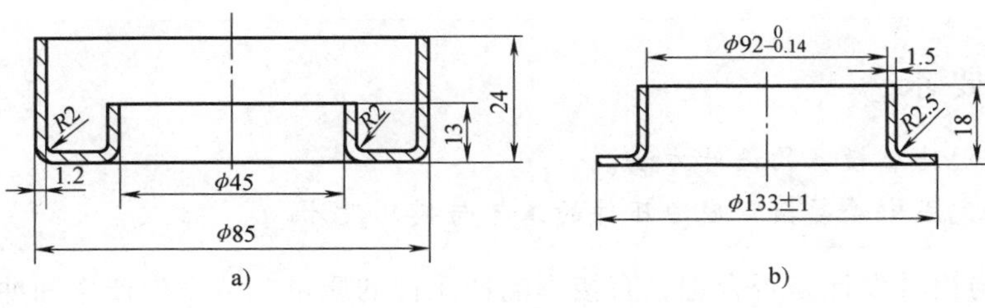

图6-36　题3图

第 7 章 冲压工艺与模具设计方法

能力要求

☞掌握常规冲压模具的设计方法。

☞能独立完成中等复杂程度冲压件的工艺与模具设计。

冲压工艺与模具设计是否合理，直接影响冲压件的质量、劳动生产率和冲压件成本，并对劳动强度和安全生产有着非常重要的影响。工艺人员应该与产品设计人员、模具制造工人和冲压生产工人紧密协作，从现有的生产条件出发，综合考虑各方面因素，设计出技术先进、经济合理、使用安全可靠的工艺方案和模具结构。

7.1 设计前的准备工作

设计冲压工艺与模具之前，首先应了解与设计任务有关的一些原始资料，在此基础上，分析、研究、对比后才能制定出合理的方案。设计的原始资料通常包括以下几方面：

1）冲压件的图样和技术要求。

2）原材料的尺寸规格、力学性能、工艺性能和供应情况。

3）生产批量。

4）供选用的冲压设备型号、规格、主要技术参数及使用说明书等。

5）模具制造条件及技术水平。

6）各种技术标准、设计手册等技术资料。应充分利用各种模具标准，以缩短模具制造周期，提高模具制造质量，降低模具成本。

7.2 冲压工艺设计的主要内容及步骤

1. 分析冲压件的工艺性

各类冲压件的工艺性已在相关章节中说明。分析冲压件工艺性的目的是检查该冲压件的尺寸、形状、精度、材料和技术要求等是否符合冲压工艺要求。如果发现冲压件的工艺性很差，则应会同产品设计人员，在保证产品使用性能的前提下，对冲压件的形状、尺寸、精度乃至原材料的选用进行必要的修改和调整。

2. 拟订冲压工艺方案

工艺方案的确定是在工艺分析的基础上进行的，需要解决的主要问题有以下几方面。

(1) 产品所需的基本冲压工序 产品所需的基本冲压工序主要取决于产品的形状、尺寸和精度。

冲裁件所需的基本冲压工序可从零件图上直观地反映出来，主要是冲孔、落料（或切断）、冲槽等，当精度要求较高时，可能需要校平或直接采用精密冲裁；弯曲件所需的基本冲压工序是冲裁和弯曲，当弯曲半径小于材料允许的最小弯曲半径或弯曲件精度要求较高时，需增加整形工序；拉深件所需的基本冲压工序是冲裁和拉深，当拉深圆角半径太小或精度要求较高时，也需要增加整形工序。表 7-1 列出了冲压件所需基本工序举例。

表 7-1 冲压件所需基本工序举例

序号	结构示意图	可能的基本冲压工序
1	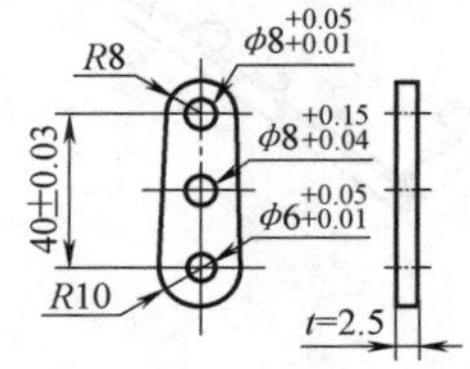 R8, $\phi8^{+0.05}_{+0.01}$, $\phi8^{+0.15}_{+0.04}$, $\phi6^{+0.05}_{+0.01}$, 40±0.03, R10, t=2.5	冲孔 落料
2	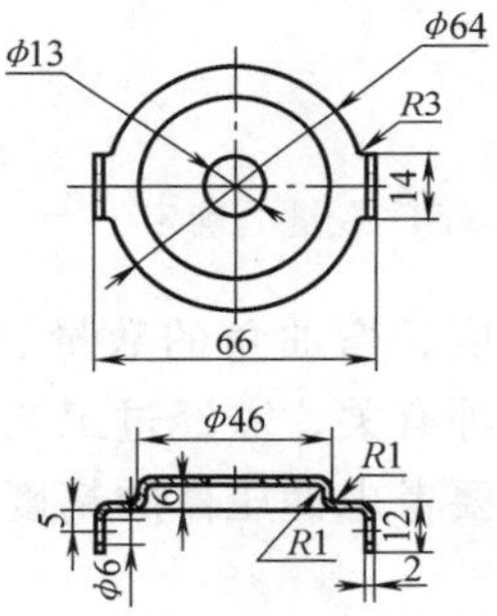 $\phi13$, $\phi64$, R3, 14, 66, $\phi46$, R1, 5, 6, 12, R1, $\phi6$, 2	落料 冲孔 拉深 弯曲 整形（圆角）
3	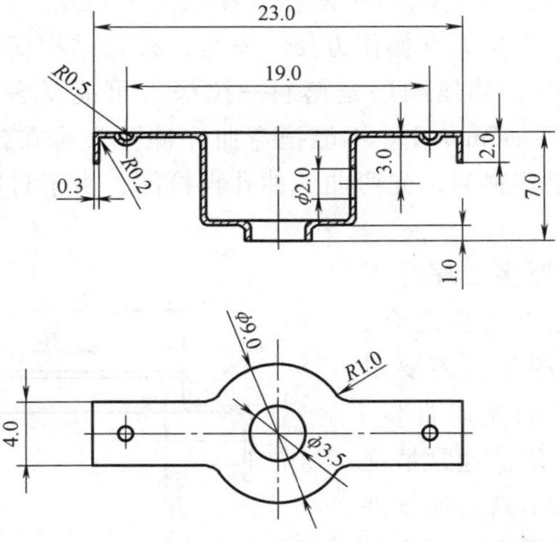 23.0, 19.0, R0.5, R0.2, 0.3, $\phi2.0$, 3.0, 2.0, 7.0, 1.0, $\phi9.0$, R1.0, 4.0, $\phi3.5$	落料 拉深 弯曲 冲孔（底孔、侧孔） 翻孔 压凸包 整形

对于成形件，有时需要工艺计算才能确定工序性质。例如翻孔件必须计算其翻孔系数，以便确定该翻孔件的高度能否一次翻出，如果不能，则要改用拉深后冲底孔再翻孔。

(2) 冲压工序的数量 工序数量是指同一性质工序重复的次数，主要取决于产品的几何形状、尺寸与精度要求、材料的性能、模具强度等。

如图 7-1 所示的工件，在 15.5mm×11.6mm 的矩形底的周边分布了 13 个 ϕ1.2mm 的小孔，孔距较小，为保证模具强度，需要将 13 个小孔分 2 次冲出，因此该工件冲孔的工序数量是 2 次。

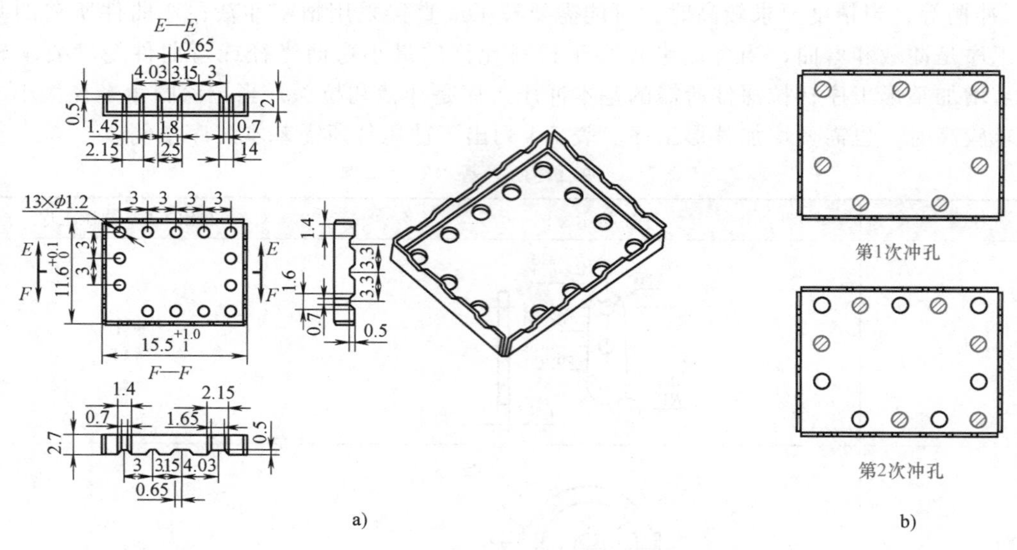

图 7-1　工序数量的确定

弯曲件的工序数量与弯曲件的复杂程度、弯曲角的数量、弯曲半径、弯曲方向等有关。拉深件的拉深次数与拉深件的形状、尺寸等有关，需经过工艺计算确定。

除上述因素，确定冲压工序数量还需要考虑冲压件的精度、生产批量、工厂现有的制模条件及冲压设备情况等。

（3）冲压工序的顺序　冲压工序的顺序应根据工序的变形性质、工件的质量要求等来确定。保证工件质量的前提下，尽量做到操作方便、安全，模具结构简单。如图 7-2 所示的工件，当采用单工序方案冲压时，冲压顺序是落料—拉深（可能是多次拉深）—修边、冲 ϕ16mm 孔复合—弯曲—整形—冲 ϕ6mm 孔。不能把弯曲和冲孔安排在拉深之前，原因是拉深时材料要产生塑性流动，如果落料后，先弯曲、冲孔再拉深，由于材料的塑性流动不能保证工件的质量。

（4）工序的组合　对于需要多工序冲压的产品，还需要考虑各工序是否需要组合、如何组合和组合的程度等。工序是否需要组合及如何组合主要取决于工件的生产批量、尺寸大小、精度要求、模具强度等。通常情况下，大尺寸、小批量、精度要求不高的冲压件工序不宜组合，适合采用单工序模生产；小尺寸、大批量、精度要求高的冲压件需要进行工序组合，宜采用复合模或级进模生产。但对于小尺寸、小批量、精度要求很高的冲压件，也应考虑工序组合以满足冲压件的精度要求，即使是精度要求不高，但由于尺寸过小，为了操作的安全方便，也需要考虑工序的组合。

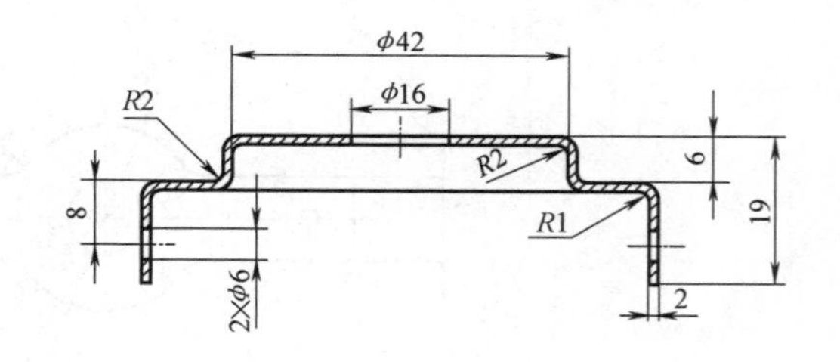

图 7-2　制定冲压工序顺序举例

上述各问题解决之后，工艺方案也就可以确定了。一个冲压件往往可以有多种冲压工艺方案，确定工艺方案的具体做法是：首先根据上述分析列出几种可能的工艺方案，再根据产品质量、生产率、设备占用情况、模具制造的难易程度和模具寿命长短、操作方便与安全程度等方面逐一对已列出的各方案进行分析比较，从中选出一种经济合理、技术可行的最佳方案。

3. 主要的工艺计算

（1）排样设计　排样设计需要解决的主要问题有以下几点：

1）毛坯形状与尺寸的确定。冲裁件不需要确定毛坯的形状和尺寸，但对于弯曲、拉深等成形件，首先需要确定毛坯的展开形状并求出其展开尺寸。

2）选定排样的类型和方式。

3）确定搭边值进而确定料宽和进距。

4）选定原材料的规格和裁板方案，计算材料利用率。

5）按要求绘制排样图并标注必要的尺寸。

（2）冲压工艺力的计算　冲裁工序的主要工艺力包括冲裁力、卸料力、推件力或顶件力；弯曲工序的工艺力有弯曲力、压料力或顶件力；拉深工序的工艺力有拉深力和压边力。具体的计算方法参见各有关章节。

（3）压力中心的计算　具体计算参见本书 3.3.2 节。简单对称形状冲压件的压力中心无须计算，压力中心就是几何中心。复杂冲压件或需要多凸模冲压的冲压件需要计算其压力中心。压力中心的力的方向与冲压方向一致或相反，不包括水平方向的侧冲力。

（4）模具刃口尺寸的计算（参见各章节）

（5）冲压工序件尺寸的确定　冲压工序件尺寸主要依据冲压变形的极限变形系数确定，如拉深工序件尺寸由极限拉深系数确定。

4. 设备的选择

根据计算出来的冲压工艺力和工厂现有的设备情况，以及要完成的冲压工序性质、冲压成形所需的变形力、变形功等主要因素，合理选择设备类型和大小。设备选择的方法是：根据计算出的总的冲压工艺力初选设备，再根据模具尺寸校核初选设备的有关尺寸。

5. 编写冲压工艺文件

为了有序进行生产，保证产品质量，需要根据各种生产方式编写相应的工艺文件，其中冲压工艺过程卡片（即工艺卡）是这些文件中重要的一种。图 7-3 所示为冲压工艺过程卡片的一种基本格式，可供参考。

<table>
<tr><td rowspan="2">（单位名称）</td><td rowspan="2">冲压工艺卡</td><td>产品型号</td><td></td><td>零件图号</td><td></td><td>共　页</td></tr>
<tr><td>产品名称</td><td></td><td>零件名称</td><td></td><td>第　页</td></tr>
<tr><td>材料</td><td>材料技术要求</td><td>毛坯尺寸</td><td colspan="2">每毛坯可制件数</td><td>毛坯重量</td><td>辅料</td></tr>
<tr><td></td><td></td><td></td><td colspan="2"></td><td></td><td></td></tr>
</table>

序号	工序名称	工序内容	加工简图	设备	模具	工时

图 7-3　冲压工艺过程卡片的一种基本格式

7.3 冲压模具设计方法与步骤

模具设计是在工艺设计之后进行的，主要解决模具类型及结构型式，模具各零件的形状、尺寸及安装固定方式，模具零件材料的选用及热处理要求等问题。

7.3.1 模具类型及结构型式的确定

模具类型是指采用单工序模、复合模还是连续模，主要取决于零件的生产批量。一般来说，大批量生产时应尽可能把工序集中起来，即采用复合模或连续模，这样可以提高生产率，减少劳动量，降低成本；小批量生产时则应采用结构简单、制造方便的单工序模。但有时从操作方便、安全、送料、节约场地等角度考虑，即使批量不大，也采用复合模或连续模。例如不便取拿的小件，从送料方便和安全考虑，可采用带料或条料在级进模上冲压。大型冲压件如果采用单工序模则有可能使模具费用增加，加之大型工件在工序间传送不便，又占场地，故也常采用复合模。表 7-2 列出了生产批量与模具类型的关系，可供设计时参考。

表 7-2 生产批量与模具类型的关系

项 目	生 产 批 量/千件				
	单件	小批	中批	大批	大量
大型件 中型件 小型件	<1	1~2 1~5 1~10	>2~20 >5~50 >10~100	>20~300 >50~1000 >100~5000	>300 >1000 >5000
模具类型	单工序模 简易模 组合模	单工序模 简易模 组合模	单工序模 连续模、复合模 半自动模	单工序模 连续模、复合模 自动模	硬质合金模 连续模、复合模 自动模

注：表内数字为年产量。

模具结构型式主要指模具采用正装还是倒装结构。凹模在下、凸模在上的结构称为正装结构，反之，凹模在上、凸模在下的结构称为倒装结构。

单工序落料模一般采用正装结构，工件从凹模内落下，操作方便，结构简单，如要求工件平整时，可采用弹顶器将落料件从凹模内顶出。复合冲裁模则相反，大多采用倒装结构，废料可直接从凸凹模孔内落下，无须清理，工件用打料杆从凹模内打下。首次无压边拉深模一般都采用正装结构，这样出料方便。带压边的拉深模，则一般采用倒装结构。

模具设计与工艺方案拟订应相互照应，工艺方案给模具设计提供依据，而模具设计中如果发现模具不能保证工艺实现时也必须修改工艺方案。

7.3.2 模具零件的设计及标准的选用

在工艺方案拟订时已确定了每道冲压工序的工件形状和尺寸，模具工作零件就是据此进行设计的。其他的模具零件如导向零件、定位零件、固定零件、压料零件等应尽可能按冲模标准选用，只有在无标准可选时才进行设计。对某些零件还应进行强度校核，然后绘制模具总图。

凹模是模具中的关键零件，模具零件设计可以首先从凹模开始。需要说明的是，冲裁凹模的高度可以直接计算获得，但弯曲、拉深等成形工序的凹模高度，则需要考虑模具的具体结构及工件的尺寸来确定。

7.3.3 模具图样的绘制

模具图样的绘制顺序是先绘模具总装配图，再根据总装配图中明细栏的明细拆绘模具零件图。

1. 模具总装配图的内容要求及布置

模具总装配图是拆绘模具零件图的依据，应清楚表达各零件之间的装配关系及固定连接方式。总装配图尽量用 1∶1 比例，这样直观性好。总装配图应严格按照当前机械制图国家标准绘制。模具总装配图的主要内容及布置如图 7-4 所示。

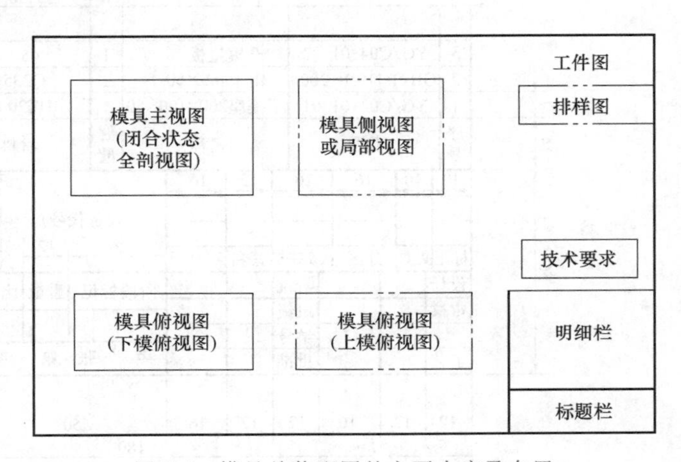

图 7-4 模具总装配图的主要内容及布置

模具总装配图的画法要求如下。

1）主视图。主视图是模具总装配图的主体部分，必不可少，应画成上、下模闭合状态的全剖视图。剖视图的画法应按 GB/T 4458.1—2002 规定执行。冲模图中，为了减少局部剖视图，在不影响剖视图表达效果的情况下，可将剖面以外的部分旋转或平移到剖视图上，像螺钉、圆柱销、推杆等常用此法表示。同一规格和尺寸的内六角圆柱头螺钉和圆柱销，在剖视图中各画一个、各引一个件号。当剖视图位置较小时，螺钉和圆柱销可以各画一半、各引一个件号（图 7-9 中件 5、件 6）。主视图中应标注模具闭合高度尺寸，并用涂黑的方式绘出工件和毛坯的断面（图 7-9）。

2）俯视图。下模俯视图是在假设去掉上模部分后画出的投影图，同样必不可少。下模俯视图可以明确表达模具各个零件的平面布置、毛坯在模具中的定位方式，以及凸模和凹模孔的分布位置。俯视图上应以双点画线（假想线）的形式绘出条料（图 7-9）。上模俯视图是假设将下模去掉以后画出的投影图，主要表达上模座上各螺孔、销孔的位置，便于模具装配时螺孔、销孔的加工，通常在简单模具中可以省略不画。俯视图应注明模具总长和总宽。

3）侧视图或局部视图。一般情况下，主视图和俯视图就能表达清楚模具结构，但对于有复杂结构的模具或局部结构复杂而又难以表达的模具，就需要用侧视图或局部视图。

4）工件图和排样图。工件图是经本副模具冲压后所得到的冲压件图形，一般画在总装配图的右上角。若图面位置不够或工件较大时，可另立一页。工件图应按比例画出，一般与模具图的比例一致，特殊情况可以缩小或放大。工件图的方向应与冲压方向一致（即与工件在模具图中的位置一样），有时也允许不一致，但必须用箭头注明冲压方向。有落料工序的模具，还应画出排样图，一般也布置在总装配图的右上角，放置在工件图的下方。排样图的方向一般也应与它在模具中的方向一致，特殊情况下允许旋转，并注明料宽、进距、搭边和侧搭边。

5）标题栏和明细栏。标题栏和明细栏放在总装配图的右下角。若图面位置不够时，可另立一页。总装配图中的所有零件（含标准件）都要详细填写在明细栏中。GB/T 10609.1—2008 和 GB/T 10609.2—2009 分别对标题栏和明细栏的格式做了规定，如图 7-5 所示（此处相比标准增加了班级和学号）。

6）技术要求。技术要求中一般只简要注明本模具在使用、装配等过程中的要求和应注意的事项，如应保证凸模、凹模周边间隙均匀，模具标记及相关工具等。模架的技术要求可按 JB/T 8070—2008《冲模模架零件技术条件》中的规定进行。当模具有特殊要求时，应详细注明有关内容。

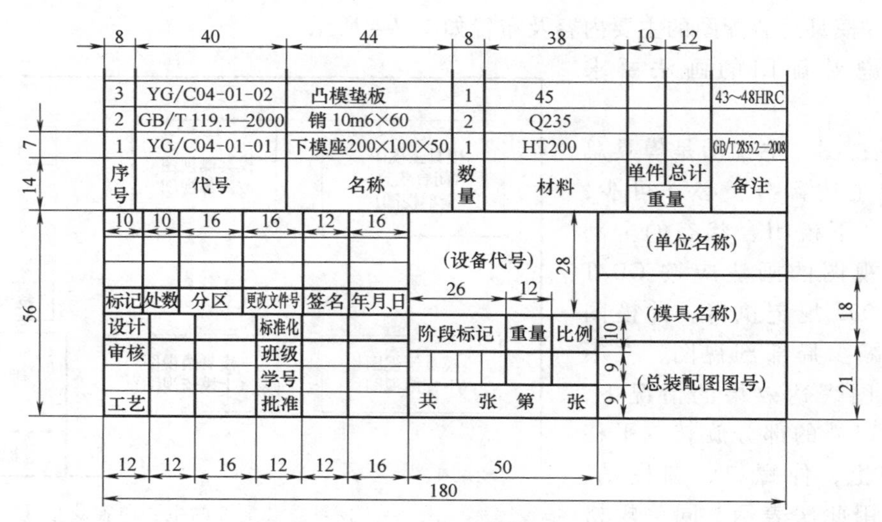

图 7-5　总装配图中明细栏和标题栏

扩展阅读

1）模具总装配图中，模具主视图、下模俯视图、工件图、技术要求、标题栏和明细栏不可缺少；模具侧视图或局部视图、上模俯视图和排样图不一定都需要，视具体情况而定。如果模具结构复杂，主视图和下模俯视图无法表达清楚模具所有零件的装配关系，就需要配置侧视图、局部视图或上模俯视图。如果本副模具含有落料工序，则必须在总装配图的右上角、工件图的下面绘制排样图。

2）需要特别说明的是，总装配图右上角的工件图是指本副模具冲出来的形状，不一定是最终的产品图。

2. 模具总装配图的绘制步骤

绘制模具总装配图时，一般是先按比例勾画出总装配草图，仔细检查确认无误后，再对草图进行加深，成为正规总装配图。绘图的一般步骤如下：

1）在图样的适当位置绘制出工件的主、俯视图。

2）绘制工作零件。

3）绘制定位零件。

4）绘制压料、卸料、送料零件。

5）绘制固定板、垫板、上下模座等其他零件。

6）绘制侧视图、局部视图等。

7）在图样的右上角绘制工件图、排样图，在图样右下角绘制标题栏和明细栏，在明细栏的上方或左边写出技术要求。

8）标注必要的尺寸。模具总装配图中通常只需要注出模具的闭合高度、模具的总长及总宽。主、俯、侧视图的绘制最好同时对应进行，这样利于零件尺寸的协调。

3. 模具零件图的绘制

按已绘制的模具总装配图拆绘零件图。通常明细栏中代号一栏内凡是未写标准代号的零件，一般都需绘制其零件图。零件图一般的绘图程序也是先绘工作零件图，再依次绘其他各部分的零件图。有些标准零件需要补充加工（如上、下模座上的螺孔、销孔等）时，也需要绘出零件图，但在此情况下，通常可只画出加工部位，而非加工部位的形状和尺寸则可省去不画，只需要在图中注明标准件代号与规格即可。

零件图应注出详细的尺寸及公差、几何公差、表面粗糙度值、材料及热处理要求、技术要求等。零件图应尽量按该零件在总装配图中的装配方位画出，不要随意旋转和颠倒，以防加工及装配过程中出错。

4. 设计计算说明书的编写

对于一些重要冲压件的工艺制定和模具设计，在设计的最后阶段应编写设计计算说明书。设计计算说明书应记录整个设计计算过程，主要包括下列内容：

1）冲压件的工艺性分析。

2）工艺方案的拟订，以及技术性、经济性综合分析比较。

3）排样设计。

4）必要的工艺计算。

5）模具结构型式的合理性分析。

6）模具主要零件结构型式、材料选择、公差配合及技术要求的说明。

7）冲压设备的选择。

8）其他需要说明的内容。

7.4 冲压模具材料及热处理

冲压模具要求其材料具有高的强度、良好的塑性和韧性、高的硬度及耐磨性。常用的冲压模具材料有钢材、硬质合金、低熔点合金、锌基合金、铝青铜及高分子材料等。目前冲压模具材料绝大部分以钢材为主。

模具材料的选用原则如下：

（1）满足使用性能要求　冲压模具在工作过程中承受冲击载荷，为了减少模具在使用过程中折断、崩刃、变形等形式的损坏，要求模具材料具有良好的韧性、较高的强度和硬度。除承受冲击载荷，模具在工作过程中还承受着相当大的摩擦力，因此要求模具材料具有良好的耐磨性。

（2）满足工艺性能要求　钢质模具的制造一般都要经过锻造、切削加工、特种加工、热处理等工序，为保证模具的制造质量，模具材料应具有良好的可锻性、退火工艺性、切削加工性、淬透性、淬硬性，以及较低的氧化脱碳敏感性和淬火变形开裂倾向。

（3）满足经济性要求　模具材料的通用性也是选择模具材料必须考虑的因素，除特殊要求外，尽量采用大批量生产的通用型模具材料。

表7-3列出了模具工作零件推荐材料和硬度要求。表7-4列出了模具一般零件推荐材料和硬度要求。

表7-3　模具工作零件推荐材料和硬度要求（GB/T 14662—2006）

模具类型	冲压件与冲压工艺情况		材料	硬度	
				凸模	凹模
冲裁模	Ⅰ	形状简单，精度较低，材料厚度≤3mm，中小批量	T10A、9Mn2V	56~60HRC	58~62HRC
	Ⅱ	材料厚度≤3mm，形状复杂；材料厚度≥3mm，形状简单	9SiCr、CrWMn、Cr12、Cr12MoV、W6Mo5Cr4V2	58~62HRC	60~64HRC
	Ⅲ	大批量	Cr12MoV、Cr4W2MoV	58~62HRC	60~64HRC
			YG15、YG20	≥86HRA	≥84HRA
			超细硬质合金	—	
弯曲模	Ⅰ	形状简单，中小批量	T10A	56~62HRC	
	Ⅱ	形状复杂	CrWMn、Cr12、Cr12MoV	60~64HRC	
	Ⅲ	大批量	YG15、YG20	≥86HRA	≥84HRA
	Ⅳ	加热弯曲	5CrNiMo、5CrNiTi、5CrMnMo	52~56HRC	
			4Cr5MoSiV1	40~45HRC 表面渗氮≥900HV	
拉深模	Ⅰ	一般拉深	T10A	56~60HRC	58~62HRC
	Ⅱ	形状复杂	Cr12、Cr12MoV	58~62HRC	60~64HRC
	Ⅲ	大批量	Cr12MoV、Cr4W2MoV	58~62HRC	60~64HRC
			YG15、YG20	≥86HRA	≥84HRA
			超细硬质合金	—	
	Ⅳ	变薄拉深	Cr12MoV	58~62HRC	
			W18Cr4V、W6Mo5Cr4V2、Cr12MoV	—	60~64HRC
			YG15、YG10	≥86HRA	≥84HRA
	Ⅴ	加热拉深	5CrNiTi、5CrNiMo	52~56HRC	
			4Cr5MoSiV1	40~45HRC，表面渗氮≥900HV	
大型拉深模	Ⅰ	中小批量	HT250、HT300	170~260HBW	
			QT600-2	197~269HBW	
	Ⅱ	大批量	镍铬铸铁	火焰淬硬40~45HRC	
			钼铬铸铁、钼钒铸铁	火焰淬硬50~55HRC	

表 7-4 模具一般零件推荐材料和硬度要求（GB/T 14662—2006）

零件名称	材料	硬度	零件名称	材料	硬度
上、下模座	HT200 45	170～220HBW 24～28HRC	垫板	45 T10A	43～48HRC 50～54HRC
导柱	20Cr GCr15	60～64HRC(渗碳) 60～64HRC	螺钉	45	头部 43～48HRC
			销	T10A、GCr15	56～60HRC
导套	20Cr GCr15	58～62HRC(渗碳) 58～62HRC	挡料销、抬料销、推杆、顶杆	65Mn、GCr15	52～56HRC
凸模固定板、凹模固定板、螺母、垫圈、螺塞	45	28～32HRC	推板	45	43～48HRC
			压边圈	T10A 45	54～58HRC 43～48HRC
模柄、承料板	Q235A	—	定距侧刃、废料切断刀	T10A	58～62HRC
卸料板、导料板	45 Q235A	28～32HRC —	侧刃挡块	T10A	56～60HRC
			斜楔与滑块	T10A	54～58HRC
导正销	T10A 9Mn2V	50～54HRC 56～60HRC	弹簧	50CrVA、55CrSi、65Mn	44～48HRC

7.5 冲压工艺与模具设计实例

如图 7-6 所示接线片，材料为 Q235，抗剪强度为 320MPa，所有尺寸公差取 ST7 级，生产批量为大批量，材料厚度为 1.2mm，试完成其工艺和模具设计。

1. 冲压件工艺性分析

该冲压件材料为 Q235，具有良好的冲压性能，适合冲裁。

该冲压件结构相对简单，最小孔径为 5mm，孔与孔之间的距离为 95mm，孔与边缘之间的最小距离为 5.5mm，所有尺寸均满足冲压工艺的要求，适合冲裁。

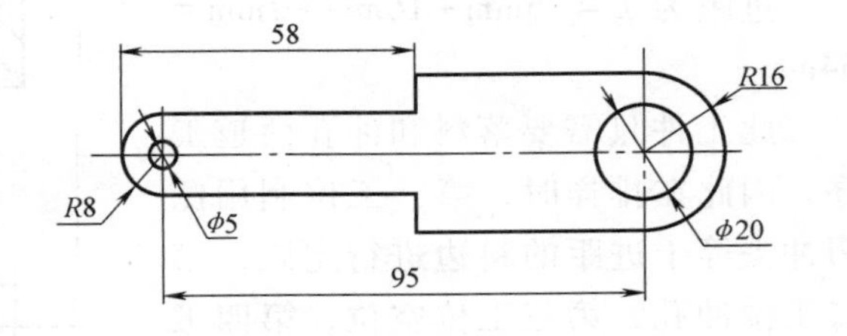

图 7-6 接线片

所有尺寸公差取 ST7 级，满足普通冲裁的经济精度要求。

综上所述，该冲压件的冲压工艺性良好，适合冲压加工。

2. 冲压工艺方案的确定

如图 7-6 所示，生产该冲压件的冲压工序为落料和冲孔。根据上述工艺性分析的结果，可以采用下述几种方案：

方案一：先落料，后冲孔，采用单工序模生产。

方案二：落料、冲孔复合冲压，采用复合模生产。

方案三：冲孔、落料级进冲压，采用级进模生产。

方案一的模具结构简单，但生产率低，不能满足大批量生产对效率的要求。

方案二的冲压件精度及生产率都较高，但模具比较复杂，制造难度大，而且难以实现自动化。

方案三的生产率高，操作方便，易于实现自动化，冲压件精度也能满足要求。

因此选用方案三。

3. 模具结构型式确定

（1）模具类型的选择　根据上述方案，选用级进模。

（2）凹模结构型式　采用整体式凹模。

（3）定位方式的选择　利用导料板导料和侧刃定距。

（4）卸料、出件方式的选择　采用弹性卸料和下出件方式。

（5）导向方式的选择　选用对角导柱的滑动导向方式。

4. 主要设计计算

（1）排样设计　由于该工件为冲裁件，且外形和孔结构都比较简单，因此可直接进行排样设计。

根据工件的结构，选用有废料的单直排，由表3-3查得搭边值为2mm，侧搭边值为2.5mm，则条料宽度为

$$B=95\text{mm}+16\text{mm}+8\text{mm}+1.5\times2.5\text{mm}+1\times1.5\text{mm}=124.25\text{mm}$$

侧刃定距时，条料宽度的计算公式为 $B=(L+1.5a+nb)$，这里 $L=95\text{mm}+16\text{mm}+8\text{mm}=119\text{mm}$；$a$ 是侧搭边值；n 是侧刃数量，这里取1；b 与材料和厚度有关，查表3-6得1.5mm。

进距为 $L=16\text{mm}+16\text{mm}+2\text{mm}=34\text{mm}$

此工件只需要落料和冲孔两道工序，因此在排样时，第一工位利用侧刃冲去等于进距的料边进行定距，第二工位冲孔，第三工位空位，第四工位落料。空位的目的是增大冲 $\phi5\text{mm}$ 孔凹模和落外形凹模之间的壁厚，以保证凹模强度。

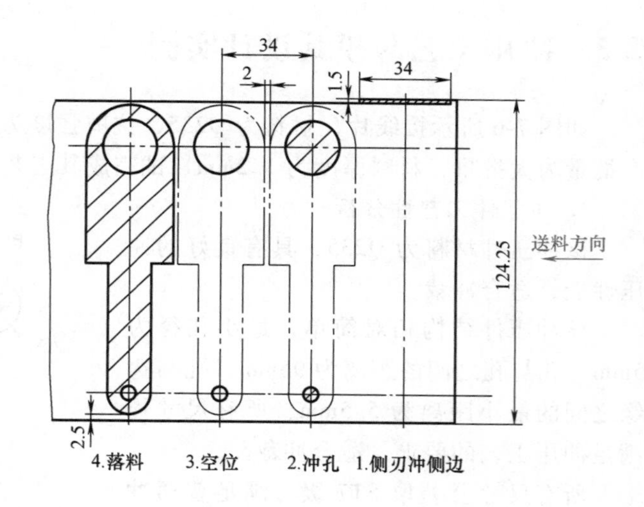

图7-7　设计的排样图

设计的排样图如图7-7所示。

（2）冲压力的计算　该工件在冲压过程中需要的冲压工艺力有冲一个 $\phi5\text{mm}$ 孔及一个 $\phi20\text{mm}$ 孔需要的冲孔力，侧刃冲料边需要的力，落外形需要的落料力、卸料力及推件力。

冲裁力为

$$F=KLt\tau_b=1.3\times395.4\text{mm}\times1.2\text{mm}\times320\text{MPa}=197.4\text{kN}$$

式中，L 是两个孔的总周长、侧边的冲切长度与外形轮廓长度之和，经计算约为395.4mm。

由式（3-7）和式（3-8）并查表3-8得卸料力和推件力为

$$F_{卸}=K_{卸}F=0.045\times197.4\text{kN}=8.88\text{kN}$$

$$F_{推}=nK_{推}\ F=6\times0.055\times197.4\text{kN}=65.142\text{kN}$$

式中，$n=h/t=8\text{mm}/1.2\text{mm}=6.7$，取 $n=6$，h 是凹模刃口高度，由表 3-27 查得，t 是材料厚度。

由于选用的是弹性卸料和下出件方式，因此总的冲压力为

$$F_{总}=F+F_{推}+F_{卸}=197.4\text{kN}+8.88\text{kN}+65.142\text{kN}=271.4\text{kN}$$

可选择公称力为 450kN 的开式曲柄压力机 J23-45，其主要技术参数为：①公称力为 450kN。②最大装模高度为 270mm，装模高度调节量为 60mm。③工作台垫板尺寸为 810mm×440mm。④工作台孔尺寸为 310mm×250mm。⑤模柄孔直径为 50mm。

（3）压力中心的确定　压力中心即冲裁力的作用点，计算压力中心的目的是在模具安装时保证模具的压力中心与模柄的中心线重合。压力中心可按下述步骤进行计算：

1）按比例绘制各凸模刃口形状，侧刃需要按照切去的料边绘制，如图 7-8 所示的凸模 1~4。

2）建立坐标系 xOy。

3）按照 3.3.2 节介绍的方法分别求出每一形状的压力中心位置。这里各圆形凸模的压力中心位于其圆心，根据图 7-8 中的几何关系，得到它们在坐标系 xOy 中的坐标分别为（68，95）和（68，0）。

对于侧刃冲去的料边（凸模 1），可首先建立如图 7-8 所示的 $x_1O_1y_1$ 坐标系，得到其压力中心的坐标为（0.72，0.03），再转换到 xOy 坐标系中为（101.72，112.28）。

对于外形，先分别建立 x_3O_3y 和 xOy 坐标系，求出在此坐标系中 $R16$mm 和 $R8$mm 的重心坐标（0，10.19）和（0，−5.09），再按照 3.3.2 节介绍的单凸模冲裁复杂工件的压力中心的求解方法求出外形在 xOy 坐标系中的压力中心坐标（0，65.3）。

4）按照求多凸模压力中心的求解方法得到模具的压力中心的位置（22.64，71.64）。

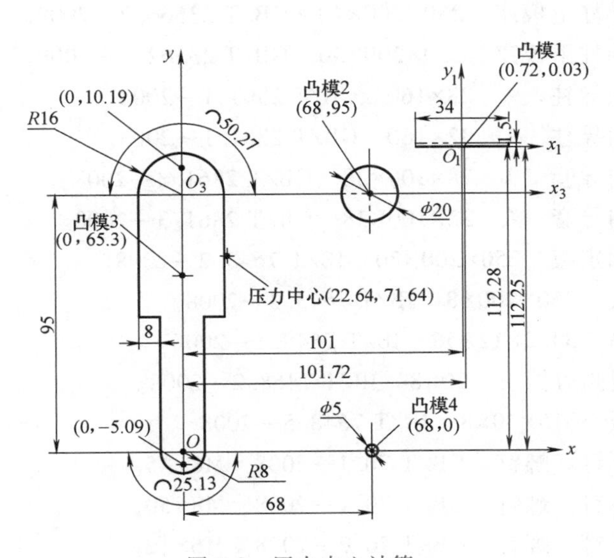

图 7-8　压力中心计算

（4）工作零件刃口尺寸计算　因工作零件的形状相对较简单，适宜采用线切割机床分别加工凸模及凹模。由于零件无任何质量要求，冲裁间隙选用表 3-20 中的 iii 类间隙，即单

边间隙 $c=(7\%\sim10\%)t$（t 为材料厚度），则 $c_{min}=0.084mm$、$c_{max}=0.12mm$。凸、凹模刃口尺寸见表 7-5。

表 7-5 凸、凹模刃口尺寸 （单位：mm）

凸、凹模	加工尺寸（表 3-11 查得公差值）	磨损系数（表 3-23）	凸模（δ_p 取 IT7 级）	凹模（δ_d 取 IT7 级）	不等式校核 $\delta_p+\delta_d\leqslant2(c_{max}-c_{min})$
侧刃凸、凹模刃口长度	$34^{+0.56}_{0}$	0.5	$34.28^{0}_{-0.025}$	$34.45^{+0.025}_{0}$	符合要求
冲孔凸、凹模	$\phi5^{+0.28}_{0}$	0.5	$\phi5.14^{0}_{-0.012}$	$\phi5.31^{+0.021}_{0}$	符合要求
	$\phi20^{+0.40}_{0}$	0.5	$\phi20.2^{0}_{-0.021}$	$\phi20.37^{+0.021}_{0}$	符合要求
外形凸、凹模	$R8^{0}_{-0.28}$	0.5	$R7.69^{0}_{-0.015}$	$R7.86^{+0.015}_{0}$	符合要求
	$R16^{0}_{-0.40}$	0.5	$R15.63^{0}_{-0.018}$	$R15.8^{+0.018}_{0}$	符合要求
	58±0.28			58±0.015	
	95±0.35			95±0.0175	

5. 模具总体设计

（1）凹模设计 凹模采用整体式结构。模具的有效工作范围约 134mm×124.25mm，考虑凹模固定时需要加工螺孔、销孔，并尽量做到压力中心与模块中心的偏移量在允许范围内（不超过凹模各边长的 1/6），这里选用标准凹模板：矩形凹模板 250×200×25 JB/T 7643.1—2008。

（2）其他零件设计 凹模设计完成后，即可选择模架、固定板、垫板、导柱、导套等。

模架：对角导柱模架 250×200×195-Ⅰ GB/T 23565.2—2009。

上模座：对角导柱上模座 250×200×40 GB/T 23566.2—2009。

下模座：对角导柱下模座 250×200×50 GB/T 23562.2—2009。

导柱：滑动导向导柱 A 28×160 GB/T 2861.1—2008。

滑动导向导柱 A 32×160 GB/T 2861.1—2008。

导套：滑动导向导套 A 28×100×38 GB/T 2861.3—2008。

滑动导向导套 A 32×100×38 GB/T 2861.3—2008。

固定板：矩形固定板 250×200×20 JB/T 7643.2—2008。

垫板：矩形垫板 250×200×8 JB/T 7643.3—2008。

侧刃：侧刃 IA 34.2×12×56 JB/T 7648.1—2008。

侧刃挡块：A 型侧刃挡块 20×8 JB/T 7468.2—2008。

导料板：导料板 315×40×8 JB/T 7648.5—2008。

内六角圆柱头螺钉：螺钉 GB/T 70.1—2008 M8×45。

内六角圆柱头螺钉：螺钉 GB/T 70.1—2008 M8×50。

内六角平圆头螺钉：螺钉 GB/T 70.2—2008 M6×12。

内六角螺钉：螺钉 GB/T 70.2—2008 M4×10。

销：销 GB/T 119.2—2000 8×45。

销：销 GB/T 119.2—2000 8×50。

销：销　GB/T 119.2—2000　6×12。

销：销　GB/T 119.2—2000　4×15。

查表 3-36 得卸料板的厚度是 16mm，则卸料板尺寸：250mm×200mm×16mm。

卸料螺钉：圆柱头内六角卸料螺钉　M8×50　JB/T 7650.6—2008。

模具总装配图如图 7-9 所示。

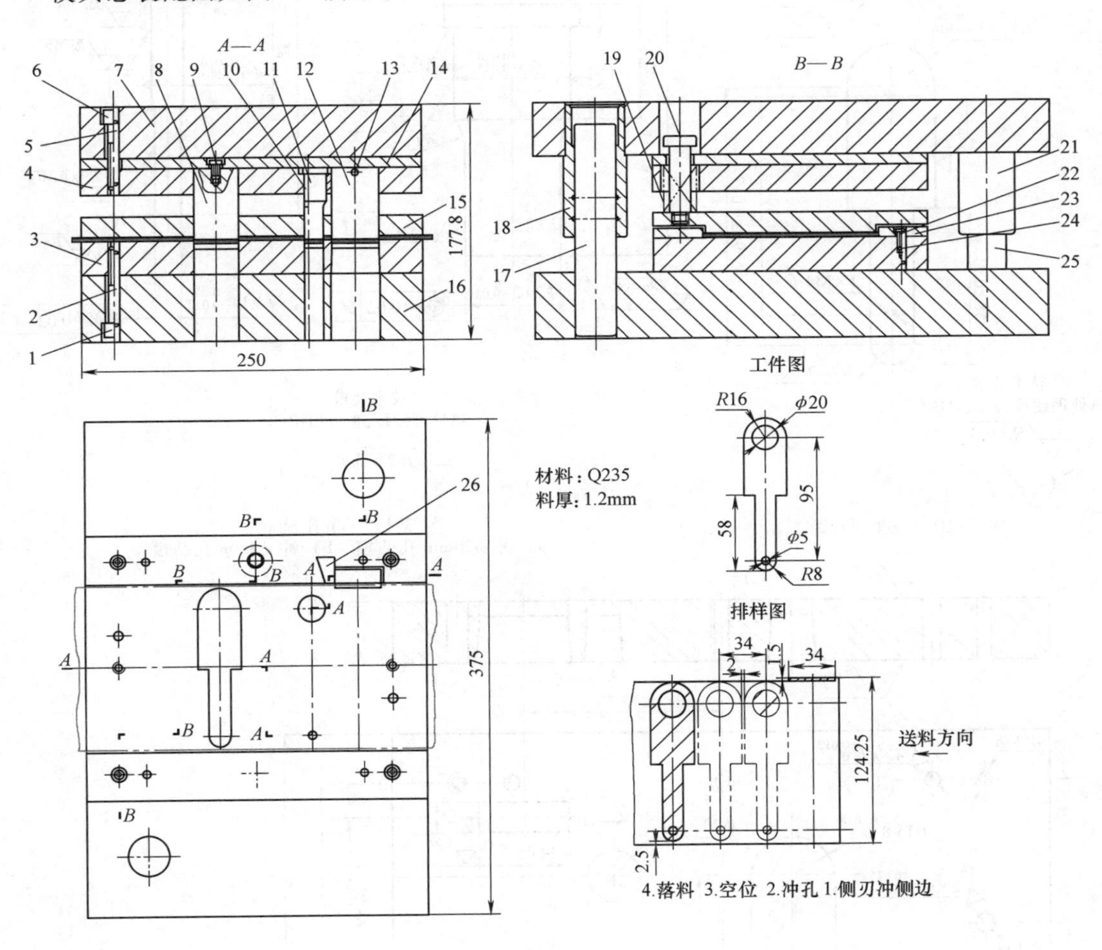

图 7-9　模具总装配图

1、6、9、22—螺钉　2、5、13、24—销　3—凹模　4—固定板　7—上模座　8—落料凸模　10、11—冲孔凸模　12—侧刃　14—垫板　15—卸料板　16—下模座　17、25—导柱　18、21—导套　19—弹簧　20—卸料螺钉　23—导料板　26—侧刃挡块

6. 模具主要零件设计

（1）落料凸模　落料凸模如图 7-10 所示，材料选用 Cr12。

（2）冲孔凸模　由于是圆形，采用台阶式，如图 7-11 所示，材料选用 Cr12。

（3）凹模　凹模如图 7-12 所示，材料选用 Cr12。

（4）垫板　垫板如图 7-13 所示，材料选用 45 钢。

（5）固定板　固定板如图 7-14 所示，材料选用 45 钢。

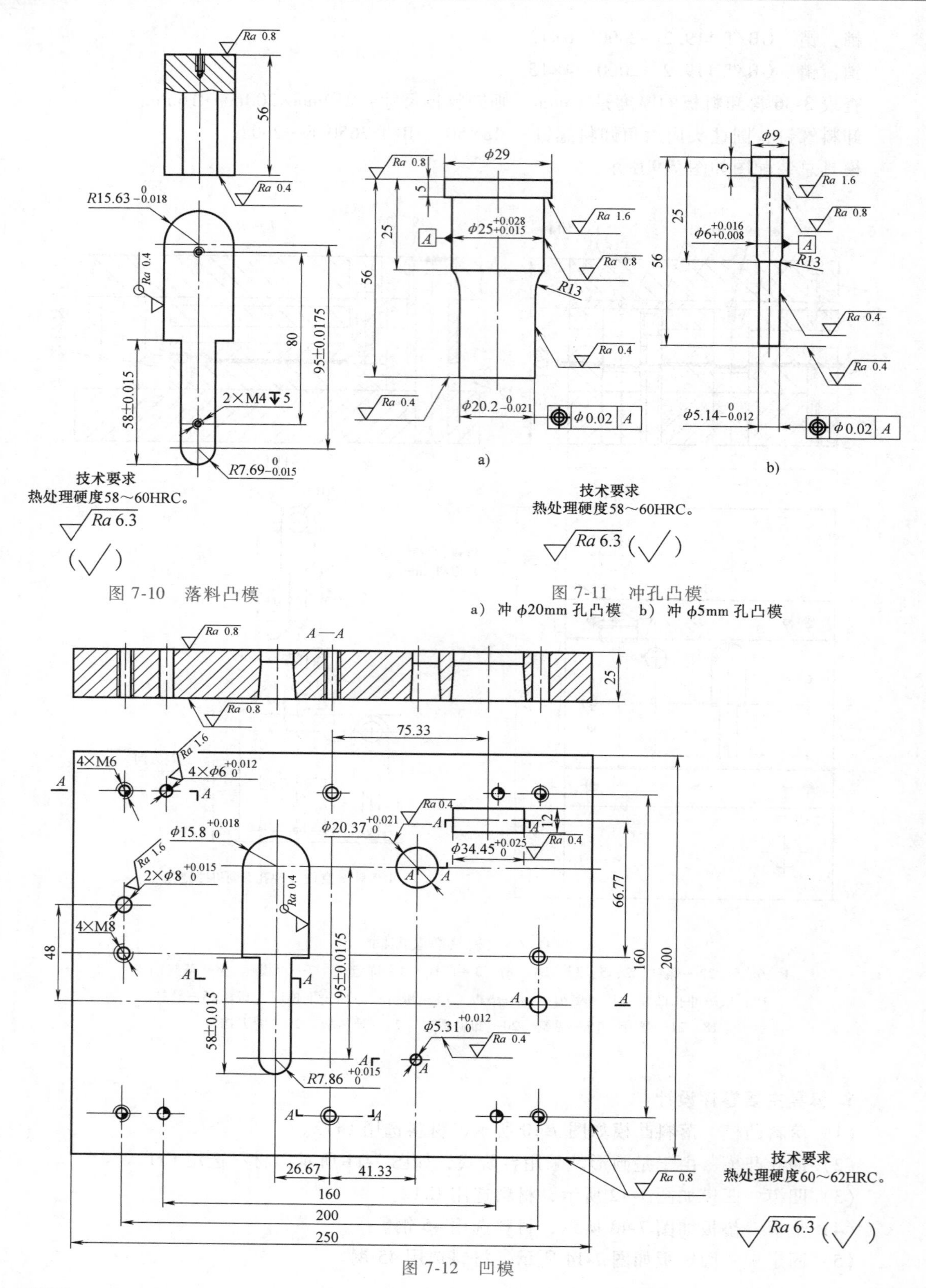

图 7-10　落料凸模

图 7-11　冲孔凸模
a) 冲 ϕ20mm 孔凸模　b) 冲 ϕ5mm 孔凸模

图 7-12　凹模

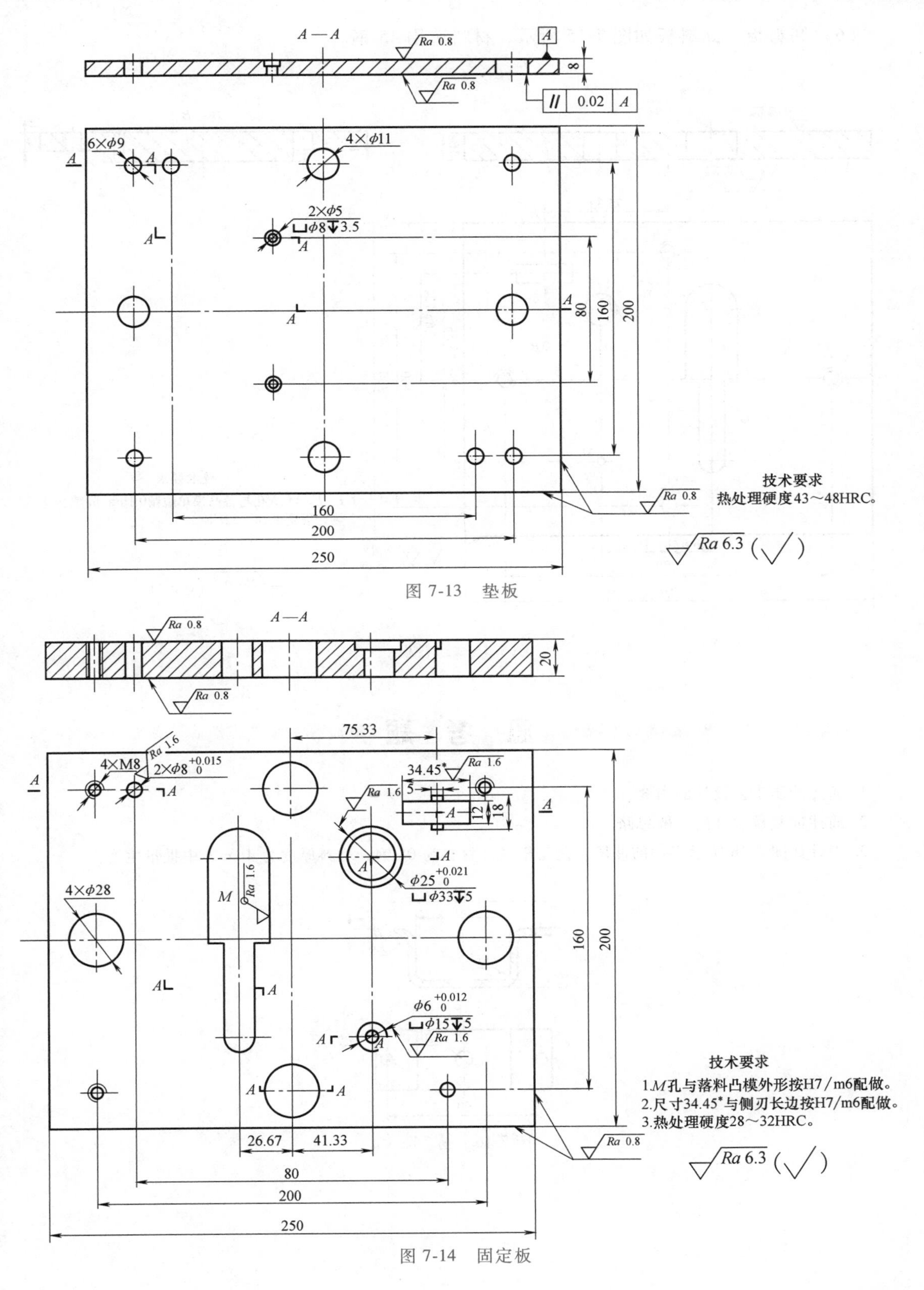

图 7-13 垫板

图 7-14 固定板

（6）卸料板　卸料板如图 7-15 所示，材料选用 45 钢。

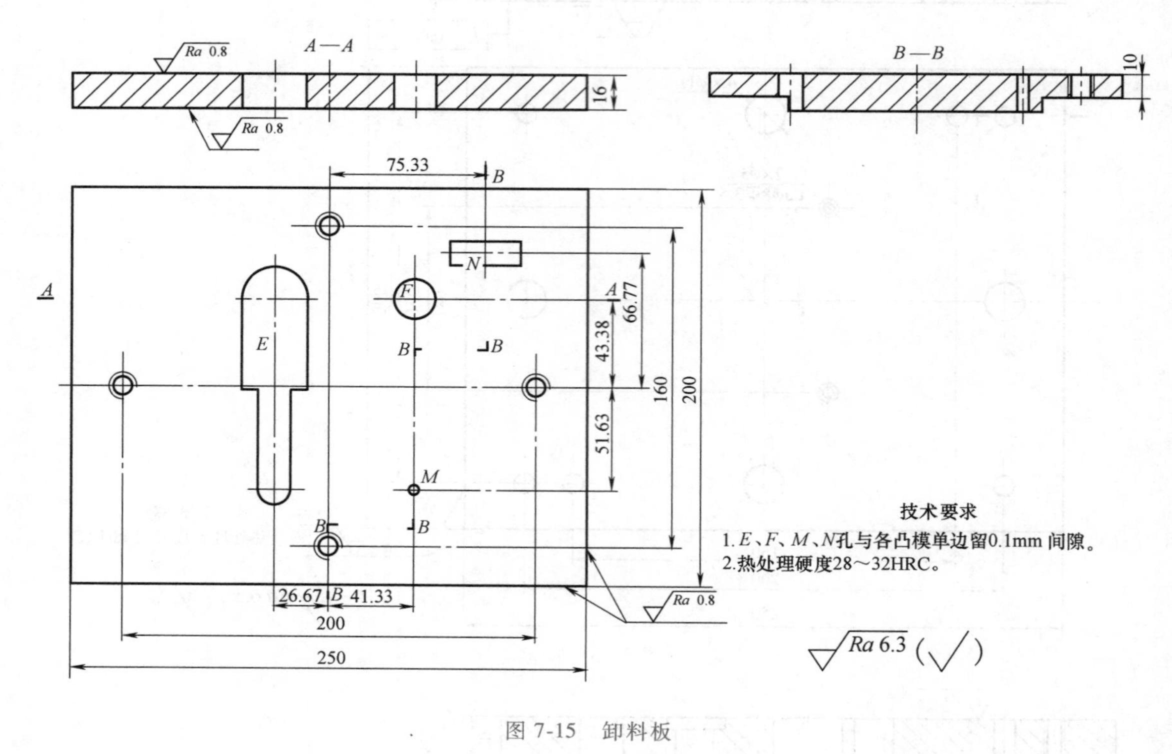

图 7-15　卸料板

思　考　题

1. 简述冲压工艺设计的内容。
2. 简述冲裁模设计的一般思路。
3. 设计如图 7-16 所示零件的冲压工艺与模具。材料为 08 钢，材料厚度为 4mm，中批量生产。

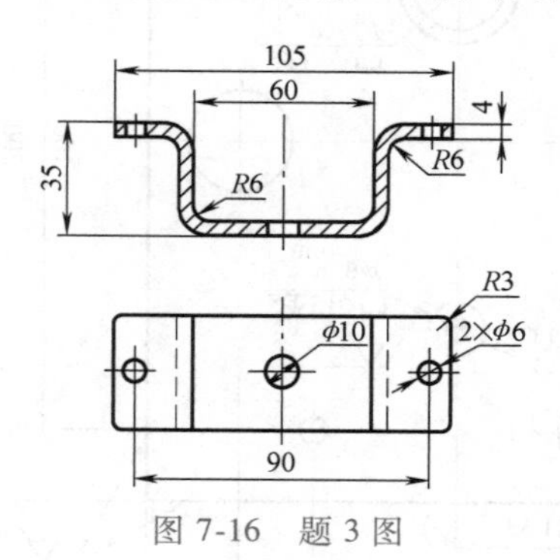

图 7-16　题 3 图

第3篇

先进冲压工艺与模具设计

第 8 章 多工位级进冲压工艺与模具设计

能力要求

☞能独立完成8~10工位级进模设计，并能绘制出符合要求的模具工程图。

多工位级进冲压是指在压力机的一次行程中，送料方向连续排列的多个工位上同时完成多道冲压工序的冲压方法，这种方法使用的模具即为多工位级进冲压模具，简称级进模，又称连续模、跳步模、多工位级进模。

图8-1a所示为电动机定子、转子冲片，图8-1b所示为生产该产品的三排级进冲压模具。送进该副模具的条料，首先冲出单片定子和转子冲片，再完成冲片的叠压，最后制出定子、转子组件。

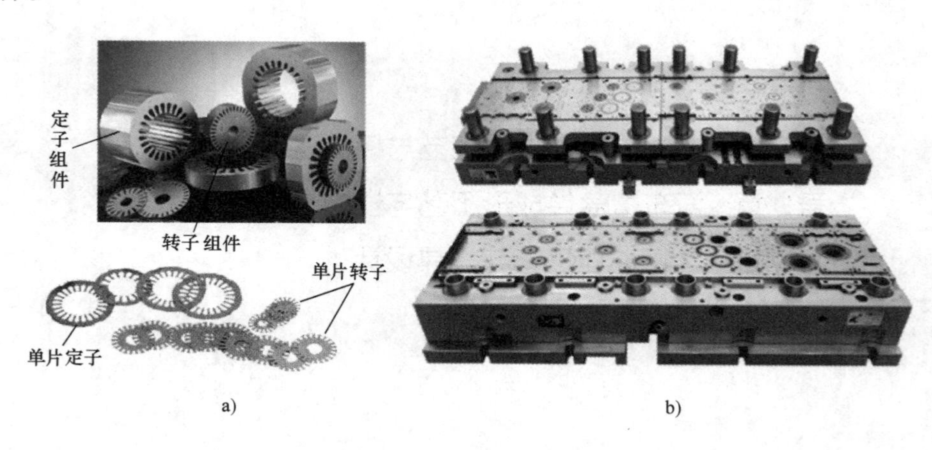

图8-1 定子、转子冲片级进模
a）电动机定子、转子冲片 b）三排级进冲压模具

扩展阅读

根据多工位级进模的定义及特点，理论上只要是冲压件，无论其形状怎么复杂，所需冲压工序如何多，均可用一副多工位级进模冲压完成。至于是否采用级进冲压，则取决于质量、成本、生产率等综合经济效益。

多工位级进冲压模具的种类很多，分类方法也比较多，如按所完成的主要冲压工序可分为：

(1) 多工位级进冲裁模具　主要完成冲孔、切槽、切断、落料等冲压工序，有的模具还可完成铆接、旋转等装配工序。

(2) 多工位级进冲裁成形模具　除具有冲裁级进模的功能，主要完成弯曲、拉深、胀形、翻边、翻孔、压包等冲压成形工序。典型的多工位级进冲裁成形模具有多工位级进冲裁弯曲模具、多工位级进冲裁拉深模具等。

若按所能完成的功能分，可分为：

(1) 多工位级进冲压模具　只完成各种冲压工序的模具。

(2) 多功能多工位级进冲压模具　除完成冲压工序外，还可实现叠压、攻螺纹、铆接和锁紧等组装任务。这种多功能模具生产出来的不再是单个零件，而是成批的组件，如触头与支座的组件、各种微小电动机定子和转子组件（图 8-1）、电器及仪表的铁心组件等。这种模具代表了多工位级进模的发展方向。

目前，行业用得较多的一种分类方法是按所冲工件的名称来分，如集成电路引线框架级进模、电动机铁心片级进模、电子连接器级进模、空调器翅片级进模、彩管电子枪零件级进模等。

此外还可以根据工位数和工件名称来分，如 25 工位簧片级进模；根据工件名称及模具工作零件所用材料来分，如定子、转子铁心自动叠装硬质合金级进模等。

扩展阅读

目前，国内已能生产精度达 0.1μm 的多工位精密级进模，工位数最多已达 160 个，薄带硬质合金级进模的寿命已达 4 亿次以上。在某些指标方面部分精密级进模已经达到或接近国际先进水平。例如，昆山嘉华电子公司制造的高速级进电连接器端子冲模，在高速压力机上的冲速可达 3000 冲次/min 以上，模具寿命接近国际同类模具先进水平。

尽管如此，与国外相比国内的精密级进模在模具制造精度、使用寿命、模具制造周期和复杂程度上还存在一定的差距。

尽管多工位级进模比普通冲模在结构上要复杂得多，但基本组成却是相同的，也是由工作零件，定位零件，压料、卸料、送料零件，导向零件和固定零件组成，自动冲压时还需要增加自动送料装置、安全检测装置等。因此，模具的设计仍然遵循普通模具的设计程序，不同的是，多工位级进模中零件数量增多，要求更高，需要考虑的问题更复杂，如多工位级进冲压时的排样设计，就需要解决多个方面的问题。

8.1　多工位级进冲压排样设计

多工位级进冲压中，压力机每冲一次条料就向前送进一个进距，以到达不同的工位。由于各工位的加工内容互不相同，因此，级进模设计中，就要确定各工位所要进行的加工工序内容，这一设计过程就是排样设计。排样设计是多工位级进模设计的关键，是模具结构设计的依据之一。

图 8-2b 所示为图 8-2a 所示支架工件的排样图。如图所示，排样图一经确定，也就确定

了以下几个方面的内容：

1）工件各部分在模具中的冲压顺序。

2）模具的工位数及各工位的加工内容。

3）被冲工件在条料上的排列方式、排列方位等，并反映材料利用率的高低。

4）进距的公称尺寸和定距方式。

5）条料的宽度。

6）载体的形式。

7）模具的基本结构。

图 8-3 所示为排样与模具实物对照图，从图中可明显看出排样图所表达的各项内容。

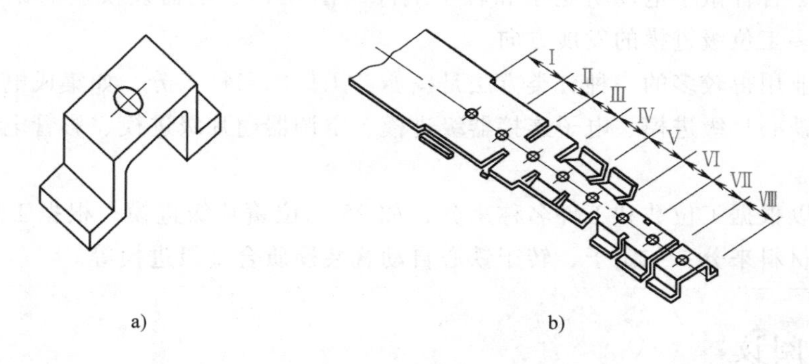

图 8-2　支架工件及其排样图

a）支架工件图　b）支架排样图

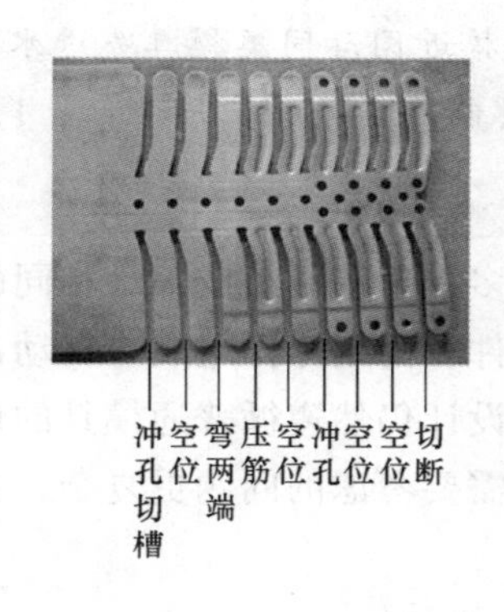

图 8-3　排样与模具实物对照图

8.1.1　排样设计的内容

级进冲压中的排样设计包含三部分内容，即毛坯排样、冲切刃口外形设计和工序排样。

毛坯排样是指工件展开后的平板毛坯在条料上的排列方式，主要用于确定毛坯在条料上的截取方位和相邻毛坯之间的关系。图 8-4a 所示为屏蔽盖的三维图，图 8-4b 所示为其展开后的毛坯，图 8-4c 所示为屏蔽盖毛坯三种不同的排样形式。

如图 8-4 所示，毛坯排样具有多样性，毛坯排样的目的就是从不同的毛坯排样方案中选出最佳方案。毛坯排样是排样设计中最基础的一步，在所有含有落料工序的各类冲模的设计中都必须进行。

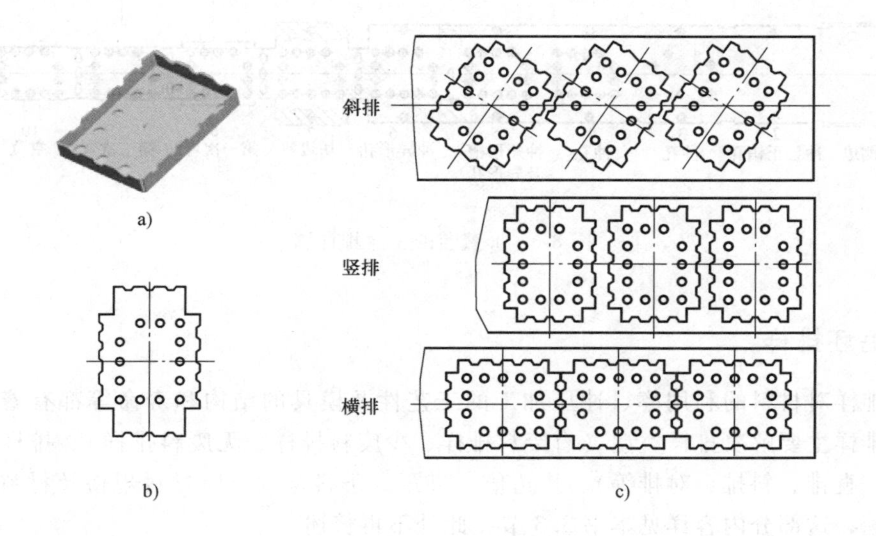

图 8-4 屏蔽盖毛坯排样图

a）产品图 b）展开图 c）毛坯排样图

毛坯排样方案确定后，就需要解决毛坯外形和内孔逐步冲切的顺序和形状，即冲切刃口的外形设计。图 8-5 所示为针对图 8-4 所示毛坯横排时的冲切刃口的外形设计。如图 8-5 所示，冲切刃口外形设计的目的是对复杂外形或内孔的毛坯几何形状进行分解，以确定毛坯形状的冲切顺序及各次冲切凸、凹模的刃口形状，这是工序排样前必须完成的设计工作。

工序排样确定了模具由多少工位组成、每个工位的具体加工工序和内容、条料的定位方式等，是毛坯排样和冲切刃口外形设计及所有成形工序的综合。图 8-6 所示为屏蔽盖的工序排样图。工序排样图清楚地表达了该产品的加工工艺过程，进而决定了模具的结构，因此，工序排样是级进模设计的核心。

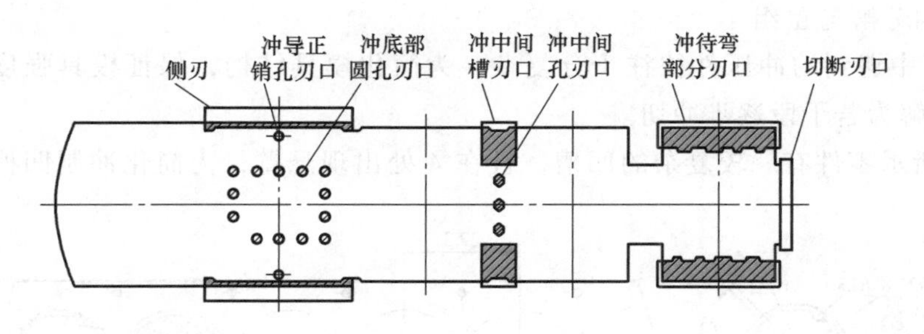

图 8-5 屏蔽盖的冲切刃口外形设计

实际上，上述三部分的内容只是进行级进冲压排样设计时思考问题的方法，这部分工作对设计者的经验要求很高，不同的设计者设计出来的工序排样图有可能不同，但总的原则是在保证条料能顺利送进和保证稳定生产的前提下，尽量减小料宽和进距，以降低材料成本。

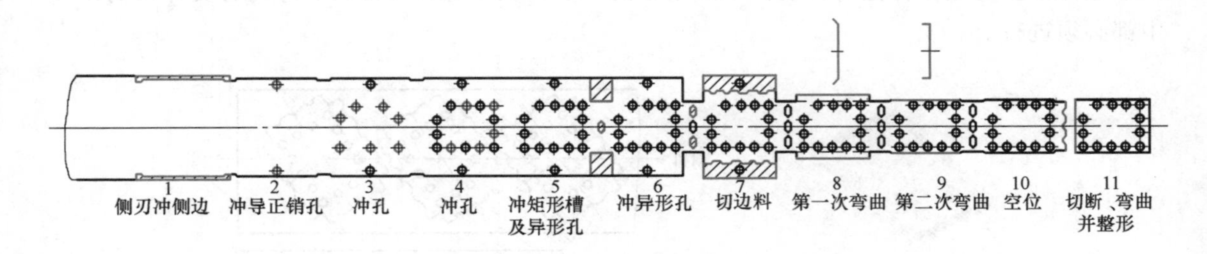

图 8-6 屏蔽盖的工序排样图

8.1.2 毛坯排样

毛坯排样对材料的利用率、冲压加工的工艺性及模具的结构和寿命等都有着显著的影响。毛坯排样主要解决排样类型（有废料排样、少废料排样、无废料排样）、排样形式（单排、多排、直排、斜排、对排等）、搭边值、进距、条料宽度、原材料规格及材料利用率的计算等问题，这部分内容详见本书 3.3 节，此处不再赘述。

扩展阅读

毛坯排样方案中的斜排一般应用在两种情况下：一是考虑材料的利用率；二是避免让条料的轧制纤维方向与弯曲线平行，尽量错开一定的角度，防止产品弯曲成形时产生裂纹缺陷。

需要说明的是，级进冲压时的搭边值高于普通冲压的搭边值，原因有两个：一是为了冲制工艺定位孔的需要；二是为了能准确稳定送料。

8.1.3 冲切刃口外形设计

冲切刃口的外形设计对模具结构、产品质量影响极大，此过程需要解决以下问题。

1. 轮廓的分解与重组

实际生产中遇到的冲压件往往十分复杂，为简化模具结构，保证模具强度，常将外形（或内孔）分解为若干段逐步冲切。

图 8-7a 所示零件有一较复杂的凹槽，且在 *A* 处出现悬臂，为简化冲制凹槽的模具结构

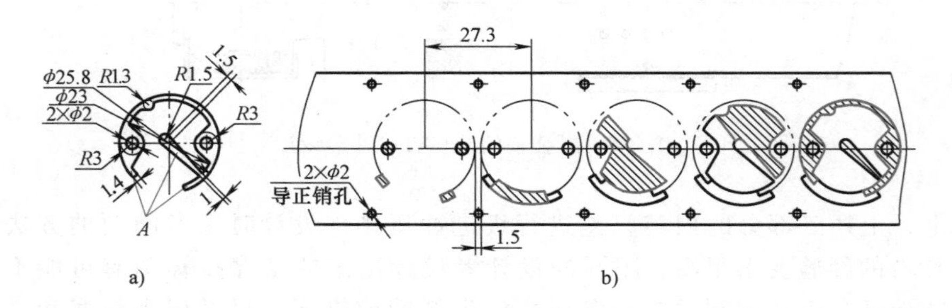

图 8-7 轮廓的逐步冲切

并保证 A 处悬臂模具的强度，将其形状进行分解后逐步冲切。A 处的三个悬臂并不是直接冲出，而是通过冲切周围的余料而得到，如图 8-7b 所示。

轮廓的分解与重组应在毛坯排样后进行，并遵循以下原则：

1）轮廓分解应保证产品工件的形状、尺寸、精度和使用要求。

2）利于简化模具结构，分解段数尽量少，分解后形成的凸模和凹模外形要简单、规则，要有足够的强度，要便于加工（图 8-8）。

3）内、外形轮廓分解后各段间的连接应平直或圆滑。

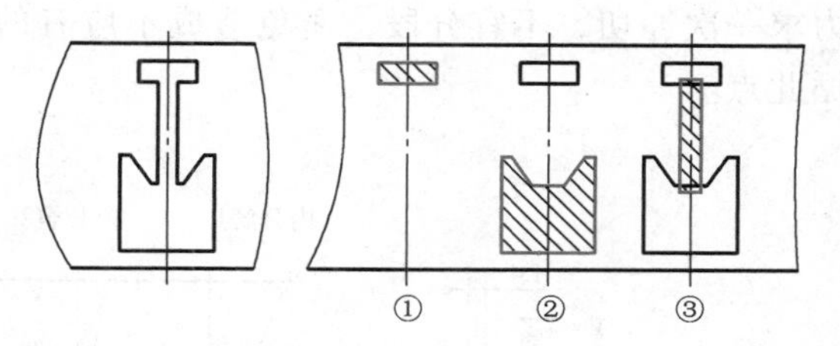

图 8-8 轮廓分解的要求

4）分段搭接点应尽量少，要避开产品零件的薄弱部位和外形的重要部位，放在不重要的位置或过渡面上。

5）有公差要求的直边和使用过程中有滑动配合要求的边应一次冲切，不宜分段，以免累积误差。

6）复杂内、外形及有窄槽或细长臂的部位最好分解。

7）毛刺方向有不同要求时应分解。

8）轮廓分解应考虑加工设备条件和加工方法，便于加工。

轮廓分解与重组不是唯一的，设计过程十分灵活，经验性强，难度大，设计时应多考虑几种方案，综合比较后选出最优方案。图 8-9 所示为对同一产品几种不同轮廓分解的排样示例。当对 A 面有配合要求时，则不能采用分解 2 和分解 3，最好采用分解 1 使该面能够一次冲切出来。当对 B 面有要求时，则分解 3 不合适。

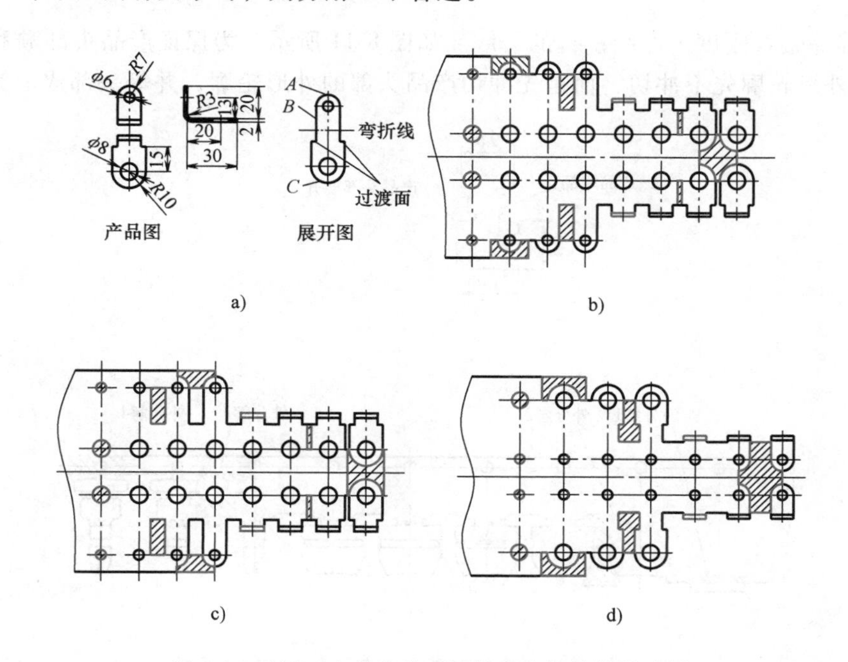

图 8-9 对同一产品几种不同轮廓分解的排样示例

a）产品及展开图 b）分解 1 c）分解 2 d）分解 3

实际设计时，轮廓分解与重组有自然分解与重组、强制分解与重组、重复分解与重组几种方法。

（1）自然分解与重组　根据产品内、外轮廓进行自然而然的分解设计，这是一种比较普遍通用的分解与重组方法，有三种情况。

1）以确保凸凹模强度为原则进行的分解。如图 8-10 所示，内形轮廓分解为两步，外形轮廓分解为三步设计。此外有一定的尺寸、配合要求的轮廓在不影响凸凹模强度的基础上，力求一次冲切，不宜分段，避免造成不应有的累积误差。图 8-10 中的外分解 1 就是着重遵循此点。

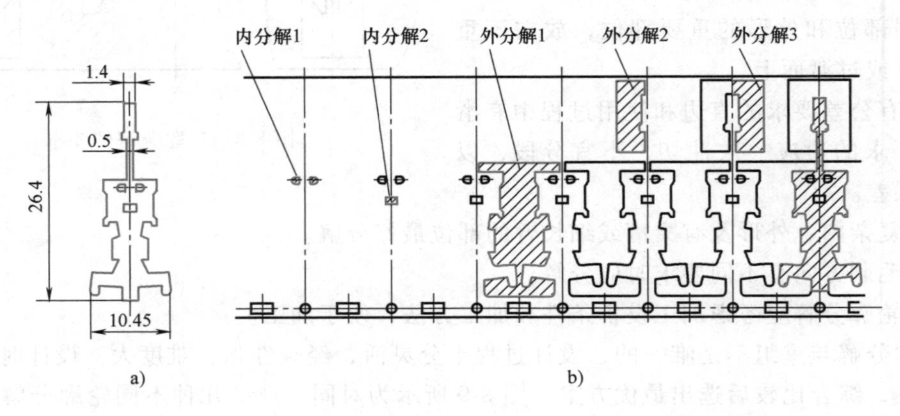

图 8-10　轮廓自然分解与重组（一）

a）产品展开图　b）轮廓分解图

2）以确保带料刚度为原则进行的分解。如图 8-11 所示，为保证产品头部顺利成形，设计时尾部的外形轮廓先不冲切，而是先冲切产品头部的外形轮廓，并等头部成形完成后再冲

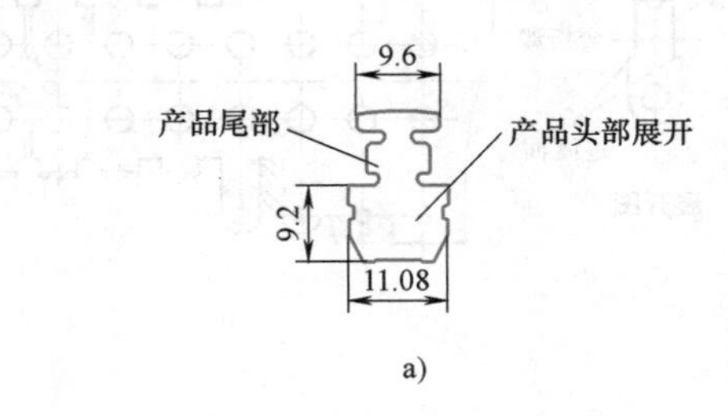

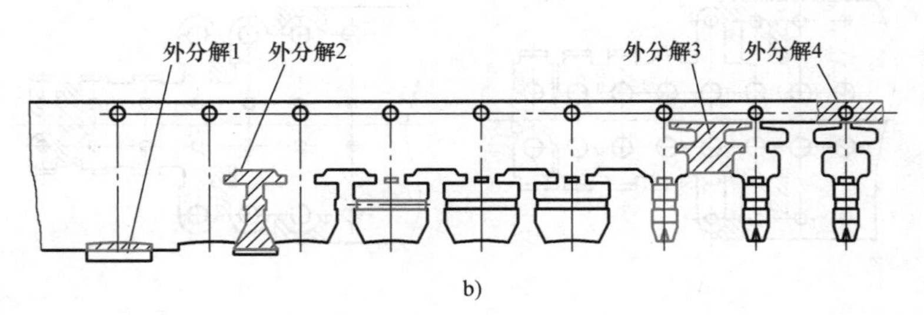

图 8-11　轮廓自然分解与重组（二）

a）产品展开图　b）轮廓分解图

切尾部的外形轮廓，这样在成形产品的重要头部时，带料一直有很好的刚度，非常有利于带料平稳送进，进而保证产品的质量。

3）纯自然分解。此时没有凸凹模强度的顾虑，也无须担心带料的刚度，可一次冲切出产品的内、外形轮廓，常见于产品简单、材料厚度大于 0.5mm 的产品，如图 8-12 所示。

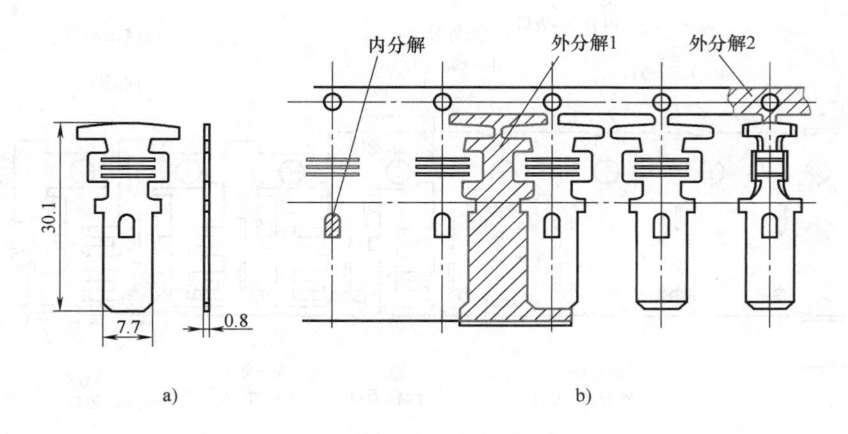

图 8-12 轮廓自然分解与重组（三）
a）产品展开图 b）轮廓分解图

（2）强制分解与重组 有些产品完全可以一次切出，往往出于功能要求的考虑，而不得不进行强制性分解，以满足功能要求。图 8-13a 所示为某一封箱胶带器上的一款切割刀片，要求 53°的尖齿必须锋利，所以该产品不能一次直接切出，否则就达不到使用要求。针对产品特点，把产品的外形分解为两组相互成错开关系的分解刃口进行冲切，像剪刀剪切一样剪出齿尖，从而冲出合格的产品。

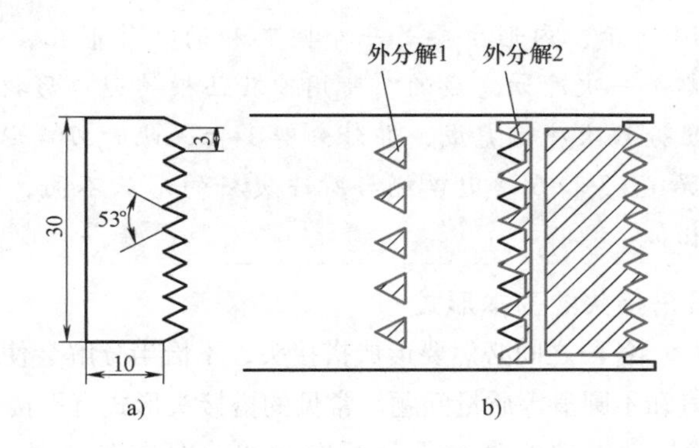

图 8-13 轮廓强制分解与重组
a）产品展开图 b）轮廓分解图

（3）重复分解与重组 重复分解就是在可一次冲切内、外形轮廓的情况下不进行一次冲切，而是分两步进行，如图 8-14 所示。图中的外分解 5 完全可以在前面冲切完成，考虑到增加带料的刚度，把外分解 5 的冲切安排在最后成形任务完成后进行，但是设计时在外分解 5 的位置范围内设计了一个导正孔，与现有的孔配合使用，一起用于精确导正。

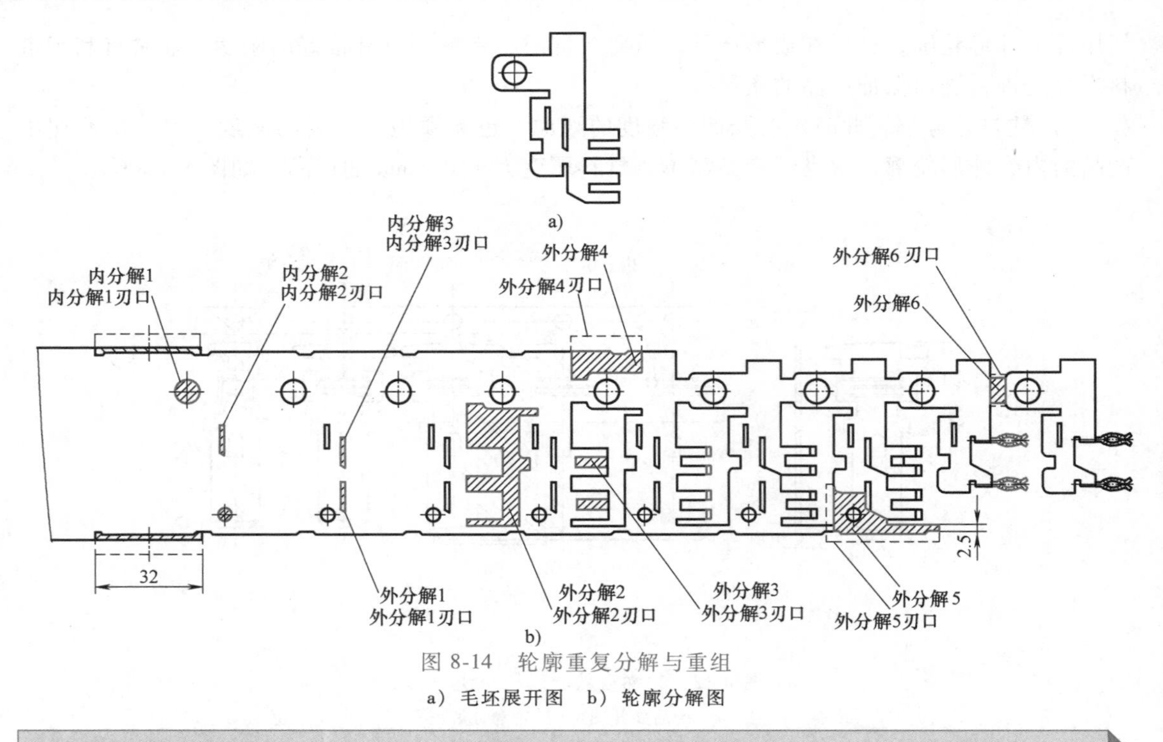

图 8-14　轮廓重复分解与重组

a）毛坯展开图　b）轮廓分解图

扩展阅读

1）分段冲切设计中，在成形复杂的情况下，要充分利用重复分解的设计思路，在冲切掉的内、外形轮廓的废料中做文章，在冲切的废料中尽量分解出有利于带料送进，有利于导向导正，有利于保证凸、凹模强度，并有利于产品外观分段冲切分解方案的。

2）冲切刃口的外形设计实际上就是确定产品复杂外形或内形的冲切次数及每次冲切的刃口形状。如图 8-14 所示，内形主要是一个圆孔和两个异形孔，由于每个孔的形状比较简单，因此每个孔都是一次冲切完成的，所用冲孔凸模的刃口形状与孔形相似。但外形的形状较为复杂，这里分 6 次冲切完成，即外分解 1~6，此时刃口形状不一定与所冲废料的形状相同，如外分解 4、5 和 6 的刃口就与所冲废料的形状不同，而外分解 2 的刃口形状与所冲废料的形状相似。

2. 轮廓分解时分段搭接头的基本形式

内、外形轮廓分解后，各段之间必然要形成搭接头，不恰当分解会使搭接头处产生毛刺、错牙、尖角、塌角、不平直和不圆滑等质量问题。常见的搭接头形式有平接、交接和切接三种。

（1）平接　平接就是把工件的直边段分两次冲切，即先在一个工位上冲去一部分，下一工位再冲去余下的部分，两次冲切刃口平行、共线，但不重叠，如图 8-15 所示。平接在搭接头处易产生毛刺、台阶、不平直等质量问题，生产中应尽量避免采用。为了保证平接各段的搭接质量，应在各段的冲切工位上设置导正销。

（2）交接　交接是指前后两次冲切刃口之间相互交错，有少量重叠部分，如图 8-15 所示。按交接方式进行刃口分解，对保证搭接头的连接质量比较有利，实际生产中多数采用这种搭接方式。

（3）切接　切接是毛坯圆弧部分分段冲切时的搭接形式，即在前一工位先冲切一部分圆弧段，在后续工位上再冲切其余部分，前后两段相切，如图 8-15 所示。

与平接相似，切接也容易在搭接头处产生毛刺、错牙、不圆滑等质量问题。为了改善切接质量，可以在圆弧段设计凸台。

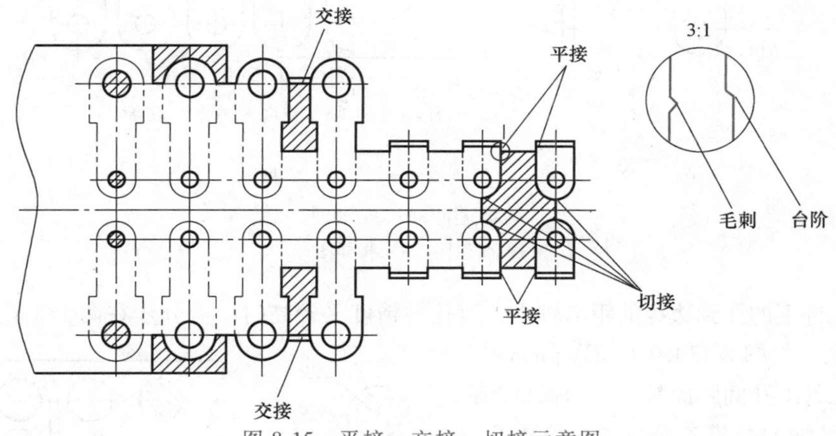

图 8-15　平接、交接、切接示意图

8.1.4　工序排样

工序排样是级进冲压排样的最后一步，是在毛坯排样和冲切刃口外形设计的基础上进行的，主要有以下几种。

1. 工序确定与排序

主要考虑工件的形状、尺寸及各工位材料变形和分离的合理性。基本原则是要利于下道工序的进行，做到先易后难、先冲平面形状后冲立体形状。

（1）级进冲裁的工序排样

1）带孔的工件，先冲孔，后冲外形。若内孔或外形复杂，应对轮廓进行分解，采用分段切除的办法。如图 8-16 所示工件，其外形简单，但内形复杂，因此这里采用 2 次冲孔以冲出内形。

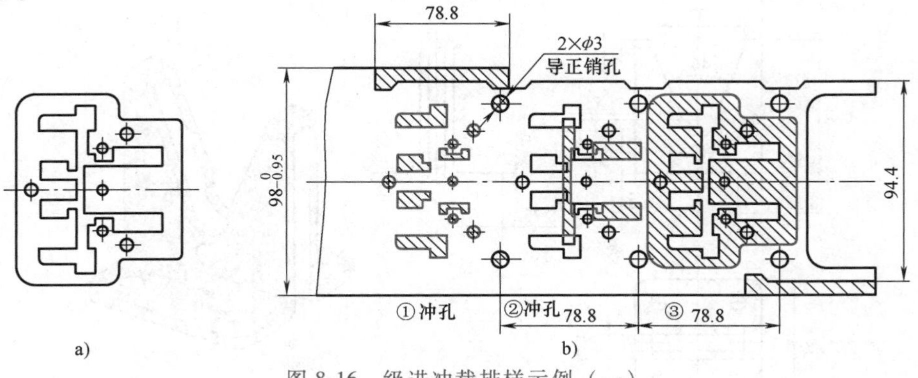

图 8-16　级进冲裁排样示例（一）

a）工件图　b）排样图

2）工件上有严格要求的相对尺寸，应放在同一工位冲出。若无法安排在同一工位冲出，可安排在相近工位冲出，如图 8-17 所示的 ϕ8mm 和 ϕ6mm 的孔。

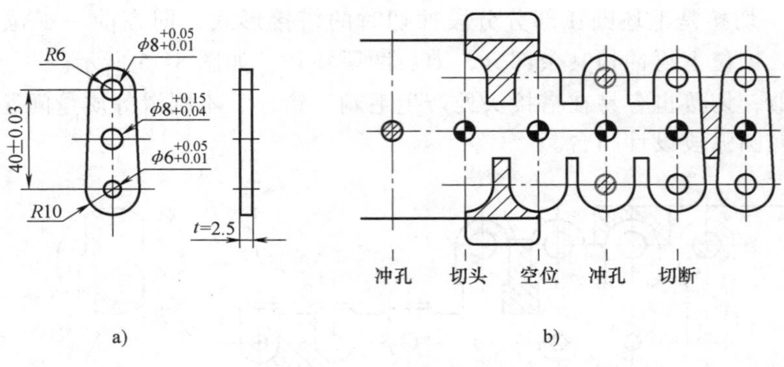

图 8-17　级进冲裁排样示例（二）

a）工件图　b）排样图

3）当工件上的孔到边缘的距离较小，而孔的精度又较高时，应分步在两个工位上冲出，先冲外缘再冲孔，如图 8-17 中的 $\phi8^{+0.05}_{+0.01}$mm 孔。

4）当工件上孔间距离较小，为保证凹模强度及提供足够的凸模安装位置，应将孔安排在相邻的两工位冲出，如图 8-18 所示。

5）轮廓周界较大的冲切工艺应尽量安排在中间冲切，以使压力中心尽量接近模具几何中心。

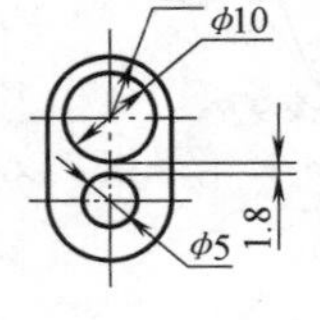

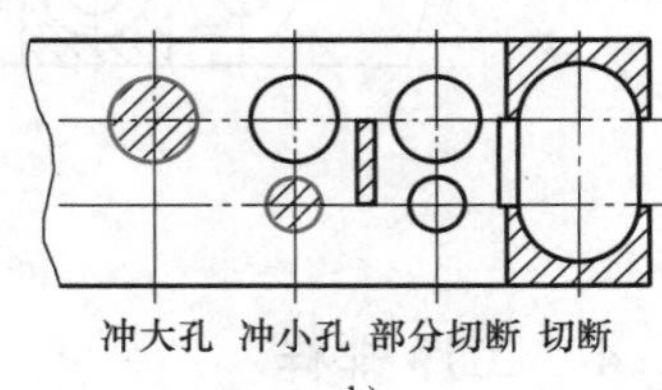

图 8-18　级进冲裁排样示例（三）

a）工件图　b）排样图

（2）级进弯曲的工序排样

1）对于带孔的弯曲类工件，一般应先冲孔，然后冲切掉需要弯曲部分的周边材料，再弯曲，最后切除其余废料，使工件与条料分离，如图 8-19 和图 8-20 所示。但当孔靠近弯曲变形区且又有精度要求时应先弯曲后冲孔，以防孔变形。

2）压弯时应先弯外面再弯里面，弯曲半径过小时应加整形工序（图 8-19）。

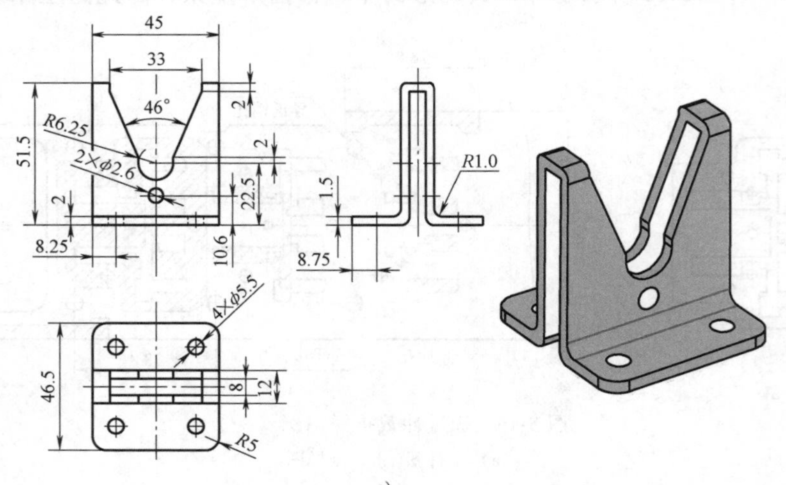

图 8-19　级进弯曲排样示例（一）

a）工件图

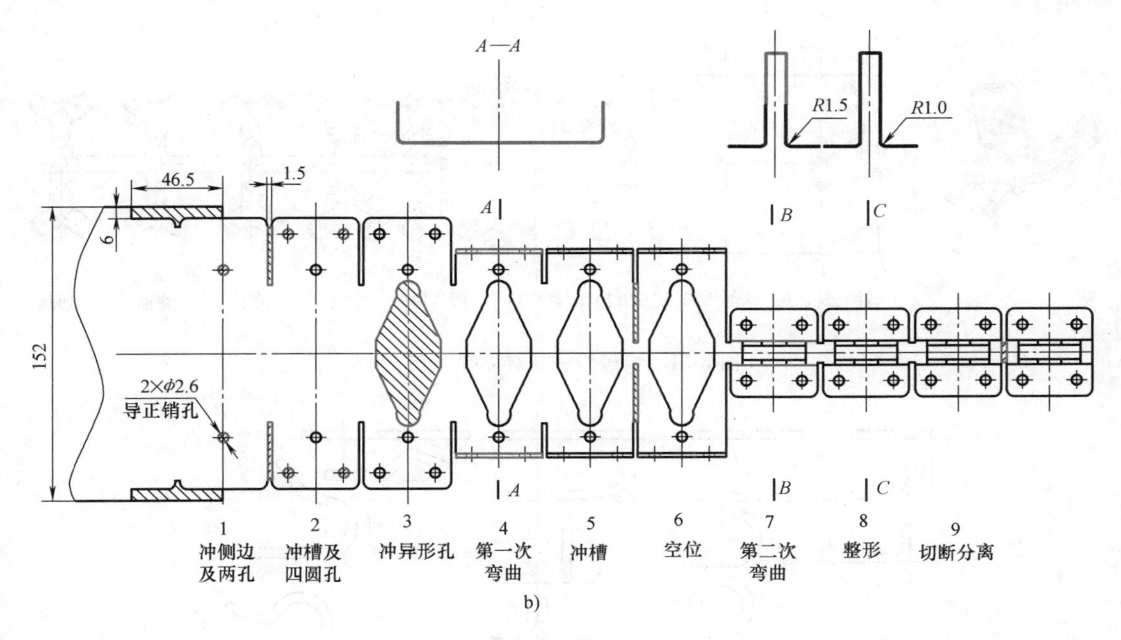

图 8-19　级进弯曲排样示例（一）（续）

b）排样图

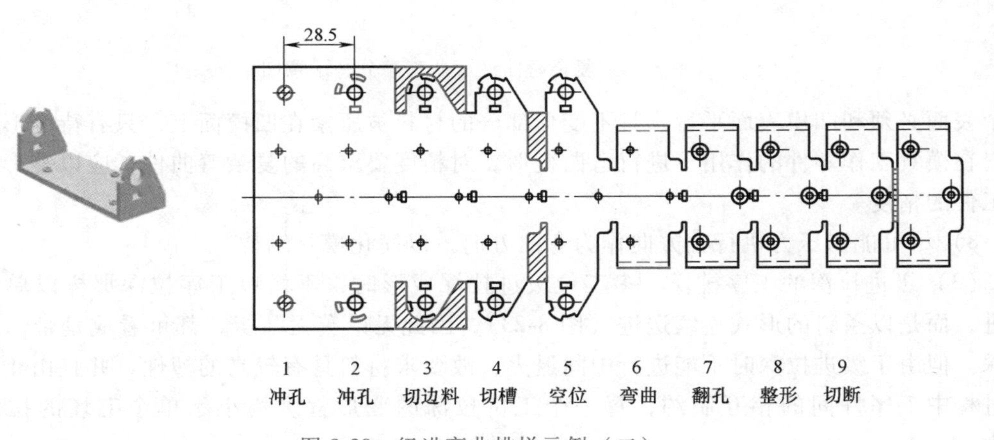

图 8-20　级进弯曲排样示例（二）

3）毛刺一般应位于弯曲区内侧，以减小弯曲破裂的危险，改善产品外观。

4）弯曲线应与纤维方向垂直，当工件在相互垂直的方向或几个方向都要弯曲时，弯曲线应与条料的纤维方向成30°~60°的角度，如图 8-21 所示。

5）对于小型不对称的弯曲件，为避免弯曲时载体变形和侧向滑动，应尽量成对弯曲后再剖切分开（图 8-21）。

6）对于一个工件的两个弯曲部分都有尺寸精度要求时，则应在同一工位一次成形以保证尺寸精度。

7）在一个工位上，弯曲变形程度不宜过大。对于复杂的弯曲件，应分解为简单弯曲工序的组合，逐次弯曲而成，如图 8-22 所示。从该图可以看出，级进弯曲时，被加工材料的

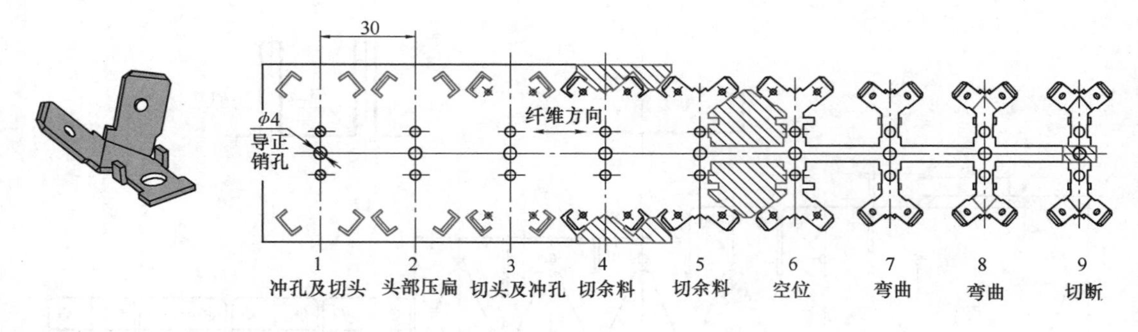

图 8-21 级进弯曲排样示例（三）

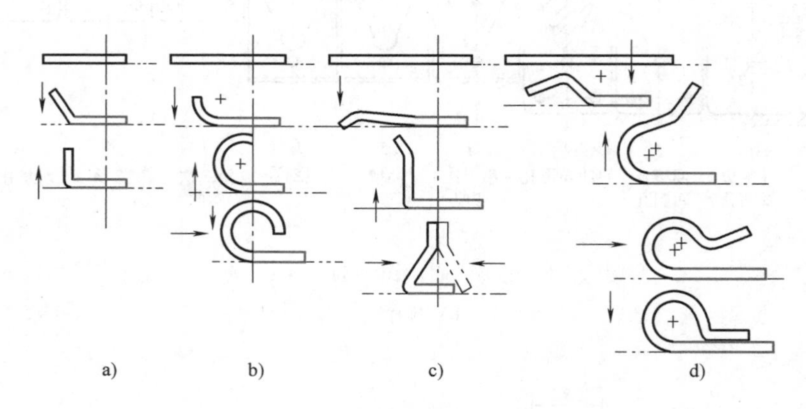

图 8-22 复杂弯曲件弯曲工序分解示意图

一个表面必须和凹模表面平行，且不变形部分的材料被压紧在凹模面上，只有待变形部分的材料在模具工作零件的作用下进行弯曲变形。对精度要求高的复杂弯曲件，应以整形工序保证工件的精度。

8）尽可能以压力机行程方向作为弯曲方向，以简化模具结构。

（3）级进拉深的工序排样 多工位级进拉深成形时，不像单工序拉深那样以单个毛坯送进，而是以条料的形式连续送进（图 8-23），因此无论有无凸缘，都可看成是带凸缘件的拉深。但由于级进拉深时不能进行中间退火，故要求材料具有较高的塑性，并且由于级进拉深过程中工序件间的相互制约，每一个工位拉深的变形程度均小于单个毛坯的拉深变形程度。

按材料变形区与条料分离情况不同，级进拉深可分为无工艺切口和有工艺切口两种工艺方法。无工艺切口的级进拉深（图 8-23a）是在整体条料上拉深。由于相邻两个拉深工序件之间相互约束，材料在纵向上的流动困难，变形程度大时就容易拉裂，所以每道工序的变形程度比较小，因而工位数较多。这种方法的优点是节省材料，主要适用于拉深有较大的相对厚度[$(t/D)\times100>1$]、凸缘相对直径较小（$d_f'/d=1.1\sim1.5$）和相对高度 H/d 较小的拉深件。

有工艺切口的级进拉深是拉深前在工件的相邻处切开一切口或切缝（图 8-23b），使被拉深的材料与条料部分分离，从而减小相邻两工序件相互影响和约束的程度。此时的拉深与单个毛坯的拉深相似，所以每道工序的拉深系数可小些，即可减少拉深次数，且模具较简单，但材料消耗较多。这种方法一般用于拉深较困难，即工件的相对厚度较小、凸缘相对直径较大和相对高度较大的拉深件。

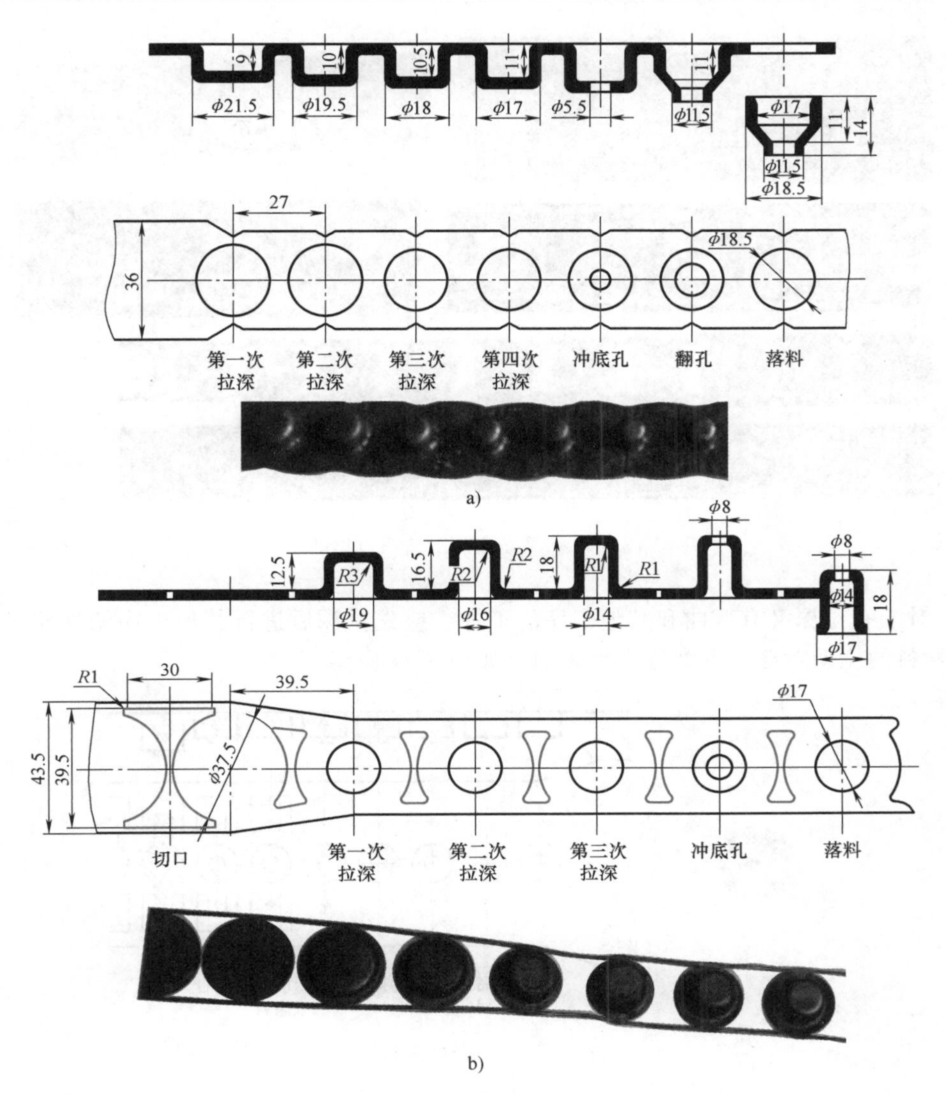

图 8-23　条料的级进拉深示例

a）无工艺切口的级进拉深　b）有工艺切口的级进拉深

扩展阅读

在有工艺切口的级进拉深中，切口形状与尺寸没有统一的标准，通常情况下，可根据拉深件实际使用的毛坯形状与尺寸、拉深件的精度要求及原材料厚度等因素确定，形式有多种。图 8-24 所示为部分拉深工艺切口形式。选择合适的切口时，拉深后条料的宽度几乎不发生变化，因此仍可采用导正销导正，以达到精确定位的目的。

凸缘材料的收缩是拉深时材料变形的主要特征。级进拉深工序排样中，关键是要解决因凸缘收缩而导致的各工位进距和条料宽度不一致的问题。为此，级进拉深工序排样应遵循以下原则：

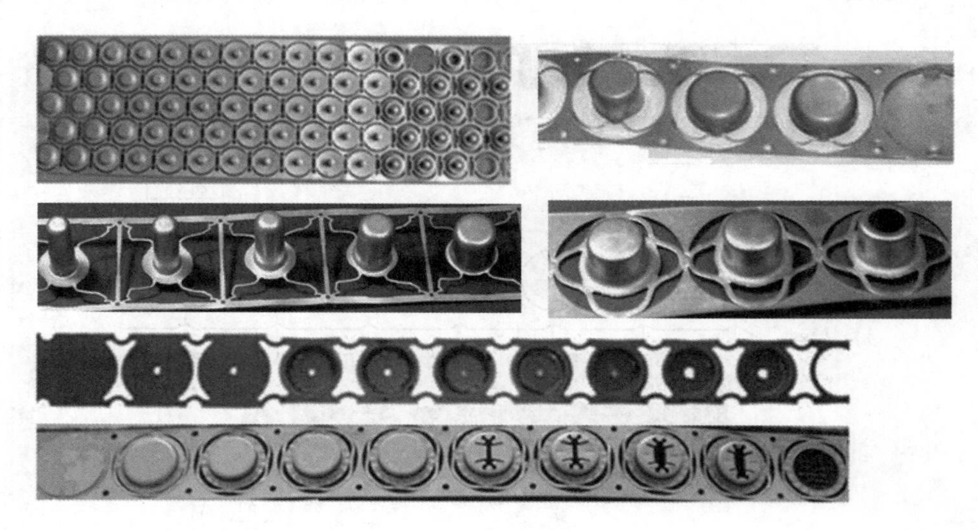

图 8-24　部分拉深工艺切口形式

1）对于有拉深又有弯曲和其他工序的工件，应先拉深后进行其他工序的冲压，以避免拉深时材料的流动对已成形部位产生影响，如图 8-25 所示。

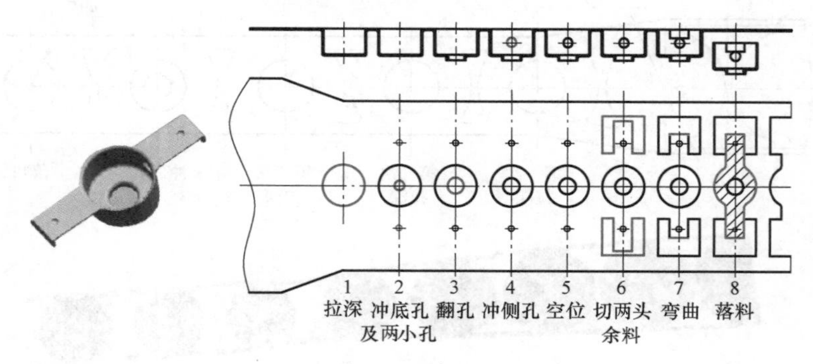

图 8-25　级进拉深示例

2）拉深件底部有较大孔时，可以在拉深前先冲较小的预制孔，以改善材料的拉深性，拉深后再将孔冲到需要的尺寸。

3）适当增大空位作为试模时拉深次数调整的预备工位，且能利于提高载体的刚性，便于送料。

（4）有局部成形工序的工件工序排样

1）对于有局部成形的带孔件，若孔距离局部成形区较近，应先成形再冲孔（图 8-26）。

2）轮廓旁的鼓包要先冲，以避免轮廓变形。若鼓包中心线上有孔，应先冲出小孔，待鼓包压成后再将孔冲到需要的尺寸。

3）进行有局部压扁的冲压件的排样设计时，压扁前应将其周边余料适当切除，压扁完成后再进行一次精确冲切（图 8-26）。

2. 空工位设置

空工位简称空位，是指工序件经过时不进行任何冲压加工的工位。级进模中空位的应用

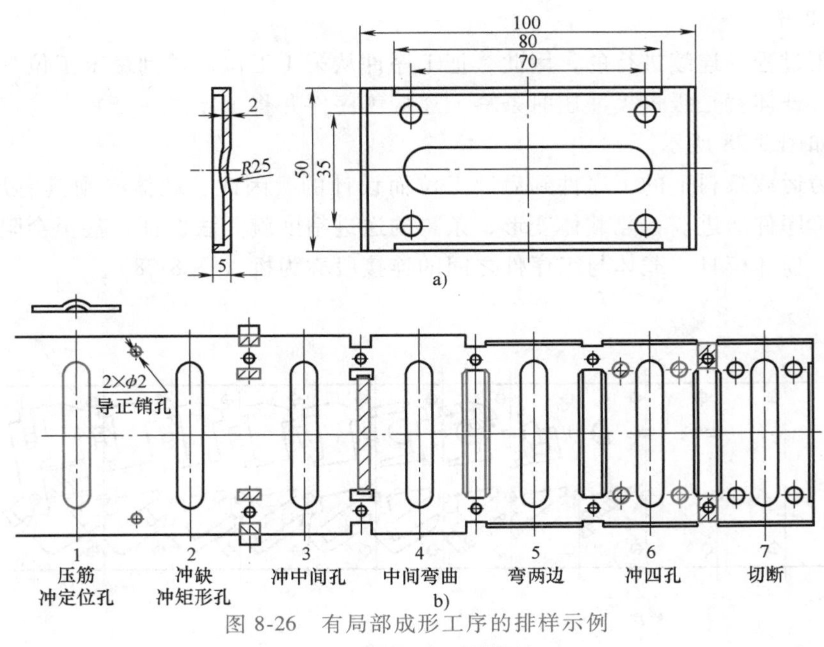

图 8-26　有局部成形工序的排样示例

a）工件图　b）排样图

非常普遍，设置空位的目的有以下几点：

1）提高模具强度、保证模具的寿命。如两孔距太近，为避免凹模孔壁过薄，中间设置一空位。

2）为模具中设置的特殊机构（如侧冲机构）提供足够的安装空间。

3）关键的成形工序可能达不到理想效果时，通常紧跟其后预留空位。

图 8-27 所示的工序排样中，第 4 和第 6 工位就是空位。

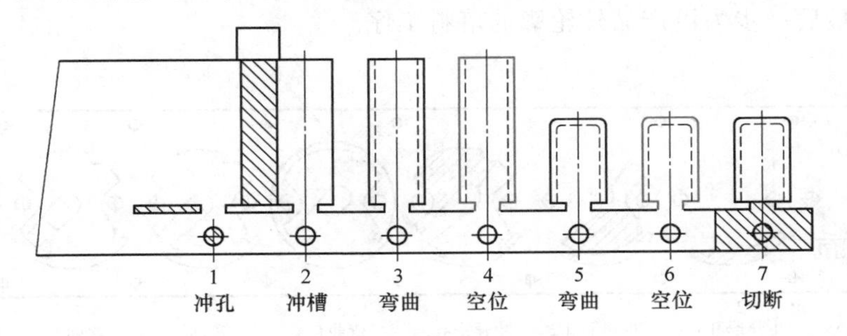

图 8-27　空工位示意图

实际生产中，空位的设置还基于下列考虑：

1）条料的级进拉深中，补偿拉深次数计算误差。

2）产品局部结构的改进导致模具结构也应进行相应调整，为避免重新制造新模具，利用预先设置的空位进行调整。

3. 载体设计

级进冲压过程是连续进行的，因此，把工序件从第 1 工位运送到最末工位是级进模的基本功能之一。载体就是级进模冲压时条料上连接工序件并将工序件在模具上稳定送进的那一部分材料，如图 8-28 所示。

载体是为运载条料上的工序件到后续工位而设计的，因此，载体必须具有足够的强度，能平稳地将工序件送进。一旦载体变形，条料的送进精度就无法保证，甚至会阻碍条料送进或造成事故、损坏模具。载体与工序件之间的连接段称为桥（图 8-28）。

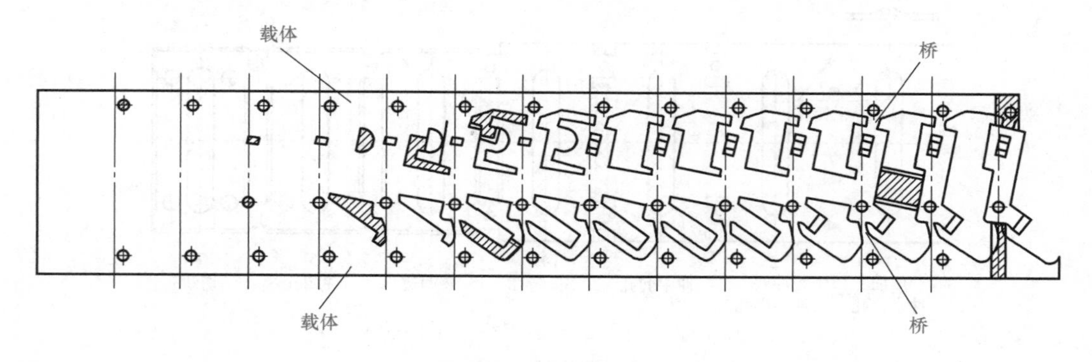

图 8-28 载体示意图

载体由形式和尺寸两个要素决定，它们与产品外形和尺寸有密切关系。为了保证载体强度，不可单纯依靠增加载体宽度，更重要的是要合理选择载体形式。按照载体的位置和数量不同，一般可把载体分为边料载体、单侧载体、双侧载体、中间载体和特殊载体五类。

（1）边料载体　边料载体是利用搭边废料作为载体的一种形式，此时沿整个工件周边都有废料。这种载体稳定性好、简单，如图 8-29 所示。这种载体适合冲制内部有成形要求的产品，通常最后一步为沿产品外轮廓的落料工序。

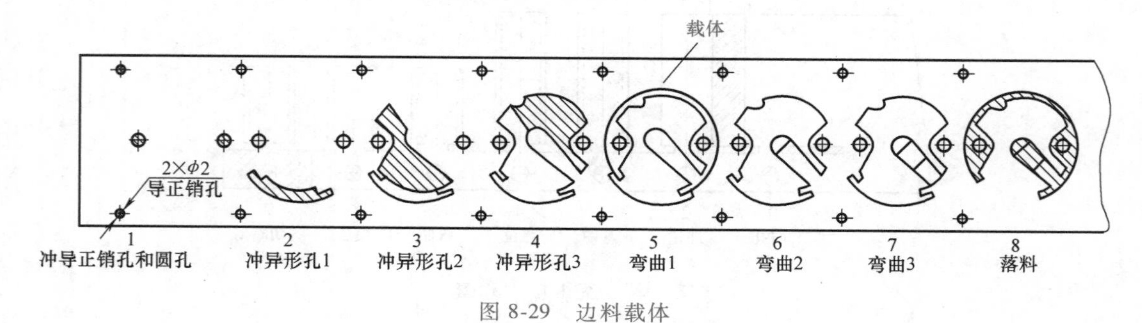

图 8-29 边料载体

（2）单侧载体　单侧载体简称单载体。它是在条料的一侧留出一定宽度的材料，并在适当位置与工序件连接，实现对工序件的运送。单侧载体一般应用于条料厚度在 0.5mm 以上的冲压件，特别适用于工件一端或几个方向有弯曲的场合，如图 8-27 所示。

（3）双侧载体　双侧载体又称标准载体，简称双载体。它是在条料两侧分别留出一定宽度的材料运载工序件，工序件连接在两侧载体中间，双侧载体比单侧载体更稳定，具有更高的定位精度。这种载体主要用于薄料（$t \leqslant 0.2$mm）、工件精度要求较高的场合，但材料的利用率有所降低，往往是单件排列。

双侧载体分为等宽双侧载体（图 8-30）和不等宽双侧载体（图 8-31）两种，等宽双侧载体一般应用于进距精度高、条料偏薄、精度要求较高的冲裁多工位级进模或精度较高的冲裁弯曲多工位级进模，在载体两侧的对称位置冲出导正销孔。不等宽双侧载体中，宽的一侧称为主载体，窄的一侧称为副载体，一般在主载体上冲导正销孔，条料沿主载体一侧的导料板送进。

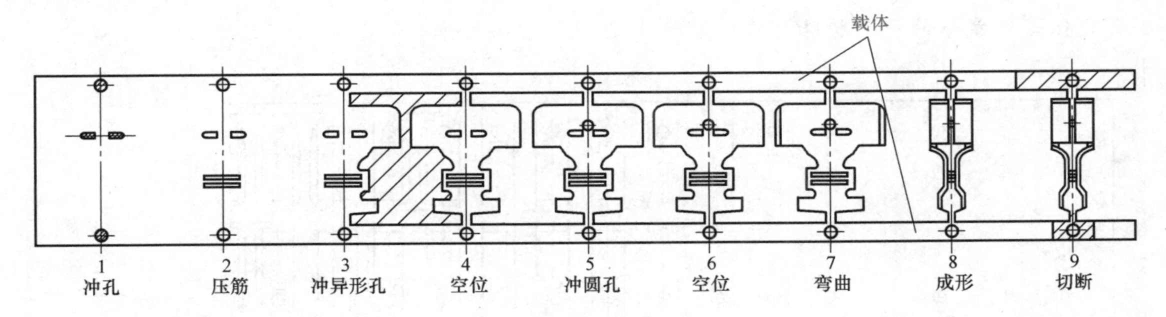

图 8-30　等宽双侧载体

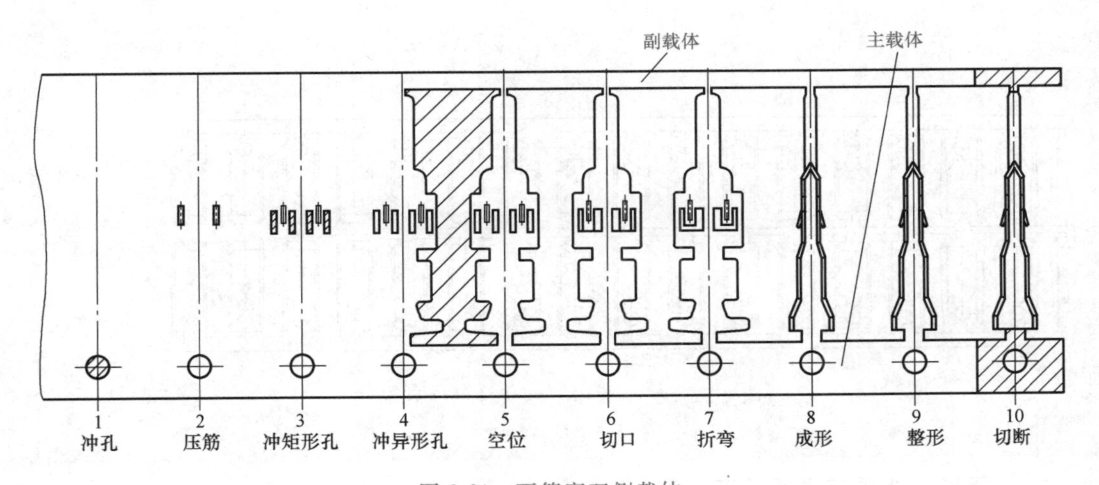

图 8-31　不等宽双侧载体

（4）中间载体　中间载体与单侧载体类似，但载体位于条料中部，如图 8-20 和图 8-21 所示。它比单侧载体和双侧载体节省材料，在弯曲件的工序排样中应用较多，最适合材料厚度大于 0.2mm 的对称性且两外侧有弯曲的工件。中间载体宽度可根据工件的特点灵活掌握，但不应小于单侧载体的宽度。

（5）特殊载体　实际设计过程中，载体和搭桥的设计要灵活巧用，才能达到满意的效果。图 8-10a 所示为某产品的展开尺寸，产品料厚为 0.25mm，展开尺寸的最小处为 0.5mm。如果采用常规的载体搭桥设计方法，根本就不能顺利送料。根据该展开图的特点，设计时将搭桥设计成一种借桥形式，得到特别的框形搭桥，通过框形搭桥的设计，在产品的中间部位新增一条载体，极大地增强了条料的强度和刚度。目前，借桥形式在多工位级进模尤其是高速级进模中生产奇形、小尺寸的情况下使用越来越多。

扩展阅读

一般的排样中最多就两个载体，但也有特殊情况需要用到三个载体，如图8-32所示。图中是一个双排倍距的具有典型意义的排样设计，适用于产品小、量特别大的场合。双排就是两排同时往前送进，倍距就是双倍的距离进行跳步，把两对产品看成一步，每工作一步，可以冲出四个产品，生产率是普通正常冲压的四倍，设计时充分使用了三个载体。三个载体是双载体的一种特殊形式，理论上还归属于双载体。

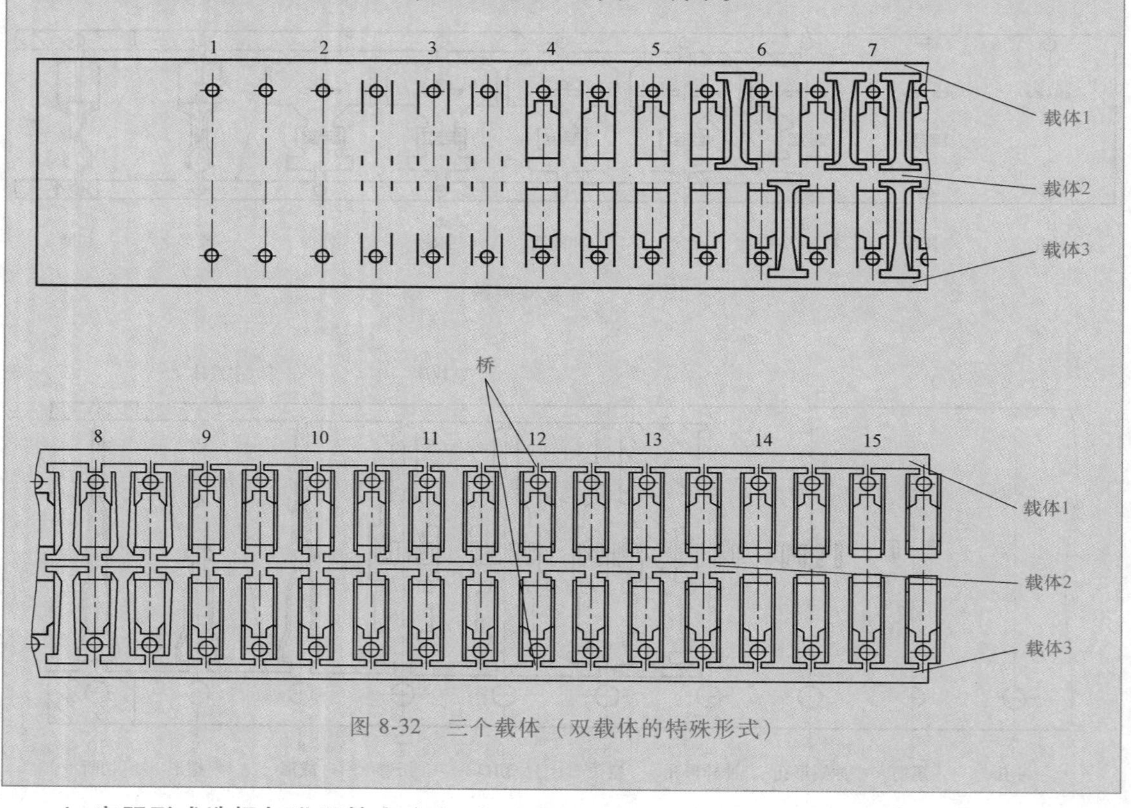

图8-32　三个载体（双载体的特殊形式）

4. 定距形式选择与进距精度确定

（1）定距形式选择　由于多工位级进模是将工件的冲压加工工序分布在多个工位上依次完成的，要求前后工位工序件的冲切刃口能准确衔接和匹配，这就要求工序件在每一工位上都能被准确定距定位。

多工位级进模的定距形式主要有三种：侧刃定距、侧刃与导正销联合定距、自动送料装置与导正销联合定距以及自动送料装置、侧刃与导正销联合定距。

1）侧刃定距。在材料厚度 $t=0.1\sim1.5$mm、工位数不多（人工送料时，工位数以3~6个为宜）的级进模中侧刃定距是一种比较常用的定距方式。定距用的侧刃一般安排在第1工位，目的是使冲压一开始条料就能按一定进距送进。当侧刃作为唯一的定距零件使用时，侧刃的刃口宽度等于进距尺寸。粗定位（导正销进行精定位）时，侧刃的刃口宽度应略大于送料进距0.04~0.12mm。

侧刃可以是单侧刃也可以是双侧刃。单侧刃即在条料一侧的第1工位上安排一个侧刃，当条料送过侧刃后便无法再对条料定距，料尾就浪费了。采用双侧刃时，两个侧刃一般错开排列，把第二个侧刃安排在最后一个工位上（图 8-33f），这样就可以充分利用料尾。侧刃通常与侧刃挡块配合使用以减轻导料板的磨损。图 8-33 所示为各种侧刃的平面布置图。

2）侧刃与导正销联合定距。侧刃与导正销混合使用时，侧刃进行粗定距，导正销进行精确定距。图 8-34 所示为两者配合使用示意图，导正销孔和侧刃的冲制应放在第 1 工位，导正销应设置在紧挨冲导正销孔之后的位置上。

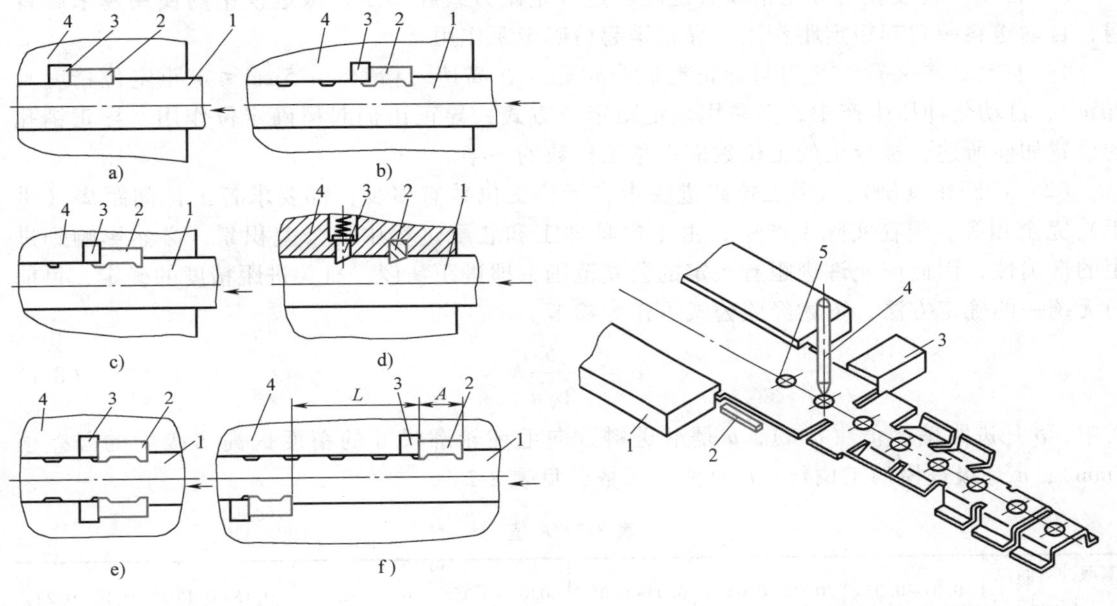

图 8-33　各种侧刃的平面布置图

1—条料　2—侧刃　3—侧刃挡块

4—导料板

图 8-34　导正销工作示意图

1—导料板　2—侧刃冲去的料边　3—侧刃挡块

4—导正销　5—导正销孔

① 导正销的导正方法及导正销孔位置。导正销导正的方法有两种：直接导正和间接导正。两种导正方法的特征见表 8-1。对精度和质量要求高的产品应尽可能采用间接导正，以避免导正孔变形或被划伤。多工位级进模中绝大多数采用间接导正。

表 8-1　两种导正方法的特征

类型	图例	特征
直接导正	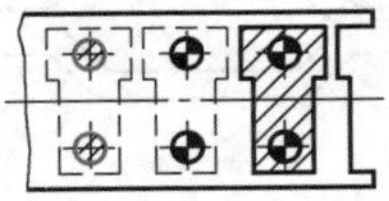	材料利用率高 便于模具加工 易引起孔变形 外形与孔的位置易保证
间接导正	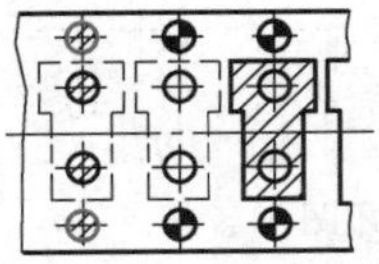	材料利用率低 模具加工工作量增加 产品孔不会变形 载体与毛坯的位置不易保证

导正销孔一般在第1工位冲出，在第2工位必须导正，以后每个重要加工工位都应设置导正销。导正销孔可以设置成双排或单排，这主要取决于工件的形状和模具结构。当条料宽度较大时尽量采用双排导正销孔。

② 导正销孔直径。导正销孔直径 D 一般可根据材料厚度按经验值选取：当材料厚度 $t\leqslant 0.5$mm 时，$D=1.6\sim2.0$mm；当材料厚度 $0.5\text{mm}<t\leqslant1.0$mm 时，$D=2.0\sim2.5$mm；当材料厚度 $1.0\text{mm}<t\leqslant1.6$mm 时，$D=2.5\sim4.0$mm。

3）自动送料装置与导正销联合定距。这种定距方式在多工位级进模中的使用越来越普遍，自动送料装置起粗定距作用，导正销起精确定距作用。

4）自动送料装置、侧刃与导正销联合定距。在高速、精密（$-5\mu m\leqslant$定距定位精度$\leqslant 5\mu m$）、自动化冲压生产中，多采用该定距定位方式，导正销仍起精确定位作用。导正销孔的设置如前所述，被导正的工位数应占总工位数的一半。

（2）进距精度确定　多工位级进模中，无论工位数有多少，都要求各工位间距离（进距）完全相等。但在实际生产中，由于模具加工和装配过程中的公差积累，必然影响到进距的准确性，因此应允许进距有一定的公差范围，即进距精度。有关进距精度的确定，目前尚无统一的确定方法，下述经验公式可作为参考。

$$\delta=\pm\frac{b}{2\sqrt[3]{n}}K \tag{8-1}$$

式中，δ 是进距偏差值（mm）；b 是沿送料方向毛坯轮廓尺寸的精度提高3级后的公差值（mm）；n 是级进模的工位数；K 是修正系数，见表8-2。

表8-2　K 值

双面冲裁间隙 Z/mm	0.01~0.03	0.03~0.05	0.05~0.08	0.08~0.12	0.12~0.15	0.15~0.18	0.18~0.22
K 值	0.85	0.90	0.95	1.00	1.03	1.06	1.10

5. 排样设计举例

（1）排样设计过程　下面以图8-35所示工件为例说明排样图的设计过程。由于是弯曲件，首先应求出其展开图（若是冲裁件，此步可省略；若是拉深件，则在排样前需要计算

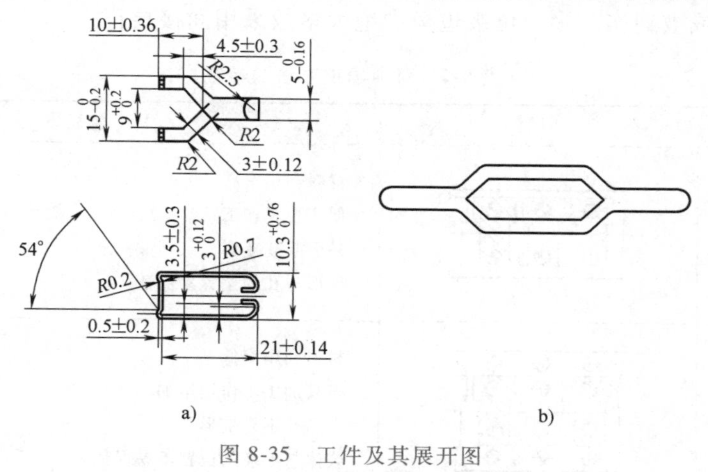

图8-35　工件及其展开图

a）工件图　b）展开图

毛坯展开尺寸、拉深次数、每次拉深后的工序件尺寸及条料宽度尺寸等），然后按照毛坯排样、冲切刃口外形设计、工序排样的步骤进行。

1）毛坯排样。图 8-36 所示为上述弯曲件展开后毛坯的三种排样方案。由图可见，尽管第三种排样方案的材料利用率最高，但考虑工件两端需要弯曲的特殊性，为了操作方便与安全，这里选用第一种排样方案。

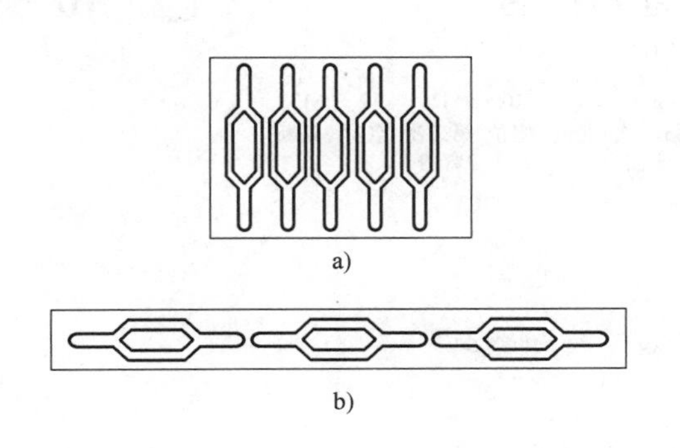

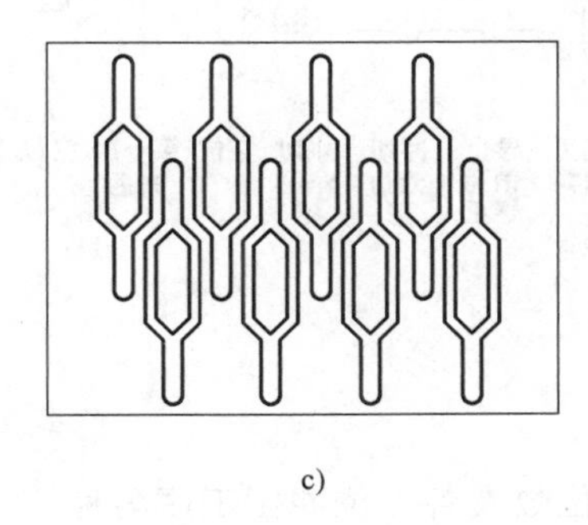

图 8-36　三种毛坯排样方案

a）竖排（$\eta=26\%$）　b）横排（$\eta=26\%$）　c）多排（$\eta=41\%$）

2）冲切刃口外形设计。针对确定的毛坯排样，可以设计如图 8-37 所示的刃口分解图。首先用特殊侧刃切去料边进行粗定位，同时冲出导正销孔，这样可以在后续加工中利用导正销孔进行精定位，接下来冲出中间的六边形孔。由于两头都要弯曲，因此在弯曲之前需要将待弯部分与条料分离，待弯曲结束后将与条料相连的部分切除。

3）工序排样。在上述排样设计的基础上，设计出如图 8-38 所示的工序排样图。

（2）排样图的绘制　排样设计完成后，最终是以排样图的形式表达的。工序排样图可按下述步骤绘制：

1）首先绘制一条水平线，再根据确定的进距绘出各工位的中心线。

2）从第 1 工位开始，绘制冲压加工的内容。若第 1 工位冲导正销孔或侧刃定距，则只需要绘出导正销孔或冲去的料边。

3）再绘第 2 工位的加工内容，此时第 1 工位冲出的孔或切的口等也应绘出。

4）绘制第 3 工位的加工内容，即使是空位也应绘出，并且第 1、第 2 工位所加工出的形状也应该在此表达。

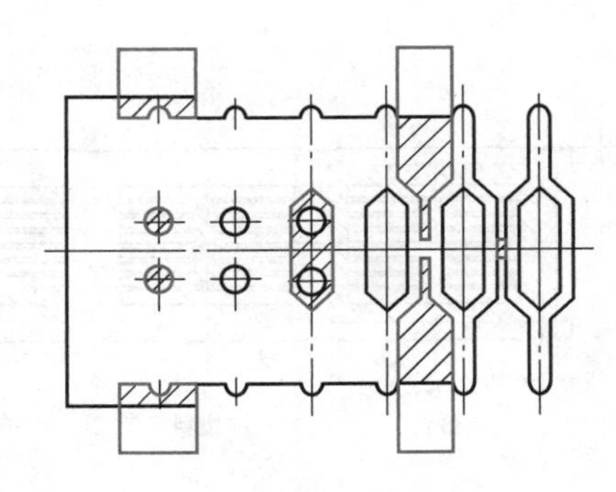

图 8-37　刃口分解图

5）以此类推，直至绘完所有工位，最后一步为落料时，只需绘制出落料外形。

6）检查各工位的内容是否绘制正确，对不正确的地方进行修改。

7）检查完后再绘制出条料的外形。

8）为便于识图，每个工位的加工内容可以画上剖面线或以不同的颜色绘制。

9）标注必要的尺寸，即进距、料宽、导正销孔径、侧刃所冲料边宽度等，并注上送料

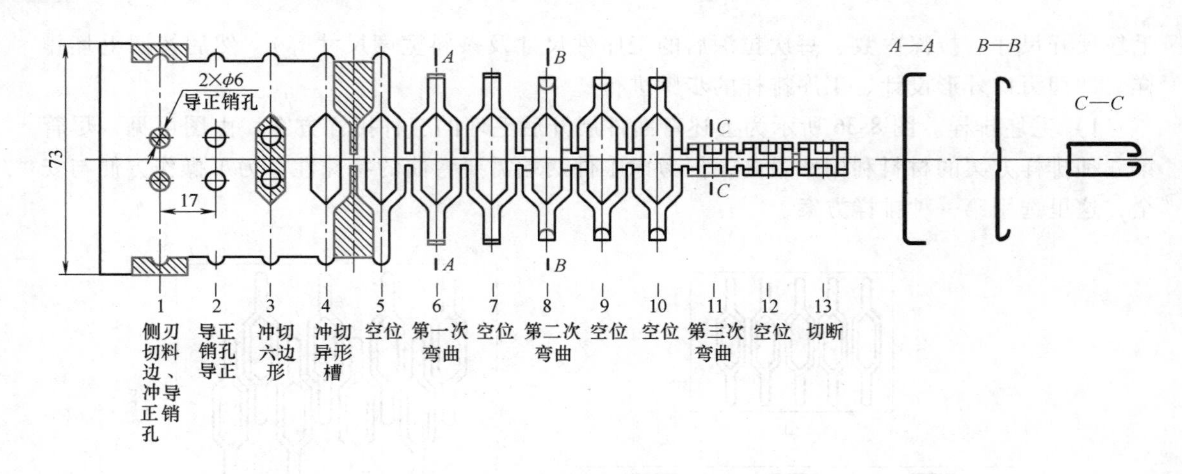

图 8-38 工序排样图

方向、工位数及各工位冲压工序名称。

图 8-39 所示为 14 脚 IC 引线框工件图及级进冲裁工序排样图。对于纯冲裁的排样图，一个视图即可表达。

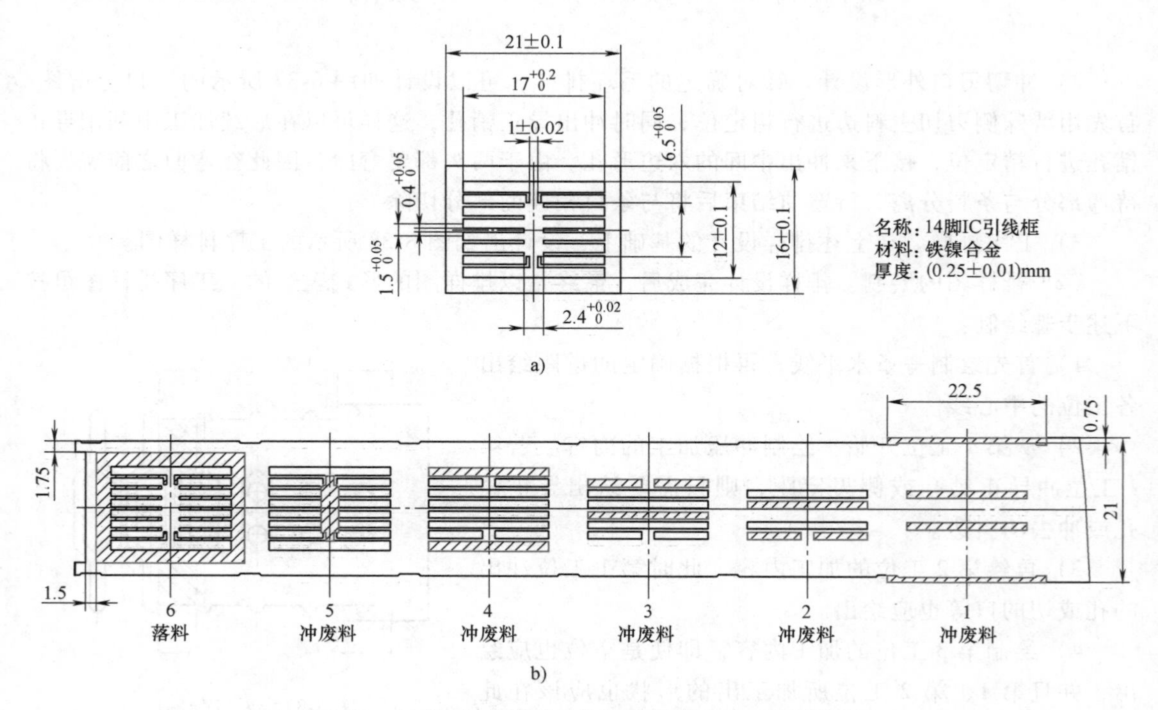

图 8-39 14 脚 IC 引线框工件图及级进冲裁工序排样图

a）工件图 b）排样图

图 8-40 所示为钽电容器外壳工件图及级进拉深工序排样图。这种排样图需要将每次拉深的高度和直径等表达出来，因此有两个视图。

图 8-41 所示为导电片工件图及级进弯曲工序排样图。排样图中对压弯成形部分，应有详图表示，如图 8-41b 所示的 6、7、8 工位。

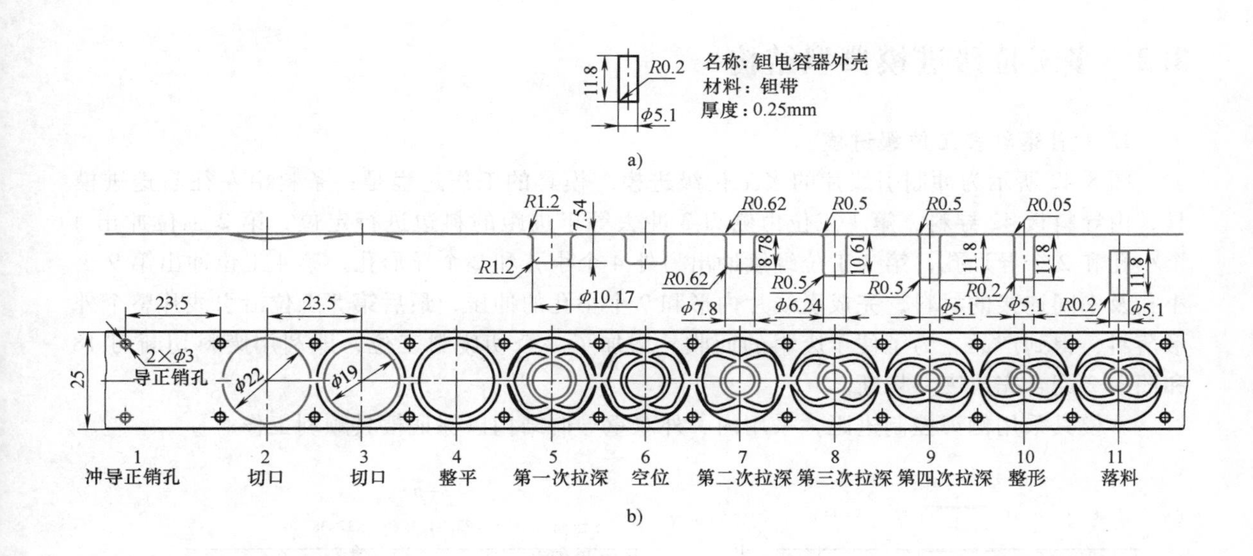

图 8-40　钽电容器外壳工件图及级进拉深工序排样图

a）工件图　b）排样图

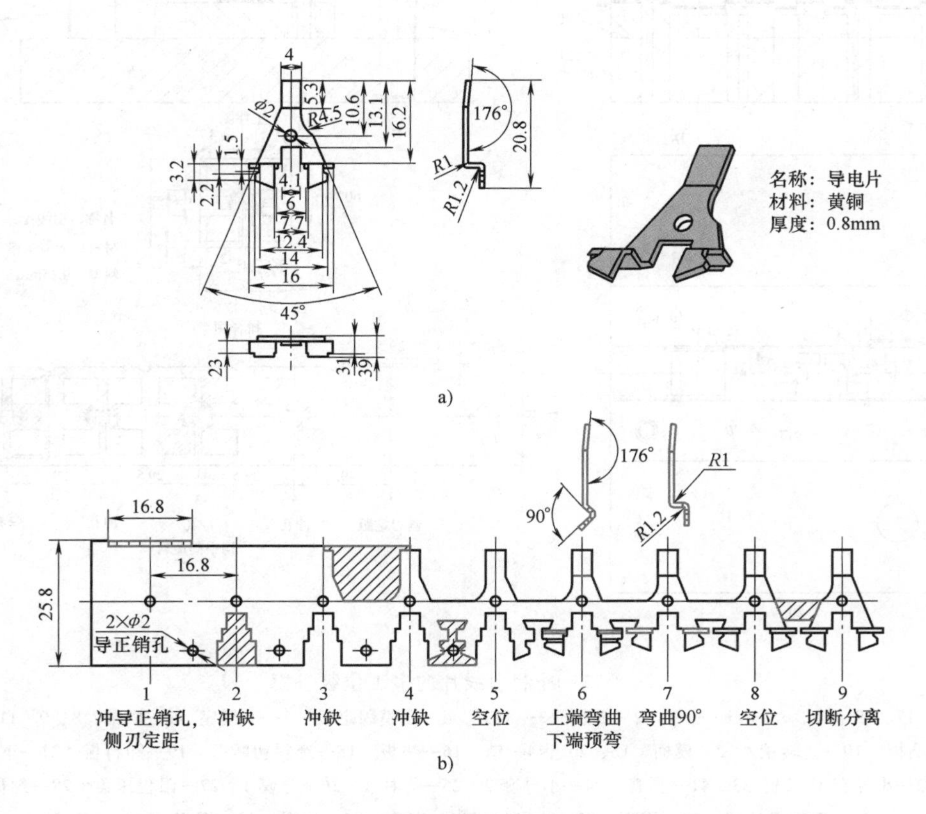

图 8-41　导电片工件图及级进弯曲工序排样图

a）工件图　b）工序排样图

8.2 多工位级进模典型结构

1. 冲孔落料多工位级进模

图 8-42 所示为冲制引线片的多工位级进模。模具的工作过程是：条料由左往右送进模具，由导料板 42 导料，第 1 工位由侧刃 3 冲去等于进距的料边进行定位，第 2 工位冲出 4 个小孔和 2 个异形孔，第 3 工位继续冲出另外 4 个小孔和 2 个异形孔，第 4 工位冲出第 9 个小孔及中间连接的材料，完成引线片内形和 9 个小孔的冲压，最后第 5 工位沿引线片整个外形落料，得到产品。为了便于废料的回收，增加了一个切废料工位，即利用废料切断刀 18 和凹模 2 配合完成废料切断。

本模具采用侧刃控制进距，采用内、外双重导向结构以保证模具顺利工作。

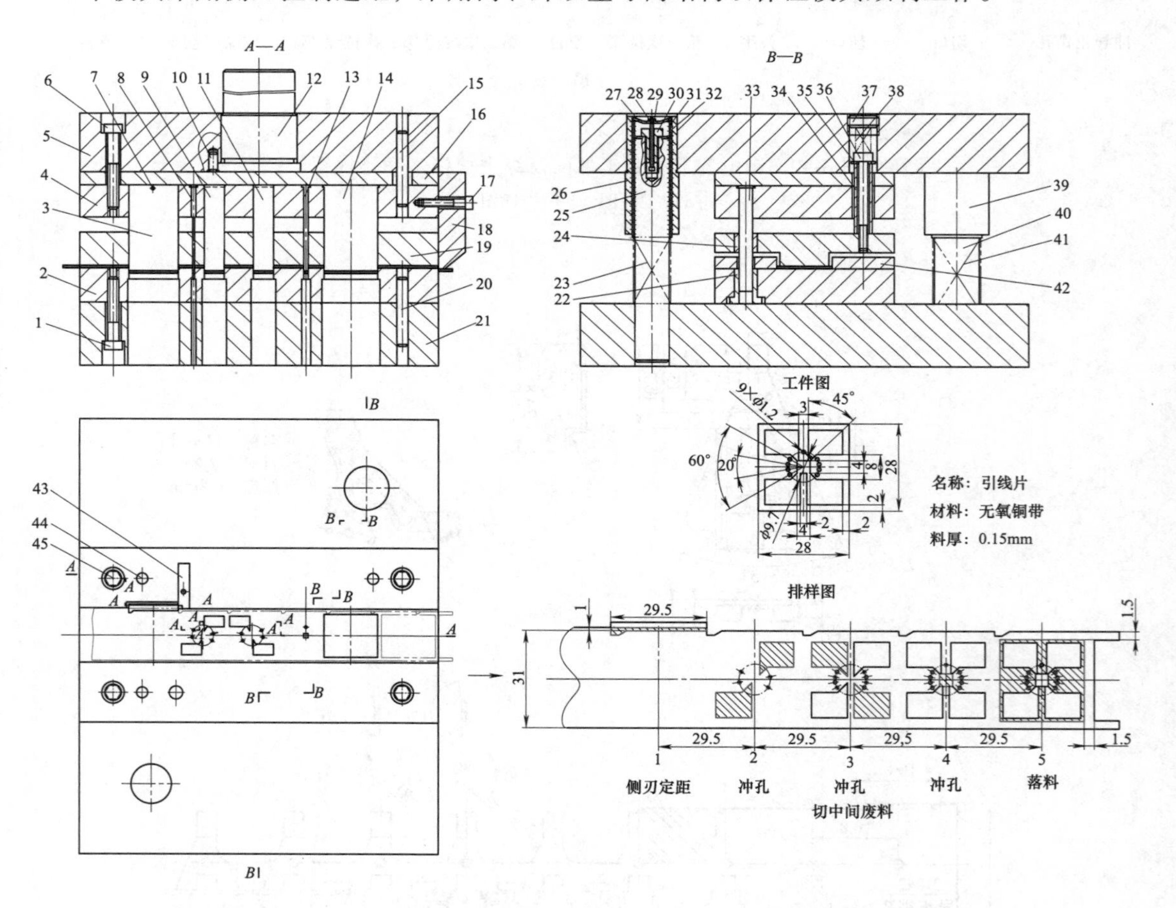

图 8-42 冲制引线片的多工位级进模

1、6、17、29、30、36、45—螺钉 2—凹模 3—侧刃 4—凸模固定板 5—上模座 7—横销 8、9、11、13、14—凸模 10—止转销 12—模柄 15、20、44—销 16—垫板 18—废料切断刀 19—卸料板 21—下模座 22—小导套 1 23、38、41—弹簧 24—小导套 2 25—导柱 1 26—导套 1 27—限程压盖 28—螺母 31—钢珠保持圈 32—钢珠 33—小导柱 34—套管 35—垫圈 37—螺塞 39—导套 2 40—导柱 2 42—导料板 43—侧刃挡块

扩展阅读

1）如图 8-42 所示，多工位级进冲裁的突出特点之一就是能将工序进行分解，利用冲废料的方法避免直接冲窄小的悬臂和凹槽，也可通过工序分解的方法实现孔距很近的群孔的冲压。

2）尽管多工位级进模的结构比普通模具复杂得多，但组成模具的零件仍然是工作零件，定位零件，卸料、压料及送料零件，导向零件和固定零件五个部分，因此看多工位级进模图的方法也可遵循普通模具的看图方法，即从工作零件开始，从里向外。与普通模具不同的是其结构要复杂得多，因此必须借助于排样图，可以从俯视图开始，结合主视图和其他视图看懂模具结构。例如在找工作零件时，可以根据排样图上的工位数逐个工位地找出每个工位上的凸模和凹模。

2. 冲裁弯曲多工位级进模

级进弯曲是将条料的局部冲裁与毛坯的依次弯曲成形有机组合在一起的成形工艺。由于弯曲方向可以是任意的，因此它是多工位级进模中结构最复杂、运动机构最多的一种模具。冲裁的作用是在规定的工位冲导正销孔，冲出不受弯曲影响的工件上的各种型孔，在弯曲成形工位前冲出待弯曲部位的展开尺寸与形状，在条料上冲出传递毛坯的载体，以及在弯曲后冲孔和使弯曲件与载体分离。

图 8-43 所示为罩盖多工位级进模。模具的工作过程是：条料由左往右送进模具，由导料板 2 导料和自动送料装置初步控制进距，进入模具后由槽式浮顶装置和导正销对条料进行精确定位，第 1 工位冲导正销孔和工件上的 3 个小孔，第 2 工位冲异形孔，第 3 工位冲中间异形孔，第 4 工位空位，第 5 工位弯曲 4 边，第 6 工位整形，第 7 工位落料。同样为便于废料回收，增加了一个切废料工位，即利用废料切断刀 22 和凹模固定板 25 配合完成废料切断。

扩展阅读

废料的切断设计也是多工位级进模设计的重要一环，尤其是对于厚度大于 0.4mm 的条料，更应引起注意。实际生产中的废料切断通常可设计在模板的最外侧（图 8-42 和图 8-43），通过固定在上、下模的镶块（图 8-42 中的件 18，图 8-43 中的件 22）形成剪刀似的剪切，从而切断废料，使得废料自然而然地落在模外，方便收集。现在企业设计生产中，对废料切断设计都有明确规定。

3. 冲裁拉深多工位级进模

冲裁拉深是级进成形工艺中应用最早的一种。在成批或大批量生产中，外形尺寸在 60mm 以内，材料厚度在 2mm 以下的以拉深成形为主的冲压件，均可用条料的级进拉深成形。条料级进拉深是在条料上直接（不截成单个毛坯）拉深，工件拉成后才从条料上冲裁下来。因此，这种拉深生产率很高。但模具结构复杂，只有大批量生产且工件不大的情况下才采用。或者工件特别小，手工操作很不安全，虽不是大批量生产，但是产量也比较大时，也可考虑采用。

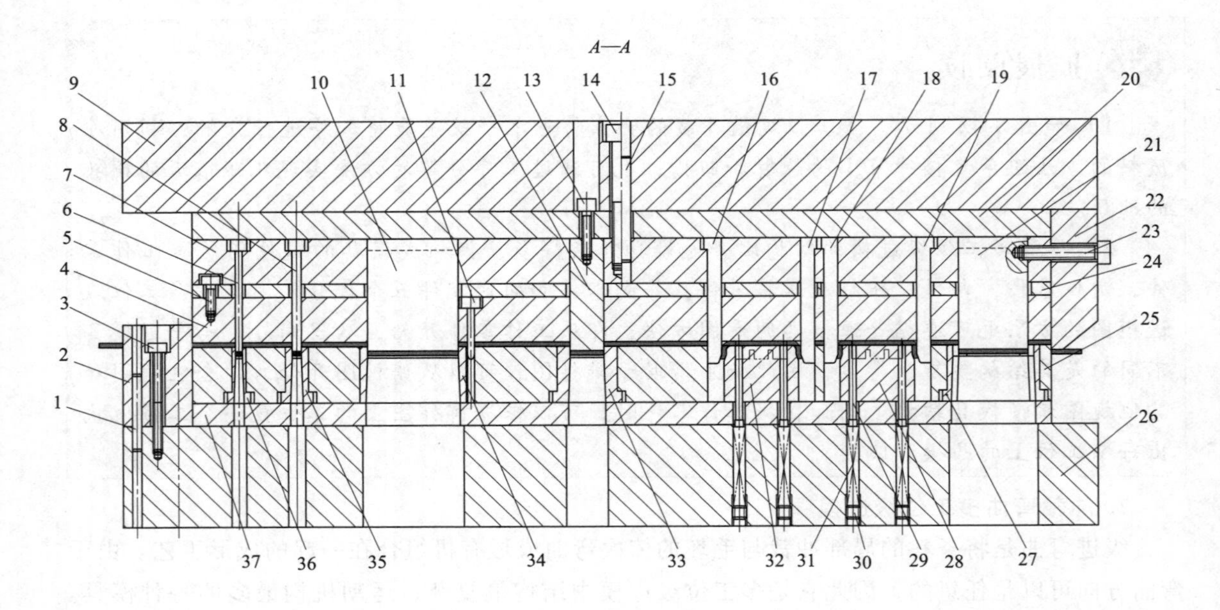

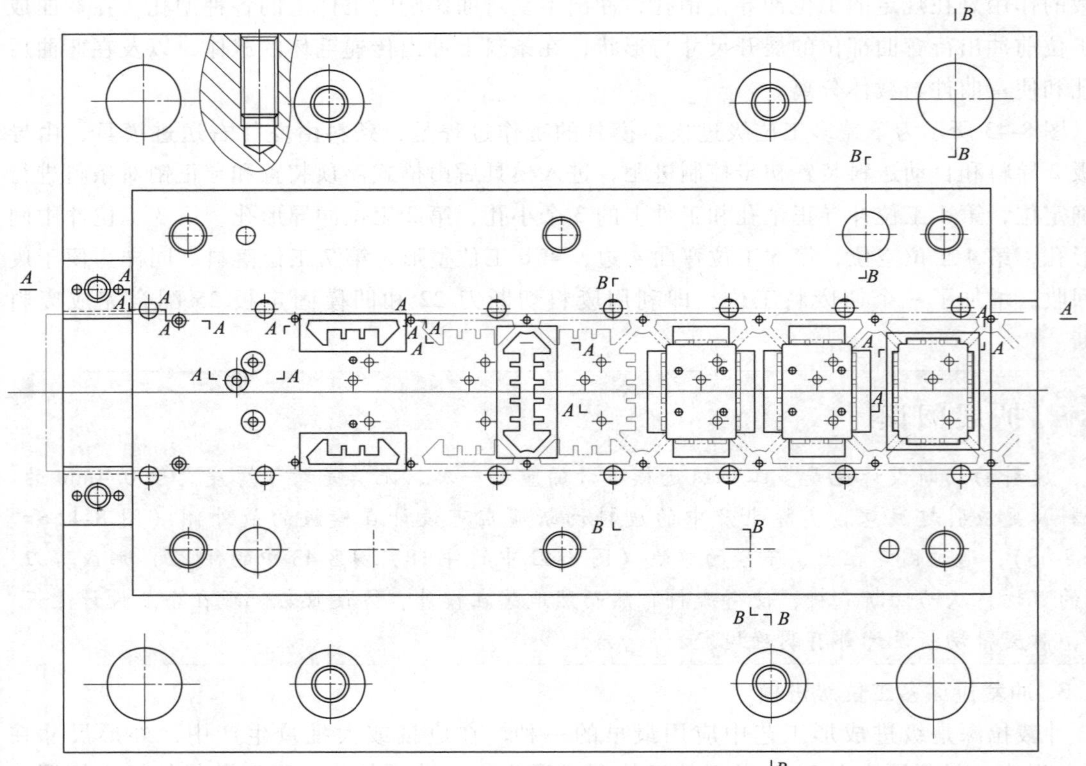

图 8-43　罩盖多

1、15、58—销　2—导料板　3、5、13、14、23、45、46、52、54、
7—固定板　9—上模座　11—导正销　16、17—弯曲凹模
24—卸料板背板　25—凹模固定板　26—下模座　27、33、
30、60—螺塞　31、39、50、61—弹簧　32—弯曲凸模
43—钢珠保持圈　44—钢珠　47—螺母　48—限
55—上限位柱　56—下限位柱

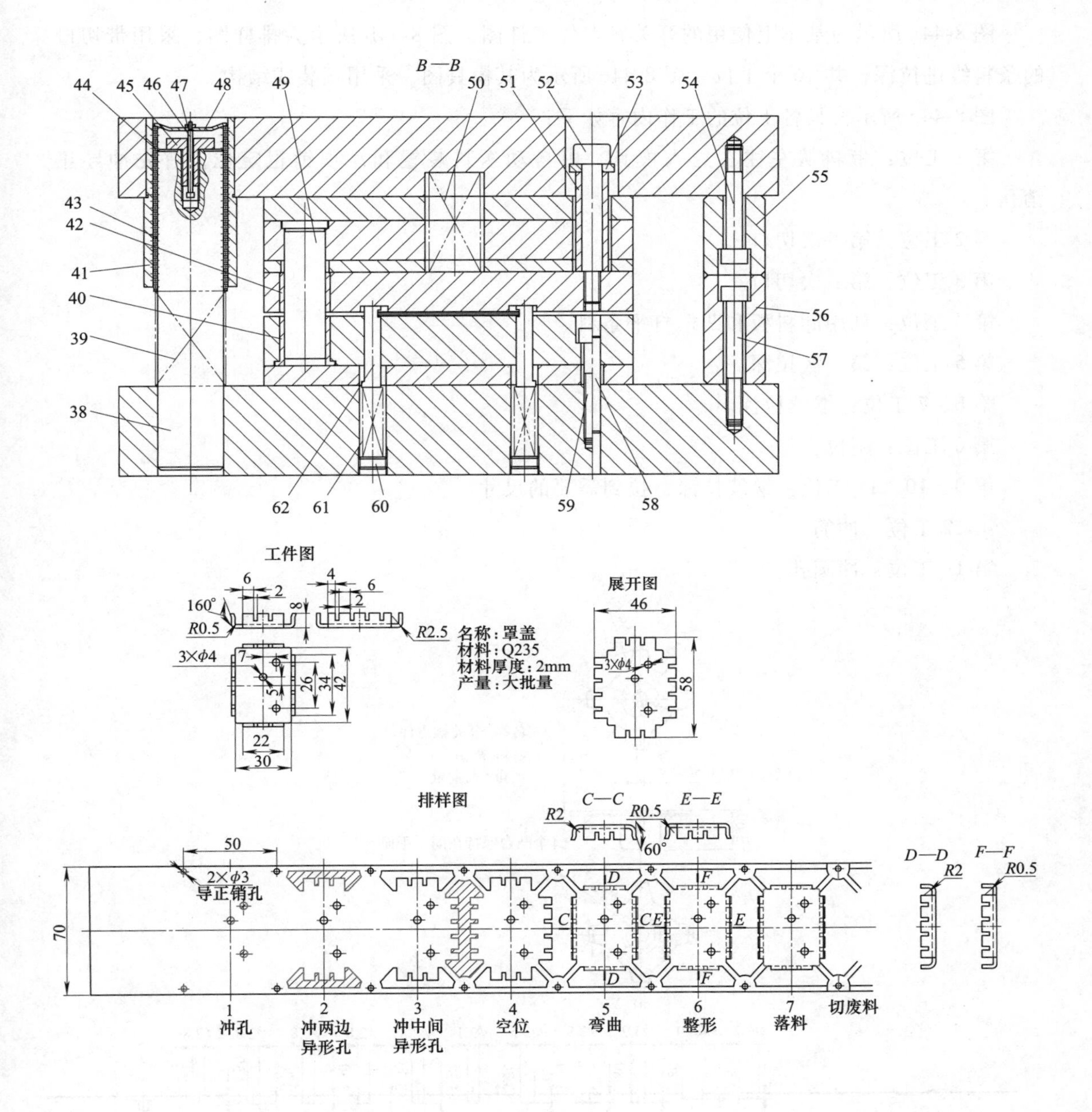

工位级进模

57、59—螺钉　4—卸料板　6、8、10、12、21—凸模

18、19—整形凹模　20—上垫板　22—废料切断刀

34、35、36—凹模　28—整形凸模　29—普通浮顶销

37—下垫板　38—导柱　40、42—小导套　41—导套

程压盖　49—小导柱　51—套管　53—垫圈

62—槽式浮顶销

图 8-44a 所示为某车上使用的开关触点件工件图。图 8-44b 所示为排样图，采用带切口的条料级进拉深，共 16 个工位。图 8-44c 所示为其模具图，采用正装式结构。

图 8-44c 所示模具各工位的工作内容如下：

第 1 工位：带料从左往右送入模具，由自动送料装置和浮顶销粗定位，首先冲导正销孔。

第 2 工位：第一次切口。

第 3 工位：第二次切口。

第 4 工位：利用卸料板和凹模打平条料。

第 5 工位：第一次拉深。

第 6、7 工位：继续拉深。

第 8 工位：空位。

第 9、10、11 工位：继续拉深，拉到需要的尺寸。

第 12 工位：冲筋。

第 13 工位：冲圆孔。

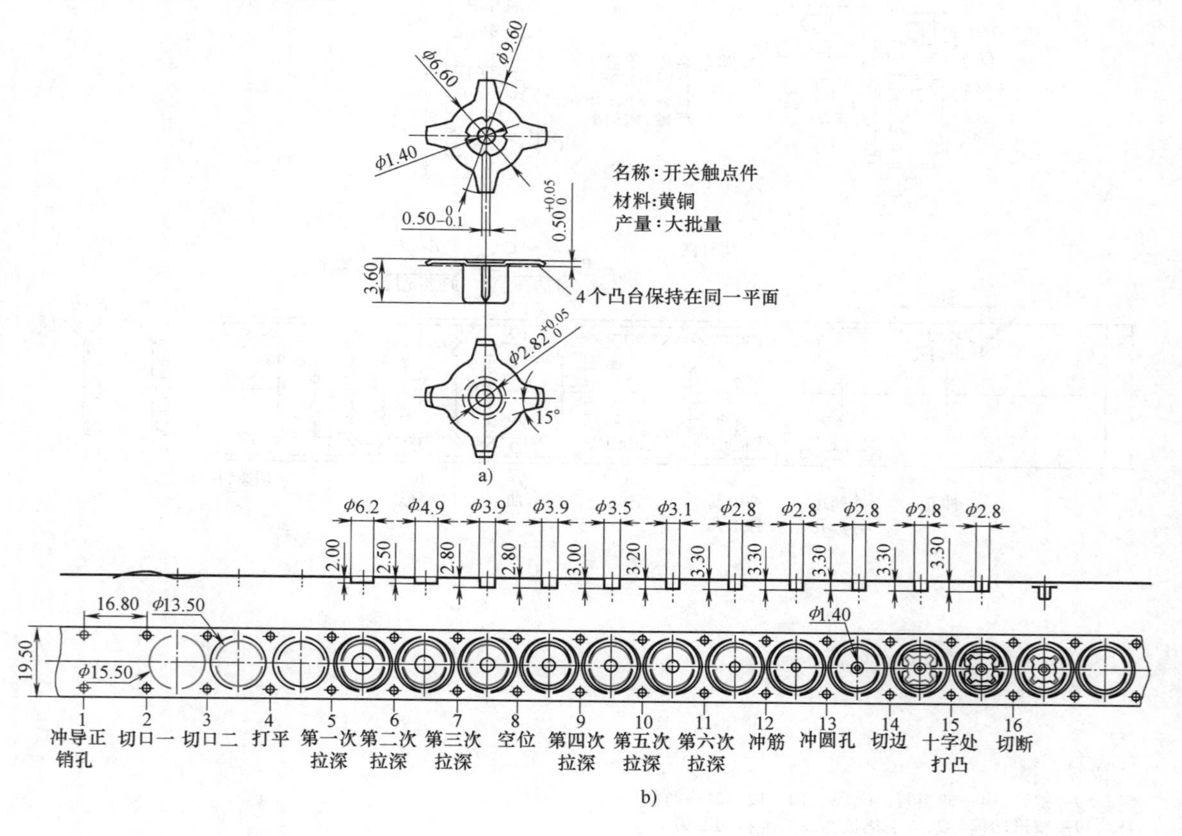

图 8-44 开关触点件级进拉深模

a）工件图 b）排样图

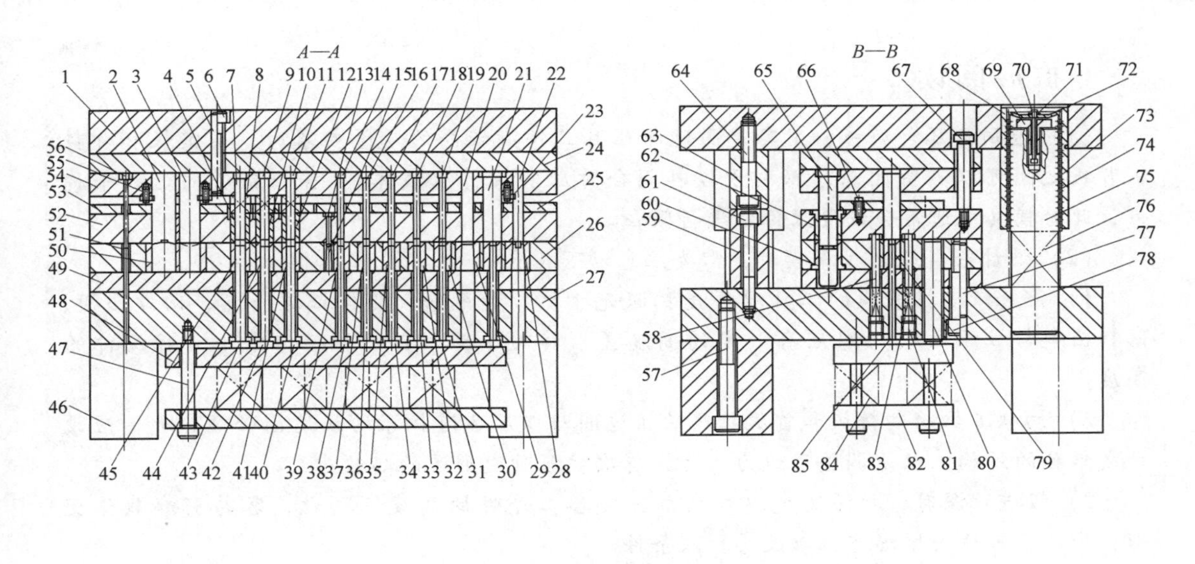

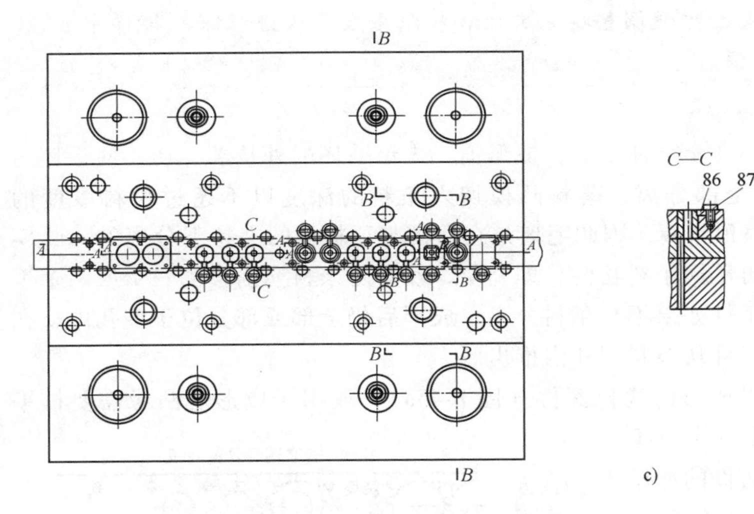

图 8-44　开关触点件级进拉深模（续）

c）模具图

1—上模座　2、3、7、9、11、14、16、17、18、19、20、21、22、56—凸模　4、10、12—卸料板镶件　5、77—销　6、47、55、57、61、64、66、67、69、71、78、87—螺钉　8、76、83、84—弹簧　13—导正销　15—导正销孔镶件　23—压板　24—上垫板　25、53—卸料板背板　26—凹模固定板　27—下模座　28、29、30、32、35、37、39、41、44、45、50、51、79—凹模　31、33、34、36、38、40、42、43、85—顶杆　46—模脚　48—上托板　49—下垫板　52—卸料板　54—凸模固定板　58—浮顶销　59、63—限位柱　60、62—小导套　65—小导柱　68—钢珠保持圈　70—螺母　72—限程压盖　73—导套　74—钢珠　75—导柱　80—复位柱　81—螺塞　82—下托板　86—压块

第 14 工位：切边。

第 15 工位：十字处打凸。

第 16 工位：切断，使工件与条料分离。

扩展阅读

（1）采用弹压卸料板，尤其是高速冲压且工件有较高的质量要求时，固定板和卸料板背板之间可以不留间隙，以利于模具闭合时压实条料（载体），保证条料的送料平稳性，此时模具中通常会设置限位柱进行限位。

（2）设计条料级进拉深模时，需要注意以下几点：

1）条料级进拉深模的工作顺序是拉深先于切口和落料，为保证这一点，切口凸模、落料凸模与拉深凸模之间应有一定的高度差，其大小为（2~3）t，但应小于拉深件的高度。

2）切口工位的卸料板和首次拉深的压边圈与以后各道拉深的压边圈必须分开，应设计成单独的结构，以便调整压边力，防止首次拉深时变形区的起皱。

3）级进拉深时，拉深高度逐步增加，使各工序件的高度不一致，容易引起载体变形，为此，可适当增加空位以改善拉深条件。

4）为弥补理论计算的不足，方便调整拉深次数和拉深系数，级进拉深的排样中也应适当增加一些空位作为预备工位。

4. 落料复位成形多工位级进模

落料复位成形是指工件上的孔全部冲出后，成形前，先沿毛坯的外轮廓冲切，使毛坯与条料分离，但不与条料或载体全部分离，落料凸模切入条料的深度以不超过材料厚度的80%为宜。由于凹模内装有强力顶料板，因此毛坯是在凸模与顶料板的夹持下分离的，凸模回程时，顶料板将切下的毛坯再压回条料孔内，即复位，然后随条料向前移动一个或两个工位，再进行后续成形。成形时工件如果不与条料分离，成形后仍全部或部分位于型孔内，在随后的工位上，由推件凸模将工件从条料型孔内推出。

这种方法主要用于一次可以成形的浅拉深件（图 8-45a），或用于成形后凸缘需要校平的拉深件（图 8-45b），以及弯曲线位于展开形状中间部位的中小型弯曲件的冲压（图 8-45c）。但需要注意的是，落料复位后的加工工序只能是 1 道或 2 道，不能太多。

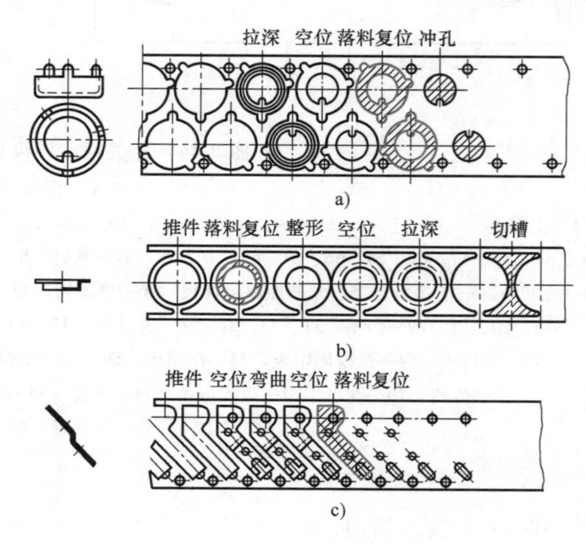

图 8-45　级进落料复位加工示例
a）浅拉深　b）宽凸缘拉深　c）复杂工件拉深

图 8-46 所示为采用落料复位成形工艺加工裤钩的示例。从图 8-46b 所示的排样图可以看出，这副模具能一次加工 2 个工件。第 1 工位冲出工件上的所有孔，第 2 工位落料并弯曲得到第一个工件，第 3 工位空位，第 4 工位利用落料凸模 13 沿外轮廓落料，在上模回程时，落下的料被强力顶料板 19 顶回条料的孔内并随条料送进被送到第 5 工位，第 5 工位弯曲并推出工件。

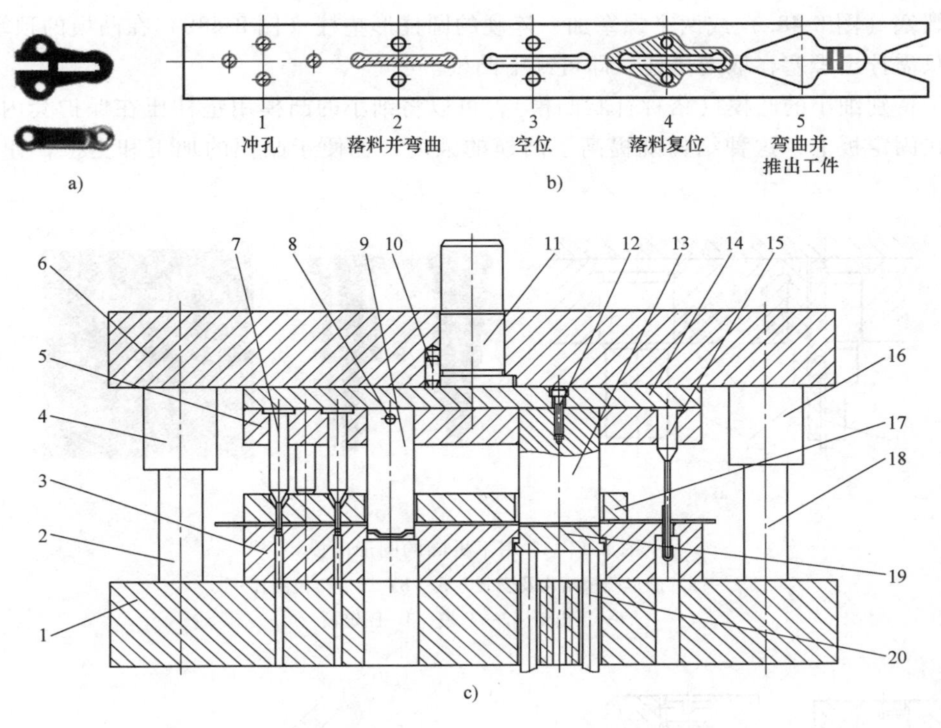

图 8-46　采用落料复位成形工艺加工裤钩的示例

1—下模座　2、18—导柱　3—凹模　4、16—导套　5—固定板　6—上模座　7—冲孔凸模　8—横销　9—切断弯曲凸模　10—止转销　11—模柄　12—螺钉　13—落料凸模　14—垫板　15—弯曲凸模　17—卸料板　19—强力顶料板　20—顶杆

8.3　多工位级进模零件设计

8.3.1　工作零件设计

工作零件主要指凸模和凹模。

1. 凸模设计

（1）凸模的结构型式及安装方式　多工位级进模中，由于每个工位冲压性质的特殊性，各工位的凸模既有相同之处，也有不同之处。一般，一副模具既有成形用凸模，又有许多冲小孔凸模、冲窄长槽凸模、冲裁凸模等，这些凸模应根据具体的冲压性质要求、被冲材料的厚度、冲压速度、冲裁间隙和凸模的加工方法等因素来考虑其结构及其安装方式。

1）圆形凸模。这种凸模的截面形状简单，当不需要经常拆卸时，通常设计成带台阶的形式（图 8-47），与固定板采用 H7/m6 或 H7/n6 的过渡配合。一般对于工作直径在 6mm 以上的冲裁凸模或连续拉深的拉深凸模多采用该结构和安装方式。此时凸台的尺寸比固定部分的直径大 3~4mm，利用凸台防止凸模从固定板中脱落。

对于直径比较小的凸模，应采用便于拆卸的结构，如图 8-48 所示，此时凸模与固定板多采用 H7/h6 或 H6/h5 的间隙配合。凸模插入固定板后，利用其台阶卡在固定板的平面上，用两个螺塞（图 8-48a）或两个螺塞加一淬硬的圆柱形垫柱（图 8-48b）在凸模的顶端压牢，拆卸时只需拧出螺塞，取走垫柱，即可卸下凸模。

对于特别细小的凸模（俗称针状凸模），可以将细小的凸模用垫柱压在保护套内，再一起固定在固定板上，这种结构既提高了凸模的强度，也便于凸模的加工和更换，如图 8-49 所示。

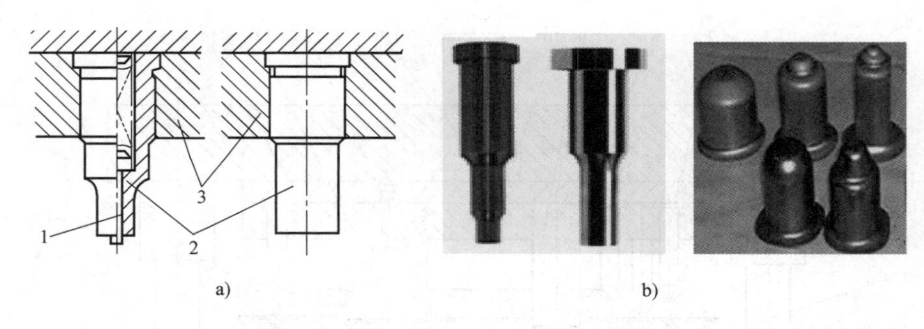

图 8-47　常用不拆卸的圆形凸模

a）圆形凸模结构及安装方式　b）圆形凸模图片

1—顶出销　2—凸模　3—固定板

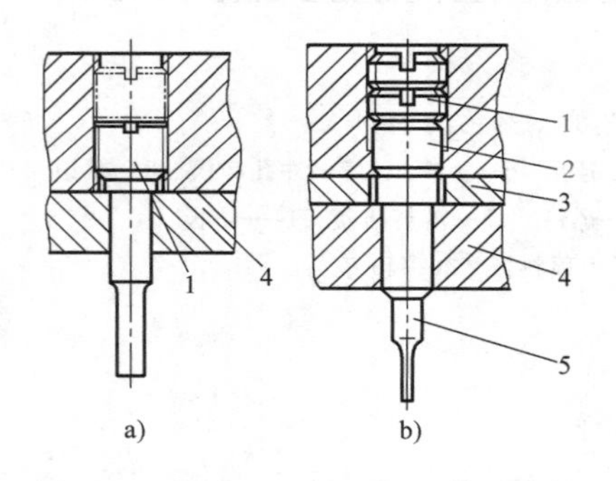

图 8-48　螺塞和垫柱顶压凸模的结构

1—螺塞　2—垫柱　3—垫板

4—固定板　5—凸模

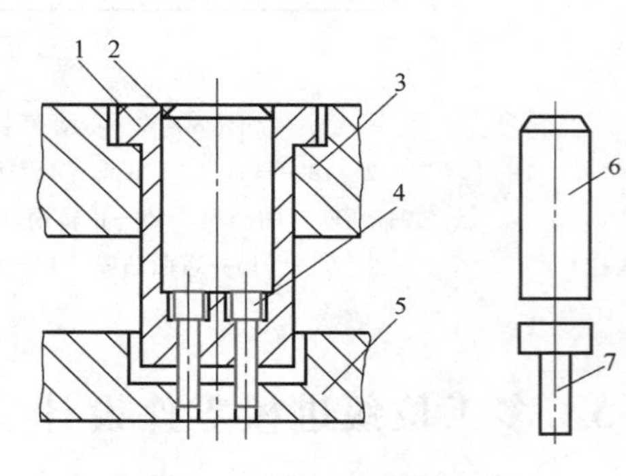

图 8-49　特别细小的凸模

1—保护套　2、6—垫柱　3—凸模固定板

4、7—细小的凸模　5—卸料板

2）异形凸模。除了圆形凸模，级进模中更多使用的是冲裁工件轮廓的冲裁凸模，这些凸模的形状大多不规则，通常采用线切割结合成形磨削、光学曲线磨削等加工方法制成。图 8-50 所示为各种异形凸模的结构。

如图 8-50 所示，异形凸模可以为直通式，也可以设计成带台阶的。直通式凸模在尺寸较大时可采用螺钉固定的方式，如图 8-51a 所示。但这种方式在精密级进模中几乎不使用。精密级进模中安装凸模用得更多的方式是如图 8-51b、c 所示的用压板固定凸模和侧面开槽进行固定，或采用图 8-52 所示的横销固定凸模。

目前生产中比较流行的另一种方法是在凸模（一般为小型凸模）的固定端加工一个比较小的挂台，再在固定板上铣出一个与挂台匹配的槽，利用挂台挂在槽的台阶上，而凸模与固定板则采用间隙配合法，如图 8-53 所示。这种方法使得凸模的固定、装拆更加方便快捷。

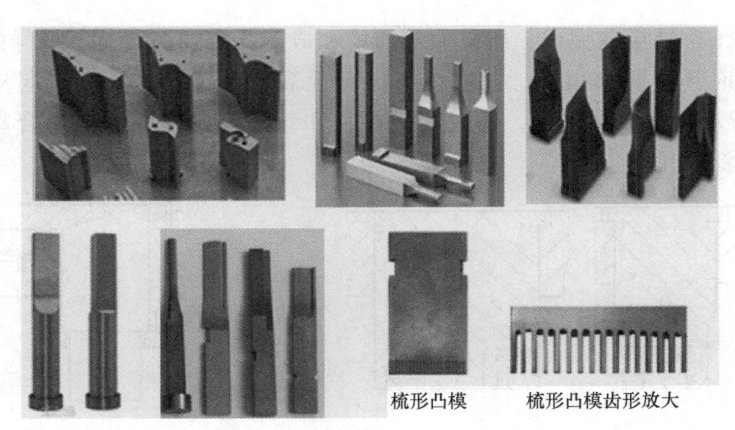

图 8-50 各种异形凸模的结构

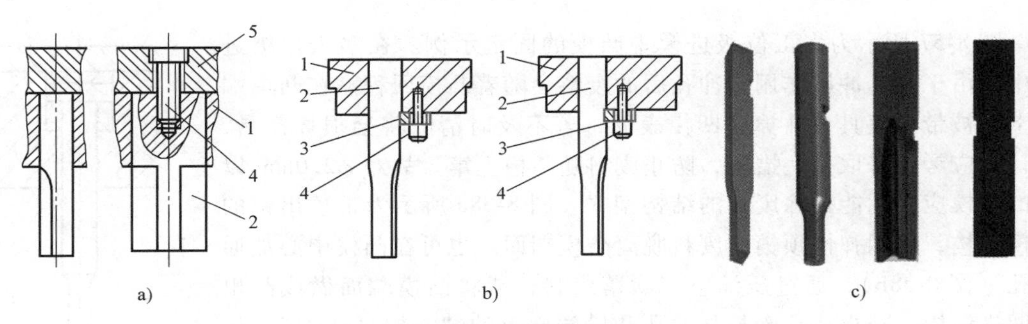

图 8-51 凸模常用的安装方式

a）螺钉固定 b）用压板固定凸模 c）侧面开槽凸模

1—固定板 2—凸模 3—压板 4—螺钉 5—垫板

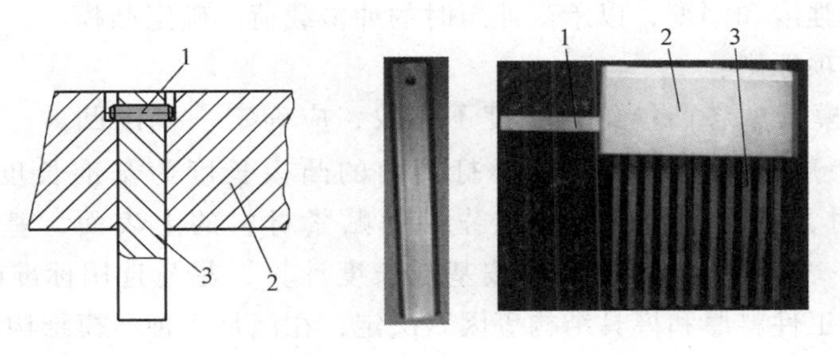

图 8-52 用横销固定凸模

1—横销 2—凸模固定板 3—凸模

为了提高模具寿命，适应自动化作业，多工位级进模中的凸模常用硬质合金材料，其安装方式如图 8-54 所示。

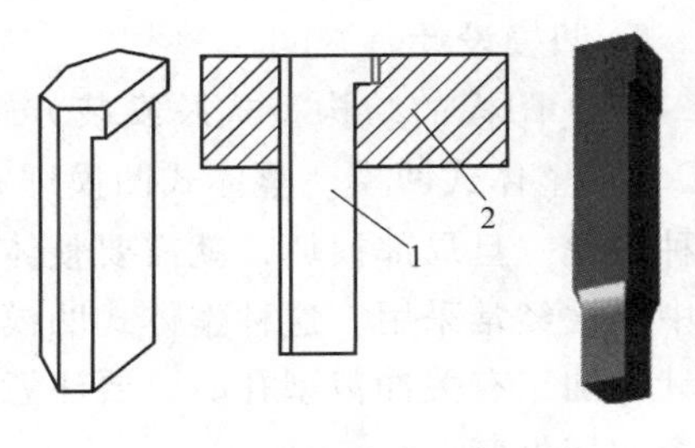

图 8-53 用挂台固定凸模

1—带挂台的凸模 2—凸模固定板

需要指出的是，冲裁弯曲多工位级进模或冲裁拉深多工位级进模的工作顺序一般是先由导正销导正条料，待弹性卸料板压紧条料后，先进行弯曲或拉深成形，然后待上模下行到一定程度时再冲裁，最后是弯曲或拉深工作完全结束。冲裁是在成形工作开始后进行的，并在成形工作结束前完成，所以冲裁凸模和成形凸模的高度是不一样的，两者之间有一定的差量，有时甚至要求很严，此时应考虑凸模高度可调，以满足其同步性，如图 8-55 所示。图 8-56 所示为凸模磨损后，通过更换垫片和垫圈可以保证模具闭合高度不变，这种结构在生产中广泛采用。

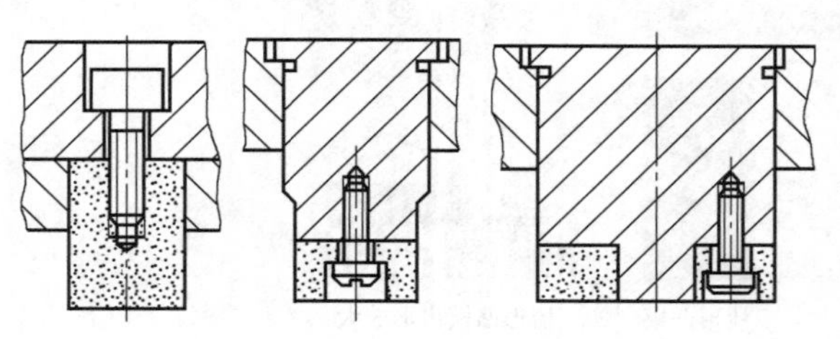

图 8-54　硬质合金凸模的安装方式

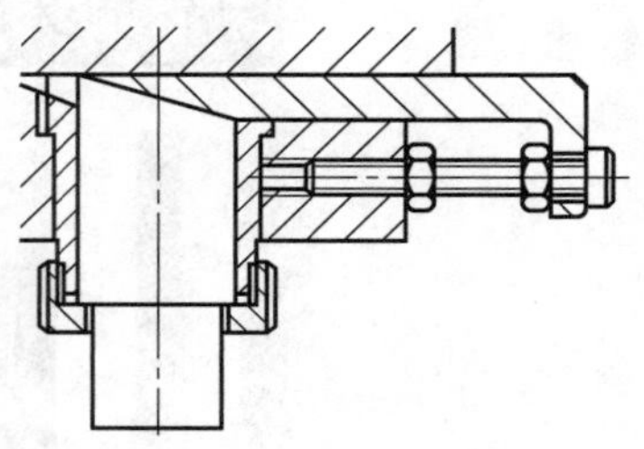

图 8-55　凸模高度的可调装置

图 8-57 所示为多工位级进模中凸模的固定示例。在多工位级进模中，由于高速冲压作用，冲孔后的废料会随着凸模回程贴在凸模端面上而被带出模具，并掉在凹模表面，若不及时清除将会损坏模具，设计时应考虑采取一些措施，防止废料随凸模上窜。故对 $\phi 2.0\text{mm}$ 以上的凸模应采用能排除废料的结构型式。图 8-58a 所示为带顶出销的凸模结构，利用弹性顶销使废料脱离凸模端面。也可在凸模中心加通气孔（图 8-58b），通过压缩空气吹落废料，或将凸模端面做成凸出或凹进结构，减小冲孔废料与冲孔凸模端面上的“真空区压力”，使废料易于脱落。

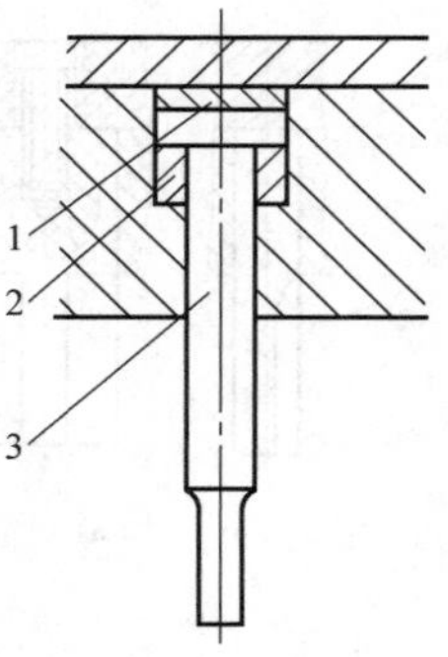

图 8-56　刃磨后不改变闭合高度的结构

1—垫片　2—垫圈　3—凸模

（2）凸模长度　凸模要有合适的长度，以满足安装、冲压的需要，还要有足够的强度和刚度，以承受冲压时的冲击载荷。确定凸模长度需考虑以下几项原则：

1）在同一副模具中各凸模绝对长度不一致，应确定一基准凸模的工作长度。一般以打筋、打商标、打倒角的凸模长度为基准长度。冲压过程中当上模到达下死点时，基准长度凸模的工作端面贴紧材料的上表面，基准长度为 50mm、52mm、55mm、…、65mm。其他凸模按基准长度计算，尽量选用标准凸模长度。凸模工作部分基准长度由工件料厚和模具结构等因素决定，在满足多种凸模结构的前提下，基准长度尽量取小值。

2）凸模应有一定的使用长度和足够的刃磨量。

2. 凹模设计

（1）凹模的结构型式及安装方式　常用的凹模结构型式有整体式、镶块式和拼合式。

1）整体式凹模。整体式凹模即在一块整体钢板上加工出各凹模型孔，如图 8-59 所示。这种凹模一旦局部损坏，就需要整体更换，但由于制造安装方便，在工位数不多的小型级进模中仍被经常采用。这种整体式凹模直接利用螺钉、销固定在模座上。另外，整体式凹模在设计、加工有关冲裁型孔时，要注意冲裁类型的判断和冲裁间隙的缩放，一旦有误极易造成整个凹模报废。

2）镶块式凹模。镶块式凹模是在一块凹模固定板上嵌入凹模镶块，如图 8-60 所示。镶

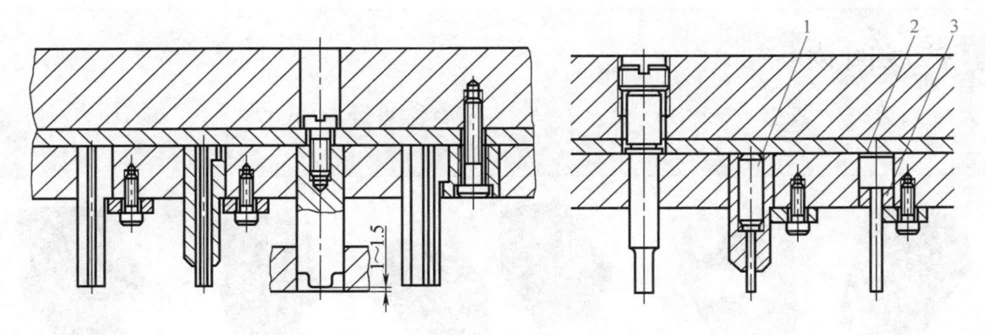

图 8-57　多工位级进模中凸模的固定示例

1—垫柱　2—垫片　3—垫圈

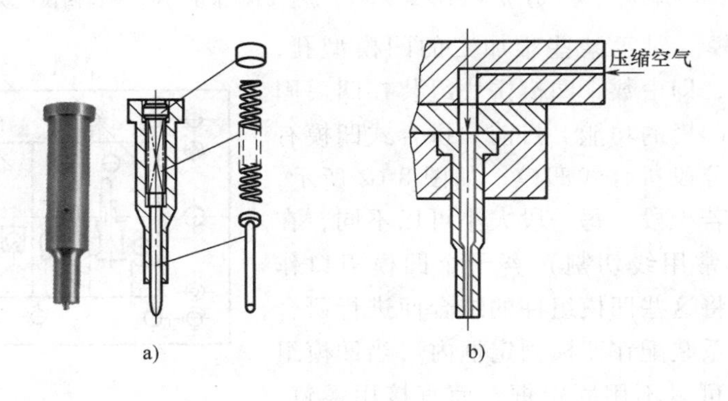

图 8-58　防止废料回升的凸模结构

块如图 8-61 所示。其特点是：镶块外形为矩形或圆形，在镶块上加工出型孔，镶块损坏后可迅速更换备件，同时也便于模具的维修和调整。镶块可以是整体式（图 8-60 中件 2、件 4），也可以是拼合式的（图 8-60 中件 3），镶块与凹模固定板采用 H7/m6 的过渡配合，下面放一垫板，再利用螺钉、销将凹模固定板、垫板和模座固定成一个整体。

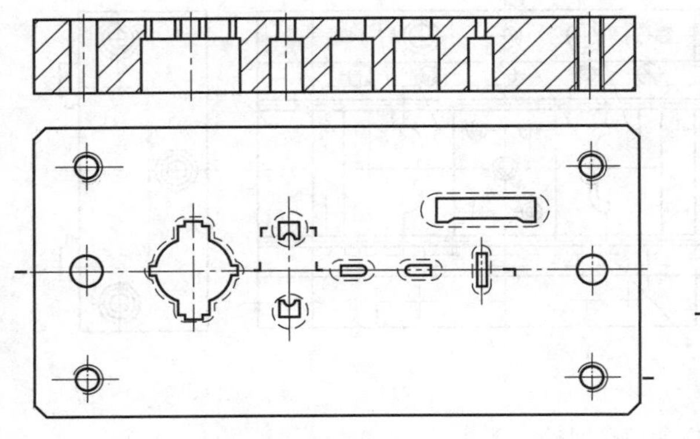

图 8-59　整体式凹模

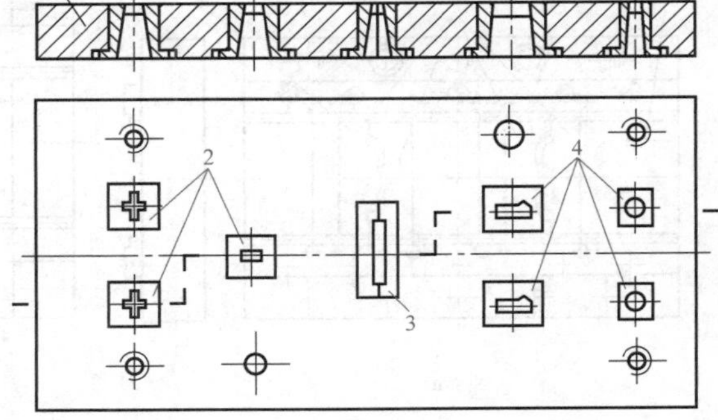

图 8-60　镶块式凹模

1—凹模固定板　2、4—整体镶块

3—拼合镶块

扩展阅读

为防止圆形凹模镶块松动后发生转动，通常将其外形加工出一小缺口，如图 8-61a 所示。

a)　b)　c)　d)

图 8-61　镶块

a）圆形凹模镶块　b）矩形凹模镶块　c）拼合凹模镶块　d）整体凹模镶块

3）拼合式凹模。对于某些难加工的凹模型孔，常采用拼合式凹模，即由数个凹模拼块组装在凹模固定框内，实现整体凹模的功能。目前，拼合式凹模有两种。第一种称为分段拼合式凹模，如图 8-62 所示，即将整个凹模分成若干段，每一段大小可以不同，在每一段上加工出（常用线切割）若干个凹模刃口作为凹模组件，然后将这些凹模组件的结合面进行研合并按要求的位置关系装配在凹模固定框内（当凹模组件尺寸较大时，也可以不用固定框，而直接用螺钉、销固定在下模座上），并在其下面加整体垫板以组成整体凹模，最后按整体凹模的固定方式固定到下模座上。这种凹模是生产中比较常用的一种结构，可很好地保证各工位型孔间的进距精度。

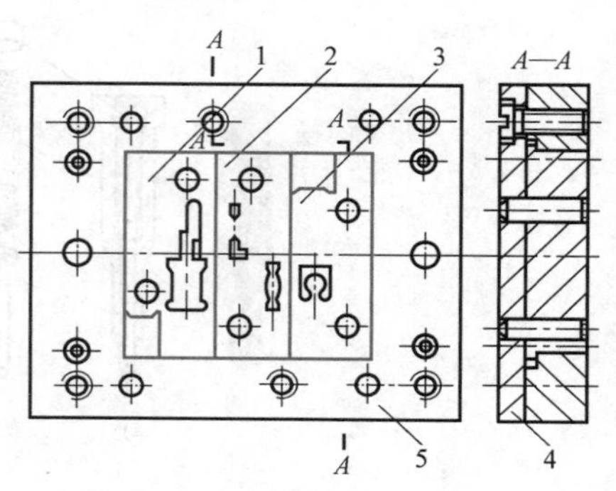

图 8-62　分段拼合式凹模

1、2、3—凹模拼块　4—垫板

5—凹模固定框

第二种称为拼合型孔凹模，即凹模的型孔是由多个拼块组成的，如图 8-63 所示。为便

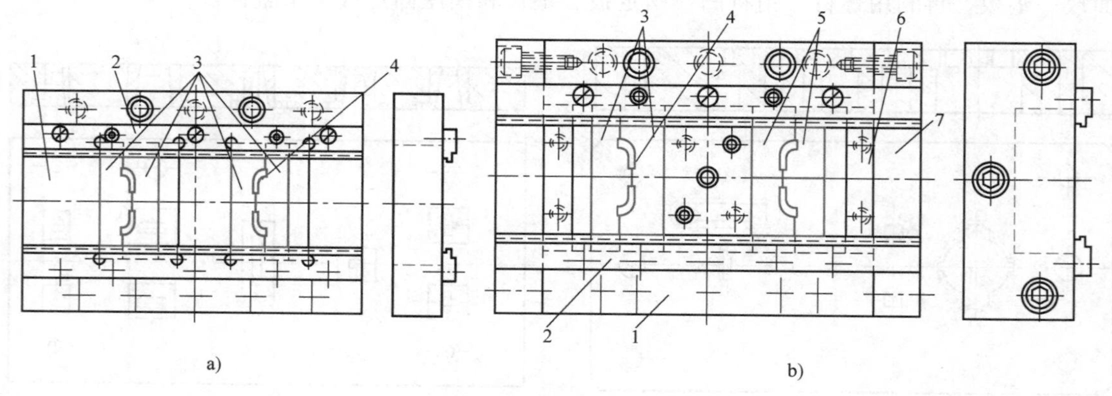

a)　b)

图 8-63　拼合型孔凹模

a）嵌入式固定凹模拼块　b）直槽固定凹模拼块

1—凹模固定板　2—导料板　3、5—凹模拼块　4—型孔　6—右楔块　7—右挡板

于加工，将凹模型孔分解，使型孔的内形加工成为外形加工，充分利用精密成形磨削加工工艺加工各拼块，再由这些拼块的外形组成各凹模刃口，然后将加工好的拼块按一定的位置要求固定到凹模固定板内。这种凹模制造方便，加工精度高，无论是型孔精度还是孔距精度都很高，且模具使用寿命长，目前在生产中应用广泛，尤其是在精密、复杂、长寿命的模具中应用较多。

还有一种凹模，就是将上述各种拼合形式进行综合，主要适用于冲裁、弯曲、成形和异形拉深的多工位级进模。

（2）凹模外形尺寸的确定　多工位级进模的凹模外形都是矩形，已有相关标准，可以直接选用。对于整体式凹模，首先由排样图尺寸确定凹模的有效工作范围，再根据模具的安装固定及是否需要安装特殊机构（如侧冲机构、小导柱、小导套等）进行综合考虑，得出一初步值，再查凹模标准，选用标准值。

扩展阅读

多工位级进模的零件形状复杂、精度要求高，采用传统的机械加工方法已难以完成，必须使用高精度的数控慢走丝线切割、成形磨削、NC与CNC连续轨迹坐标磨削、光学曲线磨削等先进加工方法才能完成，而细小凸模和凹模镶块多是易损件，需要不断更换，因此，模具工作零件几乎全部采用分别制造法（互换法），配作法已极少使用。

8.3.2　定位零件设计

多工位级进模对送进模具中条料的定位包括定距、导料和抬料，即需要控制条料在模具中 x、y、z 三个方向的位置。

1. 定距零件设计

定距的主要目的是保证各工位工序件能按设计要求等距向前送进，即控制条料的 x 方向位置。常用的定距装置有挡料销、侧刃、导正销及自动送料装置。

挡料销主要用于精度要求不高的手工送料级进模。挡料销的结构及使用方法与普通冲压模具中的挡料销完全相同，在此不再赘述。

精密级进模常使用导正销与侧刃配合，或导正销、侧刃与自动送料装置配合的定位方法，此时侧刃或自动送料装置进行粗定位，导正销进行精定位。

（1）侧刃　侧刃的定位原理、结构、标准的选用依据等参见本书的3.6.2节内容。在标准侧刃中，多工位级进模中使用较多的是Ⅱ型，这种带导向的侧刃，在冲裁时导向部分先进入凹模进行导向（图8-64），能较好地克服冲裁时产生的侧向力。侧刃需要和侧刃挡块配合使用。

除标准侧刃外，级进模中还使用非标准侧刃，此时的侧刃除作定距外，兼作切除废料用。显然，侧刃的刃口截面形状取决于工件被冲切部分的形状，如图8-65所示。

（2）导正销　导正销是级进模中应用最为普遍的用于精确定距的零件。但导正销不能单独使用。导正销的定位原理、标准结构及固定方式参见本书3.6.2节。多工位级进模中，导正销的设计还要考虑如下因素：

1）多工位级进模中的导正销多为间接导正。间接导正的导正销可以采用如图8-66所示的固定方式。其中图8-66a～c所示的导正销直接固定在凸模固定板上，与凸模固定板采用

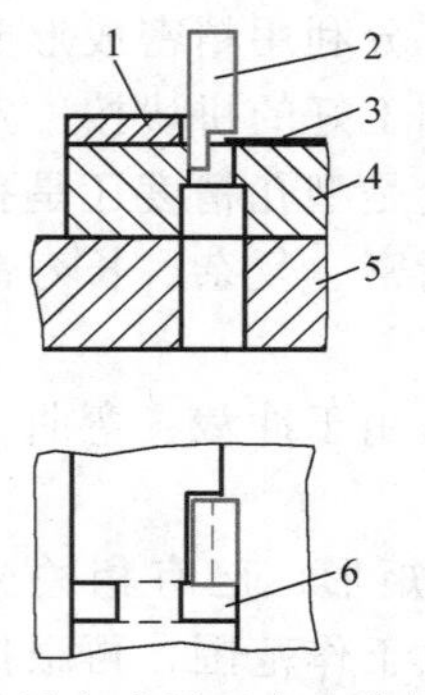

图 8-64 导向式侧刃在冲裁前的位置

1—导料板 2—侧刃 3—条料 4—凹模

5—下模座 6—挡块

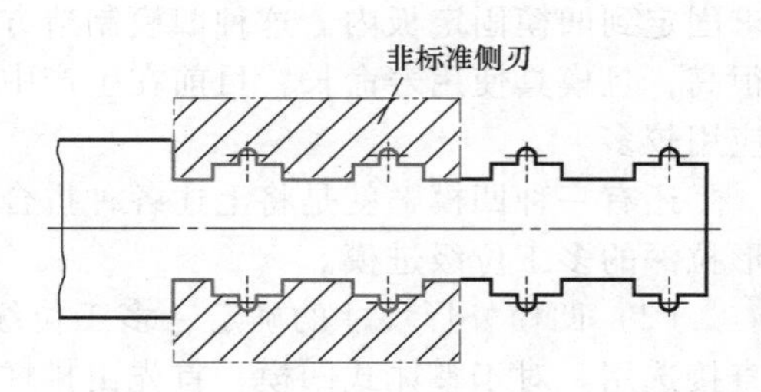

图 8-65 侧刃作切除废料用

H7/h6 配合，主要应用于尺寸较大（d>5mm）孔的导正，不需要经常拆卸。当导正销孔的直径较小（d<4mm）时，为便于安装、更换，可采用图 8-66d、e 所示的易拆卸、方便更换的固定方式，此时导正销的固定部分与凸模固定板采用 H7/h6 或 H7/h7 配合（图 8-66f）。图 8-66g、h 所示为导正销固定在弹性卸料板上，适用于凸模（尤其是成形凸模）进入凹模深度较大、工作距离及冲压行程较大、材料较薄的级进模。图 8-66e、h 所示的导正销是活动的，在送料失误时可起到保护导正销的作用。

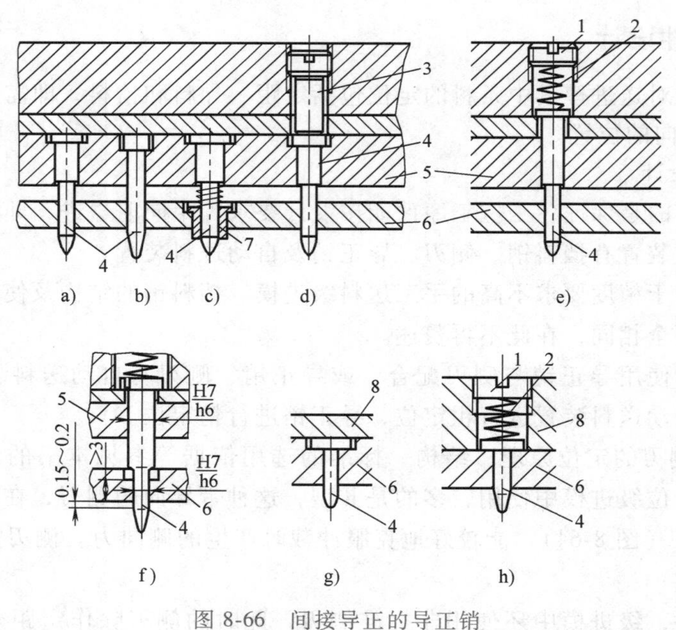

图 8-66 间接导正的导正销

1—螺塞 2—弹簧 3—垫柱 4—导正销 5—凸模固定板

6—弹性卸料板 7—弹顶套 8—卸料板背板

为防止冲薄料时导正销带起条料，影响条料的正常送进，可以使用带弹顶器的导正销，如图 8-67 所示。

2）导正销与冲导正销孔凸模之间的尺寸关系。导正销导入材料时，既要保证材料的定位精度，又要保证导正销能顺利地插入导正销孔。配合间隙大，定位精度低；配合间隙过小，导正销磨损加剧并形成不规则形状，进而影响定位精度。对于一般精度的小型冲压件，导正销工作直径 d 与冲导正销孔凸模直径 d_p 的关系（图 8-68）如下：

① 当材料厚度 $t=0.06\sim0.2$mm 时，$d=d_p-(0.008\sim0.02)$mm。

② 当材料厚度 $t=0.2\sim0.5$mm 时，$d=d_p-(0.02\sim0.04)$mm。

③ 当材料厚度 $t=0.5\sim1.0$mm 时，$d=d_p-(0.04\sim0.08)$mm。

3）导正销的凸出量。为保证多工位级进模顺利连续地冲出合格产品，卸料板压紧条料前，导正销必须预先插入条料的导正销孔中，确定条料在模具中的准确位置。因此，导正销必须凸出卸料板的下端面，如图 8-69 所示。凸出量 x 的取值范围为 $x=(0.8\sim1.5)t$。薄料取较大的值。厚料取较小的值。当 $t>2$mm 时，$x=0.6t$。

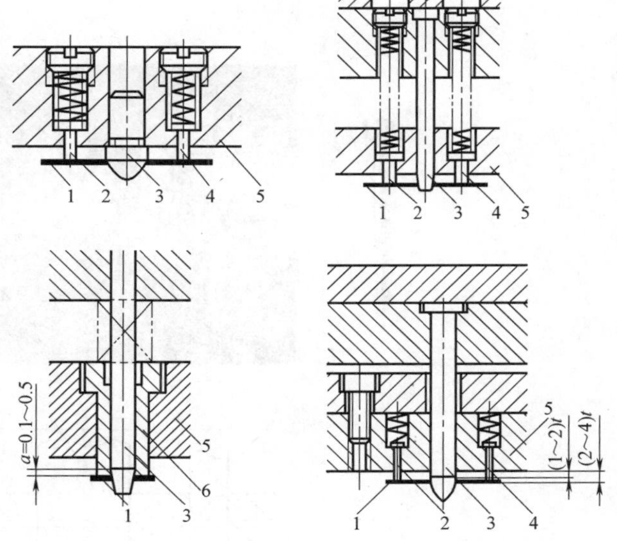

图 8-67　带弹顶器的导正销

1—条料　2、4—弹顶杆　3—导正销　5—卸料板　6—弹顶套

当导正销在一副模具中多处使用时，其有效凸出长度 x、直径尺寸 d 和头部形状必须保持一致，以使所有的导正销承受基本相等的载荷。

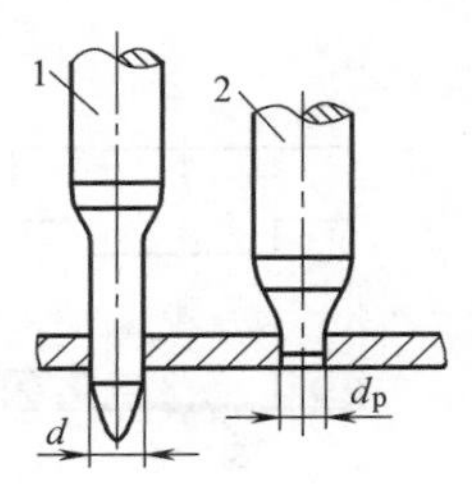

图 8-68　导正销工作直径与冲导正销孔凸模直径的关系

1—导正销　2—冲导正销孔凸模

2. 导料零件设计

导料是为了保证条料沿正确的方向送进模具，即控制条料的 y 方向位置。常见导料装置的结构如图 8-70 所示。图 8-70a 所示为普通导料板，适用于只有冲裁的低速、手工送料的级进模，条料在送进过程中不必抬起；图 8-70b 所示为带台阶的导料板，多用于高速、自动送料且带有弯曲、成形的立体冲压级进模，条料在送进过程中必须被抬起，设置台阶是为了保证条料在送料过程中始终保持在导料板内运动；图 8-70c 所示为模具中不便使用导料板的级进模；图 8-70d 所示为目前级进模中广泛使用的一种结构，这种结构在起导料作用的同时也起托料的作用，即在冲压结束上模回程时将条料从凹模型孔中托起。

图 8-70 中 A 是导料板间距，与条料的宽度 B 之间的关系为

$$A=B+(0.1\sim0.2)\text{ mm}$$

3. 浮顶器设计

条料经冲裁、弯曲、拉深等变形后，在条料厚度方向上会有不同高度的弯曲和凸起，为了顺利送进条料，必须将已被成形的条料顶起，使凸起和弯曲部位离开凹模洞口并略高于凹模工作表面，这种将条料顶起的特殊结构称为浮顶器（或浮顶装置）。浮顶器的作用是限制条料在 z 方向上的位置，它往往和条料的导料零件共同使用，以构成条料的导料系统，如图 8-71 所

示。浮顶器提升条料的高度取决于制品的最大成形高度 h，具体尺寸关系如图 8-72 所示。

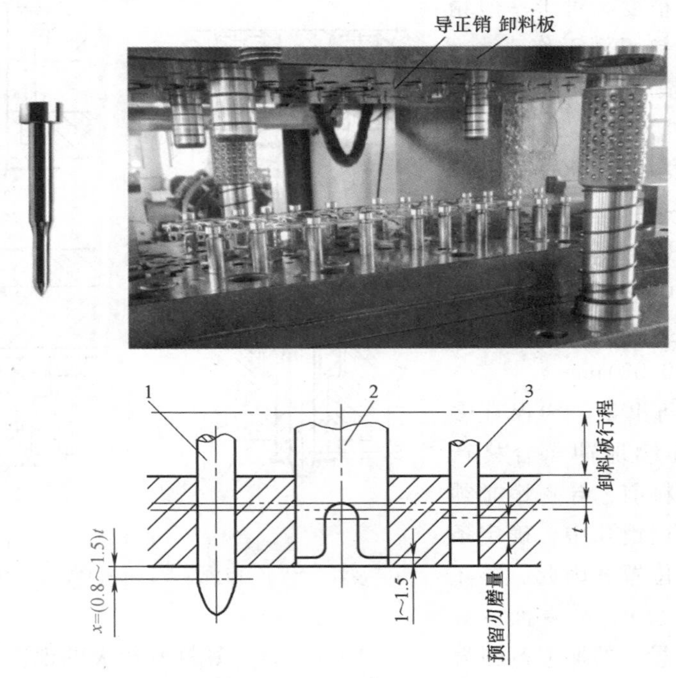

图 8-69　导正销的凸出量

1—导正销　2—弯曲凸模　3—冲裁凸模

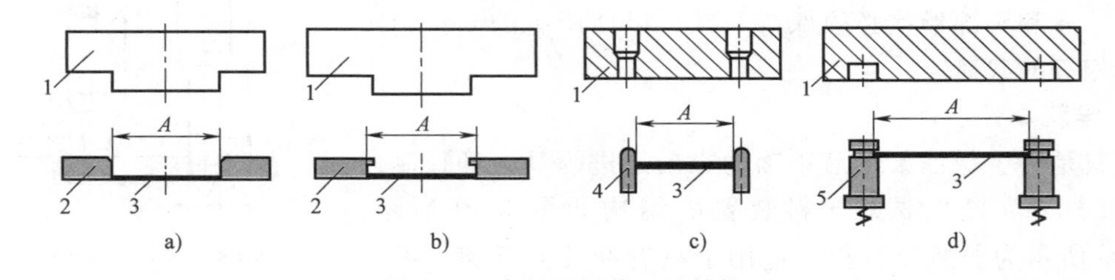

图 8-70　常见导料装置的结构

1—卸料板　2—导料板　3—条料　4—导料杆　5—浮顶销

图 8-71　级进模中的导料系统

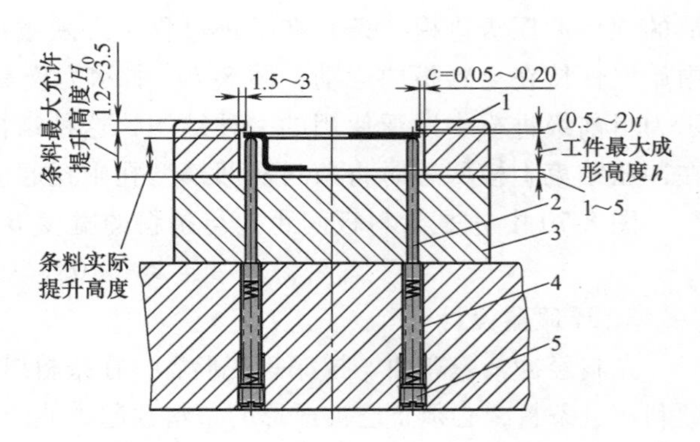

图 8-72　级进模中导料系统的尺寸关系

1—导料板　2—浮顶销　3—凹模　4—弹簧　5—螺塞

常见浮顶器的结构有三种型式。

（1）普通浮顶器 普通浮顶器如图 8-73 所示，由普通浮顶销、弹簧和螺塞组成。这种浮顶器只起浮顶条料离开凹模平面的作用，因此可以设置在任意位置。但应注意尽量设置在靠近成形部分的材料平面上，浮顶力大小要均匀、适当。

（2）套式浮顶器 套式浮顶器如图 8-74 所示，由套式浮顶销、弹簧和螺塞组成。这种浮顶器除了浮顶条料离开凹模平面，还兼起提供导正销孔的作用，应设置在有导正销的对应位置上。冲压时，导正销进入套式浮顶销的内孔。

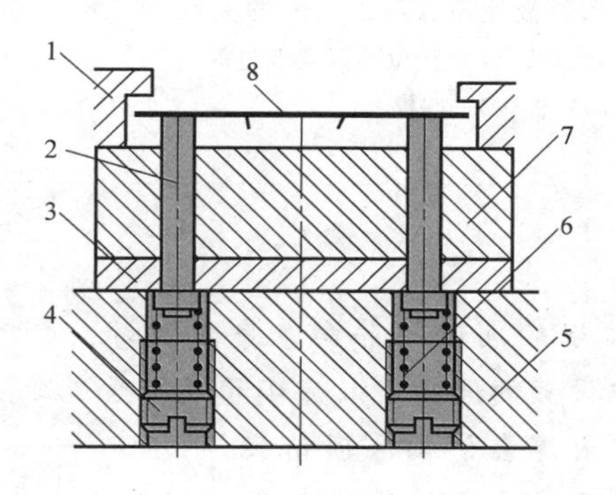

图 8-73 普通浮顶器

1—导料板 2—普通浮顶销 3—垫板 4—螺塞 5—下模座 6—弹簧 7—凹模 8—条料

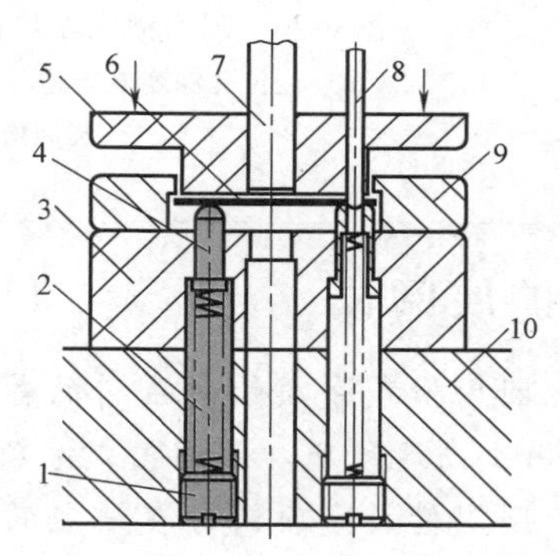

图 8-74 套式浮顶器

1—螺塞 2—弹簧 3—凹模 4—套式浮顶销 5—卸料板 6—条料 7—凸模 8—导正销 9—导料板 10—下模座

（3）圆周槽式浮顶器 圆周槽式浮顶器如图 8-75 所示，由圆周槽式浮顶销、弹簧和螺塞组成。这种浮顶器不仅起浮顶条料离开凹模平面的作用，还对条料进行导向，此时模具局部或全部长度上不宜安装导料板，而是由装在凹模工作型孔两侧平行于送料方向带导向槽的圆周槽式浮顶销导料，这是多工位级进模常用的导料形式之一。

圆周槽式浮顶器在设计中最重要的尺寸是圆周槽式浮顶销的头部尺寸和卸料板的让位孔深度。图 8-76a 所示为条料送进的工作位置，送料结束上模下行时，卸料板让位孔底面（图中 *A* 面）首先压缩浮顶销，使条料与凹模面平齐并开始冲压。上模回升时，弹簧将浮顶销推至最高位置，准备进行下一步的送料导向。图 8-76b、c 所示为常见的设计错误。图 8-76b 所示为卸料板让位孔过浅，使条料向下挤入与浮顶销配合的孔内；图 8-76c 所示为卸料板让位孔过深，造成条料被压入让位孔内。因此，设计圆周槽式浮顶器时，必须注意尺寸的协调，具体的尺寸可参考有关资料。

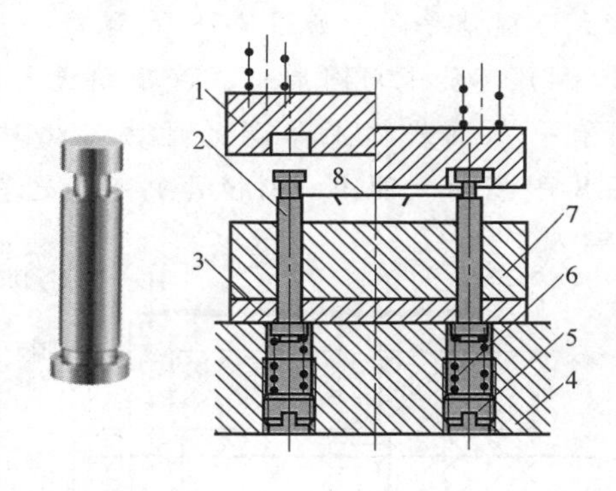

图 8-75 圆周槽式浮顶器

1—卸料板 2—圆周槽式浮顶销 3—垫板 4—下模座 5—螺塞 6—弹簧 7—凹模 8—条料

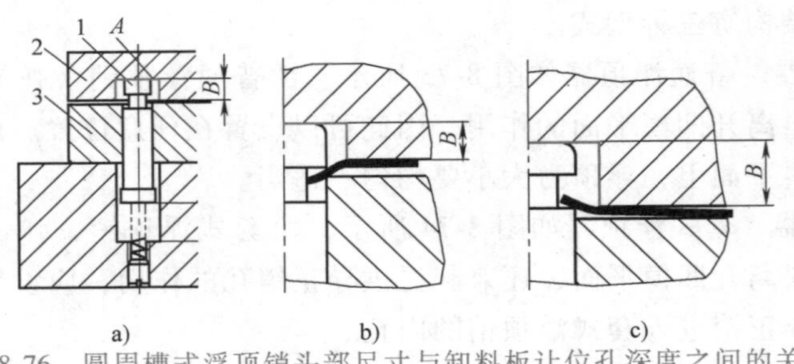

图 8-76　圆周槽式浮顶销头部尺寸与卸料板让位孔深度之间的关系

a）让位孔深度 B 合适　b）让位孔深度 B 过浅　c）让位孔深度 B 过深

1—圆周槽式浮顶销　2—卸料板　3—凹模

扩展阅读

1）圆周槽式浮顶销对条料的导向属于点接触的间断性导向，导向性好，摩擦阻力小，适用于高速冲压。圆周槽式浮顶销在模具中设置的间距一般应小于或等于进距。

2）圆周槽式浮顶销存在一定的缺陷，凹槽太深会影响浮顶销头部的强度，凹槽太浅则与条料的接触部分偏少不利于条料的浮起送进。因此，实际生产中设计了一种单侧开槽的浮顶销，如图 8-77 所示。单侧开槽设计极大地提高了浮顶销的工作强度和使用寿命，而且增大了与条料的接触面积。

3）导料板和圆周槽式浮顶销可以配合使用，一边是导料板，另一边是圆周槽式浮顶销，这种结构特别适用于一侧需设置侧向冲压的多工位级进模。此外也可以是条料一开始用导料板导向，后面用圆周槽式浮顶销导向，如图 8-78 所示。

4）不能采用圆周槽式浮顶销进行浮料的位置，如浮顶的位置正好有一孔或载体上薄弱的地方，此时可设置浮顶块进行浮料，如图 8-79 所示。即同一副模具中可以是浮顶销、浮顶块共同浮料。

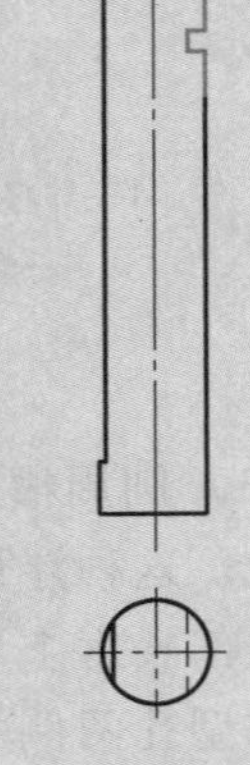

图 8-77　单侧开槽浮顶销

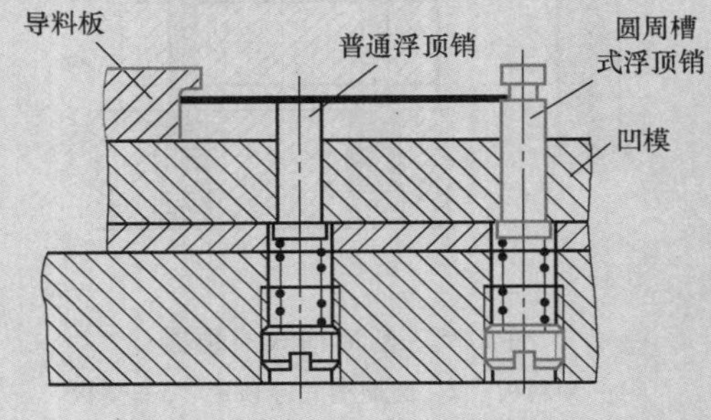

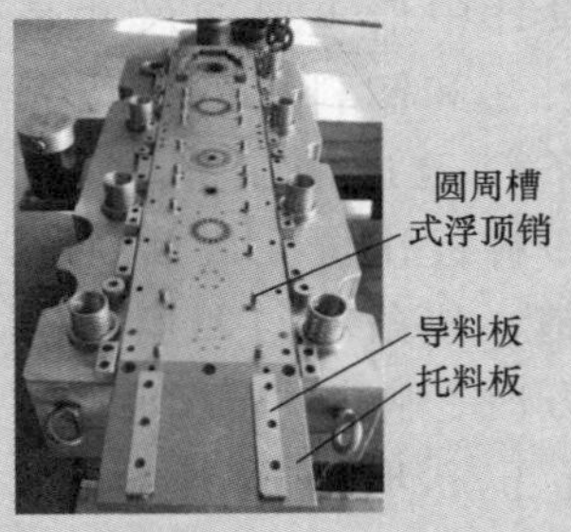

图 8-78　导料板和圆周槽式浮顶销配合使用

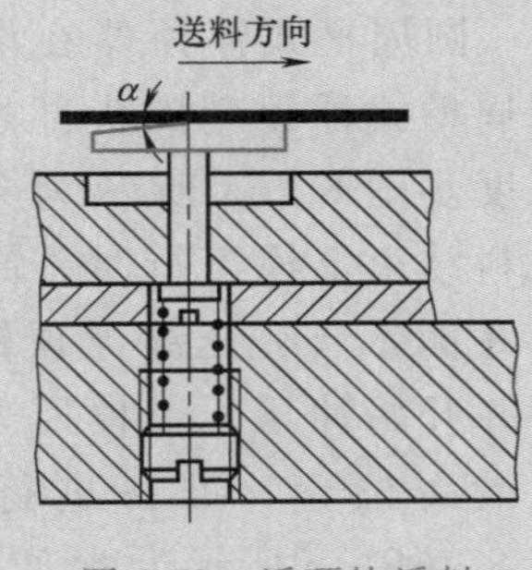

图 8-79　浮顶块浮料

8.3.3　卸料零件设计

常见的卸料装置可分为刚性卸料装置和弹性卸料装置两种。多工位级进模多采用弹性卸

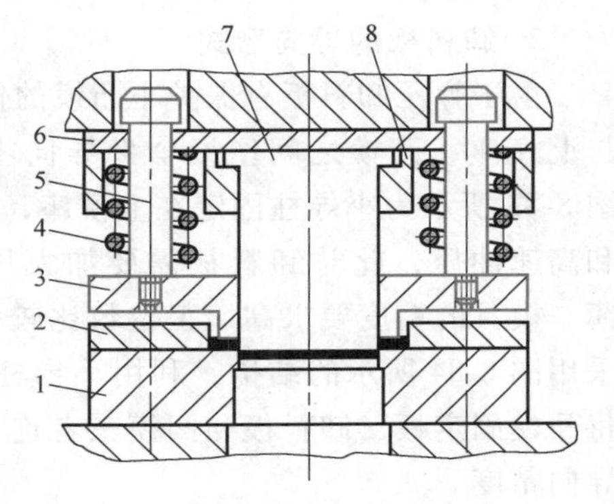

图 8-80　弹性卸料装置的基本结构
1—凹模　2—导料板　3—弹压卸料板　4—弹簧
5—卸料螺钉　6—垫板　7—凸模
8—凸模固定板

料装置，其基本结构如图 8-80 所示，主要由卸料板、弹性元件（弹簧、橡胶、氮气弹簧）、卸料螺钉和辅助导向零件组成。它的作用除冲压开始前压紧条料、冲压结束后及时平稳卸料外，更重要的是卸料板将对各工位上的凸模（特别是细小凸模）起精确导向和有效保护作用。

1. 卸料板的结构

多工位级进模弹压卸料板的结构与凹模相似，也有整体式、镶块式和拼合式几种。图 8-81 所示为由 5 个拼块组合而成的卸料板。基体按基孔制配合关系开出通槽，两端的 1 和 5 两块拼块按位置精度的要求压入基体通槽后，分别用螺钉、销定位固定，中间的 2、3、4 三块拼块磨削加工后直接压入通槽内，仅用螺钉与基体连接，安装位置尺寸采用对各分段的结合面进行研磨加工来调整，从而控制各型孔的尺寸精度和位置精度。

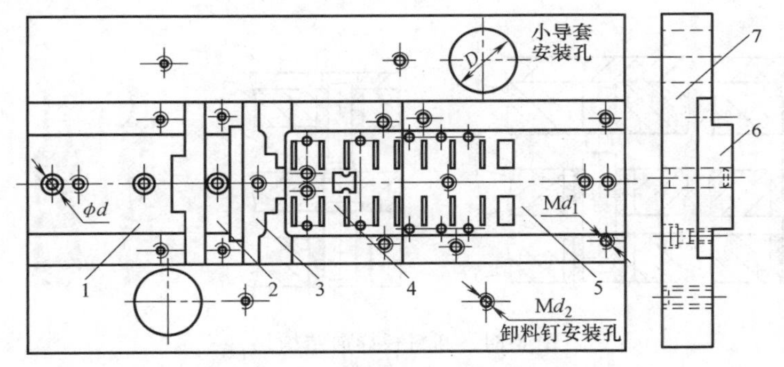

图 8-81　由 5 个拼块组合而成的弹压卸料板
1、2、3、4、5—卸料板拼块　6—5 个拼块组成的卸料板　7—卸料板基体

扩展阅读

实际生产中，卸料板常采用两块板的结构，卸料板镶块和导正销装在卸料板上，然后用一块卸料板背板压在卸料板上，再用螺钉将卸料板和卸料板背板固定成一个整体，如图 8-82 所示。

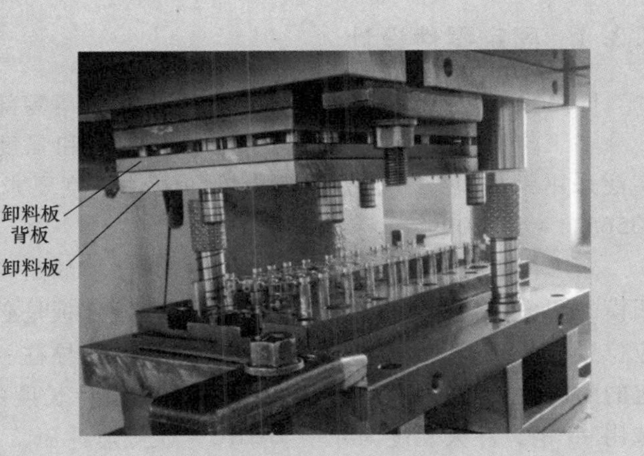

图 8-82　卸料板的结构

2. 卸料板的导向形式

由于弹压卸料板有保护小凸模的作用，要求卸料板有很高的运动精度，为此要在卸料板与上模座、凹模之间增设辅助导向零件——小导柱和小导套，如图 8-83 和图 8-84 所示。图 8-83 所示为小导柱固定在上模座，小导套固定在卸料板上，这种结构主要用于较大尺寸和高速冲压，此时卸料板需要加大尺寸。当冲压材料比较薄、模具的精度要求高、工位数比较多且为高速冲压时，应采用图 8-84 所示的结构，利用小导柱与两个小导套的配合，将凸模固定板、卸料板和凹模三者连为一体，以保证最高的导向精度。

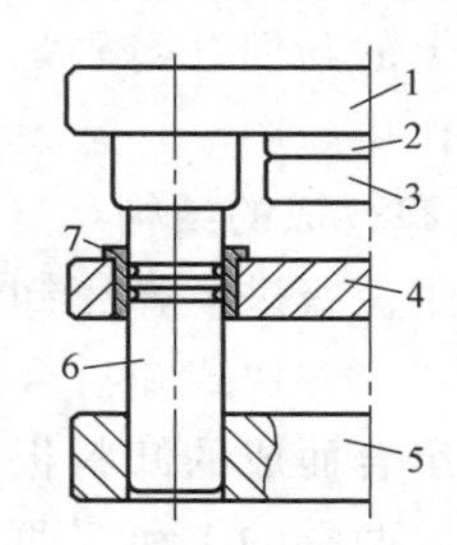

图 8-83　卸料板导向结构之一

1—上模座　2—垫板　3—凸模固定板　4—卸料板　5—下模座　6—小导柱　7—小导套

3. 卸料板的安装形式

卸料板的连接可直接采用标准卸料螺钉（图 8-80），或使用如图 8-85 所示的定距套件。使用定距套件时，卸料板与上模座下表面的距离 L 由套管长度控制，易于保证卸料板的平行度，此时的螺钉即为普通连接用标准螺钉。定距套件已形成标准，使用时可查阅 JB/T 7650. 7—2008。

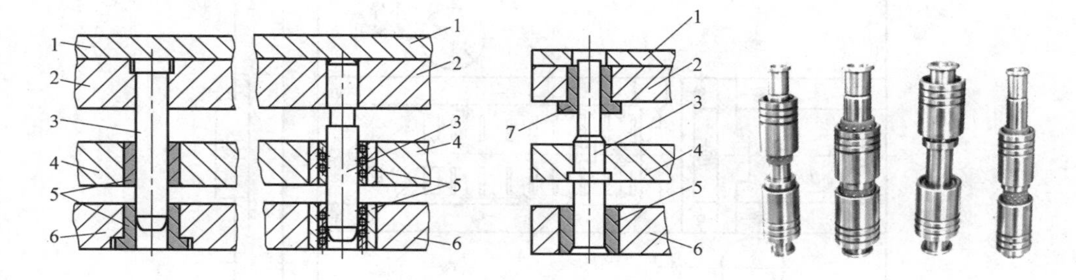

图 8-84　卸料板导向结构之二

1—垫板　2—凸模固定板　3—小导柱　4—卸料板　5、7—小导套　6—凹模

4. 弹性元件

级进模中使用的弹性元件有弹簧、橡胶和氮气弹簧等，它们的使用及选用方法可参考普通模具的设计。

8. 3. 4　固定零件设计

固定零件包括模架、垫板、模柄、固定板等零部件。这些零部件基本都是标准件。

多工位级进模的模架应具有足够的刚性和强度，并保证工作时的运动平稳。生产中广泛采用钢板模架，根据凹模周界和工件精度要求查阅 GB/T 23563. 1～4—2009 或 GB/T 23565. 1～4—2009。

多工位级进模中的固定板有用于固定凸模的凸模固定板（简称固定板），也有用于固定凹模的凹模固定板。多工位级进模的凸模固定板是必需的，不仅要安装多个凸模，还可在相应位置安装导正销、斜楔、弹性卸料装置、小导柱、小导套等，因此应具有足够的厚度和一定的耐磨性。凸模固定板的厚度可按凸模设计长度的 40% 选用。一般级进模凸模固定板可选用 45 钢，淬火硬度为 43～45HRC。在低速冲压、各凸模无须经常拆卸时，凸模固定板可以不淬火。

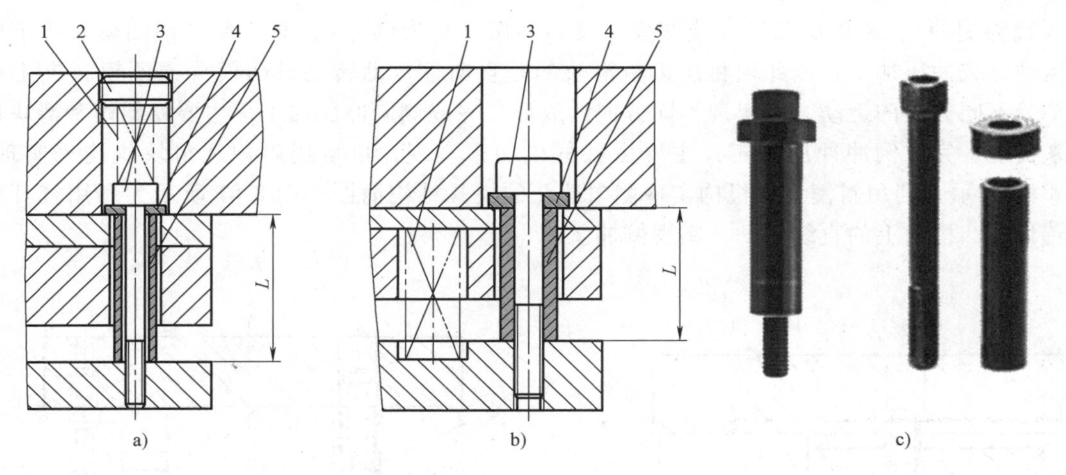

图 8-85　定距套件连接卸料板

a）定距套件装配　b）定距套件　c）定距套件分解

1—弹簧　2—螺塞　3—螺钉　4—垫圈　5—套管

凹模固定板的结构有整体式、分段式和镶拼式等。整体式凹模固定板适用于工位不多的小型多工位级进模；分段式凹模固定板的每一个部分可以分开制造、热处理，并可分别固定，各段间距离调整方便；镶拼式凹模固定板是用若干拼块和镶件拼合成固定板中的一个个安装型孔，所有拼块拼合后，由镶条构成的围框紧固而成，尤其适用于硬质合金的级进模。

垫板在多工位级进模中是必不可少的，除了在凸模固定板与上模座之间设置的上模垫板，通常在卸料板的背面（卸料板背板）和凹模的下面均设置垫板，它们的结构可与凹模板相同，厚度分别如下：①上模垫板厚度一般取凸模固定板厚度的 1/3～1/2；②卸料板背板厚度一般取卸料板厚度的 1/3～1/2；③凹模垫板厚度一般取凹模厚度的 2/5。材料建议选用 45 钢或 T10A。因垫板承受冲击载荷较大而易产生表面损伤失效，故垫板必须淬火处理。

中小型多工位级进模可以和普通模具一样，利用模柄将模具的上模部分与压力机的滑块相连。这里所用的模柄是标准件，其结构及选用方法参见本书第 3 章。但需要说明的是，模柄在多工位级进模中使用得越来越少。

8.3.5　导向零件设计

多工位级进模广泛使用导柱、导套进行导向。设在上、下模座上的导柱、导套用于保证上模的正确运动，称为外导向；设在模具内部的小导柱、小导套是给卸料板进行导向的，称为内导向；卸料板再给细小凸模进行导向，以保护细小凸模。因此，多工位级进模的导向通常是内、外双重导向，从而确保精密冲压。导柱、导套已有标准，其结构及选用参见本书第 3 章。

8.3.6　冲压方向转换机构设计

在级进弯曲或其他成形工序冲压时，往往需要对工件的某一部位或某些部位进行水平冲压（称为侧冲），或者由凸模（或凹模）反向冲压（称为倒冲），即凸模（或凹模）由下向上运动完成冲压加工，因此须将压力机滑块的垂直向下运动转化成凸模（或凹模）向上或水平等不同方向的运动，以实现不同方向的成形。完成侧向冲压加工，主要靠斜楔和滑块机构来实现；完成倒冲冲压加工，主要由杠杆机构来实现，也可用斜楔和滑块机构来实现。图 8-86 所示为利用斜楔滑块机构实现侧向冲孔的模具结构简图。图 8-87 所示为利用杠杆摆动转化成凸模向上的直线运动，实现倒冲。

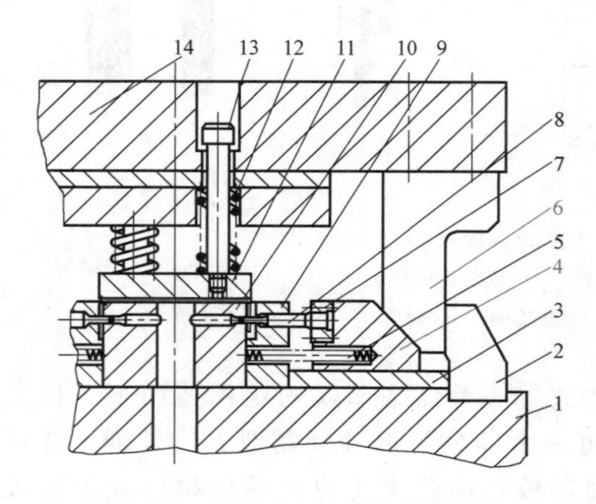

图 8-86　侧向冲孔的模具结构简图

1—下模座　2—限位块　3—垫板　4—滑块
5、12—弹簧　6—斜楔　7—凸模固定板
8—凸模　9—卸料板　10—凹模
11—压料板　13—卸料螺钉
14—上模座

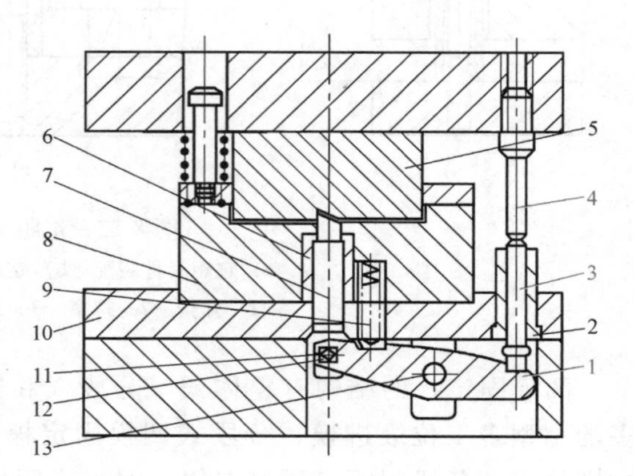

图 8-87　利用杠杆机构实现倒冲

1—杠杆　2—导向套　3—从动杆
4—主动杆　5—凸凹模　6—护套
7—凸模　8—凹模　9—弹簧
10—垫板　11、13—轴
12—轴套

8.3.7　安全检测机构设计

冲压自动化生产不但要有自动送料装置，生产过程中还必须有防止失误的安全检测装置，使模具和压力机免受损坏。

安全检测装置既可设置在模具内，也可设置在模具外。当发生失误（如材料误送或送料进距异常、叠片、工序件定位及运送中出现异常、模具零件损坏、冲压过载等）影响模具的正常工作时，各种传感器（光电传感器、接触传感器等）就能把信号迅速反馈给压力机的制动部分，使压力机停机并报警，实现自动保护。在实际生产中，高速冲压的安全检测主要有以下几方面。

1. 送料进距异常检测

图 8-88 所示为利用导正销孔或工件上的孔来检测送料是否出现异常。当浮动检测销 1 由于送料失误，不能进入条料的导正销孔或工件孔时，条料推动浮动检测销 1 向上移动，同时推动接触销 2 使微动开关闭合。因为微动开关与压力机电磁离合器是同步的，所以电磁离合器脱开，压力机滑块停止运动。

2. 废料回升检测

通常利用下死点检测法进行废料回升检测，如图 8-89 所示，当卸料板 3 和凹模 4 表面无废料时，微动开关 2 始终在“开”状态，若有回升废料，压力机滑块到达下死点时，异物把卸料板垫起，推动微动开关，使其闭合，压力机滑块停止运动。

此外还有一些其他检测方法，如出件检测，材料厚度、宽度和拱弯检测，冲压过载检测等。

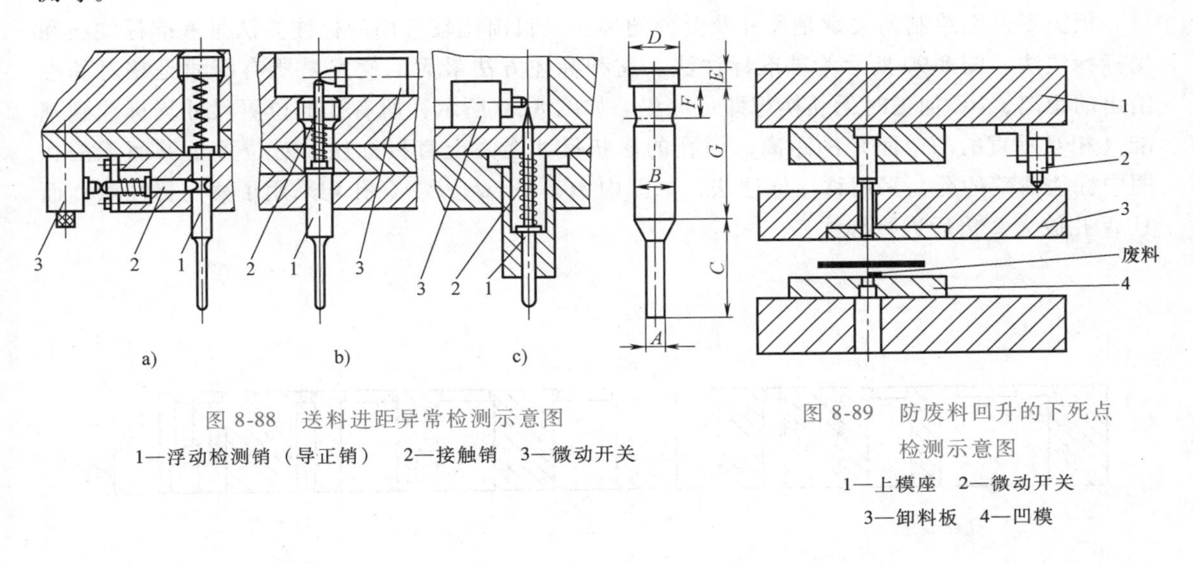

图 8-88　送料进距异常检测示意图
1—浮动检测销（导正销）　2—接触销　3—微动开关

图 8-89　防废料回升的下死点检测示意图
1—上模座　2—微动开关
3—卸料板　4—凹模

8.4　多工位级进模的图样绘制

8.4.1　总装配图的绘制要求

与普通冲压模相同，多工位级进模的总装配图也是由主视图、俯视图（以下模俯视图为主，必要时绘出上模俯视图）、侧视图及局部视图等组成，在图样的右上角绘制工件图和排样图，并绘制标题栏、明细栏，注明装配时的技术要求等。各个视图的绘制要求与普通模具基本相同，如主视图应画成闭合状态的全剖视图，并将模具中的料或工序件的断面涂黑。不同的是，多工位级进模比普通模具要复杂得多，有时一张图纸上无法绘出所有的视图，此时可以分别绘制，如将排样图和工件图单独绘制。

需要说明的是，级进模图样的绘制形式非常灵活，不同企业的绘制要求及表达的内容可能不同，有些企业只需要绘制一个简单的装配示意图，所以本节介绍的内容仅供参考。

8.4.2　零件图的绘制要求

零件图必须在总装配图绘制完成后才能绘制，需要绘制总装配图中明细栏内代号列标有图号的所有零件。标准件一般无需绘制其零件图，但对于一些还需进行较多加工的标准件也需要绘制其零件图（如上、下模座），不过可以简化，只需绘出加工部分的形状和尺寸；所有的非标准件均需绘制。非标准件的零件图应按国家标准进行绘制，需要标明所有的尺寸、公差、表面粗糙度、材料及热处理、技术要求等。根据多工位级进模中的模具零件的结构特征可以分为板类和其他两大类，这两类零件图的绘制方法有所不同。

1. 板类零件图的绘制

板类零件图的图形表达非常简单，通常由主视图、俯视图和局部视图组成，俯视图最为重要，包括所有孔的形状和位置。局部视图通常是局部放大视图，是为了标注方便；主视图仅表达板的厚度，有时甚至会省略不画，在技术要求中注明板的厚度即可。

板类零件图绘制的关键是尺寸及公差的标注，目前比较常用的标注方法是基准标注法和坐标标注法。图 8-90 所示为基准标注法。这种标注方法最大的优点是所有尺寸是相对基准给出的距离，NC 加工时无须换算即可编程。如图 8-90 所示，所有孔的位置尺寸均标注到基准（相互垂直的两个面）的距离，而孔的形状尺寸在图上直接标注，对位置不够而无法在图中标注清楚的孔，采用移出标注法，如图中 M、N、O、P、Q 孔均采用了移出标注法，而且 N 孔放大 2 倍后进行标注。

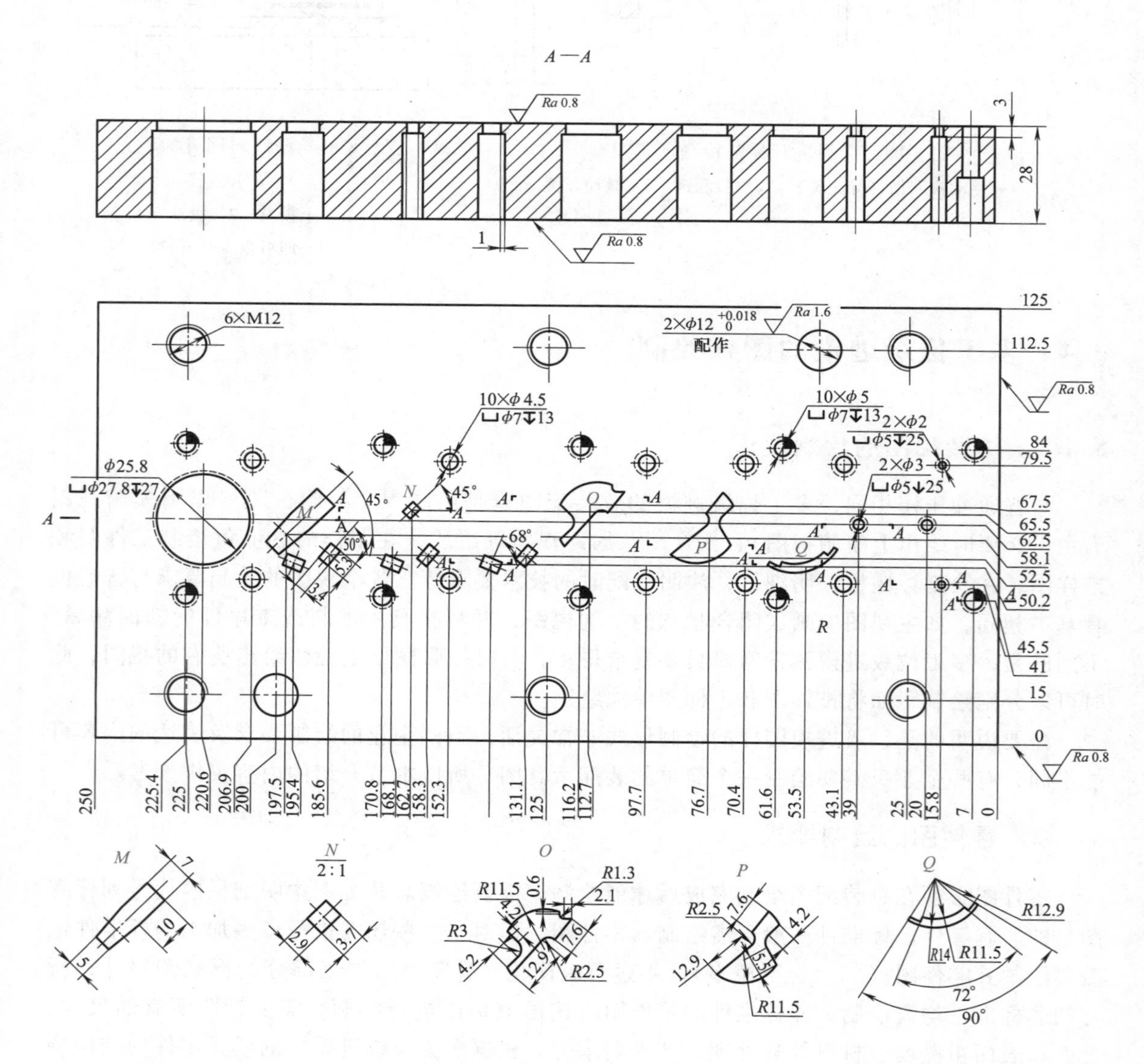

图 8-90 基准标注法

图 8-91 所示为坐标标注法，不仅标注尺寸，还标出了加工说明，这种标注便于 CAD 与 CAPP 的集成，并可通过相关软件自动完成，设计效率非常高，是多工位级进模中应用最广的一种标注法。

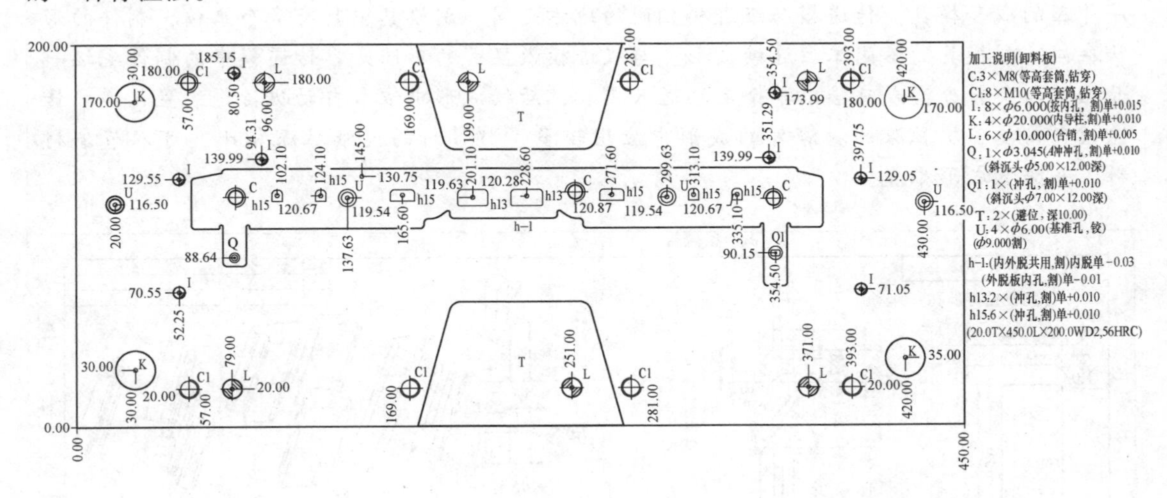

图 8-91 坐标标注法

为使图面简洁，图 8-90 和图 8-91 中均未给出尺寸公差，具体公差值通常以列表的形式统一说明，如图 8-92 中的公差选用。

2. 其他零件图的绘制

工作零件、定位零件、各类镶块等零件图的绘制非常灵活，各个企业有自己的绘图标准，但基本要求有如下几个方面：

（1）视图表达要完整，数量尽可能少 所选视图应能充分而准确地表达清楚零件内、外结构和尺寸，主、俯视图的方位应尽量按所在总装配图中的方位画出，不要任意旋转，以防画错影响装配。

（2）尺寸标注准确、合理 正确选定尺寸标注基准面，做到设计、加工、检验基准三者统一，配合尺寸及精度要求较高的尺寸都应标注公差。

（3）表面粗糙度等级合适 加工表面应标注表面粗糙度等级。但现在很多模具企业已对每个工种进行了规定，所以往往图样上不再标注表面粗糙度等级。例如，某企业规定快走丝线切割加工表面的表面粗糙度值 Ra 为 1.6μm，只要最后一道工序为快走丝线切割加工，则该表面的表面粗糙度值 Ra 就是 1.6μm。

（4）图面清楚、美观

通常级进模零件图中绘制的零件数量应遵循国家标准，即一个零件一张图样，不允许将两个不同的零件放在同一张图样上。但由于级进模中很多零件非常小，为了节省设计费用，企业（尤其是数据无纸化传递的企业）往往将多个零件画在一张图样上，图 8-92 所示为某模具企业的一种图样画法。这种画法仅适用于企业。

另一种与多工位级进模具有相同功能的模具称为传递模。根据GB/T 8845—2017冲模术语的规定，传递模是指多工序冲压中，借助自动化传送装置实现制件传递，以完成多工序冲压的成套模具。传递模与级进模相同的地方是同一副模具中具有多个工位，制件的形状在同一副模具的不同工位连续成形。与级进模最显著的不同是，传递模中的制件毛坯一开始就与条料分离或直接以单个毛坯送入模具，后续成形中依靠自动化传送装置传递。传递模在需要多次拉深的拉深件的成形中应用较多，与带料的连续拉深相比，可以节省材料，并降低成形难度。

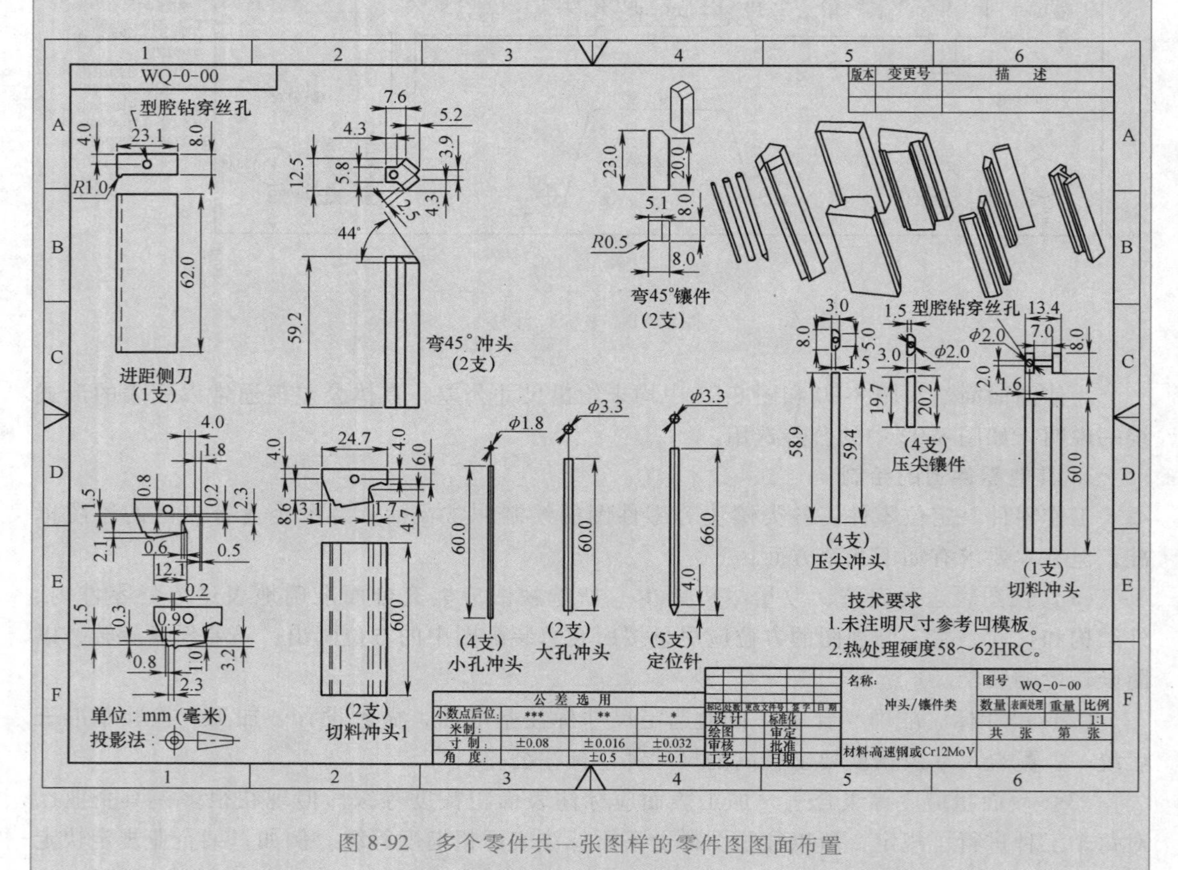

图8-92　多个零件共一张图样的零件图图面布置

思考题

1. 简述多工位级进模排样图的基本内容。
2. 简述多工位级进模排样设计的步骤和方法。
3. 简述多工位级进模排样图的绘制要求。
4. 简述多工位级进模的定距形式及定距原理。
5. 简述弹性卸料装置在多工位级进模中的作用。
6. 多工位级进模中设置浮顶装置的目的是什么？常见的浮顶装置有哪几种形式？
7. 什么是载体？简述载体的类型和作用。
8. 试完成图8-93所示产品的排样设计。

9. 试完成本章中图 8-39～图 8-41 所示零件的模具结构示意图的绘制。

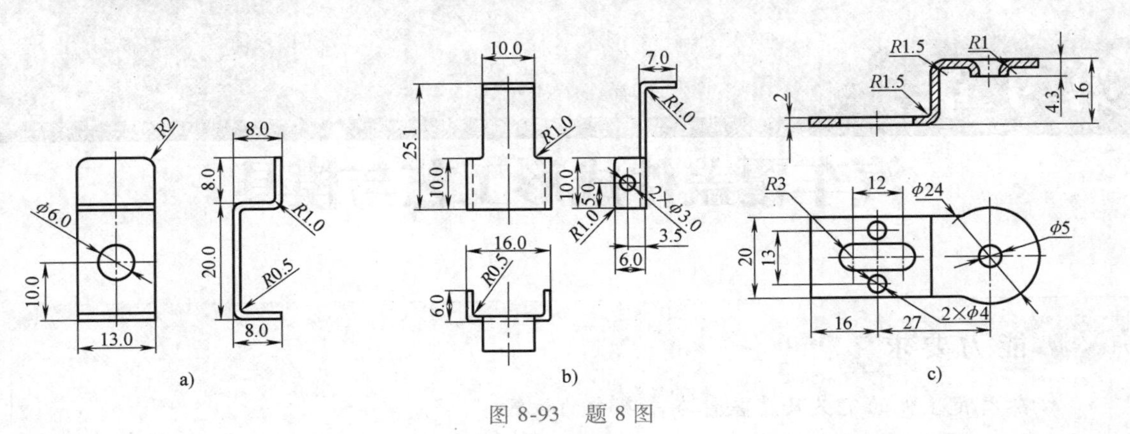

图 8-93　题 8 图

第 9 章 汽车覆盖件成形工艺与模具

能力要求

☞熟悉覆盖件的定义及覆盖件在车身中的位置。
☞能看懂覆盖件模具工艺流程图的基本内容。
☞了解覆盖件常用冲压工序及其模具的典型结构。

汽车覆盖件（简称覆盖件）是指覆盖发动机和底盘，构成驾驶室和车身的表面和内部的零件。它包括外覆盖件和内覆盖件。外覆盖件是指能直接看到的汽车车身外部的裸露件，如车门外板、顶盖、行李舱盖外板、发动机舱盖外板、侧围外板等；内覆盖件是指车身内部的覆盖件，被覆盖上内饰件或被车身其他零件挡住而一般不能直接看到的零件，如车门内板、行李舱盖内板、发动机舱盖内板、侧围内板等。表 9-1 列出了常见车身覆盖件。

表 9-1　常见车身覆盖件

轿车模型	覆盖件名称	覆盖件示意图
	侧围外板总成 侧围内板总成	
	行李舱盖外板 行李舱盖内板	
	发动机舱盖外板 发动机舱盖内板	
	前门外板(左、右) 前门内板(左、右)	
	后门外板(左、右) 后门内板(左、右)	

（续）

轿车模型	覆盖件名称	覆盖件示意图
	翼子板 （左、右两件）	
	顶盖	
	车身内板件	
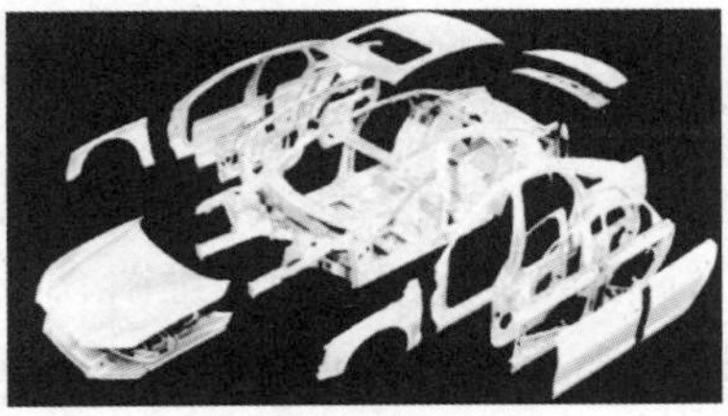	发动机舱总成	
	地板总成	

与一般冲压件相比，覆盖件多为尺寸大、形状复杂、相对厚度小（即板厚与毛坯最大长度之比小，其最小值可达0.0003）的三维曲面，成形规律难以掌握，同时要求外观质量高、配合精度高、形状和尺寸的一致性及装配性好、刚性好，还要有良好的成形工艺性。因此，覆盖件的成形过程有其特殊性，如通常为一次拉延成形（外覆盖件），拉延时兼有胀形变形等。正因如此，实践中常把金属覆盖件从一般冲压件中分离出来，作为冲压加工中的特殊类别加以研究和分析。

覆盖件最基本的冲压成形工艺有落料、拉延、修边（冲孔）、翻边（翻孔）和整形等，由于篇幅有限，本章仅就覆盖件成形工艺和覆盖件模具设计中的工艺数学模型、拉延工艺与模具、修边工艺与模具，以及翻边工艺与模具进行介绍。

扩展阅读

1）由于覆盖件形状多为复杂的空间曲面，因此覆盖件的设计、覆盖件模具的设计与制造过程普遍借助计算机进行，实行CAD/CAM/CAE甚至是CAD/CAM/CAE/CAPP一体化，并广泛使用三坐标测量实施逆向工程。目前汽车行业使用的设计与制造的主流软件有UG、CREO、CATIA等，用于板料成形CAE分析的主流软件有AUTOFORM、DYNAFORM等。

2）按材料的不同，覆盖件有金属（钣金）类覆盖件和塑料类覆盖件，如保险杠就是塑料类覆盖件。

3）轻量化材料在轿车车身上的应用近年来发展迅速，大部分中高级车骨架件中高强度板基本达到50%以上，而且高强度钢板、超高强度钢板的应用越来越多。汽车车身中新材料的比重也在逐渐增加，东京大学汽车研究院开发出碳纤维材料翼子板只有普通材料质量的1/4，而强度能达到钢板的效果。

4）按照德国的汽车分级标准，A级（包括A0、A00）车为小型轿车，B级车为中档轿车，C级车为高档轿车，D级车为豪华轿车，其等级划分主要依据轴距、排量和质量等参数，字母顺序越靠后，该级别车的轴距越长，排量和质量越大，轿车的豪华程度也不断提高。

9.1　覆盖件的工艺数学模型

覆盖件的工艺数学模型包括工艺数学模型（三维）、工序数学模型（每道工序的模型图）及工程图（又称工艺流程图或加工要领图，简称D/L图或工法图，为二维图），这是覆盖件工艺设计和模具设计过程中必不可少的几个图。图9-1所示为某车前门外板的拉延工序数学模型和拉延工序简图。

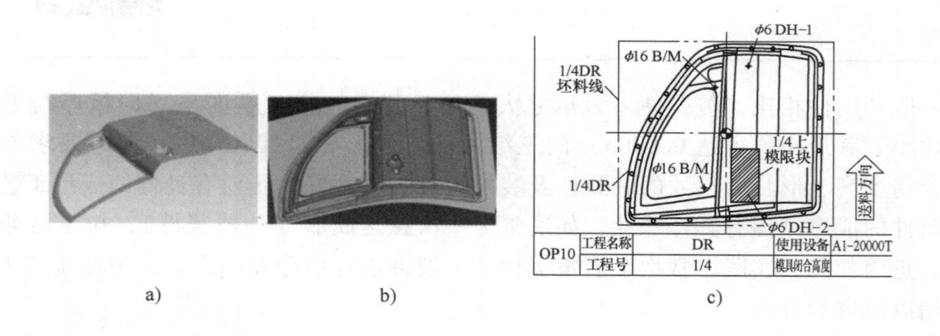

图9-1　某车前门外板的拉延工序数学模型和拉延工序简图

a）零件简图　b）拉延工序数学模型　c）拉延工序简图

D/L图是在覆盖件冲压工艺确定后，把各工艺设计汇总绘制在同一工程图上，作为模具设计人员审定各工序模具时的指导性文件。它是覆盖件模具设计及制造前最关键的工作之一，其合理与否直接影响模具设计制造的成败。D/L图包含以下内容：①各工序的冲压方向；②各工序的送料方向（投入侧、取出侧图示）；③各工序的加工范围；④各工序的加工轮廓；⑤基准点与机械中心的关系；⑥合模基准孔（CH孔）、成形到底记号（B/M）的相关位置；⑦预想下料尺寸；⑧废料刀位置及废屑流向表示；⑨冲孔作业工程及尺寸表示；⑩加工部位的断面形状表示；⑪各工序加工内容简图。

图9-2所示为某汽车机盖内板的D/L简图。

扩展阅读

1）三维工艺数学模型和二维D/L图互为补充且密不可分。D/L图是在覆盖件三维数学模型建立及CAE模拟分析之后进行绘制的，需要工艺设计、模具设计、模具制造及现场调试人员甚至是车身设计人员共同参与，充分发挥各有关人员的聪明才智，反复讨论，是集体智慧的结晶。D/L图中的点、线元素来自三维工艺数学模型，是对三维工艺数学模型的详细表达。

2）D/L图的有关说明。覆盖件常见工序名称见表9-2。

各工序序号编写要求：OP10表示第1道工序；OP20表示第2道工序；OP30表示第3道工序，以此类推，但当落料工序在拉延工序之前时，往往把拉延工序编为OP10，把落料工序编为OP05。

表9-2 覆盖件常见工序名称

简称	英文名称	中文名称
BL	Blanking	落料
DR	Draw	拉延
TR	Trim	修边
PI	Pierce	冲孔
FL	Flange	翻边
BUR	Burring	翻孔
RST	Restrike	整形
BND	Bending	弯曲
FO	Form	成形
C	Cam	斜楔
CT	Cut	切断
SET	Separate	切开

如图9-2所示，1/4表示此覆盖件总共需要4道工序（或称4个工程）完成，本道工序为第1道；3/4表示此覆盖件需要4道工序完成，本道工序为第3道等。如写成1/4DR，即意味着此覆盖件总共需要4道工序完成，本道工序为第1道拉延；如写成2/3TR，说明此覆盖件总共需要3道工序完成，本道工序是第2道工序修边等。

D/L图的绘制需根据一定的标准和规范进行，不同的企业有所不同，但基本内容应包括以下部分：①注明每道工序的冲压方向，如果工序间需要旋转，需将角度标出；②标明设计与加工基准；③给出工艺补充部分的尺寸并表达每道工序加工的形状；④给出每道工序的模具名称、模具闭合高度、设备型号；⑤标出数模基准，修边模的废料刀工作示意图，若多次修边，还需给出分次修边的刃口衔接图；⑥如果有拉延模，要给出顶杆的位置；⑦如果有落料工序，需给出落料毛坯的参考形状和尺寸等。因此，D/L图中必须配备若干个视图、如主视图、必要的断面图、各道工序简图、修边角度及废料流向图、各工序作用线图（是指用不同的标记代表不同工序的成形轮廓线）、刃口衔接示意图、各工序工件旋转角度，以及CH孔的位置图等信息。

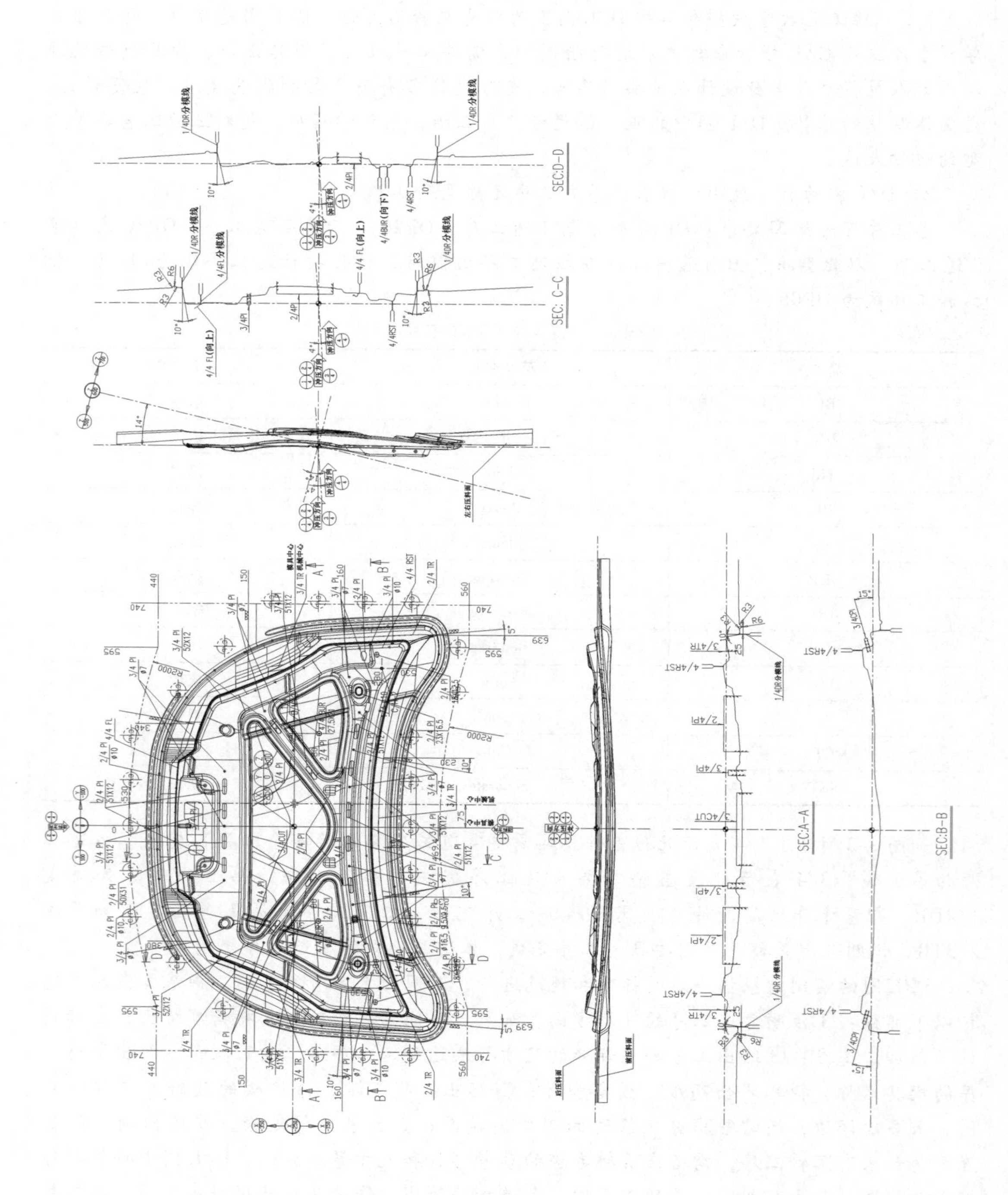

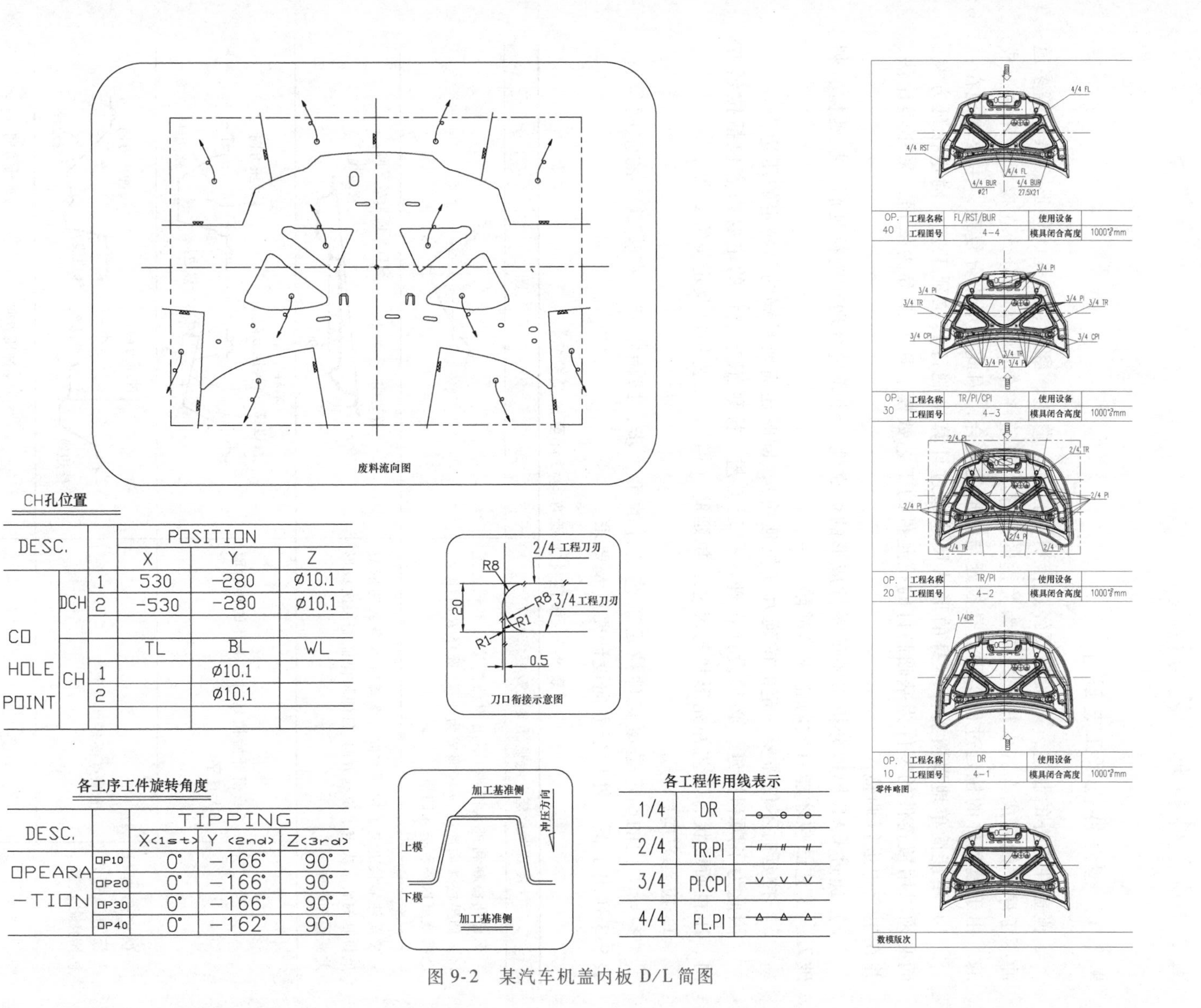

图 9-2 某汽车机盖内板 D/L 简图

9.2 覆盖件拉延工艺与模具

9.2.1 覆盖件拉延工艺设计

覆盖件零件的制造，一般都要经过落料、拉延、修边、翻边、冲孔、整形、胀形等多道冲压工序才能完成，其中拉延是最为关键的工序，覆盖件的形状大部分是在拉延工序中形成的。由于覆盖件的拉延过程实质上是拉延与胀形的复合，因此变形十分复杂，主要表现在：

1）不能简单地以覆盖件本身的形状尺寸通过计算来制订其拉延工艺、确定拉延方案，而必须以用覆盖件的零件为基础制订的拉延件的工艺数模、D/L 图等为依据，采用类比法，并在生产中进行调整。

2）通过 CAE 模拟分析来验证零件成形的可靠性，并通过合理布置拉延筋、拉延槛、刺破刀、工艺凸包才能有效防止成形缺陷产生。

3）拉延时不仅需要一定的拉延力（拉延功），同时还需要足够的、稳定的压边力。

因此为了顺利拉延，必须设计合理的拉延工艺。拉延工艺设计的主要内容包括拉延方向、压料面形状、工艺补充形状与尺寸、拉延筋（槛）、工艺切口及定位方式等。

1. 拉延方向的确定

拉延方向的确定是覆盖件拉延工艺设计的第一步，即确定零件在模具中的空间位置。表 9-3 列出了覆盖件拉延方向设计要点及要求。

表 9-3 覆盖件拉延方向设计要点及要求

覆盖件拉延方向设计要点及要求		简图
保证凸模顺利进入凹模，不出现凸模接触不到的死区。如果按 A 向冲压，a 区即成为死区，选择 B 向冲压，凸模就可以顺利进入凹模		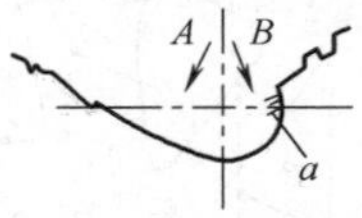 A B a
覆盖件形状决定了拉延方向。覆盖件本身的凹形或反拉延的要求决定了拉延方向，目的是保证能一次成形并获得 90°的角度		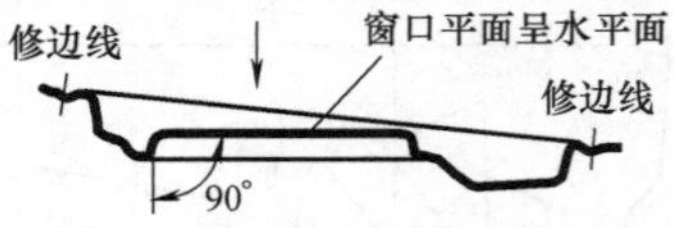 修边线 窗口平面呈水平面 修边线 90°
保证凸模与毛坯有良好的初始接触状态	凸模开始拉延时与毛坯的接触面要大且平	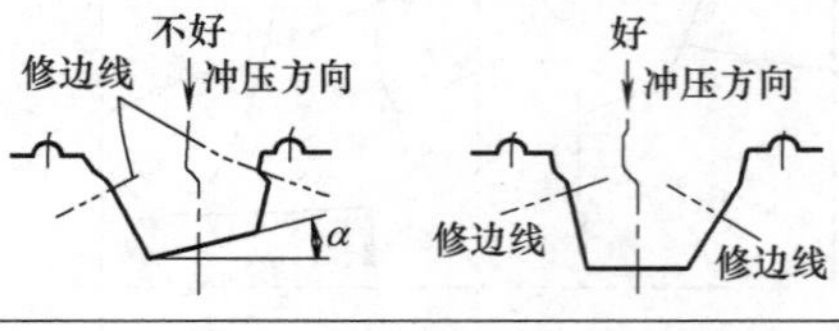 不好 修边线 冲压方向 α 好 冲压方向 修边线 修边线
	接触点要多且分散	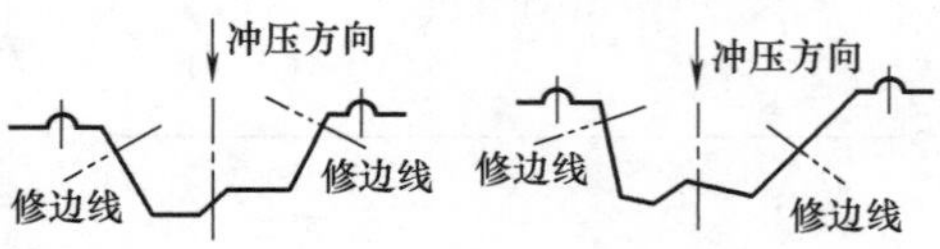 冲压方向 修边线 修边线 冲压方向 修边线 修边线
	尽量使凸模位于中心部位	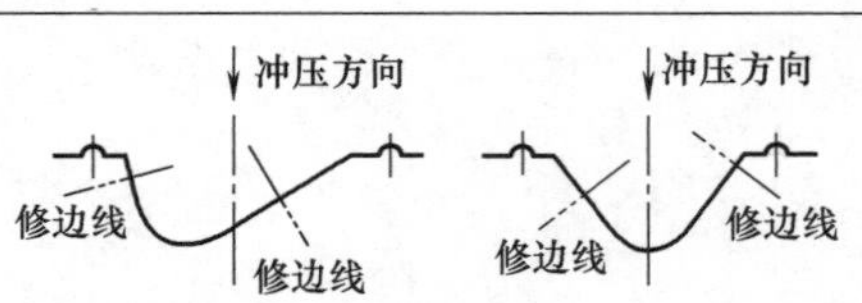 冲压方向 修边线 修边线 冲压方向 修边线 修边线

（续）

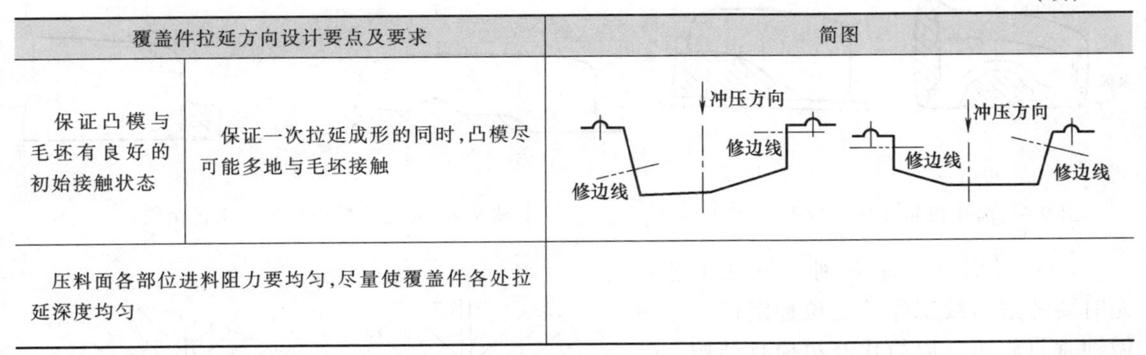

覆盖件拉延方向设计要点及要求		简图
保证凸模与毛坯有良好的初始接触状态	保证一次拉延成形的同时，凸模尽可能多地与毛坯接触	冲压方向 修边线 修边线 冲压方向 修边线 修边线
压料面各部位进料阻力要均匀，尽量使覆盖件各处拉延深度均匀		

扩展阅读

确定拉延方向时，表9-3中各因素应尽量满足，综合考虑，必要时可改变覆盖件某些部位的形状，以达到合理的拉延方向，但需要在后续成形工序中再成形到符合产品图样要求的形状。

2. 工艺补充的设计

覆盖件零件成形过程中，通常将覆盖件的翻边展开，将覆盖件的窗口、孔洞填平，增加压料面、拉深筋等，从而需要在零件本体外增加一部分材料，这部分增加的材料就是工艺补充。工艺补充是覆盖件拉延工艺设计中不可缺少的部分。它既是实现拉延的条件，又是控制变形程度和提高零件刚度的必要补充，还直接影响拉延成形以后的修边、整形、翻边等工序。图9-3所示为某车前风窗下流水槽后板的工艺补充示例。

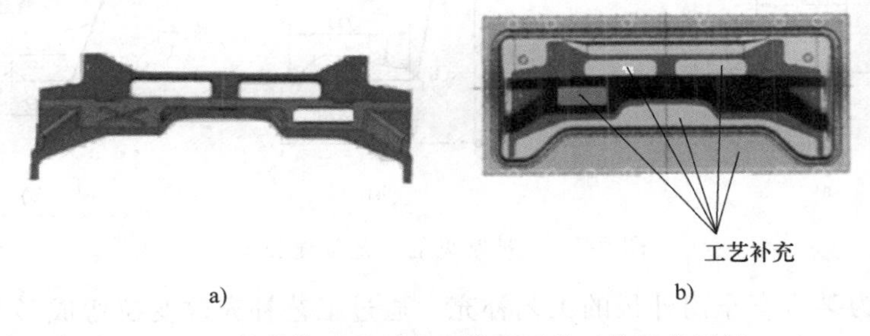

图9-3　某车前风窗下流水槽后板的工艺补充示例

a）零件简图　b）工艺补充示例

确定工艺补充部分的原则如下：

（1）简化拉延件结构形状　拉延件的形状越复杂，拉延越困难，设置工艺补充部分可以使拉延件的形状简单，如图9-4所示。图9-4a简化了拉延件的轮廓形状，利于控制毛坯的变形和塑性流动。图9-4b所示增加了拉延件右边的侧边高度，使拉延高度变化较小，利于减小材料塑性流动的不均匀性。图9-5所示为设置工艺补充部分后，压料面形状变为平面，且使拉延深度均匀一致。

（2）保证良好的拉延条件　有些斜度较大的拉延件，为了保证拉延时材料能很好地贴紧凸模，可以利用工艺补充部分增加一部分直壁以保证良好的拉延条件，如图9-6所示。

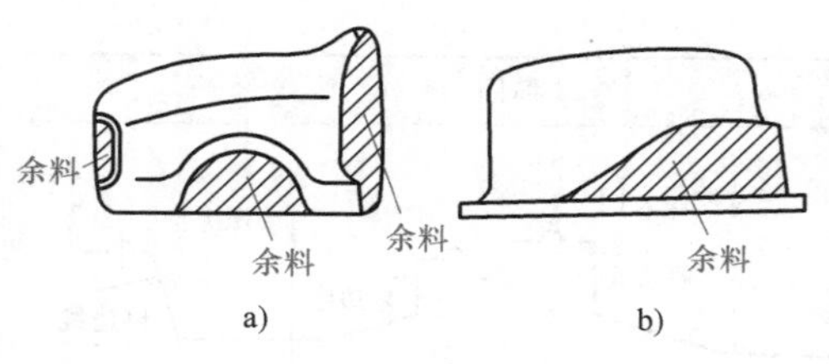

图 9-4　简化拉延件形状的工艺余料

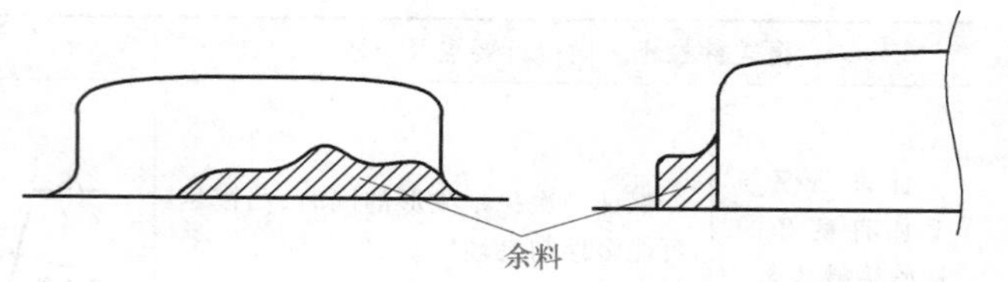

图 9-5　简化压料面形状的工艺余料

（3）对后续工序有利　设计工艺补充时要考虑后续工序的定位稳定性，尽量做到垂直修边，以简化修边模具结构。

（4）用料尽可能少　工艺补充部分不是零件的结构需要，而是成形工艺的需要，通常在拉延结束后的修边工序中切除，因此在保证拉延件有良好拉延条件的前提下，尽量减少工艺补充部分的用料，以提高材料利用率。

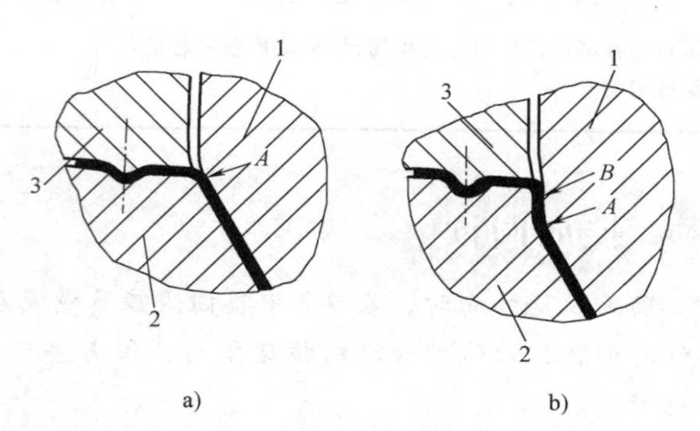

图 9-6　保证良好的拉延条件

a）没有直壁　b）有直壁

1—凸模　2—凹模　3—压边圈

图 9-7 所示为几种常见的工艺补充类型。图 9-7a 所示为修边线在拉延件的压料面上，垂直修边；图 9-7b 所示为修边线在拉延件的底面上，垂直修边；图 9-7c 所示为修边线在侧壁上，水平修边或倾斜修边。

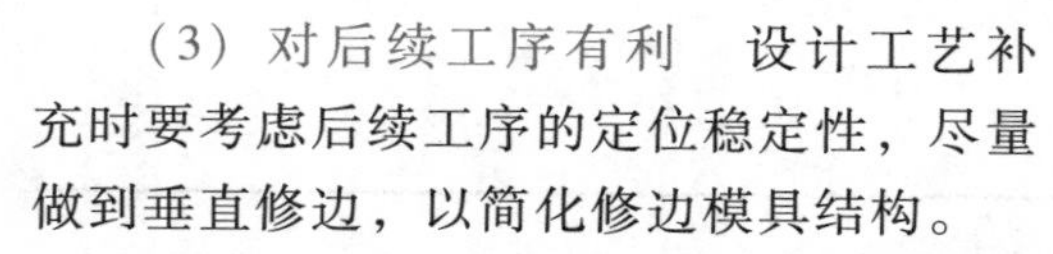
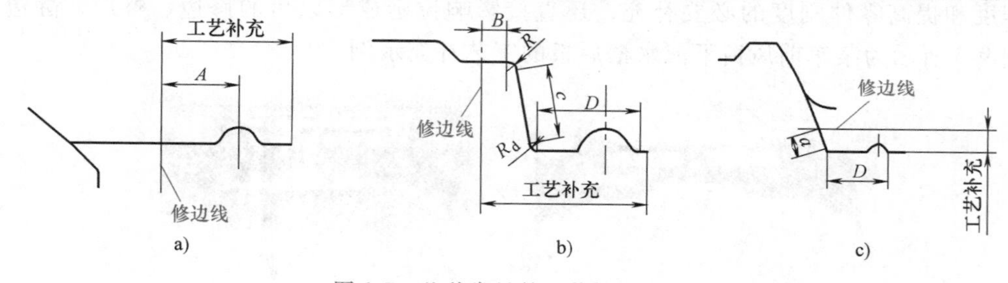

图 9-7　几种常见的工艺补充类型

图 9-8 所示为某汽车车门外板的工艺补充。通过工艺补充改变拉弯成形为拉延成形，通过设置拉延筋增大拉延成形阻力以增大零件的刚性，减小回弹。

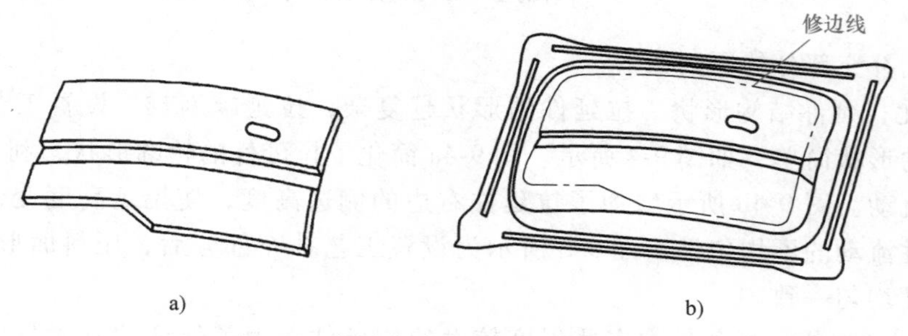

图 9-8　某汽车车门外板的工艺补充

a）零件图　b）拉延件简图

3. 压料面的设计

压料面是工艺补充的重要组成部分，是指位于凹模圆角半径 R_d 以外，并在拉延开始时被压边圈和凹模压住的那一部分材料。

压料面有两种情况：①压料面是拉延件本身法兰面的一部分，这种压料面的形状是确定的，为了便于拉延，也允许局部修改，但在后序工序中必须进行整形，以达到零件整体形状的要求；②压料面由工艺补充部分补充而成的，压料面形状多为曲面，这种压料面在拉延结束后的修边工序中将被全部切除。

压料面设计要点及要求见表 9-4。

表 9-4　压料面设计要点及要求

<table>
<tr><th colspan="2">压料面设计要点及要求</th><th>简图</th></tr>
<tr><td colspan="2">压料面形状尽量简单，最好为平面，在保证良好拉延条件的前提下，也可设计成锥面、单曲面或平滑的双曲面</td><td></td></tr>
<tr><td rowspan="3">合理选择压料面与拉延方向的相对位置</td><td>最有利的压边位置是水平位置</td><td></td></tr>
<tr><td>其次是相对于水平面由上向下倾斜的压料面，此时只要倾角 α 不太大（一般控制 $\alpha \leqslant 40° \sim 45°$）</td><td></td></tr>
<tr><td>最不利的是压料面相对水平面由下向上倾斜，这种压料面使拉延过程中材料流动阻力最大，应尽量少用</td><td></td></tr>
<tr><td rowspan="3">压料面应保证凸模对拉延毛坯有一定的拉延效应</td><td>压料面任一断面的曲线长度应小于凸模相应的断面展开长度，使毛坯在拉延过程中始终处于张紧状态而平稳地贴靠凸模，避免产生皱纹</td><td></td></tr>
<tr><td>压料面的仰角 A 也应大于凸模的仰角 B，即 $A>B$，以保证凸模对毛坯的张紧作用，消除拉延件上出现余料、松弛和皱褶等</td><td></td></tr>
<tr><td>如果满足不了上述条件，可在凸模端部设置筋来吸收多余的材料</td><td></td></tr>
<tr><td colspan="2">压料面的选取应尽量使成形深度降低且各部分成形深度均匀，以减小成形难度</td><td></td></tr>
<tr><td colspan="2">凹模内的反拉延凸包应低于压料面，否则在合模过程中，凹模内凸包会先接触毛坯而引起毛坯弯曲变形，使毛坯内部形成大皱纹甚至出现叠料现象</td><td></td></tr>
<tr><td colspan="2">压料面的选取应使毛坯在拉延和修边工序中定位稳定可靠，送料及取件方便</td><td></td></tr>
</table>

4. 拉延筋（槛）的设计

覆盖件的拉延中，通常在拉延凹模口周边的压料面上设置凸起或凹进的拉延筋或槛（图 9-9）。拉延筋可设在压边圈上，也可设在凹模上，两者对拉延的作用效果是一样的。通过设置不同数量、不同结构和尺寸、不同位置及拉延筋与拉延筋之间的松紧程度，可以实现调节压料面上材料流入凹模的阻力，从而控制工件的成形质量。

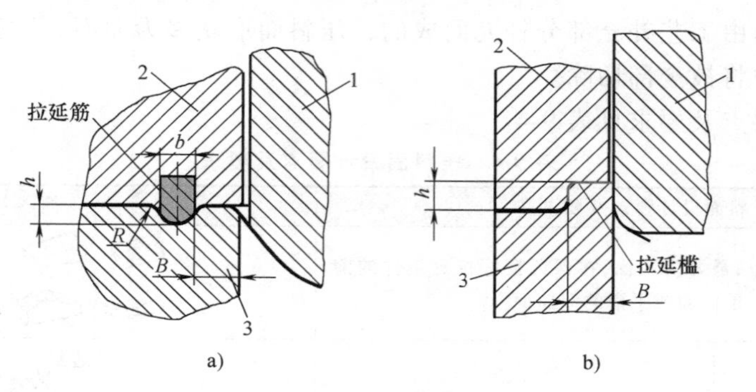

图 9-9　拉延筋或槛

a）拉延筋　b）拉延槛

1—凸模　2—压边圈　3—凹模

表 9-5 列出了各种拉延筋或槛的断面形状、尺寸、用途及特点，图 9-10 所示为拉延筋的布置方法，表 9-6 列出了拉延筋布置方法说明。

成形深度大，需要材料流入量多时，使用圆形筋（单筋或双筋）。需要材料的流入量少及大的附加拉力时，采用方形筋、拉延槛或三角形筋等。

表 9-5　各种拉延筋或槛的断面形状、尺寸、用途及特点

种类		断面形状、尺寸	用途	特点
圆形筋	单筋	r_2 b r_1 h	法兰流入量大的拉延	修磨容易，便于调节拉延筋阻力
	双筋		法兰流入量特别大的深拉延	为了控制筋的磨损，加大筋椭圆角半径。随着半径增大，附加拉力减小，应用双筋来补充
方形筋		b r_2 r_1 h	法兰流入量少的拉延或胀形	与圆筋相比，能提供更强的附加拉力
三角形筋			胀形	为了抑制筋的磨损，材料完全没有流入
拉延槛		r_1 h r_2	法兰流入量少的拉延或胀形	材料利用率高，在同样的圆角半径和高度的条件下，附加拉力比方形筋小

表 9-6　拉延筋布置方法说明

图 9-10 中位置序号	形　状	要求	布筋方法
1	大外凸圆弧	补偿变形阻力不足	设置深长筋
2	小外凸圆弧	塑性流动阻力大，应让材料有可能向直线区段挤流	1）不设拉延筋 2）相邻筋的位置应与凸圆弧保持 8°～12°夹角关系
3	大内凹圆弧	1）补偿变形阻力不足 2）避免拉延时材料从相邻两侧凸圆弧部分挤过来而形成皱纹	设置 1 条长筋或 2 条短筋
4	小内凹圆弧	将两相邻侧面挤过来的多余材料延展开，保证压料面下的毛坯处于良好状态	1）沿凹模口不设筋 2）在离凹模口较远处设置 2 条短筋
5	直线	补偿变形阻力不足	根据直线长短设置 1～3 条拉延筋（长直线处多设，并呈塔形分布，短直线处少设）

拉延筋布置的位置、尺寸大小及数量与经验密切相关，各个模具企业有自己的一套方法，但保证筋与材料流动方向垂直是共同的要求。

5. 工艺孔或工艺切口设计

在零件的中间部位压出深度较大的局部凸起或鼓包时，往往由于不能从毛坯的外部得到材料的补充或本身材料的延伸率不够而导致零件产生局部破裂，此时可考虑在局部变形区的适当部位冲出工艺孔或工艺切口，使容易破裂的区域从变形区内部得到材料补充，图 9-11 所示为车窗部位成形中的工艺孔设置。

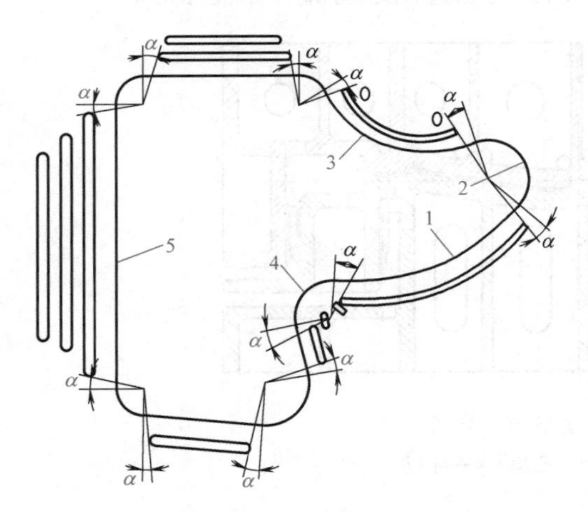

图 9-10　拉延筋的布置方法（$\alpha=8°\sim12°$）

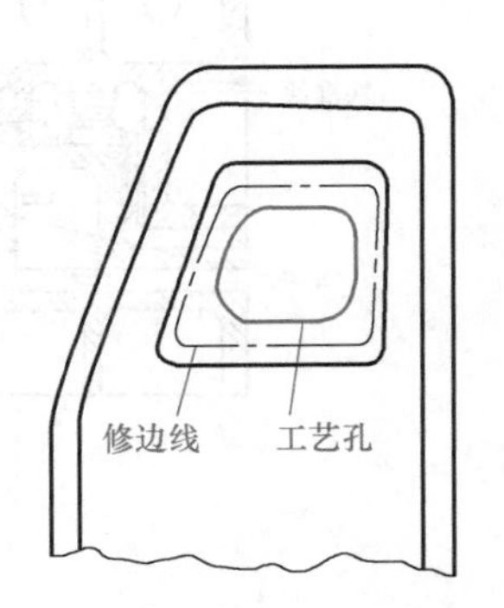

图 9-11　车窗部位成形中的工艺孔设置

所有工艺孔或切口都必须设置在工艺补充面上，修边时要一并切去。工艺孔或工艺切口的大小和形状要视它所处的区域情况和向外补充材料的要求而定。工艺切口一般需要注意以下几点：①切口应与局部周缘形状适应，以使材料合理流动（图 9-12a）；②切口之间应留有足够的搭边，以使凸模张紧材料，避免波纹等缺陷；③切口的切断部分应邻近材料延伸不足部分的边缘或容易破裂的区域；④切口的数量应保证各处材料变形趋于均匀，否则不一定能防止裂纹产生（图 9-12b）。

工艺孔或工艺切口冲切的时间、位置、大小和数量一般是在拉延模试冲过程中现场试验确定的。

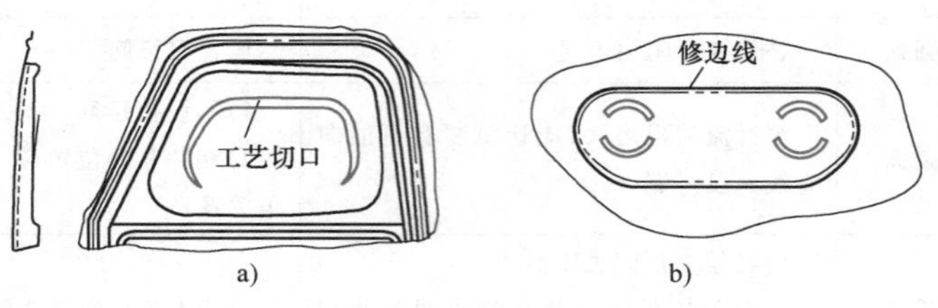

图 9-12　工艺切口布置

9.2.2　拉延模的结构

根据所使用拉延设备的不同，覆盖件拉延模有在单动压力机上拉延的拉延模（或称单动拉延模）、在双动压力机上拉延的拉延模（或称双动拉延模）及在多动拉延设备上拉延的多动拉延模等。

形状简单、深度小的覆盖件一般采用单动拉延模来成形；形状复杂、深度大的覆盖件一般采用双动或多动拉延模成形。随着冲压设备性能的改善，单动拉延已成为覆盖件拉延成形的主流方式。

1. 单动拉延模

图 9-13 所示为单动拉延模结构示意图，主要由凹模 1、压边圈 2、凸模 3 三大件组成（因此常被称为三板式结构）。凹模安装在压力机的滑块上，凸模安装在压力机工作台面上（因此也称为倒装拉延模），凸模与压边圈之间、凹模与压边圈之间都有导板导向。

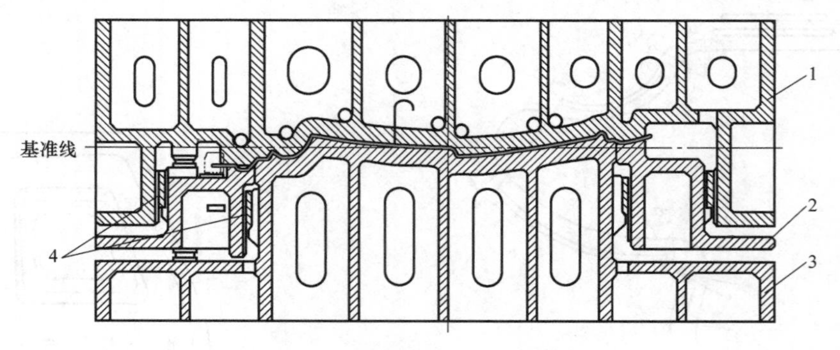

图 9-13　单动拉延模结构示意图

1—凹模　2—压边圈　3—凸模　4—导板

拉延的初始状态下，压边圈受弹性装置（气垫顶杆、弹簧、氮气弹簧）的作用，向上运动到其上表面高出凸模 5~10mm，使毛坯放稳。滑块下行时，凹模首先将毛坯压紧在压边圈上，直至下死点，拉延成凸模的形状。回程时压边圈将拉延件从凸模上顶出。

2. 双动拉延模

双动拉延模按双动压力机设计。图 9-14 所示为双动拉延模结构示意图。

双动拉延模主要由凸模 1、压边圈 2、凹模 3 三大件组成。凸模安装在双动压力机的内滑块上，压边圈安装在双动压力机的外滑块上，凹模安装在双动压力机工作台面上，凸模与压边圈之间、凹模与压边圈之间都有导板导向。拉延开始后，外滑块首先向下运动到下死点，将毛坯紧压在凹模上。此时正在运动的凸模与毛坯接触并开始拉延，直至下死点将毛坯拉延到与凸模贴合。拉延结束后，内滑块先回程，压边圈则停留一瞬间，将拉延件从凸模上脱下。

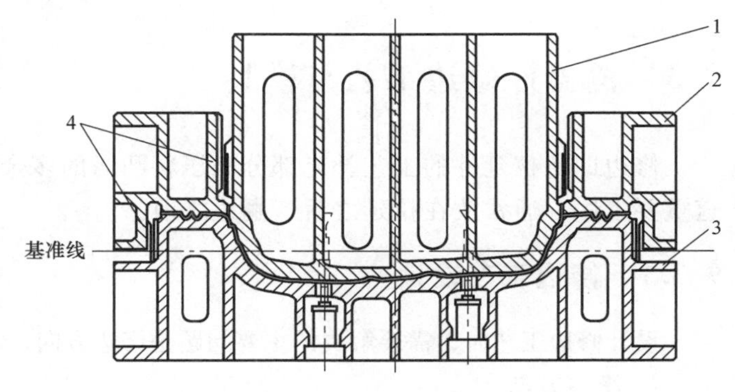

图 9-14　双动拉延模结构示意图

1—凸模　2—压边圈　3—凹模　4—导板

扩展阅读

1）覆盖件形状复杂、尺寸较大，其凸模、凹模、压边圈等通常采用空心铸件结构，采用实型铸造，再经切削加工的方法得到，如图 9-15 所示。凸模、凹模、压边圈可选用球墨铸铁或合金铸铁，如 MoCr、GM241、GM246 等，采用火焰淬火热处理。模座可选用灰铸铁，如 HT300 等。

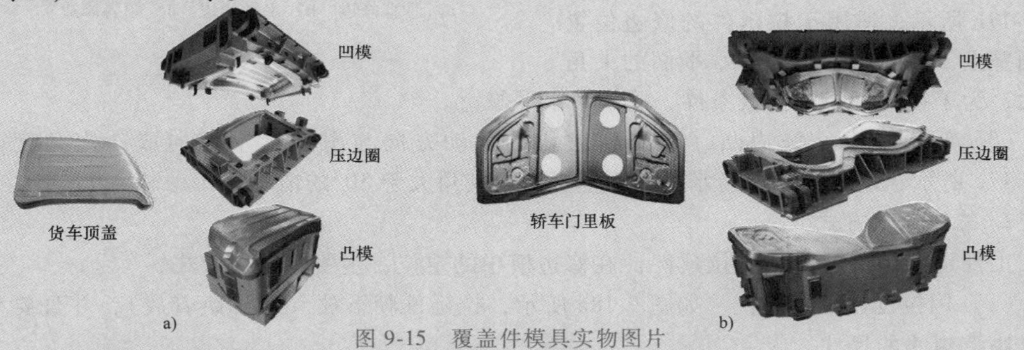

图 9-15　覆盖件模具实物图片

a）货车顶盖及其拉延模　b）轿车门里板及其拉延模

2）近年来，随着汽车冲压生产的高效化和自动化发展，汽车零件应用级进模生产越来越多。图 9-16 所示为生产汽车某零件的多工位级进模。

图 9-16　生产汽车某零件的多工位级进模

9.3　覆盖件修边工艺与模具

修边即将拉延件的工艺补充部分和压料凸缘的多余部分切掉，这是保证覆盖件尺寸的一道重要工序，通常放在拉延之后、翻边之前。

9.3.1　修边工艺设计

设计修边工艺时，需要解决的主要问题是修边方向、工件定位方式、废料分块及排除等。

1. 修边方向

修边方向是指修边凸（凹）模镶块的运动方向，它与压力机的滑块运动方向不一定始终保持相同，根据两者的关系，修边方向有以下三种。

（1）垂直修边　修边凸（凹）模镶块的运动方向与滑块运动方向一致，如图9-17a所示，适用于修边线上任意点的切线与水平面的夹角α小于20°，最大不超过30°。

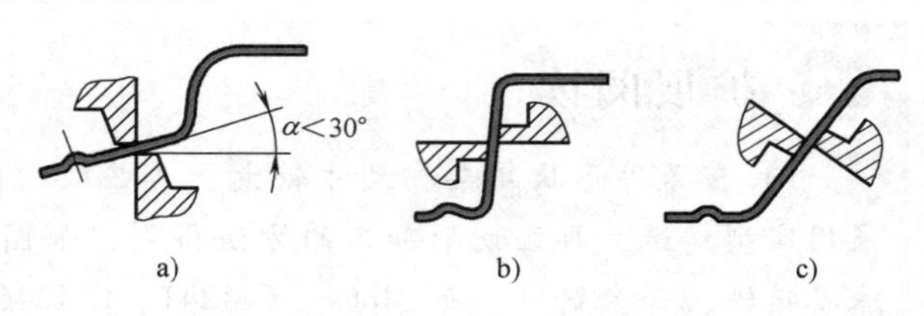

图9-17　修边方向示意图
a）垂直修边　b）水平修边　c）倾斜修边

（2）水平修边　修边凸（凹）模镶块的运动方向与滑块运动方向垂直，如图9-17b所示，适用于拉延件的修边位置在侧壁上，此时由于侧壁与水平面的夹角较大，为了接近理想的冲裁条件，故采用水平修边。

（3）倾斜修边　修边凸（凹）模镶块的运动方向与滑块运动方向成一定角度，如图9-17c所示，适用于侧壁与水平面不垂直，但夹角大于30°的情况。

2. 工件定位方式

工件定位是指毛坯件（拉延件）在修边模中的定位，主要有三种形式。

（1）用拉延件侧壁定位　如图9-18a所示，拉延件朝下放（俗称趴着放），并且要考虑定位块结构A的尺寸。

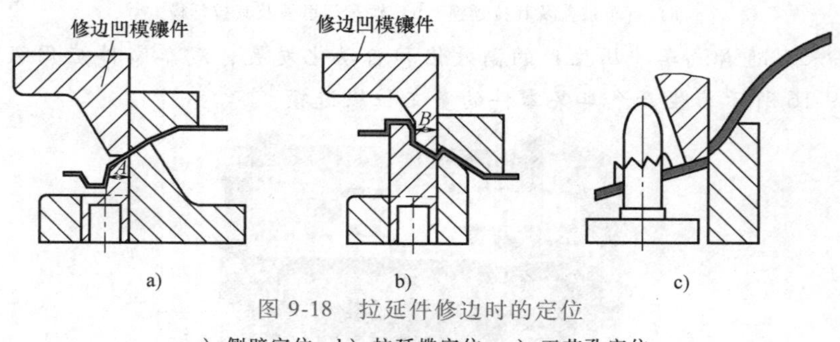

图9-18　拉延件修边时的定位
a）侧壁定位　b）拉延槛定位　c）工艺孔定位

（2）用拉延凸台（或拉延槛）定位　如图9-18b所示，拉延件必须朝上放（俗称仰着放），并且要考虑凹模镶块的强度，即B的尺寸。

（3）用工艺孔定位　该方法用于不能用前述两种方法定位时的定位，此时可在工艺补充部分穿出修边时定位用的工艺孔，拉延时成形出来，修边时修掉成为废料，如图9-18c所示，此时拉延件应趴着放。

3. 废料分块及排除

覆盖件废料的外形尺寸大，修边线形状复杂，不能采用一般卸料板卸料，需要利用废料切断刀将废料分成若干块方可方便卸料，也便于打包运输。废料的分块应根据废料的排除方法而定。手工排除废料的分块不宜太小，一般不超过 4 块，长度一般不超过 400mm；机械自动排除废料的分块要小一些，废料长度一般不超过 300mm，便于废料打包机打包或满足废料传送装置的通过性。

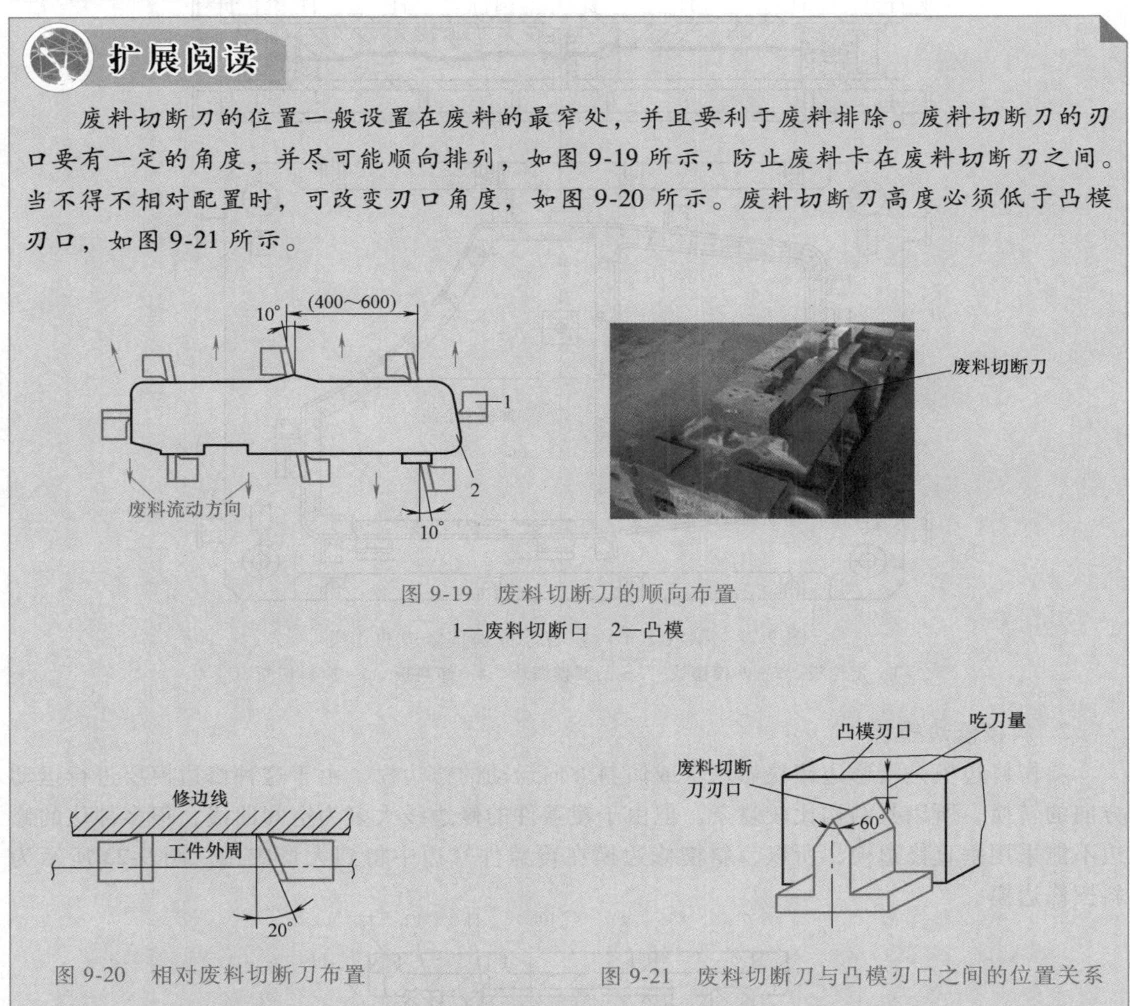

废料切断刀的位置一般设置在废料的最窄处，并且要利于废料排除。废料切断刀的刃口要有一定的角度，并尽可能顺向排列，如图 9-19 所示，防止废料卡在废料切断刀之间。当不得不相对配置时，可改变刃口角度，如图 9-20 所示。废料切断刀高度必须低于凸模刃口，如图 9-21 所示。

图 9-19 废料切断刀的顺向布置

1—废料切断口 2—凸模

图 9-20 相对废料切断刀布置

图 9-21 废料切断刀与凸模刃口之间的位置关系

9.3.2 修边模的结构

修边模就是用于修边的模具。修边模的结构是否合理将直接影响修边件的质量，也影响到后续翻边的质量及稳定性。

根据修边凸、凹模（刃口镶块）运动方向不同，修边模有垂直修边模、斜楔修边模和垂直斜楔修边模三种类型。

1. 垂直修边模

垂直修边模是指修边镶块的运动方向同压力机滑块的运动方向一致的修边模。由于这种模具的上模运动方向与修边加工方向一致，无须转换，所以其结构简单，被广泛采用。图 9-22 所示为某汽车车门左右外板垂直修边冲孔模。

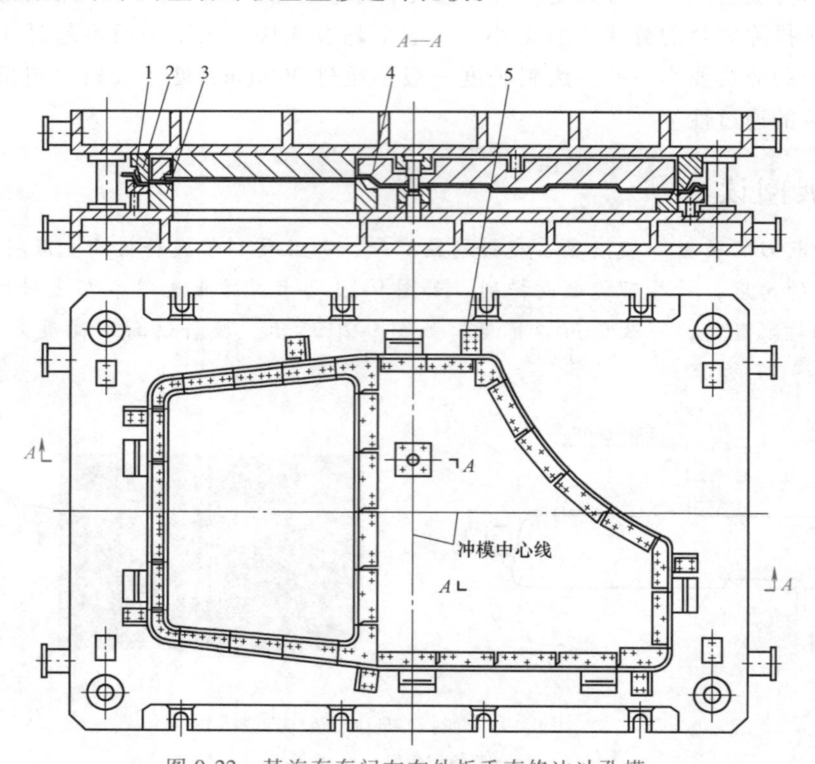

图 9-22　某汽车车门左右外板垂直修边冲孔模

1—定位板　2—凹模镶块　3—凸凹模镶块　4—卸料板　5—废料切断刀

2. 斜楔修边模

斜楔修边模是指修边镶块做水平或倾斜方向运动的修边模。由于这种修边模要进行运动方向的转换，所以其结构比较复杂。但由于覆盖件的修边线大多为空间曲线，很多部位的修边不能采用垂直修边模，所以，斜楔修边模在覆盖件修边中得到大量应用。图 9-23 所示为斜楔修边模。

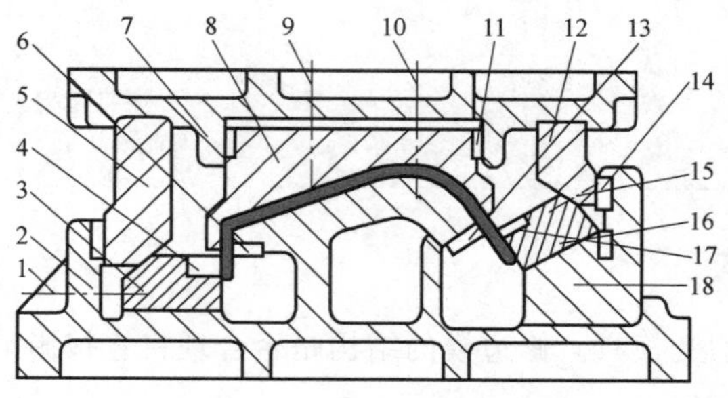

图 9-23　斜楔修边模

1、15—复位弹簧　2—下模座　3、16—滑块　4、17—凹模镶块　5、12—斜楔　6、13—凸模镶块　7—上模座　8—卸件器　9—弹簧　10—螺钉　11、14—防磨板　18—背靠块

扩展阅读

覆盖件冲压成形中，斜楔常用于修边、翻边、切口、弯曲、冲孔等工序中，用于改变冲压方向。覆盖件冲压模具中的斜楔已有标准，结构型式多种多样，有倾斜斜楔、水平斜楔、悬吊斜楔等。图 9-24 所示为部分斜楔示意图，设计时可根据需要进行选择。

图 9-24　部分斜楔示意图

3. 垂直斜楔修边模

垂直斜楔修边模是指在同一副模具中部分修边镶块做垂直方向运动，部分修边镶块做水平或倾斜方向运动的修边模。该修边模用于同一模具上需要垂直修边和斜楔修边的情况，其结构复杂。图 9-25 所示为垂直斜楔修边模的局部结构。

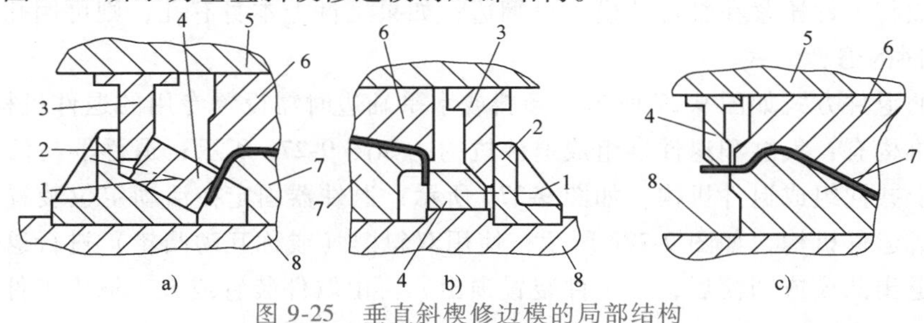

图 9-25　垂直斜楔修边模的局部结构

a）倾斜修边部分　b）水平修边部分　c）垂直修边部分

1—复位弹簧　2—背靠块　3—斜楔　4—修边凹模镶块　5—上模座　6—压件器　7—修边凸模　8—下模座

9.4　覆盖件翻边工艺与模具

翻边是在成形毛坯的平面部分或曲面部分上使板材沿一定的曲线（翻边线）翻成竖立边缘的冲压加工方法。对于一般覆盖件，翻边通常是冲压工艺的最后成形工序。翻边既为了满足装配和焊接需要，也为了使覆盖件边缘光滑、整齐和美观，同时增大覆盖件的刚性，并对覆盖件进行最终整形，把修边后的变形和拉延后的回弹消除掉。因此，翻边质量的好坏及翻边位置的准确度将直接影响整个汽车车身的装配精度和质量。

9.4.1 翻边工艺设计

覆盖件的翻边轮廓多数为立体不规则形状，这就使翻边变形变得异常复杂，往往是成形和弯曲的复合变形。因此，合理的翻边工艺设计将是保证翻边质量的有效途径。覆盖件翻边工艺设计的主要内容是确定翻边方向、翻边主要工艺参数和翻边类型，选择工件的定位方式和翻边件的退件方式等。

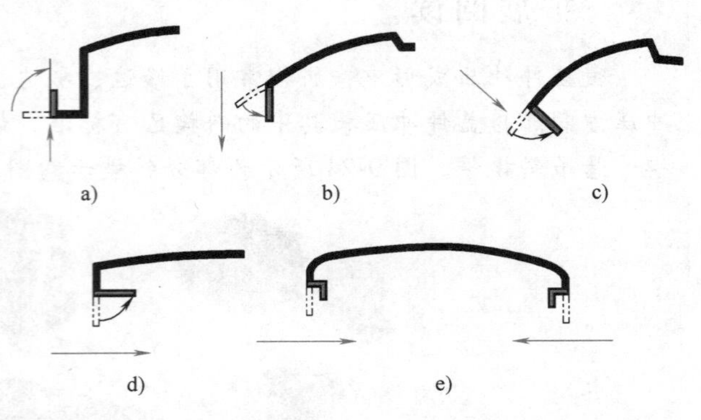

图 9-26 各种典型的覆盖件翻边示意图

a)、b）垂直翻边 c）倾斜翻边 d)、e）水平翻边

1. 翻边方向的确定

根据翻边凸、凹的运动方向不同，翻边有垂直翻边、水平翻边和倾斜翻边三种。图 9-26 所示为各种典型的覆盖件翻边示意图，箭头表示翻边方向。

2. 翻边工艺参数的确定

由于翻边工序通常是覆盖件成形的最后一道工序，因此，翻边工艺参数的合理与否将直接影响覆盖件的质量。翻边工艺参数主要包括回弹工艺参数的确定、翻边时变形区的受力状态分析及压料力的确定。

3. 工件的定位方式

对于垂直方向的翻边，通常将工件开口朝上放在翻边模上向上翻边，利用工件的侧壁、外形或本身的孔进行定位，此时可通过在模具上设置相应的定位块或定位销来实现；对于水平或倾斜方向的翻边，通常是将工件口朝下趴着放在翻边凸模上，以工件的内侧壁初定位，然后靠压料板将工件压紧在翻边凸模上再翻边；如果工件上本身有孔，则可用孔定位。

4. 翻边时的退件方式

翻边时的退件方式如图 9-27 所示。倾斜或水平翻边时需设置专用的退件机构进行退件。常见的退件机构有：气缸和退件器组成退件机构，如图 9-27a 所示；退件器与活动定位装置连接在气缸上共同组成退件机构，如图 9-27b 所示；退件器固定在活动定位装置上再与气缸连接共同组成退件机构，如图 9-27c 所示；使用双斜楔（或称互动凸轮）进行退件。当工件被退件机构退出凸模或凹模后，由顶件装置顶出，再由取件装置或人工取走工件。

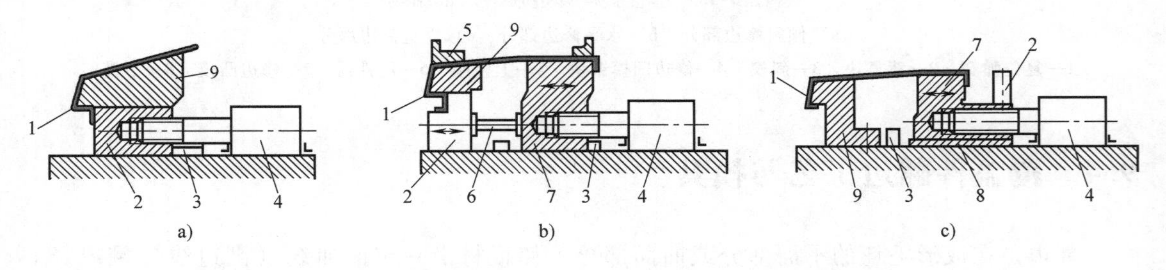

图 9-27 翻边时的退件方式

a）气缸和退件器退件 b）退件器与活动定位装置连接在气缸上退件 c）退件器固定在活动定位装置上退件

1—工件 2—退件器 3—限位器 4—气缸 5—衬垫 6—连接器 7—活动定位装置 8—防磨板 9—凸模

9.4.2　翻边模的结构

根据翻边凸模或翻边凹模的运动方向及其特点，翻边模主要有以下几种类型。

1. 垂直翻边模

翻边凸模或凹模做垂直方向运动，对覆盖件进行翻边。这类翻边模结构简单，如图9-28所示，此外还可根据需要在凸模内部设置顶件装置。

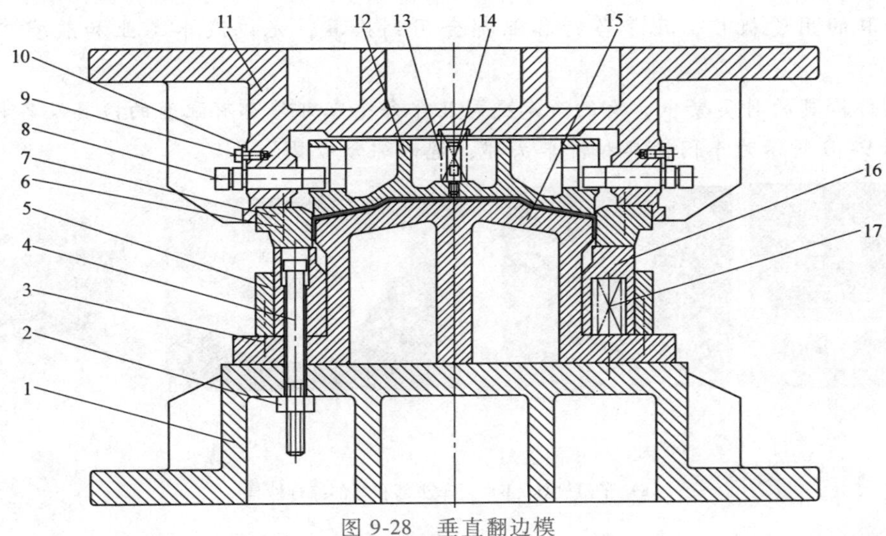

图9-28　垂直翻边模

1—下模座　2—螺母　3、6、9—螺钉　4—限位螺栓　5—挡板　7—翻边凹模镶块　8—安全侧销　10—侧销卡板　11—上模座　12—压料板　13、17—弹簧　14—定位螺钉　15—翻边凸模　16—退料器

2. 斜楔翻边模

翻边凹模刃口沿水平或倾斜方向运动，此时需采用斜楔机构将滑块的垂直方向运动转换成凹模的水平或倾斜方向运动，模具结构比较复杂。图9-29所示为单侧斜楔翻边模。

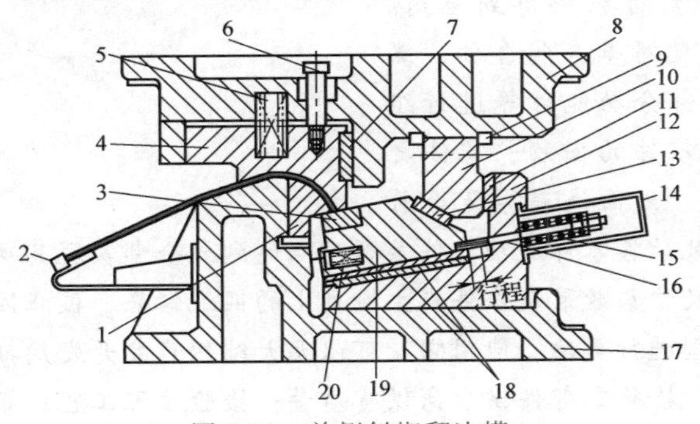

图9-29　单侧斜楔翻边模

1—凸模　2—定位块　3、7、11、13—耐磨板　4—凹模　5、15、20—弹簧　6—卸料螺钉　8—上模座　9—键　10—斜楔　12—挡块　14—外罩　16—限位螺钉　17—下模座　18—垫板　19—滑块

3. 垂直斜楔翻边模

翻边凹模刃口既有上下垂直方向运动，又有水平或倾斜方向运动。这类翻边模结构动作复杂，本书不予介绍。

扩展阅读

1. 覆盖件检具

由于覆盖件形状复杂，多为三维空间曲面，其成形质量的准确与否，无法用普通的检测工具进行检测，因此带动了覆盖件检具的快速发展。

覆盖件检具就是用于检验覆盖件产品尺寸、形状、位置特性的专用夹具和检测附件的集合。检具的用途极广，几乎各行各业都会用到检具，尤以汽车工业和航空工业用得最多。

覆盖件检具的种类繁多，有的汽车公司几乎每个零部件都有配套的检具及各种总成检具等。图9-30所示为车门检具和轿车头部、尾部综合检具。

a)

b)

图9-30 车门检具和轿车头部、尾部综合检具

a）车门检具 b）轿车头部和尾部综合检具

目前代表检具最先进水平的应是车身主检具（图9-31）。车身主检具又称为综合检具或者功能主模型，是完全按照设计数据制造的一种特殊的验证装配工艺的检具，这是目前非常先进的设计和质量控制理念，通常在车型开发过程中得到应用。其功能是按照实际状况对车身闭合件、翼子板、内外装饰件及部分功能件等进行组合匹配，以判定各个零件的安装、零件之间的相互位置、缝隙、形面高差等是否符合设计要求，以及安装后各零件及功能件是否可以达到或全部实现其功能。根据车身主检具检测汽车内外饰整体尺寸与效果及零件在主检具上的匹配结果，校正因生产制造等原因出现的问题，对实物或模型进行更改。使用它，可以大大缩短产品开发周期，保证产品质量，向零部件的零公差靠近；检验零部件供应商供货质量；检验装配工艺；正式生产前发现产品及工艺的问题，降低生产设备开发的风险。

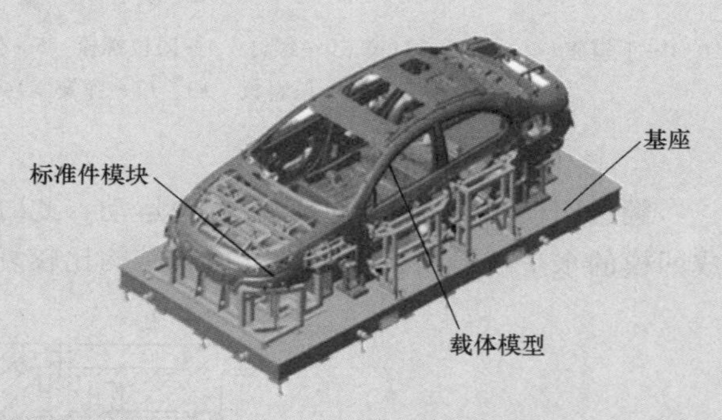

图9-31 车身主检具

车身主检具诞生于德国，是德国宝马专利技术，兴盛于意大利，后被日、韩引进。这几年正逐步为我国各大汽车企业使用，但我国制造主检具的技术水平与国外先进技术还有相当大的差距。目前上海申模模具制造有限公司在德国大众汽车公司的支持下，为上海大众汽车公司开发出了国内第一台汽车匹配主模型检验工装。

2. 高强度钢板热冲压成形技术

热冲压成形技术是一种将特殊的高强度钢板（初始强度为500~600MPa）加热至奥氏体化温度范围，快速转移到模具中高速冲压成形，在保证一定压力的情况下，工件在模具本体中以大于27℃/s的冷却速度进行淬火处理，保压淬火一段时间，以获得具有均匀马氏体组织、抗拉强度达到1500MPa左右的超高强度钢板零件的成形方式。高强度钢板热冲压成形技术是同时实现汽车车体轻量化和提高碰撞安全性的最新技术。

热冲压成形技术有间接热冲压成形和直接热冲压成形两种工艺。

1）间接热冲压成形工艺是指板料先经过冲压进行预成形，然后加热到奥氏体化温度范围，保温一段时间后放到具有冷却系统的模具内进行最终成形及淬火。图9-32所示为间接热冲压成形工艺过程。

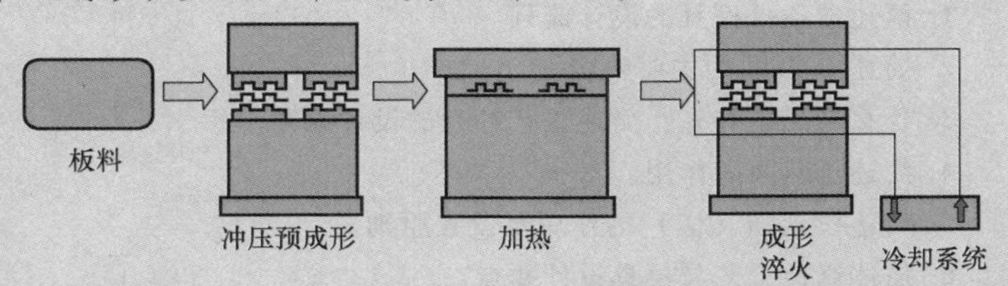

图9-32　间接热冲压成形工艺过程

2）直接热冲压成形工艺是指板料加热到奥氏体化温度范围，并保温一段时间后直接放到具有冷却系统的模具内成形及淬火。图9-33所示为直接热冲压成形工艺过程。图9-34所示为钢板热冲压件的应用。

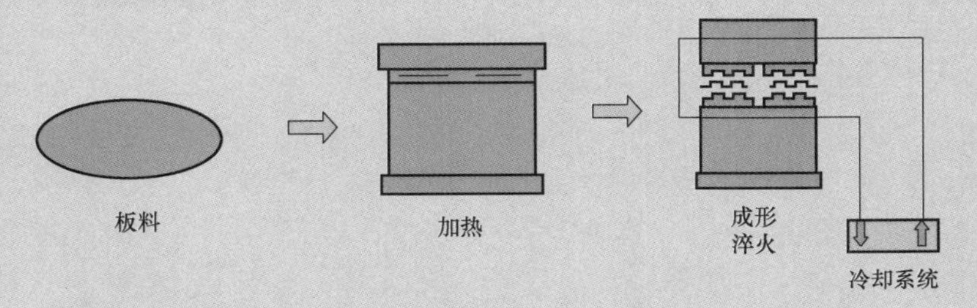

图9-33　直接热冲压成形工艺过程

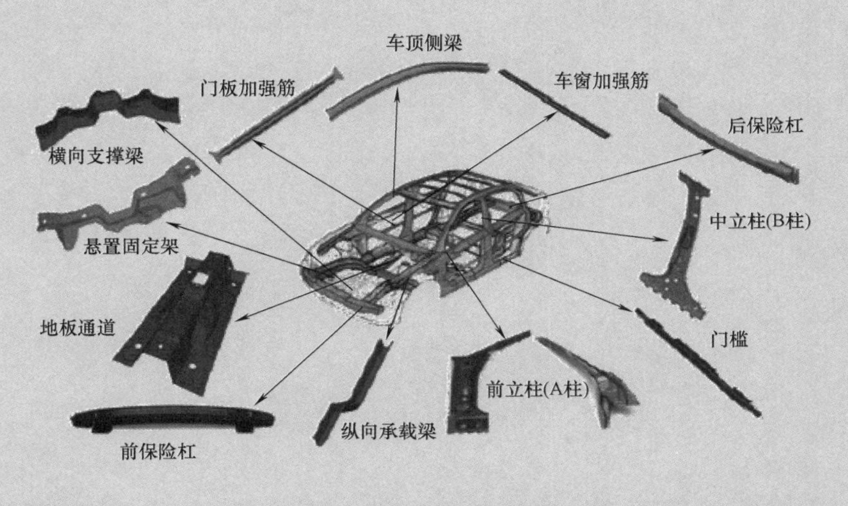

图9-34　钢板热冲压件的应用

3. 覆盖件成形用经济型模具

在新车型试制、零配件修理性生产中，从经济性和生产周期考虑，通常采用经济型模具。常用的经济型模具有锌基合金模具、聚氨酯橡胶模具和低熔点合金模具。

思　考　题

1. 简述覆盖件模具的设计流程。
2. 简述 D/L 图的主要内容。
3. 什么是工艺补充？简述工艺补充的设计原则。
4. 简述压料面的作用。
5. 简述拉延筋（槛）的作用及设置原则。
6. 简述修边工艺与模具设计要点。
7. 简述翻边工艺与模具设计要点。

第 10 章 精密冲压工艺与模具设计

能力要求

☞熟悉精冲复合工艺类型及应用。

☞了解齿圈压板精冲工艺及模具。

精密冲压简称精冲，是在普通冲压的基础上发展起来的一种无屑加工的尖端成形技术，利用精冲可以直接获得符合产品装配要求的板料冲压件。

精冲最早应用于仪器仪表行业中薄料平面零件的落料与冲孔加工（即精密冲裁），如今越来越多地与其他冷成形加工工艺（如弯曲、拉深、挤压、半冲孔、压沉孔、翻孔等）相结合，作为降低加工成本、获取光滑冲裁面和精密零件的重要手段，广泛应用于汽车、摩托车、电动工具、纺织机械、农用机械、计算机、仪器仪表、家用电器等领域，特别是汽车工业所需的厚板、冷轧卷料加工成形的多功能复杂零部件。图 10-1 所示为部分精冲件示例。

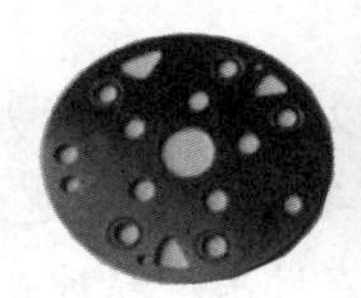

图 10-1　精冲件示例

精冲技术的基本要素是精冲设备、精冲工艺、精冲模具、精冲材料及精冲润滑等，其中精冲模具、精冲材料、精冲润滑和精冲设备是完成精冲所必需的四项基本条件。图 10-2 所示为精冲产品、精冲模具和精冲压力机。

a)

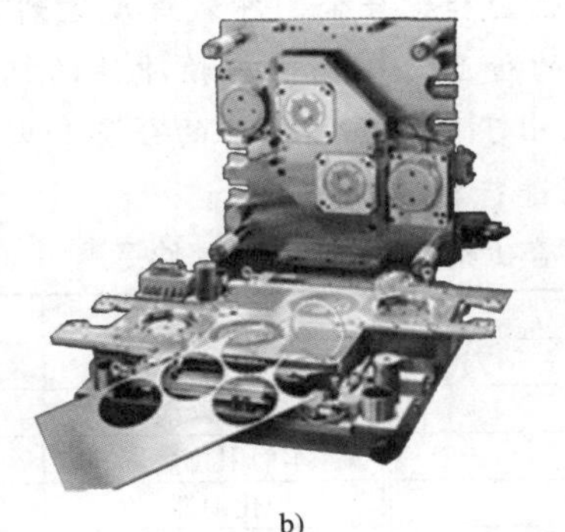
b)

c)

图 10-2　精冲产品、精冲模具和精冲压力机

a）同步器齿环精冲产品　b）同步器齿环精冲模具　c）Feintool 公司的精冲压力机

扩展阅读

1）1922年，世界上第一个精冲件诞生（图10-3）。1923年3月9日，德国人F. SCHIESS首先取得了“金属零件液压冲裁装置”精冲技术的专利权（专利号371004）。1924年，F. SCHIESS在瑞士Lichtensteig建立了世界上第一个精冲工厂。

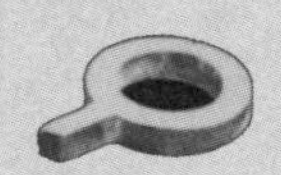

图10-3　世界上第一个精冲件

2）从精冲技术发明到今已有90余年的历史，精冲技术经历了一个曲折的发展过程，大致可分为：①秘密期（1923—1956年），主要应用于钟表、打字机、纺织机械等领域；②普及期（1957—1979年），主要应用于机械、仪器仪表、照相机、电子、小五金、家电行业等；③发展期（1980年至今），主要应用于汽车、摩托车和计算机领域。

期间，Feintool、Schmid、ESSA、Hydrel、SMG等公司对精冲技术的发展做出了巨大的贡献，尤其是Feintool公司，在精冲工艺、模具、设备的研发上位于世界前列，其精冲设备、模具等拥有全世界80%的市场份额。目前全世界已有40多个国家采用精冲技术，共有精冲压力机4500余台，生产零件约10000种，主要集中在欧洲、北美和日本等发达国家和地区。

3）瑞士Feintool公司倡导的精冲研究大学联盟，已在全世界联合了瑞士苏黎世联邦理工学院虚拟制造技术研究所（Ethzurich）、德国亚琛工业大学机床研究所（Rwthaachen）、德国慕尼黑工业大学金属成形与铸造研究所（Tumunich）、美国俄亥俄州立大学（OSu）及上海交通大学5家科研机构，这是目前国际上比较活跃的精冲技术学术研究团队。上海交通大学的模具技术研究所（国家模具CAD工程研究中心）与Feintool公司于1996年合作成立了精冲技术联合研究室。

4）我国从1965年开始，通过技术引进与整套设备及模具进口，以及在普通压力机和液压机上进行简易精冲等多种途径，开始推广应用精冲技术，虽然近年来有了快速发展，但到目前为止只能说是初具规模。北京机电研究所、武汉华夏精冲、苏州东风精冲、上海交运总公司、襄樊中航精机等对我国精冲技术的发展起到了重要作用。截至2008年末，我国有近20个省市拥有专业精冲生产设备，共有精冲压力机80多台（不含液压模架），精冲从业人员超过5000人，生产精冲件约2000种，并已形成了若干个自主精冲模具开发示范基地。金属材料从有色金属冲裁扩展到黑色金属冲裁。低碳钢、低合金钢和不锈钢的冲裁厚度达到12mm，有色金属如铝合金和铜合金的冲裁厚度达到18mm。

5）汽车是精冲技术应用最重要的行业，一辆轿车精冲件的拥有量为40~100件，占全部精冲件的60%~70%。表10-1列出了轿车上精冲件的分类和大约用量。随着精冲技术的发展，将会有更多的汽车零件可以进行精冲加工。

表10-1　轿车上精冲件的分类和大约用量

名称	数量	名称	数量
制动装置	15	变速系统	6
电动机	15	门窗升降装置	4
门锁	11	车门限位装置	5
传动系统	20	化油器	3
座椅及安全系统	9	减振器	3
座板	10	换向机构	4

6）精冲具有良好的经济效益，在保证获得理想产品的同时，可以减少加工工序数、提高材料利用率。图 10-4 所示齿轮为普通加工和精冲的对比。实践表明，考虑到生产批量大小、集成功能的数量，以及可免去的以前需机加工才能达到相同性能或更高性能的零件的数量，采用精冲可节约超过 70%的成本。

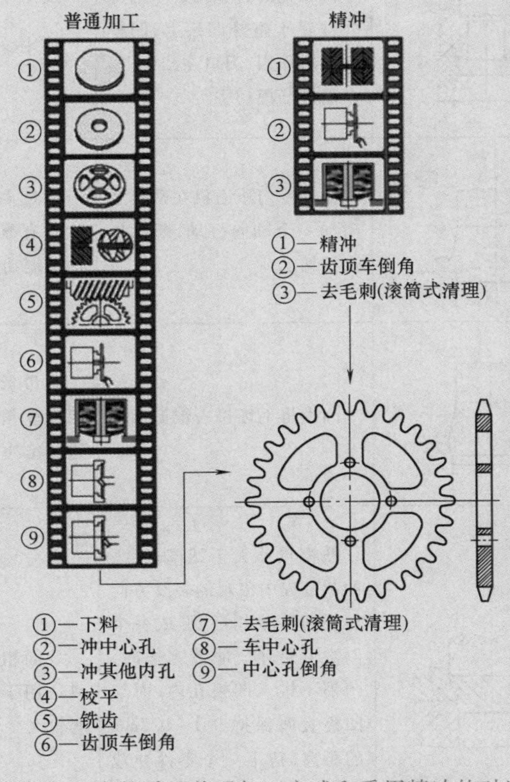

图 10-4 齿轮采用普通加工方式和采用精冲的对比

10.1 精冲工艺类型

精冲工艺按其工艺方法的不同可以分为普通精冲、半精冲和精冲三种类型，见表 10-2。

表 10-2 各种精冲工艺方法

类别	工艺名称	简图	方法要领	主要优缺点	研发国家及推广应用情况
普通精冲	外缘修边		相当于切削加工。可将预先留有整修余量的落料件置于整修凹模上，由凸模将毛坯压入凹模，刃口在凹模上，余量被凹模切去	精度高、表面粗糙度值小、圆角和毛刺小；定位精度要求高，不易除屑，效率低于精冲	瑞士 已很少应用

（续）

类别	工艺名称	简图	方法要领	主要优缺点	研发国家及推广应用情况
普通精冲	内孔修边	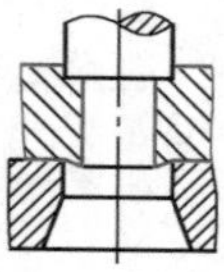	将预先留有整修余量的冲孔件置于整修凹模上，凹模起支承作用，刃口在凸模上，余量被凸模切去	与外缘修边相似	瑞士 已很少应用
	振动修边	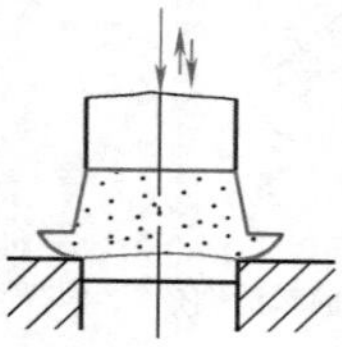	借助专门压力机在凸模上附加一个轴向振动，断续地进行切削	质量高于外缘修边。除具有修边缺点外，增加了振动的危害	
	挤光	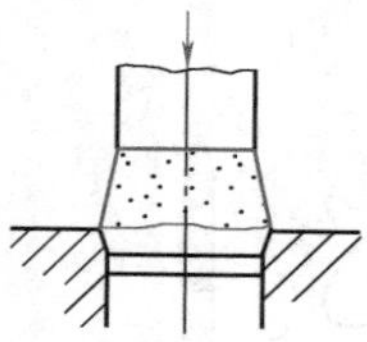	凸模将毛坯挤入锥形凹模	质量低于修边，只适用于软料，效率低于修边和精冲	
半精冲	负间隙冲裁	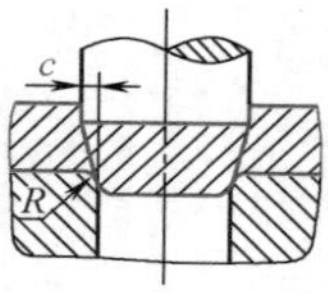 c R	凸模尺寸大于凹模尺寸，冲裁过程中出现的裂纹方向与普通冲裁相反，形成一个倒锥形毛坯。冲裁完毕时，凸模不进入凹模孔内，而与凹模表面保持 0.1～0.2mm 的距离，待下一个零件冲裁时，再将其全部压入，相当于整修过程	表面粗糙度值较小，只适用于软料，圆角毛刺较大	瑞士 国内已推广，适用于塑性好的有色金属和低碳钢
	小间隙圆角刃口冲裁	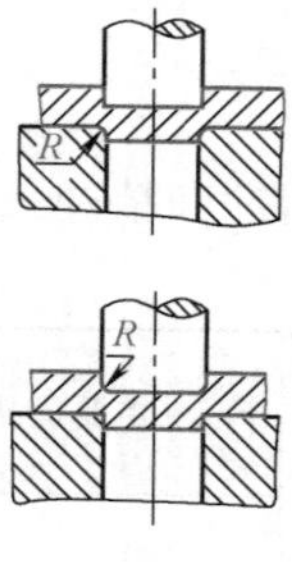 R R	采用接近于零的小间隙，且凹模或凸模有小圆角。落料时凹模刃口带小圆角，凸模为普通形式。冲孔时凸模刃口带小圆角，而凹模为普通形式	表面粗糙度值较小，圆角毛刺较大	德国 国内已推广，适用于塑性好的有色金属和低碳钢
	同步剪挤冲裁	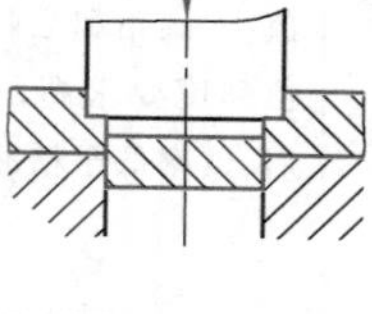	利用阶梯凸模（落料）或阶梯凹模（冲孔）进行冲裁	对材料适应性强，表面粗糙度值小，异形模具制造困难	日本 未实际应用

（续）

类别	工艺名称	简图	方法要领	主要优缺点	研发国家及推广应用情况
精冲	强力压板精冲（齿圈压板精冲）	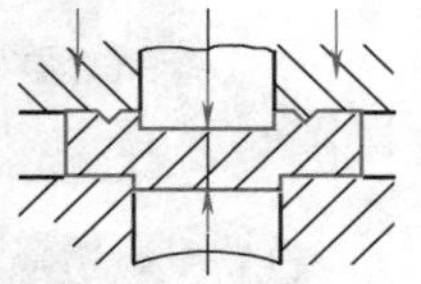	毛坯在齿圈（锥形、台阶形）压板、反压板的夹持下进行冲裁，凸凹模间隙很小	精度高、表面粗糙度值小、圆角和毛刺小，效率高，模具和机床复杂	德国 广泛应用
	对向凹模精冲	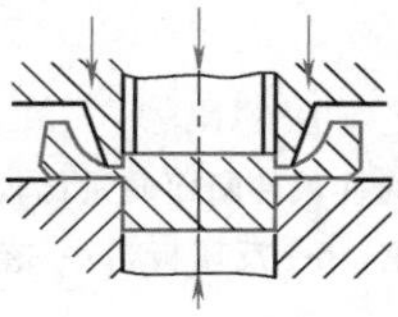	使材料在凹模和带凸台凹模的共同作用下，在向外挤压冲裁废料的同时进行剪切	精度高、表面粗糙度值小、圆角和毛刺小，可冲厚料和塑性差的材料，模具和机床复杂	日本 日本已投入实际使用
	平面压边精冲	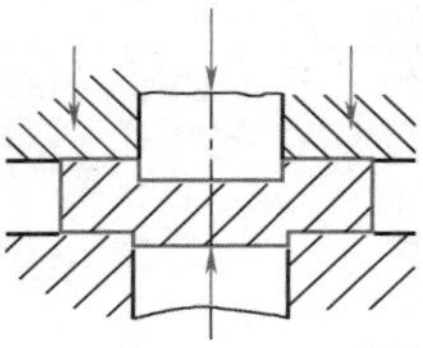	与强力压板精冲相似，模具间隙更小	材料薄、塑性好、间隙小时可得到100%的剪切面	
	往复成形精冲	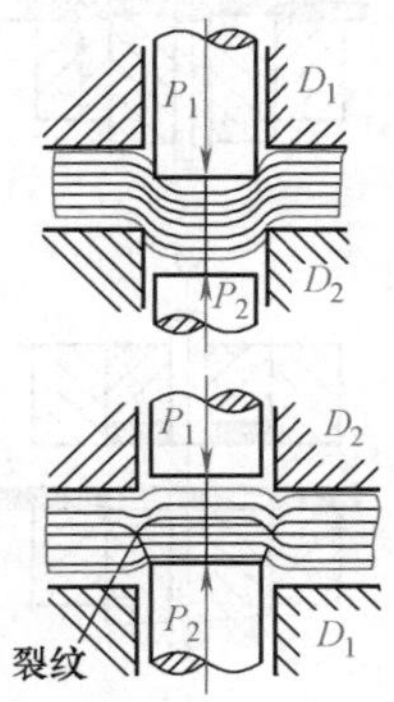 P_1 D_1 P_2 D_2 P_1 D_2 P_2 D_1 裂纹	借助于模具的往复运动从毛坯的两面进行冲裁	圆角小，分布在两面，毛刺极小甚至没有，可以冲厚料	

本章主要介绍应用广泛的齿圈压板精冲（以下简称精冲）工艺及模具，对精冲复合工艺进行简要介绍。

10.2　齿圈压板精冲

图10-5所示为齿圈压板精冲和普通冲裁工艺方法的比较。齿圈压板精冲模具比普通冲裁模具在结构上要增加一个齿圈压板和一个反压板。精冲时，毛坯在齿圈压板、反压板、凸

模、凹模提供的压力下被压紧，几乎不发生弯曲的情况下被模具分离，因此精冲件的剪切断面质量、尺寸精度均高于普通冲裁。

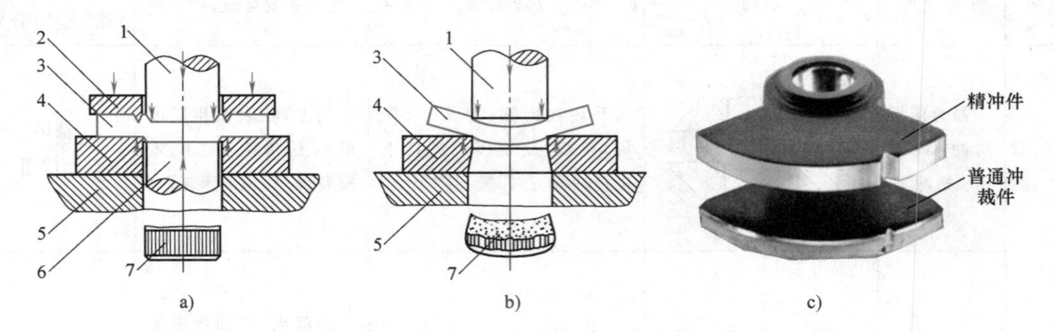

图 10-5 齿圈压板精冲和普通冲裁工艺方法的比较

a）齿圈压板精冲 b）普通冲裁 c）精冲件与普通冲裁件断面质量比较

1—凸模 2—齿圈压板 3—毛坯 4—凹模 5—下模座 6—反压板 7—落料件

10.2.1 齿圈压板精冲过程

图 10-6 所示为齿圈压板精冲过程示意图，精冲过程如下：

1）模具打开，送料（图 10-6a)。

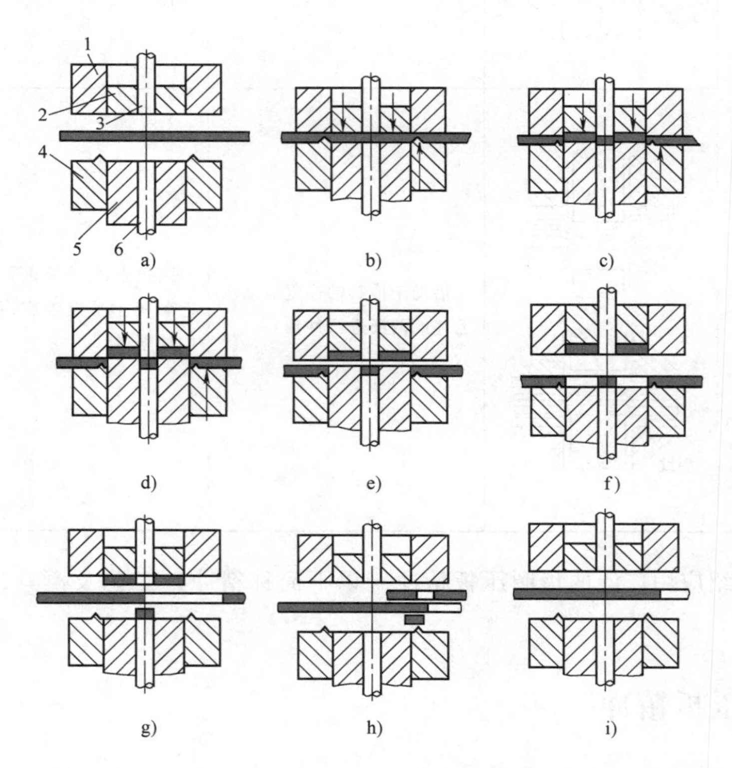

图 10-6 齿圈压板精冲过程示意图

1—凹模 2—反压板 3—冲孔凸模 4—齿圈压板 5—凸凹模 6—顶杆

2）模具闭合，齿圈压板和反压板压紧材料（图 10-6b）。

3）冲裁，材料处于完全被压紧的状态（图 10-6c）。

4）冲裁结束，工件在凹模内，冲孔废料落入凸凹模中（图 10-6d）。

5）压力释放，模具打开（图 10-6e）。

6）卸料，顶件；齿圈压板提供卸料力，顶杆提供顶件力顶出冲孔废料（图 10-6f）。

7）反压板推出工件（图 10-6g）。

8）吹屑或清除精冲件和内孔废料，一次精冲结束（图 10-6h）。

9）材料送进，进行下一个精冲过程（图 10-6i）。

从上述过程可看出，齿圈压板精冲是在专用压力机上，使用特殊结构的精冲模具，在齿圈压板和反压板提供的强大压力下对材料进行塑性剪切过程。

10.2.2 齿圈压板精冲工艺

1. 精冲件的结构工艺性

精冲件的结构工艺性是指该零件在精冲时的难易程度，这是从精冲加工的角度对精冲产品设计提出的工艺要求。影响精冲件工艺性的因素有精冲件的几何形状、精冲件的尺寸和几何公差、剪切面的质量以及原材料的性能和厚度等。

精冲件的几何形状和尺寸是影响精冲工艺性最主要的因素，精冲件几何形状和尺寸对精冲工艺的适应性称为精冲件的结构工艺性。

按照 JB/T 9175.1—2013 精冲结构工艺性标准，将精冲件的几何形状、尺寸适合精冲加工的难易程度分为三级：S_1（容易）、S_2（中等难度）和 S_3（困难）。

设计精冲件时，应尽可能使零件的几何形状与尺寸处于 S_1 和 S_2 级，若不可避免地处于 S_3 级，则应尽可能选用强度低的材料（$R_m \leqslant 600\text{MPa}$）。具体数据请参考有关设计手册。

（1）精冲件的几何形状　满足使用要求的前提下，几何形状应力求简单，内外轮廓尽可能为规则形状，避免尖角，力求圆滑过渡。

（2）圆角半径　为保证零件质量和模具寿命，要求精冲零件内外轮廓的拐角必须采用圆角过渡，如图 10-7 所示。圆角半径在使用要求允许的范围内尽可能取大些，半径值的大小与角度、材料、厚度及其强度有关。

（3）槽宽和悬臂　精冲件的槽宽不能太小，悬臂不能太长，槽与零件外缘之间的距离也不能太小，否则会影响模具寿命和零件质量，如图 10-8 所示。

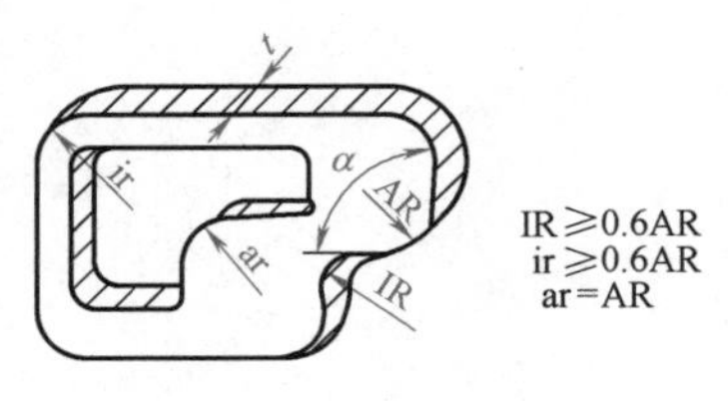

图 10-7　圆角半径

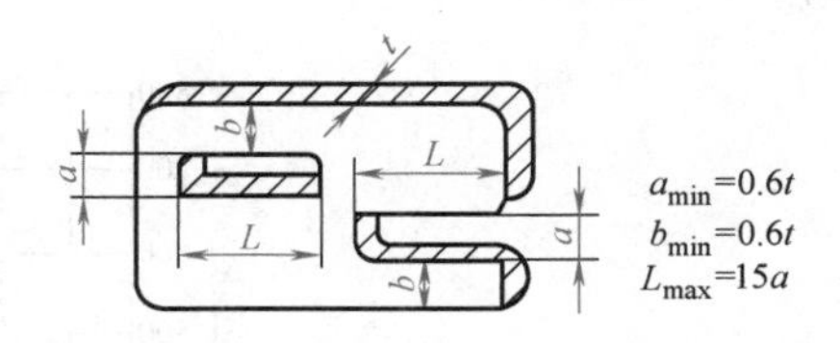

图 10-8　槽宽、悬臂长度与材料厚度之间的关系

（4）环宽　精冲环形件时，环宽一般不小于 0.6t，如图 10-9 所示，否则难以保证模具寿命和零件质量。

（5）孔径和孔边距　精冲件的孔径 d 和孔边距 a 不能太小，否则也会影响模具寿命和零件质量，如图 10-10 所示。

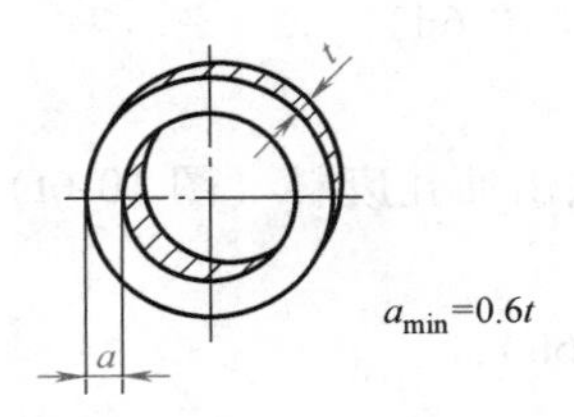

图 10-9　环宽与材料厚度之间的关系

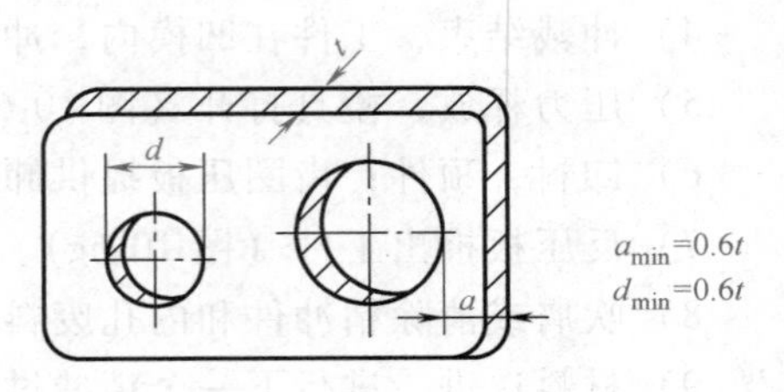

图 10-10　最小孔径和孔边距

（6）齿形　精冲齿轮时，分度圆上的齿厚 s 若小于材料厚度，则凸模上承受很高的压力，一般要求分度圆齿厚 $s \geqslant 0.6t$，如图 10-11 所示。当齿形合理、材料精冲性能良好时，精冲最小齿厚可为材料厚度 t 的 40%，即 $s=0.4t$。

（7）半冲孔相对深度　半冲孔是精冲中的复合工艺，其相对深度为

$$C=\frac{h}{t}\times 100\%$$

式中各符号如图 10-12 所示。低碳钢半冲孔极限相对深度约 70%。

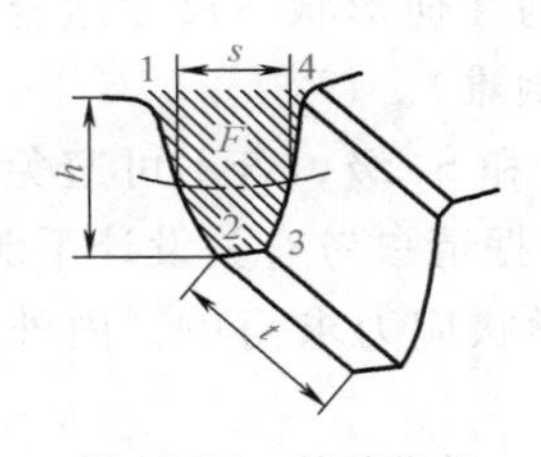

图 10-11　精冲齿轮

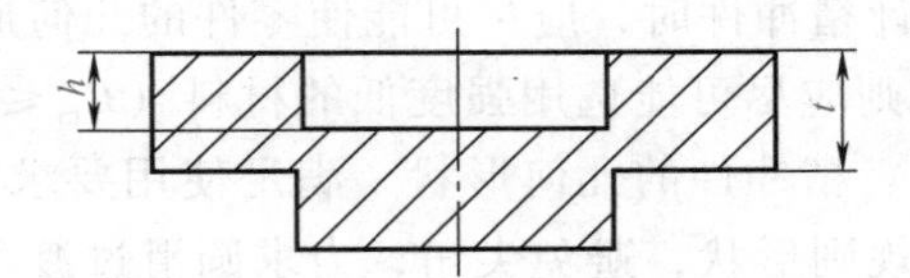

图 10-12　半冲孔相对深度

2. 精冲材料

精冲材料是保证实现精冲的先决条件，是精冲技术的核心要素之一。它直接影响精冲零件的表面质量、尺寸精度和模具寿命。精冲工艺对精冲材料的基本要求是塑性好、变形抗力小、组织结构性好。钢材精冲实用范围如图 10-13 所示。常用精冲材料见表 10-3。

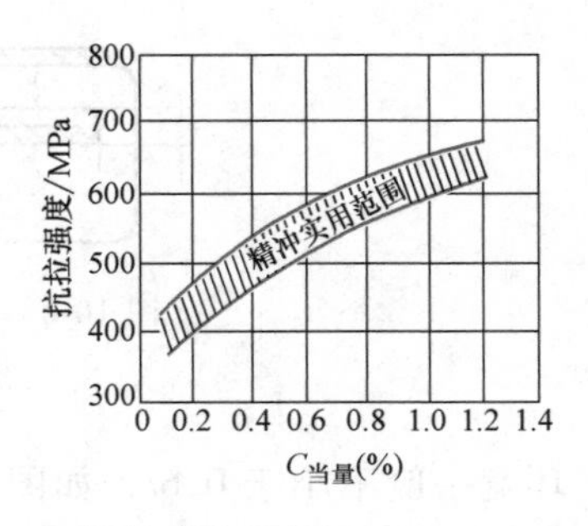

图 10-13　钢材精冲实用范围（JB/T 6958—2007）

表 10-3　常用精冲材料（GB/T 30573—2014）

材料	牌　号
钢	08、10、15、20、25、30、35、40、45、50、55、60、65、70 Q345(16Mn)、15CrMn、20CrMn、20CrMo、65Mn T8A、T10A、GCr15 06Cr13、12Cr13、20Cr13、30Cr13、40Cr13、12Cr18Ni9
铝及铝合金	1070A、1060、1050A、1035、1200、8A06 6061、6063、6070 5A03、5A06、5A02、3A21 2A11、2A12
铜及铜合金	T2、T3 H62、H68、H80、H90、H96 HSn62-1、HNi65-5 QSn4-3、QAl7、QBe1.7、QBe2

注:未列入材料的精冲性能可参阅此表中与其化学成分相近的材料进行判定。

1）精冲要求其材料材质均匀且硬度适中，为达到这一目的，中、高碳钢和合金钢精冲前一般要进行球化退火，球化率要达到95%以上。

2）随着国内汽车行业的发展，精冲材料国产化脚步加快，国内部分精冲件所用材料在性能上已经接近国外材料，如汽车行业的门锁系统、制动系统、空调系统等精冲件所用材料已可用国产材料取代。但在高端精冲材料性能方面，与国外相比还存在差距，还不能完全满足需求，如汽车行业的变速器系统、离合器系统、发动机系统中的部分精冲件材料还依赖进口。此外，国外先进国家精冲材料的研究已经从普通材料向高强度精冲材料发展，抗拉强度达到900MPa的高硬度材料的精冲已经成为可能。

3）日本精冲材料最薄的为0.1mm，用于手表零件的制造；最厚的精冲材料是19mm，用于汽车零件的制造。

3. 精冲工艺润滑

精冲工艺润滑是实现精冲的四个必要条件之一。润滑的好坏直接影响精冲件的质量和模具寿命。精冲过程的摩擦主要发生在新生的剪切面、模具的工作侧面、紧靠模具刃口的端面和对应毛坯的表面（图10-14所示粗线部位）。

为了减小这些部位因摩擦而造成的模具磨损，设计模具时，就应考虑留出适当的空间储存充足的润滑剂，并选用耐压、耐温和附着力强的润滑剂。图10-15所示的倒角、间隙及下沉台阶就是能储存足够润滑剂的模具结构。

4. 精冲力的计算

精冲是在压边力、反压力和冲裁力三者同时作用下进行的。精冲时各力的作用情况如图10-16所示。冲裁结束后，由齿圈压板提供的卸料力将废料从凸模上卸下，反压板提供的顶件力将工件从凹模内顶出，精冲才能得以连续进行。因此，合理确定精冲过程工艺力，对选择精冲压力机、进行模具设计、保证工件质量及提高模具寿命都具有重要的意义。

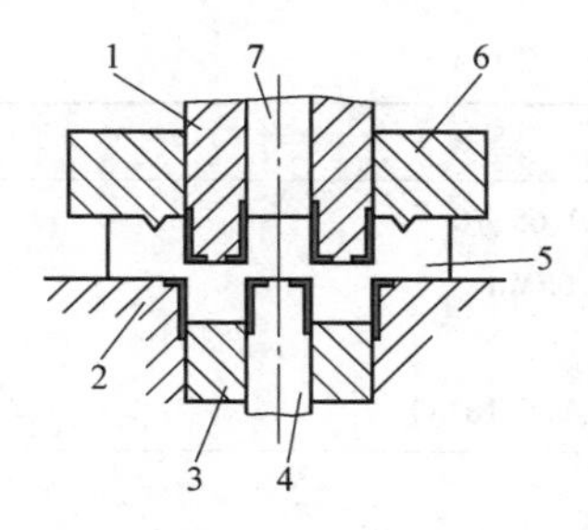

图 10-14 精冲时摩擦发生的位置

1—凸凹模 2—凹模 3—反压板 4—冲孔凸模 5—毛坯 6—齿圈压板 7—推杆

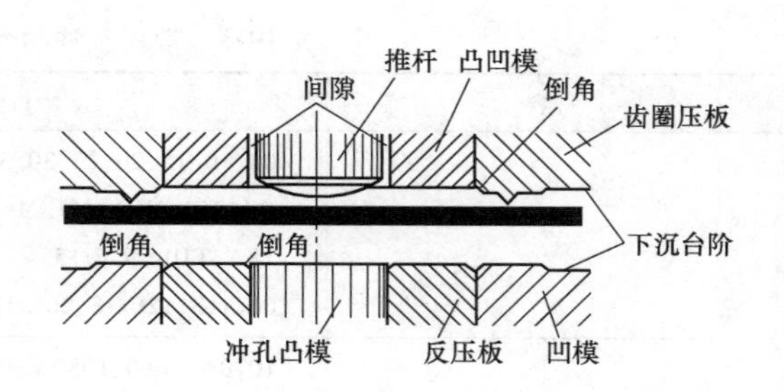

图 10-15 能储存足够润滑剂的模具结构

(1) 冲裁力 冲裁力 F_1 的大小取决于工件被冲尺寸、材料厚度和抗拉强度，可用经验公式计算，即

$$F_1 = 0.9 L_t t R_m \tag{10-1}$$

式中，L_t 是精冲件各内、外剪切周边总长度（mm）；t 是材料厚度（mm）；R_m 是材料的抗拉强度（MPa）。

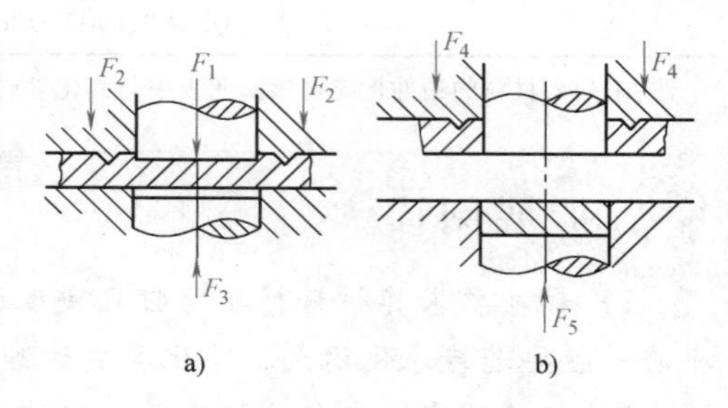

图 10-16 精冲时各力的作用情况

a）精冲开始 b）精冲完成，卸料、顶件

F_1—冲裁力 F_2—压边力 F_3—反压力 F_4—卸料力 F_5—顶件力

(2) 压边力 压边力由齿圈压板提供，有三个作用：①防止剪切区以外的材料在剪切过程中随凸模流动；②夹持材料，精冲过程中使材料始终和冲裁力方向垂直而不翘起；③在变形区建立三向压应力状态。

增大压边力是提高零件质量的重要措施。通过齿圈压板的作用，提高了材料变形区的静水压，抑制了材料的翘曲，增强了材料的塑性。

压边力 F_2 按下式计算，即

$$F_2 = 4 L_R h R_m \tag{10-2}$$

式中，L_R 是齿圈压板周边长度（mm）；h 是齿圈压板齿高（mm）；R_m 是材料的抗拉强度（MPa）。

(3) 反压力 反压板的反压力也是影响精冲件质量的重要因素。它主要影响工件的尺寸精度、平面度、塌角和孔的剪切面质量。增大反压力可以改善上述质量指标。但反压力过大会增加凸模的负载，缩短凸模的使用寿命；反压力太小或没有时，会导致材料变形，材料塑性降低。反压力必须配合压边力使用。

反压力按下式计算，即

$$F_3 = (0.15 \sim 0.25) F_1 \tag{10-3}$$

(4) 总压力 实现精冲所需的总压力 F_t 是 F_1、F_2' 及 F_3 之和，即

$$F_t = F_1 + F_2' + F_3 \tag{10-4}$$

式中，F_2' 是齿圈压板压边保压力（N），一般取 $F_2' = (0.3 \sim 0.5) F_2$。在压边系统中没有自动卸压保压装置时，取 $F_2' = F_2$。

F_t 是选择精冲压力机的主要依据，专用精冲设备的公称力应大于总压力，在使用通用机械压力机作为精冲设备时，其公称力必须大于 $1.3F_t$。

扩展阅读

1）上述各公式来源于 GB/T 30572—2014《精密冲裁件　工艺编制原则》。

2）精冲时需三个力：冲裁力、压边力和反压力。目前专用精冲压力机有三动、四动、五动几种形式，能同时提供精冲需要的三个力，且四动、五动精冲压力机还能进一步提供一两个辅助成形力，因此在选用精冲设备时，应优先采用专用精冲压力机。在没有专用精冲压力机或生产批量不大时，也可采用通用液压机或机械压力机附加压边和反压系统装置。

3）保证精冲件质量的前提下，尽量选用小的压边力和反压力。

4）精冲压力机主要有两种类型：一种是机械式精冲压力机，适用于生产材料厚度小于 12mm，总压力不超过 250t 的精冲件；另一种是液压精冲压力机，全液压驱动的大吨位精冲压力机适用于有多种成形要求的复杂精冲件的生产。由于液压精冲压力机控制方便，是目前应用的主流设备。

5）国外精冲设备与精冲技术同步发展了近百年，特别是瑞士 Feintool 公司，一直处在精冲行业前沿，其精冲设备、技术及附属工艺配件和精冲油等水平居世界领先位置。近年来，日本精冲设备也已经逐步兴起，占据了很大一部分精冲设备的中端市场。在国内，武汉华夏精冲技术有限公司 2002 年 3 月研制成功了第一台具有我国自主知识产权的 HFB—2500A 全自动液压精冲压力机，填补了我国在全自动液压精冲压力机产品领域的空白。

（5）卸料力和顶件力　精冲完毕，在滑块回程过程中不同步地完成卸料和顶件。齿圈压板将废料从凸模上卸下，反压板将工件从凹模内顶出。卸料力 F_4 和顶件力 F_5 为

$$F_4=(0.05\sim0.1)F_1 \tag{10-5}$$

$$F_5=(0.05\sim0.1)F_1 \tag{10-6}$$

（6）精冲工艺功的计算　完成精冲所耗的功包括精冲本身的变形功和施加保压压边和反压所耗的功，即

$$A_t=A_1+A_2$$

式中，A_t 是完成精冲工艺所耗的总功；A_1 是精冲的变形功；A_2 是精冲过程中施加保压压边和反压所耗的功。A_t 可用 F_t-S 曲线所围的面积求得，如图 10-17 所示。A_t 是精冲压力机主传动系统动力设计和计算的依据。

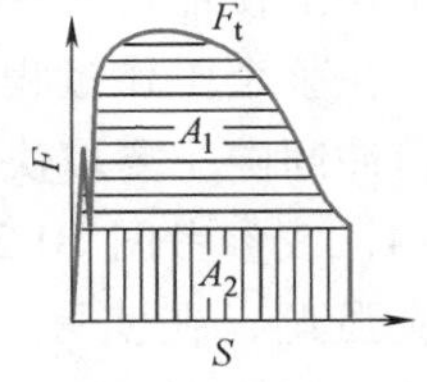

图 10-17　精冲工艺功的计算

（7）压力中心的计算　压力中心即工件内外形轮廓上冲裁力的合力中心。应尽可能使冲裁力的压力中心和压力机滑块的压力中心一致，否则，两个不重合力将产生一个附加力矩，影响导向精度，增加模具和压力机的磨损。虽然新型精冲压力机的导轨都有承受一定偏心载荷的能力，但作为设计精冲模具的一项原则，仍应考虑压力中心重合。精冲件压力中心的求法与普通冲裁一样，这里不再赘述。

5. 排样与搭边

排样的原则和普通冲裁相同，但排样类型均为有废料排样。如果精冲件无纤维方向的要求，则排样应在保证工艺过程需要和工件剪切面质量的前提下使废料最少。

排样设计应考虑如下几点：①由于条料三向受力，变形很大，因此无论是级进冲压还是复合冲压，都需要冲制导正销孔，控制条料的位置，保证零件尺寸精度和断面质量；②零件断面质量要求高的部位必须朝向条料未经剪切的方向，因为此处材料没有经过受压变形，韧性较好；③在经济可以承受的情况下，尽可能放大搭边值和零件间距，足够大的空间可以使三向力的作用充分体现出来，获得最好的断面质量；④齿圈压痕在条料上允许重叠，虽然对产品质量会产生一定的影响，但仍然可以控制在允许的范围内，从而节约材料成本。

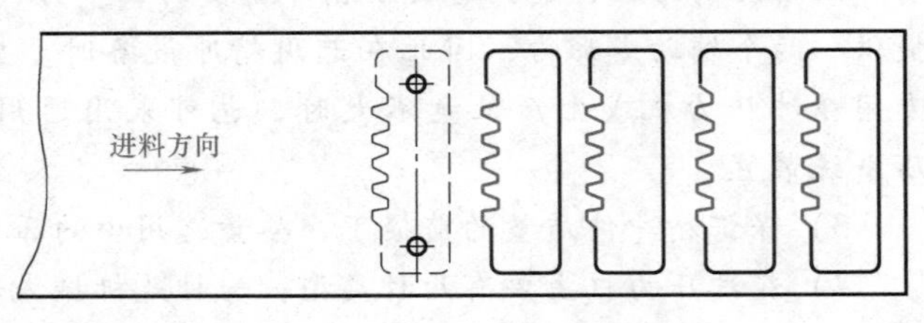

图 10-18 排样的一个实例

图 10-18 所示为排样的一个实例，零件带齿的一侧要求高，另一侧要求低，因此将齿形一侧放在进料方向，便于齿圈压板压边。

精冲由于采用了带 V 形环的齿圈压板压边，搭边的宽度比普通冲裁大。搭边越大对精冲件剪切断面的质量越有利，但同时降低了材料利用率。图 10-19 所示为精冲件所需的搭边值参考范围。对于塑性较差的材料或精冲件外形轮廓剪切面质量要求较高时，取上限值。

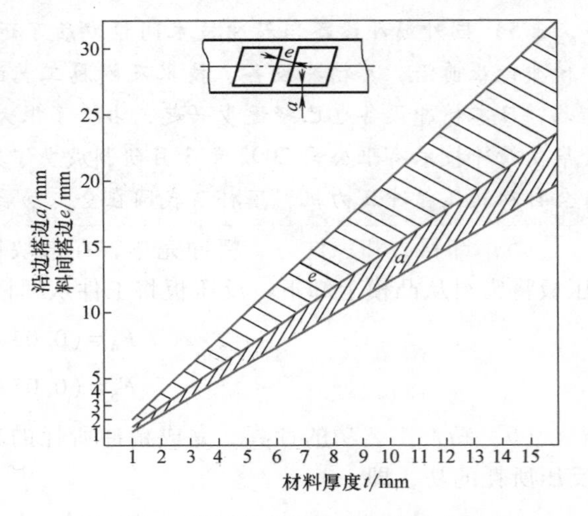

图 10-19 精冲件所需的搭边值参考范围

6. 凸、凹模间隙

精冲凸模和凹模之间的间隙是指凸模刃口和凹模刃口在直径方向的尺寸差，一般为单边间隙。除齿圈压板上带的 V 形环，小间隙也是精冲模的主要特征。

间隙的大小及其沿刃口周边的均匀性，是影响精冲件剪切面质量的主要因素，因此，选取合理的间隙，保证四周间隙均匀，并在结构上使冲切元件有足够的刚度和导向精度，在整个工作过程中保持间隙均匀恒定不变，是实现精冲的技术关键。

精冲间隙主要取决于材料厚度，也和精冲件形廓及材质有关。凸模和凹模的间隙数值见表 10-4，或参考图 10-20。

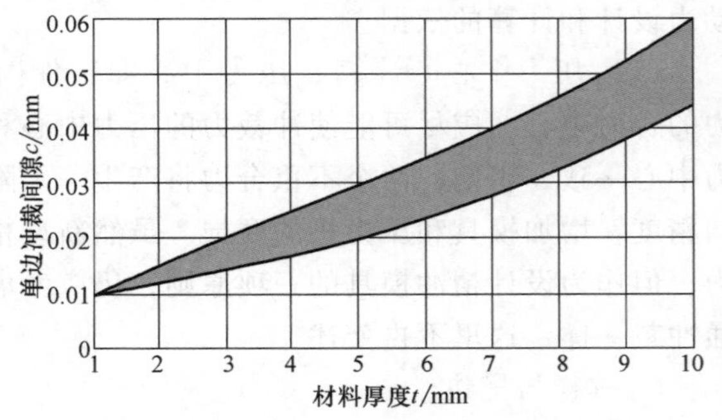

图 10-20 精冲模单边冲裁间隙

应强调，在实际工作中，必须结合精冲件的材质和剪切面的质量要求，灵活应用表中的数据。对于不易精冲的材料，间隙应取得更小一些。对于根据精冲件质量标准，允许剪切面有一定缺陷的零件，间隙可选取稍大一些。间隙大意味着模具的寿命长，便于加工。总之，设计者应充分考虑技术和经济效果的统一。

对于外形轮廓剪切面质量只有局部要

求高的零件，同样可按上述原则，在不同部位选取不同的间隙。在这种情况下，必须防止凸模和齿圈压板之间也有不同的间隙，在模具结构上应确保凸模和齿圈压板四周仍保持良好导向。

表 10-4　凸模和凹模的间隙数值

<table>
<tr><th rowspan="2">材料厚度 t/mm</th><th rowspan="2">外形</th><th colspan="3">内形(孔径 d)</th></tr>
<tr><th>d<t</th><th>d=(1~5)t</th><th>d>5t</th></tr>
<tr><td>0.5</td><td rowspan="8">0.005t</td><td rowspan="2">0.012t</td><td rowspan="2">0.01t</td><td rowspan="2">0.005t</td></tr>
<tr><td>1</td></tr>
<tr><td>2</td><td>0.012t</td><td rowspan="2">0.005t</td><td rowspan="6">0.0025t</td></tr>
<tr><td>3</td><td>0.01t</td></tr>
<tr><td>4</td><td rowspan="2">0.008t</td><td>0.0037t</td></tr>
<tr><td>6</td><td rowspan="3">0.0025t</td></tr>
<tr><td>10</td><td>0.007t</td></tr>
<tr><td>15</td><td>0.005t</td></tr>
</table>

7. 凸模和凹模刃口尺寸计算

与普通冲裁模刃口计算相似，精冲落料件的外形尺寸取决于凹模，间隙在凸模上；精冲冲孔件的内形尺寸取决于凸模，间隙在凹模上。考虑到模具的磨损规律，在设计凸模、凹模刃口尺寸时需要分三种情况，如图 10-21 所示。

1）磨损后刃口尺寸逐渐增大的，如图 10-21 所示尺寸 A。

2）磨损后刃口尺寸逐渐减小的，如图 10-21 所示尺寸 B。

3）磨损前后尺寸基本无变化的，如图 10-21 所示尺寸 C。

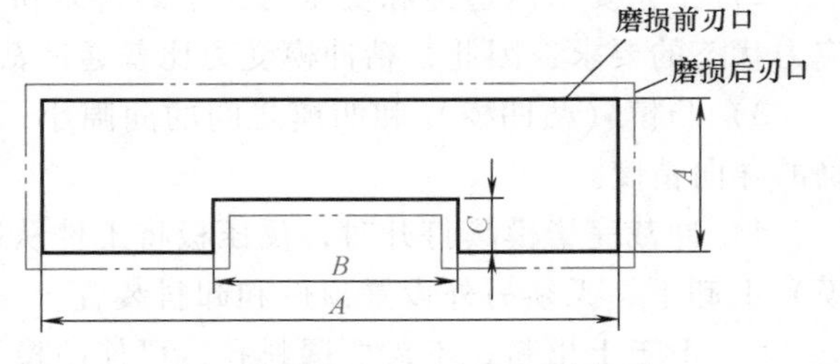

图 10-21　刃口尺寸磨损示意图

为了保证模具刃口即使磨损了，也还能冲出合格的精冲件，进行模具刃口设计时，应考虑给模具刃口留出较多的磨损储备量。为此，对于上述第一类情况，应使新模具（基准模）的刃口尺寸接近零件的下极限尺寸，即取刃口的名义尺寸为

$$A=\left(L_{\min}+\frac{\Delta}{4}\right)_{0}^{+\delta}$$

式中，$L_{\min}$ 是零件的下极限尺寸（mm）；Δ 是零件的公差（mm）。

对于上述第二类情况，应使新模具（基准模）的刃口尺寸接近零件的上极限尺寸，即取刃口的名义尺寸为

$$B=\left(L_{\max}-\frac{\Delta}{4}\right)_{-\delta}^{0}$$

式中，L_{max} 是零件的上极限尺寸（mm）。

对于上述第三类情况，应使新模具的刃口尺寸等于零件的平均尺寸，即取刃口的名义尺寸为

$$C=\frac{(L_{min}+L_{max})}{2}$$

扩展阅读

精冲模具除了采用小间隙，另一个特征就是在凹模或凸模刃口处有很小的圆角。落料时将小圆角制作在凹模刃口，冲孔时小圆角制作在凸模刃口。$R\leqslant0.06$mm 的刃口圆角对于提高零件光亮面不可缺少。凹模刃口处圆角利于降低零件外轮廓断面的表面粗糙度值，凸模刃口处圆角利于降低零件内孔断面的表面粗糙度值。需要注意，刃口圆角如果搞错方向将增加零件的断裂面和毛刺。实际生产试模时，还要对刃口圆角进行适当修整。

10.2.3　齿圈压板精冲模

1. 齿圈压板精冲模的特点

与普通冲裁模相比，齿圈压板精冲模（本节中简称精冲模）具有以下特点：

1）有齿圈压板和反压板，使材料在齿圈压板和凹模、反压板和凸模（凸凹模）的夹持下实现冲裁。

2）工艺要求压边力和反压力大于卸料力和顶件力，以满足在变形区建立三向不均匀压应力状态的要求，因此，精冲模受力比普通冲裁模大，刚性要求更高。

3）凸模（凸凹模）和凹模之间的间隙小，大约是材料厚度的0.5%，要求模具有更精确的导向精度。

4）冲裁完毕模具打开时，反压板将工件从凹模内顶出，齿圈压板将废料从凸模（凸凹模）上卸下，无须另外设置顶件和卸料装置。

5）由于上出料，不需要漏料孔，可使凸模（凸凹模）和模座更坚固。

6）需考虑模具润滑及排气系统。

2. 精冲模的分类

（1）根据精冲模的功能和结构分类

1）简单模。只冲外形不冲内孔，如精冲卡尺尺身、尺框的模具，或者是只冲内孔不冲外形的模具。

2）复合模。同时冲出外形和内形，大多数精冲模都是复合模。

3）连续模。分若干工步，用于精冲复合工艺，如压扁精冲、精冲压沉孔、精冲弯曲等，或者是采用复合模结构时，凸凹模的强度太弱，用连续模分别冲出工件的内、外形廓。

（2）根据匹配的压力机分类

1）用于精冲压力机的精冲模。

2）用于普通压力机的精冲模，但需要附加压边和反压系统，以弥补普通压力机功能上的不足。

（3）根据凸凹模和模座的相对关系分类

1）活动凸凹模式。凸凹模相对模座是活动的。

2）固定凸凹模式。凸凹模固定在模座上，这种模具目前应用得较多，约占80%。

扩展阅读

1）小尺寸精冲件优先选用活动凸模式模具结构。

2）大、中型或窄长的、外形复杂的、不对称的精冲件，内孔较多的精冲件和冲压力较大的厚板精冲件，应选用固定凸模式模具结构。

3）对于带有压扁、压沉孔、弯曲等精冲复合工艺或当采用复合模使凸凹模的强度变弱时，优先采用连续模。在批量不大时也可以采用多工序单工位模具。

3. 精冲模典型结构

（1）活动凸凹模式精冲模　图10-22所示为在专用精冲压力机上使用的活动凸凹模式精冲模的一种典型结构。落料凹模3及冲孔凸模2固定在上模座1上，在凹模与凸模之间的反压板9由机床上柱塞10控制，齿圈压板4固定在下模座7上，凸凹模6是活动的，由凸凹模座8驱动做上下运动，下模座内孔和齿圈压板内孔对凸凹模起导向作用。

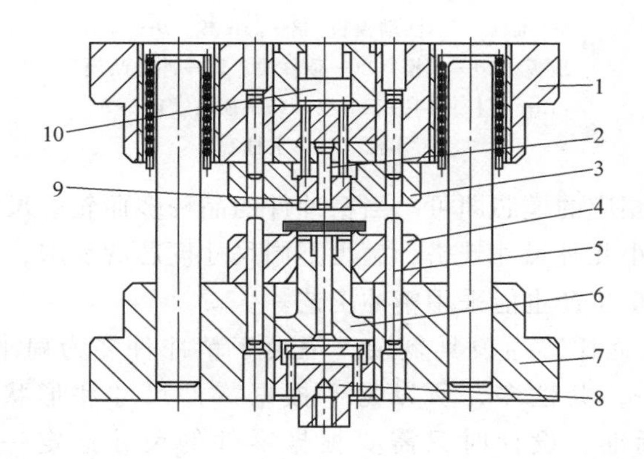

图10-22　活动凸凹模式精冲模的典型结构

1—上模座　2—冲孔凸模　3—落料凹模　4—齿圈压板　5—闭锁销　6—凸凹模　7—下模座　8—凸凹模座　9—反压板　10—柱塞

这种模具结构的特点是：凸凹模靠模座和齿圈压板的内孔导向，凹模和齿圈压板分别固定在上、下模座上，靠闭锁销5对中、定位和导向，有利于模具制造和对中。

（2）固定凸凹模式精冲复合模　图10-23所示为在专用精冲压力机使用的固定凸凹模式精冲模的典型结构。凸凹模8固定在上工作台2上，齿圈压板9固定在活动模板7上，其上压力由上柱塞1通过连接推杆3和5传给活动模板7，顶件块11的反压力由下柱塞17通过顶块15和顶杆13传递。这种模具结构刚度大、受力平稳，适用于生产大型、窄长、形状复杂、内孔多、板厚或需要级进精冲的零件。

4. 精冲模设计

精冲模具包括模架及模芯两大部分，对于多品种中、小批量生产，可采用通用模架，不

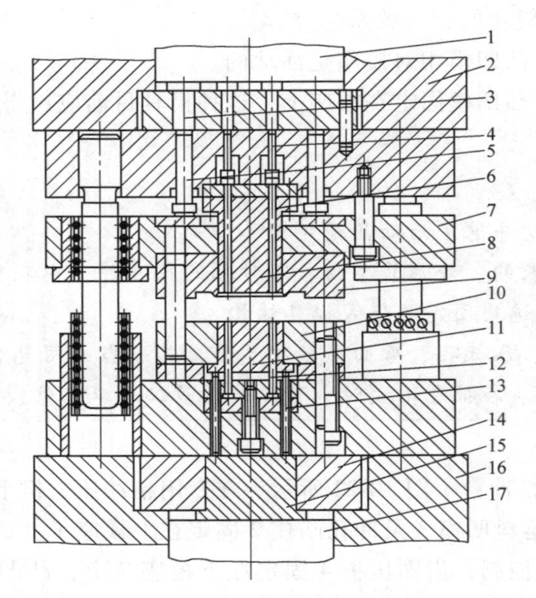

图 10-23 固定凸凹模式精冲模的典型结构

1—上柱塞 2—上工作台 3、4、5—连接推杆 6—推杆 7—活动模板 8—凸凹模 9—齿圈压板 10—凹模 11—顶件块 12—冲孔凸模 13—顶杆 14—下垫板 15—顶块 16—下工作台 17—下柱塞

同的精冲件只需要更换相应的模芯即可。当精冲件的品种多而轮廓尺寸相差较大时，可将通用模架设计成大、中、小几种尺寸规格，满足不同尺寸模芯的要求，这样可以显著降低模具制造费用，使中、小批量生产也能采用精冲工艺。

尽管精冲模具结构远比普通模具复杂，但由于精冲件多为扁平类零件，零件形状及工艺方法相对比较单一，共性多，所以易于根据零件尺寸和形状特征制定精冲模具零件标准库。利用这些标准，设计时只需要根据零件的尺寸选定一个标准图，再根据精冲模具零件的尺寸填补标准图，精冲模的设计便可迅速完成，有些企业精冲模具标准化程度已超过75%。

随着模具制造技术的快速发展和计算机在精冲模设计与制造中的应用，精冲模设计与制造周期大大缩短，从签订生产合同到精冲零件交样，国外有些企业只需要一周时间。

扩展阅读

我国制定了一系列精冲模的电子行业标准，如《精冲模模架技术条件》《精冲模活动凸模式滑动导向模架》《精冲模固定凸模式滚动导向模座》等。图 10-24a 所示为精冲模活动凸模式滑动导向模架之平放式对角导柱模架示意图，标准号 SJ/T 10339.2—1993。图 10-24b 所示为精冲模固定凸模式滚动导向模架之中间导柱模架结构示意图，标准号 SJ/T 10339.10—1993。图 10-25 所示为江苏镇江船山模架厂生产的精冲模架。

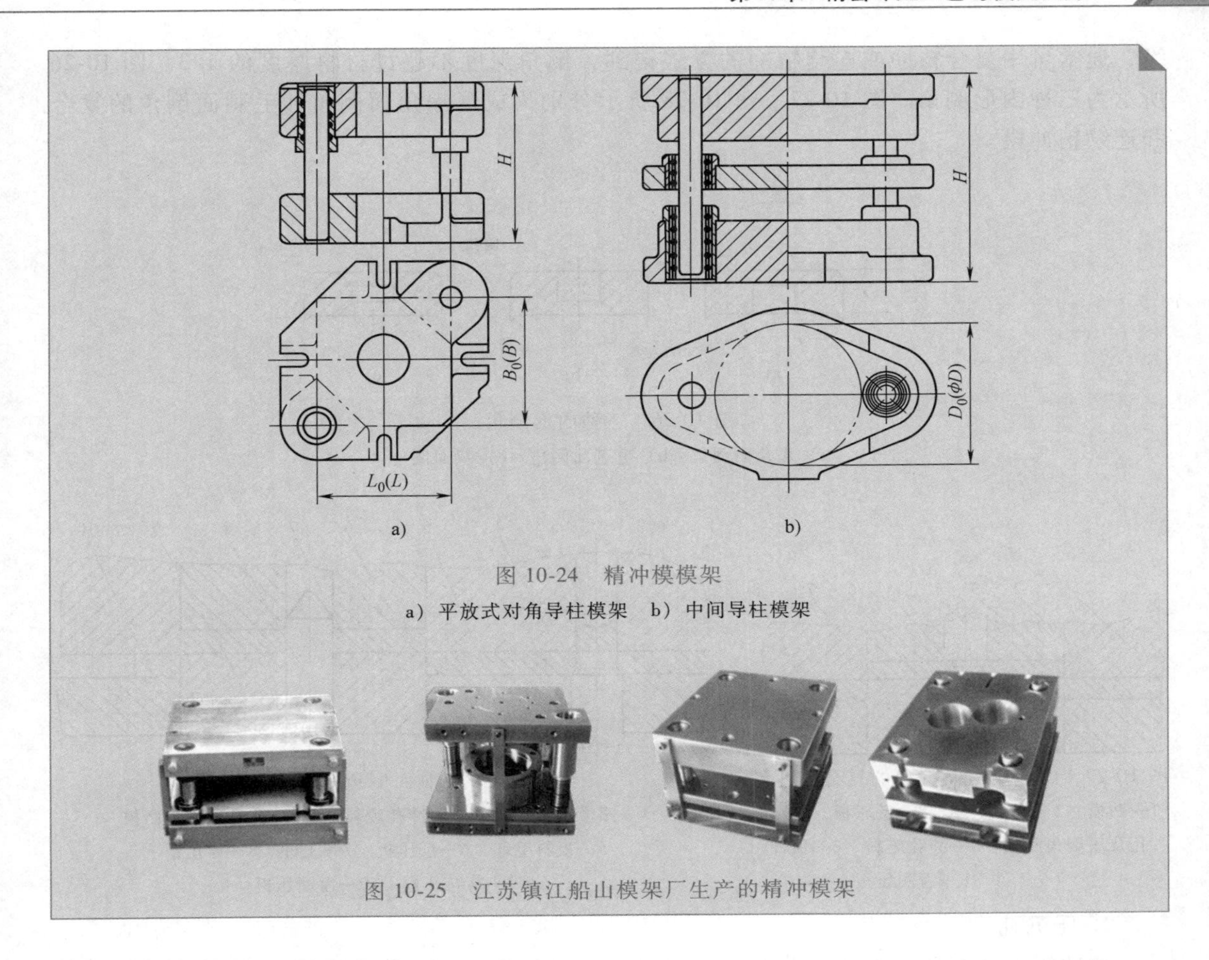

图 10-24 精冲模模架

a）平放式对角导柱模架 b）中间导柱模架

图 10-25 江苏镇江船山模架厂生产的精冲模架

10.3 精冲复合工艺

精冲复合工艺是精冲工艺的延伸。就产品对象而言，已从等厚度的精冲件发展到不等厚度的精冲件。就工艺而言，已从板料的单一分离工艺发展为成形-分离复合工艺。许多由铸、锻、毛坯切削加工的零件及由切削加工后铆、焊组装的零件，都可能用精冲复合工艺来加工。

精冲复合工艺是指精冲和其他材料成形工艺的复合，通常可以分成以下两种：

1）以板料作为毛坯，在同一台或多台精冲设备上完成。这种工艺是指在专用精冲压力机上，采用复合或连续模完成的精冲和其他工艺（如弯曲、压印、浅拉深、挤压、压沉孔、半冲孔、压扁等）的复合。

2）以棒料作为毛坯，在不同类型的成形设备上完成。这种工艺是指首先在精密体积成形设备上用棒料作为毛坯，利用精密体积成形方式制成适合精冲的半成品，再在精冲设备上通过精冲获得所需零件，即将精冲作为精密体积成形工艺的后续工序，因此这种工艺又简称为精锻-精冲复合工艺。

下面介绍几种精冲复合工艺。

1. 压倒角

倒角是指精冲零件内、外形表面与厚度交界的棱角处被挤压成具有一定角度或圆弧的边缘，通常可用复合精冲或连续精冲的方式得到，倒角深度不超过材料厚度的 1/3。图 10-26 所示为三种内形倒角。图 10-27、图 10-28 所示分别为成形塌角面倒角和毛刺面倒角的复合和连续精冲模。

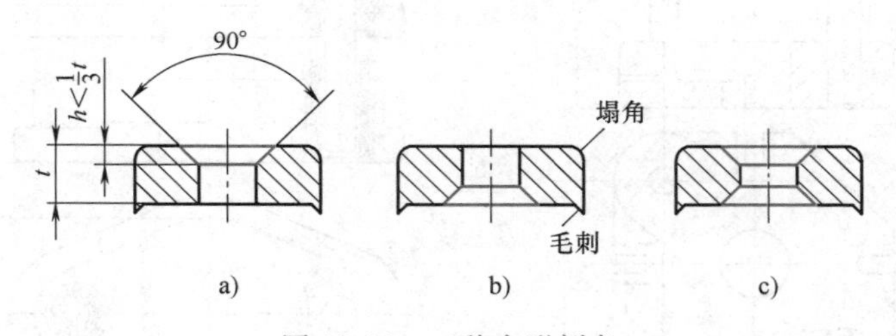

图 10-26　三种内形倒角

a）塌角面倒角　b）毛刺面倒角　c）双面倒角

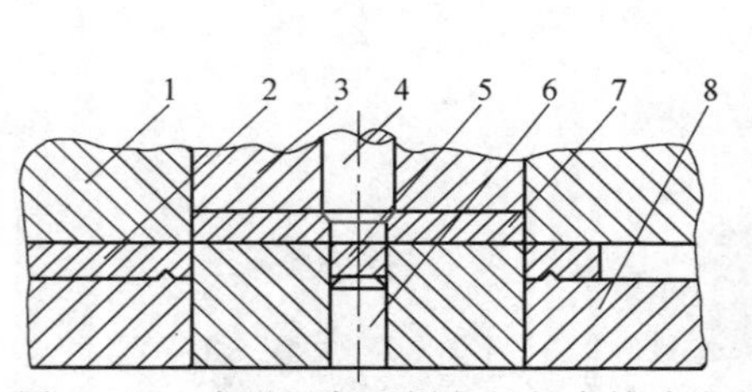

图 10-27　成形塌角面倒角的复合精冲模

1—凹模　2—板料毛坯　3—反压板　4—冲孔及压倒角凸模　5—冲孔废料　6—顶杆　7—工件　8—齿圈压板

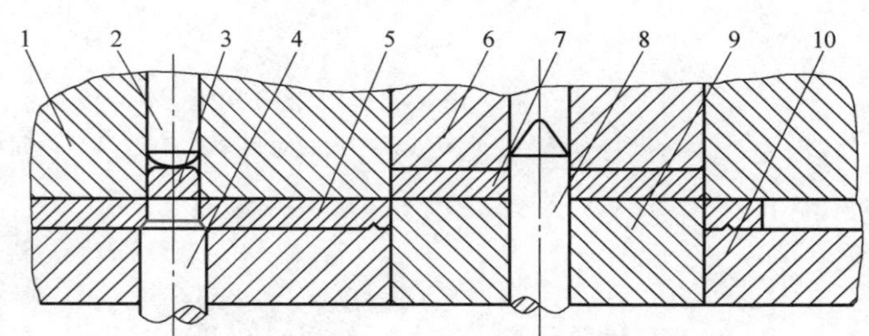

图 10-28　毛刺面倒角的连续精冲模

1—凹模　2—顶杆　3—冲孔废料　4—冲孔及压倒角凸模　5—板料毛坯　6—反压板　7—工件　8—导正销　9—落料凸模　10—齿圈压板

2. 压沉孔

精冲零件的沉孔按形状可分为锥形沉孔（图 10-29a、c）和圆柱沉孔（图 10-29b、d）两类；按沉孔基面又可分为塌角面沉孔（图 10-29a、b）和毛刺面沉孔（图 10-29c、d）。

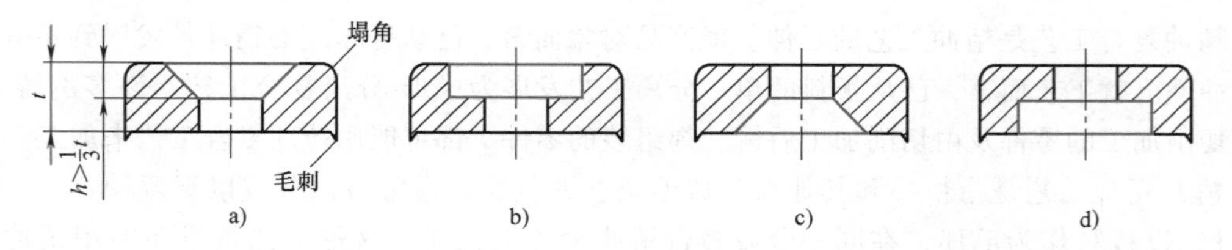

图 10-29　精冲零件沉孔形状

压锥形沉孔与压倒角的性质相似，不同之处是其倒角深度超过材料厚度的 1/3，材料的局部变形大，不能直接挤压成形，需分步成形法。表 10-5 列出了压沉孔工艺。

3. 压印

压印是指用模具中带成形标记的反压板或凸模对金属表面施加一定的压力，利用金属的塑性变形使材料厚度发生变化，在材料表面上压出数字、符号、文字、凹凸花纹等，一般凹下深度或凸起的高度为 0.1～0.3mm。硬币、证章和各种标牌是典型的压印零件。

表 10-5 压沉孔工艺

沉孔形式	压锥形沉孔				压圆柱沉孔	
沉孔深度	40%t		60%t		60%t	
沉孔位置	毛刺面	塌角面	毛刺面	塌角面	毛刺面	塌角面
工序简图 1						
工序简图 2						
工序简图 3						
工序简图 4						
模具类型	连续模	连续模	连续模	连续模	连续模	连续模
工序名称	1. 压沉孔 2. 冲孔 3. 落料	1. 压沉孔 2. 落料、冲孔	1. 冲孔 2. 压沉孔 3. 冲孔 4. 落料	1. 冲孔 2. 压沉孔 3. 落料、冲孔	1. 冲孔 2. 压沉孔 3. 冲孔 4. 落料	1. 冲孔 2. 压沉孔 3. 落料、冲孔

精冲零件的压印成形和落料可以用一套复合模具完成，外形精冲、内形压印。压印图案设计在零件的塌角面（即靠近落料凹模面一侧）时，用刻有成形标记的反压板压印，如图 10-30a 所示。若将压印图案设计在毛刺面一侧，就用刻有成形标记的凸模压印，如图 10-30b 所示。压印深度一般不大于材料厚度的 10%。在可能的情况下，尽量将压印图案设计在塌角面一侧，否则会增加模具制造、维修的困难。

无论用反压板压印还是用凸模压印，都必须使反压力大于压印力，才能实现精冲和压印的复合。精冲压印复合时，材料在凸模和反压板之间压印后，再在两者的夹持下完成精冲。

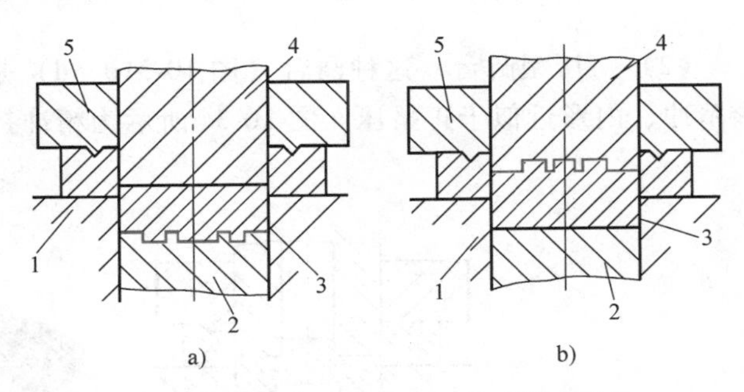

图 10-30 精冲压印复合工艺过程示意图

a）反压板压印 b）凸模压印

1—凹模 2—反压板 3—精冲件 4—凸模 5—齿圈压板

4. 精冲凸台

图 10-31 所示为各种形式的带凸台精冲件，根据冲凸台时金属的变形特点可分为三类。

（1）冲裁型凸台 这种凸台通过冲裁获得，相当于冲孔进行到一定时候即停止不冲，因此又称半冲孔或冲不通孔（图 10-31a、b），这是精冲复合工艺中最具有特色

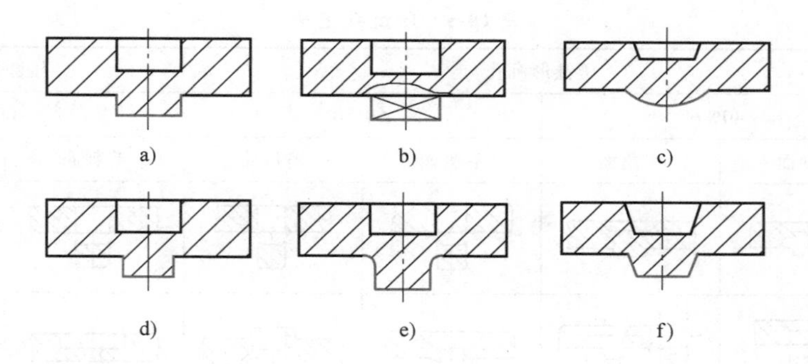

图 10-31　各种形式的带凸台精冲件

和简单易行的一种。图 10-32 所示为这种工艺的示意图，半冲孔凸模端面低于精冲凹模，以保证凸台和工件之间有足够的连接厚度，不至于冲断。

半冲孔工艺既可以将各种异形凸台（包括齿形）附在任何形状的平面零件上，也可将异形不通孔（包括内齿）附在任何形状的平面零件上，此时只需要将相应的凸台部分用机加工去掉即可。图 10-33 所示为几种典型的精冲半冲孔零件。

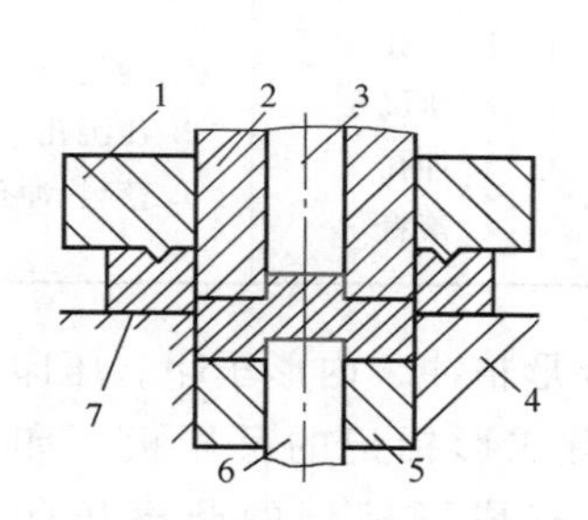

图 10-32　精冲半冲孔工艺过程

1—齿圈压板　2—凸凹模　3—顶杆　4—凹模　5—反压板　6—半冲孔凸模　7—被冲板料

图 10-33　几种典型的精冲半冲孔零件

（2）挤压型凸台　这种凸台（图 10-31c、d）是利用精冲和正挤压复合工艺加工的，外形精冲、内形近似于正挤压。图 10-34 所示为精冲挤压复合工艺示意图，凸台是通过挤压凸

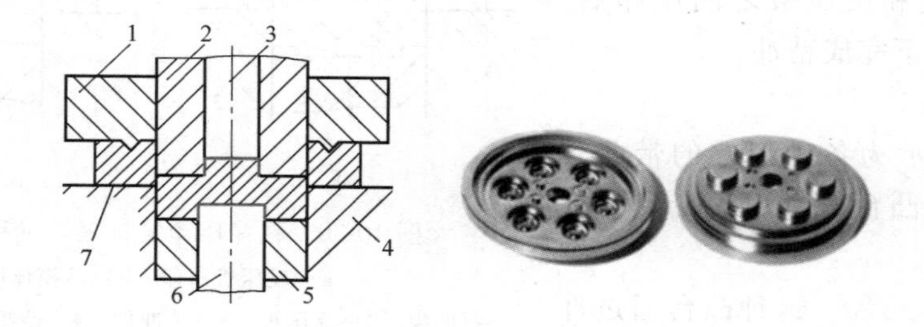

图 10-34　精冲挤压复合工艺示意图

1—齿圈压板　2—凸凹模　3—推杆　4—凹模　5—反压板　6—挤压凸模　7—被冲板料

模 6 和凸凹模 2 的凹模孔实现正挤压而得到的。挤压凸模端面低于精冲凹模，以保证凸台和工件之间有足够的连接厚度，并保证先精冲外形再挤压凸台。

挤压型凸台的截面与挤压凸模的截面形状可以不同，尺寸要比挤压凸模的截面尺寸小。

（3）模锻型凸台　这种凸台（图 10-31e、f）是利用精冲和模锻复合工艺加工的，外形精冲，内形近似于闭式模锻。图 10-35 所示为精冲模锻复合工艺示意图，凸台是通过成形凸模 6 和凸凹模 2 的凹模孔实现闭式模锻而得到的。与上述模具结构相似，成形凸模端面低于精冲凹模，以保证凸台和工件之间有足够的连接厚度，并保证先精冲外形再模锻凸台。

5. 精冲-弯曲复合

把精冲和局部弯曲成形结合在一起即是精冲-弯曲复合工艺。精冲-弯曲复合工艺分为零件的内形弯曲（在零件的内部弯曲）和外形弯曲。对于内形弯曲，切口和弯曲可同时进行，只需把凸模做成具有剪切和成形形状就能满足板料的切口和弯曲，如图 10-36 所示。对于外形弯曲，若采用条料或卷料，则应先冲切掉待弯曲部分周围的余料后再弯曲，如图 10-37 所示。

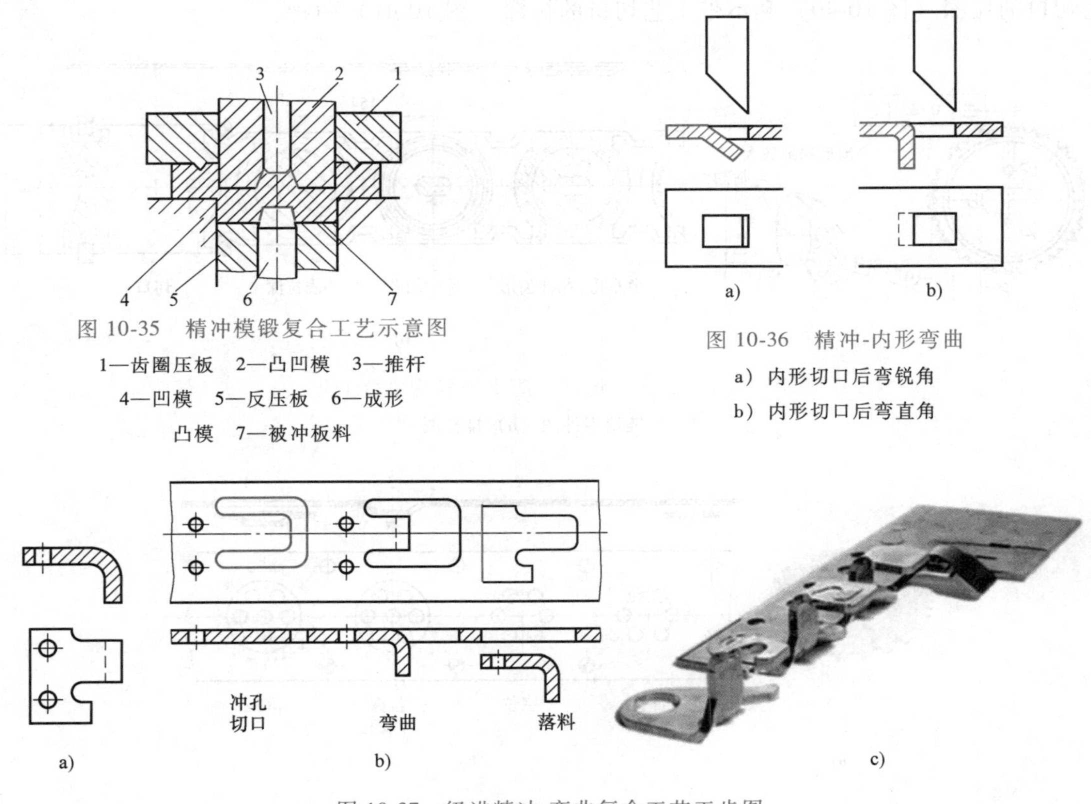

图 10-35　精冲模锻复合工艺示意图

1—齿圈压板　2—凸凹模　3—推杆　4—凹模　5—反压板　6—成形凸模　7—被冲板料

图 10-36　精冲-内形弯曲

a）内形切口后弯锐角

b）内形切口后弯直角

图 10-37　级进精冲-弯曲复合工艺工步图

a）工件图　b）排样图　c）三维图

6. 精冲-翻孔（边）复合

利用精冲和翻孔（边）复合可以获得不等厚度精冲件，如图 10-38 所示。

这种工艺一般在连续模上完成，即先预冲孔，再在下一工位上完成翻孔，最后精冲外形。

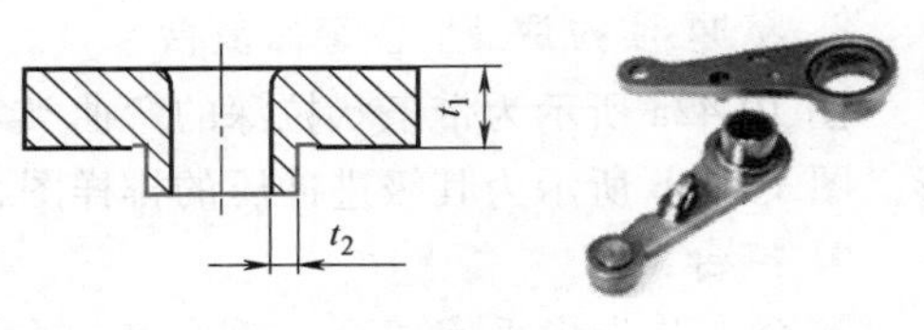

图 10-38　不等厚度精冲件（$t_1>t_2$）

但必须注意，应尽量使翻孔和冲孔方向相反，以避开毛刺，保证翻孔口部不易开裂，如图 10-39 所示。

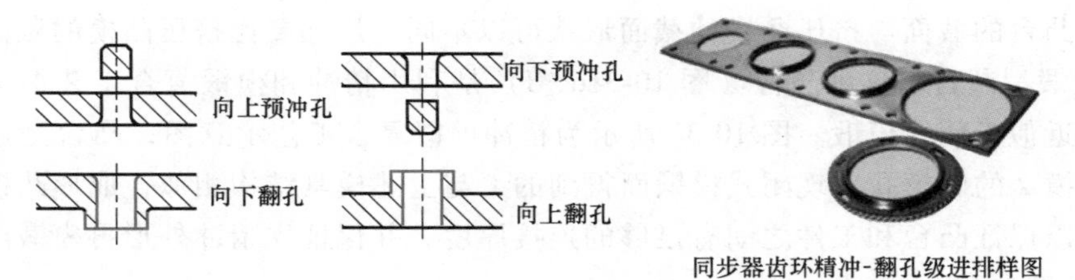

图 10-39　精冲-翻孔（边）复合工艺

7. 精冲-浅拉深复合

精冲-浅拉深复合工艺通常用于制造链轮零件，以增加零件的刚性。采用三动精冲压力机时，一般适宜多工位级进模，即先浅拉深，最后精冲外形。这里的带料级进拉深也分带工艺切口的拉深（图 10-40）和不带工艺切口的拉深（图 10-41）两种。

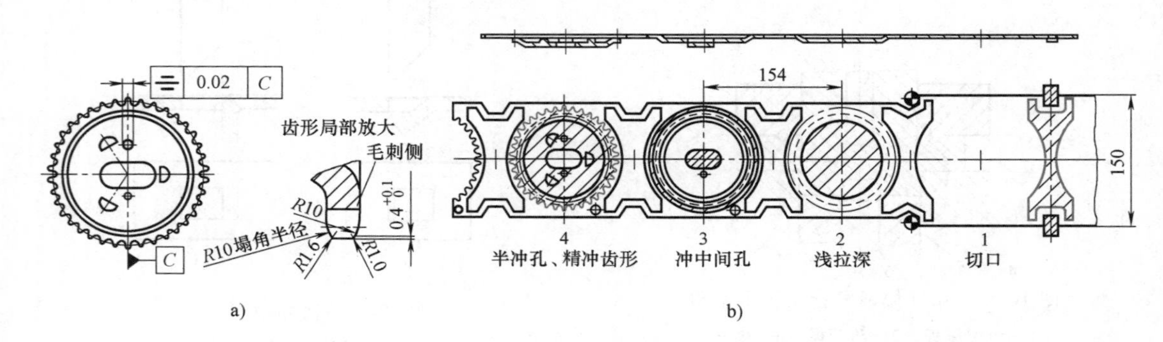

图 10-40　带工艺切口的精冲-浅拉深复合工艺

a）链轮零件图　b）排样图

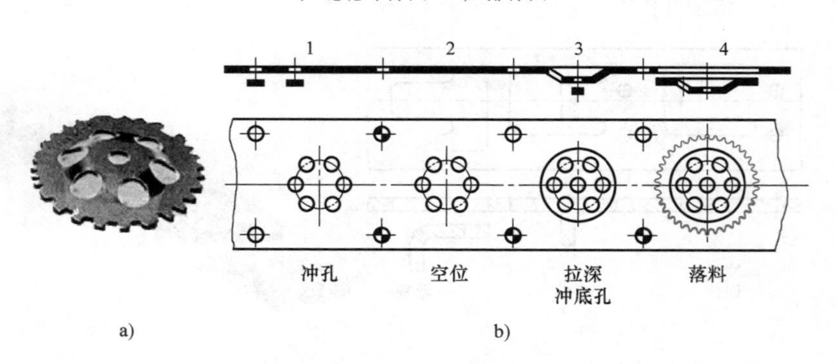

图 10-41　不带工艺切口的精冲-浅拉深复合工艺

a）硬盘驱动片零件图　b）排样图

8. 精冲-浅拉深-翻孔-弯曲复合

图 10-42a 所示为带条状拉深的弯曲类零件，这种零件多在专用精冲压力机上进行连续成形。图 10-42b 所示为其级进冲压的排样图，其中直径为 5.1mm、5mm、4.5mm 的孔另外冲出。

9. 接合工艺

接合工艺是指采用压合、铆合和焊合的方法将两个或两个以上的精冲零件接合成永久性

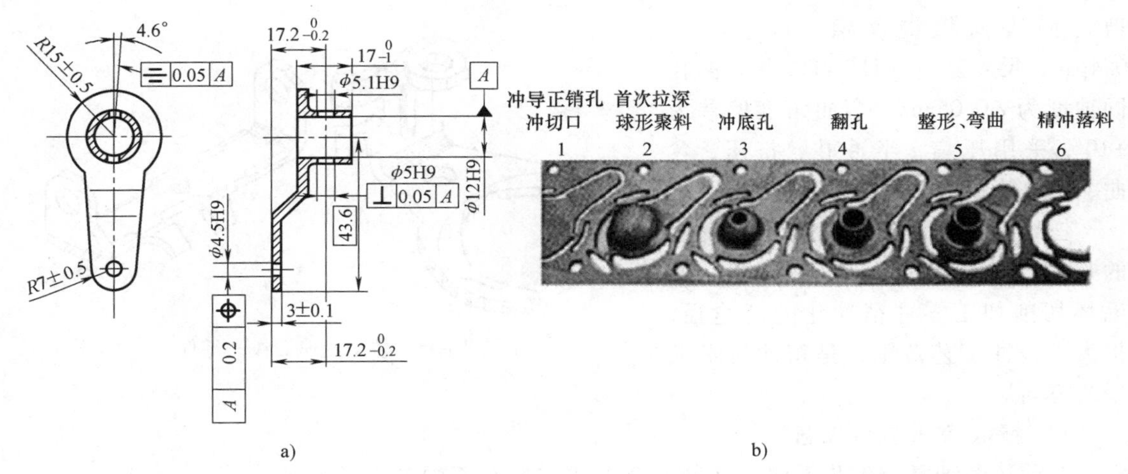

图 10-42　精冲-浅拉深-弯曲复合工艺

a）零件图　b）排样图

的一个整体的一种连接工艺。接合工艺一般过程是：①使用精冲方法按技术要求在毛坯上冲出凸台、沉孔和焊包；②接合。图 10-43 所示为利用凸台铆合的一种接合工艺。

图 10-44 和图 10-45 所示为利用接合工艺加工的两个典型产品。由此可看出，利用这种接合工艺可以大大简化产品的加工工艺，缩短生产周期，提高生产率，降低产品成本。

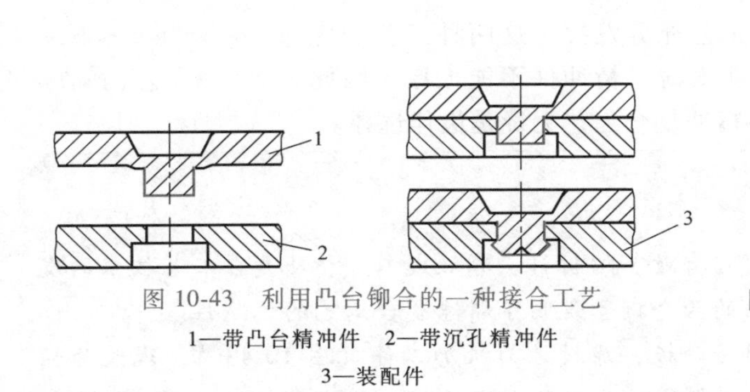

图 10-43　利用凸台铆合的一种接合工艺

1—带凸台精冲件　2—带沉孔精冲件

3—装配件

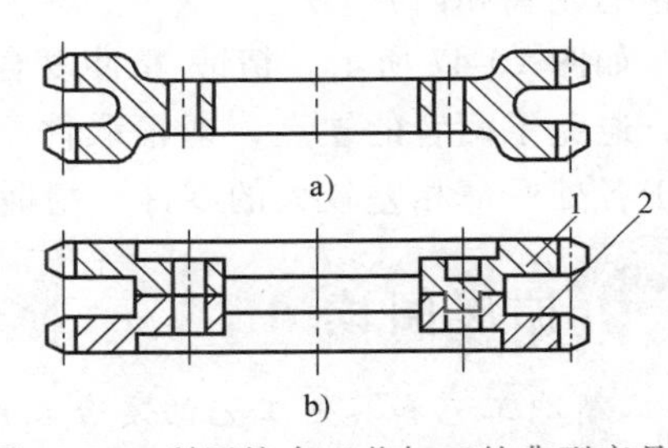

图 10-44　利用接合工艺加工的典型产品一

a）链轮原结构（铸或锻毛坯，再切削加工）

b）接合件

1—带凸台精冲件　2—带孔精冲件

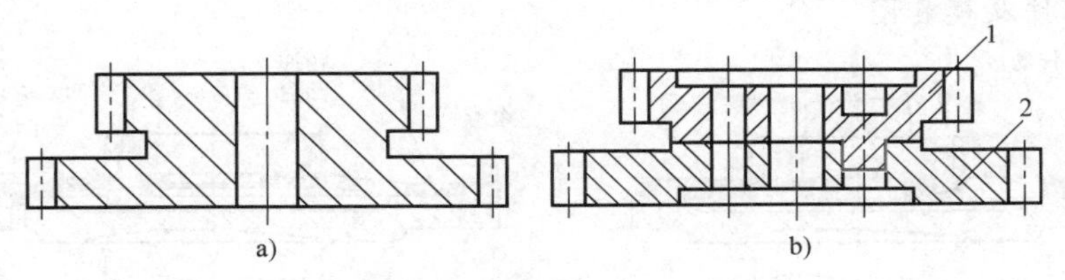

图 10-45　利用接合工艺加工的典型产品二

a）双联齿轮原结构（铸或锻毛坯，再切削加工）　b）接合件

1—带凸台精冲件　2—带孔精冲件

10. 三维精冲件

若将上述各种复合工艺再复合在一起，便可生产形状相当复杂的三维精冲件。图 10-46 所示为轿车变速器拨叉零件，材料为优质中碳钢，抗拉强度 R_m 为 640~880MPa，厚度为 6mm，

剪切面表面粗糙度值 Ra 为 0.8~0.4μm，尺寸公差为 IT8~IT7 级，两孔同轴度为 ϕ0.05mm，弯曲角度偏差为±10′，采用压扁、半冲孔、挤压、弯曲、翻边等和精冲的复合工艺完成。

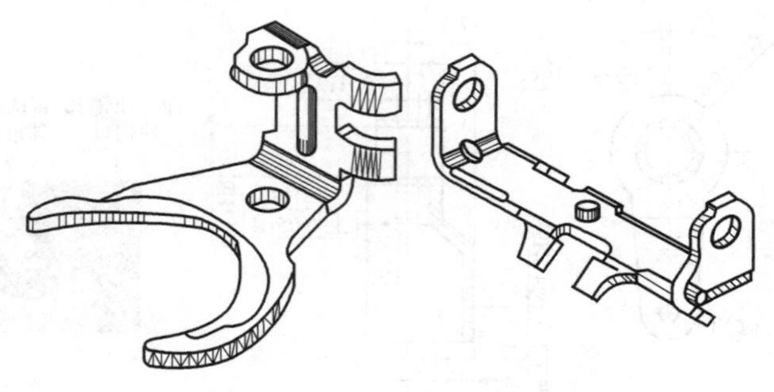

图 10-46　轿车变速器拨叉零件

三维精冲件是精冲复合工艺发展的必然产物。它的出现开辟了铸、锻毛坯切削加工零件精冲化的新途径，扩大了精冲工艺范围，是精冲技术发展的方向。

11. 精锻-精冲复合工艺

与前述各种复合工艺不同，这种复合工艺需要在不同类型的设备上完成。精锻的目的是得到精密毛坯，而精冲的目的是得到外形和内形复杂、剪切面质量好、尺寸精度高的最终产品。精锻-精冲复合工艺中的精锻是为后续的精冲准备毛坯。图 10-47 所示为利用精锻-精冲复合工艺生产的凸轮零件。毛坯采用棒料，精锻使零件的凸台和轮缘表面的高度达到图样给定的公差要求，周边留有余量，再通过精冲获得凸轮的轮廓和内孔。

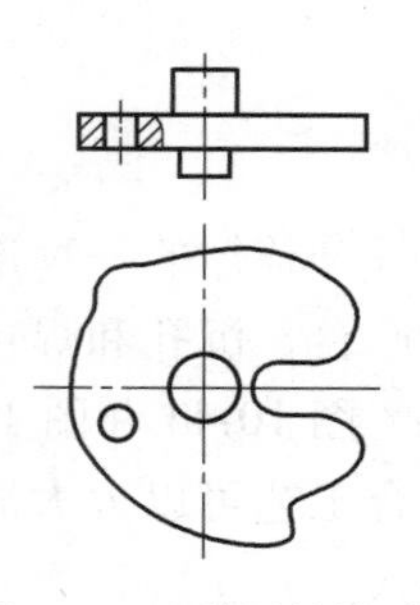

图 10-47　利用精锻-精冲复合工艺生产的凸轮零件

如图 10-47 所示，精锻-精冲复合工艺充分发挥了这两种工艺的优点，避免了两者的缺点，即精锻件不能太薄，精冲件不能太厚，因此对于各处厚薄相差较大的零件，精锻-精冲复合工艺无疑是最佳选择。

扩展阅读

精冲工艺和其他工艺的复合应用可有效节约材料、降低成本。精冲复合工艺技术的发展为产品设计提供了新的途径。下面的两个例子说明了精冲复合工艺的优越性。

1）图 10-48 所示为 SMART 车用传动板，原设计为机加工件（图 10-48a），现改为精冲件（图 10-48b），利用精冲凸台进行定位，省去两个定位销，并减重 70%。图 10-49 所示为传动板零件及模具图。

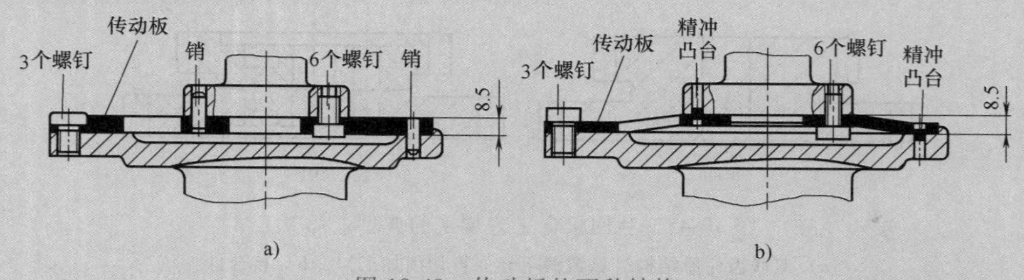

图 10-48　传动板的两种结构

2）变速滑槽最初的设计是两端各有一个弯曲（图 10-50a），给成形带来困难，需要 17 道工序才能完成。后将其结构进行重新设计，分解成图 10-50b 所示的 4 个组成零件，再用一副精冲级进模和三副精冲复合模分别成形这 4 个零件并经激光焊接成图 10-50c 所

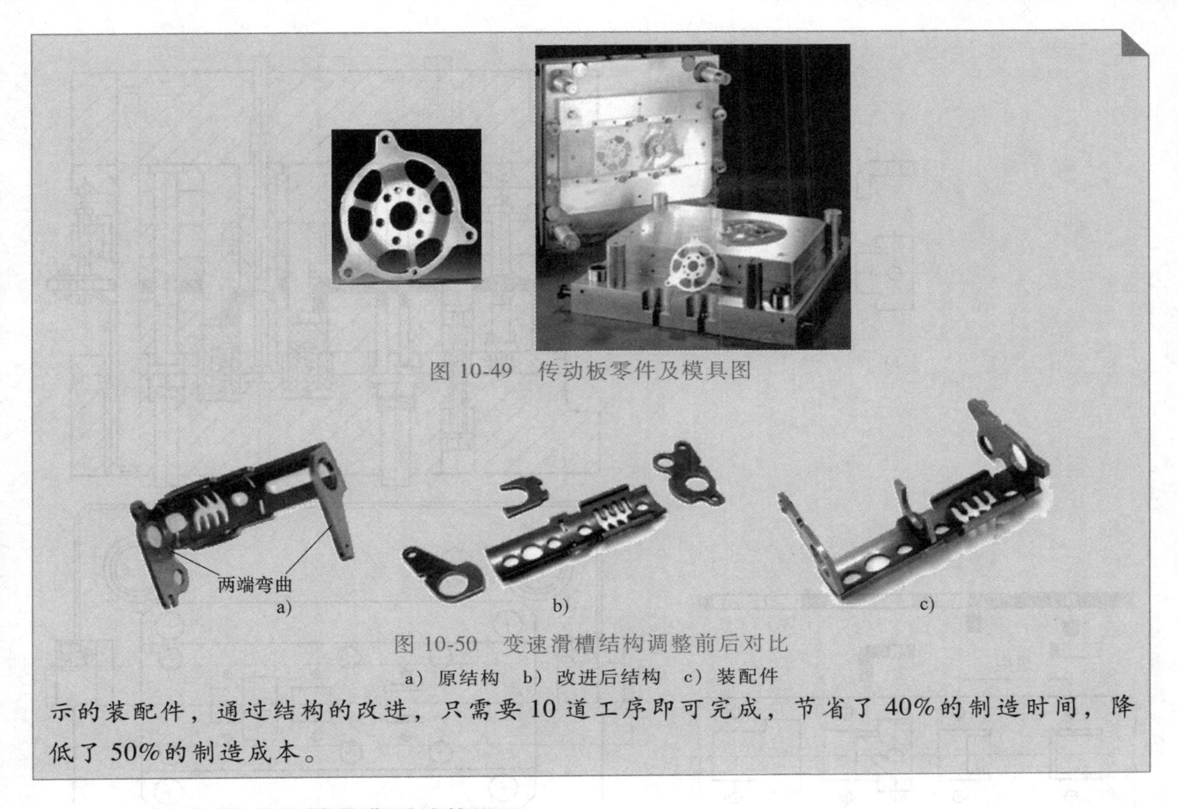

图 10-49 传动板零件及模具图

图 10-50 变速滑槽结构调整前后对比

a）原结构 b）改进后结构 c）装配件

示的装配件，通过结构的改进，只需要10道工序即可完成，节省了40%的制造时间，降低了50%的制造成本。

12. 精冲复合工艺模具典型结构

上述各种精冲复合工艺（除精锻-精冲复合工艺外），多数是在连续模上进行的。图 10-51、图 10-52 所示分别为压锥形沉孔精冲连续模和精冲弯曲连续模，供参考。

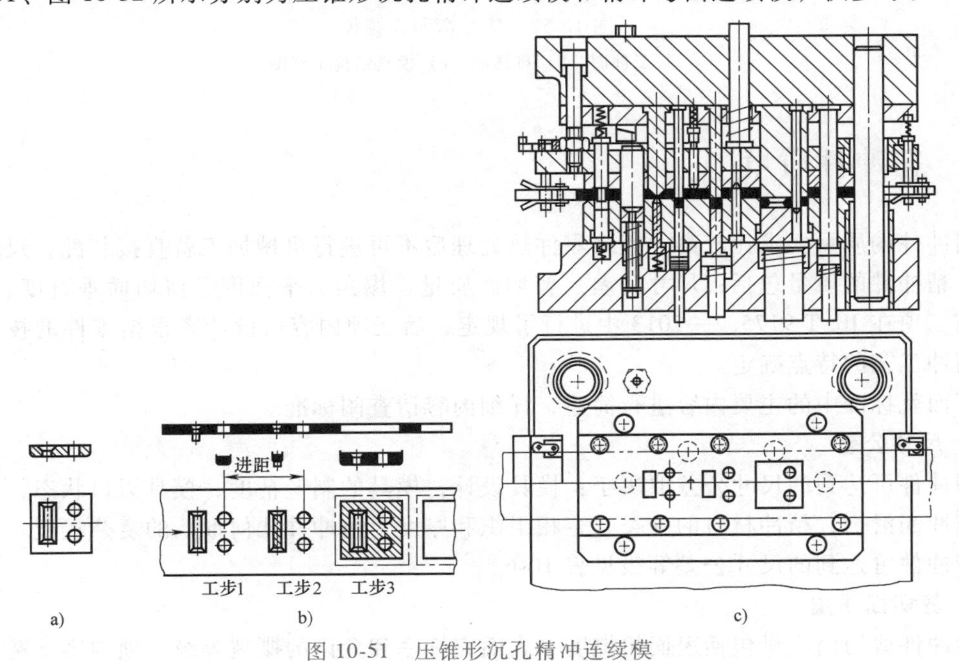

图 10-51 压锥形沉孔精冲连续模

a）工件图 b）排样图 c）模具结构示意图

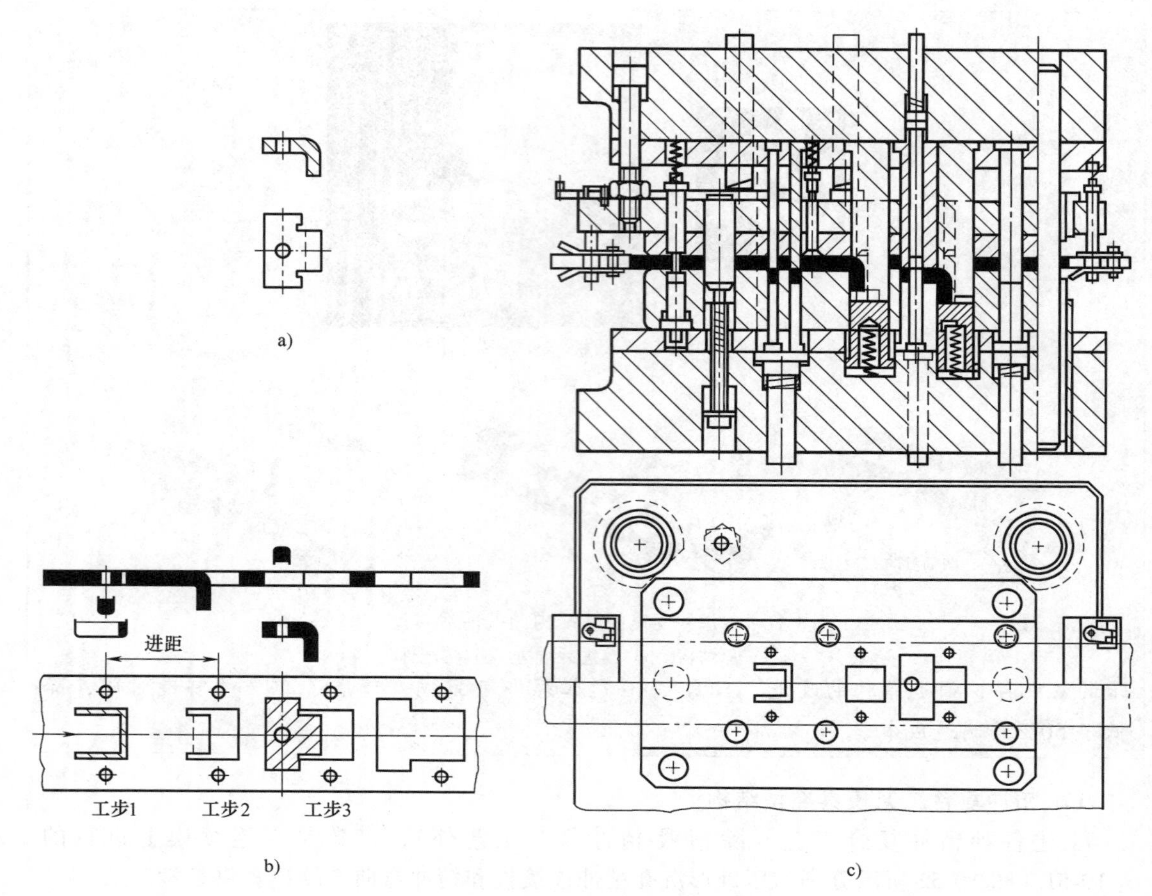

图 10-52　精冲弯曲连续模

a）工件图　b）排样图　c）模具结构示意图

10.4　精冲件质量

精冲件的质量要求比较高，很多零件热处理后不再进行机械加工就直接装配，尺寸要求严格。精冲件的质量包括：尺寸公差、剪切面质量、塌角、平面度、剪切面垂直度、毛刺。其中前三项在 JB/T 9175.2—2013 中进行了规定，后三项内容由设计者根据零件的技术要求结合精冲工艺的特点确定。

下面就标准中的主要内容进行简述，详细内容请查阅标准。

1. 尺寸公差

精冲件可达到的尺寸公差取决于：模具设计，模具的制造精度，模具刃口状态，精冲设备，精冲润滑剂，精冲材料的种类、金相组织和厚度，精冲件几何形状的复杂程度。

精冲件可达到的尺寸公差等级见表 10-6。

2. 剪切面质量

精冲件剪切面质量包括表面粗糙度、表面完好率和允许的撕裂等级三项内容。精冲时可达到的剪切面表面粗糙度取决于：模具冲切元件的表面粗糙度，模具刃口状态，精冲润滑剂，精冲设备，精冲材料的种类、金相组织和厚度。

表 10-6　精冲件可达到的尺寸公差等级

材料厚度 /mm	内形 IT	外形 IT	孔距 IT
0.5~1	6~7	7	7
1~2	7	7	7
2~3	7	7	7
3~4	7	8	7
4~5	7~8	8	8
5~6	8	9	8
6~8	8~9	9	8
8~10	9~10	10	8
10~12	9~10	10	9
12~16	10~11	10	9

注：适用材料抗拉强度≤600MPa。

精冲件可达到的剪切面表面粗糙度值 Ra 为 0.2~0.32μm，一般 Ra 为 0.63~2.5μm。精冲件表面完好率分五个等级，见表 10-7。精冲件允许的撕裂分四个等级，见表 10-8。

表 10-7　精冲件表面完好率　（%）

级别	Ⅰ	Ⅱ	Ⅲ	Ⅳ	Ⅴ
t_1/t	100	100	90	75	50
t_2/t	100	90	75	—	—

表 10-8　精冲件允许的撕裂等级

级别	1	2	3	4
δ/mm	≤0.3	≤0.6	≤1.0	≤2.0

表 10-7 中，t 是材料厚度（mm）；t_1 是剪切终端存在表层剥落时，光洁剪切面最小部分厚度（mm）；t_2 是剪切终端存在鳞状表层剥落时，光洁剪切面最小部分厚度（mm）。表 10-8 中，δ 是撕裂处的最大宽度。

3. 塌角

精冲时工件毛刺侧的对面具有塌角。它的大小取决于工件的几何形状、材料及其强度和厚度。在给定材料厚度和材料种类的条件下，圆角半径 R 和夹角 α 越小，塌角的宽度 c 和深度 a 越大。如果给定圆角半径和夹角，则减小材料厚度和提高强度，会使塌角的深度和宽度减小。

图 10-53 所示为最小允许圆角处最大塌角的标准值，适用于抗拉强度为 450MPa 以下的材料。材料厚度为 4mm 以下采用单齿圈，材料厚度为 4mm 以上采用双齿圈。

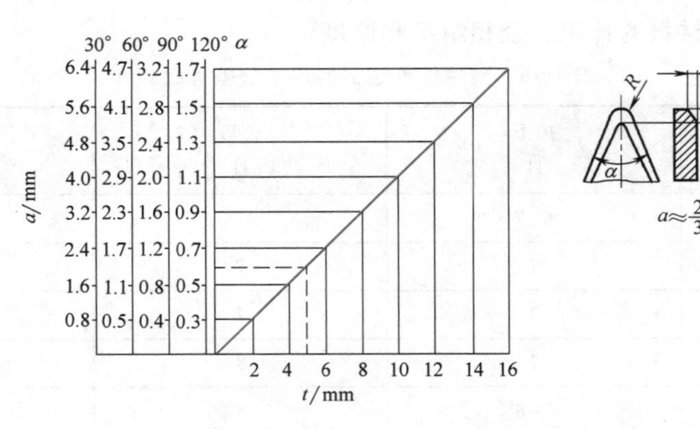

图 10-53　最小允许圆角处最大塌角的标准值

思　考　题

1. 简述精冲工艺类型及应用。
2. 简述齿圈压板精冲原理及精冲过程。
3. 简述精冲复合工艺类型及应用。
4. 简述精冲工艺设计要点。

第 11 章

数控冲压工艺与模具

能力要求

☞熟悉数控冲压制品的形状特征和数控冲压的应用。

冲压一直是依赖于模具的一种大批量生产的工艺方法，但现代工业生产却逐渐向多品种、小批量、个性化方向发展，这就要求冲压生产必须具有柔性，与现代计算机技术、自动化技术相结合的数控冲压便应运而生。

数控冲压技术的工作原理是：将工件的电子文档输入计算机，自动编程软件快速生成数控冲压的加工程序，压力机在数控系统的协调指挥下，完成板料的自动定位、模具的自动选择和冲压。因此，数控冲压系统必须具备数控冲压设备、模具和相应的数控系统，三者的有效结合能够在薄板上加工出任意形状和尺寸的群孔和浅凸起，如图 11-1 所示。

形状相同、方向不同的孔

各种形状的孔

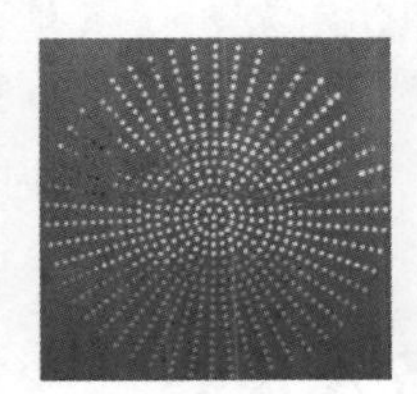

发散孔

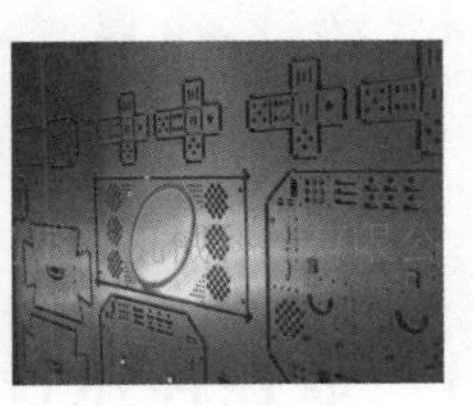

组合孔

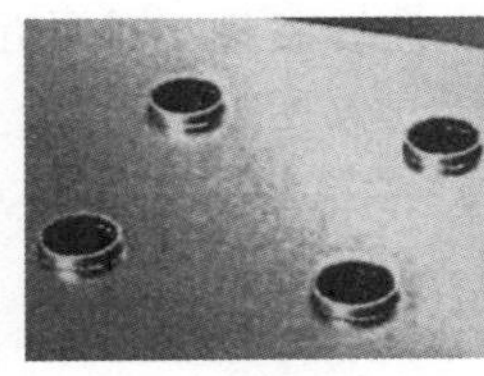

压凸板

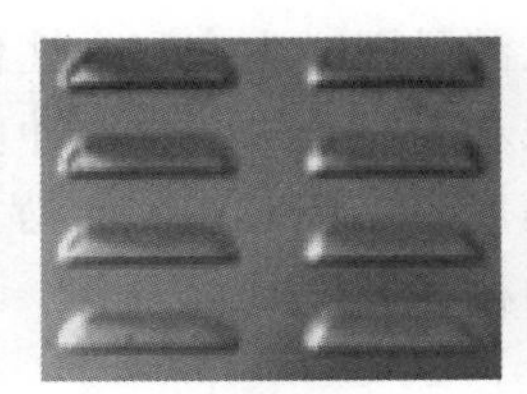

百叶窗板

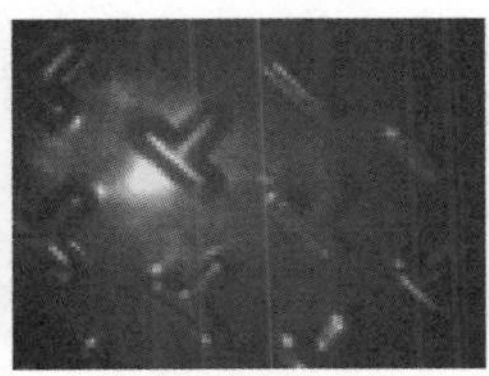

防滑板

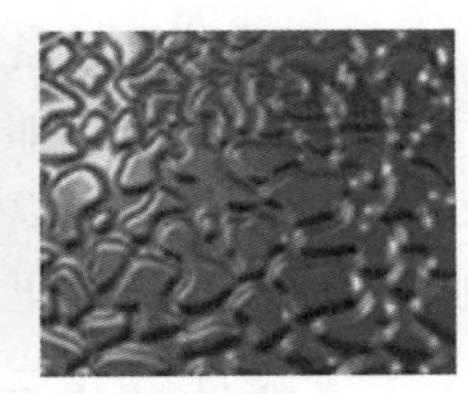

装饰板

图 11-1　数控冲压冲出的各种形状

数控冲压除冲压各种形状、不同尺寸、不同孔距的小孔外，还可用小冲模以步进式加工的方式加工大的圆孔、方形孔、腰形孔等，对于形状复杂的孔可利用组合冲裁或分步冲裁的方法冲出；也可进行特殊工艺加工，如百叶窗、浅拉深、沉孔、翻边孔、加强筋、压印等。在同一块板料上既可加工同一规格和尺寸的相同产品（图 11-2a），也可加工不同规格和尺寸的多种产品（图 11-2b）。

由于数控压力机工作台面的尺寸大，加工板料的规格长度可以达到 5m，冲压次数可以达到甚至超过 1000 次/min，因此，数控冲压是一种通用、高效、柔性的冲压技术，在单件、小批量的板材加工中具有旺盛的生命力。近年来数控冲压技术的应用越来越广，尤其适用于多品种的板材加工行业，如通信电子、计算机、建筑幕墙装饰、家具、机械外罩加工、制罐等行业。图 11-3 所示为不同用途的数控冲压产品。

本章就数控压力机、数控冲压模具和数控冲压编程几个方面进行介绍。

a)

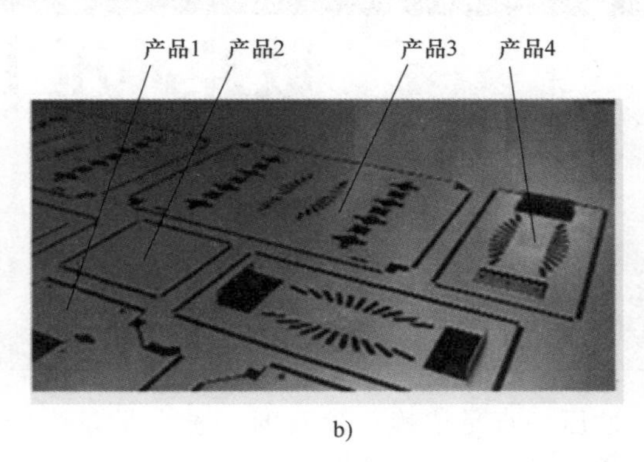

b)

图 11-2　数控加工的柔性体现

a）同一规格和尺寸的相同产品　b）不同规格和尺寸的多种产品

楼梯护栏

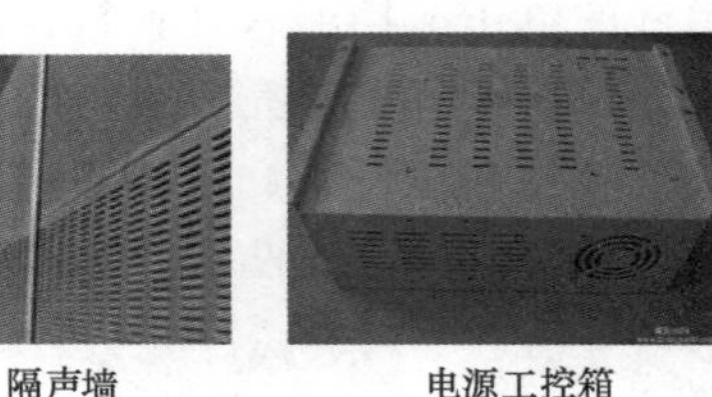

隔声墙　电源工控箱

筛网

时尚家具

图 11-3　不同用途的数控冲压产品

11.1　数控冲压设备及模具

由于数控冲压设备具有高度灵活性，可以满足即时生产和个性化生产的需要，因而近十几年得到飞速发展，如数控转塔压力机，数控步冲压力机，数控冲剪机，数控折弯机等。

数控转塔压力机以其冲压速度快、加工精度高、模具通用性强、产品灵活多样等特点，得到了广泛应用。这里重点介绍数控转塔压力机及其模具。

11.1.1　数控转塔压力机

数控转塔压力机集机、电、液、气于一体，是一种利用传统冲压技术和简单的模具在板材上进行任意孔形的冲孔和浅成形的板材加工设备。按机身结构不同，有 O 形闭式机身和 C 形开式机身之分，主要由床身、转塔（盘）、数控系统、伺服系统和电气系统等组成，如图 11-4 所示。其中 O 形机身是现代比较流行的机身结构，刚性较好，且加工的工件尺寸不受机床喉深限制，加工精度和效率均优于 C 形机身，但 O 形机身的体积比较庞大。

数控转塔压力机的工作过程是靠打击头打击冲头来实现冲压的。工作时，通过转塔的旋转将选定的模具定位到打击位置，由自动送料装置将板料送到模具工作位置，由滑块冲击模具实现冲压。当一种规格的孔或浅成形冲好后，会在程序的控制下自动更换成另一种规格的

a)　　b)

图 11-4　数控转塔压力机

a）O 形闭式机身　b）C 形开式机身

模具冲另一种孔。

下面简单介绍数控转塔压力机的工作台、转塔和送料装置。工作台是用来支承板料的，具有较大的平面尺寸，结构型式通常有两种：一种是固定的，这种工作台在工作时是固定不动的；另一种是活动的，工作时工作台随板料一起运动。工作台上支承板料有三种形式（图 11-5）：一是钢球，二是毛刷，三是混合型。毛刷工作台的支承能力小于钢球工作台，运动阻力大，但噪声小，且不易划伤板料，较适合于支承薄板（板厚在 3mm 以下）。

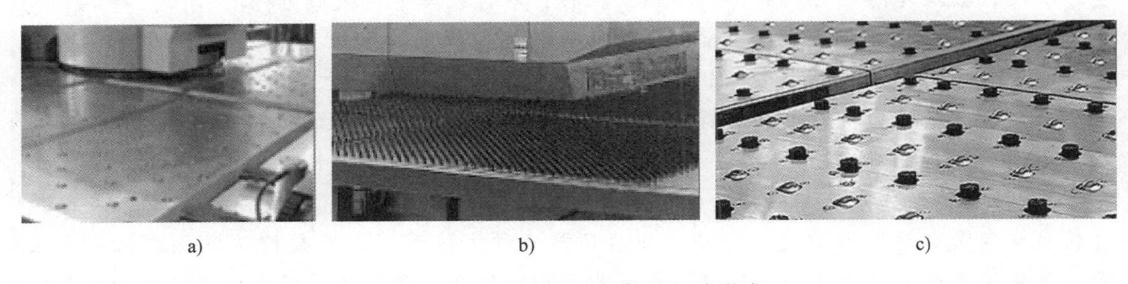

a)　　b)　　c)

图 11-5　工作台支承板料的三种形式

a）钢球　b）毛刷　c）混合型

转塔也称转盘或回转头（图 11-6），是数控压力机上用于存放模具的地方（相当于加工中心的刀具库）。转塔上的模具库可以安装几十套形状各异的模具，有上转塔和下转塔两种。一般上转塔用于安装上模的导向套、模具支承弹簧、上模总成等；下转塔用于安装下模座、模具压板、下模、中心支架等。转塔在程序的控制下旋转，把选定的模具定位到打击位置。根据转塔厚度的不同，分为厚转塔和薄转塔。

a)　　b)

图 11-6　转塔

a）空转塔　b）装有模具的转塔

送料装置利用其上的夹钳将板料夹住（图 11-7），在程序的控制下使板料在上、下转塔之间相对于滑块中心沿 x、y 轴方向移动定位，被送入模具的工作位置。

a)

b)

图 11-7　夹钳

a）装夹板料　b）夹钳夹住板料

扩展阅读

1）最早出现的数控转塔压力机是机械传动的，被认同为机械压力机类。由于其冲压模具安装在回转圆盘（称为转塔）上，故称为数控冲模回转头压力机。随后出现了液压驱动的新机型，且很快占据了主导地位，国外开始称为数控转塔压力机，并被国内同行接受。从此，数控转塔压力机成为一个独立机种，不再隶属于机械压力机。

2）国外于 1932 年就生产出常规电控的简易型冲模回转头压力机，直到 1955 年开发出第一台 NC 数控转塔压力机，1970 年又开发出第一台 CNC 数控转塔压力机。目前世界上生产数控转塔压力机的主要厂商有十余家，有代表性的如日本的 Amada、Murata，德国的 Trumpf，美国的 Strippit、Wiedemann，比利时的 LVD，瑞士的 Raskin 公司等。

3）按主传动方式的不同，数控转塔压力机主要有三种类型：机械式主传动、液压式主传动和伺服电动机驱动式主传动。虽然目前三种主传动形式的数控转塔压力机都在生产，但机械式数控转塔压力机的销量正逐步萎缩，液压式数控转塔压力机在不断增加并已占据主导地位，而伺服电动机驱动式数控转塔压力机也正在以其高效、节能、环保等优势，受到广大设备用户的认可，成为数控转塔压力机未来发展的新趋势。

4）数控压力机与普通压力机的加工方式不同。它主要有以下几种加工方式：

① 单冲。单次完成冲孔，包括直线分布、圆弧分布、圆周分布、栅格孔的冲压。

② 同方向的连续冲裁。使用长方形模具部分重叠加工的方式，可以加工长形孔、切边等。

③ 多方向的连续冲裁。使用小模具加工大孔的加工方式。

④ 蚕食。使用小圆模以较小的进距进行连续冲制弧形的加工方式。

⑤ 单次成形。按模具形状一次浅拉深成形的加工方式。

⑥ 连续成形。成形比模具尺寸大的成形加工方式，如大尺寸百叶窗、滚筋、滚台阶等加工方式。

⑦ 阵列成形。在大板上加工多件相同或不同工件的加工方式。

5）数控冲-剪复合板材柔性加工线（图 11-8）是数控板材冲压的新突破，是集计算机控制技术、微电

图 11-8　数控冲-剪复合板材柔性加工线

子技术、远程监控技术、精密制造技术于一身的机电一体化成套设备。该系统通常由自动化立体仓库、上料机械手、高速数控机床、数控直角剪、分选装置及中央控制系统等组成，是既能实现大批量生产过程自动化，又能对多品种小批量进行柔性加工的理想的板材加工设备。

6）近年来，随着激光类产品的迅猛发展，以往由数控转塔压力机完成的冲孔类任务很多由激光类产品取代，在一定程度上缩减了数控转塔压力机的市场份额，但一些特殊工艺，如翻边孔压印、加强筋、百叶窗等的成形是激光切割机无法完成的，必须由数控转塔压力机成型模具完成。

11.1.2 数控转塔压力机专用模具

数控转塔压力机专用模具的结构非常简单，并已形成标准，使用厂家根据所冲产品的需要到数控冲模专用厂家定制就可以了，不需要自行设计加工。不同厂家提供的模具结构形状不完全相同。图 11-9 所示为几种不同形状的数控冲模示意图。

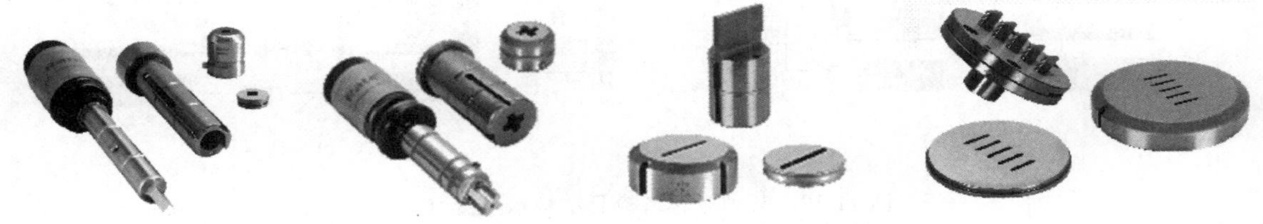

图 11-9 几种不同形状的数控冲模示意图

数控转塔压力机专用模具标准（以下简称标准）JB/T 10928—2010 规定了与数控转塔压力机配套使用的基本型模具系列的技术性能参数、主要技术要求及验收规则。在数控转塔压力机的上、下转塔上，按照冲孔最大外接圆直径尺寸范围划分模具的工作位置。标准将厚转塔压力机常用工位一般分为 A、B、C、D、E 五种规格或其中的一部分规格；数控薄转塔压力机常用工位一般分为 B、D 两种规格。与此相对应的模具有 A、B、C、D、E 工位厚转塔模具和 B、D 工位薄转塔模具。无论哪种模具，其标准结构一般由四个部分组成，即打击头、凸模、卸料板和下模。图 11-10 所示为某种厚转塔模具结构示意图。

如图 11-10 所示，每一工位的冲模都是由多个零件组成的，在将它们装到转塔上之前需要进行装配，得到上模组合和下模组合。工作时将各个上模组合按指定的工位号直接放到上转塔相应工位的安装孔中，下模组合放入下转塔的安装孔内，并使上、下模位置对应。

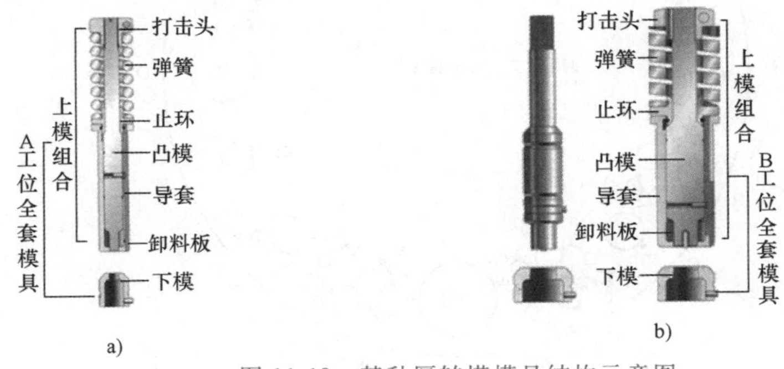

图 11-10 某种厚转塔模具结构示意图
a）A 工位模具 b）B 工位模具

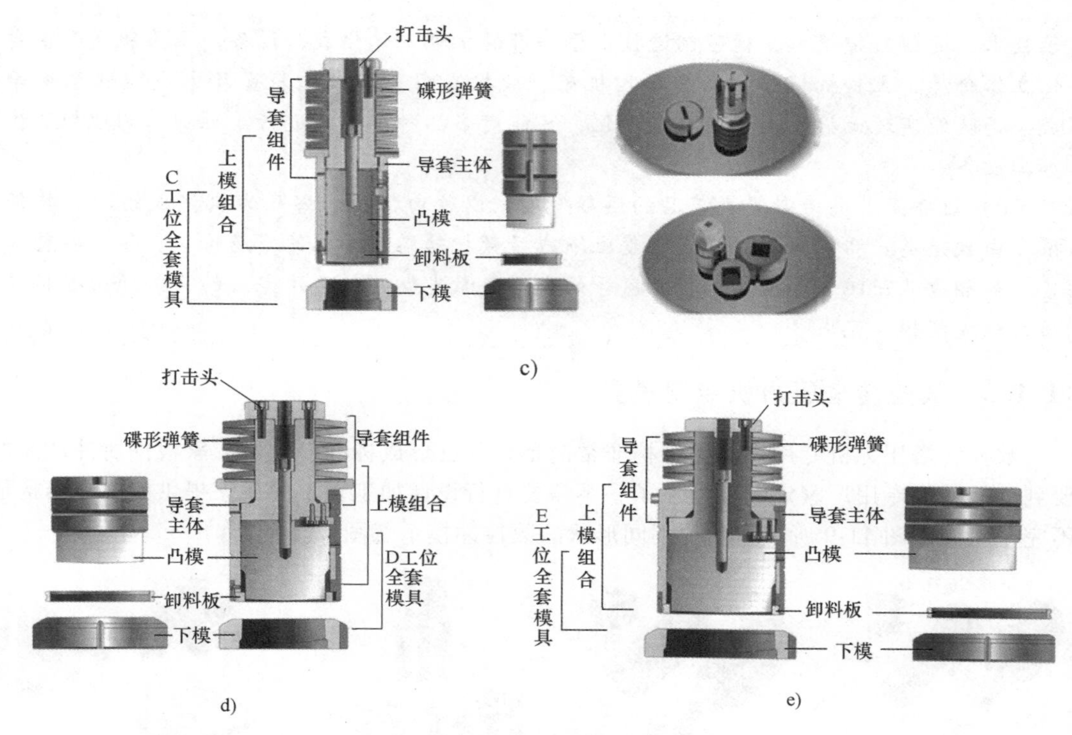

图 11-10　某种厚转塔模具结构示意图（续）

c）C 工位模具　d）D 工位模具　e）E 工位模具

数控转塔压力机转塔上模具的布置一般有单排、双排和三排分布三种。三排分布时，为避免冲孔的受力偏置，将冲头做成移动式的，即需要用哪一排模具，冲头通过移动装置移动到相应的模具上方。

图 11-11 所示为某数控转塔压力机转塔上 58 工位的模具分布图。表 11-1 给出了对图 11-11 的说明。

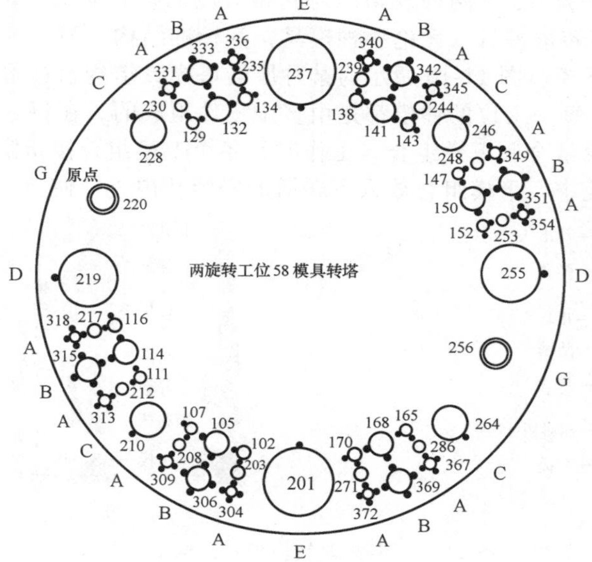

图 11-11　某数控转塔压力机转塔上 58 工位的模具分布图

表 11-1　对图 11-11 的说明

模具类型	模具尺寸/in	刃口截面尺寸范围/mm（非圆形为刃口截面外接圆直径 d）	工位数(有键槽的工位数)
A	1/2	$1.6<d\leqslant12.7$	36(24)
B	1¼	$12.7<d\leqslant31.7$	12(12)
C	2	$31.7<d\leqslant50.8$	4(4)
D	3½	$50.8<d\leqslant88.9$	2(2)
E	4½	$88.9<d\leqslant114.3$	2(2)
G	1¼	$12.8<d\leqslant31.7$	2(2)

注：1. G 是旋转工位。
2. （）里的数字是安装在矩形等外形模具中的模具工位。
3. 1in=25.4mm。

11.2　数控冲压编程设计

数控压力机是按照事先编制好的加工程序，自动对板料进行冲压加工的设备。数控程序设计时，无论是手工编程还是自动编程，在编程前都要对所加工的零件进行工艺分析，拟订加工方案、制订正确合理的加工工艺过程，并选择合适的模具及加工速度。

11.2.1　数控冲压编程原则

1. 工序最大限度集中

工序最大限度集中即零件在一次装夹中，力求完成本台数控压力机所能加工的全部型孔和外形，避免重复定位，增大误差。对于有些必须重复定位的零件，也应充分考虑重复定位的方法，而且在出现重复定位的情况下，也应使有关联尺寸的孔尽量在一次加工定位中能够完成。因为作为一组有关联尺寸要求的型孔，如果分两次定位来加工完成，就会出现加工误差，无法保证满足关联尺寸的要求，达不到零件要求的尺寸精度。

2. 合理选择换模次序及进给路线

在数控压力机的程序设计中，应选择合理的换模次序，其一般原则是：先圆孔后方孔，先小孔后大孔，先中间后外形，先普通冲裁后成形（建议在工位的选择上，所选用的模具在转塔中的位置在系统调用模具时转塔转动角度最小）。同时一套模具选用以后，出于缩短加工时间考虑，应该完成它在这个零件上所有需要加工的型孔。在合理选择换模次序的同时，也应该选取模具的最佳进给路线，以减少空行程，提高生产率，并保证机床安全可靠地运行。如果零件中有多个成形凸台，在冲第二种凸台时应注意避免模具与已冲好的凸台碰撞，造成零件报废。

如图 11-12 所示，都是从左下角的第一个孔开始加工。图 11-12a（G37 沿 y 方向）所示的进给路线是沿 y 方向迂回往返加工，这样不但加工时间比较长，而且在网孔的数控冲压加工中由于残余应力的存在，必然引起板料的变形，在沿 y 方向迂回加工时，极有可能使板料与机床的上下转塔发生碰撞、卷料，产生安全隐患。如果以图 11-12b（G36 沿 x 方向）所示的方式加工，不但加工时间比较短，而且由于沿 x 方向迂回加工，使得板料的变形部分在加工过程中逐步退出上下转塔之间，极大地降低了板料与机床发生碰撞、卷料的危险。

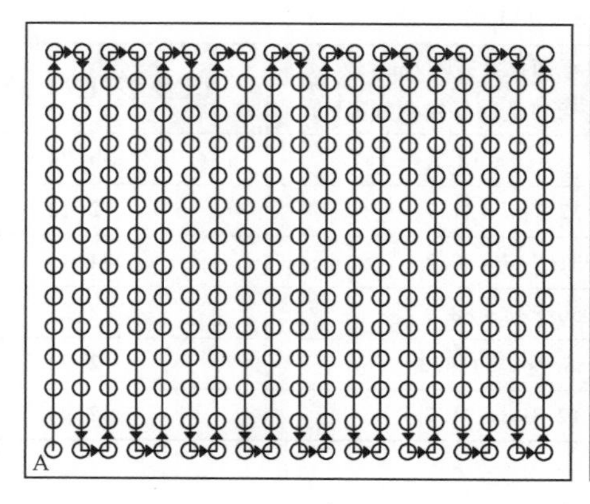

图 11-12　进给路线选择

a）G37　b）G36

3. 合理的夹钳位置及移位方式

数控压力机每一次夹钳定位都有一定的加工范围，不同型号的数控压力机一次夹钳定位的加工范围是不一样的，如 PEGA-345（机床型号），一次夹钳定位的加工范围是：x 方向 1270mm，y 方向 1000mm。当 x 方向超过这个行程时，就必须通过夹钳移位来完成其余的加工。夹钳移位时，首先，压料块压住板料，夹钳松开，夹钳移动到指定的位置，再次夹紧，压料块松开，继续加工。

数控压力机加工时，由于毛坯料的定位边直线度不好，夹钳位置、压料块的位置不当，外形加工时很容易出现台阶，各个型孔距边的尺寸公差也难以保证，如图 11-13 所示。

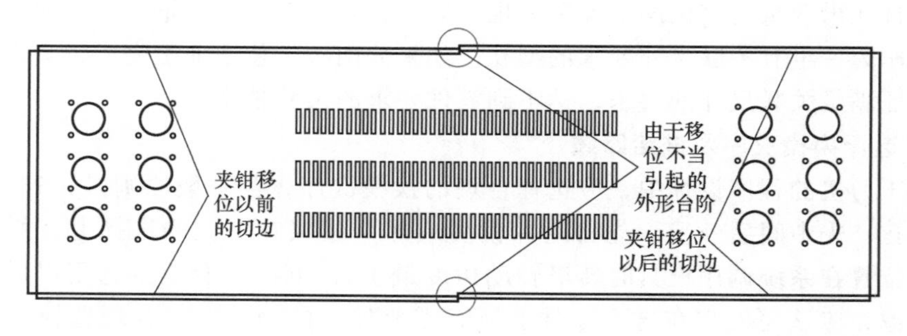

图 11-13　移位不当引起的缺陷

为避免上述缺陷，数控冲压时应注意如下几点：

1）保证定位边良好的直线度，在必要的情况下，可以先在剪板机上精裁。

2）第一次的夹钳位置应尽可能大，以使夹钳夹持得更加平稳、可靠。

3）可在不移位的情况下加工的孔，应尽可能一次加工完成。

4）有关联尺寸的孔，应尽量在一次移位中加工完成。

5）为使板料有良好的刚性，应适当地多留一些微连接。

6）压料块的位置：y 方向应压在板料的中心位置（如果有成形凸台，应注意避开），而在 x 方向应压在偏向夹钳要移动的位置。

4. 选择合理的排样方式

对于中小型零件的数控冲压加工，为了缩短辅助加工工时，节约加工时间，提高材料利用率，一般在整张板上将零件进行排样加工。排样加工可以分为自动排样与人工排样两种。自动排样的优点是只需要由编程者编辑出单个程序，然后由软件自动生成排样程序，省时、省力，而且进给路线、换模次序较为合理。但自动排样不便于首件检验，程序编辑性差，因此一般采用人工排样编程的办法。

5. 数控程序应有良好的可读性、可修改性

数控程序的设计方法有两种：手工编程及自动编程。手工编程是指从分析零件图样、制定工艺规程、计算坐标点、编写零件加工程序直到程序校核，整个过程都是由人工完成的。对于零件不太复杂、坐标点的计算比较简单的情况，采用手工编程比较容易实现。但是对于外形比较复杂、坐标点的计算难度比较大的零件，就应采用自动编程。自动编程是指从工艺处理、坐标点的计算直至程序生成、校核完全由计算机完成。与手工编程相比，自动编程的质量及效率大为提高。

不管是手工编程还是自动编程，所产生的数控程序都应做到程序结构清晰、语句规范、可读性好、可修改性强。特别是对于单件小批量数控生产，可能随时需要在机床工控柜上对程序进行修改、调整，程序的可读性和可修改性就显得格外重要。同时，为了简化编程及修改的工作，当某段加工工序和加工路线重复使用时，为缩短程序长度，应尽量使用子程序及宏指令，从而有利于数控加工编程工作的最优化。

11.2.2　数控冲压编程设计与操作

首次安装使用编程软件时，软件中的模具库是空的，需要根据被冲零件的形状与尺寸建立模具库，将所需模具的尺寸规格、形状、角度、上下模间隙等信息输入模具库，形成标准模具文件。编程时，直接调用模具库中的各种模具，或将模具调入转塔中，再从转塔中调用。不是首次使用软件时，只需要在已有模具库的基础上根据需要适当补充一些新的模具，不必重新建立模具库。有了模具库后，数控冲压的编程及操作过程就可以按如下步骤进行。

1. 产品展开图的绘制及输入

将需要加工的产品展开，转换成数控冲压的零件形状，画出其图形，这是 CAD/CAM 中软件编程的第一步。对于已有的零件设计展开图形，只需要将图形文件类型转换成 CAD/CAM 系统可接受的文件类型和 1∶1 的比例，即可直接调用，进入下一步 CAM 系统中进行排样。

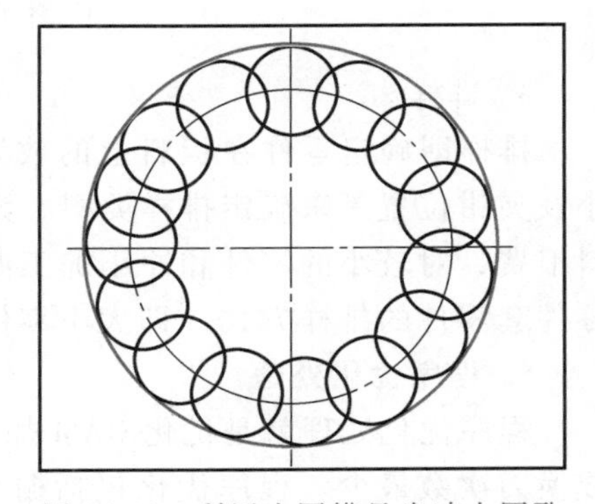

图 11-14　利用小圆模具步冲大圆孔

2. 选定模具及模具的冲压顺序

（1）模具的选定　对于内孔，一般选在尺寸公差范围内最接近图形尺寸的模具进行加工。如果内孔尺寸没有相匹配的模具，则通过选用比图形尺寸小的模具步冲来完成。实际生产中有时会遇到这样的情况，即有些大圆孔并没有相对应的模具，这时可用小圆模具进行步冲，从而冲出大圆孔，如图 11-14 所示。对于圆弧外形也可用这个方法冲出，只不过要改用方模具步冲。这时就体现出了数控压力机相对普通压力机的优越性，即用不多的模具，通过组合完成各种零件的加工。这在中小批量多品种的钣金加工中是非常常见的。

（2）定义模具的冲压顺序　一般圆模具先冲，方形及长方形次之，特殊模具后冲，凸台形模具最后冲。有时需要切边模具最后切边，则切边模具最后冲。

3. 创建微连接

数控冲压时，为了节省加工时间及方便加工，即使是被加工好的零件也不与板料分离，而是等整块板上所有的零件全部加工好之后一次性地将整张板从数控压力机的工作台上取下来，再卸下板料上的每一个零件。因此，先加工好的零件与零件之间及零件与板料的边缘之间应该有相连的地方，即微连接，如图 11-15 所示。微连接一般定义在零件的一条直边的两端，若零件很长，可以在零件的中间增加。一般软件中有两种定义微连接位置的方法：①定义微连接的具体位置尺寸，这种不常用；②定义微连接在这根线段上的百分比，如 0%就是在起点，50%就是在这根线段的中间位置。微连接的宽度一般为 0.2~0.5mm，在保证零件不会在加工中脱落的前提下，宽度越小越好，太大的微连接虽然使零件更不容易在加工中脱落，但将零件从板料中卸下来也很困难，而且在去毛刺时也将增加难度。

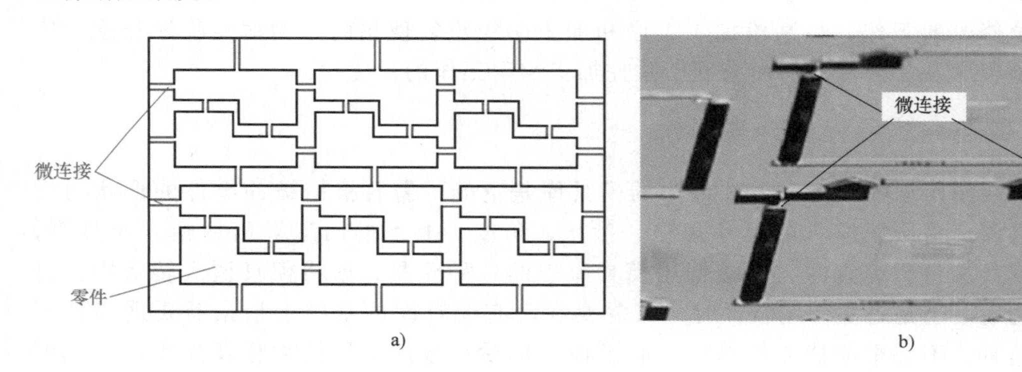

图 11-15　创建微连接示意图

a）微连接示意图　b）微连接实物图片

4. 排样

排样即确定零件在板料上的放置方式。排样前，首先根据零件的尺寸精度、规格大小及夹钳位置等来确定排样类型。为了提高生产率和原材料的利用率，减少不必要的材料浪费，对较小的零件和冲压加工必须增设夹位（即夹钳夹持的位置）的零件，可采用零件套零件的排样方式（即大小零件嵌套的套料处理）。

5. 程序优化处理

程序优化处理就是优化 CAM 加工轨迹次序以减少冲压时间、使冲点之间的距离最短或换刀次数最少。程序优化包括栅格优化、单个视窗优化、除双优化、避开夹钳快速移动优化和冲模分类调整优化等。

6. 生成 NC 程序

自动编程时，软件会自动生成 NC 程序。

7. 输出 SETUP SHEET 文件

每个零件的程序编写完成输出时，都会在程序的最后自动生成一个配置文件 SETUP SHEET。这个文件包含了以下内容：

1）NC 代码在服务器上的存放位置，可以引导操作人员到服务器相应的位置调用 NC 代码。

2）规定了要加工零件的下料尺寸，一张板能加工多少零件及板料的利用率等。

3）列举了模具清单及每个模具的工位号、角度、尺寸、冲裁次数等。

4）夹钳的具体摆放位置、预估的加工时间、编程人员姓名等信息。

8. 数控压力机操作

压力机操作人员根据 SETUP SHEET 文件中的信息到模架上领用模具，按文件中指定的位置及角度将模具安装在转塔的各工位上。

开机前，操作人员一定要再次仔细检查模具的安装情况，包括工位是否准确、上下模角度是否一致。如果模具装错工位，工件就会报废。如果上下模角度不一致，对于非对称模具或虽对称但角度相差 90°的模具，造成的后果就是模具损坏，更严重的有可能把转塔的工位撞歪，使压力机不能工作。

一切工作准备就绪后，操作人员就可以将被冲板料装夹到工作台上，按照 SETUP SHEET 文件中指示的路径调用数控加工程序进行加工。

思考题

1. 简述数控冲压的原理及应用。
2. 简述数控冲压的特点。
3. 简述数控冲压编程的原则。
4. 简述数控冲压的操作步骤。

参考文献

[1] 中国锻压协会. 中国冲压行业“十四五”发展纲要：连载一 [J]. 锻造与冲压，2021 (8)：35-39.

[2] 中国锻压协会. 中国冲压行业“十四五”发展纲要：连载二 [J]. 锻造与冲压，2021 (10)：46-48.

[3] 中国锻压协会. 中国冲压行业“十四五”发展纲要：连载三 [J]. 锻造与冲压，2021 (12)：30-32.

[4] 中国锻压协会. 中国冲压行业“十四五”发展纲要：连载四 [J]. 锻造与冲压，2021 (14)：46-52.

[5] 中国锻压协会. 中国冲压行业“十四五”发展纲要：连载五 [J]. 锻造与冲压，2021 (16)：39-44.

[6] 中国模具工业协会. 模具行业“十四五发展纲要” [EB/OL]. (2021-07-15) [2023-11-06]. http://www.chinacaj.net/ueditor/php/upload/file/20211116/1637044281273241.pdf.

[7] DMC 模具制造装备评述组. 第二十届中国国际模具技术和设备展览会模具制造装备评述 [J]. 电加工与模具，2021 (2)：15-21.

[8] 中国模具工业协会 DMC 模具技术和设备评述专家组. 第十六届中国国际模具技术和设备展览会模具水平评述 [J]. 电加工与模具，2017 (1)：1-11；16.

[9] 武兵书. 中国模具工业高质量发展的回顾与展望 [J]. 金属加工（冷加工），2021 (6)：1-3.

[10] 陈文琳. 模具标准应用手册：冲模卷 [M]. 北京：中国质检出版社，2018.

[11] 高锦张. 塑性成形工艺与模具设计 [M]. 3 版. 北京：机械工业出版社，2015.

[12] 贾俐俐. 冲压工艺与模具设计 [M]. 2 版. 北京：人民邮电出版社，2016.

[13] 二代龙震工作室. 冲压模具基础教程 [M]. 2 版. 北京：清华大学出版社，2010.

[14] 钟翔山. 冲压加工质量控制应用技术 [M]. 北京：机械工业出版社，2011.

[15] 王孝培. 冲压手册 [M]. 3 版. 北京：机械工业出版社，2012.

[16] 俞汉清，陈金德. 金属塑性成形原理 [M]. 北京：机械工业出版社，1999.

[17] 梁炳文. 冷冲压工艺手册 [M]. 北京：北京航空航天大学出版社，2004.

[18] 杨铭. 机械制图 [M]. 2 版. 北京：机械工业出版社，2018.

[19] 欧阳波仪. 多工位级进模设计标准教程 [M]. 北京：化学工业出版社，2009.

[20] 柯旭贵. 先进冲压工艺与模具设计 [M]. 北京：高等教育出版社，2008.

[21] 张荣清，柯旭贵，侯维芝. 模具设计与制造 [M]. 3 版. 北京：高等教育出版社，2015.

[22] 张凯锋. 微成形制造技术 [M]. 北京：化学工业出版社，2008.

[23] 张正修. 多工位连续冲压技术及应用 [M]. 北京：机械工业出版社，2010.

[24] 陈炎嗣. 多工位级进模设计与制造 [M]. 2 版. 北京：机械工业出版社，2014.

[25] 王新华. 汽车冲模技术 [M]. 北京：国防工业出版社，2005.

[26] 洪慎章. 实用冲压工艺及模具设计 [M]. 2 版. 北京：机械工业出版社，2015.

[27] 杨泽亚，杜贵江，李佳盈，等. 精冲技术研究现状及发展趋势 [J]. 锻造与冲压，2020 (16)：16；18-20.

[28] 陈炎嗣. 多工位级进模的使用条件与合理利用 [J]. 机械工人，2007 (11)：50-51.

[29] 邓本波. 车身主检具开发技术研究 2008 年安徽省科协年会机械工程分年会论文集 [C]. 合肥：合肥工业大学出版社，2008.

[30] 周开华. 简明精冲手册 [M]. 2 版. 北京：国防工业出版社，2006.

[31] 王巍. 数控冲程序设计工艺过程分析与处理 [J]. CAD/CAM 与制造业信息化，2004 (12)：79-81.

[32] 沈雪莲. 微连接在钣金数控冲程序设计中的应用 [J]. 金属加工，2009 (5)：49-52.

[33] 涂光祺. 精冲技术 [M]. 北京：机械工业出版社，2006.

[34] 杨龙成，赵兵. 汽车板材冲压技术现状与发展趋势探讨 [J]. 锻压装备与制造技术，2022，57

(4): 7-10.

[35] 涂光祺. 探索开发精冲-精锻复合工艺 [J]. 锻造与冲压, 2006 (7): 38-40.

[36] 张正修. 精冲技术的发展与应用 [J]. 模具制造, 2004 (9): 30-35.

[37] 王学华, 罗静, 邓明. 精冲工艺及模具设计中的几个关键问题探讨 [J]. 模具设计与制造, 2004 (4): 68-70.

[38] 罗静, 夏庆发, 邓明, 等. 精冲-板料成形复合工艺要点 [J]. 模具工业, 2006, 32 (11): 31-34.

[39] 佘萍. 数控转塔冲床成形模具的应用解析 [J]. 锻压装备与制造技术, 2019, 54 (1): 101-106.

[40] 张永亮, 李雪刚, 张鑫. 高强度钢板热冲压成形研究与进展 [J]. 汽车工艺与材料, 2015 (2): 41-46.

[41] 陈璐. 精冲材料的现状与发展趋势 [J]. 锻造与冲压, 2020 (16): 21-23.

[42] 郑瑞, 刘阳春, 刘锟, 等. 国内精冲钢产品的生产现状和发展趋势 [J]. 锻造与冲压, 2019 (16): 16-18.